红外成像空空导弹抗干扰理论与方法

Theories and Methods of Anti–Jamming for Infrared Imaging Air–to–Air Missiles

李少毅 岳晓奎 钮赛赛 杨 曦 林 健 杨俊彦 等著

国防工业出版社
·北京·

内 容 简 介

本书共8章，详细介绍了红外成像空空导弹抗干扰技术概况、红外成像空空导弹抗干扰理论基础、基于特征模式匹配的空中红外目标识别与抗干扰技术、基于相关跟踪的空中红外目标识别与抗干扰技术、基于深度学习的空中红外目标识别与抗干扰技术、基于混合智能的空中红外目标识别与抗干扰技术、基于红外双波段图像融合的目标识别与抗干扰技术、空中极端干扰环境探测制导一体化智能抗干扰技术等内容。全书力求内容覆盖全面、逻辑清晰、理论方法严谨和结果丰富，融入了红外目标识别与抗干扰方面的最新成果，以使读者全面、系统地了解红外成像空空导弹等复杂干扰环境下目标跟踪过程中的关键难点与核心技术以及设计方法等。

本书适合于从事空空、地空导弹、无人飞行器等红外成像搜索与跟踪系统的图像处理专业的设计人员使用，也可供其他相关专业科研人员和高等院校师生参考。

图书在版编目（CIP）数据

红外成像空空导弹抗干扰理论与方法 / 李少毅等著.
北京：国防工业出版社，2025. 3. -- ISBN 978-7-118-13631-9

Ⅰ. TJ762.2

中国国家版本馆 CIP 数据核字第 2025PH5345 号

※

国防工業出版社 出版发行
（北京市海淀区紫竹院南路 23 号　邮政编码 100048）
雅迪云印（天津）科技有限公司印刷
新华书店经售

*

开本 710×1000　1/16　**彩插** 13　**印张** 29½　**字数** 513 千字
2025 年 3 月第 1 版第 1 次印刷　**印数** 1—1500 册　**定价** 188.00 元

（本书如有印装错误，我社负责调换）

国防书店：（010）88540777　　书店传真：（010）88540776
发行业务：（010）88540717　　发行传真：（010）88540762

PREFACE

前言

复杂干扰环境红外目标识别与抗干扰技术是空空等红外成像导弹红外导引系统的关键技术之一，也是诸多不同应用领域研究者面临的共同难题，它发挥着装备“眼睛”视觉处理的作用，实现自动精确识别、稳定跟踪、自主抗干扰决策等功能。从事复杂干扰环境红外目标识别与跟踪技术的研究者与工程技术人员一直追求能设计出具备快速自动识别、精确稳定跟踪功能的目标识别与跟踪处理系统。然而遗憾的是，作为该领域的研究者，笔者一直未发现有针对性的参考和学习专业书籍。因此，为了有助于该领域的研究者能深入了解红外成像空空导弹导引系统面临的技术问题与工作原理、空中红外目标识别与抗干扰相关的理论方法、设计方法和前期积累经验，笔者萌生了编写本书的想法。

本书以笔者团队10余年的科学研究与研究成果为基础，编写的指导思想以实际应用问题与需求为牵引，系统地描述了红外成像空空导弹抗干扰技术概况、红外成像空空导弹抗干扰理论基础、基于特征模式匹配的目标识别与抗干扰、基于相关跟踪的目标识别与抗干扰、基于深度学习的目标识别与抗干扰、基于混合智能的目标识别与抗干扰、基于双波段图像融合的目标识别与抗干扰、探测制导一体化抗干扰等过程中面临的主要问题、分析方法与测试方法。本书编写的目的是希望对从事相关领域的读者在面向解决该领域应用问题时，在应用背景、关键难点、分析方法和设计方法等方面提供一定参考和借鉴。

本书共分 8 章，第 1 章红外成像空空导弹抗干扰技术概述由岳晓奎、李少毅、钮赛赛编写；第 2 章红外成像空空导弹抗干扰理论基础由岳晓奎、李少毅编写；第 3 章基于特征模式匹配的空中红外目标识别与抗干扰由李少毅、杨曦编写；第 4 章基于相关跟踪的空中红外目标识别与抗干扰技术由李少毅、杨曦编写；第 5 章基于深度学习的空中红外目标识别与抗干扰技术由李少毅、钮赛赛、杨俊彦编写；第 6 章基于混合智能的空中红外目标识别与抗干扰技术由李少毅、杨俊彦、林健编写；第 7 章基于红外双波段图像融合的目标识别与抗干扰技术由李少毅、杨俊彦、林健编写；第 8 章空中极端干扰环境探测制导一体化智能抗干扰技术由岳晓奎、李少毅编写。全书由岳晓奎、李少毅、钮赛赛统稿编审，由杨曦、林健等负责书稿整理。

本书得到了岳晓奎教授、杨俊彦研究员、钮赛赛研究员热情指导和帮助，也得到了不少同事、专家的关心和支持，在此表示衷心的感谢。同时，本书在编写过程中，也参阅了大量的国内外文献，在此一并向相关作者表示感谢。

由于作者水平有限，书中难免有不足和疏漏之处，真诚希望读者进行批评和指正。

作者

2024 年 9 月

CONTENTS

目 录

第1章 红外成像空空导弹抗干扰技术概述

空空导弹是一种由战斗机发射，攻击敌方空中目标的制导武器。红外制导由于具有制导精度高、抗干扰能力强、隐蔽性好、效费比高、结构紧凑、机动灵活等优点，已成为精确制导武器的重要技术手段。目前，红外成像空空导弹依然是决定空战进程、夺取制空权的空战利器，是各军事强国优先发展的核心装备。各军事大国为了对抗红外成像空空导弹攻击，发展了各种点源、面源、点面复合等红外诱饵干扰技术。同时，为了进一步提升空战对抗能力，红外成像空空导弹不断更新换代，发展出了多种抗干扰技术。本章介绍了红外成像空空导弹的发展、红外成像空空导弹抗干扰技术的发展以及红外成像导引头的工作原理。

1.1 国内外红外成像空空导弹发展概况

空空导弹是由于空战的需求催生而来的。空中交战的雏形是从手枪、步枪开始的，但其主要是进行恐吓，实战意义并不大。1930 年，机炮服役，空战进入“近身肉搏”的机炮时代，第二次世界大战期间机炮是战斗机唯一具有作战效益的空战武器，随着飞机速度越来越快、机动性越来越强，机炮射程近、威力小、弹道直等缺陷逐渐暴露。为解决这些问题，迫切需要一种攻击距离远、有一定自主攻击能力的新式空战武器。1943 年初，德国的 Kramer 博士开始设计一种颠覆性的空战武器——X－4 空空导弹，其被认为是世界上第一个可供实战使用的空空导弹，由于德国的战败，该导弹最终未能投入实战。第二次世界大战后，美苏冷战开始，两大国进行军备竞赛，推动了导弹装备和技术的发展。1946 年，美国海军军械测试站的麦克利恩博士开始研制一种“寻热火箭”。1949 年 11 月，他设计出了红外导引头的核心——红外探测器，以此为基础，美国在 1953 年研制出全世界第一种以红外制导为制导方式的空空导弹。麦克利恩博士也被称为“响尾蛇”空空导弹之父，图 1.1 所示为麦克利恩博士。

图 1.1　麦克利恩博士

红外成像空空导弹利用红外探测器测量目标的红外辐射能量及空间分布，获得目标的位置及运动信息，输出相应的导引信号，由控制系统控制导弹飞向目标。空空导弹从诞生之日起，就肩负着制空作战的使命。1958 年 9 月的中国台海空战开创了人类使用空空导弹进行作战的先河。1966 年 3 月，在中国广西南宁地区上空首次使用“霹雳－2 乙”空空导弹击落美国“火烽”无人机。越南战争中，空空导弹首次得到大规模实战运用，经过印巴战争、越南战争、中东战争、马岛战争、海湾战争等多个战争的洗礼，空空导弹技术越来越成熟，发射距离、探测性能、机动性能和抗干扰能力不断提升，作战运用日趋完善，命中率不断提高，图 1.2 所示为不同战争中空空导弹的命中率。

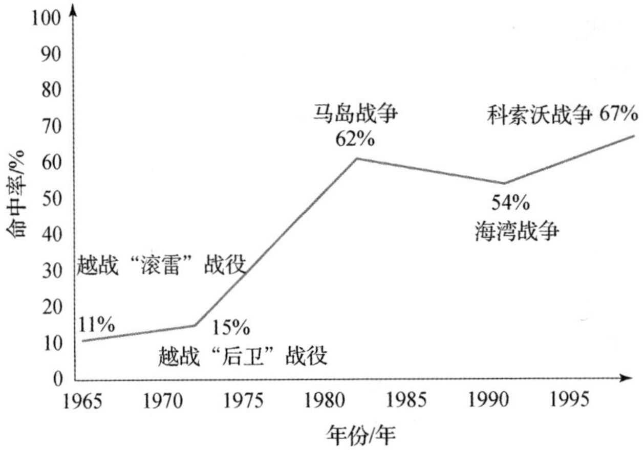

图 1.2　不同战争中空空导弹的命中率[1]

随着红外探测器、信息处理、导弹系统等技术的发展，到目前为止，已经发展出第四代红外成像空空导弹，从仅能尾后追击的攻击方式发展至具备全向攻击、大离轴发射、越肩发射、发射后截获、强抗干扰等能力的高性能空战武器。下面将详细介绍第四代红外成像空空导弹的发展历程。

1.1.1　发展历程

第一代红外成像空空导弹于20世纪50年代中期开始装备于部队，采用鸭式气动布局、三通道控制，红外探测器采用非制冷单元的硫化铅探测器，工作在近红外波段，可探测的红外波段范围较小，用超小型电子管放大器进行信号处理，只能探测飞机发动机尾喷口的红外辐射，攻击范围仅有2～3km，抗干扰能力几乎为零，这一代空空导弹主要用于攻击亚声速轰炸机。由于技术上的限制，飞行员在战术上只能从目标的尾后采用追击方式进行攻击，这对载机的占位提出了很高的要求，在空战中很难觅得发射时机，仅能起到辅助机炮的作用。代表产品有美国的“响尾蛇”AIM－9B、苏联的K－13、中国的PL－2等。

第二代红外成像空空导弹于20世纪60年代开始装备部队，仍采用鸭式气动布局，红外探测器用单元制冷硫化铅或锑化铟探测器，采用晶体管电路处理信号，提升了导弹的探测灵敏度，减小了导弹的重量，飞行速度、可靠性和寿命大为提高。第二代空空导弹主要用于攻击超声速轰炸机和歼击机，飞行员可以从目标尾后较大范围内进行攻击，增加了战术使用灵活性。但其抗干扰能力依然不足，导弹发射后常常追着太阳而去。代表产品有美国的“响尾蛇”AIM－9D、法国的R530、俄罗斯的R60、中国的霹雳－5等。

第三代红外成像空空导弹于20世纪80年代初开始装备，采用鸭式布局，采用高灵敏度的单元或多元制冷锑化铟探测器，能够从前侧探测目标，具有离轴发射能力，能够实现全向攻击，但本质上与第二代空空导弹并无太大区别，典型产品有美国的“响尾蛇”AIM－9L、以色列的Python－3等。到了20世纪90年代，第三代红外成像空空导弹改进版被研制出来，俗称为“三代半”，其采用扫描探测技术或红外多元探测技术以及数字处理技术，实现了对目标的全向攻击，同时具有一定的抗干扰能力，如美国的“响尾蛇”AIM－9M和俄罗斯的R－73导弹。第三代红外成像空空导弹的作战运用灵活性大幅提高，空空导弹真正具备了近距格斗与超视距作战能力，战术运用日趋成熟。

第四代红外成像空空导弹出现于21世纪，这类导弹采用红外成像制导、小型捷联惯导、气动力/推力矢量复合控制等关键技术，能够有效攻击载机前方±90°范围的大机动目标，具有较强的抗干扰能力，可以实现“看见即发射”，降低了载机格斗时的占位要求。典型产品有美国的“响尾蛇”AIM－9X、英国的ASRAAM、德国的IRIS－T、以色列的Python－5、德国的IRIS－T、法国的MICA红外制导型、南非的A－Darter以及中国的PL－10E等。

表1.1与图1.3所示为国内外主要型号红外成像空空导弹及其抗干扰能力评价。

表1.1　国内外主要型号红外成像空空导弹发展概况

主要型号	导引体制	国家	抗干扰能力
AIM－9B	第一代单元式	美国	差
K－13		苏联	差
PL－2		中国	差
AIM－9D	第二代单元式	美国	较差
R－60T		俄罗斯	较差
R530		法国	较差
AIM－9L	第三代多元式	美国	一般
Python－3		以色列	一般
AIM－9M		美国	一定抗干扰能力
R－73		俄罗斯	一定抗干扰能力
AIM－9X	第四代成像式	美国	较强
Python－5		以色列	较强
PL－10E		中国	较强

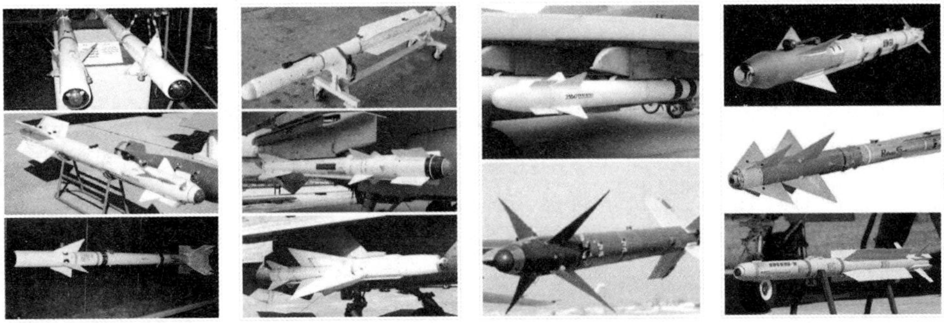

第一代红外成像空空导弹(依次为中国的PL-2、苏联的K-13、美国的AIM-9B)

第二代红外成像空空导弹(依次为中国的霹雳-5、俄罗斯的R-60、法国的R530)

第三代红外成像空空导弹(依次为俄罗斯的R-73、美国的AIM-9L)

第四代红外成像空空导弹(依次为美国的AIM-9X、以色列的Python-5、德国的IRIS-T)

图1.3　国内外主要型号红外成像空空导弹

从第一代到第四代空空导弹的发展历程可以看出，空空导弹的发展始终遵循着一条主线：以满足空战优势作战为目标，以提高作战使用灵活性和易用性为方向，以适应性能不断提高的目标、日趋复杂的作战环境和不断改变的作战模式为需求，拓展相应的能力，发展相应的关键技术，形成相应的装备。具体可以分为以下几个方面[1]。

（1）从尾后攻击到全向攻击，获得有利的占位是空战胜利的基础和关键。不占位攻击是空战的不懈追求，要求导弹能够从各个方向实施攻击，即从尾后攻击变为全向攻击。

（2）从近格斗到中远距拦射，从第一代红外成像空空导弹到第四代红外成像空空导弹，射程由数千米发展到了100km以上，同时载机的雷达火控、态势感知和敌我识别能力得到大幅提高，为视距外空战提供了可能。

（3）从定轴发射到离轴发射，定轴发射源于机炮空战时代的传统模式，发射导弹前需要长期将飞机机头稳定指向目标，对飞行员占位要求高。离轴发射是以载机为中心描述对目标的空间角度攻击能力，站在飞行员的视角，早期空空导弹从载机正前方的±20°发展到第四代的载机前半球±90°。第四代近距格斗空空导弹改进型甚至具备越肩发射能力。

（4）从简单环境到复杂环境，战场环境适应性贯穿空空导弹发展的全过程，主要需要解决自然环境和人工干扰问题。自然环境主要体现在太阳、云背景、地海背景和复杂气候等方面；人工干扰主要是机载干扰设备。第一、二代红外成像空空导弹面临的人工干扰环境相对简单，从第三代开始，抗干扰问题一跃成为空空导弹的主要挑战，持续改进抗干扰能力成为空空导弹重要的发展方向。美国几十年的电子战经验表明，没有哪种对抗措施永远有效，干扰和抗干扰技术作为“矛盾”双方，会持续发展下去。

1.1.2　发展趋势

空中战场仍将是未来战争的主要战场，夺取制空权仍将是空空导弹的主要使命，空战制胜仍将是空空导弹的发展主线。与此同时，空天一体的战场特征、临近空间威胁的出现、第四代及第五代战斗机和无人作战飞机等高性能空战目标的出现，将强烈牵引着未来空空导弹的发展。未来空空导弹的发展需求可概括为“六化”，即远程化、自主化、网络化、小型化、跨域化、多用化[1]。

1. 远程化

空空导弹的发展历程已经充分表现出远程化的趋势，导弹射程从第一代的不到10km发展到第四代的70～80km。空战距离从视距格斗发展到超视距拦射，近距格斗的比例从20世纪80年代的60%下降到90年代的30%，未来远程化的趋势会继续发展。从空战的需求出发，不论是中远距导弹还是近距格斗导弹，远程化意味着具有先射优势。当这种优势发挥到极限，就意味着可以在敌方导弹发射之前完成己方的攻击过程，这是空战追求的最高境界。从体系对抗角度出发，预警机、电子战飞机、空中加油机等大型飞机作为现代空战体系的信息结点和物资结点，是空战体系的重要组成部分，若能对这类目标实施有效攻击，则可以大幅提高体系对抗能力。这类飞机由于部署于空战体系后方且有战斗机的层层防御，一般很难对其进行中距和近距打击，发展射程达到400～600km的远程空空导弹是打击这类目标的有效手段，可以对其形成有效威慑和拒止。未来随着远程空空导弹的小型化和低成本，甚至会出现大型飞机携带大量远程空空导弹的“导弹母机”，利用远程空空导弹进行远程火力压制和支援。

2. 自主化

第四代空空导弹的发展历史，实际上就是应用科学技术从人工向自动、从自动向智能、从智能向自主的发展过程，随着作战对抗环境的日益复杂和新型无人载机作战平台的需求牵引，空空导弹会继续向自主化水平逐渐提高的方向发展。自主化的发展需求分为3个层次：第一个层次是导弹逐步降低对载机或其他平台提供的信息精度要求，在低信息精度下，乃至部分信息缺失情况下能够攻击目标；第二个层次是载机或体系没有获得目标的准确信息，只有被攻击目标的大致方位或区域信息，导弹发射后，自主发现目标，自主识别目标，自主攻击目标，即导弹带有一定的智能性；第三个层次是导弹实现攻击过程的高度自主化，其特点是对信息保障的依赖大幅度降低，导弹仅需接收攻击任务（如控制某个空域、攻击空域内的威胁目标）就可以实现自主攻击。需要特别说明的是，自主化不是导弹自身的单打独斗，而是要和战场C^4ISR系统提供的信息深度融合。

3. 网络化

空战正由平台为中心向网络为中心过渡，体系对抗是现代空战的显著特点，信息化是武器装备的基本要求，空空导弹需要与作战体系实现有效的融合和对接，不断提高作战使用灵活性和空战效能。数据链技术的应用，正使空空导弹逐步摆脱对载机平台的信息依赖，利用其他作战飞机探测的目标信息完成导弹发射，增强武器系统的先视先射能力；还可在发射后通过数据链路获取有效的目标信息，载机发射导弹即可脱离，增强载机的先脱离能力。随着高动态作战网络技术的发展，空空导弹有望真正实现网络化，成为作战体系中的打击结点，导弹发射后自动入网，接收来自友机、预警机等多种来源的制导信息，使空中作战方式灵活高效，甚至可实现多弹协同作战。随着天基探测技术的发展，空空导弹甚至可以直接利用卫星探测的目标信息完成发射和制导，实现“空天一体”。

4. 小型化

空空导弹作为飞机携带的武器，要求挂机适应性好，本身就具有小型化的需求，随着作战平台的隐身和武器内埋需求，这一趋势变得更加迫切。飞机平台的隐身化要求其空战武器内埋挂装，为了更大限度地实现载机的作战任务，保证空战效能，要求其内埋的空空导弹体积更小、重量更轻，尽可能增加武器内埋挂装数量，不仅要实现内埋，还要实现高密度内埋。

5. 跨域化

未来战场呈现出空天融合的趋势，作战空间空前扩大，不断向天域以及网电域拓展。多域目标打击能力是未来战场中空空导弹的另一重要能力，空空导弹应具有应对和打击空天飞行器、高超声速飞行器等空天目标以及网电域目标的能力，促使未来空空导弹向跨域化发展。空天一体将成为未来战场的基本特征，空天正成为国家防御的主要威胁方向，空天优势将成为最大的军事优势。充分发挥空中平台部署灵活、攻击隐蔽等特点，空空导弹需要承担起空天防御的新职责。临近空间作为一个新的作战空域，上可制天，下可制空、制海、制地，将成为未来军事斗争的热点。临近空间飞行器，尤其是高超声速飞行器和高超声速武器将大量出现，空空导弹需要担负起临近空间防御的重任，具备对临近空间飞行器的打击能力。随着临近空间飞行平台的大量使用，临近空间作战将成为可能。

6. 多用化

多用化的需求来自于武器内埋，由于内埋弹舱体积有限，因此，要求其武器在有限挂弹数量下最大限度地满足载机的作战任务需求。目前来看有两个基本的发展方向：一是多任务，即空空导弹在具备强大的对空功能的同时，还具备一定的对地能力；二是双射程，即导弹同时具备中远距拦射和近距格斗的功能。多用化的需求还来自于目标种类的多样性，传统的空空导弹主要用于对歼击机、轰炸机等进行攻击，同时还具有一定的拦截巡航导弹的能力。未来随着空中目标的种类扩展和性能提高，空空导弹需要打击包括隐身战斗机、无人作战飞机、超声速巡航导弹等在内的多类目标。用空空导弹拦截空空导弹/地空导弹也是重要的发展方向。受载机挂载能力的限制，如何通过空空导弹的多用途，减小品种、增大数量，应对多变任务环境将成为重要的发展需求。

1.2 红外成像空空导弹抗干扰技术发展概况

由红外成像空空导弹的发展历程可知，红外成像空空导弹抗干扰能力发展提升的关键在于红外探测器、导引体制及信息处理技术的发展，而目前红外导引头已经从单元、多元探测发展到红外成像探测、红外双色成像探测，从模拟信号处理发展到全数字信息处理，其抗干扰能力也随之大幅提升。

第一代红外导引头出现在20世纪50年代，属于红外单元导引头，采用的是薄膜型光电导单元探测器（主要为非制冷型硫化铅），其早期主要解决背景与自然环境的红外辐射干扰影响，利用探测目标与背景相比均有张角很小的特性，采用空间滤波和光谱滤波等抗干扰技术。由于第一代红外单元导引头受非制冷型硫化铅探测器工作波段及灵敏度较低的影响，只能探测飞机喷气式发动机尾喷管的红外辐射，制导的最大距离仅有5km，且受背景和气象条件影响较大，不能全天候作战，抗干扰能力弱。因此，简单背景环境一般不会对导弹产生干扰，但是当区分目标与多个红外点源诱饵时，这类以能量中心跟踪的方式几乎没有抗人工干扰能力。

第二代红外导引头依然属于红外单元探测制导，出现时间为20世纪60年代。该导引头也采用薄膜型光电导单元探测器（主要为制冷型硫化铅），可以同时探测喷气式发动机尾喷管和发动机排出的CO_2废弃的红外辐射。探测系统除调幅式调制盘系统外，还增加了调频式调制盘系统。相比于第一代，第二代红外导引头增加了制冷装置的探测器，降低了噪声，提高了探测灵敏度。由于工作波段向中波方向扩展，有效减小了阳光辐射的干扰，从而提高制导系统抗背景干扰的能力，对于干扰的抵抗能力有所增加，可以跟踪到机身蒙皮被加热的部分，然而，针对红外点源诱饵等多高热源的抗干扰问题依旧无法解决。

第三代红外导引头采用单晶光电导/光生伏特探测器（制冷锑化铟探测器），多为多元探测器，基本废除调制盘调制系统，采用圆锥扫描和玫瑰线扫描实现多元脉位调制，采用集成电路处理信号，灵敏度大幅提高，最大作用距离达到20km以上，具有探测范围大、跟踪角速率高等特点。与前两代相比，第三代红外导引头在抗干扰方面有了巨大的提升，不需要从飞机尾后发射，可以在近距离内全向攻击机动能力大的目标，采用全数字脉冲信号处理技术后，抗人工干扰性能较前两代有大幅提升。

第四代红外导引头为红外成像导引头，主要采用红外焦平面阵列探测器及线列扫描式探测器获取目标及背景的红外图像并进行预处理，得到数字化目标图像，经图像处理和目标识别后，得到目标图位置和方位信息。红外成像导引头的响应波段可调，也支持多波段融合，已实现全数字化信息处理，利用弹载计算机进行信息处理，大大提升处理速度及处理能力，多采用数字图像处理的方式区分目标和干扰，抗干扰性能有了大幅提升。

红外导引头共经历了四代的发展，从最初的红外单元导引头发展到如今的红外成像导引头，在其发展过程中，面临着干扰和对抗的挑战，如红外诱饵弹干扰和红外干扰机等。为了应对这些对抗手段，研究人员不断改进红外导引头的抗干扰技术，提高其对抗干扰弹和其他威胁的能力。下面将介绍不同发展阶段的导引头所采取的抗干扰技术。

1.2.1 单元探测抗干扰技术

1. 辐射能调制

来自目标的红外辐射能，一般不能直接利用，主要原因包括：①军事目标一般距离红外接收系统较远，因此红外系统接收到的红外辐射能极其微弱，必须加以放大处理；②在一定距离上，系统所接收到的红外辐射能是一个恒定不变量，即使把它转换成电信号，也是一个直流不变量，不利于变换放大处理。因此需要对光能进行某种形式的调制，这种调制类型要适合信号处理的有利形式。调制盘是对光能（红外辐射）进行调制的部件，是由透明和不透明的栅格区域组成的圆盘，置于光学系统的焦平面上。目标像点落在调制盘上，当目标像点和调制盘有相对运动时，对目标像点的光能量进行了调制。调制后的辐射功率是时间的周期性函数，如方波、梯形波或正弦波调制。调制后的波形随目标像点尺寸和调制盘栅格之间的比例关系而定。

2. 调制盘基本功能

1）使恒稳的光能转变成交变的光能

目标所辐射出的红外辐射，被光学系统接收并汇聚在置于焦平面上的红外探测器上，使光能转变成电信号。由于目标的辐射量是恒定的（不考虑目标距离、方向及大气对红外辐射的影响），因此，红外探测器产生的信号为直流电压，这在信号的处理方面没有交流信号容易。为此，在光学系统的焦平面上放一个调制盘对光能进行调制，使光能以一定的频率落在红外探测器上，产生交流信号，对信号处理更为方便。

2）产生目标所在空间位置的信号编码

物体经过光学系统成像，物和像有着一一对应的关系，即物空间的一点对应像空间确定的一点。因此，目标在物空间位置的变化，和目标像点在像空间

(即在调制盘上)位置的变化相对应。当目标位于光轴上时，像点也在调制盘的特定位置上；当目标偏离光轴时，像在调制盘上也相应偏离。像点位置的这种变化，使红外探测器产生的信号规律发生变化，如信号的幅度、频率、相位发生了变化。此时，红外探测器输出的电信号就包含了目标的方位信息，然后由信号处理电路分解出这种变化，并进行坐标变换，得出目标位置的信息。把这一信息传递至跟踪机构，使红外跟踪系统朝着减小误差角的方向运动，便实现了自动跟踪。

3）空间滤波——抑制背景的干扰

任何温度高于绝对零度的物体均可以辐射出红外辐射能，飞机、军舰等都是理想的热辐射军事目标。而这些目标周围的背景，如云团、大气、海水等也是热辐射体，也能向外辐射红外辐射能。这导致光学系统所收集到的辐射中，除了目标辐射以外，也包含背景辐射。可见，目标和背景是相对而言的，要求红外搜索跟踪系统能把目标从背景中区别出来，这个任务是由调制盘来完成的，这种作用称为“空间滤波”。空间滤波是空间鉴别的一种。空间鉴别技术基于点源目标和大面积背景元之间尺寸特性的差异，调制盘的空间滤波特性，可以大大抑制背景的外部干扰，但也不可能百分之百地消除背景干扰，因此还需采取其他措施，如色谱滤波，即利用目标和背景辐射波段的差异来消除背景干扰。

3. 调制盘式探测系统的基本结构

图 1.4 是一种典型的调制盘式探测系统光学布局。它是一个折反式（卡赛格伦）光学系统，调制盘是一种能透过和遮挡红外辐射的平面光学元件，上面设有调制花纹，设置于焦平面上。

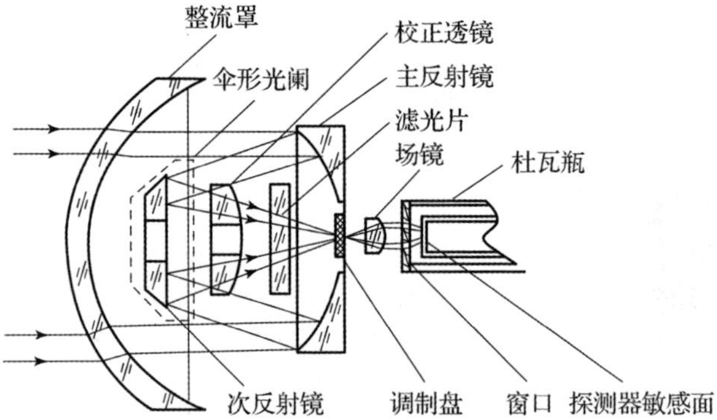

图 1.4　调制盘式探测系统光学布局

调制盘主要根据系统所确定的调制体制来设计。调制方式主要有调幅式、调频式和脉位式。现役调制式红外探测系统大都选用调幅式。调幅式图案多选用棋盘格式，调制花纹的直径由视场和光学系统焦距决定，按照总体给出的调制曲线要求，结合像质在视场中的变化，进而进行棋盘格扇形角度、同心圆层数和层间宽度的设计。将设计结果做成样机，通过实测效果对图案和像质做一定的修改，以满足系统要求。

调制盘的设计应考虑系统的坐标系。当目标落入光学系统视场中时，目标辐射将聚焦到调制盘上的一点。这一点相对于调制盘中心的误差用失调角来表示，而失调角由角度的大小和相对弹体基准的方位来确定。所以，目标在调制段上成像的位置，可以确定目标相对光轴的空间方位。

为了给出目标的空间方位，调制分为目标信号调制区和半透明区两部分，它使调制的目标高频信号载有低频包络，检波后的包络信号的相位就体现目标的空间位置。图 1.5 所示为几种典型的调制花纹，在图 1.5 的右图中，像点 A 和 B 对应目标在空间的位置相对于光轴，一个在光轴的左方，一个在光轴的下方，两者相差 90°。通过调制，调制出的信号波如图 1.6 所示，为对应目标在 A、B 两点的信号波形，其中上图为探测器输出的原始波形；中图为选频放大后的信号波形；下图为低频检波后的包络波形。两个包络信号的相位相差 90°，从而识别目标的方位。对于动力陀螺式跟踪系统，跟踪目标靠陀螺转子的进动，而进动的方向依赖于转子永久磁铁的磁轴方向和进动电流产生的磁场相互作用，这里，进动电流就是低频包络信号，它随调制盘的转动而产生，陀螺转子磁铁随调制盘一起转动，这样磁轴就和进动电流的相位有一个固定关系，进动电流产生的磁场和磁铁磁轴的作用力的方向就是恒定的。这就实现了对目标的跟踪。

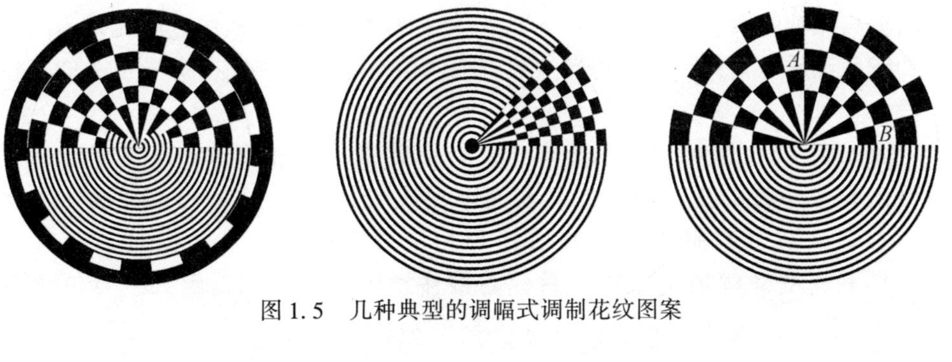

图 1.5　几种典型的调幅式调制花纹图案

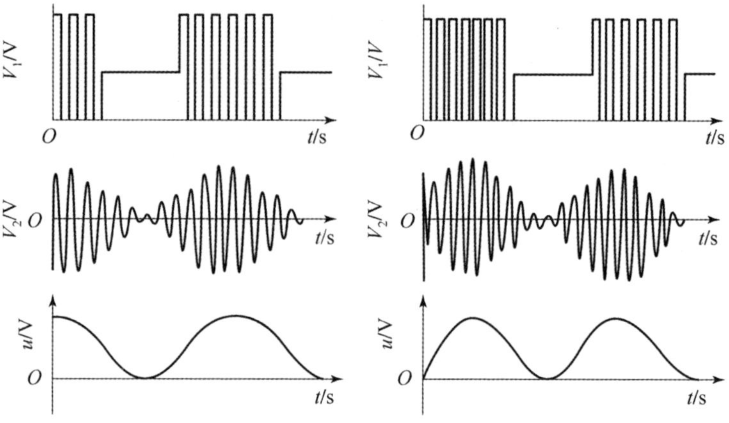

(a) (b)

图 1.6 调制信号波形和包络信号的相位

(a) *A* 点的调制波形；(b) *B* 点的调制波形。

4. 单元探测器抗干扰措施

当面积较大的背景辐射落到调制盘上时，由于像斑覆盖许多方格，其平均透过率接近于50%，在半透明区，透过率也是50%，使输出信号接近于直流，起到了很好的空间滤波作用。所以设计调制盘时，一般在满足目标信号调制的基础上，方格尺寸小一些为好，以充分抑制大面积背景的干扰。

单元探测器能接收红外辐射，但其接收的信号是连续的，无法区分目标和干扰。空间滤波抗背景干扰的基本原理是通过调制盘去掉大面积均匀的背景辐射干扰源，而目标在调制盘形成一个像点或弥散圆光斑，通过调制盘旋转、像点不动或者调制盘静止、像点扫描等方式，将目标红外辐射调制成脉冲交流信号，通过该脉冲信号幅值、宽度、周期等可解算目标在导引头视线坐标内偏离光轴的大小和方位信息。而光谱滤波的基本原理是通过滤光片消除大量的背景漫反射光，一般由滤光片或者探测器与滤光片共同决定导引头的工作波段。

图 1.7（a）所示为调制盘样式，外圈做成棋盘格的样式，主要是为了提升对较小干扰的抵抗能力，其调制波形如图 1.7（b）所示。在确定了起始坐标后，通过调制深度（幅值）和相位分别确定目标的偏移量及方位角。调制深度（幅值）越大，目标的偏移量越大，相位差越大，方位角也就越大。

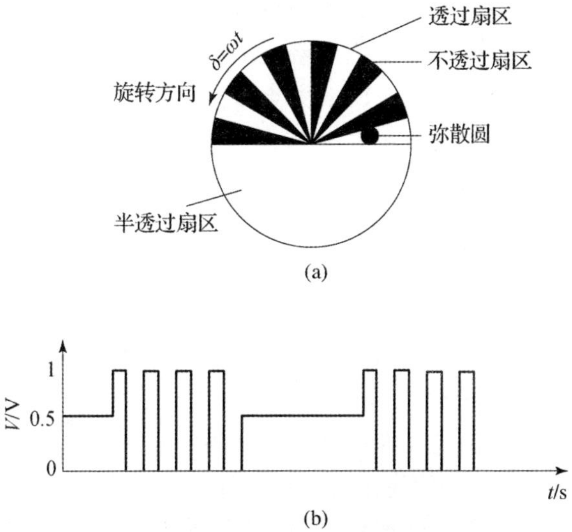

图 1.7　调制盘及其调制波形

(a) 旋转扫描调制盘示意图；(b) 调制盘调制波形曲线。

但是，红外单元导引头采用调制盘调制方式为基础的信息处理，对于较小的点干扰或复杂起伏的背景干扰无法有效抑制，同时，能量中心跟踪的方式无法区分多个目标，很容易被曳光弹、红外点源诱饵和其他热源诱偏，从而导致跟踪失败，使导弹作战效率大打折扣。

1.2.2　多元探测抗干扰技术

1. 系统特点

多元脉位式探测系统的功能和调制式系统是相同的，设计的基本思想是由于调制盘式系统灵敏度太低，单元探测器输出信息量太少，无法具有抗人工干扰的能力，不改变制式很难有明显的提高。为此，用两个或 4 个条形探测元构成 L 形或“十”字形的探测器，代替一个大敏感面探测器，取消调制盘，再让次反射镜倾斜，实现像点扫描，从而形成脉位调制探测系统。这样的系统可以实现导引头要求的全部功能，具有更远的作用距离和更强的抗人工干扰能力。

2. 抗背景干扰能力和抗人工干扰能力

多元脉位调制探测系统本身抗背景干扰能力不明显，但从探测器面积考虑，当系统视场相同时，相较于调制盘系统约为 1/40，接收的背景辐射显然就小得多。另外，为了抗大面积背景干扰，如果相对两个探测器同时受到照射，输出很宽的脉冲，电路应把信号抵消。如果一个探测器接收到的脉冲宽度大于一定数值时，通过高通滤波，将大大减少背景干扰。

对于抗人工干扰，四元脉位系统给出了可能性，设定干扰是在捕获目标之后释放的，则在电路上可设置波门，由于目标脉冲出现的时间已知，当另一个辐射源出现在与目标不同的空间角位置，其处于波门之外时，电路不予处理，不会受到这个辐射源的干扰。当干扰与目标同时出现在波门内时，可根据幅值、宽度、运动轨迹等特征进行识别，抗干扰算法常用软件来实现。

多元导引头抗干扰的性能与弹载软件的信息处理算法有密切关系。如图 1.8 所示，当像点扫过导引头的探测臂时，由于探测臂所接受的目标能量发生变化，可得到随时间变化的幅值幅度电信号。然而，当目标和红外诱饵同时出现在视场中的不同位置时，就会在信息处理电路中形成两种不同的脉冲信号。一旦导引头检测到干扰，即启动抗干扰软件模块工作，在抗干扰模块中设置波门跟踪算法、幅度识别算法。波门跟踪算法是根据前一周期的目标脉冲位置，预测当前周期的脉冲位置范围并设置波门，程序只处理波门内的数据，处于波门以外的干扰信号则被抑制。幅度识别算法是在抗干扰过程中，当目标和干扰空间分离后，利用弹载计算机存储的诱饵弹投放之前的目标信号幅值进行真假目标识别。导引头可记忆突变前的波形，当目标和干扰分离时，通过与记忆波形相比较，波形相近的为真实目标并可进行跟踪。

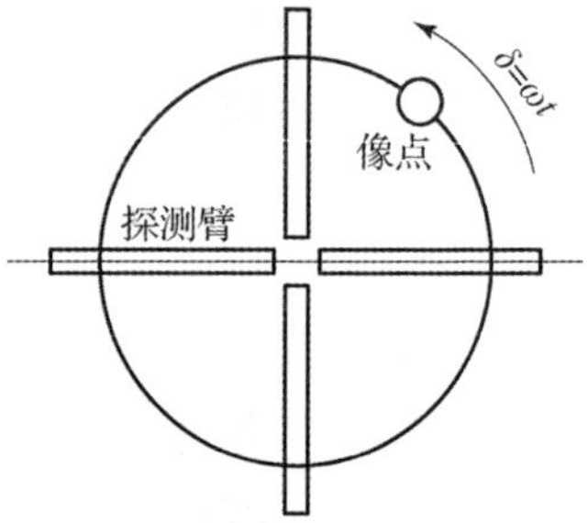

图 1.8　正交四元红外导引头工作原理示意图

综上所述，正交四元红外导引头的主要优点包括：①可根据目标和干扰的脉冲信号特性分辨出视场内的多个目标；②采用导引头信息处理数字化，可解决复杂的抗干扰逻辑判断问题；③抗红外点源诱饵效果良好。但是，红外多元探测仍有许多局限性，如跟踪精度差、抗复杂人工干扰能力差等。

1.2.3　成像探测抗干扰技术

1. 红外成像导引头处理方法分析

红外成像导引头灵敏度高、抗红外诱饵干扰和抗复杂地物背景干扰的能力较强，制导末端可获得飞机类目标红外图像，可以选择目标要害部位进行攻击。在抗干扰方面，往往采用获得的图像信息，利用多特征信息融合方法实现目标识别与跟踪。特征选择的合理性和提取的准确性通常决定着算法的跟踪性能，且适用于红外目标图像的特征可以清楚地区分目标对象和其他红外干扰。

灰度、面积、长宽比、圆度、形状、纹理、边缘、块特征、光流特征、拐角点等是红外目标跟踪中常用的特征。

基于目标特征的跟踪方法通常含有特征的提取和目标匹配。特征应具有直观的含义和良好的分类能力，应相对简单地进行计算，并且具有不变性，如图像平移、旋转和缩放比例变化。提取跟踪目标的特征本质上是为了进行帧与帧之间的最优匹配。基于特征匹配的跟踪算法通常提取边缘或角点特征匹配，以及提取目标灰度纹理特征匹配。近年来，一些学者利用边缘特征和颜色特征的融合特征信息进行目标跟踪，取得了良好的跟踪精度。然而，以上跟踪算法的计算工作量较大，且受单个边缘模型的限制较深，在实际中难以使用。

将特征应用于目标跟踪的优点体现在，虽然对图像模糊和噪点敏感，但是对移动目标的比例、形变和光照强度不敏感。各种运算符提取及其参数设置取决于图像特征提取的效果。此外，确定图像和连续帧之间的特征对应关系也很困难，尤其是当帧间特征是离散的，特征丢失、特征增加或减少等情况时有发生。

2. 红外成像导引头抗干扰架构

从导引过程和目标成像特性来划分，红外成像导引头抗干扰跟踪算法可分为点目标阶段（远距）、成像阶段（中距）和目标充满视场阶段（近距）。如图 1.9 所示，一般根据不同阶段的成像特征采取不同的抗干扰跟踪策略。

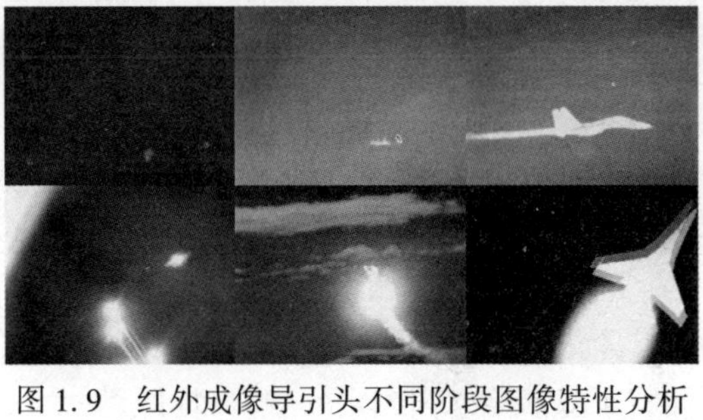

图 1.9　红外成像导引头不同阶段图像特性分析

一般地，整个抗干扰跟踪算法主要包括图像预处理、目标跟踪、状态更新 3 个步骤，如图 1.10 所示。各个步骤的主要功能如下。

（1）图像预处理。主要进行图像预处理操作，以实现滤除探测器成像噪声、背景抑制的功能。

（2）目标跟踪。主要进行目标跟踪，通过判断目标状态选择相应的跟踪策略。首先判断目标是否发生能量、面积等突变，决定是否为干扰态。若目标没有发生突变，则使用全局跟踪器，并对目标进行尺度估计；若目标发生突变，

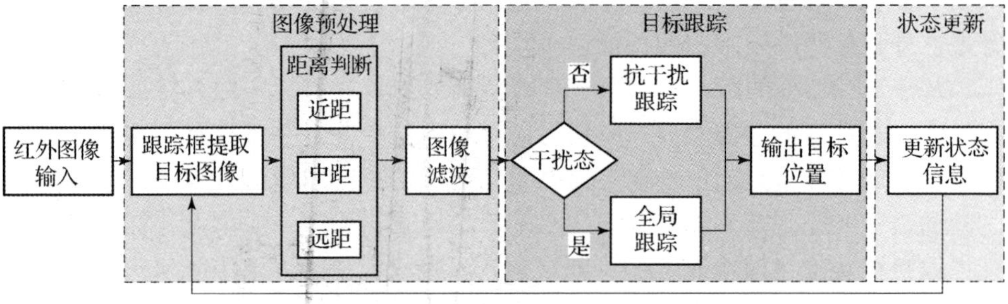

图 1.10　红外成像导引头全程抗干扰算法架构分析

则进入干扰态，当目标与干扰分离且未遮挡时，可以通过多特征融合相似性匹配准则，识别目标与干扰；当目标与干扰分离且遮挡时，可通过判断干扰投射方向预测目标位置，进行抗干扰目标跟踪，输出目标位置。值得注意的是，不同阶段的目标成像特性采取不同的图像分割策略、识别算法参数和抗干扰跟踪策略，既保证跟踪的准确性，又不影响算法实时性能。具体约束如下。

①远距跟踪时，目标成像面积较小、能量弱，需考虑分割算法受大面积背景影响而造成的目标过分割或欠分割问题；同时，干扰投放时，需通过统计灰度、面积、长宽比、圆度、信息熵等特征进行融合判断，极端情况需利用空间分布或像面运动信息进行抗干扰逻辑流程设计。

②中距跟踪时，目标成像面积已初具规模，除上述特征外，还可以利用形状轮廓特征信息进行融合判断，极端情况需利用目标局部结构特征或像面运动信息进行抗干扰逻辑流程设计。

③近距跟踪时，目标即将充满视场，细节纹理信息充分，算法进入末段跟踪状态。为保证算法实时性要求，只选取质心、形心、几何点等融合跟踪即可。

（3）状态更新。更新目标状态信息，主要包括更新目标位置坐标、跟踪框位置及长宽比、目标特征模板等，用于下一帧目标跟踪。

1.2.4　双波段探测抗干扰技术

由于大气传输的影响，不同辐射特性的景物在短波红外（SWIR）、中波红外（MWIR）、长波红外（LWIR）有着不同的表现，譬如在存在杂散辐射或靠近热源的情况下，长波红外具有较强的侦察能力，而在湿热的环境下，中波红外的优势更为明显，短波红外特性与可见光比较接近。图 1.11 所示为同一场景分别在中波红外与长波红外波段所成的图像，可以明显看出两者的区别。利用红外波段不同波长范围的光谱，可以有效剔除目标的伪装信息，提高目标的探测与识别能力、识别速率，并降低系统的虚率。

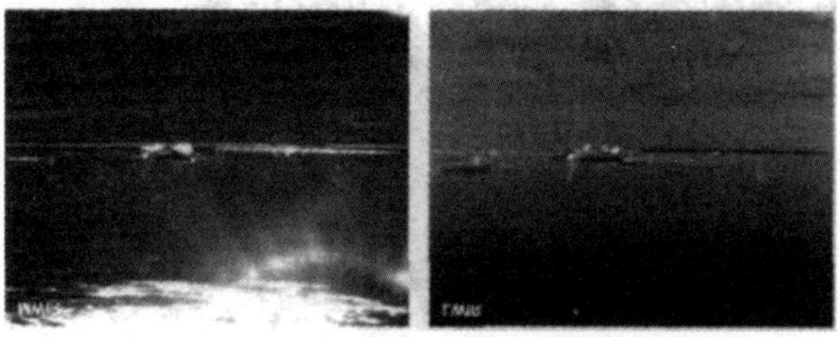

图 1.11　同一场景不同波段的红外图像

红外双波段探测是利用目标和干扰光谱分布的差异来识别真实目标的，为了提高导弹的抗干扰能力和目标识别能力，目前已有多个型号的空空导弹采用双波段红外成像制导技术，如南非的 A_DARTER、法国的 IR MICA 和以色列的 Python－5 导弹，它们都具有突出的抗干扰能力。

红外双波段探测系统通过对两个波段的红外辐射信号进行比较，计算出双色比，即两个波段信号的比值，可以用于描述目标与干扰之间的光谱差异。利用双色比，系统可以根据事先建立的目标和干扰的双色比特征库来判断检测到的物体是目标还是干扰。双色比的精度越高，系统对目标的温度分辨率越高，也越有利于进行目标识别。

黑体辐射遵从普朗克公式，在一定温度以下，$\lambda_1 \sim \lambda_2$、$\lambda_3 \sim \lambda_4$ 的两个波段内的辐射之比为一定值，温度不同，该比值不同。考虑到两个波段的目标辐射面积和接收光学孔径等参数相同，双波段红外探测系统对目标两个波段的响应信号之比，即双色比，只与目标的温度、发射率、大气衰减、系统响应率等有关，即

$$K = \frac{\overline{R_1} \times \overline{\varepsilon_1} \times \overline{\tau_1}}{\overline{R_2} \times \overline{\varepsilon_2} \times \overline{\tau_2}} \cdot \frac{M(\lambda_1, \lambda_2, T)}{M(\lambda_3, \lambda_4, T)} \tag{1.1}$$

式中：$\overline{R_1}$、$\overline{\varepsilon_1}$、$\overline{\tau_1}$和$\overline{R_2}$、$\overline{\varepsilon_2}$、$\overline{\tau_2}$分别为波段 1 和波段 2 的平均响应率、平均发射率和大气平均透过率。当大气透过率、目标发射率和系统波段响应率已知时，通过式（1.1）计算双色比，进而进行目标识别和抗干扰[2]。

选择合适的双波段是提高系统抗干扰能力的关键，双波段的选择要从系统的角度综合考虑，既要保证目标与干扰在两个波段的光谱差异大、有利于目标与干扰的鉴别，又要考虑系统的综合探测能力及可实现性。常用的波段选择有中短波、中长波和中中波，它们各有其优、缺点。

（1）中短波。目标与干扰在这两个波段的双色比差异最大，且在每个单波段，目标与干扰的特征差异也是最大的，因此对抗干扰最为有利。但由于目标在短波的辐射较弱，只能依靠中波来探测目标，短波只在抗干扰时起作用，且太阳与地物反射干扰在短波较为严重，一定程度上增加了抗干扰算法的复杂性。

（2）中长波。能够同时提高抗干扰能力和探测能力，中长波的使用可以提高对飞机目标的迎头探测能力，且中长波的组合使导引头在天气的适应性上能够相互补充，在高湿度地区，中波更为有利，而长波穿透烟雾的能力更强。但是长波的气动加热更严重，长波头罩的选择存在困难，且长波探测器的制作较为困难，成本更高。

（3）中中波。两个波段可以兼顾抗干扰和目标识别，在光学材料选择和系统设计上较为容易，缺点是目标与干扰的差异相对较小，不利于抗干扰。

因此，中长波的组合是较为理想的选择，目前中长波红外已用于自动目标检测和识别，在很多军事系统中都取得了成功，如美国海军舰艇自身防御系统（SSDS）的红外搜索与跟踪系统、法国海军的空海全景境界红外（VAMPIR）系统和荷兰皇家海军的 SIRIUS 红外搜索系统等。中短波与中中波组合各有优缺点，在实际系统中都有应用，关键是要采用与之相适应的信息处理算法，提高系统目标检测和干扰鉴别能力[3]。

国外中长波双波段红外成像技术目前主要有 3 种类型，即双探测器双波段成像技术、双线列双波段成像技术以及单探测器双波段成像技术[4]。

1. 双探测器双波段成像技术

在早期，由于能够同时响应两个波段的探测器尚未面世，以及相应的光学系统材料和镀膜技术的限制，只能采用两个不同波段的探测器，用分离的光学系统来构建双波段成像系统，然后通过图像的配准和融合技术来获得双波段图像。德国的“CLEMENTINE”系统采用了两个探测器，配合两个焦距为 100mm 的光学系统，保证两个波段视场一致，并采用彩色融合算法在后端进行图像配准和融合。研制方进行了大量的数据采集试验，图 1.12 所示为采集的图像数据，从左到右依次为中波、长波和融合图像。

2. 双线列双波段成像技术

由于基于叠层材料的双波段探测器无论是材料制备还是器件制造的难度都远超单波段探测器，而基于线列探测器成熟的制导技术，在同一个焦面上并列放置两个波段的探测线列，以获得可以探测双波段辐射的线列探测器是一种低成本、低难度的方案，如图 1.13 所示，将中波和长波两种探测器线列封装在一起，配合共光路双波段光学系统和扫描机构，通过信息融合的方式，可以有效提高探测率。

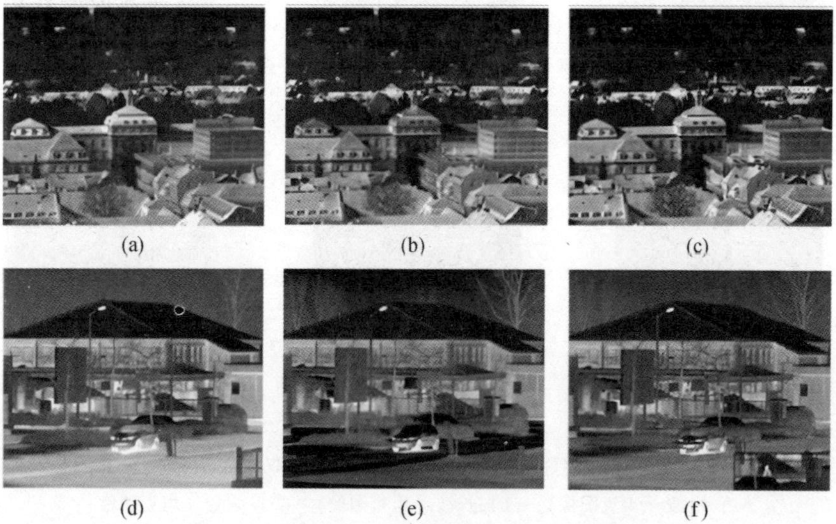

图 1. 12　德国“CLEMENTINE”系统采集的双波段图像（见彩图）

（a）场景 1 中波；（b）场景 1 长波；（c）场景 1 融合；
（d）场景 2 中波；（e）场景 2 长波；（f）场景 2 融合。

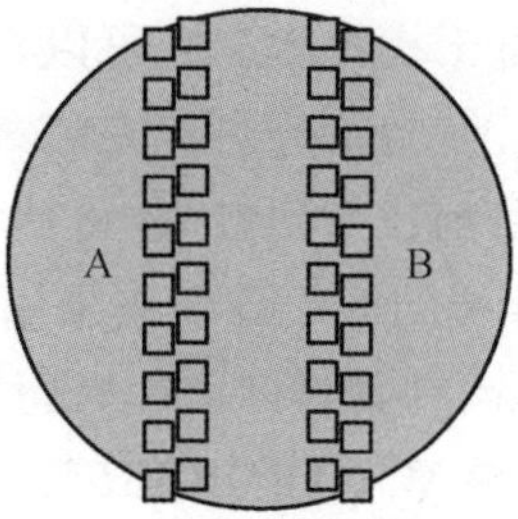

图 1. 13　双波段线列探测器结构

3. 单探测器双波段成像技术

随着探测器技术的进步，各个国家都基于单探测器开发了双波段探测系统。美国陆军研究实验室和洛克希德·马丁公司早在 2001 年就报道了单探测器双波段成像验证样机研究成果，该样机采用在双探测器双波段成像技术中验证过的彩色融合算法。美国陆军和洛克希德·马丁公司组织了基于单探测器双波段成像技术的大量图像采集试验，对坦克、卡车、直升机等陆军主要军事目标进行了双波段图像采集，图 1. 14 中从左到右依次为中波、长波和融合图像。

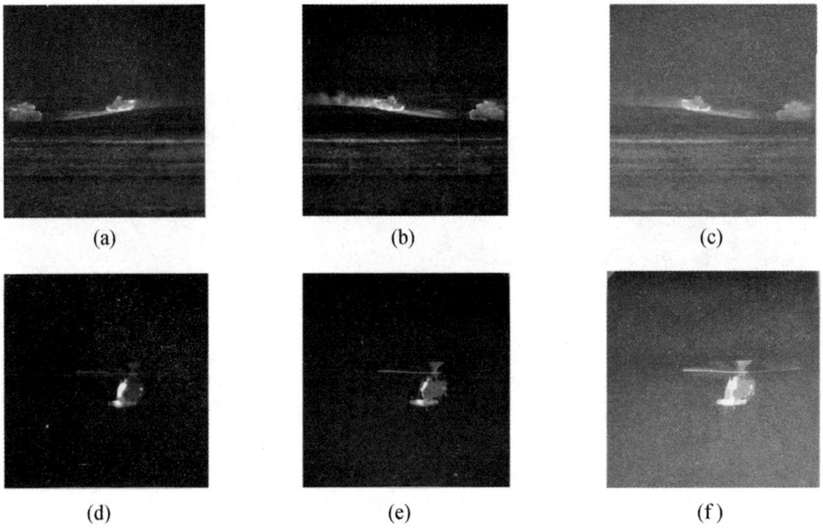

图 1.14 单探测器双波段红外成像设备采集的双波段图像（见彩图）
（a）中波（坦克图像）；（b）长波（坦克图像）；（c）融合（坦克图像）；
（d）中波（直升机图像）；（e）长波（直升机图像）；（f）融合（直升机图像）。

1.2.5 红外/雷达复合探测抗干扰技术

复合制导是一种有效的抗干扰技术，它可以根据受干扰情况自动切换制导模式，从而增强抗干扰能力。复合制导可以是红外、雷达、紫外、激光、可见光等制导技术的任意组合。目前，采用红外/雷达复合制导技术的较多。例如，美国的 RIM - Ⅱ6 “拉姆” 导弹的双模导引头采用被动雷达/红外分口径复合方式，红外导引头设于弹体前端，两根杆装被动雷达天线位于单体前端两侧；德国 BGT 公司研制的双模制导导弹（ARMIGER 导弹）采用宽带被动雷达/红外成像分口径复合方式，红外成像导引头设于弹体前侧下方，作战使用时，ARMIGER 导弹侧挂在飞机上，使雷达导引头能够更好地探测目标，发射后，在初制导阶段，弹体滚转到合适姿态，使红外成像导引头能够探测目标。

中国台湾的 “雄风” - 2 反舰导弹采用主动雷达/红外成像分口径复合方式，其导引头属于转换式双模导引头，当红外导引头在探测距离之内时，该导引头通过雷达末制导的装置所发出的开锁指令开机，此时红外成像探测器与末制导雷达一起工作，导弹跟踪到目标后，当末制导雷达未受到任何干扰时，导弹将会一直由末制导雷达进行自动导引，而红外成像探测器虽然也跟踪目标，但其并不制导。当末制导雷达导引头被干扰后，其接收机接近饱和或是导弹跟踪不稳定时，干扰鉴别电路将关闭雷达导引头，此时，导弹由红外成像导引头进行导引，如图 1.15 所示。

一般选择毫米波主动雷达/红外成像复合导引策略，因为毫米波波段波长覆盖 1~10mm，其频谱高端接近红外，使其频谱高端具体接近光学系统的高分辨率特性；毫米波频谱低端接近微波，使其频谱低端具有接近微波系统的全天候能力。并且毫米波雷达穿透性强，可穿透云雾、粉尘，器件体积小、重量轻、易于系统集成，波束窄，抗干扰能力强。

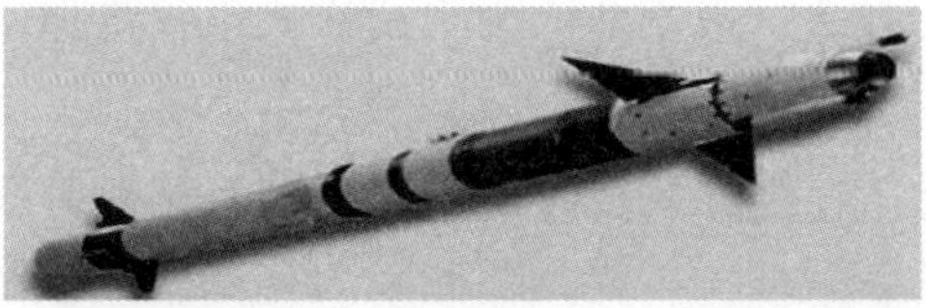

(a)

(b)

(c)

图 1.15　采用红外/雷达复合制导技术的导弹

(a)"拉姆"导弹；(b) ARMIGER 导弹；(c)"雄风"-2 反舰导弹。

在应用中，红外系统和毫米波雷达系统也存在诸多实际的问题和缺陷，任何一种探测设备或探测方式实际上都不可能同时解决所有的应用问题。目前人们在无线电和光电探测领域逐渐形成一种共识，即将不同探测体制和探测手段的优势进行综合，互相弥补各自的不足，从而提高单种模式传感器的整体性能，形成最优的功能体。具体到红外成像和毫米波主动雷达两类系统，能够有效互补的方面有以下几个。

1. 提高两类传感器的抗干扰能力

红外系统和雷达系统从机理上利用不同的目标特征进行探测，其中红外成像依靠目标和背景的温度差异，即温度对比度的不同；而雷达系统依靠不同物体对特定波段的反射能力，即反射系数的不同。两者探测的机理存在本质上的差异，对两类传感器进行干扰时，由于干扰机理不同，特定一类干扰很难对另外一种传感器有效，两者复合可以有效地剔除干扰，即便在一方受到干扰失效时，仍然能够利用另一种模式继续工作。从另一方面说，由于两类传感器波段相差较远、波长相差较大，故某些人为干扰样式也很难加以实施。

2. 提高天时天候适应能力

在自然天气条件下，红外系统容易受雾、霾、湿度等条件的限制，这些气象条件下对红外线的衰减增大，使其探测威力受到限制。另外，不同季节、不同时段都会对红外目标和背景的差异产生较大影响。相比而言，毫米波波段的电磁波对上述条件适应能力较强，即便在雨衰增加的条件下，仍不至于使探测系统失效。故采用毫米波雷达的天候适应能力能够有效弥补红外系统的缺陷，从而达到全天时、全天候使用的目的。

3. 提高探测精度

毫米波雷达由于波长较短，波束通常较窄，具有较高的分辨能力和测量精度；而红外系统定位及探测精度相比而言更高，利用双模复合信息可以有效提高单模在相同环境下的探测精度。

4. 提高目标识别能力

根据上述分析，由于两类传感器探测机理不同，故综合使用可以获得更多维度的信息，以增强探测和识别的准确度。如红外获得目标的二维外形尺度特征，毫米波雷达获得径向一维距离特征，进而提高目标识别的能力[5]。

1.2.6 抗干扰技术发展趋势

1. 智能化抗干扰技术

随着复杂电磁对抗技术的不断发展，未来战争必然呈现出博弈强对抗性、信息不完整性、状态不确定性、过程高动态性等基本特征，从而使武器系统在空间、时间、频谱、网络等多个维度（领域）面临巨大挑战。若不能利用智能化技术完成自动信息处理，将导致武器系统无法实时、有效地应对各类不确定性，形成战场上的被动态势。虽然真正具备完全自主抗干扰跟踪能力的智能导弹武器系统尚未出现，但是随着人工智能技术的进步，国内外主要军事强国均在朝这个方向发展，将人工智能技术运用于自动目标识别以及制导控制系统，形成智能目标识别或基于智能体的制导控制一体化抗干扰技术，这已成为未来导弹武器系统的发展趋势。

传统导弹各项功能的实现更多依赖于针对特定场景设计的预编制程序，若差异较大，则最终结果将面临较大的不确定性。因此，能否面向各类场景构建出相对统一、通用的处理模型，就成为导弹能力进一步提升的关键所在，而人工智能技术的发展为解决此类问题提供了潜在方案。人工智能导弹典型代表为美国下一代反舰导弹 LRASM，该导弹可执行不同打击任务，能依靠先进的弹载传感器技术和数据处理能力进行目标探测和识别（图 1.16）。从 LRASM 导弹可以看出，通过部署智能化抗干扰技术，导弹可以自主完成目标探测跟踪，并可依据感知结果自主选择攻击目标和打击点位置，从而使导弹能针对外部环境变化实时调整自身状态，确保始终采用最佳策略。这样不但使导弹呈现出良好的复杂环境适应性和自主决策能力，同时也实现了抗干扰作战过程由程序化向自主化的有效转变。

图 1.16　LRASM 远程反舰导弹 AGM－158C

2. 未来新型导引头抗干扰技术

新型红外干扰技术日益革新，使诱饵与目标的遮蔽性、相似性和复杂性进一步提高，对导弹红外探测系统也提出了更高的要求。因此，新型双色、多波段、红外/雷达复合等探测系统，可利用多维度信息与抗干扰策略应对单一或复合干扰手段，正成为未来导引头技术发展的前沿与牵引。美国、俄罗斯等均有采用双色红外导引头的导弹服役，如美国的“尾刺”（Stinger post）导弹采用紫外/红外双波段导引头、法国的“西北风”导弹采用多元红外（InAs）/紫外复合探测导引头等。针对红外多元双色非成像探测系统，目标、背景和诱饵干扰均呈现点目标特征，在红外辐射特性上只有光谱分布和辐射强度特征量可以利用。在导弹攻击过程中，诱饵弹为达到足够大的辐射强度，其温度必须远高于目标的温度，使目标和干扰在不同波段上的辐射强度呈现明显差异。因此，可以根据目标和干扰在不同波段的积分能量指标，即双色比，将目标和诱饵区分开，达到目标抗干扰跟踪的目的。

同时，日趋复杂的现代战场环境，使单一制导模式极易受到干扰，导致导弹作战效能下降。美国、俄罗斯等军事强国从 20 世纪 70 年代末期已着手研发微波雷达/红外复合导引头，雷达能够克服红外传感器探测距离近、无法全天候作战的不足，而红外传感器可以弥补雷达易受箔条假目标、距离拖引等干扰且角分辨率不高等缺陷，实现优势互补，构成一种全新的高性能寻的制导体制，主要用于反辐射导弹等的末制导。比较有代表性的是 SA－N－8 舰空导弹、RARMTS 反辐射导弹、AAM－4 空空导弹和 ASM－3 反舰导弹。发达国家从 20 世纪 80 年代开始研发主动毫米波/红外复合导引头，工作方式为由制导中段转换到寻的制导段时使用主动毫米波雷达制导，在距离目标较近时使用红外传感器进行跟踪，典型的有美国研制的“地狱火”空地导弹、法国研制的 APTGD 远程精确制导武器及 TACED 制导炸弹等。

对于空空导弹的末制导系统来说，主动毫米波制导、红外成像制导分别是雷达、红外精确制导技术的发展方向。双模导引头的制导模式能在充分发挥毫米波制导与红外成像制导自身先进性的基础上，利用两者的互补性进一步提高空空导弹导引头的制导效能。具有以下优势：全天时、全天候工作能力；抗多种电子干扰、光电干扰和反隐身目标能力，复杂环境下抗干扰识别目标能力，如图 1.17 所示。

(a)

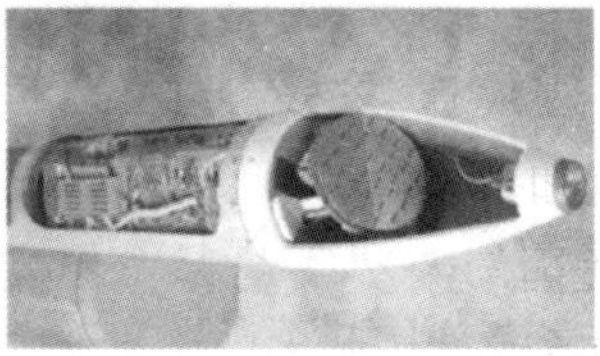

(b)

图 1.17　新型导弹及导引头

(a) 以色列 Stunner 导弹（采用了双波段红外探测器和毫米波有源共形相控阵天线）；

(b) AIM－7R 的双模导引头。

雷达/红外复合制导要同时研究单个雷达或红外导引头以及复合在一起所使用的关键技术，这些关键技术包括传感器共口径技术、一体化头罩技术、复合信息处理技术。复合信息处理技术中，目前致力于解决的主要有复杂背景下复合导引头的信息融合技术、抗光电和电磁干扰技术、目标自动识别技术等。总之，在复合体制上，导弹向着主动毫米波雷达/红外成像复合方向发展；传感器安装方式向着同轴共孔径复合方向发展；信息融合方式向着特征级融合方向发展，抗光电和电磁干扰、目标自动识别是现阶段亟待解决的问题。

3. 协同抗干扰技术

在传统模式下，即使采用多枚导弹共同完成打击任务，各发导弹间通常也相对独立，一般按各自设定的程序完成任务，彼此间不具备协同能力。在智能化时代，随着通信、数据链技术的不断发展，以及自主能力的不断提升，使不同装备间的协同作战成为可能，进而呈现出由“个体独立”向“集群协同”的演化趋势。

在“集群协同”场景下，集群中的不同装备可通过数据链路进行组网，从而使单个装备转变为网络中的某个结点，而不同结点又可代表不同装备类型，从而演化出无人机集群、多导弹集群等众多无人集群协同项目。在协同方式上，无人机可搭载不同类型载荷（如侦察载荷或电子战载荷），而空空导弹又可搭载不同类型传感器（如无线电、可见光、红外等），从而可为系统提供多模、多视角、多分辨率的感知数据。通过构建协同网络，使得当某些空空导弹由于干扰或故障出现性能下降时，可通过链路获取其他导弹的探测信息，从而可继续执行当前任务，展现出集群结点间的协同探测能力。

对于已完成组网的空空导弹，可依据当前空战态势，实时动态调整网络拓扑结构，从而使系统始终保持最佳的通信链路和抗干扰性能。而当某些导弹面对多种干扰对抗时，还可依据作战任务进行智能网络分化，形成多个相互独立的子网，使导弹集群具备同时应对多方向/多任务的并行处理能力，展现出相当的使用灵活性和智能化水平，充分体现出智能集群协同的优势所在。

2015年，美国DARPA发起的“体系集成技术与试验”（System of System Integration and Experimentation，SoSITE）项目提出了分布式空战概念（图1.18），构建一种协同作战体系，把空战能力分散部署于大量互操作的有人和无人平台，有人平台驾驶员作为战斗机管理员和决策者，负责任务分配和实施，无人平台则用于执行危险任务或简单的单项任务，如武器投送、电子战或侦察等。随着大量、多类型无人机投入实战并承担预警、侦察、对地攻击和区域封锁等任务，具有空战能力的无人作战飞机预计在2028年左右投入使用，将在数据链和作战网络支撑下配合有人飞机进行协同作战，空战将逐步向网络化、集群化、智能化方向发展，形成网络、信息、智能、智慧间的直接较量。

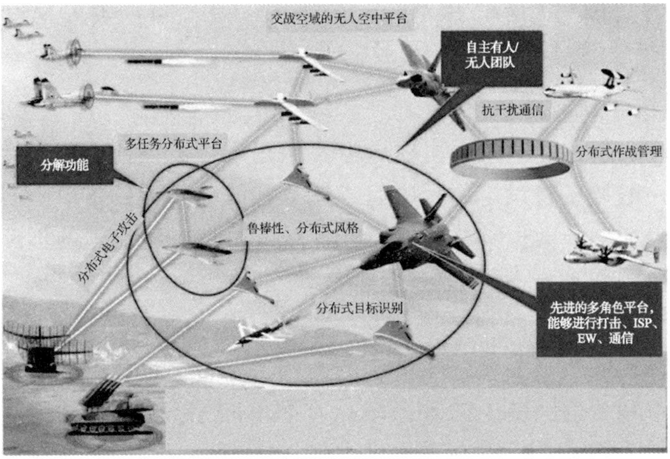

图 1.18 “体系集成技术与试验”（SoSITE）项目聚焦于提供能够显著提高系统复杂度的创新性体系架构

1.3 红外成像导引头工作原理

随着计算机技术、光电子技术等的发展，光电对抗越来越强烈，靠简单的点源式热寻导弹将面临重大挑战，为此，发展红外成像制导的精确制导武器成为20世纪70年代以来许多国家的研制热点。从美国休斯飞机公司1975年生产的第一枚4×4元红外成像制导导弹至今，红外成像导引头技术经历了将近50年的发展，从开始的4元一直发展到现在的256元，甚至是512元，成像体制从扫描成像发展到凝视成像。目前，发达国家已经将早期的红外制导武器淘汰，现役的红外制导武器基本上都采用红外成像导引头，因此下面将着重介绍红外成像导引头的工作原理[6]。

1.3.1 组成与功能

红外成像是把外界景物的热辐射分布转变成可视图像。可视图像的灰度和物体的红外辐射亮度成正比。红外成像的方法就是把景物红外辐射逐点测量出来并转换成可见光。对于机器观察的系统将转变成模拟或数字电压信号。对于导引头中的红外成像，若用线列探测器，则需设置一维光机扫描，即垂直于线列方向对物空间进行逐点扫描，便可测得一定空域中每一点的辐射亮度，从而得到这个空域中景物的热图像。若用面阵探测器，则无需光学扫描即可测得面阵探测器对应的空间景物热图像。

红外成像导引头是精确制导导弹控制系统的重要组成部分，是导弹的“眼睛”，它的作用是测量导弹偏离理想运动轨道的失调参数，利用参数形成控制指令，送给弹上控制系统，去操纵导弹飞行。一般地，红外成像导引头应具备以下基本功能。

（1）成像功能。接收目标、背景红外辐射，并形成红外图像。

（2）图像稳定功能。隔离导弹姿态扰动的影响，使导引头能够生成稳定、清晰的图像，给目标识别创造良好的条件。

（3）目标检测识别功能。从红外图像中检测、识别目标，测量出目标失调角。

（4）目标跟踪功能。根据失调角信息控制随动平台对目标进行稳定跟踪。

（5）制导信息生成功能。计算目标视线角和目标视线角速率，形成制导信息。

（6）与其他系统通信功能。与弹上计算机通信，接收弹上计算机传输的命令，将制导信息传送给弹上计算机和遥测系统，有时还需将图像压缩后传输给遥测系统。

根据不同的需要，不同种类红外成像导引头的组成不完全相同。例如，捷联红外成像导引头没有稳定系统和伺服机构，非制冷红外成像导引头没有单独的制冷机构。图1.19所示为红外成像导引头的基本结构，主要由红外成像系统、信息处理系统、伺服跟踪系统以及导引信号生成系统组成。红外成像系统负责红外导引头视场内红外场景的成像；信息处理系统负责目标识别与跟踪；伺服跟踪系统用于调整红外成像系统视场的光轴角度，并反馈角度给导弹控制系统；导引信号生成系统可以根据导引律从角跟踪回路中提取与目标视线角速度成正比的信号或其他信号并进行处理，形成制导系统所要求的导引信号。

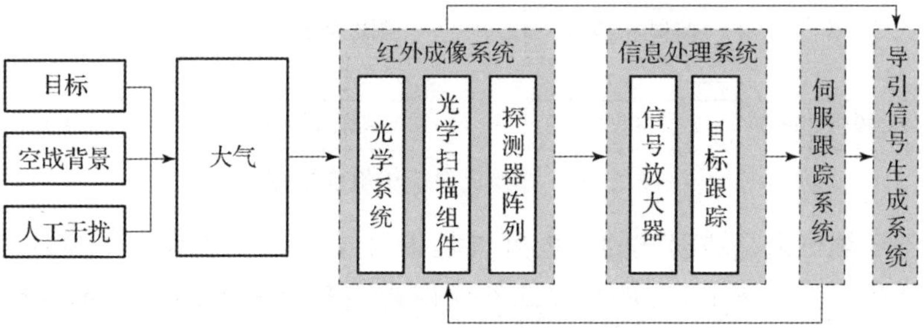

图1.19　红外成像导引头的构成框图

1.3.2 成像探测

成像探测技术解决红外成像导引头能否看得见、看得清的问题，红外探测器是红外成像导引头系统中最为关键的组成部分，按红外探测器像元数量与排列方式，红外成像系统可分为光机扫描型和凝视型两种。图 1.20 所示为红外成像系统的组成框图。

1. 光机扫描型红外成像系统

光机扫描型红外成像系统拥有光机扫描器，是完成景物图像解析的重要工具，用于使视场内景物的二维辐射以扫描点的形式依次扫过单元或多元阵列探测器，形成景物图像的一维电学视频信号。探测器将依次接收到的辐射信号转换成电信号，通过隔直流电路把背景辐射从场景电信号中滤除，以获得对比度良好的热图像。该系统由于存在光机扫描器，因此系统结构复杂、体积较大、可靠性低、成本也较高，但由于探测器性能要求相对较低、技术难度相对较低，因此是 20 世纪 70 年代以后国际上主要的红外成像系统类型。

2. 凝视型红外成像系统

凝视型红外成像系统利用焦平面探测器面阵，使探测器中的每个单元与景物中的一个微元对应，与扫描型红外成像系统相比，凝视焦平面成像系统没有了光机扫描器，同时探测器前置放大电路与探测器合一，集成在位于光学系统焦平面的探测器阵列上，这也是所谓的“焦平面”含义所在。近年来，凝视型焦平面红外成像技术发展迅速，目前在红外成像导引头中使用比较广泛的凝视探测器有碲镉汞（HgCdTg）探测器/硅 CCD 混合焦平面器件、锑化铟（InSd）光伏焦平面器件、铂硅（PtSi）肖特基势垒电荷耦合器件等，现有的阵列大小已达 512 ×512 像元。

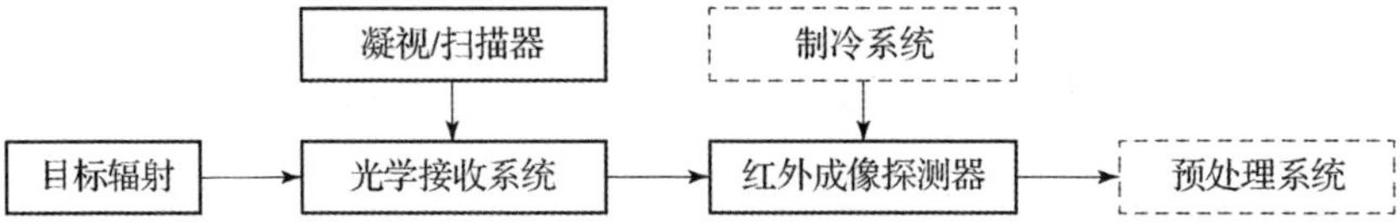

图 1.20　红外成像系统组成框图

光学系统可以是透射式的，也可以是折反式的，一般为了减少系统长度，多设计成折反式。图 1.21 是两种红外成像光学系统原理图，此光学系统相当于一个望远物镜，直接把入射辐射汇聚到探测器敏感面上，和脉位调制系统很类似，形式上加了一块大口径修相差透镜，如果用面阵探测器，则所有镜片是固定的，如果用线列探测器，则次反射镜应做成进行一维扫描的摆镜。

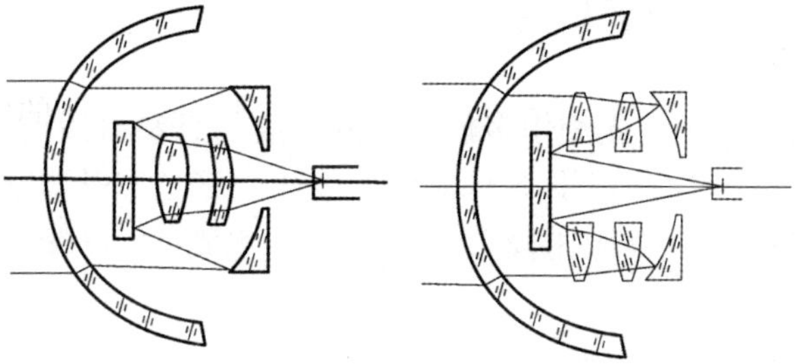

图 1.21　两种红外成像光学系统原理图

1.3.3　信息处理

目标信号处理系统的基本功能是将来自红外探测器组件的目标信号进行处理，识别目标，提取目标误差信息，驱动稳定平台跟踪目标。红外导引系统目标信号处理种类很多，有调幅信号、调频信号、脉位调制信号、图像信号处理等系统。它们的构成也不尽相同，概括起来主要由前置放大、信号预处理、自动增益控制、抗干扰、目标识别及误差提取、目标截获、跟踪功放等功能块组成，如图 1.22 所示。

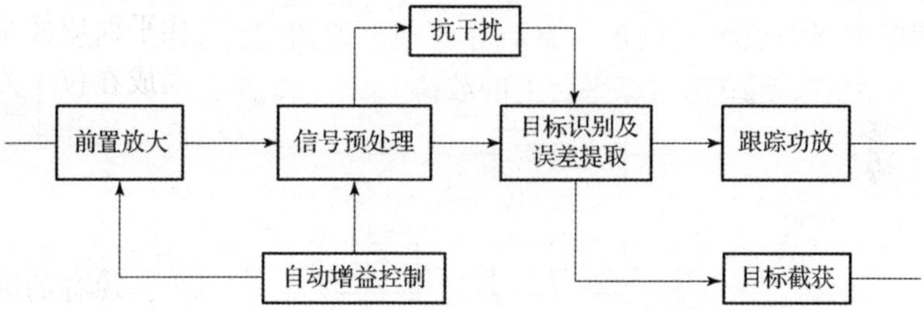

图 1.22　目标信号处理系统基本构成框图

红外导引头信息处理工作贯穿于从捕获目标到攻击目标的整个过程，主要包括图像预处理、目标检测与识别和目标跟踪等[7]。

1. 图像预处理

红外导引头进行图像识别与跟踪时，红外成像系统成像过程中受到自身器件的能量干扰，经图像数字化及传输过程，红外图像会出现小噪点等背景杂波和系统噪声干扰，图片质量会变差，噪声干扰可掩盖目标特征，致使目标图像识别和跟踪困难。要把目标从背景杂波和噪声干扰中分辨出来，需要先对红外成像图像进行预处理。图像预处理主要是改善图像数据，抑制图像噪声和削弱背景杂波，提高信噪比，对图像进行滤波降噪。对于空空导弹而言，主要是去除图像中的云团和可能出现的地物背景。

2. 目标检测与识别

目标的检测与识别首先利用多帧图像的灰度信息和自适应灰度阈值将可能目标分割出来进行标记，记录下其灰度、大小、形心、运动速度和轨迹等特征；其次根据目标间的特征比较和一定的判别规则，从干扰中识别出真实目标，进而进行跟踪。

3. 目标跟踪

目标跟踪依据目标距离的远近采取不同的跟踪算法，远距离可采用对比度跟踪算法，近距离可采用相关匹配跟踪算法。其持续输出目标位置误差信号跟踪稳定平台伺服控制系统，实现位标器对目标的稳定跟踪。

1.3.4 伺服跟踪

红外成像导引头的伺服跟踪稳定系统的主要功能是在红外探测系统和目标信号处理系统的参与、支持下，跟踪目标和实现红外探测系统光轴与弹体的运动隔离，即空间稳定。红外导引系统中用的跟踪稳定系统概括地分为动力陀螺式和速率陀螺式两大类。跟踪稳定系统一般由台体、力矩器、测角器、动力陀螺或速率陀螺以及放大、校正、驱动等处理电路组成，如图 1.23 所示。图中“红外探测系统”环节是跟踪平台上的载荷[8]。

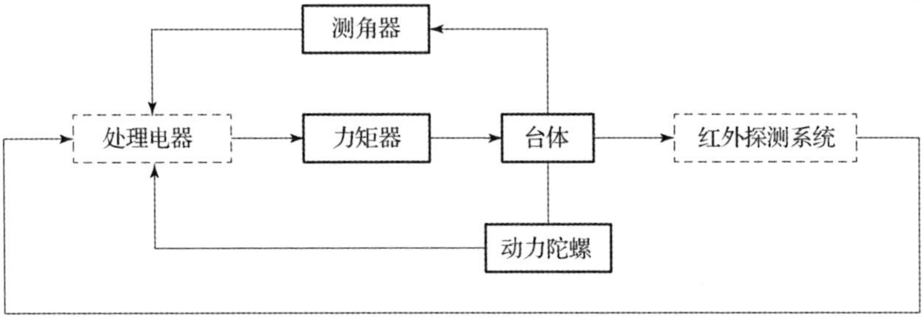

图 1.23 跟踪稳定系统构成框图

战术导弹导引头的稳定系统主要采用动力陀螺稳定位标器和陀螺稳定平台系统。

1. 动力陀螺稳定位标器

采用三自由度陀螺作为跟踪机构，利用陀螺的定轴性来稳定光轴，利用其进动性实现对目标的跟踪。按照转子与万向支架的关系，又可分为内框架稳定位标器和外框架稳定位标器。对于红外成像导引头，由于图像不能旋转，红外成像传感器须放在陀螺内环上，因此需将内框架结构外拉前伸，使之能够按照红外成像传感器的视场方向稳定、持续地指向目标。美国 RCA 公司研制的红外肖特基势垒焦平面阵列反坦克导弹导引头便采用此种形式，如图 1.24 所示。

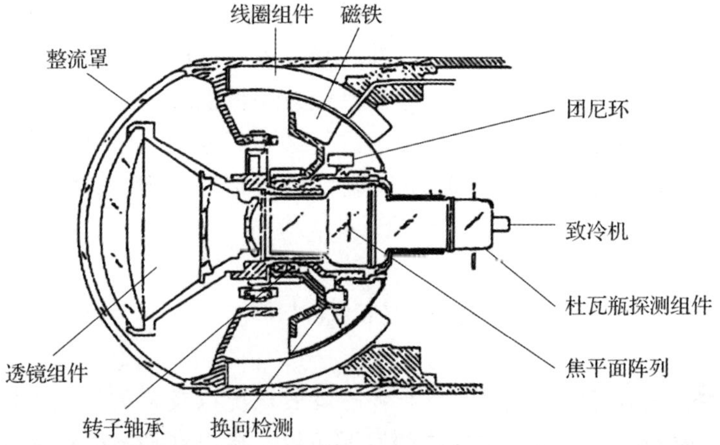

图 1.24　红外成像导引头稳定位标器

2. 陀螺稳定平台系统

动力陀螺稳定位标器依靠高速选择的陀螺转子所具有的动量矩来实现稳定光轴，利用陀螺的进动性来实现跟踪，由于定轴性与进动性之间的相互制约，使这种稳定系统的快速性受到一定限制，对于要求大跟踪角速度的战术导弹，就必须改用稳定平台。

稳定平台系统的光轴稳定是通过装在内框上的两个测速陀螺及平台伺服控制系统来实现的，伺服机构的惯性力矩远大于陀螺力矩，因此，稳定平台具有动力陀螺稳定位标器系统所不具备的快速跟踪能力。

对于红外成像导引头，采用稳定平台较理想的方案是：仍然采用双框架结构，前框架上安放红外成像传感器系统，后框架上安装速率陀螺、测角器和力矩器。前后框架的内环用两根连杆组成平行四边形传动副，前后框架的内环就是平台的台体。当平台台体受到干扰力矩而漂移时，速率陀螺就敏感绕内外框架轴 X、Y 以一定角速度旋转，并以电压形式输出，经控制电路送到力矩器，力矩器产生御荷力矩来平衡外部的干扰力矩。稳定平台可以兼顾红外成像系统定轴性高、跟踪快速性好的优点，但平台的系统组成较为复杂，所需的速率陀螺、测角器、力矩器及控制电路等技术要求较高，成本相对昂贵。总体设计时应根据战术导弹的主要技术性能要求考虑选择导引头的稳定系统类型。

1.3.5 导引信息生成

导引信号形成系统的基本功用：根据导引律从角跟踪回路中提取与目标视线角速度成正比的信号或其他信号，并进行处理，形成制导系统所要求的导引信号。先进的红外成像空空导弹，导引系统并非将视线角速度信号直接作为控制指令，而是要根据复杂的导引律要求进行必要的处理。导引信号形成系统一般由变增益、导引信号放大、时序控制、偏置以及离轴角补偿等功能电路组成。

1.4 本章小结

本章主要介绍了红外成像空空导弹的发展概况以及相关的抗干扰技术。首先回顾了国内外红外成像空空导弹的发展历程，指出红外导引技术在现代空战中的重要地位，并根据未来空空导弹的发展需要，指出红外成像空空导弹的发展趋势。其次介绍了单元探测、多元探测、成像探测、双波段探测以及红外/雷达复合探测的抗干扰技术，并且指出抗干扰技术的发展趋势是向着智能化、体系化和系统化方向发展。最后重点介绍了红外成像导引头的组成以及各系统的工作原理，为本书后续章节抗干扰技术的介绍奠定了基础。

第2章

红外成像空空导弹抗干扰理论基础

本章首先进行目标与干扰的红外特性分析，随后介绍几种常用的红外特征；其次详细介绍几种常用的抗干扰方法，包括基于图像识别的抗干扰方法、基于光谱信息鉴别的抗干扰方法、基于惯导信息预测的抗干扰方法；最后从静态图像帧类指标、动态图像序列类指标以及综合抗干扰概率 3 个方面介绍了抗干扰算法的性能评价指标。

2.1 目标与干扰红外特性分析

随着红外成像技术的不断发展，红外成像制导导弹已对军用飞机构成严重威胁。然而，红外对抗技术使红外成像制导导弹面临着复杂背景、人工干扰等战场环境，而红外成像空空导弹目标识别方法主要依赖于目标和干扰的特征差异性，故复杂人工干扰对于目标特征的破坏直接影响目标识别算法的性能。本节分析了目标红外特性以及目标受到威胁时投放红外干扰的几何特性和红外辐射特性等，从而实现对目标、干扰的描述。

2.1.1 目标红外特性分析

对于红外成像空空导弹而言，目标通常是飞机，因此着重介绍飞机目标的红外辐射特性。飞机的红外辐射来源于被加热的金属尾喷管热辐射、发动机排出的高温尾喷焰辐射、飞机飞行时气动加热形成的蒙皮热辐射、对环境辐射（太阳、地面和天空）的反射。红外辐射的大小不仅与飞机本身的辐射有关，还与辐射测试装置相对于飞机的距离、视角以及辐射的光谱波段、大气衰减系数等参数有关。

喷气式飞机因所使用的发动机类型、飞行速度、飞行高度以及有无加力燃料（发动机在达到最大状态后继续增加推力所用燃料）等因素，其辐射情况有很大的区别。其中，涡轮喷气发动机有两个热辐射源，即尾喷管和尾焰。从无加力燃烧室发动机的后部来看，尾喷管的辐射远大于尾焰辐射。但有加力燃烧室后，尾焰成为主要辐射源。

1. 尾喷管

尾喷管是被排出气体加热的圆柱形腔体，可把喷尾管看作一个长度与半径之比（L/r）为 3~8 的黑体辐射源，利用其温度和喷管面积可计算它的辐射出射度。在工程计算时，往往把涡轮气体发动机看作一个发射率（比辐射率）为 0.9 的灰体，其温度等于排出气体的温度，而面积等于排气喷嘴的面积。于是可以根据普朗克黑体辐射公式，计算尾喷管红外光谱辐射特性，有

$$N_{喷管} = \frac{\varepsilon}{\pi}\int_{\lambda_1}^{\lambda_2} W_\lambda(T)\,\mathrm{d}\lambda \tag{2.1}$$

$$J_{喷管} = N_{喷管}A \tag{2.2}$$

式中：ε 为尾喷管的有效比辐射率；T 为尾喷管的热力学温度；A 为尾喷管的有效辐射面积。就现在的发动机而言，只能在短时间内（如起飞时）经受高达 700℃的排出气体温度；在长时间飞行时，能经受的最大值为 500~600℃；低速飞行时，可降低到 350℃或 400℃。

2. 尾焰

由于尾焰的主要成分是二氧化碳和水蒸气，它们在 2.7μm 和 4.3μm 附近有较强的辐射。同时大气中也含有水蒸气和二氧化碳，辐射在大气中传输时，在 2.7μm 和 4.3μm 附近往往容易引起吸收衰减。但是由于尾焰的温度比大气温度高，在上述波长处，尾焰辐射的谱带宽度比大气吸收的谱带宽度宽，所以某些弱谱线辐射就超出了大气强吸收范围，在大气强吸收范围外，其传输衰减比大气吸收谱带内小得多，这个现象在 4.3μm 处的二氧化碳吸收带内最为显著。因此，从探测的角度来看，4.3μm 的发射带要比 2.7μm 处的更有用（可以减少太阳光线干扰，同时具有较好的大气透射）。

由于通过排气喷嘴的膨胀是绝热膨胀，用绝热过程公式 $T^{-\gamma}P^{\gamma-1}$ = 常数，可以得到通过排气喷嘴膨胀后的气体温度为

$$T_2 = T_1\left(\frac{P_2}{P_1}\right)^{\frac{\gamma-1}{\gamma}} \tag{2.3}$$

式中：T_2 为通过排气喷嘴膨胀后的气体温度；T_1 为在尾喷管内的气体温度（即排出气体温度）；P_2 为膨胀后的气体压力；P_1 为尾喷管内的气体压力；γ 为气体的定压热容量与定容热容量之比。对于燃烧的产物，$\gamma = 1.3$。对于现代亚声速飞行的涡轮喷气飞机，P_2/P_1 的值约为 0.5。假定膨胀到周围环境压力，则式（2.3）变为

$$T_2 = 0.85T_1 \tag{2.4}$$

因此，喷嘴处尾焰的绝对温度约比尾喷管内的气体温度低 15%。由此可知，尾焰的辐射亮度与排出气体中气体分子的温度和数目有关，这些值取决于燃料的消耗，是飞机飞行高度和节流阀位置的函数。

涡轮风扇发动机是在涡轮喷气发动机上装置风扇。风扇位于压缩机的前面，叫前向风扇；风扇位于涡轮的后面，叫后向风扇。涡轮风扇发动机将吸取更多的空气，而产生附加的推力。涡轮风扇发动机比涡轮喷气发动机的辐射要低一些。这是由于涡轮风扇发动机的排出气体温度较低所致。涡轮风扇发动机的尾焰形状和温度分布，与涡轮喷气发动机大不相同。具有前向风扇时，过量的空气相对于发动机以轴线方向同心地被排出，在羽状气柱周围形成了一个冷套，其发动机的尾焰比一般的涡轮喷气发动机的尾焰小得多。在后向风扇发动机中，一些过量的空气与尾喷管中排出的热气流相混合，其发动机的尾焰和尾喷管的温度均降低。

3. 机身蒙皮

飞机机身蒙皮的红外辐射可以视为灰体辐射，计算其辐射强度需要获取机身蒙皮的温度、蒙皮材料的比辐射率和蒙皮的形状尺寸。

飞机在平流层飞行时，其机身蒙皮会受到大气层的气动加热作用而导致其温度高于环境温度。气动加热造成的温度变化可用以下公式计算，即

$$T_S = T_0\left[1 + k\left(\frac{\gamma - 1}{2}\right)Ma^2\right] \tag{2.5}$$

式中：T_S 为飞机蒙皮温度；T_0 为周围大气温度；k 为恢复系数，其值取决于飞机所处的大气层的气流流场，层流取值约为 0.82，紊流取值约为 0.87；γ 为空气的定压热容量和定容热容量之比，通常取值约为 1.3；Ma 为以马赫数表示的飞机飞行速度，1Ma 的速度即为声音在空气中的传播速度，约为 340m/s。

在典型的工程计算中，机身蒙皮的温度通常可以采用以下经验公式来计算，即

$$T_S = T_0[1 + 0.164Ma^2] \tag{2.6}$$

4. 反射或散射的来自太阳光和地气系统的红外辐射

因太阳光是近似 6000K 的黑体辐射，所以飞机反射的太阳光谱类似于大气衰减后的 6000K 黑体辐射光谱。飞机反射的太阳光辐射主要是近红外 1～3μm 和中红外 3～5μm 波段内。而飞机对地面和天空热辐射的反射主要在远红外 8～12μm 和中红外 3～5μm 波段内。

2.1.2 干扰红外特性分析

红外干扰的工作原理，主要是在光电对抗过程中，导弹锁定目标后，诱饵弹发射后形成红外假目标，导致导引头视场中出现多个能量源，使导引头无法准确识别目标，而后随着干扰与目标分离，导引头指向被逐渐引偏，目标成功逃脱，从而实现掩护目标逃离的目的。图 2.1 所示为红外干扰实测图像。

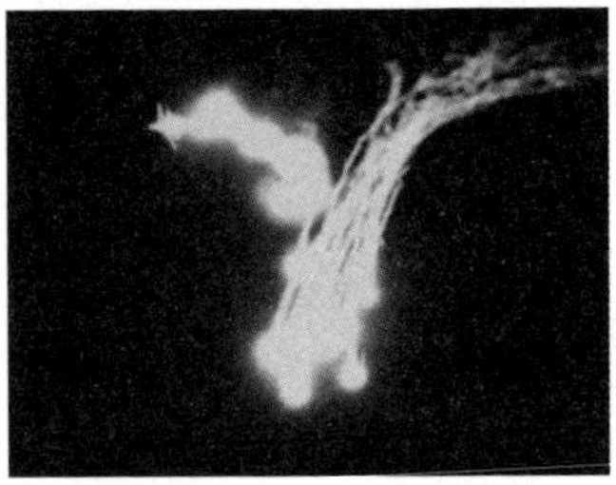

图 2.1 红外干扰实测图像

1. 红外点源干扰特性分析

1）形状特性

红外干扰在被投射出来后会产生爆炸，其形状会经历迅速爆炸、增大、逐渐消失的过程。红外诱饵弹为一个球形带拖尾的形状，其中的球形为其燃烧部分，拖尾为其爆炸后运动得到的烟雾扩散和碎片，球形部分的形状随着爆炸过程而改变，拖尾的形状和长度与诱饵弹的运动方向和速度有关。随着红外干扰在空中的燃烧过程，其质量、体积等都会逐渐降低。

2）辐射特性

红外诱饵的辐射强度从起燃到充分燃烧，再到最后熄灭，整个过程的辐射强度都在发生变化，一般变化规律如图 2.2 所示。主要包括以下过程。

（1）起燃时间：诱饵弹从投射到起燃经历的时间，通常低于 0.5s。

（2）上升时间：从燃烧初始到其辐射能量为最大值的 90% 时经历的时间，通常低于 0.5s。诱饵弹的辐射强度达到的最大值称为峰值强度。

（3）燃烧时间：即作用时间，在此阶段内诱饵弹保持稳定的燃烧，干扰作用明显有效，通常大于 3s。

（4）衰减时间：诱饵弹的能量迅速衰减，直至结束的时间。

图 2.2 为静态下红外诱饵弹燃烧后的辐射特性曲线，实际上，在不同的投放环境下，其动态特性参数也不一样，动态辐射特性受到高度、抛射诱饵弹的

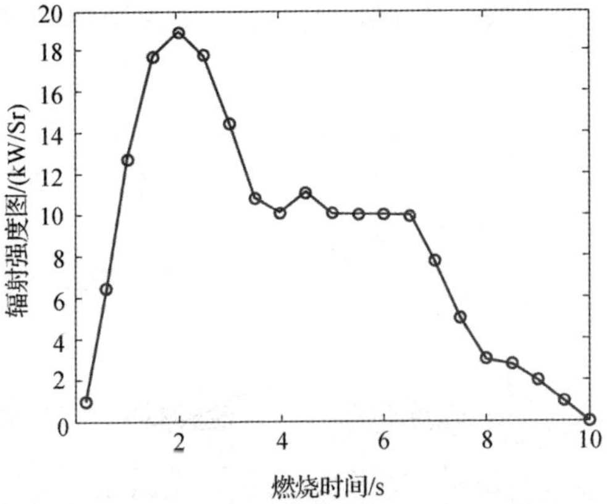

图 2.2　红外诱饵辐射强度随时间变化示意图

飞机速度等多种因素的影响，随着诱饵弹运动速度的增大，其红外辐射能量会略微降低。通常采用稳态峰值强度与动态峰值强度之比，即红外诱饵速度系数进行描述，其变化曲线如图 2.3 所示。

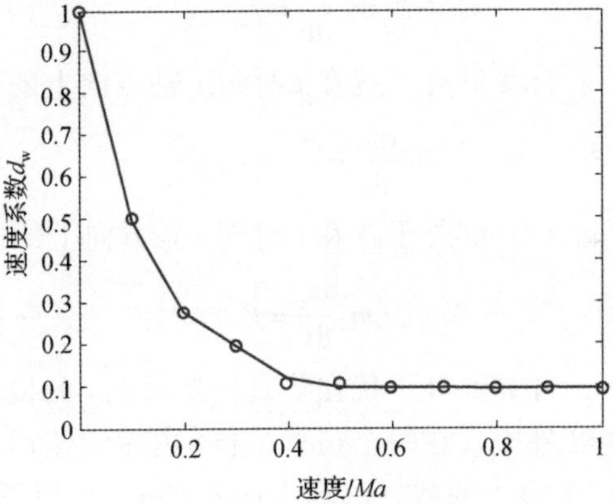

图 2.3　红外诱饵速度系数 d_w 与马赫数 Ma 之间的曲线关系

从图 2.3 中可以看出，当诱饵弹处于静态燃烧时，速度系数为 1，随着速度的增大，速度系数急剧减小，当速度大于 0.4Ma 时，速度系数降低为不到静态时的 1/10。虽然如此，诱饵弹辐射能量总存在一个剧烈上升的过程。在起燃时间范围，诱饵弹的辐射能量大致都呈线性上升，随着进一步燃烧，其辐射能量随之降低，最终完全消失。

3）运动特性

在飞行过程中，对红外诱饵弹产生作用的主要有来自飞机的投射力、自身的重力、空气带来的升力和阻力等。阻力可以表示为红外干扰几何形状、速

度、质量和大气密度的函数，用f表示，定义α为诱饵弹速度v在大地坐标系xoz平面的投影，即

$$\begin{cases} f_x = -\dfrac{C_{\mathrm{d}} A_{\mathrm{ref}} \rho g v^2}{2} \cdot \dfrac{\cos\alpha v_x}{\sqrt{v_x^2 + v_z^2}} \\ f_y = -\dfrac{C_{\mathrm{d}} A_{\mathrm{ref}} \rho g v^2}{2} \cdot \dfrac{v_y}{\sqrt{v_x^2 + v_y^2 + v_z^2}} \\ f_z = -\dfrac{C_{\mathrm{d}} A_{\mathrm{ref}} \rho g v^2}{2} \cdot \dfrac{\cos\alpha v_z}{\sqrt{v_x^2 + v_z^2}} \end{cases} \tag{2.7}$$

式中：$f=\sqrt{f_x^2+f_y^2+f_z^2}=m\dfrac{\rho g v^2}{2\beta}$，$\beta=\dfrac{m}{C_{\mathrm{d}}A_{\mathrm{ref}}}$；$C_{\mathrm{d}}$为阻力系数；$v$为红外干扰的瞬时速度；$\rho$为大气密度，模型中使用的大气密度随高度的不同而不同；A_{ref}为红外干扰的迎风面积。

在大地坐标系下，计算红外干扰在t时刻x轴方向上的速度分量v_x，有

$$m\frac{\mathrm{d}v_x}{\mathrm{d}t}=f_x \tag{2.8}$$

在大地坐标系下，计算红外干扰在t时刻y轴方向上的速度分量v_y，有

$$m\frac{\mathrm{d}v_y}{\mathrm{d}t}=-mg+f_y \tag{2.9}$$

在大地坐标系下，计算红外干扰在t时刻z轴方向上的速度分量v_z，有

$$m\frac{\mathrm{d}v_z}{\mathrm{d}t}=f_z \tag{2.10}$$

在大地坐标系下，计算红外干扰在仿真任意时刻t的位置坐标$(x,y,z)^{\mathrm{T}}$。

在仿真中，认为红外干扰在每个仿真步长t内做匀速运动，也就是$\mathrm{d}\boldsymbol{x}/\mathrm{d}t\approx\boldsymbol{v}$，一般情况下$t$为一个很小的数，仿真步长为1ms，可以得到投放时的3个坐标系的速度，利用累加和或4阶龙格-库塔法，能够计算出3个坐标系下的瞬时速度，然后将其合成到投放干扰的飞机的坐标系下，就能得到每一仿真时刻红外干扰在大地坐标系里的近似位置坐标$(x,y,z)^{\mathrm{T}}$。

2. 红外面源干扰特性分析

1）光谱辐射特性

目标飞机的红外辐射是由尾喷管、尾焰及蒙皮共同产生的，因此是多波段的复合辐射。面源红外诱饵采用复合燃烧材料，能够在1~3μm、3~5μm及8~14μm波段产生相似于目标飞机光谱分布的红外辐射，可以有效对抗红外制导导弹的光谱识别。

2）辐射面积

面源红外诱饵在空中燃烧时会形成一定形状的热图像，并且面积很大，能够在一定距离上与目标飞机的红外辐射图像交融在一起，共同形成目标信息，对抗红外成像制导导弹的跟踪识别。

3）起燃时间

面源红外诱饵的起燃时间控制在 0.5s 以内，能够在诱饵偏出导引头视场之前，在最短时间内对来袭导弹实施干扰，并且在保证目标飞机安全的前提下，有助于面源红外诱饵辐射与目标飞机辐射融合在一起。

4）燃烧时间

相比于点源红外诱饵，飞机用面源红外诱饵燃烧时间比较长，通常为 8 ~ 12s，大于导弹制导时间，确保目标飞机离开红外导引头视场并不被重新捕获，并且能够在更远的弹目距离上实施干扰。

5）布放方式

布放面源红外诱饵有两种方式，分别为单发式和多发式。单发式：投射一发红外诱饵弹，爆炸后分裂出很多的小燃烧单元，在空中以一定的形状分散开来形成面源干扰。多发式：连续投射出多发红外诱饵，在空中组合成具有一定形状的面源干扰。

6）气动特性

新型的伴飞式、拖曳式面源红外诱饵，能够模拟目标飞机的运动特性，在一定距离上跟随目标飞机飞行一段时间而不会迅速下落，然后再分离开来引偏红外制导导弹，从而有效对抗红外制导导弹的运动特性识别。

7）运动特性

面源诱饵发射初期的速度主要体现在发射的初速度和载机自身的速度上，随后影响其飞行轨迹的因素有诱饵在飞行过程中所受到的空气阻力、升力和重力、诱饵的质量、诱饵的发射初速度、发射诱饵时的载机速度。由于空气升力较小，在仿真中可忽略不计。面源诱饵所受到的空气阻力 f 方向与运动方向相反，大小与诱饵的运动速度的平方成正比，与诱饵的质量成反比。箔片所受阻力及其分量之间的关系可以表示为

$$\begin{cases} f = \dfrac{K_{\mathrm{d}} S \rho V_{\mathrm{D}}^2}{2m} \\ f_x = f\cos\theta \cdot \cos\psi \\ f_y = f\sin\theta \\ f_z = -f\cos\theta \cdot \sin\psi \end{cases} \tag{2.11}$$

式中：K_d 为空气阻力系数；S 为参考面积；ρ 为大气密度；f_x、f_y、f_z 为阻力 f 在 x、y、z 方向上的分量；θ 为诱饵运动的倾角；ψ 为诱饵运动的偏角。

箔片受力运动方程为

$$\begin{cases}\dfrac{\mathrm{d}V_{\mathrm{D}x}}{\mathrm{d}t}=\dfrac{-f_x}{m}\\ \dfrac{\mathrm{d}V_{\mathrm{D}y}}{\mathrm{d}t}=\dfrac{-(f_x-mg)}{m(\text{向上运动})}\\ \dfrac{\mathrm{d}V_{\mathrm{D}y}}{\mathrm{d}t}=\dfrac{-(f_y+mg)}{m(\text{向下运动})}\\ \dfrac{\mathrm{d}V_{\mathrm{D}z}}{\mathrm{d}t}=\dfrac{-f_z}{m}\end{cases} \tag{2.12}$$

式中：V_{D} 为诱饵速度；$V_{\mathrm{D}x}$、$V_{\mathrm{D}y}$、$V_{\mathrm{D}z}$ 为诱饵速度 V_{D} 在地面坐标系 3 个坐标上的分量，且各箔片在 3 个坐标上的分量服从 $N(V_{\mathrm{D}}+V_{fx,y,z},\delta_{\mathrm{D}})$；$f_x$、$f_y$、$f_z$ 为阻力 f 在 x、y、z 方向上的分量；m 为诱饵的质量。

典型箔片位置与速度的关系为

$$\begin{cases}\dfrac{\mathrm{d}X_{\mathrm{D}}}{\mathrm{d}t}=V_{\mathrm{D}x}=V_{\mathrm{D}}\cos\theta\cos\psi\\ \dfrac{\mathrm{d}Y_{\mathrm{D}}}{\mathrm{d}t}=V_{\mathrm{D}y}=V_{\mathrm{D}}\sin\theta\\ \dfrac{\mathrm{d}Z_{\mathrm{D}}}{\mathrm{d}t}=V_{\mathrm{D}z}=-V_{\mathrm{D}}\cos\theta\sin\psi\end{cases} \tag{2.13}$$

式中：X_{D}、Y_{D}、Z_{D} 为诱饵在地面坐标系中的位置，且在任意时刻箔片在 3 个坐标的空间分布服从 $N(X_{\mathrm{D}}(Y_{\mathrm{D}},Z_{\mathrm{D}}),\delta_{\mathrm{D}})$ 分布；V_{D} 为诱饵速度；$V_{\mathrm{D}x}$、$V_{\mathrm{D}y}$、$V_{\mathrm{D}z}$ 为诱饵速度 V_{D} 在地面坐标系 3 个坐标上的分量，且各箔片在 3 个坐标上的分量服从 $N(V_{\mathrm{D}}+V_{fx,fy,fz},\delta_{\mathrm{D}})$；$\theta$ 为诱饵运动的倾角；ψ 为诱饵运动的偏角。

箔片质量变化关系为

$$\frac{\mathrm{d}m}{\mathrm{d}t}=M_c \tag{2.14}$$

式中：M_c 为箔片燃烧过程中的质量变化率。

8）扩散特性

面源红外诱饵由多个小的箔片组成，在投放后以其质心为中心向四周扩散，面源红外诱饵投放后受到空气阻力、升力和重力等影响，其速度逐渐减慢、质量逐渐减小，在空中形成近似球状的空间分布状态。当载机的速度过大时，面源红外诱饵的空间分布会受到一定影响，形状有所改变，随着载机的飞行方向有所拉长。因此，面源诱饵发射初期的速度主要体现发射的初速度和载机自身的速度，随后影响其飞行轨迹的因素有诱饵在飞行过程中所受到的空气阻力、升力和重力、诱饵的质量、诱饵的发射初速度、发射诱饵时的载机速度。

确定载机速度(V_{fx},V_{fy},V_{fz})，箔片总数为N，令箔片爆炸0时的速度分布按坐标轴V_{X+}、V_{X-}、V_{Y+}、V_{Y-}、V_{Z+}、V_{Z-}均服从$N(V_b,\delta_b)$的正态分布，且箔片位置均集中于爆炸点(x_0,y_0,z_0)。由于空气升力较小，在仿真中可忽略不计。面源诱饵所受到的空气阻力f方向与运动方向相反，大小与诱饵的运动速度的平方成正比，与诱饵的质量成反比，箔片燃烧时受到的空气阻力大小为

$$F=0.5\rho SV^2C_d \tag{2.15}$$

式中：F为空气阻力，方向与箔片瞬时速度V相反；ρ为发射位置空气密度（kg/m^3）；V为箔片瞬时速度，该速度服从$N(V_b+V_{fx,fy,fz},\delta_b)$分布（m/s）；$S$为箔片燃烧时有效阻力面积（$m^2$）；$C_d$为箔片空气阻力系数。

由于此时采用的是方向虚拟阻力而不是单个箔片，因此阻力公式为

$$F_{ZU}=k0.5\rho SV^2C_d \tag{2.16}$$

式中：F_{ZU}为虚拟阻力；k为虚拟阻力系数，该系数通过实际测量可得。

以$X+$方向为例进行箔片空间分布的研究。t_1时刻有$X+$方向分布数学期望公式为

$$S_{1,E(x+)}=(V_{X+}+V_{fx})t_\Delta-0.5\frac{F_{ZUEX+}}{m}t_\Delta^2 \tag{2.17}$$

式中：$F_{ZUEX+}=k0.5\rho_bS(V_{X+}+V_{fx})^2C_d$；$t_\Delta$为仿真步长。

且t_1时刻有$X+$方向速度分布数学期望为

$$V_{1,E(x+)}=(V_{X+}+V_{fx})-\frac{F_{ZUEX+}}{m}t_\Delta \tag{2.18}$$

$X+$方向包含箔片概率为0.95的分布点为

$$S_{1,0.95(X+)}=(V_{X+}+1.6\delta_b+V_{fx})t_\Delta-0.5\frac{F_{ZU0.95}}{m}t_\Delta^2 \tag{2.19}$$

式中：$F_{ZU0.95}=k0.5\rho S(V_{X+}+1.6\delta+V_{fx})^2C_d$。

$X+$方向包含箔片速度概率为0.95的分布点为

$$V_{1,0.95(X+)}=(V_{X+}+1.6\delta+V_{fx})t_\Delta-\frac{F_{ZU0.95}}{m}t_\Delta \tag{2.20}$$

则$X+$方向包含箔片位置和速度分布方差分别为

$$\delta_{1sX+}=\frac{(S_{1,0.95(X+)}-S_{1,E(X+)})}{1.6} \tag{2.21}$$

$$\delta_{1vX+}=\frac{(V_{1,0.95(X+)}-V_{1,E(X+)})}{1.6} \tag{2.22}$$

综上，在 t_1 时刻 $X+$ 方向箔片空间分布服从 $N(S_{1,E(X+)},\delta_{1sX+})$ 分布，速度分布服从 $N(V_{1,E(X+)},\delta_{1vX+})$ 分布，同上，可以获得任意时刻 $X+$ 方向的箔片空间分布和速度分布，其他方向上的箔片空间分布以及速度分布也按照上述方法考虑。特别是 $Y+$、$Y-$ 方向的阻力公式为 $F_{ZU}=k0.5\rho SV^2C_d+mg$，然后再按照上述方法获得任意时刻箔片空间分布和速度分布。

从扩散特性可以看出诱饵图像面积大小随仿真时间的变化规律。可以看出，随着仿真的推进，诱饵弹在载机和发射方向散布逐渐变大，其他方向扩散较慢，最后形成带状区域，然后保持状态，并开始沉降，面源红外诱饵占据的面积也逐渐变大。

2.1.3 常用红外特征

红外成像制导武器所要攻击的目标可能具有的特征有纹理特征、形状特征、运动特征等。纹理特征主要用来表示目标区域的灰度分布，如最高灰度、灰度均值、能量、灰度标准差、对比度等；形状特征主要进行目标区域大小和形状的描述，如长宽比、周长、面积、圆形度等；运动特征主要进行目标在空间的运动状况的描述，如速度、轨迹变化率等。

1. 纹理特征

（1）灰度均值：原始图像中目标区域像素灰度均值与背景灰度的差值，即

$$G_{Ave}=f_{Ave}(x,y)-G_{Bkg} \tag{2.23}$$

式中：$f_{Ave}(x,y)$ 为目标区域像素灰度均值。

（2）最高灰度：原始图像连通区域内成像灰度最高的点灰度值与图像背景灰度之差，即

$$G_{Max}=f_{Max}(x,y)-G_{Bkg} \tag{2.24}$$

式中：$f_{Max}(x,y)$ 为区域最高灰度；G_{Bkg} 为背景灰度。

（3）灰度标准差：原始图像中目标区域内各像素点灰度与图像背景灰度值两者差值的标准差，即

$$G_{Std}=\mathrm{Std}(f(x,y)-G_{Bkg}) \tag{2.25}$$

式中：$f(x,y)$ 为目标区域像素点灰度。

（4）能量：原始图像目标区域内像素点相对灰度累加和，其中的相对灰度就是该像素点的灰度值与图像背景灰度值的差值，即

$$E=\sum(f_T(x,y)-G_{Bkg}) \tag{2.26}$$

式中：$f_T(x,y)$为目标区域像素点灰度。

（5）对比度：对比度特征就是利用灰度共生矩阵（Gray - Level Co - occurrence Matrix，GLCM）计算反映纹理的方差，计算公式为

$$W_2 = \sum_{t=0}^{N-1} t^2 \left[\sum_{i=1}^{N} \sum_{j=1}^{N} \boldsymbol{p}(i,j) \right] \tag{2.27}$$

式中：$\boldsymbol{p}(i,j)$为灰度共生矩阵，$|i-j| = t$。

其中的灰度共生矩阵是指统计图像灰度值的分布，从而得到该图像的共生矩阵，接着从该矩阵的一些特征值得到图像的纹理信息表征。

（6）角二阶矩：描述图像中目标区域的纹理变化，计算公式为

$$W_1 = \sum_{i=1}^{N} \sum_{j=1}^{N} \boldsymbol{p}^2(i,j) \tag{2.28}$$

式中：$\boldsymbol{p}(i,j)$为灰度共生矩阵。

（7）熵：描述图像中目标区域的纹理随机性。其最大值对应共生矩阵中所有值相同的情况；当共生矩阵中的值大小分布较为不均匀时，该特征值会变小。计算公式为

$$\mathrm{ENT} = -\sum_{i} \sum_{j} \boldsymbol{p}(i,j) \log_2 \boldsymbol{p}(i,j) \tag{2.29}$$

2. 形状特征

（1）长宽比：目标最小外接矩形的水平长度与垂直长度之比。

（2）面积：描述图像中的目标连通区域的大小。在二值图像中即为目标区域像素点的个数。

$$\mathrm{Area} = \sum f(x,y) \tag{2.30}$$

式中：x、y分别为图像平面横、纵轴坐标；$f(x,y)$为像素灰度。

（3）周长：目标边界长度，对应物理因素为轮廓信息，计算公式为

$$P = \sum f(x,y) \tag{2.31}$$

式中：$f(x,y)$为二值图像中点(x,y)的四邻域或八邻域既有 1 又有 0 的像素。

3. 运动特征

（1）轨迹变化率：目标视线角在序列图像上一定时间段内的变化率。

（2）速度：描述图像平面干扰和目标速度的大小和方向。

4. 椭圆傅里叶描述子

傅里叶描述子是一种基于频域变换的形状表示算法。傅里叶描述子是首先将物体轮廓线表示成一个一维的轮廓线函数，然后对该函数做傅里叶变换，由傅里叶系数构成形状描述子。同一形状不同的轮廓线函数会产生不同的傅里叶

描述子。通过把形状在频域进行表示，可以很好地提高描述子对存在噪声和边界变化的敏感度。

傅里叶描述子不仅是目前应用最广泛的描述子，而且是最具有发展潜力的形状表示算法之一。傅里叶描述子作为全局形状特征的一种描述方式，具有计算简单、抗噪性强、形状区分能力较强等特点，但不包含局部形状信息，对形状的细节辨别能力较弱。

1）椭圆傅里叶描述符特征原理

椭圆傅里叶描述符保持曲线的二维描述，它可以通过考虑图像空间定义的复平面来实现。也就是说，每个像素表示一个复数，第一个坐标表示实部，第二个坐标表示虚部。因此，曲线定义为

$$c(t) = x(t) + \mathrm{j}y(t) \tag{2.32}$$

式中：t 看作由弧长参数来计算。

为了得到曲线的椭圆傅里叶描述符，需要得到式（2.32）所示的曲线傅里叶展开式。该傅里叶展开式可以表示为复数或三角函数形式。椭圆系数可定义为

$$c_k = c_{xk} + \mathrm{j}c_{yk} \tag{2.33}$$

式中：$c_{xk} = \dfrac{1}{T}\int_0^T x(t)\mathrm{e}^{-\mathrm{j}k\omega t}\mathrm{d}t$；$c_{yk} = \dfrac{1}{T}\int_0^T y(t)\mathrm{e}^{-\mathrm{j}k\omega t}\mathrm{d}t$。该表达式中的每一项都可以利用一对系数来定义，即

$$\begin{cases} c_{xk} = \dfrac{a_{xk} - \mathrm{j}b_{xk}}{2}; \quad c_{yk} = \dfrac{a_{yk} - \mathrm{j}b_{yk}}{2} \\ c_{x-k} = \dfrac{a_{xk} + \mathrm{j}b_{xk}}{2}; \quad c_{y-k} = \dfrac{a_{yk} + \mathrm{j}b_{yk}}{2} \end{cases} \tag{2.34}$$

三角函数系数定义为

$$\begin{cases} a_{xk} = \dfrac{2}{T}\int_0^T x(t)\cos(k\omega t)\mathrm{d}t; b_{xk} = \dfrac{2}{T}\int_0^T x(t)\sin(k\omega t)\mathrm{d}t \\ a_{yk} = \dfrac{2}{T}\int_0^T y(t)\cos(k\omega t)\mathrm{d}t; b_{yk} = \dfrac{2}{T}\int_0^T y(t)\sin(k\omega t)\mathrm{d}t \end{cases} \tag{2.35}$$

三角函数系数可以通过离散近似来计算，有

$$\begin{cases} a_{xk} = \dfrac{2}{m}\sum_{i=1}^{m} x_i\cos(k\omega i\tau); b_{xk} = \dfrac{2}{m}\sum_{i=1}^{m} x_i\sin(k\omega i\tau) \\ a_{yk} = \dfrac{2}{m}\sum_{i=1}^{m} y_i\cos(k\omega i\tau); b_{yk} = \dfrac{2}{m}\sum_{i=1}^{m} y_i\sin(k\omega i\tau) \end{cases} \tag{2.36}$$

式中：x_i 和 y_i 定义函数 $x(t)$ 和 $y(t)$ 在采样点 i 处的值。利用式（2.33）和式（2.34），c_k 可以表示为一对复数的和，即

$$c_k = A_K - \mathrm{j}B_k ; c_{-k} = A_K + \mathrm{j}B_k \tag{2.37}$$

其中，

$$A_k = \frac{a_{xk} + \mathrm{j}a_{yk}}{2} ; B_k = \frac{b_{xk} + \mathrm{j}b_{yk}}{2} \tag{2.38}$$

基于式（2.33）的定义，曲线可以表示为指数形式，即

$$c(t) = c_0 + \sum_{k=1}^{\infty} (A_k - \mathrm{j}B_k)\mathrm{e}^{\mathrm{j}k\omega t} + \sum_{k=-\infty}^{-1} (A_k + \mathrm{j}B_k)\mathrm{e}^{\mathrm{j}k\omega t} \tag{2.39}$$

也可以表示为三角函数形式，即

$$\begin{aligned} c(t) &= \frac{a_{x0}}{2} + \sum_{k=1}^{\infty} (a_{xk}\cos(k\omega t) + b_{xk}\sin(k\omega t) \\ &\quad + \mathrm{j}\left(\frac{a_{x0}}{2} + \sum_{k=1}^{\infty} a_{yk}\cos(k\omega t) + b_{yk}\sin(k\omega t)\right) \end{aligned} \tag{2.40}$$

通常，上述方程式表示为矩阵形式，即

$$\begin{bmatrix} x(t) \\ y(t) \end{bmatrix} = \frac{1}{2}\begin{bmatrix} a_{x0} \\ a_{y0} \end{bmatrix} + \sum_{k=1}^{\infty} \begin{bmatrix} a_{xk} & b_{xk} \\ a_{yk} & b_{yk} \end{bmatrix} \begin{bmatrix} \cos(k\omega t) \\ \sin(k\omega t) \end{bmatrix} \tag{2.41}$$

对于一个固定值 k 而言，三角函数和所定义的轨迹是复平面中椭圆的轨迹。假设当改变参数 t 时，该点将以与谐频数 k 成正比的速度沿椭圆移动。该谐频数表示的是从 0 到 T 的时间间隔内有多少圆经过这个点。曲线上的一点可以看作 3 个矢量的和，这 3 个矢量定义了式（2.41）中的 3 项。当改变参数 t 时，每个矢量定义一条椭圆形曲线。$a_{x0}/2$ 和 $a_{y0}/2$ 的值定义的是第一个矢量的起点（即曲线的位置）。每个椭圆的主轴可以由 $|A_k|$ 和 $|B_k|$ 的值来计算。一个频率的椭圆轨迹定义取决于系数。

基于上述结果，定义一种不变描述符。为实现平移不变性，定义描述符时不需要 $k=0$ 所对应的系数。不变描述符是基于系数的复数形式定义的。不变描述符可以简单定义为

$$\frac{|A_k|}{|A_1|} + \frac{|B_k|}{|B_1|} \tag{2.42}$$

相对于格兰伦德（Granlund）的定义，这些描述符的优点在于它们不包括负频率，并且可以避免易受噪声影响的高频率乘法运算。根据式（2.38）和式（2.52）的定义，可以证明

$$\frac{|A_k'|}{|A_1'|}=\frac{\sqrt{a_{xk}^2+a_{yk}^2}}{\sqrt{a_{x1}^2+a_{y1}^2}};\frac{|B_k'|}{|B_1'|}=\frac{\sqrt{b_{xk}^2+b_{yk}^2}}{\sqrt{b_{x1}^2+b_{y1}^2}} \tag{2.43}$$

式（2.43）既不包含缩放因子 s，也不包含旋转角度 ρ。因此，这些描述符是不变的。值得注意的是，即使消除平方根，仍然可以保持不变性。

2）傅里叶描述子特征不变性分析

利用式（2.41）中的三角函数定义来考虑平移、旋转和尺度变化。用 $c'(t)=x'(t)+\mathrm{j}y'(t)$ 表示变换轮廓。该轮廓可以定义为

$$\begin{bmatrix}x'(t)\\y'(t)\end{bmatrix}=\frac{1}{2}\begin{bmatrix}a'_{x0}\\a'_{y0}\end{bmatrix}+\sum_{k=1}^{\infty}\begin{bmatrix}a'_{xk}&b'_{xk}\\a'_{yk}&b'_{yk}\end{bmatrix}\begin{bmatrix}\cos(k\omega t)\\\sin(k\omega t)\end{bmatrix} \tag{2.44}$$

假设该轮廓分别沿实轴和虚轴平移 t_x 和 t_y，可得

$$\begin{bmatrix}x'(t)\\y'(t)\end{bmatrix}=\frac{1}{2}\begin{bmatrix}a_{x0}\\a_{y0}\end{bmatrix}+\sum_{k=1}^{\infty}\begin{bmatrix}a_{xk}&b_{xk}\\a_{yk}&b_{yk}\end{bmatrix}\begin{bmatrix}\cos(k\omega t)\\\sin(k\omega t)\end{bmatrix}+\begin{bmatrix}t_x\\t_y\end{bmatrix} \tag{2.45}$$

即

$$\begin{bmatrix}x'(t)\\y'(t)\end{bmatrix}=\frac{1}{2}\begin{bmatrix}a_{x0}+2t_x\\a_{y0}+2t_y\end{bmatrix}+\sum_{k=1}^{\infty}\begin{bmatrix}a_{xk}&b_{xk}\\a_{yk}&b_{yk}\end{bmatrix}\begin{bmatrix}\cos(k\omega t)\\\sin(k\omega t)\end{bmatrix} \tag{2.46}$$

比较式（2.44）和式（2.46），变换曲线和原曲线系数之间的关系由下式给出，即

$$\begin{cases}a'_{xk}=a_{xk};b'_{xk}=b_{xk};a'_{yk}=a_{yk};b'_{yk}=b_{yk}(k\neq 0)\\a'_{x0}=a_{x0}+2t_x;a'_{y0}=a_{y0}+2t_y\end{cases} \tag{2.47}$$

由此可见，在平移情况下，除 a_{x0} 和 a_{y0} 外，其他所有的系数都保持不变。得出结论，只需要将这两个系数看作形状轮廓的重心位置，而平移改变的只是曲线的位置。

轮廓 $c(t)$ 的尺度变化可以作为从重心的膨胀来建模。也就是说，需要将曲线平移到原点，改变它的尺度然后再回到原来的位置。假设 s 表示尺度变化因子，那么经过这些变换，曲线被定义为

$$\begin{bmatrix}x'(t)\\y'(t)\end{bmatrix}=\frac{1}{2}\begin{bmatrix}a_{x0}\\a_{y0}\end{bmatrix}+s\sum_{k=1}^{\infty}\begin{bmatrix}a_{xk}&b_{xk}\\a_{yk}&b_{yk}\end{bmatrix}\begin{bmatrix}\cos(k\omega t)\\\sin(k\omega t)\end{bmatrix} \tag{2.48}$$

比较式（2.44）和式（2.48），变换曲线和原曲线系数之间的关系由下式给出，即

$$\begin{cases}a'_{xk}=sa_{xk};b'_{xk}=sb_{xk};a'_{yk}=sa_{yk};b'_{yk}=sb_{yk}(k\neq 0)\\a'_{x0}=a_{x0};a'_{y0}=a_{y0}\end{cases} \tag{2.49}$$

由此可见，经过膨胀处理后，除 a_{x0} 和 a_{y0} 保持不变外，其他所有系数都是与尺度变化因子相乘的结果。

旋转变化。假设 ρ 表示旋转角，可得

$$\begin{bmatrix} x'(t) \\ y(t) \end{bmatrix} = \frac{1}{2}\begin{bmatrix} a_{x0} \\ a_{y0} \end{bmatrix} + \begin{bmatrix} \cos\rho & \sin\rho \\ -\sin\rho & \cos\rho \end{bmatrix} \sum_{k=1}^{\infty} \begin{bmatrix} a_{xk} & b_{xk} \\ a_{yk} & b_{yk} \end{bmatrix} \begin{bmatrix} \cos(k\omega t) \\ \sin(k\omega t) \end{bmatrix} \tag{2.50}$$

式（2. 50）通过将曲线平移到原点，旋转然后回到原来位置来实现。比较式（2. 44）和式（2. 50），可得

$$\begin{cases} a'_{xk} = a_{xk}\cos\rho + a_{yk}\sin\rho ; b'_{xk} = b_{xk}\cos\rho + b_{yk}\sin\rho \\ a'_{yk} = -a_{xk}\sin\rho + a_{yk}\cos\rho ; b'_{yk} = -b_{xk}\sin\rho + b_{yk}\cos\rho \\ a'_{x0} = a_{x0} ; a'_{y0} = a_{y0} \end{cases} \tag{2.51}$$

由此可见，在旋转情形下，除 a_{x0} 和 a_{y0} 保持不变外，其他所有系数都可以定义为旋转角度的线性组合。重要的是，这种旋转关系也可以应用于曲线的起始点变化。

将曲线的平移、缩放和旋转 3 种变换结合在一起，用下式表示进行这 3 种变换时曲线的变化，即

$$\begin{cases} a'_{xk} = s(a_{xk}\cos\rho + a_{yk}\sin\rho) ; b'_{xk} = s(b_{xk}\cos\rho + b_{yk}\sin\rho) \\ a'_{yk} = s(-a_{xk}\sin\rho + a_{yk}\cos\rho) ; b'_{yk} = s(-b_{xk}\sin\rho + b_{yk}\cos\rho) \\ a'_{x0} = a_{x0} + 2t_x ; a'_{y0} = a_{y0} + 2t_y \end{cases} \tag{2.52}$$

在上述不变性分析推导的基础上，进一步通过仿真试验对傅里叶描述子特征进行不变性分析，从而研究该特征对目标信息描述准确性以及对目标识别技术的影响。根据傅里叶描述子特征原理，提取目标轮廓信息，对其分别做旋转、缩放变换后提取傅里叶描述子特征，分析其旋转、平移和尺度变换特性。

选取数据集中的弹道图像序列，对目标区域进行轮廓信息提取，经过两次变换后的特征对比如图 2. 4 所示。

根据该实例对比可以明显发现，图 2. 4（a）、图 2. 4（b）和图 2. 4（c）所示曲线的傅里叶描述符是非常相似的，细微差别是由旋转变换和离散带来的误差造成的。即使对目标曲线进行平移、旋转和尺度变换之后，其傅里叶描述符系数仍然相同。因此可以得出，目标形状轮廓信息可以准确、有效地区分出目标形状，同时选取具备平移不变性、旋转不变性、尺度不变性的目标形状特征。在目标与干扰分离时，可以有效提取目标信息，隔离红外干扰信息的混淆，便于准确识别出目标。

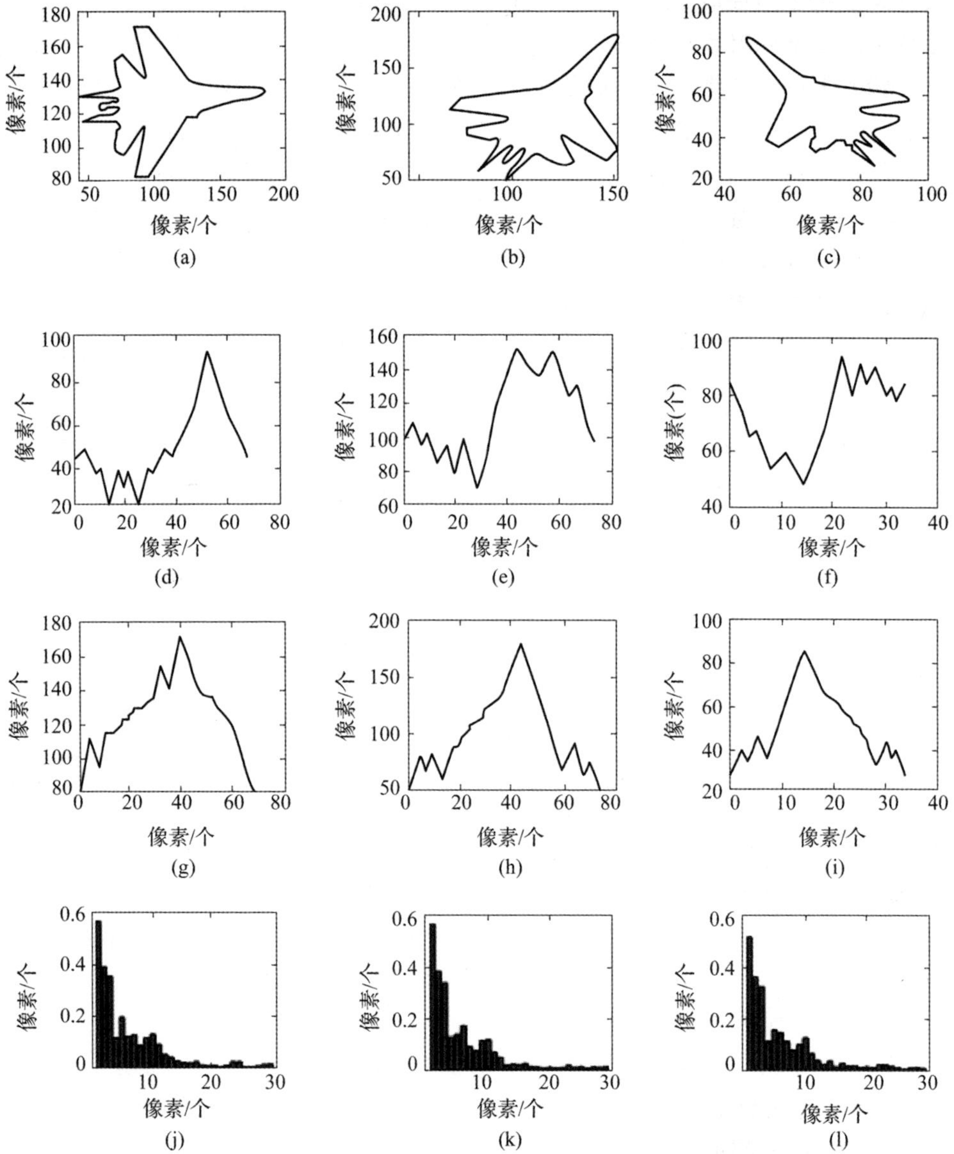

图 2.4　傅里叶描述子不变性试验对比分析

(a) 目标轮廓曲线；(b) 旋转后的目标轮廓曲线；(c) 旋转并缩小后目标轮廓曲线；
(d) $x(t)$；(e) $x(t)$；(f) $x(t)$；(g) $y(t)$；(h) $y(t)$；(i) $y(t)$；
(j) 傅里叶描述符；(k) 傅里叶描述符；(l) 傅里叶描述符。

5. 二维 Garbor 特征

利用二维 Gabor 滤波器的平移不变、尺度不变、旋转不变的特性，可以更加准确、稳定地提取目标特征信息，克服了传统相关滤波器跟踪的局限性。在频域下建立不同尺度、不同方向的二维 Gabor 滤波器，对目标模板和待检测模板在频域下进行二维 Gabor 滤波器频域特征提取，避免了时域卷积计算，算法性能获得显著提高。最后，采用多个频域 Gabor 特征融合的方案，对各尺度、方向的频域特征响应值进行降维融合，用于后续目标检测。

6. HOG 特征

引入 HOG 特征（梯度方向直方图特征）可以很好地捕捉红外目标边缘和局部形状纹理信息，并且在很大程度上抑制目标图像对光照和背景的敏感程度。在本数据集中，该特征描述子将 $w \times h \times l$（宽 × 高 × 厚，1 个通道）的图像转换成长度为 n 的向量。

分割样本图像为若干个像素的单元（Cell），平均划分梯度方向为 9 个区间（Bin），在每个单元中对所有像素的梯度方向在各个方向区间进行直方图统计，得到一个九维的特征向量。每相邻的 4 个单元构成一个块（Block），把一个块内的特征向量连起来得到 36 维的特征向量，用块对样本图像进行扫描，扫描步长为一个单元。最后将所有块的特征串联起来，得到最终的 HOG 特征，如图 2.5 所示。

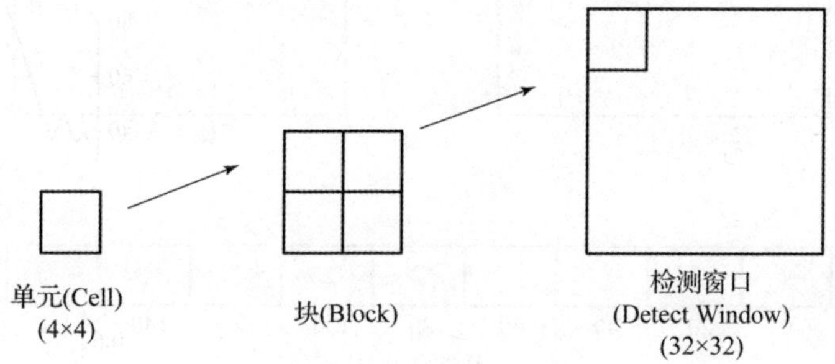

图 2.5　HOG 特征组成

HOG 特征提取算法的实现过程如下。

1）计算图像梯度

计算水平方向和垂直方向的梯度，并依据此计算每个像素位置的梯度方向值。计算梯度的幅值 g 和方向 θ，即

$$g = \sqrt{g_x^2 + g_y^2} \tag{2.53}$$

$$\theta = \arctan \frac{g_y}{g_x} \tag{2.54}$$

在每个像素点，都有一个幅值和方向，对于彩色图片，会在 3 个通道上都计算梯度。那么，相应的幅值就是 3 个通道上最大的幅值，角度是最大幅

值对应的角。

2）构建梯度方向直方图

将图像分成若干个单元格，如每个单元格为 8 ×8 个像素。假设采用 9 个 bin 直方图统计 8 ×8 个像素的梯度信息。将单元格的梯度方向 360°分成 9 个方向块，即代表的是角度 0°、20°、40°、60°、…、160°。下一步就是为这些 8 ×8 的像素创建直方图，直方图包含了 9 个 bin 来对应 0°~180°。得到 8 ×8 的单元格梯度幅值和方向。根据方向选择用哪个 bin，根据梯度幅值来确定 bin 的大小。蓝色圈出来的像素点角度是 80°，幅值是 2，所以它在第 5 个 bin 里面加了 2，红色圈出来的像素点角度是 10°，幅值是 4，角度 10°介于 0°~20°的中间（正好一半），所以把幅值一分为二地放到 0 和 20 两个 bin 里面去，如图 2.6 所示。

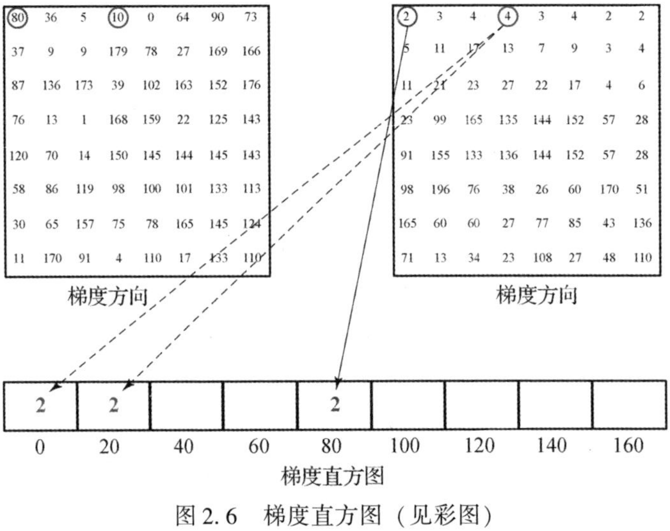

图 2.6　梯度直方图（见彩图）

像素的角度大于 160°，要把幅值按照比例放到 0 和 160 的 bin 里面去，如图 2.7 所示。

把 8 ×8 的单元格里面所有的像素点都分别加到 9 个 bin 里面去，构建一个直方图，如图 2.8 所示。

3）单元格组合成大的块、块内归一化梯度直方图

梯度对于光线会很敏感，理想的特征描述子和光线变化无关，需要对梯度强度做归一化，从而不受光线变化的影响。将每个 8 ×8 单元格组合成 16 ×16 的块，即 4 个 9 ×1 的直方图组合成一个 36 ×1 的向量，然后做归一化，以 8 个像素为步长，将整张图遍历一遍，如图 2.9 所示。

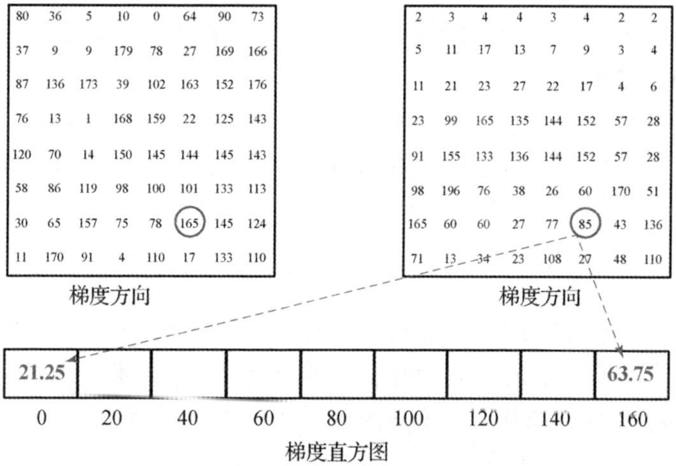

图 2.7　角度大于 160°的情况（见彩图）

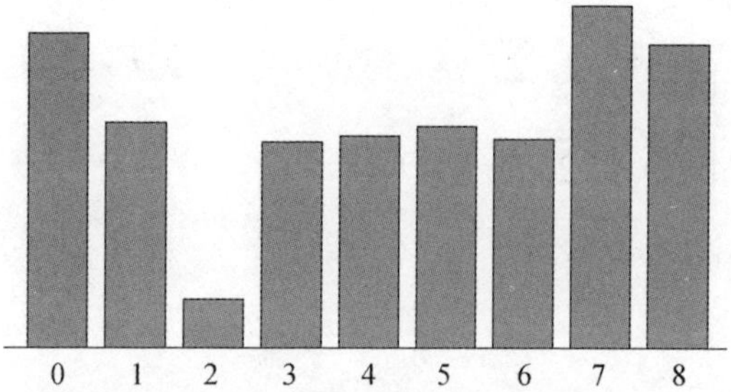

图 2.8　8×8 网格直方图

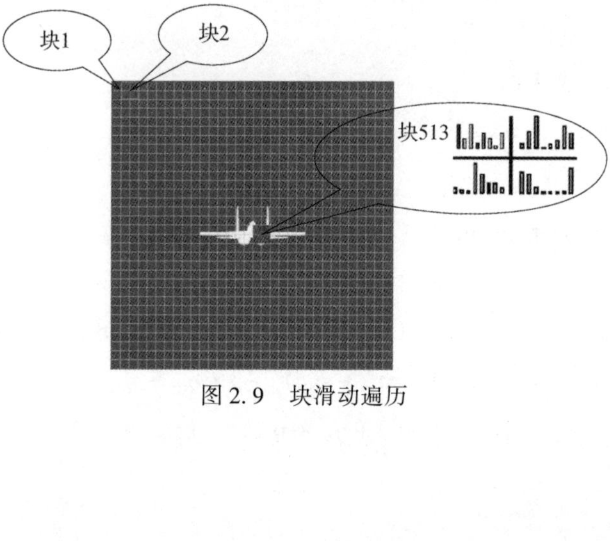

图 2.9　块滑动遍历

4）计算 HOG 特征向量

将 36×1 的向量全部合并组成一个巨大的向量供分类使用。

7. 几何不变矩

几何不变矩同样也是不变性较好的形状特征。不变矩特征识别是通过计算图像的多个不变矩进行匹配寻找目标。对于目标区域 S，给定二维连续函数 $F(x,y)$，其中 $p+q$ 阶矩定义为

$$m_{pq}=\iint_S x^p y^q F(x,y)\,\mathrm{d}x\mathrm{d}y \quad (p、q=0,1,2,\cdots) \tag{2.55}$$

如果数字图像函数 $F(x,y)$ 是分段连续的，并且在 xy 平面的有限部分中有非 0 值，则可以证明它的各阶矩存在，并且矩序列 m_{pq} 唯一地被 $F(x,y)$ 所确定；反之，m_{pq} 也唯一地确定了 $F(x,y)$。其中心矩可表示为

$$\mu_{pq}=\iint_S (x-\bar{x})^p (y-\bar{y})^q F(x,y)\,\mathrm{d}x\mathrm{d}y \tag{2.56}$$

式中：$\bar{x}=m_{10}/m_{00}$；$\bar{y}=m_{01}/m_{00}$。对于数字图像可用求和代替积分，即

$$\begin{cases}\mu_{pq}=\sum\limits_x\sum\limits_y (x-\bar{x})^p (y-\bar{y})^q F(x,y)\\ m_{pq}=\sum\limits_x\sum\limits_y x^p y^q F(x,y)\end{cases} \tag{2.57}$$

$p+q$ 阶规格化中心矩为

$$\eta_{pq}=\frac{\mu_{pq}}{\mu_{00}^r} \tag{2.58}$$

式中：$r=1+(p+q)/2$；$p、q=1,2,3,\cdots$。利用二阶和三阶规格化中心矩可以得到下面 7 个不变矩组，即

$$\begin{cases}\Phi_1=\eta_{20}+\eta_{02}\\ \Phi_2=(\eta_{20}-\eta_{02})+4\eta_{11}^2\\ \Phi_3=(\eta_{30}-3\eta_{12})^2+\eta_{03}+3\eta_{21}^2\\ \Phi_4=(\eta_{30}+\eta_{12})^2+\eta_{03}+\eta_{21}^2\\ \Phi_5=(\eta_{30}-3\eta_{12})(\eta_{30}-\eta_{12})[(\eta_{30}+\eta_{12})^2-3(\eta_{03}+3\eta_{21})^2]\\ \qquad +(3\eta_{21}-\eta_{03})(\eta_{21}+\eta_{03})[(3\eta_{30}+\eta_{12})^2-(\eta_{03}+\eta_{21})^2]\\ \Phi_6=(\eta_{20}-\eta_{02})[(\eta_{30}+\eta_{12})^2-(\eta_{03}+\eta_{21})^2]+4\eta_{11}(\eta_{30}+\eta_{12})(\eta_{03}+\eta_{21})\\ \Phi_7=(3\eta_{21}-\eta_{03})(\eta_{30}+\eta_{12})[(\eta_{30}+\eta_{12})^2-3(\eta_{03}+\eta_{21})^2]\\ \qquad +(3\eta_{12}-\eta_{03})(\eta_{03}+\eta_{21})[3(\eta_{30}+\eta_{12})^2-(\eta_{03}+\eta_{21})^2]\end{cases} \tag{2.59}$$

这个矩组即 7 个不变矩，为便于分析，将 Φ_i 进行以下变换，即

$$\overline{\Phi}_i = |\lg|\Phi_i|| \quad (i=1,2,\cdots,7) \tag{2.60}$$

2.1.4　红外图像复杂度量化指标

通常定义复杂度为衡量物体执行某个任务的难度。就自动目标检测跟踪任务而言，图像复杂度应该能够描述在给定的图像序列中实现目标检测跟踪任务的内在困难程度。目前，大量图像复杂度度量指标被提出，分为静态图像复杂度度量指标和动态图像复杂度度量指标。

1. 静态图像复杂度度量指标

静态图像复杂度度量指标主要分为 3 类，即基于全局统计图像复杂度度量指标、基于局部背景统计图像复杂度度量指标以及基于目标属性的图像复杂度度量指标。

1）基于全局统计图像复杂度度量指标

基于全局统计图像复杂度度量指标主要是利用图像中所有像素来实现对目标检测跟踪难度的表述，该类算法的核心思想认为，当整个场景中目标所处的背景比较单一时，检测跟踪算法能够表现出优异性能，比较典型的算法有基于灰度标准差图像复杂度度量、基于灰度熵图像复杂度度量以及基于灰度均匀性图像复杂度度量。

图像灰度标准差是具有代表性的指标，计算式为

$$\mathrm{SV} = \frac{1}{N}\sum_{i=1}^{N}\sigma_i^2 \tag{2.61}$$

式中：N 为图像像素个数；σ_i 为第 i 个像素灰度值的标准差。图像灰度标准差越大，说明图像背景杂波越强，进行目标检测跟踪难度越大。

图像灰度熵，计算式为

$$E = -\sum_{l=0}^{N-1} p(l)\log_2 p(l) \tag{2.62}$$

图像灰度均匀性，计算式为

$$U = -\sum\sum\left[f(x,y) - \bar{f}(x,y)\right]^2 \tag{2.63}$$

式中：$f(x,y)$ 为在 (x,y) 的灰度值；$\bar{f}(x,y)$ 为以 3×3 为滑动窗口得到的平均灰度值。

基于全局统计图像复杂度度量指标是对图像中所有像素的数理统计，该类算法没有关注实际目标的先验信息，但目标的先验信息往往对目标检测跟踪任

务影响很大，因此该类度量指标的度量效果很差，在实际工程中应用很少。

2）基于局部背景统计图像复杂度度量指标

基于局部背景统计图像复杂度度量指标主要是利用图像中局部背景像素来实现对目标检测跟踪难度的表述。局部背景通常定义为是目标区域的外接矩形框与其2倍面积矩形框之间的同心矩形圆环部分。该类算法的核心思想认为目标与其局部背景反差很大，或者目标区域的分布与局部背景的分布差异很大，就很容易检测跟踪目标。比较典型的算法有基于目标与局部背景对比度的图像复杂度度量、基于目标与局部背景熵差的图像复杂度度量[107]以及基于目标与局部背景灰度分布相关的图像复杂度度量。

基于目标与局部背景对比度的图像复杂度度量定义为

$$\mathrm{TBC}=\frac{|\mu_{\mathrm{T}}-\mu_{\mathrm{B}}|}{\sigma_{\mathrm{B}}} \tag{2.64}$$

式中：μ_{T} 为目标灰度的均值；μ_{B} 和 σ_{B} 分别为目标局部背景灰度的均值和标准差。

基于目标与局部背景熵差的图像复杂度度量表示目标区域与局部背景区域在灰度分布上的差异，熵差值越小，从背景中检测跟踪目标的难度越大，一般定义为

$$\mathrm{ETB}=|E(T)-E(B)| \tag{2.65}$$

式中：$E(T)$ 和 $E(B)$ 分别为目标区域的熵值和背景区域的熵值。

基于目标与局部背景灰度分布相关的图像复杂度度量定义为

$$\mathrm{GDC}=\frac{\sum_{i=0}^{255}(p_i-q_i)}{\sqrt{\sum_{i=0}^{255}p_i^2\sum_{i=0}^{255}q_i^2}} \tag{2.66}$$

式中：p_i 和 q_i 分别为目标区域的灰度概率分布和背景区域的灰度概率分布。

3）基于目标属性的图像复杂度度量指标

大多数的图像复杂度度量算法属于基于特定目标的图像复杂度度量指标。该类算法的核心思想认为，当图像中目标信息比较显著时，检测跟踪算法越能够表现出优异性能，具体表现为在灰度统计、位置、边缘、纹理、大小、形状等方面比较显著，比较典型的算法有基于目标标准偏差图像复杂度度量、基于目标熵图像复杂度度量、基于目标尺度帧间变化图像复杂度度量、基于目标灰度帧间变化图像复杂度度量、基于目标平均轮廓尺度图像复杂度度量、基于目标共生矩阵图像复杂度度量和基于目标像素的图像复杂度度量。

目标标准偏差和目标熵仅是针对目标区域进行标准差和熵的运算，不再赘述。

基于目标尺度帧间变化图像复杂度度量定义为

$$\mathrm{IFCDTS} = \min\left(\frac{1}{N-1}\sum_{i=2}^{N}\left(\frac{|l_i - l_{i-1}|}{l_{i-1}} + \frac{|w_i - w_{i-1}|}{w_{i-1}}\right)\right) \tag{2.67}$$

式中：N 为序列中图像帧数；l_i 和 w_i 分别为第 i 帧图像中包含目标的最小矩形的长度和宽度。

基于目标灰度帧间变化图像复杂度度量定义为

$$\mathrm{IFCDTS} = \frac{1}{N-1}H_i \tag{2.68}$$

式中：H_i 为相邻帧目标与其局部背景间量化灰度分布差异。

基于目标平均轮廓尺度图像复杂度度量主要是对边缘像素连接性的测量，主要是对已知目标中边缘信息进行度量。

$$\mathrm{ACL} = \frac{1}{W \cdot H}\sum_{i=1}^{l} t_i \tag{2.69}$$

式中：W 和 H 为目标区域的面积；t_i 为目标中第 i 个边缘信息。

基于目标共生矩阵图像复杂度度量是对目标纹理进行度量的算法，可以表示为

$$C_i = \frac{1}{N-1}\sum_{i=2}^{N}\left(\frac{|\mathrm{CM}_i - \mathrm{CM}_{i-1}|}{\mathrm{CM}_i + \mathrm{CM}_{i-1}}\right) \tag{2.70}$$

式中：N 为序列中包含的帧数。由于背景遮挡等原因，图像序列中可能会出现目标消失的帧，计算时将 CM_i 设为全 0 矩阵，CM_{i-1} 设为目标消失前一帧图像的共生矩阵。

基于目标像素的图像复杂度度量定义为

$$\mathrm{POT} = \frac{P^2}{A} \tag{2.71}$$

式中：P 和 A 分别为目标区域的周长和面积。

理想的图像复杂度度量能够映射整个图像序列到一个有限的实数区间内，区间最大值表示检测跟踪难度极大，区间最小值表示检测跟踪很容易。映射关系在概率上是符合单调递增关系的，即随着图像复杂度增加，检测跟踪难度也逐渐增大。

传统的图像复杂度度量都是静态地对目标检测跟踪进行复杂度度量，将它们直接用于整个动态变化的图像序列中会存在一定问题。一方面，传统图像复杂度度量都是单独依靠目标、局部背景或者全局背景等因素进行复杂度度量，而检测跟踪难易程度应该是各因素综合作用的结果，仅依靠一种因素进行度量

将会导致信息的缺失；另一方面，传统的图像复杂度度量算法对于跟踪难度度量都是建立在简单线性叠加的基础上的，而实际目标跟踪过程中，跟踪失败都发生在复杂情况下，在长时间的简单场景下往往跟踪很稳定，因此整个跟踪过程复杂度度量并不是线性的。基于以上两点可以发现，当前的复杂度指标的固有缺陷导致整个序列图像复杂度度量效果并不理想，有必要提出一种适用于整个序列的图像复杂度度量指标。

2. 动态图像复杂度度量指标

随着对目标检测跟踪认识的深入，本节对影响检测跟踪的机理进行分析，目标检测跟踪难度主要来源于两种情况：一种情况是全局背景引入大量虚警目标，导致检测跟踪算法无法准确检测跟踪目标。目标与全局背景之间的相似度越大，越难以检测跟踪目标；另一种情况是局部背景对目标淹没，导致局部背景与目标差异很小，无法准确提取出目标，使检测跟踪难度增加。局部背景对目标淹没程度越大，越难以检测跟踪目标。因此，目标与全局背景相似度和局部背景对目标淹没度可以作为两个指标衡量图像复杂度，整个图像复杂度构建框图如图 2. 10 所示。

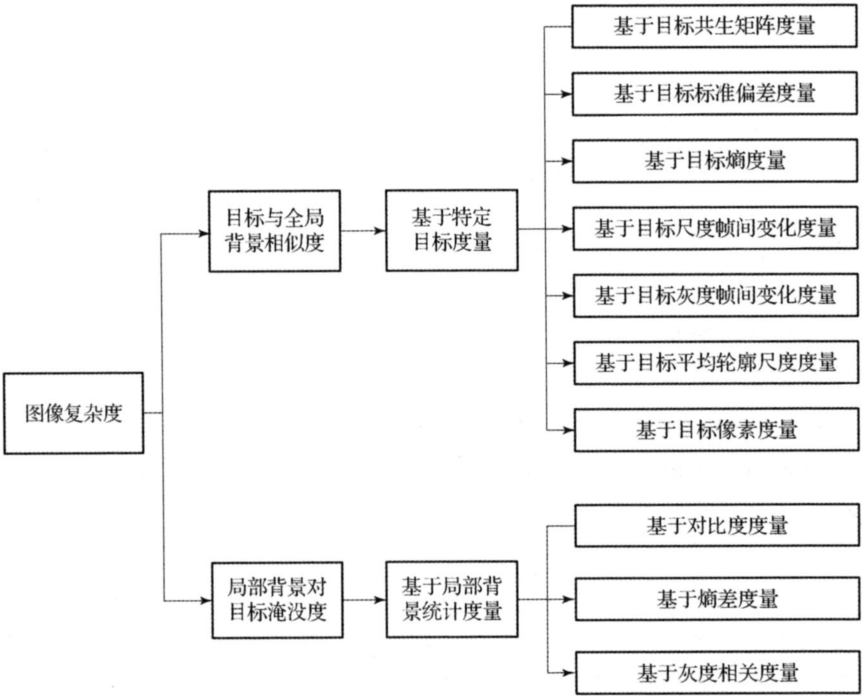

图 2. 10　图像复杂度构成框图

结合传统的图像复杂度度量指标进行上述两个指标的构建，基于全局统计图像复杂度度量指标由于忽视目标信息，一般不能用于实际工程中，因此，本节只是结合基于局部背景统计图像复杂度度量指标以及基于特定目标的图像复杂度度量指标来构建目标与全局背景相似度和局部背景对目标淹没度。目标与全局背景相似度反映全局背景引入虚警的能力，需要对真实目标与虚警目标相似度进行度量，基于特定目标的图像复杂度度量指标可以作为度量的各个因素，包括标准偏差、共生矩阵、熵、尺度帧间变化、灰度帧间变化、平均轮廓尺度和像素 7 种因素。同理，局部背景对目标淹没度可以用基于局部背景统计图像复杂度度量指标进行构建，包括对比度、熵差和灰度相关 3 种因素。下面分别对目标与全局背景相似度和局部背景对目标淹没度构建方法进行介绍，最后利用两个指标合理构建图像复杂度。

目标与全局背景相似度是一个量化值，反映了全局背景引入虚警的能力。为了构建该指标，需要考虑两点，即虚警目标的选择和相似度的公式化，流程框图如图 2.11 所示。

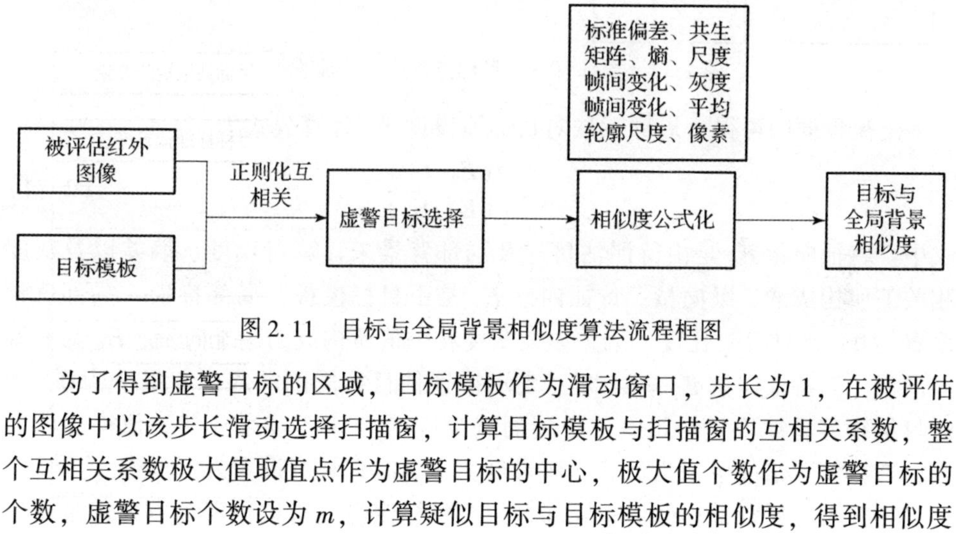

图 2.11　目标与全局背景相似度算法流程框图

为了得到虚警目标的区域，目标模板作为滑动窗口，步长为 1，在被评估的图像中以该步长滑动选择扫描窗，计算目标模板与扫描窗的互相关系数，整个互相关系数极大值取值点作为虚警目标的中心，极大值个数作为虚警目标的个数，虚警目标个数设为 m，计算疑似目标与目标模板的相似度，得到相似度公式为

$$f_{\text{img}} = \sum_{j}^{m} \frac{1}{7} \frac{\min(F_{\text{T}}(c_k), F_f(\text{obj}_j, c_k))}{\max(F_{\text{T}}(c_k), F_f(\text{obj}_j, c_k))} \tag{2.72}$$

式中：obj_j 为编号为 $j(1 \leqslant j \leqslant m)$ 的虚警目标；c_k 为编号为 $k(1 \leqslant k \leqslant 7)$ 度量因素；7 表示度量因素共 7 种；$F_{\text{T}}(c_k)$ 为目标模板的第 k 种度量因素；$F_f(\text{obj}_j, c_k)$ 为编号为 j 虚警目标的第 k 种度量因素。

通常情况下，由于f_{img}取值范围为$[0,m]$，需要将相似度进行归一化处理，以此作为最终的目标与全局背景相似度F_{sim}，F_{sim}取值范围为$[0,1)$。

$$\begin{cases} F_{sim}=\dfrac{f_{img}}{f_{img}+1} \\ \lim\limits_{m\to\infty}F_{img}=\lim\limits_{m\to\infty}\dfrac{f_{img}}{(f_{img}+1)}=\lim\limits_{m\to\infty}\dfrac{m}{m+1}=1 \end{cases} \tag{2.73}$$

局部背景对目标淹没度是一个量化值，反映目标与局部背景的差异性。为了构建该指标，需要综合考虑3种度量因素，即对比度、熵差和灰度相关，通过欧几里得距离比值，构建该指标，流程框图如图2.12所示。

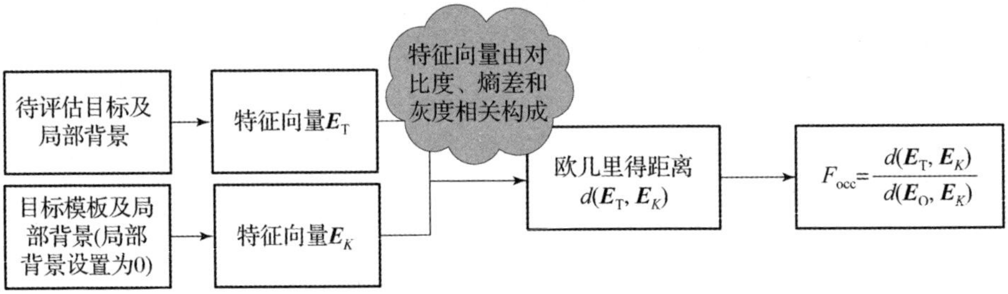

图2.12　局部背景对目标淹没度算法流程框图

由流程框图可得，局部背景对目标淹没度F_{occ}计算公式为

$$F_{occ}=\frac{d(\boldsymbol{E}_T,\boldsymbol{E}_K)}{d(\boldsymbol{E}_0,\boldsymbol{E}_K)} \tag{2.74}$$

式中：特征向量$\boldsymbol{E}_T$是由待评估目标及局部背景来计算对比度、熵差以及灰度相关值所构成的三维向量；特征向量$\boldsymbol{E}_K$是由目标模板及局部背景（局部背景设置为0）来计算对比度、熵差以及灰度相关值所构成的三维向量；$\boldsymbol{E}_0$为三维零向量。当特征向量$\boldsymbol{E}_T=\boldsymbol{E}_0$时，表示待评估目标周围的局部背景全为0，此时目标很容易被检测和跟踪，得到的淹没度$F_{occ}=0$，反之亦然。值得说明的是，有些特殊情况下，当计算的淹没度大于1时，强制设置为1。

目标与全局背景相似度和局部背景对目标淹没度可以从两个方面衡量图像复杂度，为了建立两个指标与图像复杂度之间的关系，引入数理统计中的F1－Score分数概念。F1－Score分数可以将两个指标的权重平等对待，起到加权平均的作用，计算公式为

$$\text{F1}-\text{Score}=\frac{2F_1\cdot F_2}{F_1+F_2} \tag{2.75}$$

式中：F_1和F_2为需要进行加权处理的两个指标。

将 F1 - Score 分数用于建立两个指标与图像复杂度之间关系，可以得到图像复杂度 F_{com} 为

$$F_{com} = \frac{2F_{sim} \cdot F_{occ}}{F_{sim} + F_{occ}} \tag{2.76}$$

众所周知，目标检测跟踪过程是一个误差逐渐积累的过程，随着误差积累越来越大，目标跟踪算法会在视场中出现跟踪点跳动的现象，当误差积累到一定阈值，会很容易跟丢目标。因此，动态序列的图像复杂度并不是对每帧图像复杂度直接线性求和，在背景干扰影响很低时，图像复杂度普遍较小，线性累加对跟踪的影响微乎其微，目标跟踪丢失通常发生在虚警过多或者目标被淹没较为严重的情况下，此时才会导致大量的误差累积，对目标检测跟踪影响较大。为了增强高复杂度的图像权重，同时抑制低复杂的图像权重，引入 Sigmoid 函数，合理构建动态序列的图像复杂度。

首先，对整个动态序列的图像复杂度进行排序 $F_{com}(1), F_{com}(2), \cdots, F_{com}(N-1), F_{com}(N)$，其中 N 表示序列的帧数，计算序列复杂度中值 $m_{0.5}$，有

$$\begin{cases} m_{0.5} = F_{(N+1)/2}, N\text{是奇数}, \\ m_{0.5} = \dfrac{F_{N/2} + F_{(N/2+1)}}{2}, N\text{是偶数} \end{cases} \tag{2.77}$$

其次，引入 Sigmoid 函数进行加权，加强图像复杂度高于复杂度中值的权重，降低图像复杂度低于复杂度中值的权重，第 $i(1 \leqslant i \leqslant N)$ 帧图像复杂度非线性变换后结果 $S(i)$ 记为

$$S(i) = \frac{1}{1 + e^{-(F_{com}(i) - m_{0.5})}} \tag{2.78}$$

最终，序列图像复杂度可得

$$F_{sc} = \sum_{i=1}^{N} \frac{S(i)}{N} \tag{2.79}$$

F_{sc} 取值范围为 $[0,1]$。在随后的章节中，改进的图像复杂度度量指标以序列图像复杂度表示。

2.2　几种常用抗干扰方法

2.2.1　基于图像识别的抗干扰方法

目标识别解决的问题是定位并识别出给定图像中的目标，为后续目标跟踪

提供参考。就红外目标识别而言，通常需要给出红外目标的外接矩形框，检测性能好坏将对后续的目标跟踪产生直接的影响，如图 2.13 所示。

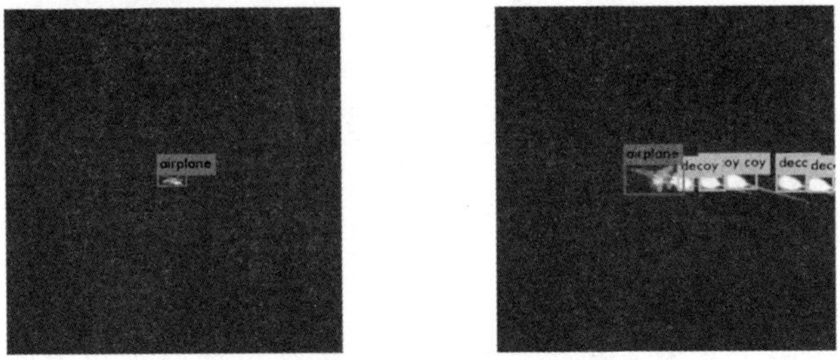

图 2.13　红外目标检测

红外目标检测的通用框架如图 2.14 所示，一般包括 3 个部分，分别是候选区域选择、特征表达、目标区域分类。候选区域选择是红外目标检测的基础，为最终的红外目标检测提供一系列候选目标区域；特征表达就是将输入红外图像的像素全部映射到一个可区分维度空间数据的过程，是连接底层像素与高层语义的桥梁，这在红外目标检测过程中是至关重要的一步；目标区域分类是在前面两个步骤的基础上，对所选择区域进行类别划分，为最终的红外目标定位提供依据。

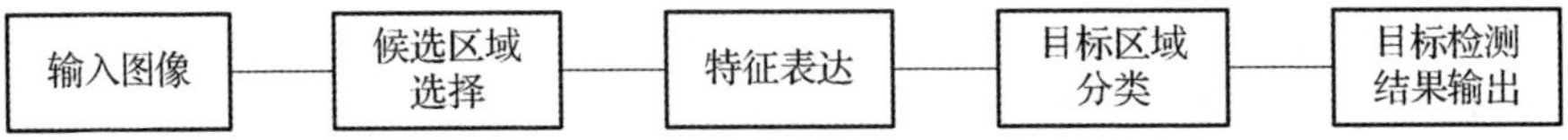

图 2.14　红外目标检测通用框架

特征表达是红外目标检测方法的核心所在，根据特征表达的来源是否是基于人工设计所得到的特征，将红外目标检测算法分为基于人工设计特征表达的红外目标检测算法和基于学习特征表达的红外目标检测算法。

基于人工设计特征表达的红外目标检测算法是通过预先建立的目标模板，进行边缘特征、梯度特征、形状特征、尺度不变特征等提取运算，采用支持向量机、自适应增强学习或线性判别分析训练分类器，利用该分类器对候选区域进行有效筛选，得到实际红外目标区域。基于人工设计特征表达的红外目标检测算法的优点在于容易理解、思路简便、易于工程实现，利用目标模板的先验信息，人工构建区分能力较好的特征，能够很好地对常见的舰船、飞机等目标进行检测。然而，这类方法存在固有缺陷：一是对人工设计特征区分能力要求高，特征寻找的不好，将很大程度上造成检测结果很差；二是对目标先验知识要求高，目标的先验知识依赖于整个目标样本库的完备性，样本库构建不完善，也无法得到好的检测效果；三是对具体任务依赖性较大，一旦任务发生变化，需要对算法进行重新设计。

基于学习特征表达的红外目标检测算法是让机器自动地从样本中学到表征目标本质的特征，以类似人脑的方式感知视觉信号，实现目标检测。该类方法中比较主流的有受限玻尔兹曼机、自编码器、深度卷积神经网络等。其中在红外目标检测中应用最广的是基于深度卷积网络的特征表达，通过构建一个多层卷积网络，应用不同的卷积核，提取不同的观测特征，使计算机自动地学习隐含在数据内部的关系，实现目标精确检测，它的输入是原始图像，输出结果是预测标签。对于深度卷积网络，其特征表达的核心是深度卷积网络架构的设计，它是目标检测算法的基础，不同深度卷积网络架构对图像的解析能力不尽相同，架构选取的优劣直接影响最终检测效果的性能。近几年取得很多突破性进展，从早期的 LeNet - 5 发展成 AlexNet，随后提出 VGG，从 LeNet - 5 的 5 层网络到 AlexNet 的 7 层网络，再到 VGG - 19 的 19 层网络，似乎表明网络深度越深，检测效果越好。然而随着网络深度的增加，网络的性能会迅速达到饱和，引起退化。最近提出的 ResNet 可以将底层的特征图直接映射到高层的特征图中，在一定程度上解决了深度卷积网络的退化问题。网络架构的不断优化，可以建立更深层次的网络，提高网络对目标的特征表达能力。卷积神经网络的深度和宽度都在不断增加，图像的检测准确率也在不断提高。

由于深度卷积网络在特征表达方面表现出的优越性，深度卷积网络与目标检测相结合，R - CNN、Fast R - CNN、Faster - R - CNN、YOLO、SSD、YOLO9000 和 YOLOv3 等算法相继被提出，在目标检测方面取得了显著的效果，检测性能远远优于基于人工设计特征表达的目标检测算法，并在红外检测领域取得了大量的突破性进展。

综上所述，如图 2.15 所示，红外目标检测的发展进程可以分为两个阶段。第一个阶段是基于人工设计特征表达的红外目标检测阶段，这个阶段主要是提取边缘特征、梯度特征、形状特征、尺度不变特征等，利用目标与背景特征之间的强差异性，进行目标的准确检测，该算法的优点在于对特定条件下的特定红外目标的检测，检测率较高，其缺点在于对目标样本库依赖性较大，移植性较差；第二阶段主要是基于学习特征表达的红外目标检测，通过目前深度卷积神经网络与目标检测相结合进行红外目标检测，在医学、民用、军事等各个领域都取得了显著成效，检测性能也远远优于基于人工设计特征表达的红外目标检测算法，为在复杂干扰条件下红外目标的准确检测提供了可能。

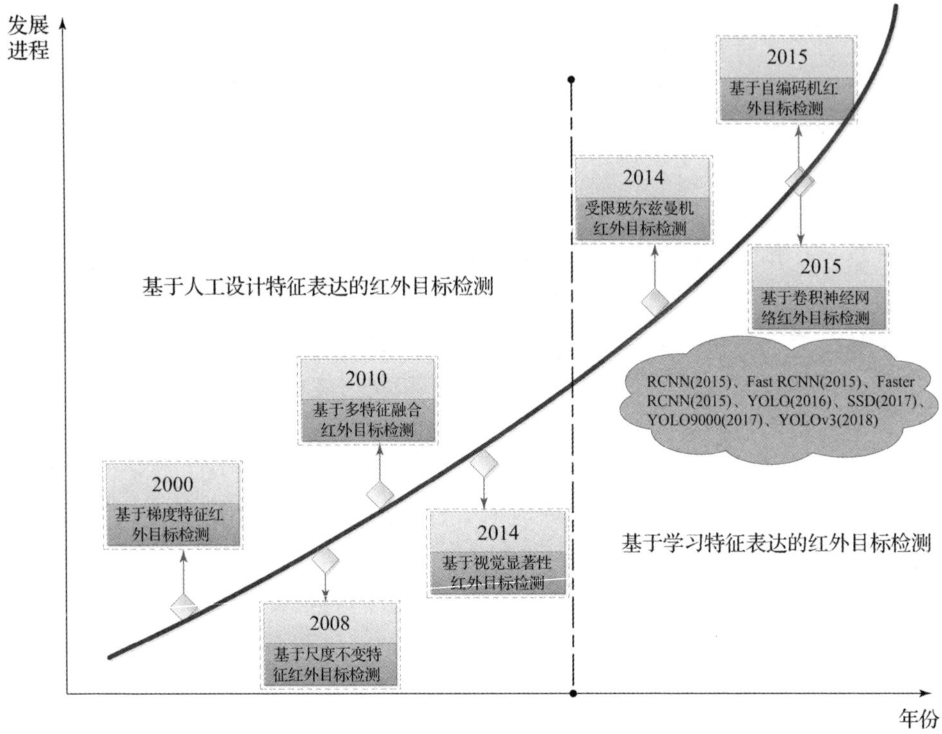

图 2.15　红外目标检测发展进程

2.2.2　基于光谱信息鉴别的抗干扰方法

红外光谱识别抗干扰技术的发展为红外探测器提供了新的目标识别的策略：利用目标和诱饵弹光谱辐射特性的差异进行目标识别。红外诱饵弹虽然燃烧温度非常高，能够有效改变探测场景的能量质心，但是温度过高也导致诱饵弹和被保护目标的光谱辐射特性存在一定的差异，因此，诱饵弹光谱辐射特性和多波段图像生成方法的研究，能够为光谱识别等抗干扰技术提供一定的理论基础和图像数据[9]。

光谱特征识别技术实际上是一种单元目标探测和多元成像探测相结合的复合识别技术，它可以使单元探测真正具备目标识别能力，通过光谱特征识别功能的附加改进，使原有的单元制导武器在增加有限的改装费用条件下性能大幅提高，另外，为了提高多元成像目标识别的精度以及对抗成像干扰系统，采用提高像元数增加分辨率的方式，成本增加很多，但效果不佳。而通过采用低元数成像加光谱特征复合识别方式，使其目标识别率大大提高，特别是其抗干扰特性非常优异，干扰难度很大甚至无法干扰[10]。

为了对抗干扰，采用光谱不变量与近似光谱不变量特征作为目标的特征值之一，从光谱上进行物体区分甚至身份表达。多光谱比是光谱特征中相对不变的特征，物体在各个波段之间的辐射能力之比可以由系统的光谱响应信号之比来近似，即

$$r_{1,2,\cdots,n} = I_1/I_2/\cdots/I_n = u_1/u_2/\cdots/u_n \tag{2.80}$$

式中：I_i 为物体在第 i 个波段的辐射强度，对于宽光谱范围的多光谱成像系统，多色比需要考虑大气透过率的影响。

影响多光谱比的因素是目标的光谱辐射特性，影响光谱辐射特性的因素是目标材料的性质和温度等。因此，在动态探测过程中，多光谱比自身还不能作为目标身份的绝对判据，但是作为目标跟踪过程对抗干扰的相对判据，具有很高的正确率[11]。

一般而言，飞机的红外辐射特性由机身蒙皮、尾喷口及热部件、尾焰辐射所确定，它是这几类辐射特性综合而成的。在空中运动状态下燃烧的 MTV 型红外诱饵，一部分是发光区，一部分是燃烧的烟雾，只有发光区形成的红外辐射才真正构成对红外制导导弹的干扰，通过实测数据分析红外诱饵弹辐射特性，光谱辐射强度如图 2.16 所示。

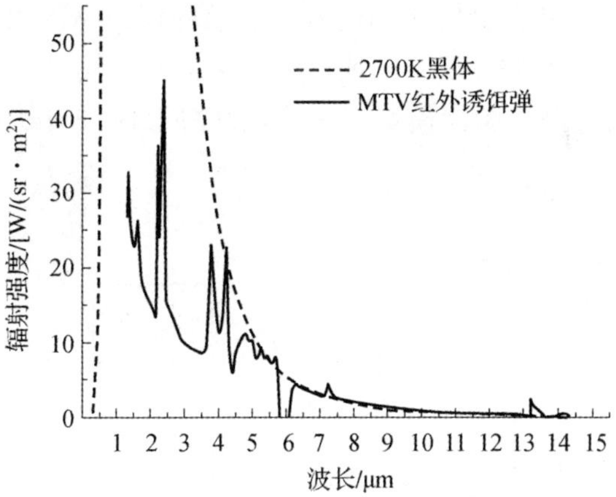

图 2.16　诱饵与黑体的光谱辐射强度

图 2.16 所示为典型的 MTV 红外诱饵弹与 2700K 黑体的光谱辐射强度对比，可见诱饵的红外辐射与标准黑体存在一定差异，在 3～4μm 波段有较大的下沉。利用目标与干扰之间光谱分布的差异有利于进一步提高空空导弹抗人工与背景干扰的能力，因此双色与多波段成像探测是空空导弹发展的重要方向之

一。实现双色与多波段成像主要有以下两种途径。

1. 利用多谱段焦平面阵列探测器

美国、法国、德国和以色列等国均已研制出较大规模、不同波段组合的双色叠层探测器，可同时输出不同波段的图像，我国也在开展相关的研究，随着该技术的成熟，未来可较容易地利用双色叠层探测器实现双色与多波段成像。

2. 利用宽波段探测器和波段选择器

通过宽波段探测器和波段选择器可实现不同波段的快速成像，满足空空导弹高频、高光谱分辨力的要求。电可调谐光谱滤波器可实现快速的波段切换，且系统构成简单、可靠性高。缺点是所能形成的光谱带宽太窄，对目标的识别距离近。另一种方式是采用机电结构的波段选择器，通过电机驱动将多个不同谱段的滤光片序列插入光路中，对入射光进行调制，分时输出不同谱段的图像。其优点是，一方面降低了对探测器的要求，另一方面系统能根据目标、背景、干扰选择合适的谱段信息，波段带宽和波段数可灵活选择，具有较强的自适应性[11]。

空空导弹双色成像导引头系统设计采用共光路光学系统，基本回路如图 2.17 所示。该导引头的探测系统由成像器与跟踪器两大模块组成，成像器采用共轴光学成像系统，敏感两个波段的传感器集成于一个探测器杜瓦内，每个敏感波段的 FPA 拥有自身的驱动信号，从预处理回路读出。系统经过信号放大、A/D 变换与空间噪声矫正，以独立的图像信号传输到跟踪器回路。跟踪器分为独立波段模块与融合图像模块，系统识别决策模块有特征融合与决策融合运算功能。

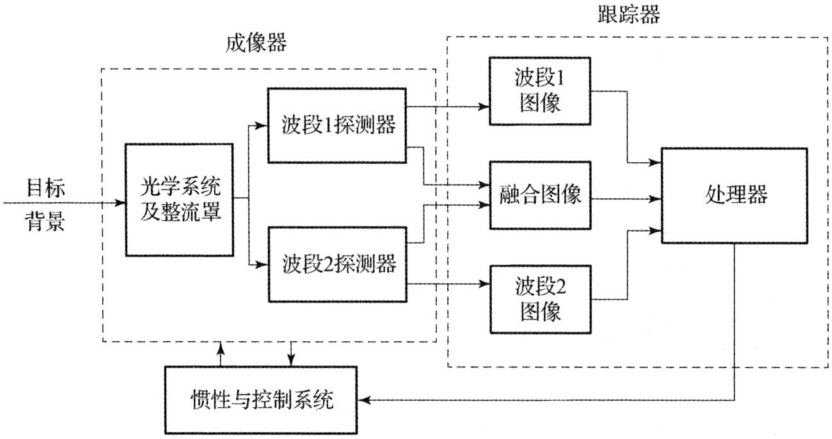

图 2.17　双色成像导引头系统框图

双色成像导引头的跟踪模块包含单色成像探测系统的目标形状、运动等目标特征提取功能，同时增加光谱特征作为对抗诱饵等干扰的有效参数，光谱特征在抗干扰决策时选取较大的权重。在对抗诱饵干扰时，红外诱饵的峰值光谱在短波波段，而飞机的峰值幅值波长在中波波段，双色比作为目标特征有效地对抗了诱饵的干扰。

双色比波门抗干扰技术根据典型目标和干扰的双色比范围以及 4 个臂上的目标成像关系，对检测出的相对两臂上的所有对应的脉冲信号进行双色比计算，根据脉冲对的双色比对所有脉冲进行标识。在滤除背景脉冲后，按照设定的双色比波门，根据当前的跟踪策略挑选所需的脉冲对。在目标搜索和鉴别过程中，采用双色比波门可以有效地选定目标，并且与时间波门配合，实现对所选目标的跟踪。

军用飞机与干扰弹的光谱分布如图 2. 18 所示。

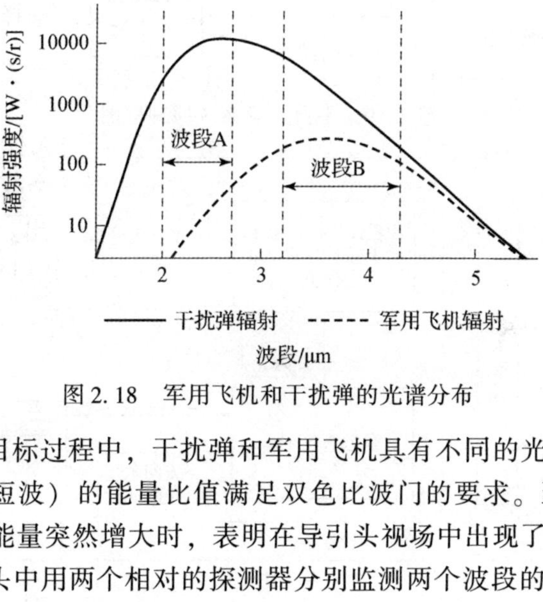

图 2. 18　军用飞机和干扰弹的光谱分布

在正常跟踪目标过程中，干扰弹和军用飞机具有不同的光谱，波段 B（中波）与波段 A（短波）的能量比值满足双色比波门的要求。当波段 A 的能量相对于波段 B 的能量突然增大时，表明在导引头视场中出现了高温物体，即存在干扰弹。导引头中用两个相对的探测器分别监测两个波段的能量电平，一旦干扰弹进入导引头视场，通过两者的能量变化及双色比值即可探测到干扰，可以立即启动抗干扰模式进行对抗。

2. 2. 3　基于惯导信息预测的抗干扰方法

基于运动轨迹差异识别目标和干扰是基本的抗干扰措施，红外导引头抗干扰期间，通过惯性导航（简称惯导）技术可以获得惯性空间基准，提高对轨迹预测精度，从而为抗干扰过程中目标位置预推等算法提供有效支撑。惯导信息可通过增加独立观测组件或通过框架结构位标器获得。

惯导系统是一种自主式导航设备，其信息的获取不与外界发生联系，不依赖于任何外部信息，也不向外部发射能量，故也不会受到外界的干扰。惯导系统分为平台惯导系统和捷联惯导系统两类。图 2.19 和图 2.20 分别给出了两种导航系统的原理框图。从中可以看出，惯导系统除了能够提供载体的位置和速度外，还能给出航向和姿态角等十分详细的数据。由于捷联惯导系统相对于平台惯导系统具有自主性强、体积小、成本低、易维护的优点，所以在导弹应用上应首选捷联惯导系统。

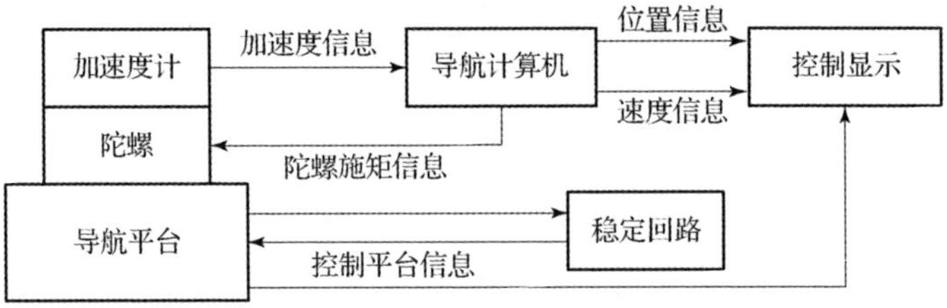

图 2.19　平台惯导系统原理框图

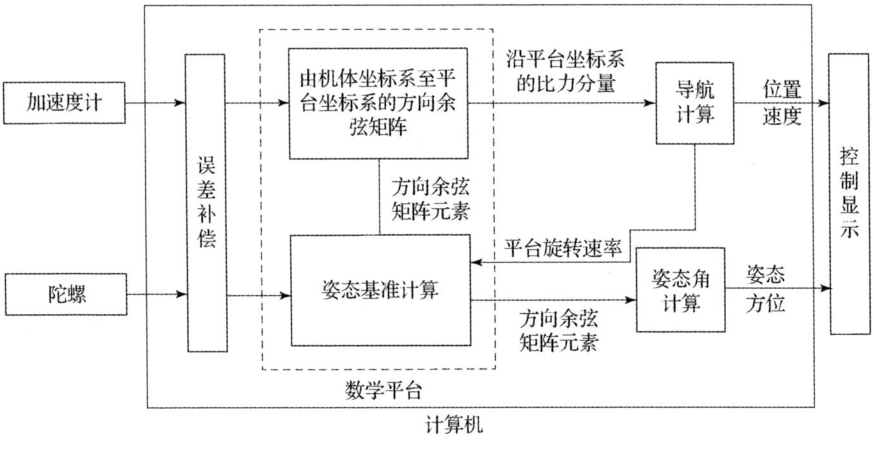

图 2.20　捷联惯导系统原理框图

当导弹导引头与目标之间的视线因为某种原因被截断或者导引头暂时跟踪错误目标时，高精度的惯导系统可以辅助导引头跟踪正确目标。对于末制导段的空空导弹来说，当在对目标实现截获、识别之后，即完成对目标的搜捕之后，自动转入跟踪阶段。但当导弹导引头收到来自敌方的干扰时，其测量精度与受到的干扰程度有很大关系。此时，导引头得到的目标信息随着干扰程度的增大，其可信度不断降低。而导弹本身的惯导系统，由于其具有较高的精度，且不会受到外界的干扰，其输出信息的可信程度很高，可以根据先前导引头尾焰干扰时测量的准确可信的信息，结合惯导输出的速度、位置信息，通过信息融合算法得到较为精确可信的导引信息。这样保证了即使在导引头受到严重干扰时，仍可以正确跟踪目标[12]。

1. 惯导信息与图像信息的融合结构

惯导信息与图像信息的融合是飞行器景象匹配制导系统中极为重要的研究内容。多传感器的融合可以克服单一传感器的不足。目前，惯导信息与图像信息的融合主要包括惯导信息对图像信息的校正、惯导信息对成像位置的预测、惯导信息与图像信息的融合制导、惯导信息与图像信息融合的速度估计、惯导信息与图像信息融合的电子稳像技术等。

2. 基于惯导导航信息的目标跟踪位置预测

在工程实际运用中，对于固定目标的跟踪有时可从多方资源获取目标的大致地理位置，利用飞行器自身的位置和姿态信息，以及目标的地理位置进行目标成像位置的预测，为目标跟踪提供基准位置参考，这种目标跟踪的位置预测可以对目标跟踪的漂移进行修正，有效对误跟踪情况进行辨别。

1）位置预测问题描述

空间中固定目标点 p 的位置 $pO_t=[\lambda_t,L_t,h_t]$（经度、纬度、高度），当前时刻飞行器坐标系的原点取摄像机的光心 O_t，其 x_c、y_c、z_c 为滚动轴、偏航轴和俯仰轴，探测器与飞行器固连。当前时刻位置 $po=[\lambda,L,h]$，飞行器的姿态角 $\omega=[\theta,\varphi,\gamma]$（俯仰角、偏航角、滚动角）。跟踪位置的预测可描述为计算目标的 p 在成像平面 uv 上的成像位置(u^*,v^*)。空间目标点的成像模型如图 2.21 所示。

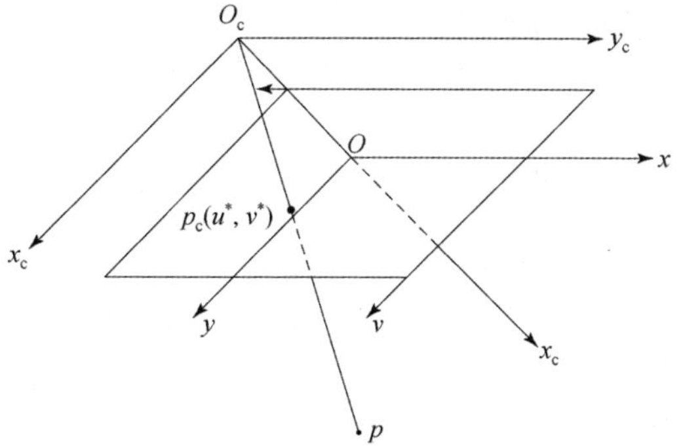

图 2.21　空间目标点的成像模型

2）模型建立与方法设计

目标点 pO_t 和飞行器 pO 在地心坐标系下的坐标为

$$\boldsymbol{E}(pO_1)=\begin{bmatrix}E_x(pO_1)\\E_y(pO_1)\\E_z(pO_1)\end{bmatrix}=\begin{bmatrix}(R_{W_1}+h_1)\cos L_1\cos\lambda_1\\(R_{W_1}+h_1)\cos L_1\sin\lambda_1\\(R_{N_1}+h_1)\sin L_1\end{bmatrix}\tag{2.81}$$

$$\boldsymbol{E}(pO_t)=\begin{bmatrix}E_x(pO_t)\\E_y(pO_t)\\E_z(pO_t)\end{bmatrix}=\begin{bmatrix}(R_{W_t}+h_t)\cos L_t\cos\lambda_t\\(R_{W_t}+h_t)\cos L_t\sin\lambda_t\\(R_{N_t}+h_t)\sin L_t\end{bmatrix}\tag{2.82}$$

两者相减可得对应视线方向的投影，即

$$\Delta E(pO_t,pO)=E(pO_t)-E(pO)\tag{2.83}$$

根据飞行器的位置信息，可以得到地心坐标系到地理坐标系的变换矩阵，即

$$\boldsymbol{R}_o^n=\begin{bmatrix}-\sin L\cos\lambda & -\sin L\sin\lambda & \cos L\\\cos L\cos\lambda & \cos L\sin\lambda & \sin L\\-\sin L & \cos\lambda & 0\end{bmatrix}\tag{2.84}$$

根据飞行器的姿态信息，可得到地理坐标系到弹体坐标系的变换矩阵，即

$$\boldsymbol{R}_n^b=\begin{bmatrix}\cos\theta\cos\varphi & \sin\theta & -\cos\theta\sin\varphi\\\sin\gamma\sin\varphi-\cos\gamma\sin\theta\cos\varphi & \cos\gamma\cos\theta & \cos\gamma\sin\theta\sin\varphi+\sin\gamma\cos\varphi\\\sin\gamma\sin\theta\cos\varphi+\cos\gamma\sin\varphi & -\sin\gamma\cos\theta & \cos\gamma\cos\varphi-\sin\gamma\sin\theta\sin\varphi\end{bmatrix}\tag{2.85}$$

飞行器和目标的视线在飞行器坐标系下的 3 个分量可以表示为

$$\begin{bmatrix}\Delta x\\\Delta y\\\Delta z\end{bmatrix}=\boldsymbol{R}_n^b\boldsymbol{R}_o^n\Delta E(pO_t,pO)\tag{2.86}$$

由于探测器与飞行器固连，根据标定的探测器焦距 f，可得

$$K\begin{bmatrix}f\\-u*+U_0\\v*-V_0\end{bmatrix}=\begin{bmatrix}\Delta x\\\Delta y\\\Delta z\end{bmatrix}\tag{2.87}$$

则目标的成像位置预测可以表示为

$$\begin{cases} u^* = -\dfrac{\Delta y}{\Delta x}f + U_0 \\ v^* = -\dfrac{\Delta z}{\Delta x}f + V_0 \end{cases} \tag{2.88}$$

3. 基于惯导增量信息的目标跟踪位置预测

在工程实际中，由于惯导系统的输出误差会累积，时间越长，惯导系统的漂移就越大，并且飞行器中存在安装误差，使这种预测结果并不精确。惯导系统的漂移方向具有一致性，连续两帧之间的增量惯导信息漂移误差很小，精度很高，因此需对重点目标跟踪过程中基于增量惯导信息的跟踪位置进行预测。

1）增量修正问题描述

一般来说，飞行器都与探测器固连，飞行器的运动直接体现在探测器成像的运动上，因此可以利用惯导信息对两帧图像中目标的成像位置关系进行建模。同一目标点在飞行器不同位姿下的成像如图 2.22 所示，空间目标点 p 的位置为 $pO_t = [\lambda_t, L_t, h_t]$，设 t_1 时刻飞行器的姿态为 $\omega_1 = [\theta_1, \varphi_1, \gamma_1]$、位置为 $pO_1 = [\lambda_1, L_1, h_1]$。相同地，$t_2$ 时刻飞行器的姿态为 $\omega_2 = [\theta_2, \varphi_2, \gamma_2]$，位置为 $pO_2 = [\lambda_2, L_2, h_2]$。

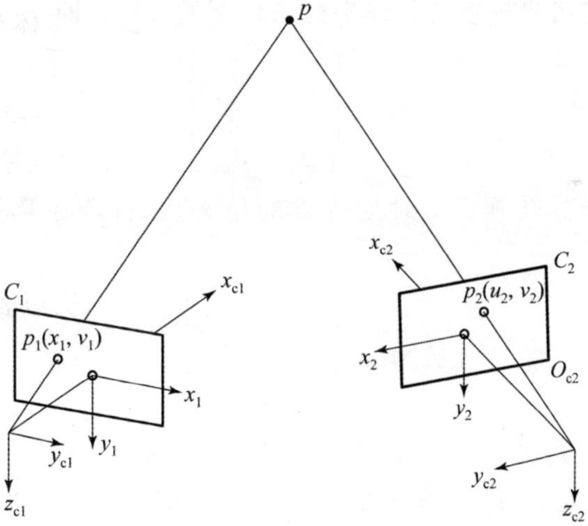

图 2.22　同一目标点在飞行器不同位姿下的成像

由于连续帧之间的时间间隔较短，可以假设两帧具有相同的地理坐标系，因此对于目标点 p，可根据 t_1 时刻摄像机坐标系的成像位置(u_1, v_1)经过相同的地理坐标系转换，准确地计算出 t_2 时刻摄像机坐标系下的成像位置(u_2, v_2)。

2）模型建立与方法设计

根据上面的分析，提出一种基于增量惯导信息的位置预测（Location Prediction Based on the I－INI，LPI）模型，将两帧中飞行器运动引起的图像像素点的变化模型分为比例变化模型、姿态变化模型和平移变化模型。

（1）比例变化模型。弹体与目标之间距离的变化，反映图像上尺寸的缩放。因此，可以通过飞行器与目标之间距离的变化对图像的比例参数进行建模。

t_2 时刻图像相比 t_1 时刻图像的比例变化可以写为

$$k=\frac{\mathrm{dis}(pO_1,pO_t)}{(pO_2,pO_t)}\tag{2.89}$$

（2）姿态变化模型。目标点的成像位置随弹体姿态的改变而相应改变，因此在假设两帧之间的地理坐标系相同的条件下，可以通过空间坐标系的转换，建立姿态变化模型。

根据 t_1 时刻图像坐标系下的位置(u_1,v_1)，可以得到成像平面坐标系的坐标$(-u_1+U_0,v_1-V_0)$，其中(U_0,V_0)为成像平面坐标系的原点 O 在图像坐标系下的坐标。根据导引头的焦距 f（或者称为空间分辨率，单位用像素表示），可以得到视线在摄像机坐标系（弹体坐标系）下的坐标，即

$$\boldsymbol{m}_b=\begin{bmatrix} f \\ -u_1+U_0 \\ v_1-V_0 \end{bmatrix}\tag{2.90}$$

同理，根据坐标转换，t_2 时刻待求的位置(u_2,v_2)在弹体坐标系下的坐标为

$$\boldsymbol{m}_{b_2}=\begin{bmatrix} f \\ -u_2+U_0 \\ v_2-V_0 \end{bmatrix}\tag{2.91}$$

根据 t_1 时刻飞行器的姿态信息，参照式（2.85）可以计算弹体坐标系到地理坐标系的转换矩阵 $\boldsymbol{R}_{b_1}^n$，地理坐标系到 t_2 时刻弹体坐标系的转换矩阵 $\boldsymbol{R}_n^{b_2}$。因此，可以得到视线在 t_2 时刻弹体坐标系的 3 个分量，即

$$\begin{bmatrix} s_x(u_1,v_1) \\ s_y(u_1,v_1) \\ s_z(u_1,v_1) \end{bmatrix}=\boldsymbol{R}_n^{b_2}\boldsymbol{R}_{b_1}^n\boldsymbol{m}_{b_1}\tag{2.92}$$

根据弹体坐标系和焦距的定义，这 3 个分量与 t_2 时刻待求的位置(u_2,v_2)

在弹体坐标系下的坐标成比例，即

$$\begin{bmatrix} s_x(u_1,v_1) \\ s_y(u_1,v_1) \\ s_z(u_1,v_1) \end{bmatrix} = K\boldsymbol{m}_{b_2} = K\begin{bmatrix} f \\ -u_2+U_0 \\ v_2-V_0 \end{bmatrix} \tag{2.93}$$

解可以写为

$$\begin{cases} K = \dfrac{s_x(u_1,v_1)}{f} \\ -u_2+U_0 = \dfrac{s_y(u_1,v_1)}{K} \\ v_2-V_0 = \dfrac{s_z(u_1,v_1)}{K} \end{cases} \tag{2.94}$$

（3）平移变化模型。飞行器位置的变化还体现在两帧之间飞行器和目标视角的变化，因此可以根据飞行器之间的空间位置变化关系，建立视角变化模型。

根据式（2.81）可以得出 pO_1 和 pO_2 在地心坐标系下的坐标为 $E(pO_2)$ 和 $E(pO_1)$，两者相减可得对应视角变化矢量的投影，即

$$\Delta E(pO_2,pO_1) = E(pO_2) - E(pO_1) \tag{2.95}$$

从地心坐标系到地理坐标系的转换矩阵可以表示为

$$\boldsymbol{R}_o^n = \begin{bmatrix} -\sin L_2\cos\lambda_2 & -\sin L_2\sin\lambda_2 & \cos L_2 \\ \cos L_2\cos\lambda_2 & \cos L_2\sin\lambda_2 & \sin L_2 \\ -\sin L_2 & \cos\lambda_2 & 0 \end{bmatrix} \tag{2.96}$$

从地理坐标系到 t_2 时刻飞行器坐标系的转换矩阵为 $\boldsymbol{R}_n^{b_2}$，那么视角变化矢量在飞行器坐标系下的 3 个分量为

$$\begin{bmatrix} \Delta t_x \\ \Delta t_y \\ \Delta t_z \end{bmatrix} = \boldsymbol{R}_n^{b_2}\boldsymbol{R}_{b_o}^n\Delta E(pO_2,pO_1) \tag{2.97}$$

式中：Δt_y 和 Δt_z 为飞行器坐标系下垂直方向和水平方向的增量；Δt_x 为景深的变化量，无法与成像平面坐标系像素进行对应，用 t_2 时刻的弹目距离 $\mathrm{dis}(pO_2, pO_t)$ 进行替代，那么与焦距和像素的对应关系为

$$\begin{bmatrix} \mathrm{dis}(pO_2,pO_t) \\ \Delta t_y \\ \Delta t_z \end{bmatrix} = \begin{bmatrix} f \\ \Delta u_v \\ \Delta v \end{bmatrix} \tag{2.98}$$

可以得出视角变化模型为

$$\begin{bmatrix}\Delta u\\ \Delta v\end{bmatrix}=\begin{bmatrix}\dfrac{\Delta t_y f}{\mathrm{dis}(pO_2,pO_t)}\\ \dfrac{\Delta t_z f}{\mathrm{dis}(pO_2,pO_t)}\end{bmatrix} \tag{2.99}$$

综上所述，可以得到最终的变化模型为

$$\begin{bmatrix}-u_2+U_0\\ v_2-V_0\end{bmatrix}=k\begin{bmatrix}F_u(u_1,v_1)\\ F_v(u_1,v_1)\end{bmatrix}+\begin{bmatrix}\Delta u\\ \Delta v\end{bmatrix} \tag{2.100}$$

化简可得

$$\begin{cases}u_2=-kF_u(u_1,v_1)+\Delta u+U_0\\ v_2=kF(u_1,v_1)-\Delta v+V_0\end{cases} \tag{2.101}$$

2.3 抗干扰性能评价指标

2.3.1 静态图像帧类指标

1. 基于中心误差的性能指标

中心误差一般定义为跟踪算法得到的目标中心点与人工标注的目标真实中心点之间的欧几里得距离，中心误差越小，表明跟踪效果越准确。在跟踪过程中，中心误差可以用来判定每一帧跟踪的准确程度，但是目标的跟踪框受尺度影响较大。当目标较小时，中心误差往往很小，当目标较大时，中心误差又会很大。因此，一般情况下，不会直接用中心误差的大小对跟踪结果进行评估，而是选择特定阈值，计算跟踪序列中所有中心误差小于特定阈值图像帧数占总序列帧数的相对百分比，所得到的相对百分比一般称为精度，精度越大，表明跟踪结果越好，随着特定阈值取值的变化，可以得到精度图如图 2.23 所示。值得说明的是，一般选取阈值为 20 作为算法性能比较的定量指标。

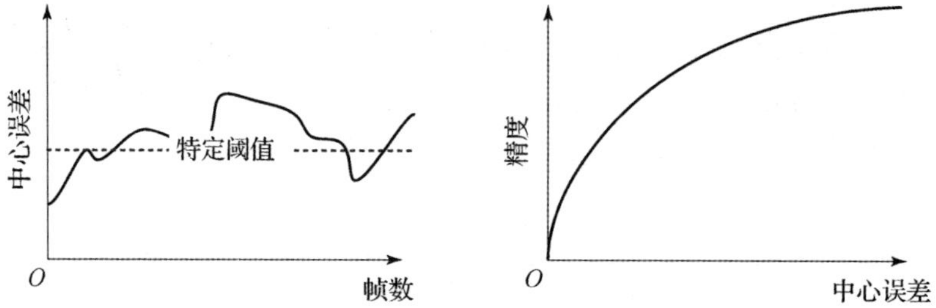

图 2.23 中心误差和精度示意图

2. 基于区域重叠的性能指标（IoU）

区域重叠一般定义为跟踪算法得到的目标矩形区域与人工标注的目标真实区域之间的公共区域。为了定量描述区域重叠区域的大小，引入区域重叠率的概念，区域重叠率定义为

$$S = \frac{|B_t \cap B_{gt}|}{|B_t \cup B_{gt}|} \tag{2.102}$$

式中：B_t 和 B_{gt}分别为跟踪算法得到的目标矩形区域与人工标注的目标真实区域；∩和∪分别表示矩形区域的交集和并集操作；$|\cdot|$表示对区域中像素统计。参照精度图的设计思路，选取特定重叠率阈值，计算跟踪序列中所有区域重叠率小于特定阈值图像帧数占总序列帧数的相对百分比，所得到的相对百分比一般称为成功率，成功率越大，表明跟踪结果越好，随着特定阈值取值的变化，可以得到成功率示意图如图 2.24 所示。值得说明的是，一般选取阈值为 0.5 作为算法性能比较的定量指标。

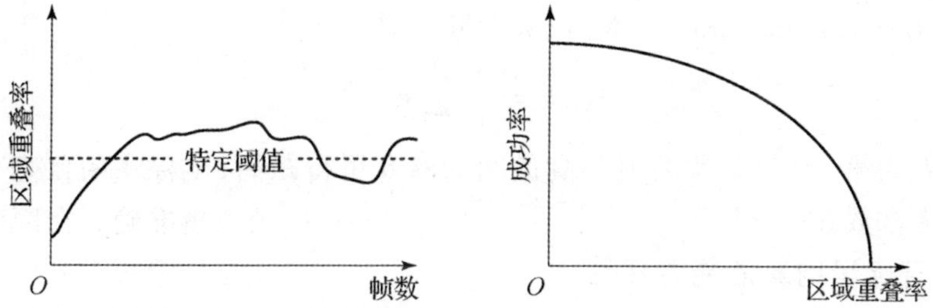

图 2.24　区域重叠和成功率示意图

常见的指标描述为平均准确率（mean Average Precision，mAP），它反映了模型在所有类别下检测精度的均值，广泛应用于目标检测、语义分割等任务中，通过对一个平均目标来检测任务中多个目标所对应不同平均精度（Average Precision，AP）值进行计算得到。AP 值就是通过预测分析得出的试验结果中精确率（Precision）和召回率（Recall）来精确绘制一个 $P-R$ 曲线的面积。精确率计算的是预测正类预测正确的样本占预测是正类的样本的比例，召回率计算的是预测正类预测正确的样本数占实际是正类的样本数的比例。当预测的 S 值大于 S 阈值时判断为 TP，即代表实际和检测都为正的个数；反之为 FP，代表检测为正，但实际为负的个数；FN 为没有被检测到的正确目标的数量，代表检测为负但实际为正的个数。精确率、召回率以及 mAP 的计算公式分别为

$$\begin{cases}\text{precesion} = \dfrac{\text{TP}}{\text{TP} + \text{FP}} \times 100\% \\ \text{recall} = \dfrac{\text{TP}}{\text{TP} + \text{FN}} \times 100\% \\ \text{mAP} = \dfrac{\sum_n \text{precision}}{n}\end{cases} \tag{2.103}$$

通常，算法无法同时兼顾模型的精确率和召回率，提升精确率往往会使召回率降低；反之亦然。为了更好地评估算法的性能，使用 F_1 值同时考虑精确率和召回率，只有当精确率和召回率都很高时，F_1 值才会变高[13]。其计算公式为

$$F_1 = \frac{2RP}{R + P} \tag{2.104}$$

对于关键点检测任务，就像是框坐标的定位回归，并不涉及区域的概念，只是单纯点与点间在距离上的度量，因此，评价指标以每个点处的相似度（Object Keypoint Similarity，OKS）来衡量，即

$$\text{OKS} = \frac{1}{n}\sum_{i=1}^{n} \mathrm{e}^{-\frac{d_i^2}{2s_i^2k_i^2}} \tag{2.105}$$

式中：d_i 为第 i 个点处预测值与真值间的欧几里得距离；s_i 为目标整体尺寸大小；k_i 为常数。

3. 目标识别算法能力评估

（1）识别率。为了定量描述目标识别算法的性能，综合考虑目标的识别能力及抗干扰的能力，给出识别率的定义为

$$P_{\text{right}} = \frac{\text{TP}}{\text{TP} + \text{FN} + \text{FP}} \times 100\% \tag{2.106}$$

（2）目标识别误差。单帧图像的目标识别误差是指识别出的目标中心位置$(x^{\text{t}}, y^{\text{t}})$与实际目标中心位置$(x^{\text{r}}, y^{\text{r}})$的距离。对于一个对抗序列而言，其中第 i 帧图像的识别误差可以表示为

$$d_{\text{r}i} = \sqrt{(x_i^{\text{r}} - x_i^{\text{t}})^2 + (y_i^{\text{r}} - y_i^{\text{t}})^2} \tag{2.107}$$

（3）虚警概率，即

$$\text{FA} = \frac{\text{FP}}{\text{FP} + \text{TP}} \times 100\% \tag{2.108}$$

（4）检测概率（召回率），即

$$\text{CP} = \frac{\text{TP}}{\text{TP} + \text{FN}} \times 100\% \tag{2.109}$$

在评价弱小目标检测算法的性能指标时，检测概率和虚警概率是互相矛盾的两个方面，一方面要求目标可以被检测的概率要尽量高，另一方面要求检测出的疑似目标要尽量少。

（5）检测时间。检测效率性能指标的最后一个衡量参数是检测时间，即检测一幅固定大小的图像所用的平均时间，为衡量平均性能，对同一图像进行多次检测后，将平均时间作为检测指标。

（6）信噪比。信噪比反映了信号与噪声的强度关系，当信噪比为 1 时，信号几乎淹没在噪声中，而当信噪比为 4 时，信号和背景杂波相比，已经相当强了。一般情况下，检测算法中对信噪比的讨论都在这个范围内。信噪比越大，信号越强，则检测概率越高。检测概率随着检测阈值的提高而降低，这符合信号检测的基本原理。当检测阈值为目标与背景的实际信噪比时，检测概率为 50%；当检测阈值大于目标的实际信噪比时，检测概率小于 50%，对于检测已无实际意义；当信噪比阈值一定时，目标实际信噪比越大，检测概率越高，虚警率越低。

（7）目标截获距离。目标截获距离是指导引头稳定截获目标时的最远距离，目标截获距离与目标特性、背景特性、路径吸收特性等诸多因素有关。目标截获主要是根据目标与背景的差异进行的。导引头观察到的目标与背景的差异还会受到探测路径透过率的影响。在实际战场上，不同的目标、不同的背景、不同的时段，不同的大气特性等因素，都会影响到导引头观察到的目标与背景差异特性，这会导致不同条件下的截获距离不同。为了便于衡量截获距离，建议在具体评价截获距离指标时，明确目标、背景和探测路径的相关特性，可以表述为针对特定目标、特定背景、特定路径特性的截获距离。

（8）目标截获正确率。目标截获正确率表征了导引头对各类目标正确率截获的能力，是指在满足截获距离要求的情况下，正确截获到目标的比例。假设在 M 次截获中，正确截获到目标的次数为 m，则目标截获正确率为

$$P_i = \frac{m}{M} \times 100\% \tag{2.110}$$

目标截获正确率指标评价难度较大，需要通过大量的挂飞试验，针对不同类型的目标进行大量截获试验才能获得相关数据，以便计算该指标。当然也可以利用仿真数据计算目标截获正确率，但是这对仿真系统的可信度要求很高。

（9）目标截获虚警率。目标截获虚警率是指导引头错误地将非目标识别为

目标，是指在满足截获距离要求的情况下，错误地将非目标识别为目标的比例。假设在 M 次截获中，错误地将非目标识别为目标的次数为 k，则目标截获虚警率为

$$F_i = \frac{k}{M} \times 100\% \tag{2.111}$$

目标截获虚警率指标的评价与正确率类似，在评价截获正确率的试验中，记录相关错误识别的情况，就可以评价虚警率。

（10）抗干扰识别能力。抗干扰识别能力是指红外导弹的导引头在抗干扰过程中正确识别目标的能力。在长时间连续抗干扰过程中，因导引头预测的视线角速度与实际视线角速度会有较大误差，随着弹目的接近，有可能使目标脱离视场。如导引头能正确识别出目标，就能将目标保留在视场中，同时可根据目标识别后获得的失调角修正预测的视线角速度，提升导引头抗干扰成功的概率。用识别概率 P 表征抗干扰识别能力，定义为

$$P = \frac{N_{\mathrm{id}}}{N_{\mathrm{real}}} \times 100\% \tag{2.112}$$

式中：N_{id}为识别目标次数；N_{real}为实际干扰投放个数或组数。P 与红外诱饵弹的投放速度、投放方向、投放时间间隔、目标机动以及导引头的空间分辨率密切相关，其值越大，表示抗干扰的成功率越高。

（11）抗能量压制能力。抗能量压制能力是指在保证抗干扰概率不低于规定值的情况下，评估红外导引头能承受干扰与目标能量之比的最小值 $K_{\min}$ 和最大值 $K_{\max}$。定义为

$$\begin{cases} K_{\min} = \dfrac{E_{\mathrm{dismin}}}{E_{\mathrm{tar}}} \\ K_{\max} = \dfrac{E_{\mathrm{dismax}}}{E_{\mathrm{tar}}} \end{cases} \tag{2.113}$$

式中：E_{dismin}、E_{dismax}分别为干扰弹最小和最大辐射能量；E_{tar}为目标辐射能量。$K_{\min}$、$K_{\max}$与红外诱饵弹的类型、目标飞机的类型以及攻击态势密切相关，$K_{\min}$越小，$K_{\max}$越大，表明导引头的抗能量压制能力越强。目前红外导引头的 $K_{\min}$约为 2，$K_{\max}$则能达上百[14]。

4. 背景抑制算法能力评估

（1）信杂比（SCR），即

$$\mathrm{SCR} = \frac{|\mu_{\mathrm{T}} - \mu_{\mathrm{B}}|}{\sigma} \tag{2.114}$$

式中：μ_T、μ_B 分别为目标像素均值和背景像素均值；σ 为背景像素标准差。

（2）信杂比增益（SCRG），即

$$\mathrm{SCRG} = \frac{\mathrm{SCR}_{\mathrm{out}}}{\mathrm{SCR}_{\mathrm{in}}} \tag{2.115}$$

式中：$\mathrm{SCR}_{\mathrm{out}}$ 和 $\mathrm{SCR}_{\mathrm{in}}$ 分别为原图和处理后图像的信杂比。

（3）背景抑制因子（BSF），即

$$\mathrm{BSF} = \frac{\sigma_{\mathrm{out}}}{\sigma_{\mathrm{in}}} \tag{2.116}$$

式中：σ_{in} 和 σ_{out} 分别为原图的图像标准差和处理后的图像标准差。

2.3.2　动态图像序列类指标

1. 跟踪能力指标

（1）跟踪能力。跟踪能力是指在给定目标特性、给定离轴角条件下导引系统稳定跟踪目标的最大、最小角速度。有的系统跟踪能力与离轴角有关，有的系统跟踪能力与目标辐射照度有关。

（2）跟踪角加速度。跟踪角加速度是指在提供阶跃驱动电流时跟踪系统单位时间内角速度的增加值。一般陀螺稳定平台系统角速度正比于进动电流，角加速度很大；速率稳定平台系统角加速度正比于驱动电流。

（3）跟踪平稳性。跟踪平稳性是指导引系统跟踪过程中，光轴围绕视线的偏离角变化量和偏离角的变化速率。

（4）跟踪精度。跟踪精度是指光轴与视线之间的误差角。影响跟踪精度的因素有稳态误差、动态误差和零位误差等。

（5）跟踪对称性。跟踪对称性是指对于大小相同的视线角速度，同一通道两个方向上输出量之比，完全对称时对称性为 1。

（6）跟踪耦合系数。跟踪耦合系数是指在一个通道上有角速度输入时，另一通道输出与该通道输出之比，理想情况下跟踪耦合系数为零。

（7）系统响应时间。系统响应时间是指给定一单位阶跃视线角速度输入时，跟踪角速度输出达到 90% 时的时间。

（8）搜索能力。红外导引系统的搜索能力通常以搜索范围、搜索速度、搜索帧频（或周期）和搜索图形来表示。搜索范围指光学视场扫描所覆盖的范围；搜索速度指光轴（瞄准线）扫描的角速度；搜索帧频是指单位时间重复搜索的次数；搜索图形是指搜索时视场光轴扫描的轨迹图形，常用的有圆形、“口”字形和“8”字形等。

（9）随动能力。在红外导引系统中除了采用搜索方式扩大对目标的捕获范围外，还常用随动方式扩大捕获范围。表征随动能力的指标主要有随动范围、随动速度和随动精度。有的系统中，随动工作时间也作为随动能力的一个指标。

2. 跟踪能力

1）抗干扰跟踪能力

抗干扰跟踪能力是指在干扰环境中，红外导弹的导引头未能正确跟踪目标时预测的视线角速度与真实视线角速度的误差，以及在抗干扰过程中导引头从干扰态转入跟踪态建立真实视线角速度的快速性。快速性指标一般由导引头的跟踪回路时间常数决定，用视线角速度误差因子 η 表征抗干扰跟踪能力指标。定义为

$$\eta = \frac{\frac{1}{n}\sum_{i=1}^{n} |\dot{q}_{yc} - \dot{q}_{zs}|}{\frac{1}{n}\sum_{i=1}^{n} |\dot{q}_{zs}|} \times 100\% \tag{2.117}$$

式中：$\dot{q}_{yc}$为抗干扰过程中导引头预测的每帧的视线角速度；$\dot{q}_{zs}$为对应的每帧真实视线角速度。η 与红外导引头在抗干扰过程中采取的跟踪策略密切相关，η 越小，表明导引头输出的视线角速度误差越小，导引头的抗干扰跟踪能力就越强。

2）持续抗干扰能力

在保证抗干扰概率不低于规定值的情况下，持续抗干扰能力可由两项指标表示：一是评估导弹发射后能经受的干扰投放结束时刻与整个弹道飞行时间的比值，可用干扰结束时间占比因子 λ 表征；二是评估导弹发射后能经受的抗干扰时间占整个弹道时间的比值，可用干扰占空比 ε 表征。定义为

$$\begin{cases} \lambda = \dfrac{t_{end}}{t_{tot}} \\ \varepsilon = \dfrac{t_{anti}}{t_{tot}} \end{cases} \tag{2.118}$$

式中：t_{end}为干扰投放结束时刻；t_{anti}为导弹抗干扰时间；t_{tot}为弹道总时间。λ、ε 与抗干扰过程中导引头输出的视线角速度误差和目标机动相关。可将 $\varepsilon = 1$ 或非常接近 1 的情况定义为全程抗干扰。

2.3.3　综合抗干扰概率

1. 传统抗干扰性能指标

传统的抗干扰算法性能评价指标往往采用抗干扰概率，其定义为

$$P_{\text{hit}} = \frac{N_{\text{hit}}}{N_{\text{total}}} \tag{2.119}$$

式中：N_{hit}为命中目标的弹道数量；N_{total}为总测试弹道数目。

从实际作战角度出发，关于导弹命中精度主要关心的指标是导弹落点散布与目标位置的关系，目前常用的评价指标有两种，一种是圆概率偏差（CEP）或球概率偏差（SEP），另一种是命中概率。对于空空导弹，一般使用命中概率作为目标命中精度评价指标[15]。命中概率是针对多次对抗的统计结果，是导弹命中次数与总攻击次数的比值。一般认为导弹命中概率服从二项式分布。如果随机变量 X 服从参数为 n 和 p 的二项式分布，记为 $X \sim B(n,p)$。n 次试验中正好得到 k 次成功的概率由概率分布函数给出，即

$$P\{X = k\} = C_n^k p^k (1-p)^{n-k} \tag{2.120}$$

式中：$k = 0,1,2,\cdots,n$。其中 C_n^k 为

$$C_n^k = \frac{n!}{k!\,(n-k)!} \tag{2.121}$$

在复杂干扰对抗环境下，导弹命中概率往往不再服从二项式分布，具体分布与所选择的试验条件密切相关。这种分布形成上的差异会影响到评估结论的置信区间和置信度。

2. 层次分析法

层次分析法[16]是一种定性和定量相结合的系统化、层次化的分析方法，是系统分析方法之一。层次分析法的实质是一种决策思维方式，它把复杂的问题分解为各组成因素，将这些因素按分配关系分组以形成有序的递阶层次结构，通过构造两两比较判断矩阵的方式，确定每层次中因素的相对重要性，然后在递阶层次内进行合成，以得到决策因素相对于目标的权重系数。层次分析法的优点在于通过两两比较，降低个别判断失误造成的影响，评估结果可靠性高。

为全面综合评估，依据选择指标全面性和关联性原则，同时兼顾指标可测试等要求，选择了检测概率、识别概率等指标，如图 2.25 所示。

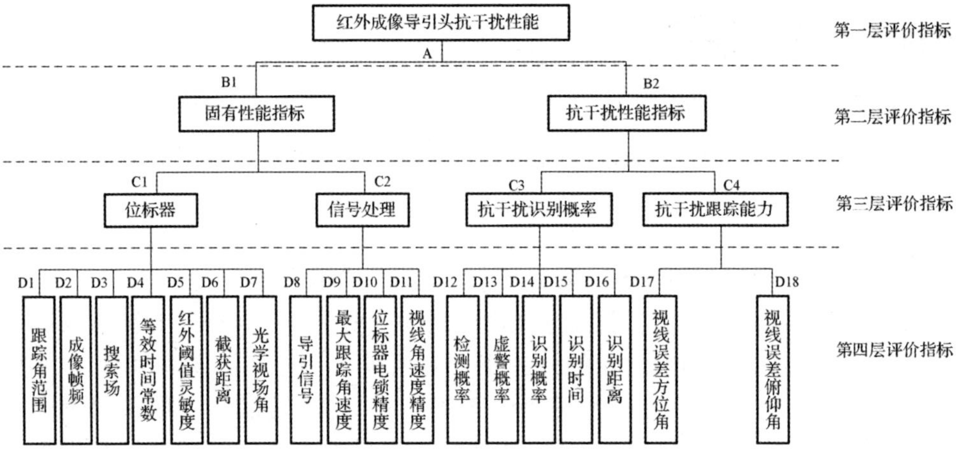

图 2.25 评估指标体系

构造判断矩阵，判断矩阵是根据选定的标度通过分析两两元素之间的重要程度得到的。而标度问题一直是学者研究的焦点之一，目前已有多种标度法，如 1~9 标度法、0:2 标度法、分数标度法和指数标度法等。其中 1~9 标度法最为常用。其量化如表 2.1 所列。

表 2.1 1~9 尺度含义

尺度 a_{ij}	含义
1	b_i 与 b_j 重要程度相同
3	b_i 比 b_j 稍重
4	b_i 比 b_j 明显重要
7	b_i 比 b_j 强烈重要
9	b_i 比 b_j 极端重要
2,4,6,8	b_i 与 b_j 的重要程度之比在两个相邻等级之间
1/2,1/3,…,1/9	b_i 比 b_j 的重要程度之比为 a_{ij} 相同的互反数

依据层次分析法，综合各专家意见，构造判断矩阵。建立层次分析模型后，在各层元素中进行两两比较，构造出比较判断矩阵。判断矩阵是层次分析法的基本信息，也是进行相对性重要度计算的重要依据。

对于 n 个元素来说，由表 2.1 所列的量化得到两两比较的判断矩阵为

$$\boldsymbol{A} = (a_{ij})_{n \times n} \tag{2.122}$$

式中：a_{ij}为因素 i 和因素 j 相对于目标重要性 1 ~ 9 标度量化值。

判断矩阵为正互反矩阵，其主对角线元素为 1。按照下式计算权重系数 w_i，即

$$w_i = \frac{\left(\prod_{j=1}^{n} a_{ij}\right)^{1/n}}{\sum_{k=1}^{n}\left(\prod_{j=1}^{n} a_{kj}\right)^{1/n}} \quad (i = 1,2,\cdots,n) \tag{2.123}$$

在获取当前层次的权重系数后，必须对判断矩阵进行一致性校验，以排除里面的人为逻辑判断错误。其步骤如下。

（1）计算一致性指标 CI

$$\mathrm{CI} = (\lambda_{\max} - n)/(n-1) \tag{2.124}$$

式中：$\lambda_{\max}$为判断矩阵最大特征值；n 为判断矩阵的阶次。

（2）查找相应的平均一致性指标 RI，如表 2.2 所列。

表 2.2　平均随机一致性指标

阶数 n	1	2	3	4	5	6	7
RI	0	0	0.52	0.89	1.12	1.26	1.36
阶数 n	8	9	10	11	12	13	14
RI	1.41	1.46	1.49	1.52	1.54	1.56	1.58

（3）计算一致性比例 CR，即

$$\mathrm{CR} = \frac{\mathrm{CI}}{\mathrm{RI}} \tag{2.125}$$

当 $\mathrm{CR} < 0.1$ 时，认为判断均值的一致性可以接受；当 $\mathrm{CR} \geqslant 0.1$ 时，要对判断矩阵进行适当修改。按照上述方法，获取下一级各因素项的权重因子 $\boldsymbol{w}_1, \boldsymbol{w}_2, \cdots, \boldsymbol{w}_n$，再通过一致性校验，最后可以求取评估各因素的权重因子，计算公式为

$$\boldsymbol{w}^{(k)} = \boldsymbol{w}_i^{(k)\mathrm{T}} \cdot \boldsymbol{w}_j^{(k-1)} \tag{2.126}$$

式中：k 为当前层数。故对于性能指标 A，有

$$P_A = \boldsymbol{w}^{(k)\mathrm{T}} \cdot p \tag{2.127}$$

式中：p 为各因素下的性能指标。

根据构造的抗干扰性能评估层次示意图，得到二阶的两两判断矩阵，由上

述计算方法可知导弹的抗干扰概率表示为

$$p = \boldsymbol{w}_1 p_1 + \boldsymbol{w}_2 p_2 + \boldsymbol{w}_3 p_3 + \boldsymbol{w}_4 p_4 \tag{2.128}$$

3. 多层次模糊评估方法[17]

通过仿真试验，可以得到单个指标的模糊隶属度，如检测概率。设无干扰下某型红外制导系统的检测概率为 E，干扰条件下该红外制导系统的检测概率为 E_0。则可选取 $s=\dfrac{E}{E_0}$为检测概率的隶属度，同理可计算出图 2.25 中第 4 层的第 i 个指标所对应的第 3 层第 j 个指标的隶属度，则第 3 层第 j 个指标的隶属度向量 $\boldsymbol{S}_j=(S_{1j},S_{2j},\cdots,S_{nj})$，$n$ 为指标个数。

首先，给出评价集，如表 2.3 所列。

表 2.3 评价集

等级	1	2	3	4	5
数值特征	0~0.2	0.2~0.4	0.4~0.6	0.6~0.8	0.8~1
抗干扰效果	差	较差	一般	较好	好

利用模糊隶属度函数（图 2.26）、评价集和隶属度向量可以得到模糊矩阵 $\boldsymbol{r}_{ij}$，$\boldsymbol{r}_{ij}$为指标集中第 i 个指标对评价集中第 j 个指标的隶属度。模糊隶属度函数用下式表示，即

$$\boldsymbol{r}_{ij}=\begin{cases}\dfrac{a_i}{x_1}, & 0\leqslant a_i\leqslant x_1\\ 1, & x_2\leqslant a_i\leqslant x_1\\ \dfrac{1-a_i}{1-x_2}, & x_2\leqslant a_i\leqslant 1\end{cases} \tag{2.129}$$

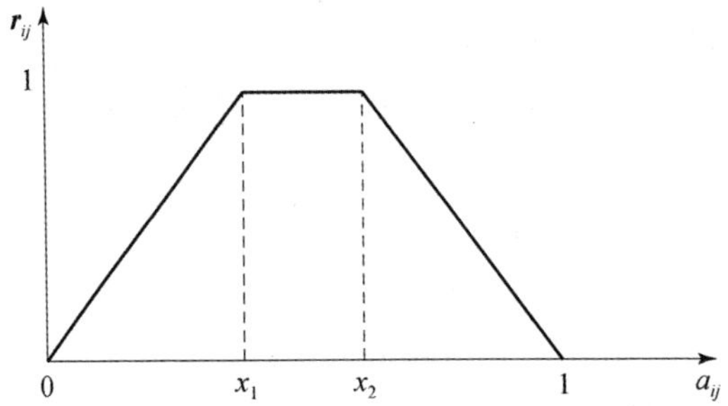

图 2.26 模糊隶属度函数

式中：a_i 为隶属度向量 $\boldsymbol{s}_{ij}$；x_1 为评价集中各级数值特征的下限；x_2 为评级集中各级数值特征的上限。由此，可以得到第 k 层的评判模糊矩阵为

$$\boldsymbol{R}_k=\begin{bmatrix}\boldsymbol{r}_{11} & \cdots & \boldsymbol{r}_{1m}\\ \vdots & \ddots & \vdots\\ \boldsymbol{r}_{n1} & \cdots & \boldsymbol{r}_{nm}\end{bmatrix} \tag{2.130}$$

根据归一化指标向量以及计算得到的权重向量，进行综合评价。采用的模糊综合评判集为

$$\boldsymbol{B}=\boldsymbol{A}\circ\boldsymbol{R} \tag{2.131}$$

式中：$\circ$ 为模糊算子；$\boldsymbol{A}$ 为权重向量；$\boldsymbol{R}$ 为模糊矩阵。由式（2.131）可以得到 k 层的评价结果，利用该结果建立第 $k-1$ 层的模糊矩阵，计算第 $k-1$ 层的综合评估结果，依此循环，即可得到最终的综合评估结果。

2.4　本章小结

本章从目标及干扰的红外特性角度出发，分析了红外图像复杂度的量化指标，并介绍了几种常用的抗干扰方法，在此基础上总结了这些抗干扰算法的性能评价指标。

第3章 基于特征模式匹配的空中红外目标识别与抗干扰技术

本章主要围绕图像预处理、图像分割、特征模式匹配、目标识别与抗干扰方法这4个方面展开讲述，主要介绍每个领域中典型的算法，并给出了一定的示例。

3.1 几种图像预处理方法

一般而言，红外成像系统获取的原始红外图像具有信噪比和对比度较低的特点，同时红外图像在获取、传输及显示的过程中会受到各种因素的影响，从而产生噪声，导致图像的质量下降。对红外图像进行预处理，可以提高图像质量，增强图像中的有用信息。

3.1.1 空域滤波

空域指图像本身，空域变换直接对图像中的像素进行操作。图像的滤波是指在尽量保证图像细节特征的情况下对图像中的噪声进行抑制，图像的信息大部分集中在低频或中频区域，而高频部分则大多为边缘信息或者噪声，因此滤波器可分为低通滤波器和高通滤波器。前者的作用是保证低频区域的稳定，尽量去除噪声，但也不可避免地导致边缘信息的丧失，所以也称为“平滑”或者“模糊”；后者则着重于增强图像的边缘信息，对噪声的抑制较弱，因此也称为“锐化”。此外，高通滤波器能抑制低频分量，让高频通过，故可以用来抑制大面积的背景，同时保留目标和部分高亮度噪声。

空域滤波是将图像中以各个像素为中心的邻域做相关的运算操作，然后将运算得到的信息替换原来像素位置的像素值。空域滤波是一种应用最为广泛的滤波方式，空域滤波器可分为线性和非线性两种类型，常见的线性滤波有均值滤波、高斯滤波、盒子滤波、拉普拉斯滤波等。非线性滤波利用原始图像跟模板之间的一种逻辑关系得到结果，如最值滤波、中值滤波和双边滤波等。

1. 空域高通滤波[18]

因为红外目标的频率属于图像中的高频部分，所以利用高通滤波器能抑制低频分量，让高频分量通过，故可以用来抑制大面积的背景，同时保留目标和部分高亮度噪声。高通滤波属于比较常见的红外图像抑制背景与增强目标的方法，空域高通滤波是通过滤波模板对图像进行卷积操作，使空间相关性较强的背景成分得到抑制，使目标的高频成分不变，此模板本质上就是滤波器。

设滤波器的输入为 $f(x,y)$，输出为 $g(x,y)$，脉冲响应为 $h(x,y)$，$*$ 表示卷积，则

$$g(x,y)=f(x,y)*h(x,y) \tag{3.1}$$

通常采用的高通滤波方法是取输入图像与经过低通滤波后图像的差值，其一维形式可以表示为

$$\begin{cases} g(n)=f(n)-l(n) \\ l(n)=\dfrac{1}{M}f(n)+\left(1-\dfrac{1}{M}\right)l(n-1) \end{cases} \tag{3.2}$$

式中：$f(n)$ 为一维输入信号；$g(n)$ 为一维输出信号；$l(n)$ 为低通滤波的输出；M 为所使用的点数。

实现二维形式的高通滤波比一维形式稍微复杂一些，其表达式为

$$\begin{cases} g(i,j)=f(i,j)-l(i,j) \\ l(i,j)=\dfrac{1}{M}\left[\sum\limits_{m=0}^{M-1}\left(1-\dfrac{1}{M}\right)^m s(i,j,m)+\left(1-\dfrac{1}{M}\right)^M s(i,j,M)\right] \\ s(i,j,m)=\dfrac{1}{2^{2m+1}}\sum\limits_{\substack{|i-k|=m \\ |j-n|=m}} f(i-k,j-n) \end{cases} \tag{3.3}$$

式中：M 为滤波半径；$f(i,j)$ 为滤波输入图像；$g(i,j)$ 为滤波输出图像；$l(i,j)$ 为低通滤波后的图像。

传统高通滤波算法对于滤除灰度平滑图像，特别是大片云背景，效果非常好，但对于系统自身噪声，如点噪声则无法滤除；$s(i,j,m)$ 的求和运算随 m 的增大以指数级增长，运算量很大，并且运算复杂，不利于硬件实现。

对于远距离红外小目标而言，背景中细节成分较少，小目标在图像中可以被看作噪声点，其中含有大量的高频信息，且与周围背景的相关性小。利用背景像素之间灰度的相关性以及目标灰度与背景灰度的无关性，设计一个简单的空间高通滤波器，就可以滤除大量的背景像素，而只保留高频噪声和目标点，

实现目标与背景的初步分离。采用图 3.1 所示的 5 ×5 高通卷积模板作为空间域高通滤波器冲激响应函数。一般模板中心像素权值越大，越容易通过；而周围部分权值均为 -1，权值小，则不容易通过。因此，对于目标点和孤立噪声点，由于信号强度比背景高，因而容易通过滤波器，而对于有一定成像面积的背景，则不容易通过，如图 3.2 所示。

-1	-1	-1	-1	-1
-1	-1	-1	-1	-1
-1	-1	25	-1	-1
-1	-1	-1	-1	-1
-1	-1	-1	-1	-1

图 3.1　5 ×5 高通卷积模板

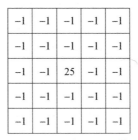

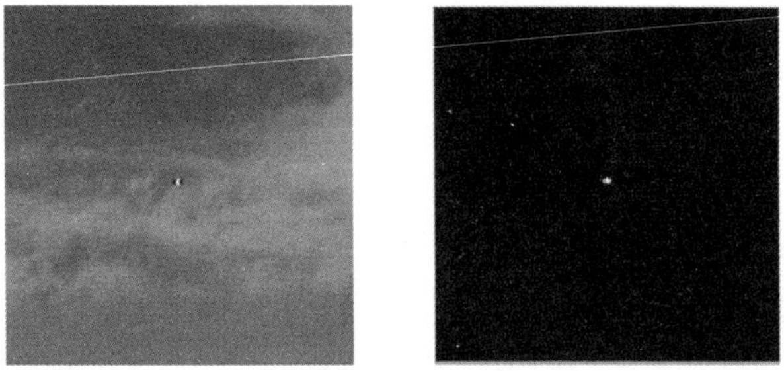

(a)　(b)

图 3.2　空域高通滤波处理结果

（a）原始图像；（b）空域 5 ×5 高通滤波图像。

此外，还有几种常见的空域高通滤波模板，如图 3.3 所示。

-1	-1	-1
-1	8	-1
-1	-1	-1

(a)

-1	-1	-1	-1	-1
-1	-1	4	-1	-1
-1	4	4	4	-1
-1	-1	4	-1	-1
-1	-1	-1	-1	-1

(b)

-1	-1	-1	-1	-1
-1	-1	-1	-1	-1
-1	-1	24	-1	-1
-1	-1	-1	-1	-1
-1	-1	-1	-1	-1

(c)

图 3.3　几种常见的空域高通滤波模板

2. 中值滤波

中值滤波是常用的非线性平滑处理手段之一，属于统计排序滤波，对于提取缓变背景的效果非常好。和近似的低通线性滤波器相比，中值滤波器能够在衰减随机噪声的同时不使边界模糊。从效果上看，小于中值滤波器面积一半的亮的或暗的物体基本上会被滤除，而较大的物体则几乎会原封不动地保存下来。自 Turky 于 1971 年提出中值滤波技术以来，该技术就得到了广泛的研究，提出了许多改进方法，如多级中值滤波（MSM）、中心加权中值滤波（CWM）和广义中值滤波（WM）等。

中值滤波的实现过程是：对图像中某一像素邻域内的像素进行灰度排序，取中间的灰度值代替当前灰度值。设 $f(i,j)$ 为输入图像，$g(i,j)$ 为输出图像，$A(i,j)$ 为像素的邻域，大小为 $m \times n$。其结果为

$$g(i,j) = f(i,j) - \underset{A(i,j)}{\mathrm{med}}[f(i,j)] \tag{3.4}$$

较为经典的两种中值滤波算法是十字五点中值滤波和水平七点中值滤波。十字五点中值滤波适用于滤波孤点噪声、平滑图像；水平七点中值滤波则适用于背景评估，也有平滑图像的作用。它们的表达式为

$$\begin{cases} m_5(i,j) = \mathrm{med}[f(i-1,j), f(i,j-1), f(i,j), f(i,j+1), f(i+1,j)] \\ m_7(i,j) = \mathrm{med}[m_5(i,j-3), m_5(i,j-2), m_5(i,j-1), m_5(i,j), \\ \qquad m_5(i,j+1), m_5(i,j+2), m_5(i,j+3)] \\ g(i,j) = f(i,j) + m_5(i,j)/m_7(i,j) \end{cases} \tag{3.5}$$

式中：$m_5(i,j)$ 为十字五点中值滤波图像；$f(i,j)$ 为滤波前图像；$g(i,j)$ 为滤波后图像；$m_7(i,j)$ 为水平七点中值滤波图像。

中值滤波主要是进行数值比较、排序，其运算量主要体现在数值比较的次数上。二维中值滤波通常是转化为一维中值滤波进行的，即把二维的矩阵转化为一维向量。运算量有大幅度下降，易于硬件实现。

图 3.4 所示为十字五点中值滤波后得到的试验效果。

中值滤波虽然能有效去除一定的噪声，但同时也会使图像中的边缘变得模糊，这主要和所选取的窗口大小有关，为此介绍一种既能保持边缘清晰又能消除噪声的方法。如图 3.5 所示，在图像中取 5×5 的像素区域，取包含点 (i,j) 的五边形和六边形各 4 个，3×3 的区域一个，计算这 9 个区域的标准差和灰度的平均值，取标准差最小区域的灰度平均值作为点 (i,j) 的灰度。

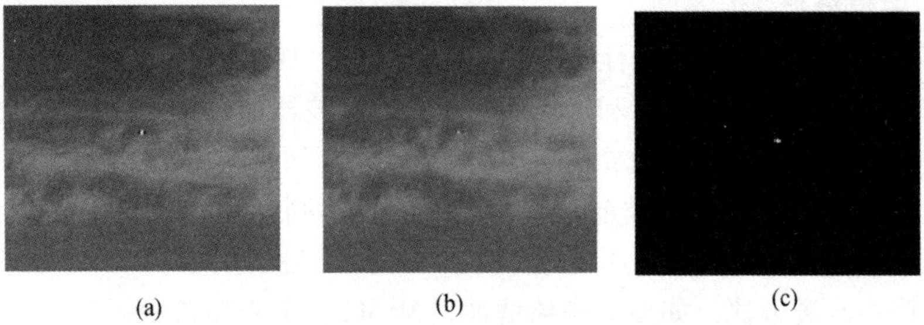

图 3.4　十字五点中值滤波处理结果

(a) 原始图像；(b) 中值滤波图像；(c) 输出（差）图像。

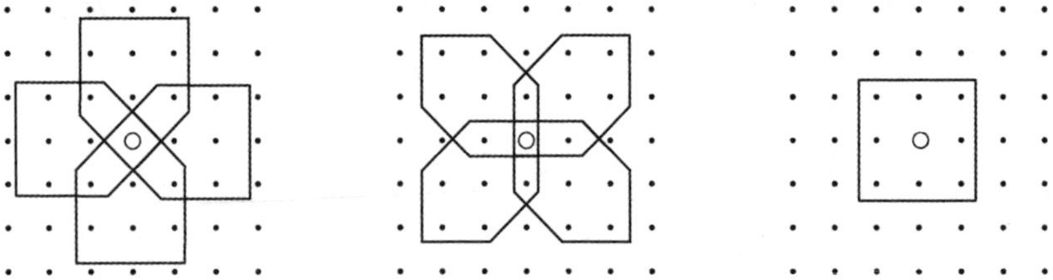

图 3.5　中值滤波新算法

得到实现结果如图 3.6 所示。

图 3.6　新中值滤波处理结果

3. 增强型简化高通滤波

传统的高通滤波虽然可以达到抑制云层背景噪声、使不均匀背景均匀化以及增强目标边缘的效果，但是对目标本身灰度的削弱也很明显，而且无法滤除孤点噪声。传统中值滤波算法要对窗口内每个像素进行排序以求中值，当窗口增大时，运算量按 4 次方增大。传统中值滤波算法的缺点就是运算量较大，而且硬件实现也比较复杂。在实时性要求较高的制导武器系统中，传统的中值滤波可以平滑图像，滤除孤点噪声，但对大面积的云背景无法滤除。鉴于此，提出一种兼有两种滤波算法优点的新的滤波算法，即增强型简化高通滤波算法。增强型简化高通滤波算法并非是简单将传统高通滤波算法与传统中值滤波算法进行合成，而是将传统高通滤波算法和传统中值滤波算法进行简化。使其易于硬件实现，提高滤波效率。

针对高通滤波，可以采用只在水平和垂直两个方向进行滤波，有

$$\begin{cases} g(i,j) = f(i,j) - l(i,j) \\ l(i,j) = \dfrac{1}{M}\left[\sum_{m=0}^{M-1}\left(1-\dfrac{1}{M}\right)^m s(i,j,m) + \left(1-\dfrac{1}{M}\right)^M s(i,j,M)\right] \\ s(i,j,m) = \dfrac{1}{4}[f(i-m,j-m) + f(i-m,j+m) + f(i+m,j-m) \\ \qquad + f(i+m,j+m)] \end{cases} \tag{3.6}$$

简化后的滤波效果有所下降，但由于其只有简单的加、减和位移运算，很容易硬件实现，与原算法相比滤波效率大大提高。

将十字五点中值滤波和水平七点中值滤波结合起来，使它们的滤波效果叠加，可以得到一个滤波效果更好的滤波算法。

$$\begin{cases} m_5(i,j) = \text{med}[f(i-1,j), f(i,j-1), f(i,j), f(i,j+1), f(i+1,j)] \\ m_7(i,j) = \text{med}[m_5(i,j-3), m_5(i,j-2), m_5(i,j-1), m_5(i,j), \\ \qquad m_5(i,j+1), m_5(i,j+2), m_5(i,j+3)] \\ g(i,j) = f(i,j) + m_5(i,j) - 2\times m_7(i,j) \end{cases} \tag{3.7}$$

这种改进型的中值滤波效果不错，但其适用范围小，对 3×3 以下大小的点目标效果不错，但对更大的目标滤波效果很差。主要原因在于水平七点中值滤波算法的局限性，当图像中出现大目标时，无法正确估计背景，导致目标被减掉。考虑到高通滤波算法中对背景估计范围较广（当滤波半径 M 取 4 时，对 10×10 以下的目标图像处理效果都很好），准确性也较好。中值滤波算法中十字五点中值滤波可以起到增强目标、去除孤点的作用，同时还可以平滑图像，降低大背景对目标的影响，且易于硬件实现。采用高通滤波算法做背景估计，用中值滤波算法中的十字五点中值滤波进行目标增强，从而实现高通滤波与中值滤波的融合。

综上所述，可以得到最终的增强型简化高通滤波算法，其表达式为

$$g(i,j) = f(i,j) + m_5(i,j) - 2\times l\{i,j\} \tag{3.8}$$

这种算法有效地抑制了高通滤波对目标的削弱作用，同时又可以达到高通滤波对背景的滤除效果。当滤波半径 M 确定后，算法就变成简单的加、减、移位运算，易于硬件实现，可以满足红外成像制导武器实时、快速的需要。另外，滤波半径 M 的大小会影响滤波效果。

4. 2D - DoG 滤波

为了进一步抑制背景、提升目标与背景局部对比度，可采用高斯 2D - DoG 滤波器做进一步处理。高斯 2D - DoG 滤波器是多个窄带带通高斯滤波器的组合，有

$$\sum_{n=1}^{N} \mathrm{DoG}(x,y,\sigma_1^n,\sigma_2^n) = G(x,y,\sigma_1^N) - G(x,y,\sigma_2^1) \tag{3.9}$$

式中：N 为滤波器数量；$\sigma_1^N > \sigma_2^1$ 分别决定了低、高截止频率，为了完整地增强显著性区域，低截止频率尽可能低，即 σ_1^N 接近无穷；另外，高截止频率也要尽可能高，以保留目标细节。

考虑到高频噪声和计算复杂度，算法中选择 5 × 5 高斯卷积核和均值滤波模板对原图像进行卷积操作，达到预处理的效果，滤波结果图像表示为

$$I_c(x,y) = |I_{\mathrm{temp}}(x,y) * [G(x,y,\sigma_1^N) - G(x,y,\sigma_2^1)]| \tag{3.10}$$

其中，卷积核取为$\frac{1}{256}\begin{bmatrix} 1 & 4 & 6 & 4 & 1 \\ 4 & 16 & 24 & 16 & 4 \\ 6 & 24 & 36 & 24 & 6 \\ 4 & 16 & 24 & 16 & 4 \\ 1 & 4 & 6 & 4 & 1 \end{bmatrix}$。

5. 形态学滤波

除了经典的空域滤波外，形态学滤波也常用于对红外小目标图像进行滤波处理。形态学滤波是利用特定的运算模板对图像进行一系列的诸如灰度腐蚀、灰度膨胀、开运算、闭运算等的形态学运算，实现图像的滤波处理。其中，Top - Hat 变换是形态学滤波中一种重要的方法，它是先选择合适的结构元素，对原始图像进行开运算，再将计算结果和原始图像做差分，这样就可以消去一些高频噪声点，提高图像的对比度。这种变换的优点是计算量较小，实时性高，容易部署在嵌入式设备上。

针对复杂背景干扰的情况，利用灰度形态学的 Top - Hat 变换进行空域图像增强，抑制背景对目标图像的干扰。在灰度形态学中，用 $f(x,y)$ 和 $b(x,y)$ 分别表示灰度形态学中的输入图像和结构元素，函数中的 (x,y) 表示图像中像素点坐标。灰度形态学滤波的基本原理如图 3.7 所示。

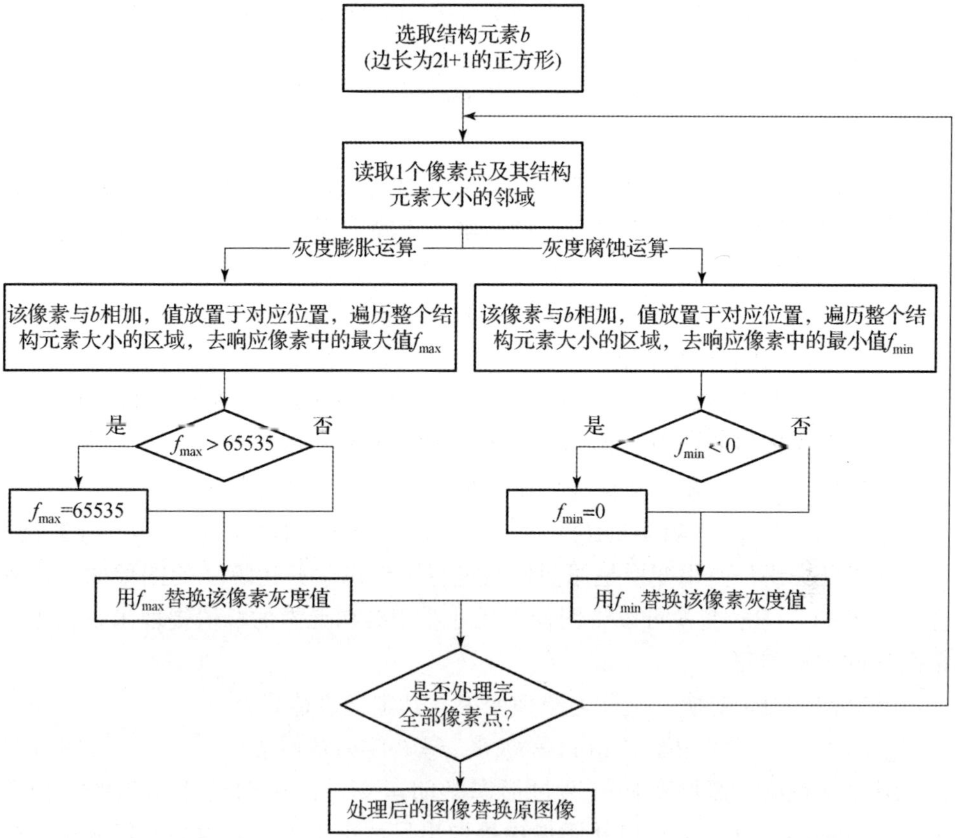

图 3.7　灰度形态学滤波基本原理图

（1）灰度膨胀运算。

$b(x,y)$对$f(x,y)$进行灰度膨胀运算$(f\oplus b)$的定义为

$$(f\oplus b)(s,t)=\max\{f(s-x,t-y)+b(x,y)\mid(s-x,t-y)\in D_f;(x,y)\in D_b\} \tag{3.11}$$

式中：D_f与D_b分别为f与b的定义域。

（2）灰度腐蚀运算。

$b(x,y)$对$f(x,y)$进行灰度腐蚀运算$(f\Theta b)$的定义为

$$(f\Theta b)(s,t)=\min\{f(s+x,t+y)-b(x,y)\mid(s+x,t+y)\in D_f;(x,y)\in D_b\} \tag{3.12}$$

（3）开运算。

$b(x,y)$对$f(x,y)$进行灰度形态学开运算即为对输入图像先后进行腐蚀、膨胀运算，对于去除比结构元素小的量细节效果较好，并且使图像的整体灰度级

基本保持不变，尤其是对于比结构元素大的高亮区域有比较好的保持作用。其表达式为

$$f \circ b = (f \Theta b) \oplus b \tag{3.13}$$

（4）闭运算。

$b(x,y)$ 对 $f(x,y)$ 进行灰度形态学开运算即为对输入图像先后进行膨胀、腐蚀运算，可以将图像中灰度级较低的暗细节去除，而不影响到灰度级较高的亮细节部分。其表达式为

$$f \cdot b = (f \oplus b) \Theta b \tag{3.14}$$

（5）Top - Hat 形态学滤波。

通过对形态学运算进行扩展，Top - Hat 滤波能够更好地突出目标区域亮度，起到图像增强的作用。Top - Hat 滤波有两种变换形式：

①White - Hat 变换，又称为白帽变换，其定义表达式为

$$\text{Whitehat}(f) = f - f \circ b = f - (f \Theta b) \oplus b \tag{3.15}$$

其定义表明，白帽变换是原图像与进行了形态学开运算后的图像的差值图像，用 White - Hat 变换可以将图像中尺寸小于结构元素的峰值提取出来，也就是图像的“亮特征”。

②Black - Hat 变换，又称为黑帽变换，其定义表达式为

$$\text{Blackhat}(f) = f \cdot b - f = (f \oplus b) \Theta b - f \tag{3.16}$$

其定义表明，黑帽变换是通过形态学闭运算后的图像与原图像的差值图像，用 Black - Hat 变换可以从图像中提取出尺寸小于结构元素的谷值，也就是图像的“暗特征”。

由 Top - Hat 滤波的定义可知，结构元素在变换中起到了非常重要的作用，往往结构元素的尺寸能够决定 Top - Hat 滤波效果，结构元素尺寸越小，对低频背景信号的滤除效果越好，能够保留的目标尺寸就越小。因此，选择一个合理的结构元素对图像增强至关重要。其中目标的最小尺寸与结构元素的尺寸有以下近似关系，即

$$\max(S_{\text{obj}}) \leqslant \frac{1}{2}\max(S_{\text{str}}) \tag{3.17}$$

式中：$\max(S_{\text{obj}})$ 为目标在图像中的最大尺寸；$\max(S_{\text{str}})$ 为用于灰度形态学滤波的结构元素的最大尺寸。如果结构元素选择过大，会破坏背景的局部特性，增强效果不明显；如果结构元素选择过小，也能起到增强的效果，不过只能对部分前景起到增强作用，并且强制使一部分前景变为背景，图像会产生扭曲现象。

3.1.2 频域滤波

一般认为，目标是各种具有复杂背景的红外图像中的高频成分，于是频域高通滤波成为可以选取的最直接、最有效的图像预处理方法。经典空域滤波方法构造简单、算法的实时性较强，且在较为平缓的天空背景中都能表现出非常出色的滤波效果。但实践也证明，当背景变得复杂时，空域滤波方法效果会受到影响，即空域滤波方法对于图像背景的复杂度比较敏感。随着硬件技术的飞速发展，以往制约探索更精细和更直接的频域滤波方法的瓶颈正在逐渐消失，这也为真正意义上的频域滤波提供了可能。

红外目标图像中背景部分灰度值是变化非常缓慢的，但是目标部分的灰度值却是突变的。从频域角度看，背景区域处于频谱的低频部分，目标区域处于频谱的高频部分。频域高通滤波会使傅里叶变换中的低频分量衰减，但是不会扰乱高频信息，也就是可以使图像背景得到抑制、目标得到增强。

可以把图像当成二维信号，二维傅里叶变换是一维傅里叶变换的拓展，从物理上来看，傅里叶变换是将图像从空域转换到频域，实现图像的灰度分布与频率分布之间的转换。其傅里叶逆变换是把图像从频域转换到空域，把图像从频率分布再转换到灰度分布。

图像的二维傅里叶变换为

$$F(u,v) = \frac{1}{MN}\sum_{x=0}^{M-1}\sum_{y=0}^{N-1} f(x,y)\,e^{-j2\pi(ux/M+vy/N)} \tag{3.18}$$

式中：x 和 y 为图像坐标变量；u 和 v 为频率变量；$F(u,v)$ 为尺寸 $M \times N$ 图像 $f(x,y)$ 的频谱，频谱的傅里叶反变换为

$$f(x,y) = \frac{1}{MN}\sum_{u=0}^{M-1}\sum_{v=0}^{N-1} F(u,v)\,e^{-j2\pi(ux/M+vy/N)} \tag{3.19}$$

将傅里叶变换和傅里叶反变换记为 $\mathcal{F}[\cdot]$ 和 $\mathcal{F}^{-1}[\cdot]$ 的形式，则式（3.18）和式（3.19）可改写为

$$F(u,v) = \mathcal{F}[f(x,y)] \tag{3.20}$$

$$f(x,y) = \mathcal{F}^{-1}[F(u,v)] \tag{3.21}$$

频域图像预处理的原理是将图像进行傅里叶变换，利用滤波器传递函数实现对图像频谱的操作，然后对操作过的图像做傅里叶逆变换，即

$$G(u,v) = H(u,v)F(u,v) \tag{3.22}$$

式中：$H(u,v)$ 为滤波器传递函数；$G(u,v)$ 为经过滤波器后得到的图像频谱，对其做傅里叶逆变换，得到频率滤波后的图像 $f'(x,y)$，即

$$f'(x,y) = \mathcal{F}^{-1}[G(u,v)] \tag{3.23}$$

在频域中，图像的幅值表示图像中最亮和最暗的峰值之间的差，相位表示波形相对于原始波形的偏移量。频率表示的是图像中灰度变化的快慢，频率越高表示信号变化越快；反之，则相反。对红外图像而言，图像的边缘和目标是灰度突变部分，变化迅速，反映在频域上是频域中的高频部分。傅里叶变换创造了一条从空域连接到频域的有效途径来进一步对图像进行研究，使得从灰度分布转换到频率分布进行处理。

下面介绍 3 种典型的频域高通滤波器，即理想高通滤波器、巴特沃斯高通滤波器和高斯高通滤波器，这 3 个滤波器的频域响应如图 3.8～图 3.10 所示。

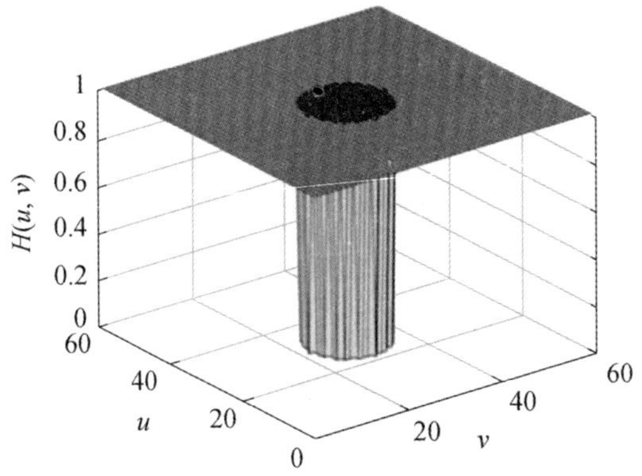

图 3.8　理想高通滤波器频域响应

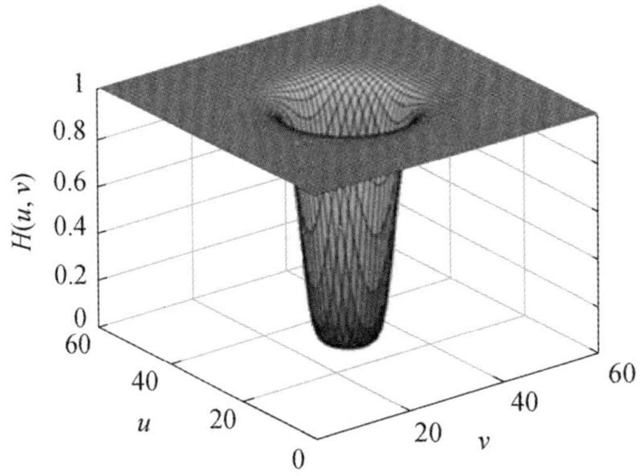

图 3.9　巴特沃斯高通滤波器频域响应

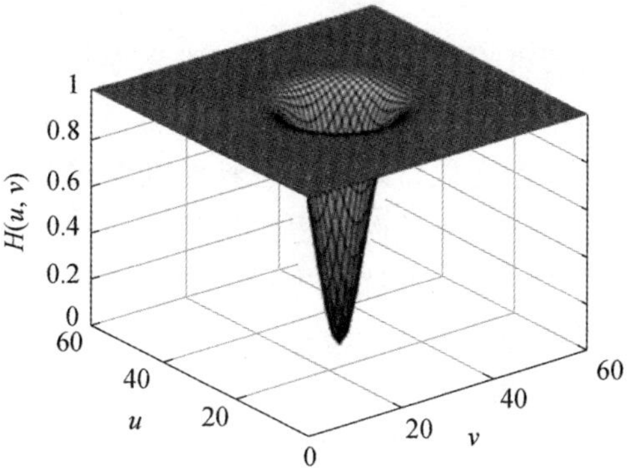

图 3.10　高斯高通滤波器频域响应

1. 理想高通滤波器

高通滤波的目的是使图像频域中的高频部分通过而低频部分被抑制。最简单的高通滤波器是理想高通滤波器，设定一个合适的阈值，使高于这个阈值的频率部分可以通过，低于该阈值的低频部分置零。试验证明，理想高通滤波器的振铃情况比较明显。

$$H(u,v)=\begin{cases}0, & D(u,v)\leqslant D_0\\ 1, & D(u,v)\geqslant D_0\end{cases} \tag{3.24}$$

式中：D_0 为截止频率；$D(u,v)$ 为频率域中点 (u,v) 到频率矩形中心的距离，即

$$D(u,v)=\left[\left(u-\frac{P}{2}\right)^2+\left(v-\frac{Q}{2}\right)^2\right]^{1/2} \tag{3.25}$$

原图像大小为 $M\times N$，填充后的大小为 $P\times Q$，应满足：$P\geqslant 2M-1$、$Q\geqslant 2N-1$。

2. 巴特沃斯高通滤波器

巴特沃斯高通滤波器与理想高通滤波器不同，不再直接对频谱进行截断处理，其频域响应表现为一个尖峰，传递函数为

$$H(u,v)=\frac{1}{1+[D_0/D(u,v)]^{2n}} \tag{3.26}$$

式中：n 为巴特沃斯高通滤波器的阶数，滤波器的性质与阶数息息相关。随着 n 逐渐增大，振铃现象会越来越明显。$D(u,v)$ 为频域中的点到频域平面的距离，是截止频率。当 $D(u,v)$ 大于某个值时，$H(u,v)$ 逐渐接近于 1，使高频部分可以通过；当 $D(u,v)$ 小于这个值时，$H(u,v)$ 逐渐接近于 0，使低频部分过滤。

3. 高斯高通滤波器

高斯高通滤波器的频率响应表现为一个二维高斯形状，与理想高通滤波器和巴特沃斯高通滤波器都不相同，高斯函数进行傅里叶变换操作后依旧是高斯函数，所以高斯高通滤波器无振铃现象。巴特沃斯高通滤波器的阶数，代表的是滤波器性能的好坏。当阶数较大时，巴特沃斯高通滤波器与理想滤波器性能接近，大部分情况下巴特沃斯高通滤波器可以看作两种“极端”滤波器之间的过渡，高斯高通滤波器的传递函数为

$$H(u,v)=1-e^{(-D^2(u,v)/2D_0^2)} \tag{3.27}$$

式中：D_0 为截止频率；$D(u,v)$ 为频率域中点 (u,v) 到频率矩形中心的距离。

3.1.3 对比度增强方法

图像对比度增强的方法可以分成两类：一类是直接对比度增强方法；另一类是间接对比度增强方法。直方图拉伸和直方图均衡化是两种最常见的间接对比度增强方法。

直方图拉伸是通过对比度拉伸对直方图进行调整，从而“扩大”前景和背景灰度的差别，以达到增强对比度的目的，这种方法可以利用线性或非线性方法来实现；直方图均衡化则通过使用累积函数对灰度值进行“调整”，以实现对比度的增强。

直方图均衡化是图像处理领域中利用图像直方图对对比度进行调整的方法。这种方法通常用来增加许多图像的局部对比度，尤其是当图像的有用数据的对比度相当接近的时候。通过这种方法，亮度可以更好地在直方图上分布。这样就可以用于增强局部的对比度而不影响整体的对比度，直方图均衡化通过有效扩展常用的亮度来实现这种功能。

直方图均衡化处理的“中心思想”是把原始图像的灰度直方图从比较集中的某个灰度区间变成在全部灰度范围内的均匀分布。直方图均衡化就是对图像进行非线性拉伸，重新分配图像像素值，使一定灰度范围内的像素数量大致相同。直方图均衡化就是把给定图像的直方图分布改变成“均匀”直方图分布。

直方图均衡化的基本思想是把原始图的直方图变换为均匀分布的形式，这样就增加了像素灰度值的动态范围，从而可达到增强图像整体对比度的效果。设原始图像在 (x,y) 处的灰度为 f，而改变后的图像为 g，则对图像增强的方法可表述为将在 (x,y) 处的灰度 f 映射为 g。在灰度直方图均衡化处理中对图像的映射函数可定义为

$$g(x,y)=E_Q(f(x,y)) \tag{3.28}$$

这个映射函数 $E_Q(\cdot)$ 必须满足两个条件（其中 L 为图像的灰度级数）：E_Q 在 $0 \leqslant f \leqslant L-1$ 范围内是一个单值单增函数，保证增强处理没有打乱原始图像的灰度排列次序；对于 $0 \leqslant f \leqslant L-1$，有 $0 \leqslant g \leqslant L-1$，保证变换前后灰度值动态范围的一致性。

利用图像灰度值的累积分布函数，可以完成将原图像 $f(x,y)$ 的分布转换成图像灰度值均匀分布的图像 $g(x,y)$。可表示为

$$P_k = \sum_{j=0}^{k} \frac{n_j}{n} \quad (k = 0,1,2,\cdots,L-1) \tag{3.29}$$

直方图均衡化能够自动增强整个图像的对比度，但它的具体增强效果不容易控制，处理的结果总是得到全局均匀化的直方图。针对云层干扰的分析，可以设计一种改进的直方图变换方法，使之成为某个特定的形状，从而有选择地增强某个灰度值范围内的对比度。采用改进的直方图规定化方法可以获得比直方图均衡化更好的效果。

$$\begin{cases} I_n(x,y) = \dfrac{(L-1)(I_0(x,y) - I_{\min})}{I_{\max} - I_{\min}} \\ I_{\max} = \arg \max\limits_{I(x,y)} I > c \\ I_{\min} = \arg \min\limits_{I(x,y)} I > c \end{cases} \tag{3.30}$$

式中：$0 \leqslant c \leqslant L-1$ 为阈值。

图 3.11 所示为云层背景干扰的示例图，图 3.12 所示为图 3.11 所对应的直方图，可以看出，图像的亮度偏高。

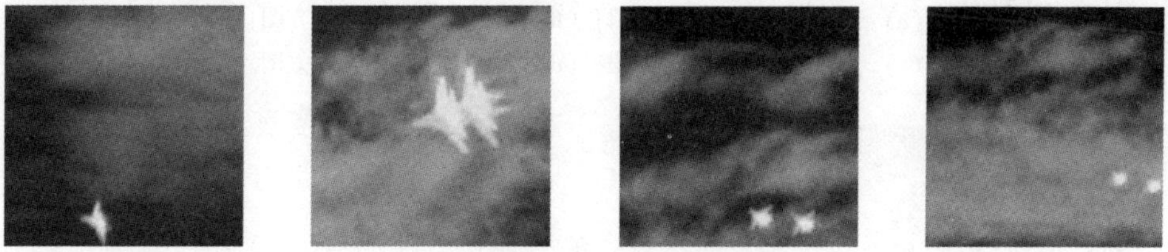

图 3.11　云层背景干扰示例

对图 3.11 中各图像利用直方图变换与直方图均衡化所得结果如图 3.13 至图 3.16 所示，其中的（a）为利用直方图变换所得到的直方图，（b）为直方图均衡后的直方图，（c）为变换后的图像，（d）为直方图均衡后的图像。可以看出，利用目标与干扰信息进行直方图变换，提高了目标与干扰之间对比度，直方图均衡化提高了整个图像的对比度，但目标与干扰变得更加不易区分。

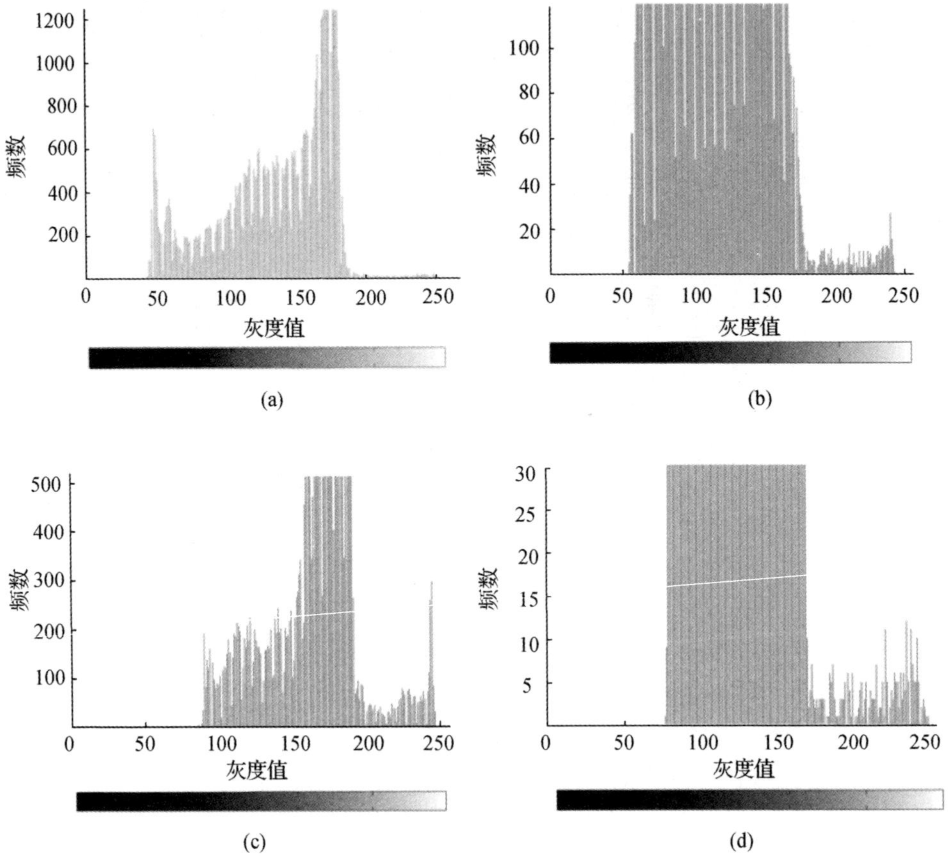

图 3.12　云层干扰对应直方图

（a）云层干扰示例 1 直方图；（b）云层干扰示例 2 直方图；
（c）云层干扰示例 3 直方图；（d）云层干扰示例 4 直方图。

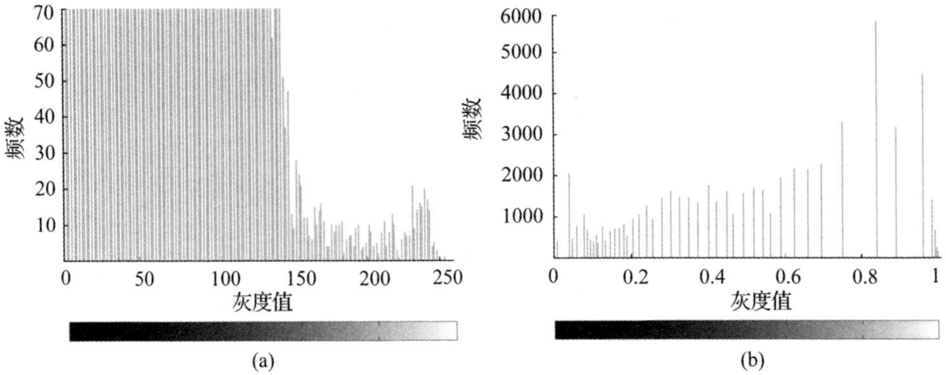

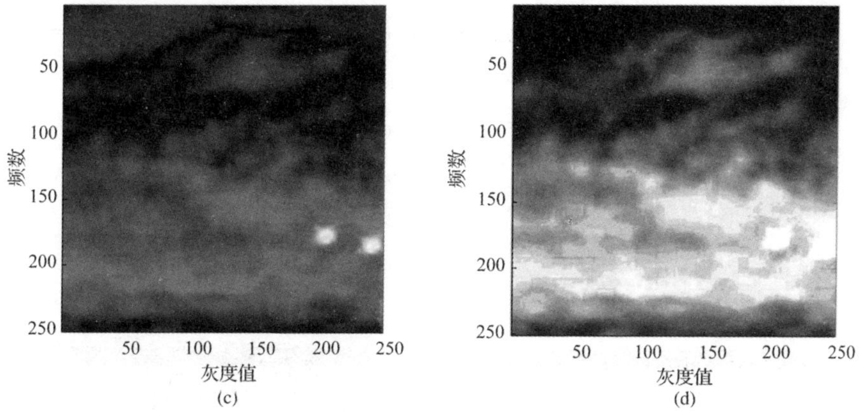

图 3.13　云层干扰示例 1 图像增强试验

（a）直方图变换；（b）直方图均衡；（c）直方图变换结果图像；（d）直方图均衡结果图像。

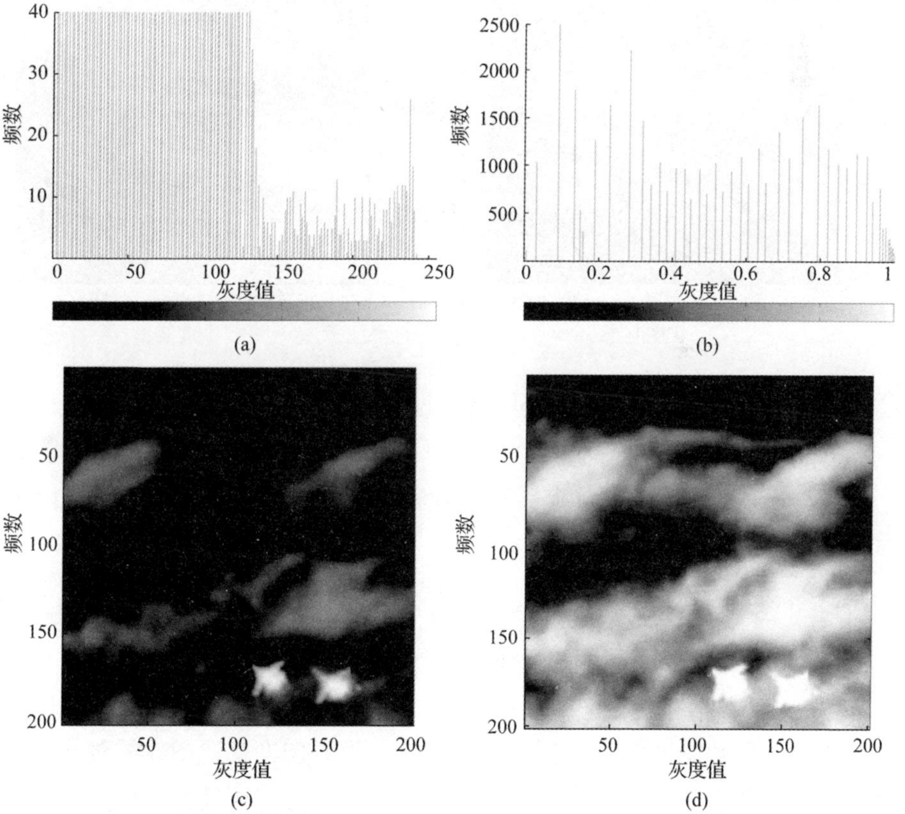

图 3.14　云层干扰示例 2 图像增强试验

（a）直方图变换；（b）直方图均衡；（c）直方图变换结果图像；（d）直方图均衡结果图像。

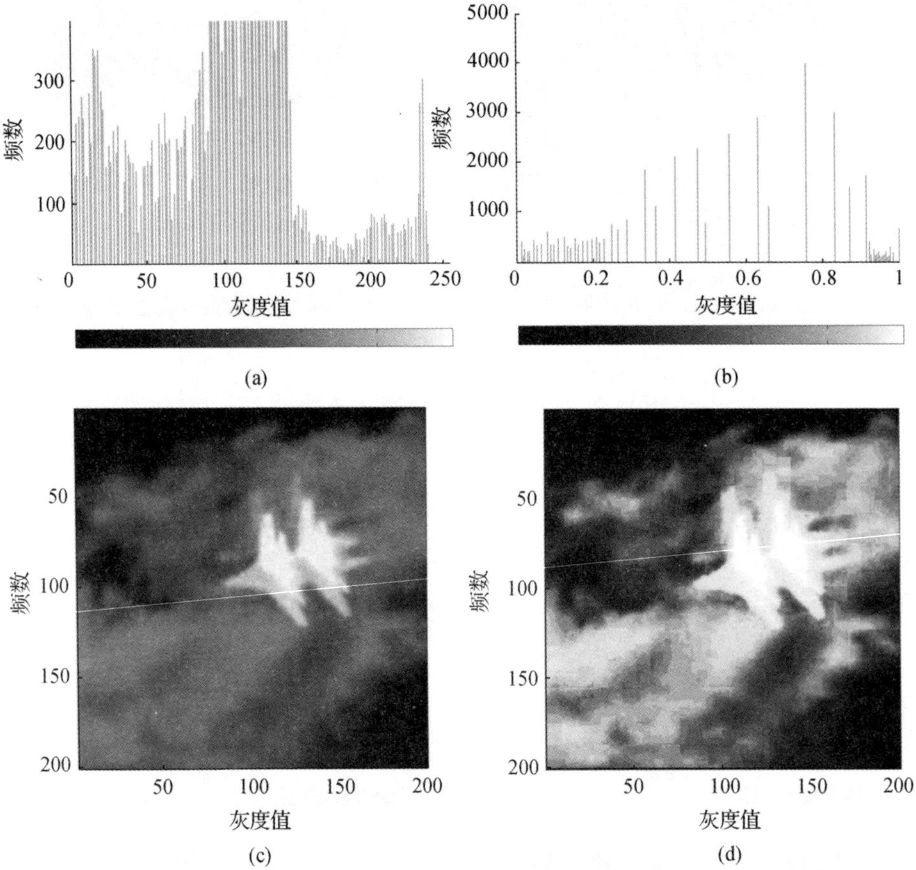

图 3.15　云层干扰示例 3 图像增强试验

(a) 直方图变换；(b) 直方图均衡；(c) 直方图变换结果图像；(d) 直方图均衡结果图像。

目标与背景的亮度差别越大，则越有利于对目标的分析与检测。可以采用目标与背景的对比度进行度量。

$$C = \frac{|L_1 - L_0|}{\max(L_1, L_0)} \tag{3.31}$$

式中：L_1、L_0 分别为目标亮度与背景亮度。

对图 3.11 中各图像及其直方图变换与直方图均衡化后的图像计算目标与背景对比度，得到图 3.17。从图中可以看出，直方图变换后图像的对比度比原始图像的对比度平均提高了约 63.6%。直方图均衡化后图像的对比度较原始图像的对比度平均提高了约 22.6%。

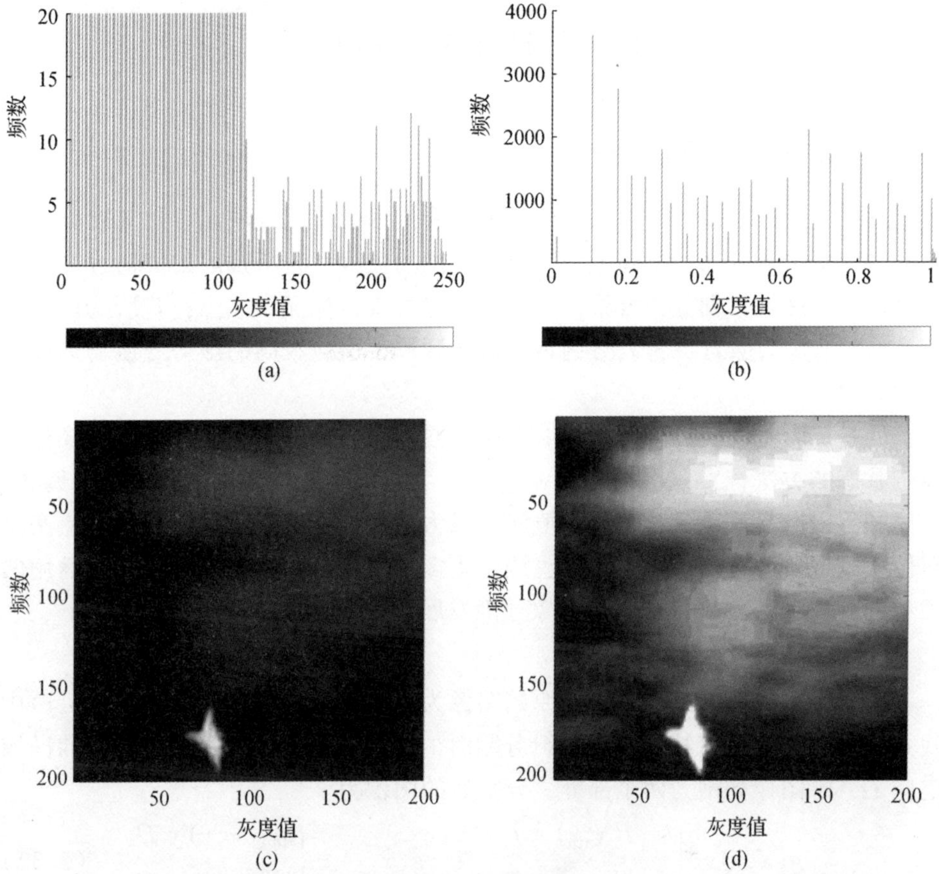

图 3.16　云层干扰示例 4 图像增强试验

（a）直方图变换；（b）直方图均衡；（c）直方图变换结果图像；（d）直方图均衡结果图像。

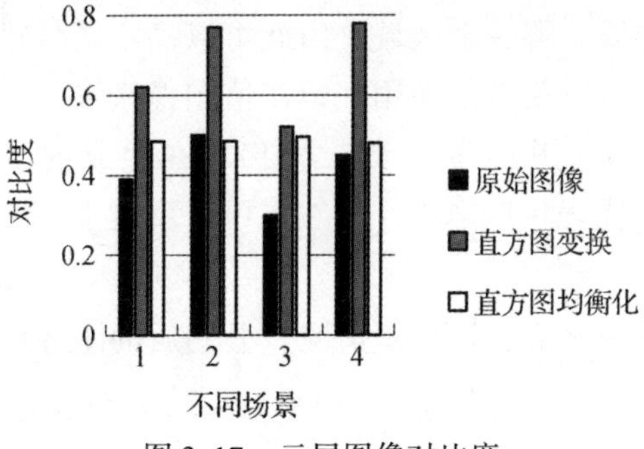

图 3.17　云层图像对比度

3.2 几种图像分割方法

3.2.1 基于灰度阈值的分割

灰度阈值分割是最简单的分割方法，依据目标候选区域与背景灰度分布的差异将两者区分开来，故阈值的选择是分割的关键。若所选取的阈值过高，会将目标候选区域错划分为背景，引起目标漏检或目标面积减小；若所选取的阈值过低，会将背景区域错划分为目标候选区域，引起较高的虚警或使目标面积增大。

近些年来出现的方法有基于最大相关原则的阈值选择方法、基于图像拓扑稳定状态的方法、Yager 测度极小化方法、灰度共生矩阵方法、方差法、熵法、峰值和谷值分析法等。自适应阈值法、最大熵法、模糊阈值法、类间阈值法是对传统阈值法改进较成功的几种算法。更多情况下，阈值的选择会综合运用两种或两种以上的方法，这也是图像分割发展的一个趋势。

1. 单阈值分割

对于两类阈值分割问题，设原始图像为$f(x,y)$，按照一定准则在$f(x,y)$中找到某种特征值。该特征值是进行分割时的阈值 T，或者找到某个合适的区域空间 Ω，将图像分割为两个部分，分割后的图像为

$$g(x,y)=\begin{cases}b_0, f(x,y)<T\\ b_1, f(x,y)\geqslant T\end{cases} \quad 或 \quad g(x,y)=\begin{cases}b_0,(x,y)\in\Omega\\ b_1,(x,y)\notin\Omega\end{cases} \tag{3.32}$$

式中：b_0 和 b_1 分别为根据阈值或区域信息分割后图像的像素信息；$g(x,y)$为阈值分割后的图像。式（3.32）表明，通过阈值划分的结果是区域信息，表示图像中任意一点到底属于哪一个区域。由此可以确定图像中目标的区域和背景的区域。区域信息也可以很方便地用一幅二值图像来表示，即为通常所说的图像二值化。如取 $b_0=0$（黑）、$b_1=255$（白），在生成的二值化图像中，白色代表背景区域，黑色代表目标区域。当然也可以反过来。

2. 多阈值分割

对于采用多阈值的多类目标分割情况，分割后的图像可以表示为

$$g(x,y)=b_i, 当\ T_i\leqslant f(x,y)\leqslant T_{i+1} \quad (i=1,2,\cdots,K) \tag{3.33}$$

式中：$T_1,T_2,\cdots,T_{k+1}$为一组分割阈值；$b_1,b_2,\cdots,b_k$ 为经分割后对应不同区域的图像灰度值；K 为分割后的区域或目标数。显然，多阈值分割得到的结果仍

然包含多个灰度区域。

3. 统计最优分割

这是一种根据图像灰度统计特性来确定阈值的方法，即寻找使目标和背景被误分割的概率最小的阈值。因为在实际图像分割中，总有可能把背景误分割为目标区域或者把目标误分割为背景区域。如果使上述两种误分割出现的概率之和最小，便是一种统计最优阈值分割方法。最优阈值选取方法如图 3.18 所示。设一幅混有加性高斯噪声的图像，含有目标和背景两个不同区域，目标点出现的概率为 θ，目标区域灰度值概率密度为 $p_0(z)$，则背景点出现的概率为 $1-\theta$，背景区域灰度概率密度为 $p_b(z)$。按照概率理论，这幅图像的灰度混合概率密度函数为

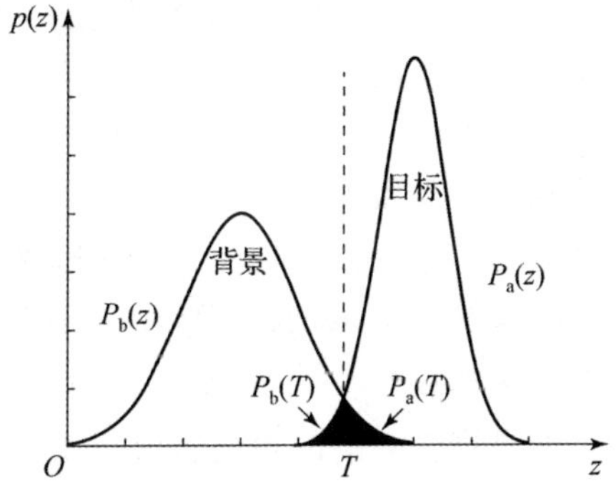

图 3.18　最优阈值

$$p(z)=\theta p_0(z)+(1-\theta)p_b(z) \tag{3.34}$$

假设根据灰度阈值 T 对图像进行分割，并将灰度小于 T 的像点作为背景点，灰度大于 T 的像点作为目标点。于是将目标点误判为背景点的概率为

$$P_b(T)=\int_0^T p_0(z)\,\mathrm{d}z \tag{3.35}$$

把背景点误判为目标点的概率为

$$P_0(T)=\int_T^\infty p_b(z)\,\mathrm{d}z \tag{3.36}$$

而总的误差概率为

$$p(T)=\theta p_b(T)+(1-\theta)p_0(t)=\theta\int_0^T p_0(z)\,\mathrm{d}z+(1-\theta)\int_T^\infty p_b(z)\,\mathrm{d}z \tag{3.37}$$

根据函数求极值方法，对 T 求导并令结果为零，有

$$\theta p_0(T)=(1-\theta)p_b(T) \tag{3.38}$$

如果已知具体的概率密度函数，就可解出最佳的阈值 T，再用此阈值对图像进行分割即可。

4. 直方图阈值法

利用图像直方图特性确定灰度固定值方法的原理：如果图像所含的目标区

域和背景区域大小可比，而且目标区域和背景区域在灰度上有明显的区别，那么该图像的直方图会呈现“双峰－谷”状：其中一个峰值对应于目标的中心灰度，另一个峰值对应于背景的中心灰度。也就是说，理想图像的直方图目标和背景对应不同的峰值，选取位于两个峰值之间的谷值作为阈值，就很容易将目标和背景分开，从而得到分割后的图像。

直方图阈值分割的优点是实现简单，对于不同类别的物体灰度值或其他特征相差很大时，能有效地对图像进行分割。但缺点也很明显：一是，对于图像中不存在明显灰度差异或灰度值范围有较大重叠的图像分割问题难以得到准确的结果；二是，由于仅仅考虑了图像的灰度信息而未考虑图像的空间信息，因此对噪声和灰度不均匀很敏感。所以，在实际中常把直方图阈值法和其他方法结合起来运用。

如果将直方图的包络看成一条曲线，则选取直方图谷值可采用求曲线极小值的方法。设 $h(x)$ 表示图像直方图包络，z 为图像灰度变量，那么极小值应满足下式，即

$$\frac{\mathrm{d}h(z)}{\mathrm{d}z}=0,\ \frac{\mathrm{d}^2h(z)}{\mathrm{d}z^2}>0 \tag{3.39}$$

与这些极小值点对应的灰度值就可以用作图像分割阈值，由于实际图像受噪声影响，其直方图包络经常出现很多起伏，使由式（3.39）计算出来的极小值点有可能并非是正确的图像分割阈值，而是对应虚假的谷值。一种有效的解决方法是先对直方图进行平滑处理，如用高斯函数对直方图包络函数进行卷积运算得到相对平滑直方图包络，然后再求得阈值，即

$$h(z,\sigma) = h(z) * g(z,\sigma) = \frac{1}{\sqrt{2\pi}\sigma}\int_{-\infty}^{+\infty} h(z-u)\exp\left(-\frac{z^2}{2\sigma^2}\right)\mathrm{d}u \tag{3.40}$$

式中：σ 为高斯函数的标准差；$*$ 表示卷积运算。

利用直方图确定阈值的主要方法有基本全局阈值分割法、最大类间方差法和最大熵分割法。

1）基本全局阈值分割法

基本全局阈值分割法本质上是一直基于图像数据的自动选择阈值的算法，具体步骤如下。

（1）选择全局阈值的初始估计值 T 和参数 ΔT，其中 ΔT 用于控制迭代次数。

（2）利用初始估计值 T 将整个图像像素分割成两部分：G_1 表示所有灰度值大于 T 的像素；G_2 表示所有灰度值不大于 T 的像素。

（3）分别计算 G_1、G_2 区域内的平均灰度值 μ_1 和 μ_2。

（4）计算出新的阈值，即

$$T=\frac{\mu_1+\mu_2}{2} \tag{3.41}$$

（5）重复步骤（2）~（4），直到估计像素阈值 T 的差异小于预先设定的参数 ΔT。

2）最大类间方差法（Otsu 分割算法）

通过比较目标在两个不同时刻的图像，识别由于物体运动而造成的区域差别。如果对应像素灰度相差很小，可以认为此处景物是静止的，如果对应像素灰度相差很大，可以认为是由于图像中的运动物体引起的。具体做法是将两帧相邻目标图像对应像素点的灰度值相减，形成差分图，在差分图中如果差分值大于给定的阈值，则相应的像素取“1”，否则取“0”，由此产生非零区，利用非零区就可以检测出运动目标。将图像序列中相邻的两帧图像做相减运算，得到差分图像，即

$$D_k(x,y)=|f_k(x,y)-f_{k-1}(x,y)| \tag{3.42}$$

式中：$f_k(x,y)$、$f_{k-1}(x,y)$ 为连续两帧图像。对计算得到的差分图像 $D_k(x,y)$，使用图像分割算法进行二值化处理，当差分图像中的某一像素的差大于所设定的阈值时，则该像素是前景像素即检测到的目标，反之则认为是背景像素，有

$$R_k(x,y)=\begin{cases}0, D_k(x,y)>T\\1, D_k(x,y)\leqslant T\end{cases} \tag{3.43}$$

式中：T 为二值化设定阈值。

T 的选取是图像分割的关键，阈值选择得恰当与否对分割的效果起着决定性的作用。而 Otsu 分割算法即最大类间方差法因为选取出来的阈值非常理想，对各种情况的表现都较为良好，是一种被广泛应用的分割算法。它按图像的灰度特性，将图像分成背景和目标两部分。背景和目标之间的类间方差越大，说明构成图像的两部分的差别越大，当部分目标错分为背景或部分背景错分为目标都会导致两部分差别变小。因此，使类间方差最大的分割意味着错分概率最小。

其求解过程大致如下。对于差分后的图像 D_k，记 T 为前景与背景的分割阈值，前景的像素点数占图像比例为 w_0，其平均灰度为 μ_0，背景像素点数占图像比例为 w_1，其平均灰度为 μ_1。图像的总平均灰度记为 μ，类间方差记为 g，假设图像大小为 $M\times N$，图像中小于阈值 T 的像素个数记为 N_0，像素灰度大于阈值 T 的像素个数记为 N_1，则有

$$w_0 = \frac{N_0}{MN} \tag{3.44}$$

$$w_1 = \frac{N_1}{MN} \tag{3.45}$$

$$N_0 + N_1 = MN \tag{3.46}$$

$$\mu = w_0 * \mu_0 + w_1 * \mu_1 \tag{3.47}$$

得到等价的公式为

$$g = w_0 * w_1 * (\mu_0 - \mu_1)^2 \tag{3.48}$$

从最小灰度值到最大灰度值遍历 T，当 T 使值 g 最大时，即为分割的最佳阈值。

3）最大熵分割法

设分割阈值为 t，图像的灰度级为 L，图像的灰度范围为 $\{0,1,2,\cdots,L-1\}$，灰度级 i 出现的概率为 P_i，其中 $\sum_{i=0}^{L-1} P_i = 1, P_i \geqslant 0$。$T$ 为 $i \in (0,1,\cdots,t)$ 的分布，B 为 $i \in (t+1,\cdots,L-1)$ 的分布，具体形式为

$$\begin{cases} T:\dfrac{P_0}{P_n},\cdots,\dfrac{P_t}{P_n} \\ B:\dfrac{P_{t+1}}{1-P_n},\cdots,\dfrac{P_{L-1}}{1-P_n} \end{cases} \tag{3.49}$$

式中：$P_n = \sum_{i=0}^{t} P_i$。则两个概率分布的熵为

$$H(T) = -\sum_{i=0}^{t} \frac{P_i}{P_n} \ln \frac{P_i}{P_n} \tag{3.50}$$

$$H(B) = -\sum_{i=i+1}^{L-1} \frac{P_i}{1-P_n} \ln \frac{P_i}{1-P_n} \tag{3.51}$$

定义函数 $\Phi(t)$ 为 $H(T)$ 和 $H(B)$ 的和，则其为

$$\Phi(t) = H(t) + H(B) \tag{3.52}$$

式中：阈值分割的阈值 t 为 $\arg_t \max \Phi(t)$。

3.2.2 基于边缘检测的分割

边缘检测方法是指利用图像边缘像素邻域属性进行检测，即一个区域内部的像素具有近似的灰度分布，而边界像素的灰度有较大的跳变，因此可以采用边缘检测算子对图像像素进行运算，得到像素的边缘属性值，边缘属性值大于设定阈值的像素确定为边缘点。常用灰度的一阶或二阶微分算子进行边缘检

测。常用的微分算子有一次微分算子（索贝尔算子、罗伯特算子等）、二次微分（拉普拉斯算子等）和模板操作（普瑞维特算子等）。

1. 索贝尔（Sobel）算子

式（3.53）为 3×3 模板，其中 h_1 检测水平边缘，h_2 检测垂直边缘。

$$\boldsymbol{h}_1=\begin{bmatrix}1 & 2 & 1\\ 0 & 0 & 0\\ -1 & -2 & -1\end{bmatrix},\boldsymbol{h}_2=\begin{bmatrix}-1 & 0 & 1\\ -1 & 0 & 2\\ -1 & 0 & 1\end{bmatrix} \tag{3.53}$$

该点的最终输出梯度幅值为

$$G[x,y]=\sqrt{S_x^2+S_y^2} \tag{3.54}$$

式中：S_x、S_y 分别为两个模板运算结果。检测重点放在了检测模板中心的像素点上。Sobel 算子特点：很容易在空间上实现，受噪声的影响较小，对噪声具有平滑作用，提供较为精确的边缘方向信息，但它同时也会检测出许多伪边缘，边缘定位精度不够高。当对精度要求不是很高时，它是一种较为常用的边缘检测方法。且当使用大模板时，抗噪声特性会更好，但需要增加计算量，而且得出的边缘较粗。

2. 罗伯特（Roberts）算子

Roberts 算子特点：根据任意一对互相垂直方向上的差分可用来计算梯度的原理，采用对角线方向相邻两像素之差寻找图像边缘，检测与图像坐标轴夹角 45°角或 135°角方向上的灰度梯度。边缘定位精度较高，但容易丢失一部分边缘。同时由于未经过图像平滑计算，不能抑制噪声。该算子对具有陡峭的低噪声图像响应最好。梯度计算公式为

$$\begin{aligned}G[x,y]&=|f[x,y]-f[x+1,y+1]|+|f[x+1,y]-f[x,y+1]|G[x,y]\\&=|f[x,y]-f[x+1,y+1]|+|f[x+1,y]-f[x,y+1]|\end{aligned} \tag{3.55}$$

3. 普瑞维特（Prewitt）算子

如式（3.56）所示，为 3×3 模板，其中 h_1 是检测水平边缘的，h_2 是检测垂直边缘的。

$$\boldsymbol{h}_1=\begin{bmatrix}-1 & -1 & -1\\ 0 & 0 & 0\\ 1 & 1 & 1\end{bmatrix},\boldsymbol{h}_2=\begin{bmatrix}-1 & 0 & 1\\ -1 & 0 & 1\\ -1 & 0 & 1\end{bmatrix} \tag{3.56}$$

该点的最终输出幅值为

$$G[x,y]=\sqrt{S_x^2+S_y^2} \tag{3.57}$$

式中：S_x、S_y 分别为两个模板运算结果。Prewitt 算子特点：和 Sobel 算子类似，

只是平滑部分的权值有些差异，对灰度渐变噪声较多的图像处理较好，但它与Sobel算子一样，对边缘的定位不如Roberts算子。

4. 拉普拉斯（Laplace）算子

拉普拉斯算子是一种二阶导数算子，是对图像$f(x,y)$求二阶导数，利用其陡峭下滑越零点的位置寻找边界，为3×3模板。对一个连续函数$f(x,y)$，它在位置(x,y)的拉普拉斯值定义为

$$\nabla^2 f = \frac{\partial^2 f}{\partial x^2} + \frac{\partial^2 f}{\partial y^2} \tag{3.58}$$

常用的两种拉普拉斯模板为

$$\boldsymbol{h}_1 = \begin{bmatrix} 0 & 1 & 0 \\ 1 & -4 & 1 \\ 0 & 1 & 0 \end{bmatrix}, \boldsymbol{h}_2 = \begin{bmatrix} 1 & 1 & 1 \\ 1 & -8 & 1 \\ 1 & 1 & 1 \end{bmatrix} \tag{3.59}$$

拉普拉斯算子特点如下。

（1）它是一种各向同性、线性和位移不变的边缘增强方法，即其边缘的增强强度与边缘的方向无关，卷积结果即为输出值（无方向算子）。

（2）它是二阶导数算子，因此对图像中的噪声非常敏感，对噪声有双倍加强作用。

（3）常产生双像素宽的边缘，而且不能提供图像边缘的方向信息，所以很少直接用作边缘检测，而主要用于已知边缘像素后确定该像素是在图像的暗区域还是在明区域一边。

（4）对细线和孤立点检测效果好。

3.2.3 基于区域生长的分割

区域生长法的基本思路是对图像的每个区域指定一个种子点，将其作为生长的起点，通过对比指定种子点和周围像素点，合并具有相似特征和性质的像素点并继续向外生长，直至没有满足相似条件的像素点被包括进来为止，如此即可完成图像分割。在整个区域生长图像分割过程中，较为关键的是以下两点。

（1）种子点的选取。种子点的选取多以人工交互的方法实现，但由于人工方法效率低，目前多以物体的特征点作为种子点。

（2）合并像素点的相似准则。目前，常用的相似准则有灰度值的差值、彩色图像的颜色、梯度特征。

如图3.19（a）所示，种子点1附近存在像素点2、像素点3、像素点4及

像素点5这4个邻域连通像素点。由于像素点5与种子点1的灰度值最为接近，因此像素点5将成为新的分割区域，作为新的种子点进行分割。在第二次循环过程中，由于带分割图像，即像素点2、3、4、6、7、8，像素点7的灰度值和分割区域（由1和5组成）的灰度均值最接近，所以像素点7被加入分割区域中。图3.19（c）表明，区域生长按由浅至深的方向进行分割。

	2	6	
3	1	5	8
	4	7	

(a)

	15	14	
19	10	11	25
	30	13	

(b)

	1	5	
		7	

(c)

图3.19 基于灰度值准则的区域生长法

（a）像素点标号；（b）对应像素点灰度值；（c）区域生长方向。

1. 种子点自动选取

1）二维最大类间方差法（二维 Otsu）选取种子点[19]

利用二维 Otsu 为区域生长选择种子点，该方法引入了图像的灰度信息和空间信息。设灰度图像f、像素值$f(i,j)$与邻域平均灰度值$g(i,j)$构成一个二元组。这个二元组包含像素点的自身灰度信息s与邻域信息t，在灰度值连续的区域中，s和t的差值不大，而在边缘区域，两者差距较大。二维 Otsu 通过计算得到一组恰当的二元阈值(S,T)，设t_r表示类间方差，则(S,T)满足

$$t_r(S,T) = \mathrm{MAX}\{t_r(s,t)\} \tag{3.60}$$

假设将图像分割成两类，即

$$f(i,j) = \begin{cases} 1, & s \leqslant S \text{ 且 } t \leqslant T \\ 0, & \text{其余} \end{cases} \tag{3.61}$$

首先，利用上述方法对灰度图像进行一次预分割，将分割后的前景（像素值为1的点）作为种子点选取的候选。其次，为了减少邻近种子点相互重复生长带来的时间开销，并且使每个种子点都能生长，将预分割得到的前景图像“细化”。即为了让目标中的每个区域与种子点连接的数目减少为1。最后，将细化后图像中像素为1的点作为种子点。利用二维 Otsu 为区域生长选择种子点，可以有效兼顾图像本身的位置性和连通性，达到理想的分割效果。

2）基于直方图得到种子点[20]

通过图像直方图中的峰值特征来确定种子对象，假设图像直方图中含有N个峰值，k级灰度值，对应的灰度值分别为$S_{k1},S_{k2},\cdots,S_{kN}$。由于直方图的横坐

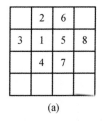

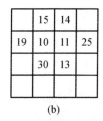

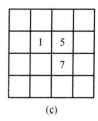

标灰度值 0~255 是等距离分布的，因此 $S_{k1}, S_{k2}, \cdots, S_{kN}$ 能代表各自对应的峰值位置，因此它们的距离可以表示峰宽值的大小，其均值为

$$S_k = \frac{1}{N}\sum_{l=1}^{N} S_{kl} \tag{3.62}$$

令峰值点最高的灰度值为 $S_{k\max}$，按照直方图曲线表示的性质，最高峰点对应的像素点的个数是最多的，将 $S_{k1}, S_{k2}, \cdots, S_{kN}$（除 $S_{k\max}$）与 $S_{k\max}$ 进行比较测试，即

$$D_l = |S_{k\max} - S_{kl}| \quad (S_{k\max} \notin S_{kl}) \tag{3.63}$$

求出参考距离 D_c，即

$$D_c = |S_{k\max} - S_k| \tag{3.64}$$

分别比较 D_l 与 D_c，若 $D_l \leqslant D_c$，则 S_{kl} 不为种子点；若 $D_l > D_c$，则 S_{kl} 为种子点。这时取得的种子点对象，即 $D_l > D_c$ 时 D_l 对应的 S_{kl} 的灰度值。此时随机选取灰度值为 S_{kl} 的像素点，可以代表该区域性质。种子点自动选取可以降低手动选取时的误选率，使分割效果更稳定。

3）哈里斯（Harris）角度检测算法[21]

通过使用 Harris 角度检测来自动寻找种子点，基本数学公式为

$$\begin{cases} \boldsymbol{s}(x,y) = \sum\limits_{w} w(x,y)\,[I(x_i,y_i) - I(x_i+\Delta x, y_i+\Delta y)]^2 \\ w(x,y) = \dfrac{1}{2\pi\sigma^2}\mathrm{e}^{-(x^2+y^2)/2\sigma^2} \end{cases} \tag{3.65}$$

式中：$I(x_i,y_i)$ 为像素灰度值强度；$w(x,y)$ 为窗函数。

将 $\boldsymbol{s}(x,y)$ 右边泰勒展开并整理，得到以下方程，即

$$\boldsymbol{s}(x,y) = [\Delta x, \Delta y]\sum_{w} w(x,y) \begin{bmatrix} I_x^2 & I_xI_y \\ I_xI_y & I_y^2 \end{bmatrix}\begin{bmatrix} \Delta x \\ \Delta y \end{bmatrix} = [\Delta x, \Delta y]\boldsymbol{s}(x,y)\begin{bmatrix} \Delta x \\ \Delta y \end{bmatrix} \tag{3.66}$$

式中：矩阵 $\boldsymbol{s}(x,y)$ 包含了窗口的灰度信息，使 λ_1、λ_2 成为矩阵 $\boldsymbol{s}(x,y)$ 的两个特征值，通过分析矩阵 $\boldsymbol{s}(x,y)$ 的特征值，出现以下 3 种情况：

（1）图像中的边缘区域，$\lambda_1 \gg \lambda_2$ 或 $\lambda_2 \gg \lambda_1$；

（2）图像中的平坦区域，λ_1 和 λ_2 数值较小，图像窗口在任意方向上的变化有明显灰度差异；

（3）图像中的角点区域，λ_1 和 λ_2 都较大且数值相当，即 $\lambda_1 \approx \lambda_2$，图像窗口在任意方向上的变化有明显灰度差异。

根据以上分析，在图像中的平坦区域寻找种子点，通过设置高斯窗函数的尺寸以及 λ_1 和 λ_2 的阈值控制种子数量。

2. 区域生长准则

1）基于区域灰度差[22]

设图像区域 R，其中像素点数为 N，则均值表示为

$$m = \frac{1}{N}\sum f(x,y) \tag{3.67}$$

比较新像素区域的灰度平均值与其邻域像素的灰度值。若两者的绝对值小于阈值，则将其合并，K 为阈值，有

$$\max|f(x,y) - m| < K \tag{3.68}$$

该算法过程简单，但对于有噪声的图像，会造成区域平均灰度值的错误计算，从而影响新像素是否并入区域的判断。另外，当图像边缘的灰度变化平缓时，容易产生过分割。

2）基于区域灰度分布统计性质

以灰度分布相似性作为生长准则，利用相似统计特征（通过将一个区域上的统计特征与在该区域的各个部分上所计算出的统计特征进行比较来判断区域的均匀性），如果它们相互接近，则将区域进行合并，这种方法对于纹理分割有较好的效果。灰度相似性检测的方法有以下两种。

柯尔莫可洛夫－斯米洛夫（Kolmogorov－Smimov）检测，即

$$\max_z|h_1(z) - h_x(z)| \tag{3.69}$$

平滑差值（Smoothed－Difference）检测，即

$$\sum_z|h_1(z) - h_2(z)| \tag{3.70}$$

式中：$h_1(z)$、$h_2(z)$为两个邻接区域的积累灰度直方图，若两邻接区域的累计灰度直方图的绝对值小于预先设定的值，则合并这两个区域。

区域面积的大小会对检测结果造成影响，当区域面积较小时，检测结果的准确性降低，当区域面积过大时，最终得到的区域不理想，并且将漏掉一些小块区域。Kolmogorov－Smimov 检测比 Smoothed－Difference 检测在检测直方图相似性方面好，因为其考虑了所有灰度值。

3）基于置信连接算法[23]

在置信连接算法中，通过用户指定区域，计算该区域内像素的灰度值均值和标准差，结合一个给定控制亮度范围大小的参数 f 乘以标准差，从而围绕着均值定义相似灰度的范围，即

$$I(x) \in [m - f\sigma, m + f\sigma] \tag{3.71}$$

式中：m 和 σ 分别为感兴趣区域（ROI）内像素的灰度平均值和标准差；f 为自定义系数；$I(x)$ 为图像；x 为当前邻近像素。当邻近像素的灰度值在范围内时，将其并入 ROI 内。然后，对 ROI 内的所有像素点再次计算其灰度平均值和标准差，从而定义一个新的灰度范围，判断当前 ROI 的邻近像素的灰度值是否落在新的灰度值范围内。继续执行上述步骤，当 ROI 内没有新的像素加入或者迭代次数达到预定最大值时停止计算。

采用置信连接算法减少了人工干预，由于不用初始化轮廓，减少了主观影响，其分割的准确率和时间效率均有很大提高。

（1）颜色差异性度量准则。

设两个相邻区域的方差和面积分别为 $\sigma_{1,i}$、$\sigma_{2,i}$、n_1、n_2，合并后区域的方差与面积分别为 $\sigma_{\text{merge},i}$ 和 n_{merge}，i 是波段的数目，则该区域的颜色差异性度量准则为

$$h_{\text{color}} = \sum_i w_i [n_m \sigma_{\text{merge},i} - (n_1 \sigma_{i,1} + n_2 \sigma_{i,2})] \tag{3.72}$$

式中：w_i 为需要进行分割合并的波段占据的比例。

（2）形状差异性度量指标。

光滑度和紧致度可用来表示区域形状特征，这两个参量的公式表达式分别为

$$\begin{cases} h_{\text{smooth}} = \dfrac{l}{b} \\ h_{\text{corn}} = \dfrac{l}{\sqrt{n}} \end{cases} \tag{3.73}$$

式中：l 为该区域的周长；b 为包围该区域的最小矩形周长；n 为该区域的面积。

如果两相邻区域的形状参数分别为 l_1、b_1、l_2、b_2，合并后区域的形状参数为 l_{merg}、b_{merg}，这两个形状差异性度量准则为

$$\begin{cases} h_{\text{smooth}} = n_{\text{merg}} \dfrac{l_{\text{merg}}}{b_{\text{merg}}} - \left(n_1 \dfrac{l_1}{b_1} + n_2 \dfrac{l_2}{b_2}\right) \\ h_{\text{corn}} = n_{\text{merg}} \dfrac{l_{\text{merg}}}{\sqrt{n_{\text{merg}}}} - \left(n_1 \dfrac{l_1}{\sqrt{n_1}} + n_2 \dfrac{l_2}{\sqrt{n_2}}\right) \end{cases} \tag{3.74}$$

（3）颜色和形状差异性度量准则的综合[24]。

通过对上述两种差异性度量准则的分析，得到一个合并的计算公式，即

$$f = wh_{\text{color}} + (1 - w)h_{\text{shape}} \tag{3.75}$$

式中：h_{color}和h_{shape}分别为颜色和形状的差异性度量准则；w为颜色差异性度量准则占据的比例，而形状差异性度量准则可以使用光滑度参数和紧致度参数计算得到，即

$$h_{\text{shape}} = (1 - w_{\text{smooth}})h_{\text{corn}} + w_{\text{smooth}}h_{\text{smooth}} \tag{3.76}$$

式中：w_{smooth}为光滑度参数占据的比例。

使用综合差异性度量值计算得到相邻区域的相似程度，当阈值大于相似区域的综合差异性度量值时，则将其合并。在同一图像中不同对象的颜色不同，形状信息的加入可以使轮廓更完整。其中光滑度可以使图像的边界流畅；紧致度则可以依据细小差别判断区域是否紧致。

4）基于窗帧差与空间邻域灰度[25]

该算法通过阈值判定的方法改进区域生长准则，降低噪声影响，从而提高分割的准确性。窗帧差表示同一点处相邻两帧图像的灰度变化，即

$$T(i,j) = \frac{1}{PQ}\sum_{m=1}^{P}\sum_{n=1}^{Q}[I(m,n) - J(m,n)]^2 \tag{3.77}$$

式中：$T(i,j)$为图像I在点(i,j)处的窗帧差；I、J分别为连续两帧图像；$I(m,n)$为图像在点(m,n)的灰度值；P与Q分别为以点(i,j)为中心的子窗口的行数和列数。子窗口的大小变化可以改变图像的不均匀性。

通过设定两个阈值T_1和T_2，令$T_1 > T_2$，比较阈值和待测像素的窗帧差值，将大于T_1的待测像素并入 ROI 内，将小于T_2的待测像素丢弃。当待测像素的窗帧差在T_1和T_2之间时，则判断

$$\left| I(i,j) - \frac{1}{8}\sum_{(m,n)\in O(i,j)} I(m,n) \right| \leqslant T_3 \tag{3.78}$$

式中：$I(i,j)$为图像I中点(i,j)处的灰度；$O(i,j)$为点(i,j)的 8 邻域平均灰度；T_3为阈值，表示待测像素与邻域像素的最大灰度差异。若满足式（3.78），则将待测像素(i,j)并入 ROI 中，反之则放弃。

5）对称区域生长原理[26]

主要原理是对图像中任意一个像素点进行区域生长所得到的区域是一样的。根据对称生长理论，令$S(I,\text{SymRG}(\psi),A)$表示种子序列$A$和对称区域生长算法$\text{SymRG}(\psi)$处理图像$I$所得到的最后结果，如果用任意一点$p \in R_i$代替$a_i \in A$构成另一个种子序$A'$，对于分割结果$S(I,\text{SymRG}(\psi),A')$，从$p$点生长形成的仍然是区域$R_i$。

根据以上方法，给定$(\text{SymRG}(\psi),s)$，对图像I中每个像素点应用生长准

则进行区域生长。然后利用种子准则 s 对结果进行检测，若目标区域内的任意一个像素点 p 满足 R_i 区域的判断准则 s，就把这一区域归到 R_i 中去，否则就把这个区域归到背景区域 R_{Mi} 中，最终的分割结果就是 $S(I,\mathrm{SymRG}(\psi),s)$。由于区域生长准则的推导过程中使用对称条件的布尔组合，因此该区域生长法与初始生长点、生长顺序无关。

3.2.4 基于聚类的分割

基于聚类的图像分割方法将具有特征相似性的像素点聚集到同一区域，反复迭代聚类结果直至收敛，最终将所有相似点聚集到几个不同的类别中，完成图像区域的划分，从而实现分割。基于聚类的显著区域生成是针对每个像素和相邻像素的关系而言的，如果某个像素和相邻像素颜色、纹理或者灰度很像，它们就合并到相同的类。常用的聚类算法有分水岭算法（WaterShed）、K－means 算法、Mean Shift 算法、DBSCAN 算法等。

1. 分水岭算法

分水岭算法在图像分割中是一种基于区域的提取算法，与以寻找区域间的边界为目标的图像分割方法不同，分水岭算法是直接构造区域，从而实现图像显著区域提取。这种算法是将图像划分为最大一致性的分区。一致性是区域的一个重要性质，在区域增长中用作主要的提取准则。在分水岭算法中，地形表面的集水盆地在以下方面是一致的：同一集水盆地的所有像素都与该盆地的最小灰度区域有一条像素的简单路径相连，沿着该路径的灰度是单调减少的。这样的集水盆地表示了经分水岭提取后图像的区域。

在使用分水岭变换之前，常常使用梯度幅度对图像进行预处理。梯度幅度图像沿着物体的边缘有较高的像素值，而在其他地方则有较低的像素值。在理想情况下，分水岭变换可得到沿物体边缘的分水岭脊线。

2. K－means 算法

K－means 算法的基本思想是按照距离将样本聚成不同的簇，两个点的距离越近，其相似度就越大，以得到紧凑且独立的簇作为聚类目标。K－means 聚类图像算法将红外图像灰度值相近的像素聚成一类，再给每一类像素按照某种规则重新赋值，完成图像中目标候选区域生成。K－means 算法中的 k 是指 k 个不同的簇，根据不同的使用场景取不同的 k 值。以下是 K－means 算法的具体步骤：

（1）选择初始化的 k 个样本，并确定为初始聚类中心 $a=a_1,a_2,\cdots,a_k$；

（2）统计 k 个聚类中心点与数据集中每个样本 x_i 的距离，再通过距离大小来划分簇；

（3）针对每个类别 a_j，对聚类中心再次计算，有

$$a_j = \frac{1}{|c_i|}\sum_{x \in c_i} x \tag{3.79}$$

（4）重复步骤（2）、（3）直到 k 个中心点趋于稳定。

当 K－means 算法在凸形聚类时，簇与簇之间区别较明显，并且样本规模相近时，聚类效果较为理想。但算法中除了参数 k 需要事先指定外，对初始聚类中心和孤立点也比较敏感。

3. Mean Shift 算法

Mean Shift 算法是非参数的聚类算法，在不同簇类数据集处于不同概率密度分布的条件下，在区域内将样本点由低密度区移动到高密度区，这样该区域内一定存在分布的最大值，最后样本点会在局部密度最高处收敛，且收敛到相同局部最大值的点就会被划分为同一簇中。

Mean Shift 算法的具体步骤如下：

（1）分布计算样本的均值偏移向量 $\boldsymbol{m}_b(x)$；

（2）对每个样本点以 $\boldsymbol{m}_b(x)$ 进行平移，即 $x_i = x_i + m_h(x)$；

（3）重复以上两步，直到样本点收敛，即 $\boldsymbol{m}_h(x) = 0$；

（4）收敛到同一位置的样本点被划分在同一簇中。

Mean Shift 算法作为一种非参数估计方法，在聚类中心个数未知的情况下，能够适应任何形状的聚类，并且对初始化具有鲁棒性、对噪声点不敏感等特点。但是 Mean Shift 算法中带宽参数 h 的选择对结果有较大的影响，h 过小收敛速度慢，h 过大聚类的效果不理想。Mean Shift 算法在图像分割的过程中，首先进行模点搜索，目的是搜索到中心点周围的每个数据点，再用中心点的颜色替代这些点，从而平滑图像。但是如果搜索到的模点过多，模点又比较近，可能会造成过分割现象。在这种情况下，有必要进行模点的合并。进行聚类后的分割区域中，如果像素点过少，就需要进行二次合并。

4. DBSCAN 算法

DBSCAN 算法作为一种基于密度的空间聚类算法，有能力对异形状数据进行聚类。该算法能够有效地根据数据的相对密度进行簇类的归类，在带有噪声的空间中有效地发现任意形状的簇。DBSCAN 算法中簇的数量不需要事先确定，但是算法中有两个参数需要提前给出，分别是邻域半径 E_{ps} 和邻域中数据对象数目阈值 MinPts，来描述样本分布的密度。DBSCAN 算法的具体步骤如下。

（1）从数据集中任意选取一个数据对象点 p。

（2）计算到 p 点的距离不大于邻域半径的所有点。如果距离起始点的邻域半径之内的数据点个数不大于数目阈值 MinPts，那么这个点将被确定为噪声点，如果距离在邻域半径之内的数据点数量大于数目阈值 MinPts，则该点被确定为核心对象，并被分配一个新的簇标签。

（3）访问该点在邻域半径之内的所有点，如果这些点没有被划分到一个簇，新的簇标签就会被分配这个点，如果是核心对象，依次访问其邻域，直到在簇内点的邻域半径内没有核心对象为止。

（4）选取未被遍历过的点，并重复（2）、（3）步操作。

由于 DBSCAN 算法在同一个数据集内使用了同一 E_{ps} 和 MinPts，在处理数据分布密度不均匀的数据时，如果选取 E_{ps} 过小，密度小的簇可能会被过度划分，而 E_{ps} 选取过大，会使距离较近并且密度较大的簇被合并成为一个簇，所以 E_{ps} 和 MinPts 两个参数的选取至关重要。DBSCAN 算法在图像分割过程中直接读取一维数组中的数据，然而图像分割中，必须对连续的像素区域进行划分，需要将一维数组转换为一个矩阵的形式，对灰度值数据进行聚类，最后进行染色。如果处理的图像簇数较多或者背景色彩较为丰富，分割的效果不佳，并且运算时间也较长。

分别选取一个弹道序列中远、中、近距的图像，对其采用典型灰度阈值分割、边缘检测、聚类显著区域生成方法进行图像操作，试验结果如图 3.20 所示。

原图

(a) (b) (c) (d)

全局阈值法结果图

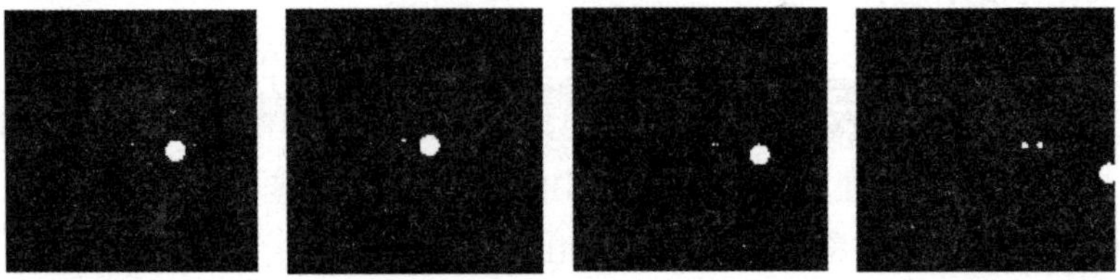

(a) (b) (c) (d)

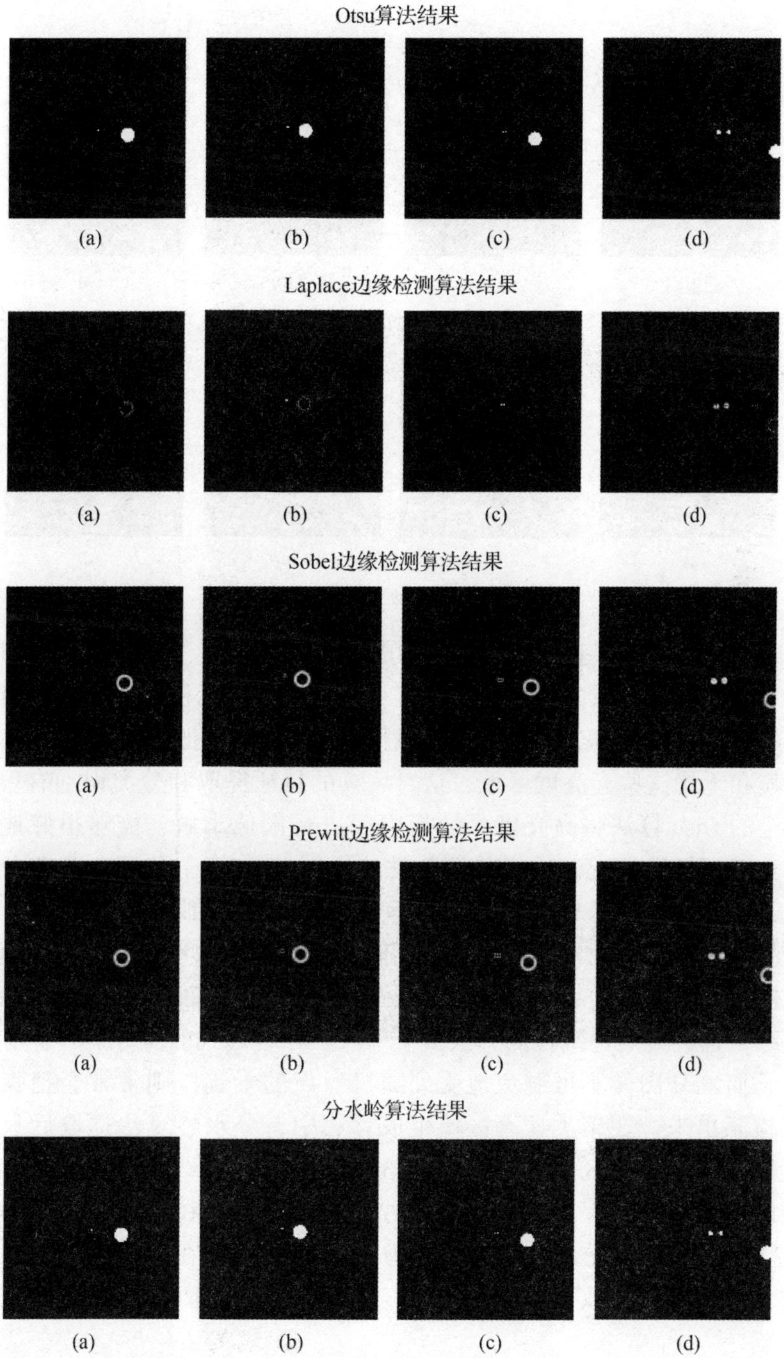
Otsu算法结果
(a)
(b)
(c)
(d)
Laplace边缘检测算法结果
(a)
(b)
(c)
(d)
Sobel边缘检测算法结果
(a)
(b)
(c)
(d)
Prewitt边缘检测算法结果
(a)
(b)
(c)
(d)
分水岭算法结果
(a)
(b)
(c)
(d)

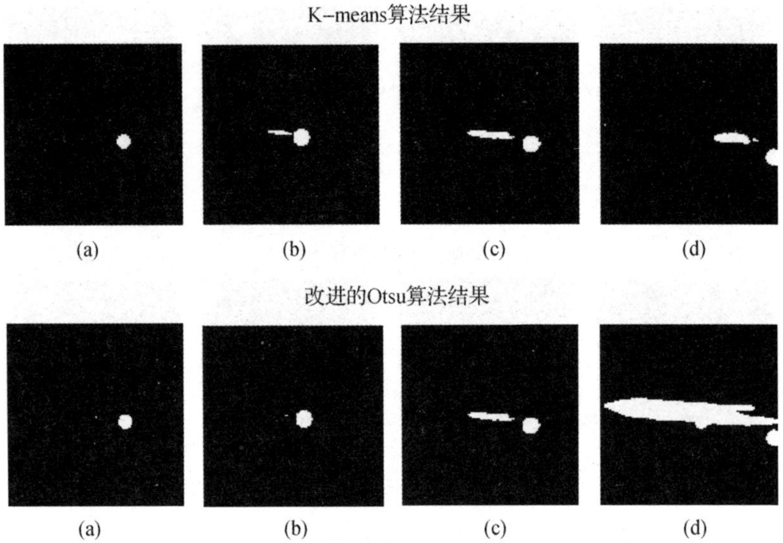

图 3.20　多种分割算法结果

由试验结果可见，基于灰度阈值的图像分割方法对图像的灰度分布较为敏感，而干扰改变了图像的灰度分布，且干扰灰度比目标机身差异大，目标机身与背景的灰度较为相似，故在上述分割算法中往往会把机身分割掉，留下尾焰、尾喷和干扰这些高亮度区域，这对后续的特征提取和分类识别有很大的影响。改进的 Otsu 算法将高亮度区域抠除后进行阈值求解，能够很好地适应目标几乎充满视场的情况。边缘检测算法中，Laplace 算子利用二阶差分运算进行检测，检测出的边缘较少，导致目标的边缘大部分都弱化丢失了。Sobel 算子的检测结果图能检测出更多的边缘，但也存在伪边缘且检测出来的边缘线比较粗，同时也破坏了边缘的完整性。Prewitt 算子检测出的边缘较多，存在较多的伪边缘，且经典的边缘检测方法由于引入了各种形式的微分运算，对噪声较为敏感，而红外图像不可避免地受到随机噪声的干扰，则常常会把噪声当作边缘点检测出来。在聚类显著区域生成算法中，分水岭算法提取后只保留了高亮度区域，而机身区域没有被提取出来；K - means 算法能够在目标成像较为清晰阶段较好地保留飞机目标区域和干扰区域，在目标几乎充满视场时会造成飞机目标的过分割。综合上述分割试验结果，在远距离时选取全局阈值方法，中距离时选取 K - means 方法，近距离时选取改进的 Otsu 方法进行图像分割。

3.3　几种特征模式匹配方法

3.3.1　欧几里得距离分类准则

假定选取了 N 个特征，而目标可分为 m 类，则模式识别问题可看作把 N 维特征向量 $\boldsymbol{X}$ 分为 m 类中的某一类的问题，其中：$\boldsymbol{X}=[x_1,x_2,\cdots,x_N]^{\mathrm{T}}$，模式类别分别为 $w_1,w_2,\cdots,w_m$。在判断 $\boldsymbol{X}$ 属于哪一类时，需要有判别函数，设 $\boldsymbol{X}$ 在 m 类上的判别函数为

$$D_1(\boldsymbol{X}),D_2(\boldsymbol{X}),\cdots,D_m(\boldsymbol{X}) \tag{3.80}$$

则当 $\boldsymbol{X}$ 属于 i 类时，有

$$D_i(\boldsymbol{X})>D_j(\boldsymbol{X})\quad (j=1,2,\cdots,m;j\neq i) \tag{3.81}$$

下面介绍几种常用的判别准则。

1. 线性判别函数

线性判别函数是所有特征矢量的线性组合，即

$$D_i(\boldsymbol{X}) = \sum_{k=1}^{N} w_{ik}x_k + w_{i0} \tag{3.82}$$

式中：D_i 为第 i 个判别函数；w_{ik}为系数；w_{i0}为常数项。两类的判别边界为

$$D_i(\boldsymbol{X}) - D_j(\boldsymbol{X}) = \sum_{k=1}^{N}(w_{ik}-w_{jk})x_k + (w_{i0}-w_{j0}) = 0 \tag{3.83}$$

当 $D_i(\boldsymbol{X})>D_j(\boldsymbol{X})$时，$\boldsymbol{X}\in w_i$；当 $D_i(\boldsymbol{X})<D_j(\boldsymbol{X})$时，$\boldsymbol{X}\in w_j$。

线性判别函数中系数的选择需要通过分类器对样本的训练或先验知识得到。

2. 最小距离分类准则

最小距离分类是用输入特征矢量与特征空间中作为模板的点之间的距离作为分类准则。设 m 类中有 m 个参考向量 $\boldsymbol{R}_1,\boldsymbol{R}_2,\cdots,\boldsymbol{R}_m$，分别属于 $w_1,w_2,\cdots,w_m$ 类。若输入特征矢量 $\boldsymbol{X}$ 与参考向量 $\boldsymbol{R}_i$ 间的距离最小，则认为 $\boldsymbol{X}\in w_i$。$\boldsymbol{X}$ 与 R_i 间的距离为

$$D_i(\boldsymbol{X},\boldsymbol{R}_i)=|\boldsymbol{X}-\boldsymbol{R}_i|=\sqrt{(\boldsymbol{X}-\boldsymbol{R}_i)^{\mathrm{T}}(\boldsymbol{X}-\boldsymbol{R}_i)} \tag{3.84}$$

当 $D_i(\boldsymbol{X},\boldsymbol{R}_i)<D_j(\boldsymbol{X},\boldsymbol{R}_j)j=1,2,\cdots,m,j\neq i$ 时，$\boldsymbol{X}\in w_i$。

3. 最近邻域分类准则

把最小距离分类准则中作为模板的点扩展为一组点，即用一组参考向量对应一个类，用输入特征矢量与一组参考向量的距离作为分类的准则，就变为最

近邻域法。此时 $\boldsymbol{R}_i$ 中的向量为 $\boldsymbol{R}_i^k$，即 $\boldsymbol{R}_i^k \in \boldsymbol{R}_i(k=1,2,\cdots,l)$。输入特征向量 $\boldsymbol{X}$ 与 $\boldsymbol{R}_i$ 间的距离为

$$d(\boldsymbol{X},\boldsymbol{R}_i) = \min_{k=1,2,\cdots,l} |\boldsymbol{X} - \boldsymbol{R}_i^k| \tag{3.85}$$

判别函数为

$$D_i(\boldsymbol{X}) = d(\boldsymbol{X},\boldsymbol{R}_i) \quad (i=1,2,\cdots,m) \tag{3.86}$$

3.3.2 贝叶斯分类准则

概率论中有贝叶斯定理，即

$$P(w_i \mid \boldsymbol{X}) = \frac{P(\boldsymbol{X} \mid w_i)P(w_i)}{\sum_{i=1}^{m} P(\boldsymbol{X} \mid w_i)P(w_i)} \tag{3.87}$$

式中：$w_i(i=1,2,\cdots,m)$ 为 m 个模型类别；$\boldsymbol{X}$ 为特征向量；$P(w_i)$ 为 w_i 的先验概率；$P(\boldsymbol{X} \mid w_i)$ 为属于 w_i 类而具有 $\boldsymbol{X}$ 状态的条件概率；$P(w_i \mid \boldsymbol{X})$ 为 $\boldsymbol{X}$ 条件下 w_i 的后验概率。

由贝叶斯定理，已知 $P(w_i)$ 和 $P(\boldsymbol{X} \mid w_i)$ 时，可求出特征向量 $\boldsymbol{X}$ 出现时属于 w_i 类的概率。则当 $P(w_i \mid \boldsymbol{X}) = \max\limits_{j=1,2,\cdots,m} P(w_j \mid \boldsymbol{X})$ 时，按此准则判断 $\boldsymbol{X} \in w_i$ 可能性最大。贝叶斯分类的判别函数为

$$D_i(\boldsymbol{X}) = P(w_i \mid \boldsymbol{X}) = P(\boldsymbol{X} \mid w_i)P(w_i) \quad (i=1,2,\cdots,m) \tag{3.88}$$

这里主要介绍朴素贝叶斯。

主要研究红外干扰和飞机目标，不同目标的红外图像表现出不同的纹理特征、运动特征和形状特征，其中纹理特征包括最高灰度、灰度均值、能量等；运动特征包括速度、轨迹变化率等；形状特征包括长宽比、周长、面积和重心等。正是由于这些特性的不同，可以选取一些特征来表征一类目标，从而进行目标的识别分类。

用来表征某一类目标的量称为特征矢量 $\boldsymbol{A} = \{X_1, X_2, \cdots, X_n\}$，$X_1, X_2, \cdots, X_n$ 相应地代表最高灰度、灰度均值、能量、长宽比、周长、面积、重心等特征。在对样本进行处理之前先进行样本特征值的归一化处理，即

$$x_i = \frac{x_i}{\max(x_i)} \quad (i=1,2,\cdots,n) \tag{3.89}$$

式中：$\max(x_i)$ 为在所有样本中特征 X_i 的最大值。

根据贝叶斯理论，对于目标和干扰两类样本，均选取 n 个特征组成特征矢量 $\boldsymbol{A} = \{X_1, X_2, \cdots, X_n\}$，其中 $X_1, X_2, \cdots, X_n$ 是实例的属性变量，且为连续型随机变量，$f_{X_i}(x_i)$ 为 X_i 的概率密度；Y 为取 m 个值的类变量，且为离散随机变

量，取值为 $y_1, y_2, \cdots, y_m$。于是，Y 在 y_i 的密度等于在 y_i 的概率，即 $f_Y(y_i) = P(Y = y_i)$。针对某一个特征 X_i，此时的贝叶斯公式为

$$f_{Y|X_i}(y_i|x_i) = \frac{f_{X_i|Y}(x_i|y_i)f_Y(y_i)}{\sum_{j=1}^{m} f_{X_i|Y}(x_i|y_j)f_Y(y_j)} \tag{3.90}$$

式中：$f_{X_i|Y}(x_i|y_i)$ 为 $Y = y_i$ 时 X_i 的条件密度；$f_{Y|X_i}(y_i|x_i)$ 为 $X_i = x_i$ 时 Y 的条件概率。

对于特征矢量 $\boldsymbol{A} = \{X_1, X_2, \cdots, X_n\}$，此时的贝叶斯公式为

$$f_{Y|X_1,X_2,\cdots,X_n}(y_i|x_1, x_2, \cdots, x_n) = \frac{f_{X_1,X_2,\cdots,X_n|Y}(x_1, x_2, \cdots, x_n|y_i)f_Y(y_i)}{\sum_{j=1}^{m} f_{X_1,X_2,\cdots,X_n|Y}(x_1, x_2, \cdots, x_n|y_i)f_Y(y_j)} \tag{3.91}$$

由于贝叶斯公式的分母部分 $\sum_{j=1}^{m}\prod_{j=1}^{n} f_{X_j|Y}(x_j|y_i) \cdot f_Y(y_i)$ 对于所有的类均为常数，且假设属性值相互独立，则使用下式对 $\boldsymbol{A}$ 进行分类，即

$$\operatorname{argmax}\{f_{X_1,X_2,\cdots,X_n|Y}(x_1, x_2, \cdots, x_n|y_i)f_Y(y_i)\} \tag{3.92}$$

其中 $f_Y(y_i)$ 为类参数估计，即

$$f_Y(y_i) = P(Y_i) = \frac{N(Y_j)}{N} \quad (j = 1, 2, \cdots, m) \tag{3.93}$$

式中：$N(Y_j)$ 为属于 Y_j 类的样本个数；N 为总共的样本个数。

特别地，若 n 个特征相互独立，则

$$\begin{aligned} f_{Y|X_1,X_2,\cdots,X_n}(y_i|x_1,x_2,\cdots,x_n) &= \frac{f_{X_1|Y}(x_1|y_i)f_{X_2|Y}(x_2|y_i)f_{X_3|Y}(x_3|y_i)\cdots f_{X_n|Y}(x_n|y_i)f_Y(y_i)}{\sum_{j=1}^{m} f_{X_1|Y}(x_1|y_i)f_{X_2|Y}(x_2|y_i)f_{X_3|Y}(x_3|y_i)\cdots f_{X_n|Y}(x_n|y_i)f_Y(y_j)} \\ &= \frac{\prod_{j=1}^{n} f_{X_j|Y}(x_j|y_i) \cdot f_Y(y_i)}{\sum_{j=1}^{m}\prod_{j=1}^{n} f_{X_j|Y}(x_j|y_i) \cdot f_Y(y_i)} \end{aligned} \tag{3.94}$$

其中 $X_1, X_2, \cdots, X_n$ 的概率分布函数 $f_{X_1|Y}(x_1|y_i)$，$f_{X_2|Y}(x_2|y_i)$，$f_{X_3|Y}(x_3|y_i)$，$\cdots$，$f_{X_n|Y}(x_n|y_i)$ 将通过试验拟合得到。贝叶斯概率模型如图 3.21 所示。

由于贝叶斯公式的分母部分 $\sum_{j=1}^{m}\prod_{j=1}^{n} f_{X_j|Y}(x_j|y_i) \cdot f_Y(y_i)$ 对于所有的类均为常数，且假设属性值相互独立，则使用下式对 $\boldsymbol{A}$ 进行分类，即

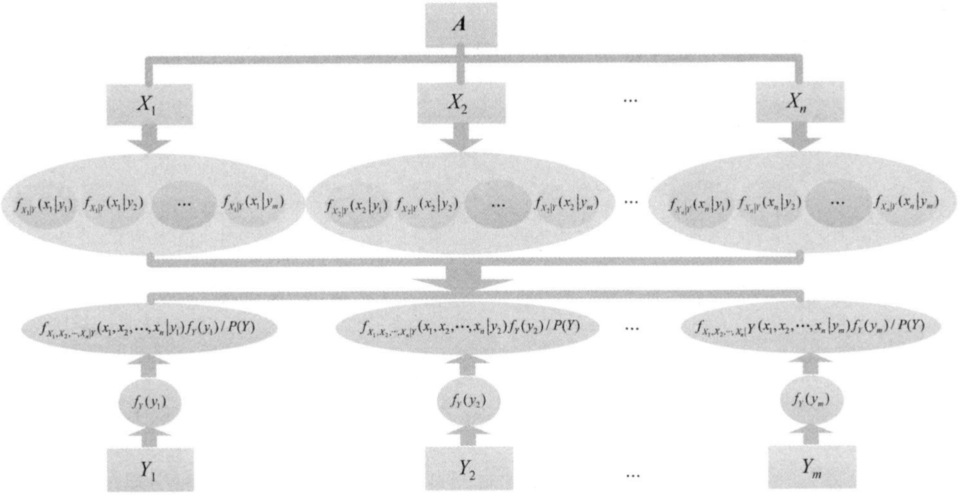

图 3.21　贝叶斯概率模型示意图

$$\mathrm{argmax}\left\{\prod_{j=1}^{n} f_{X_j \mid Y}(x_j \mid y_i)\cdot f_Y(y_i)\right\} \tag{3.95}$$

3.3.3　支持向量机分类准则

传统的基于特征融合匹配的统计模式识别方法无法达到很好的效果，经大量试验仿真采用一种基于支持向量机（Support Vector Machine，SVM）的空中红外目标识别算法。支持向量机作为一种线性分类器，引入到图像分类领域和目标识别领域后，用来区分图像的前景目标和背景。支持向量机分类样本是通过找到一个能够将样本区分间隔最大的超平面，首先将样本映射到高维空间，然后找到样本间最大间隔超平面，并且分类器误差与这个最大间隔超平面的距离成正比。

给定训练样本集为 $y_i \in \{+1, -1\}$，分类学习最基本的思想是基于训练集在样本空间中找到一个划分超平面，将不同类别样本区分开，如图 3.22 所示。

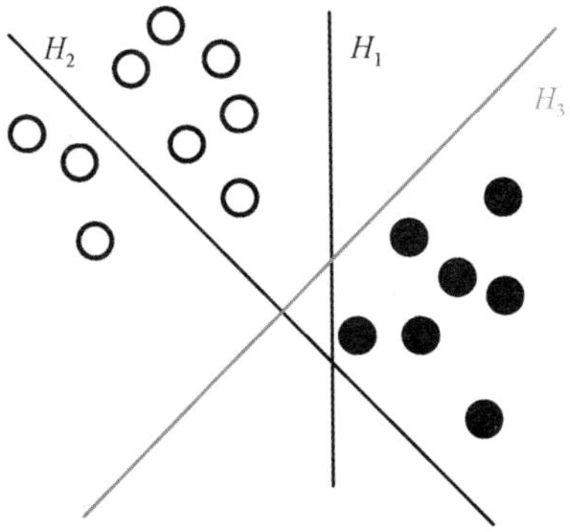

图 3.22　存在多个划分超平面将两类训练样本分开

存在多种划分训练样本的超平面，而支持向量机所得超平面能将数据正确划分并且间隔最大。一个点距离分离超平面的远近可以表示分类预测的确信度，即选择边距更大的超平面的原因在于其鲁棒性更强。线性判别函数的一般形式为 $g(x)=\boldsymbol{w}^{\mathrm{T}}\boldsymbol{x}+b$，分类面方程为 $\boldsymbol{w}^{\mathrm{T}}\boldsymbol{x}+b=0$，其中 $\boldsymbol{w}$ 为法向量，决定了超平面的方向，$\boldsymbol{b}$ 为位移量，决定了超平面与原点的距离。假设超平面能将训练样本正确地分类，对于训练样本，满足以下公式，即

$$\begin{cases}\boldsymbol{w}^{\mathrm{T}}\boldsymbol{x}_i+\boldsymbol{b}\geqslant +1, y_i=+1\\ \boldsymbol{w}^{\mathrm{T}}\boldsymbol{x}_i+\boldsymbol{b}\leqslant -1, y_i=-1\end{cases} \tag{3.96}$$

式中：$y_i=+1$ 表示样本为正样本；$y_i=-1$ 表示样本为负样本。要求分类线对所有样本正确分类，使它满足 $y_i(\boldsymbol{w}^{\mathrm{T}}\boldsymbol{x}_i+\boldsymbol{b})\geqslant +1$。

如图 3.23 所示，距离超平面最近的样本点满足 $y_i(\boldsymbol{w}^{\mathrm{T}}\boldsymbol{x}_i+\boldsymbol{b})=1$，被称为支持向量。虚线称为边界，两条虚线间的距离称为间隔。间隔就等于两个异类支持向量的差在 $\boldsymbol{w}$ 方向上的投影，$\boldsymbol{w}$ 方向是图 3.23 所示实线的法线方向，即

$$\begin{cases}1\times\boldsymbol{w}^{\mathrm{T}}\boldsymbol{x}_{+}+b\geqslant 1, y_i=+1\\ -1\times\boldsymbol{w}^{\mathrm{T}}\boldsymbol{x}_{-}+b\leqslant 1, y_i=-1\end{cases} \tag{3.97}$$

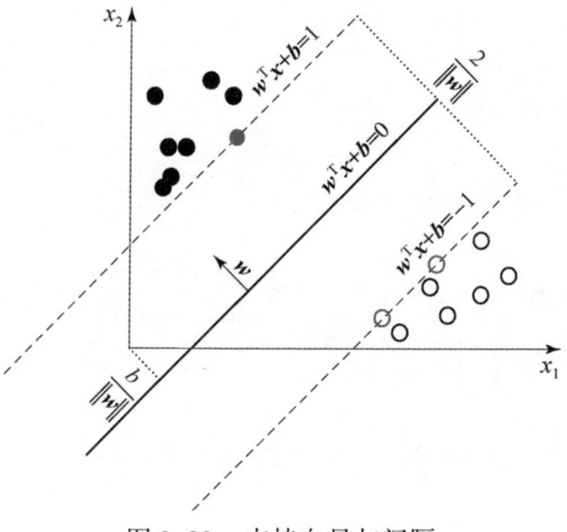

图 3.23　支持向量与间隔

进而可以推出

$$\begin{cases}\boldsymbol{w}^{\mathrm{T}}\boldsymbol{x}_{+}=1-\boldsymbol{b}\\ \boldsymbol{w}^{\mathrm{T}}\boldsymbol{x}_{-}=-1-\boldsymbol{b}\end{cases} \tag{3.98}$$

故有 $\gamma=\frac{1-\boldsymbol{b}+1+\boldsymbol{b}}{\|\boldsymbol{w}\|}=\frac{2}{\|\boldsymbol{w}\|}$，至此，分类间隔等于 $2/\|\boldsymbol{w}\|$，支持向量机的思想是使间隔最大化，因此使间隔最大等价于使 $\|\boldsymbol{w}\|$ 最小，将公式转化成以下形式，即

$$\begin{cases}\min \dfrac{1}{2}\|\boldsymbol{w}\|^2 \\ \text{s. t. } y_i(\boldsymbol{w}^{\mathrm{T}}\boldsymbol{x}_i+\boldsymbol{b})\geqslant +1\end{cases} \tag{3.99}$$

采用拉格朗日乘子法对其对偶问题求解，拉格朗日函数为

$$L(\boldsymbol{w},\boldsymbol{b},\boldsymbol{\alpha}) = \frac{1}{2}\|\boldsymbol{w}\|^2 + \sum_{i=1}^{m}\alpha_i(1 - y_i(\boldsymbol{w}^{\mathrm{T}}\boldsymbol{x}_i + \boldsymbol{b})) \tag{3.100}$$

对 $\boldsymbol{w}$、b 求导可得

$$\begin{cases}\dfrac{\delta L}{\delta \boldsymbol{w}} = \boldsymbol{w} - \sum\limits_{i=1}^{m}\alpha_i x_i y_i \\ \dfrac{\delta L}{\delta \boldsymbol{b}} = \sum\limits_{i=1}^{m}\alpha_i y_i\end{cases} \tag{3.101}$$

令其分别为0，可得

$$\begin{cases}\boldsymbol{w} = \sum\limits_{i=1}^{m}\alpha_i y_i x_i \\ \sum\limits_{i=1}^{m}\alpha_i y_i = 0\end{cases} \tag{3.102}$$

将其代入拉格朗日函数中，可得

$$\begin{cases}L(\boldsymbol{w},\boldsymbol{b},\boldsymbol{\alpha}) = \sum\limits_{i=1}^{m}\alpha_i - \dfrac{1}{2}\sum\limits_{i=1}^{m}\sum\limits_{j=1}^{m}\alpha_i\alpha_j y_i y_j x_i x_j \\ \text{s. t. } \sum\limits_{i=1}^{m}\alpha_i y_i = 0, \alpha_i \geqslant 0\end{cases} \tag{3.103}$$

原问题就转化为关于 $\boldsymbol{\alpha}$ 的问题，即

$$\begin{cases}\max\limits_{\boldsymbol{\alpha}} \sum\limits_{i=1}^{m}\alpha_i - \dfrac{1}{2}\sum\limits_{i=1}^{m}\sum\limits_{j=1}^{m}\alpha_i\alpha_j y_i y_j x_i x_j \\ \text{s. t. } \sum\limits_{i=1}^{m}\alpha_i y_i = 0, \alpha_i \geqslant 0\end{cases} \tag{3.104}$$

解出 $\boldsymbol{\alpha}$ 之后，可求得 $\boldsymbol{w}$，进而求得 $\boldsymbol{b}$，最终得到模型，即

$$f(\boldsymbol{x}) = \boldsymbol{w}^{\mathrm{T}}\boldsymbol{x} + \boldsymbol{b} = \sum_{i=1}^{m}\alpha_i y_i \boldsymbol{x}_i^{\mathrm{T}}\boldsymbol{x} + \boldsymbol{b} \tag{3.105}$$

该过程的 KTT 条件为

$$\begin{cases}\alpha_i \geqslant 0 \\ y_i f(\boldsymbol{x}_i) - 1 \geqslant 0 \\ \alpha_i (y_i f(\boldsymbol{x}_i) - 1) = 0\end{cases} \tag{3.106}$$

对于任意的训练样本$(\boldsymbol{x}_i, y_i)$：

（1）若 $\alpha_i = 0$，则其不会在求和项中出现，它不影响模型的训练；

（2）若 $\alpha_i > 0$，则 $y_i f(x_i) - 1 = 0$，也就是 $y_i f(x_i) = 1$，即该样本一定在边界上，是一个支持向量。

3.4 几种目标识别与抗干扰方法

3.4.1 基于特征距离分类的目标识别与抗干扰方法

1. 基于最小距离分类准则的抗干扰目标识别方法

目标和干扰的长宽比、能量、面积、周长、灰度均值、圆形度等特征差异较大，可以作为区分目标和干扰的有效依据。因此，基于这些特征建立目标的多特征描述模型。

用来表征某一类目标的量称为特征矢量 $\boldsymbol{A} = \{X_1, X_2, \cdots, X_n\}$，$X_1, X_2, \cdots, X_n$ 相应地代表最高灰度、灰度均值、能量、长宽比、周长、面积、重心等特征，对于一幅图像，分别提取各目标候选区域的特征矢量特征 $\boldsymbol{A}_1, \boldsymbol{A}_2, \cdots, \boldsymbol{A}_m$，分别计算各特征矢量与目标特征矢量模板 $\boldsymbol{R} = \{X_{R1}, X_{R2}, \cdots, X_{Rn}\}$ 的差异 $D_i(\boldsymbol{A}_i, \boldsymbol{R}) = |\boldsymbol{A}_i - \boldsymbol{R}| (i = 1, 2, \cdots, m)$，其中 $\boldsymbol{R}$ 为上一帧图像中识别为目标的连通区域的特征矢量，且每一帧进行更新。

若当前图像经过图像分割后共得到 l 个目标候选区域，则对每一个目标候选区域与目标特征模板进行特征相似度计算。假设第 j 个目标候选区域的第 i 个特征的特征值为 $X_{j,i}$，与目标模板特征值 X_{Ri} 之间的差异为 $D_{j,i}$，若各特征无权重，则第 j 个目标候选区域与目标特征模板之间的距离为

$$D_j(\boldsymbol{A}_j, \boldsymbol{R}) = |\boldsymbol{A}_j - \boldsymbol{R}| = \sum_{i=1}^{n} D_{j,i} = \sum_{i=1}^{n} |X_{j,i} - X_{Ri}| \tag{3.107}$$

目标候选区域与目标特征模板之间的距离越大，则特征相似性越小；反之，特征相似性越大。

但是在整个由远及近的空战对抗过程中，目标及干扰的特性是有一个明显变化过程的，且不同特征对目标与背景的区分能力是不同的，因此，根据不同

特征区分目标与诱饵和背景的能力，在远、中、近距分别给各特征赋予不同的权重，给区分能力强的特征赋予较大的权值，对区分能力弱的特征赋予较小的权值，则式（3.107）变为

$$D_j(\boldsymbol{A}_j,\boldsymbol{R}) = |\boldsymbol{A}_j - \boldsymbol{R}| = \sum_{i=1}^{n}\omega_i D_{j,i} = \sum_{i=1}^{n}\omega_i |X_{j,i} - X_{Ri}| \tag{3.108}$$

式中：ω_i 为第 i 个特征的权重。

依据最小距离分类准则，最终选择第 k 个连通区域作为目标区域，其与目标特征模板之间的距离 $D_k(\boldsymbol{A}_k,\boldsymbol{R}) = \min\{D_i(\boldsymbol{A}_i,\boldsymbol{R}), i=1,2,\cdots,m\}$。

2. 基于最近邻域分类准则的抗干扰目标识别方法

基于最近邻域分类准则分别进行干扰特征模板及目标特征模板的提取，且在进行更新时进行典型特征的判断，满足典型特征取值范围时进行更新；否则保持。在识别过程中，分别与目标、干扰特征模板进行比较，且设置层层嵌套的识别准则。若当前图像中检测得到的目标候选区域为 $\boldsymbol{K}_1,\boldsymbol{K}_2,\cdots,\boldsymbol{K}_n$，详细算法步骤如下：

（1）将各目标候选区域特征与目标特征信息进行匹配，此时只选择距离特征，得到 $\boldsymbol{A}_1,\boldsymbol{A}_2,\cdots,\boldsymbol{A}_n$ 进行排序；

（2）将各目标候选区域特征与干扰特征信息进行匹配，此时选择各弹道阶段目标与干扰差异性较大特征，得到 $\boldsymbol{B}_1,\boldsymbol{B}_2,\cdots,\boldsymbol{B}_n$，并进行排序；

（3）利用 $\boldsymbol{A}_1,\boldsymbol{A}_2,\cdots,\boldsymbol{A}_n$ 得到的信息进行目标候选区域筛选，提取出 $\boldsymbol{A} > d$ 的目标候选区域，即在上一帧目标周围画一个半径为 d 的圆，得到落在此范围内的目标候选区域 $\boldsymbol{K}_1,\boldsymbol{K}_2,\cdots,\boldsymbol{K}_m$；

（4）利用目标候选区域 $\boldsymbol{K}_1,\boldsymbol{K}_2,\cdots,\boldsymbol{K}_m$ 与干扰特征的相似性 $\boldsymbol{B}_1,\boldsymbol{B}_2,\cdots,\boldsymbol{B}_m$ 进行判别，若 $\boldsymbol{B}_m - \boldsymbol{B}_1 > t$，认为目标候选区域 $\boldsymbol{K}_1,\boldsymbol{K}_2,\cdots,\boldsymbol{K}_m$ 中既有干扰又有目标，此时最大值 $\boldsymbol{B}_m$ 对应的目标候选区域为目标；若 $\boldsymbol{B}_m - \boldsymbol{B}_1 < t$，认为目标候选区域 $\boldsymbol{K}_1,\boldsymbol{K}_2,\cdots,\boldsymbol{K}_m$ 中全为干扰，此时需要利用方向信息进行判别；

（5）若干扰投放方向为右侧，则所有目标候选区域中最左（x 坐标最小）的为目标；反之，若干扰投放方向为左侧，则所有目标候选区域中最右（x 坐标最大）的为目标。

3.4.2 基于朴素贝叶斯分类器的目标识别与抗干扰方法

1. 基于朴素贝叶斯分类器的目标识别方法

基于朴素贝叶斯分类器的目标识别方法架构如图 3.24 所示。

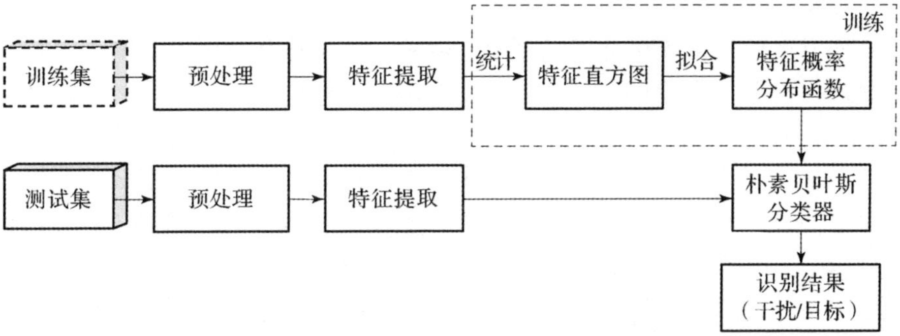

图 3.24　基于朴素贝叶斯分类器的目标识别方法架构

1）数据集构造与标注

为进行朴素贝叶斯分类器的训练，需要全方位、多角度的庞大目标、干扰图像库。空空导弹实际挂飞、靶试图像稀少，真实空战对抗图像难以获取，本书采用空战对抗样本库描述战机与导弹的对抗态势，通过先进红外建模与仿真技术产生逼近实际空战对抗环境的不同弹道数据，选取投射距离 6000m，干扰投放数目 12 枚，弹间隔 0.5s，进入角（导弹发射时弹体与目标飞机机轴的夹角）以 15°为间隔从 0°到 360°的弹道，提取导引头图像序列，分别进行目标和干扰区域标注，以此作为正、负样本构造图 3.25 和图 3.26 数据集，如图 3.25 和图 3.26 所示。

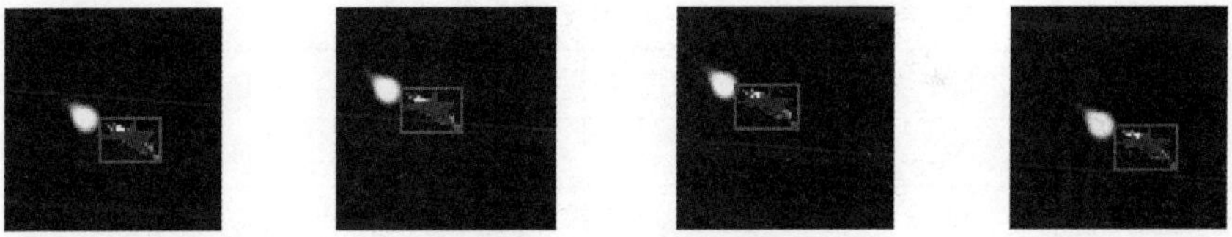

图 3.25　目标样本

图 3.26　干扰样本

2）特征概率密度函数模型

基于本书数据集，分别进行正、负样本图像的特征提取，每一个样本 $\boldsymbol{A}_i$ 对应一组特征矢量 $\boldsymbol{A}_i = \{\boldsymbol{X}_1, \boldsymbol{X}_2, \cdots, \boldsymbol{X}_n\}$，形成以特征矢量为形式的正、负样本库 $S_+ = \{\boldsymbol{A}_1, \boldsymbol{A}_2, \cdots, \boldsymbol{A}_P\}$ 和 $S_- = \{\boldsymbol{A}_1, \boldsymbol{A}_2, \cdots, \boldsymbol{A}_Q\}$。基于该样本库，本书采用试

验拟合方法得到特征概率密度函数 $f_{X_1}(x), f_{X_2}(x), \cdots, f_{X_n}(x)$。

参照数字图像处理中灰度直方图的概念，对于样本库中属于同一类别的样本，按照某一特征取值的大小，统计其所出现的频率，以归一化后的特征值为横坐标，以该特征值在样本中出现的频率为纵坐标，定义其为该特征的特征直方图，该图能够反映该特征的概率分布。采用统计数学中的概率分布概念来描述特征直方图，设 $f(i,j)$ 代表某一特征的取值，做归一化处理后，$f(i,j)$ 将被限定在 $[0,1]$ 范围内。对于一个样本库来说，每一个样本的某一特征取得 $[0,1]$ 区间内的值是随机的，也就是说，$f(i,j)$ 是一个随机变量。假定对每一瞬间，$f(i,j)$ 是连续的随机变量，就可以用概率密度函数 $p_f(f(i,j))$ 来表示特征值为 $f(i,j)$ 的样本在样本库中所出现的概率。

通过对某一特征的特征直方图进行拟合，可得到该特征的概率密度函数。以飞机目标的长宽比特征为例，具体实现步骤如下：

(1) 对特征 $\boldsymbol{X}_i$ 的样本数据进行统计分析，如表 3.1 所列，由此得到该特征的特征直方图如图 3.27 (a) 所示；

(2) 通过曲线拟合该直方图，尽量使曲线下的面积与条形图的面积相等，得到符合该直方图走向的折线图，如图 3.27 (b) 所示；

(3) 对该曲线进行幂函数、指数函数、多级正态分布等函数逼近，如图 3.27 (c) 所示，得到图中实线的函数表达式即为 $f_{X_i}(x)$ 的表达式。

表 3.1 特征值频率分布统计表

特征值	频率	特征值	频率	特征值	频率
0	0	5.5	0.021	11	0
0.5	0	6	0.020	11.5	0
1	0.022	6.5	0.017	12	0
1.5	0.099	7	0.016	12.5	0
2	0.211	7.5	0.014	13	0
2.5	0.204	8	0.006	13.5	0
3	0.162	8.5	0.002	14	0
3.5	0.077	9	0	14.5	0
4	0.063	9.5	0	15	0
4.5	0.037	10	0	15.5	0
5	0.026	10.5	0	其他	0

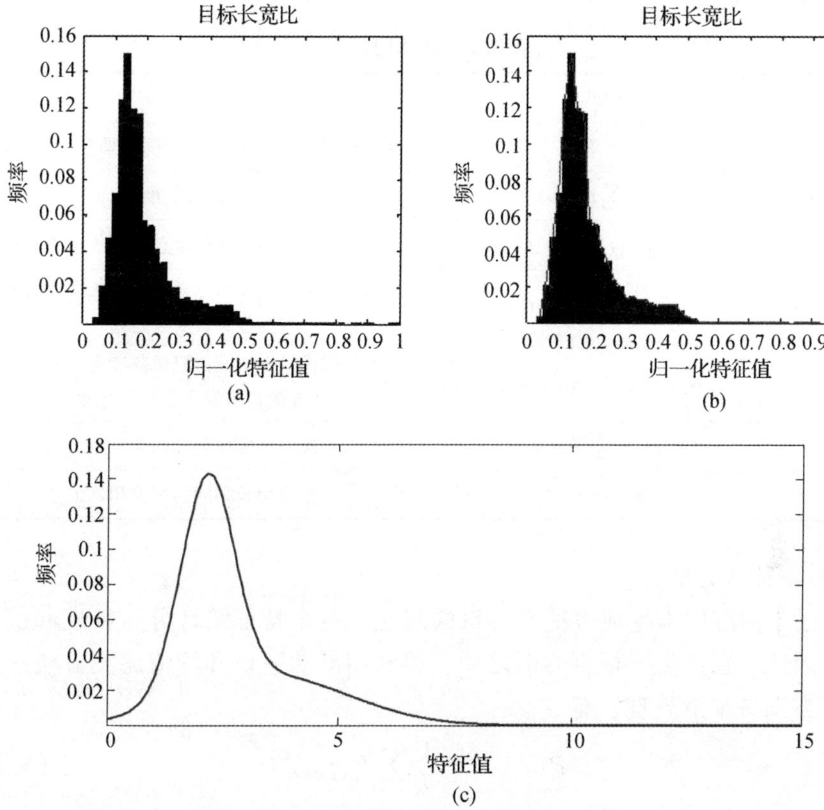

图 3.27　特征概率分布试验拟合

采用上述试验拟合方法得到的特征概率密度函数即为数据集训练结果，表示样本特征的先验信息，它的准确性直接影响朴素贝叶斯分类器的性能。

3）特征提取与筛选

特征选择与提取的过程是对图像分割后形成的每个区域计算一组表征其可鉴别的特征量，以用于目标的分类识别。由于可描述目标和干扰的特征较多，本文根据不同成像阶段目标与干扰特性所选择的特征应具备以下特点：

（1）所选取的特征应使同类目标具有最大的相似性，而不同类目标具有最大的相异性；

（2）远距离小目标特征的选取必须充分利用其运动特性和灰度的变化特征等；

（3）当目标大小达到一定像素数后，可选取目标的灰度均值、面积、长宽比、运动速度等反映目标灰度、形状和运动特性的特征。

通过分析比较，选取表 3.2 所列的 7 个特征进行计算。

表 3.2　选取的特征

特征	公式	描述
长宽比	$R = W/L$	目标最小外接矩形的水平长度与垂直长度之比
周长	$P = \sum f(x,y)$	目标边界长度
能量	$E = \sum f_T(x,y) - G_{\mathrm{Bkg}}$	原始图像目标区域内像素点相对灰度累加和
灰度均值	$G_{\mathrm{Ave}} = f_{\mathrm{Ave}}(x,y) - G_{\mathrm{Bkg}}$	原始图像目标区域内像素点成像灰度平均值与图像背景灰度之差
最高灰度	$G_{\mathrm{Max}} = f_{\mathrm{Max}}(x,y) - G_{\mathrm{Bkg}}$	原始图像目标区域内成像灰度最高的点灰度值与图像背景灰度之差
面积	$\mathrm{Area} = \sum f(x,y)$	二值像目标区域包含的像素点个数
圆形度	$\mathrm{FF} = 4\pi A/P^2$	目标与周长相同的圆面积比值

4）特征直方图分析

受限于训练样本生成方法与容量的问题，各个特征统计分布特性起伏变化较大。因此，在产生特征直方图之后，再利用滑动窗口和均值滤波方法对各个特征直方图做平滑处理，有

$$\bar{P}(r_{k,t}) = \frac{1}{T}\sum_{t=1}^{T} P(r_{k,t}) \tag{3.109}$$

式中：T 为滑动窗口宽度。

经过平滑后的特征直方图如图 3.28 所示。

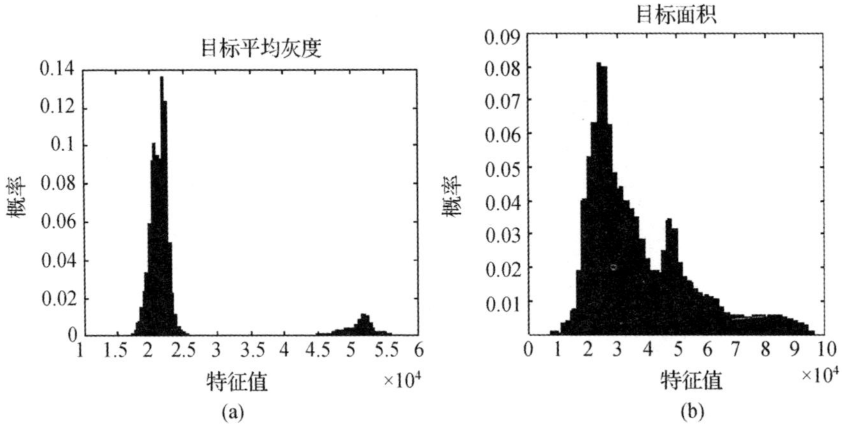

图 3.28　平滑后目标灰度均值和面积特征直方图

5）构造分类器

朴素贝叶斯分类器算法流程如图 3.29 所示。

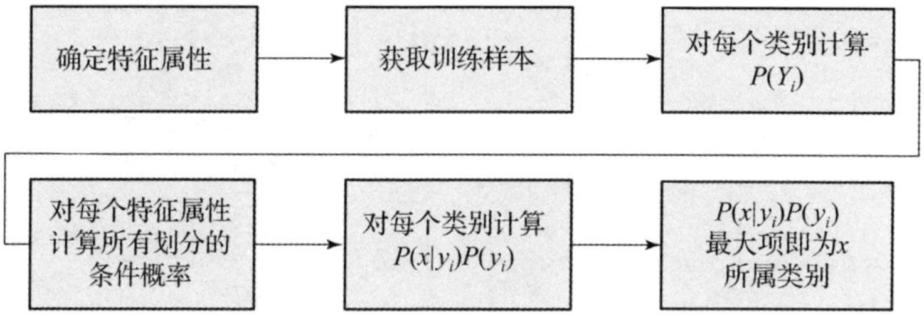

图 3.29　朴素贝叶斯分类器算法流程框图

具体算法步骤如下：

（1）设 $A=\{x_1,x_2,\cdots,x_n\}$ 为一个待分类项，其中每个 x 为 $\boldsymbol{X}$ 的一个特征属性，本书算法中，$x_1,x_2,\cdots,x_n$ 分别为该待分类区域的长宽比、周长、能量、灰度均值、最高灰度、面积及圆形度这 7 个特征的取值；

（2）类别集合 $Y=\{y_1,y_2,\cdots,y_m\}$，本书算法中，类别集合 $Y=\{0,1\}$，其中 0 表示干扰，1 表示飞机目标；

（3）分别计算 $P(y_1|x),P(y_2|x),\cdots,P(y_m|x)$，即通过拟合方法，得到 7 个特征的概率密度函数，如式（3.110）~式(3.116）所示；

（4）根据朴素贝叶斯分类器思想，如果 $P(y_k|x)=\max\{P(y_1|x),P(y_2|x),\cdots,P(y_m|x)\}$，则 $x\in y_k$。在本书识别分类算法中，若 $P(y_1|x)>P(y_2|x)$，则 $A=\{x_1,x_2,\cdots,x_n\}$ 为干扰，否则为飞机目标，从而完成分类识别。

$$\begin{aligned}f_1(x)&=a_1\cdot\frac{1}{\sqrt{2\pi}\sigma_1}\exp\left(-\frac{(x-\mu_1)^2}{2\sigma_1^2}\right)+a_2\cdot\frac{1}{\sqrt{2\pi}\sigma_2}\exp\left(-\frac{(x-\mu_2)^2}{2\sigma_2^2}\right)\\&=0.178\times\frac{1}{\sqrt{2\pi}\times0.581}\cdot\exp\left(-\left(\frac{x-2.154}{0.822}\right)^2\right)+\cdots\\&\quad+0.121\times\frac{1}{\sqrt{2\pi}\times1.714}\cdot\exp\left(-\left(\frac{x-3.508}{2.424}\right)^2\right)\end{aligned}\tag{3.110}$$

$$\begin{aligned}f_2(x)&=a_1\cdot\frac{1}{\sqrt{2\pi}\sigma_1}\exp\left(-\frac{(x-\mu_1)^2}{2\sigma_1^2}\right)+a_2\cdot\frac{1}{\sqrt{2\pi}\sigma_2}\exp\left(-\frac{(x-\mu_2)^2}{2\sigma_2^2}\right)\\&=0.0496\times\frac{1}{\sqrt{2\pi}\times0.2122}\cdot\exp\left(-\left(\frac{x-2.4120}{0.3001}\right)^2\right)+\cdots\\&\quad+0.2207\times\frac{1}{\sqrt{2\pi}\times1.1966}\cdot\exp\left(-\left(\frac{x-3.3180}{1.692}\right)^2\right)\end{aligned}\tag{3.111}$$

$$f_3(x)=a_1\cdot\frac{1}{\sqrt{2\pi}\sigma_1}\exp\left(-\frac{(x-\mu_1)^2}{2\sigma_1^2}\right)+a_2\cdot\frac{1}{\sqrt{2\pi}\sigma_2}\exp\left(-\frac{(x-\mu_2)^2}{2\sigma_2^2}\right)$$

$$=0.2169\times\frac{1}{\sqrt{2\pi}\times 0.5301}\cdot\exp\left(-\left(\frac{x-12.51}{0.7496}\right)^2\right)+\cdots$$

$$+0.2342\times\frac{1}{\sqrt{2\pi}\times 1.8621}\cdot\exp\left(-\left(\frac{x-14.83}{2.633}\right)^2\right)\tag{3.112}$$

$$f_4(x)=a_1\cdot\frac{1}{\sqrt{2\pi}\sigma_1}\exp\left(-\frac{(x-\mu_1)^2}{2\sigma_1^2}\right)+a_2\cdot\frac{1}{\sqrt{2\pi}\sigma_2}\exp\left(-\frac{(x-\mu_2)^2}{2\sigma_2^2}\right)$$

$$=110.0901\times\frac{1}{\sqrt{2\pi}\times 135.7143}\cdot\exp\left(-\left(\frac{x-22200}{191.9}\right)^2\right)+\cdots$$

$$+262.8985\times\frac{1}{\sqrt{2\pi}\times 955.4455}\cdot\exp\left(-\left(\frac{x-20830}{1351}\right)^2\right)\tag{3.113}$$

$$f_5(x)=a_1\cdot\frac{1}{\sqrt{2\pi}\sigma_1}\exp\left(-\frac{(x-\mu_1)^2}{2\sigma_1^2}\right)+a_2\cdot\frac{1}{\sqrt{2\pi}\sigma_2}\exp\left(-\frac{(x-\mu_2)^2}{2\sigma_2^2}\right)+\cdots$$

$$+a_3\cdot\frac{1}{\sqrt{2\pi}\sigma_3}\exp\left(-\frac{(x-\mu_3)^2}{2\sigma_3^2}\right)$$

$$=352.4192\times\frac{1}{\sqrt{2\pi}\times 318.5290}\cdot\exp\left(-\left(\frac{x-22560}{450.4}\right)^2\right)+\cdots$$

$$+3.5602\times 10^7\times\frac{1}{\sqrt{2\pi}\times 370.1556}\cdot\exp\left(-\left(\frac{x-67180}{523.4}\right)^2\right)+\cdots$$

$$+26.7121\times\frac{1}{\sqrt{2\pi}\times 151.1315}\cdot\exp\left(-\left(\frac{x-46280}{213.7}\right)^2\right)\tag{3.114}$$

$$f_6(x)=a_1\cdot\frac{1}{\sqrt{2\pi}\sigma_1}\exp\left(-\frac{(x-\mu_1)^2}{2\sigma_1^2}\right)+a_2\cdot\frac{1}{\sqrt{2\pi}\sigma_2}\exp\left(-\frac{(x-\mu_2)^2}{2\sigma_2^2}\right)$$

$$=0.0677\times\frac{1}{\sqrt{2\pi}\times 0.3986}\cdot\exp\left(-\left(\frac{x-2.4380}{0.5636}\right)^2\right)+\cdots$$

$$+0.1054\times\frac{1}{\sqrt{2\pi}\times 1.5226}\cdot\exp\left(-\left(\frac{x-4.0630}{2.153}\right)^2\right)\tag{3.115}$$

$$f_7(x)=a_1\cdot\frac{1}{\sqrt{2\pi}\sigma_1}\exp\left(-\frac{(x-\mu_1)^2}{2\sigma_1^2}\right)+a_2\cdot\frac{1}{\sqrt{2\pi}\sigma_2}\exp\left(-\frac{(x-\mu_2)^2}{2\sigma_2^2}\right)$$

$$=0.8878\times\frac{1}{\sqrt{2\pi}\times 1.2129}\cdot\exp\left(-\left(\frac{x-(-0.7932)}{1.715}\right)^2\right)+\cdots$$

$$+0.0142 \times \frac{1}{\sqrt{2\pi} \times 0.0864} \cdot \exp\left(-\left(\frac{x-1.2760}{0.1222}\right)^2\right) \tag{3.116}$$

以上 7 个特征的概率分布函数即为样本数据集训练结果，将其作为先验知识输入朴素贝叶斯分类器。目标、干扰的灰度均值和面积两特征的概率密度曲线如图 3.30 所示。

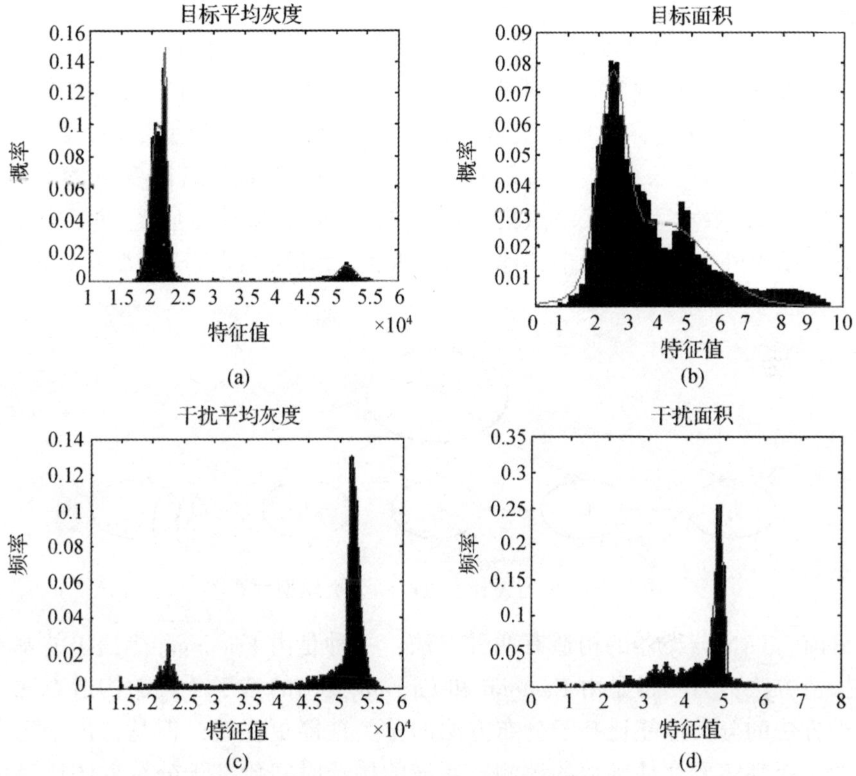

图 3.30　目标、干扰的灰度均值和面积两特征的概率密度曲线

2. 基于改进的朴素贝叶斯分类器的目标识别方法

朴素贝叶斯分类器作为一种简单又高效的分类器，其优点包括：①算法形式简单，所涉及的公式源于数学中的统计学，规则清楚易懂，可扩展性强；②算法实施的时间和空间开销小，即运用该模型分类时所需要的时间复杂度指数和空间复杂度指数较小；③算法性能稳定，模型的健壮性比较好，主要体现在分类预测效果在大多数情况下仍比较精确。

但是，由于其严格的独立性假设，也存在明显的缺点：在现实数据中，假定条件属性间的相互独立性往往很难满足。它无法处理基于特征组合所产生的变化结果，因此，如果在实际的数据间存在条件属性间高度相关的情况时，会导致分类效果大大下降。

而树增强朴素贝叶斯分类模型（Tree Augement Naive Bayesian，TAN）是朴素贝叶斯分类器的自然扩展，其基本思想是将贝叶斯网络的某些表示依赖关系的能力与朴素贝叶斯的简易性相结合，使分类性能增强。TAN 是学习效率与准确描述属性间相关性之间一个很好的折中。

1）树增强朴素贝叶斯分类模型工作原理

TAN 由 Friedman 提出。设训练实例 $\boldsymbol{A}=\{X_1,X_2,\cdots,X_n,C\}$，其中变量 $X_1,X_2,\cdots,X_n$ 是属性变量，C 是类变量。在 TAN 结构中，类变量是根，没有父结点，即 $\Pi_c=\Phi$（Π_c 表示 C 的父结点集），类变量是每个属性变量的父结点，即 $C\in\Pi_{x_i}$（Π_{x_i}表示 X_i 的父结点集，$i=1,2,\cdots,n$）；属性变量 X_i 除了类变量 C 作为其父结点外，最多有一个其他属性变量作为其父结点，即 $|\Pi_{x_i}|\leqslant 2$。它的结构如图 3.31 所示。

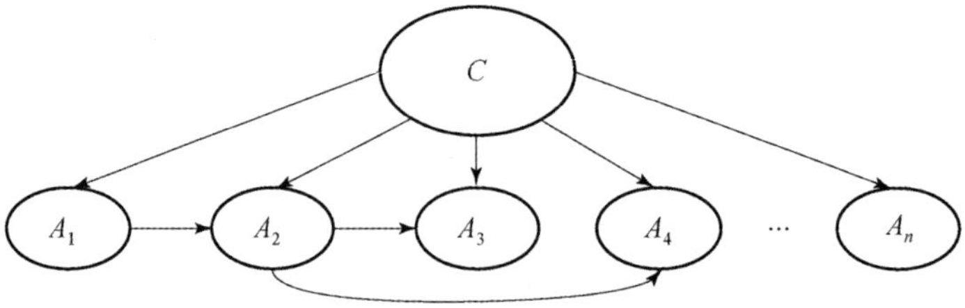

图 3.31　树增强朴素贝叶斯分类模型示意图

目前，TAN 分类器的构造有两种方法：一种是由 Friedman 等提出的基于分布的构造方法；另一种是由 Eamonn 和 Pazzani 提出的基于分类的构造方法。基于分类方法的分类性能比基于分布方法的分类性能更优越，但是，由于每条增强弧的选择都需要评估函数的评测，所需的构造时间比基于分布方法所需的时间长得多。本书主要讨论基于分布构造方法的算法。其步骤如下：

（1）计算任意一个属性对之间的条件互信息，有

$$f(X_i,X_j|C)=\sum_{x_i,y_i,c}P(x_i,x_j|c)\log_2\frac{P(x_i,x_j|c)}{P(x_i|c)P(x_j|c)} \tag{3.117}$$

（2）遍历所有的条件属性，并建立一个完全无向图，图中的每个点代表一个属性，每两个属性间的弧用属性间的条件互信息 $f(X_i,X_j|C)$ 标记；

（3）首先按计算出的权重从大到小把弧排序，然后遵守选择的弧不能构成回路的原则，选择前面排序好的弧，从而遍历构造出一棵最大权重跨度树；

（4）在所有的属性结点中选择一个结点作为根结点，然后，从根结点开

始，将所有的边设置为由根结点指向其余结点的边，从而将无向无环树转化为有向无环树；

（5）最后，增加一个代表类变量的结点，并增加类变量到各个条件属性结点之间的弧，构成一个最终的树增强朴素贝叶斯分类模型。最大权重跨度树如图 3.32 所示。

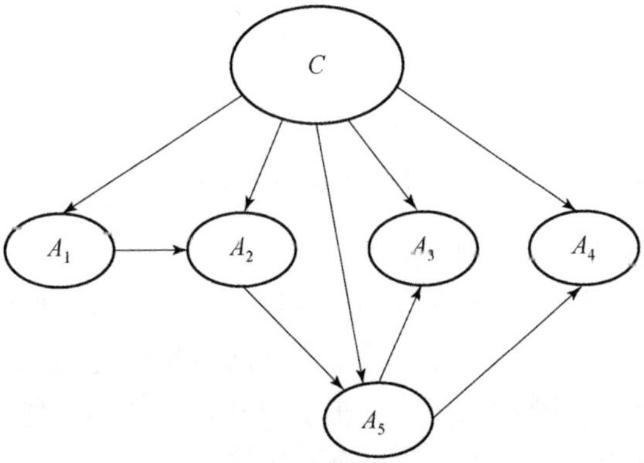

图 3.32　最大权重跨度树示意图

建立最大权重跨度树的方法：首先把边按权重由大到小排序，之后遵照选择的边不能构成回路的原则，按照边的权重由大到小的顺序选择边，这样由所选择的边构成的树便是最大权重跨度树。

在树增强朴素贝叶斯分类模型中，采用了条件互信息来度量出属性间存在的依赖关系的强弱。因为 $f(X_i,X_j|C)=f(X_j,X_i|C)$，所以当类 C 给定后，不论通过 X_j 获取 X_i 还是从 X_i 获取 X_j，信息量都是相等的。$f(X_i,X_j|C)$ 的值与 X_j 和 X_i 之间的依赖程度成正比。特别是，当 X_i 和 X_j 在类属性 C 下独立时，$f(X_i,X_j|C)=0$。由此得知，可以通过条件弧信息值来确定依赖性较高或者较低的属性对。

2）树增强朴素贝叶斯分类器构建

基于树增强朴素贝叶斯分类器的抗干扰识别算法框架如图 3.33 所示，训练集、测试集均采用前一节朴素贝叶斯分类器的图像序列；同样采用 K 均值聚类算法对数据集中的图像序列进行预处理；对目标候选区域进行特征提取，选择与前一节朴素贝叶斯分类器相同的特征，即长宽比、周长、能量、灰度均值、最高灰度、面积、圆形度，构成的特征矢量记为 $\boldsymbol{A}_i=\{X_1,X_2,\cdots,X_7\}$；将该组特征矢量输入 TAN 分类器，即可得到分类识别结果，即该连通区域为目标或者干扰。

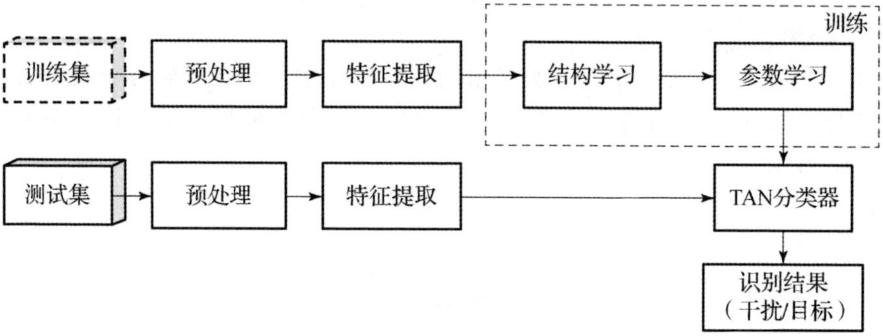

图 3.33　基于树增强朴素贝叶斯分类器的抗干扰识别算法框架

（1）贝叶斯网络结构学习。

基于选取的数据集，分别进行正、负样本图像的特征提取，每一个样本 $\boldsymbol{A}_i$ 对应一组特征矢量 $\boldsymbol{A}_i=\{X_1,X_2,\cdots,X_n\}$，形成以特征矢量为形式的正、负样本库 $S_+=\{\boldsymbol{A}_1,\boldsymbol{A}_2,\cdots,\boldsymbol{A}_P\}$ 和 $S_-=\{\boldsymbol{A}_1,\boldsymbol{A}_2,\cdots,\boldsymbol{A}_Q\}$。基于该样本库，TAN 分类器的网络学习步骤如下。

①计算任意一个属性对之间的条件互信息，即

$$f(X_i,X_j|C)=\sum_{x_i,y_i,c}P(x_i,x_j|c)\log_2\frac{P(x_i,x_j|c)}{P(x_i|c)P(x_j|c)} \tag{3.118}$$

对所选取的 7 个特征属性两两进行条件互信息计算，如表 3.3 所示。

表 3.3　特征属性之间条件互信息

参数	长宽比	周长	能量	灰度均值	最高灰度	面积	圆形度
长宽比	0	0.509111	0.638266	0.534631	0.167969	0.626341	0.524364
周长	0.509111	0	1.332637	0.795169	0.172052	1.441803	0.773917
能量	0.638266	1.332637	0	0.994001	0.311967	1.820885	0.785795
灰度均值	0.534631	0.795169	0.994001	0	0.558144	0.93496	0.649195
最高灰度	0.167969	0.172052	0.311967	0.558144	0	0.27006	0.100908
面积	0.626341	1.441803	1.820885	0.93496	0.27006	0	0.795417
圆形度	0.524364	0.773917	0.785795	0.649195	0.100908	0.795417	0

②遍历所有的条件属性，并建立一个完全无向图，图中的每个点代表一个属性，每两个属性间的弧用属性间的条件互信息 $f(X_i,X_j|C)$ 标记。

③首先按计算出的权重从大到小把弧排序，如表 3.4 所列；然后遵守选择的弧不能构成回路的原则，选择前面排序好的弧。从而遍历构造出一棵最大权重跨度树，如图 3.34 所示。

表 3.4　条件互信息顺序表

属性对	条件互信息	选中	属性对	条件互信息	选中
能量、面积	1.821	1	长宽比、面积	0.626	0
周长、面积	1.442	1	灰度均值、最高灰度	0.558	1
周长、能量	1.333	0	长宽比、灰度均值	0.535	0
能量、灰度均值	0.994	1	长宽比、圆形度	0.524	0
灰度均值、面积	0.935	0	长宽比、周长	0.509	0
面积、圆形度	0.795	1	能量、最高灰度	0.312	0
周长、灰度均值	0.795	0	最高灰度、面积	0.270	0
能量、圆形度	0.786	0	周长、最高灰度	0.172	0
周长、圆形度	0.774	0	长宽比、最高灰度	0.168	0
灰度均值、圆形度	0.649	0	最高灰度、圆形度	0.101	0
长宽比、能量	0.638	1			

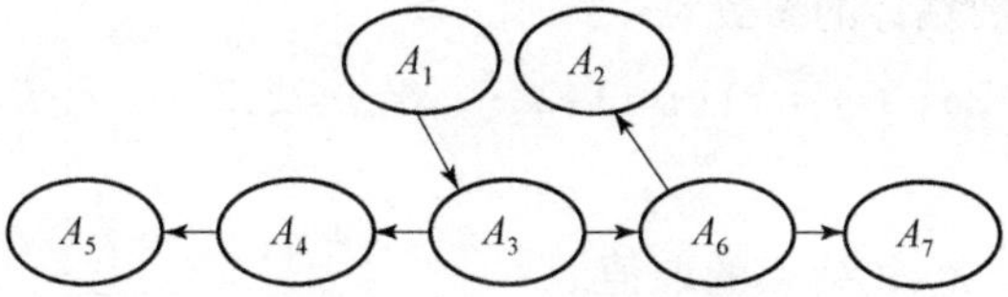

图 3.34　最大权重跨度树

④在所有的属性结点中选择一个结点作为根结点。然后，从根结点开始，将所有的边设置为由根结点指向其余结点的边，从而将无向无环树转化为有向无环树。

⑤最后，增加一个代表类变量的结点，并增加类变量到各个条件属性结点之间的弧，构成一个最终的树增强朴素贝叶斯分类模型。最大权重跨度树如图 3.35 所示。

(2) 贝叶斯网络参数学习。

结构学习已经确定了贝叶斯网络的拓扑结构，而要通过这个网络来对未知

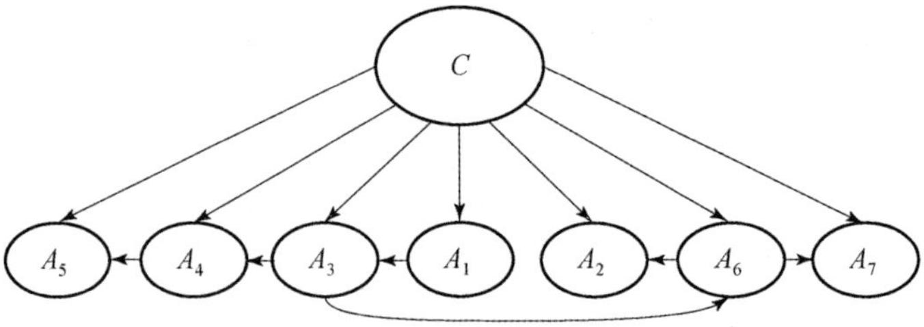

图 3.35　TAN 贝叶斯分类器结果

样本进行预测还需要进行参数学习。贝叶斯网络的参数学习是指，根据贝叶斯网络拓扑结构更新各个属性结点之间的条件概率密度的过程，即确定每个结点处的概率表，这个概率表决定了属性变量之间相互关联的量化关系，是贝叶斯网络学习的重点问题。

参数学习在统计学中称为参数估计，有两种基本方法，即最大似然估计和贝叶斯估计，假设用 $\boldsymbol{\theta}$ 表示参数结构，并为它指派一个先验概率 $p(\boldsymbol{\theta})$，则参数学习可以归结为求后验概率 $p(\boldsymbol{\theta}|D)$ 的过程。

假设任意一个 $X_i(0\leqslant i\leqslant N)$ 的取值有 r_i 种情况，X_i 所代表结点的父结点取值有 q_i 种可能，用 $pa(X_i)$ 表示结点 X_i 的父结点，参数向量 $\boldsymbol{\theta}=\{\boldsymbol{\theta}_{ijk}\mid i=1,2,\cdots,N;j=1,2,\cdots,r_i;k=1,2,\cdots,q_i\}$，注意 $\sum_j\boldsymbol{\theta}_{ijk}=1\ \forall i,k$，表示任意一个属性变量取值的概率和为 1。为了简便，用 $\boldsymbol{\theta}_{i,k}=\{\boldsymbol{\theta}_{ijk}\mid j=1,2,\cdots,r_i\}$ 表示满足 $p(X_i\mid pa(X_i)=k)$ 的参数向量，那么要估计的参数为

$$\boldsymbol{\theta}_{ijk}=p(X_i=j\mid pa(X_i)=k)\ (i=1,2,\cdots,N;j=1,2,\cdots,r_i;k=1,2,\cdots,q_i) \tag{3.119}$$

式中：$pa(X_i)$ 代表 X_i 父结点的取值。

采用最大似然估计方法，在各属性变量独立同分布的假设下，根据对数似然估计的定义 $L(\boldsymbol{\theta}|D)=p(\boldsymbol{\theta}|D)$，可以得到

$$\boldsymbol{\theta}_{ijk}^{*}=\frac{N_{ijk}}{\sum_{k=1}^{q_i}N_{ijk}} \tag{3.120}$$

式中：N_{ijk} 为满足 $\boldsymbol{\theta}_{ijk}$ 的样本数量。

按照上述参数学习过程及方法，可以分别计算各个结点 $\boldsymbol{A}_1,\boldsymbol{A}_2,\boldsymbol{A}_3,\cdots,\boldsymbol{A}_7$ 的条件概率表，以长宽比和周长特征属性结点为例，其条件概率表分别如表 3.5 和表 3.6 所列。

表 3.5　长宽比特征属性结点的条件概率表

	$Q=1$	$Q=0$		$Q=1$	$Q=0$
C1	0.00	0.05	C17	0.00	0.00
C2	0.02	0.49	C18	0.00	0.00
C3	0.10	0.26	C19	0.00	0.00
C4	0.21	0.09	C20	0.00	0.00
C5	0.20	0.05	C21	0.00	0.00
C6	0.16	0.03	C22	0.00	0.00
C7	0.08	0.01	C23	0.00	0.00
C8	0.06	0.01	C24	0.00	0.00
C9	0.04	0.01	C25	0.00	0.00
C10	0.03	0.00	C26	0.00	0.00
C11	0.02	0.00	C27	0.00	0.00
C12	0.02	0.00	C28	0.00	0.00
C13	0.02	0.00	C29	0.00	0.00
C14	0.02	0.00	C30	0.00	0.00
C15	0.01	0.00	C31	0.00	0.00
C16	0.01	0.00			

表 3.6　周长特征属性结点的条件概率表

	$Q=1$													
	M1	M2	M3	M4	M5	M6	M7	M8	…	M15	M16	M17	M18	M19
Z1	1.00	0.00	0.00	0.00	0.00	0.00	0.00	0.00	…	0.00	0.00	0.00	0.00	0.00
Z2	0.00	1.00	0.01	0.00	0.00	0.00	0.00	0.00	…	0.00	0.00	0.00	0.00	0.00
Z3	0.00	0.00	0.99	0.00	0.00	0.00	0.00	0.00	…	0.00	0.00	0.00	0.00	0.00
Z4	0.00	0.00	0.00	0.99	0.01	0.00	0.00	0.00	…	0.00	0.00	0.00	0.00	0.00
Z5	0.00	0.00	0.00	0.00	0.99	0.08	0.03	0.02	…	0.00	0.00	0.00	0.00	0.00

续表

	$Q=1$													
	M1	M2	M3	M4	M5	M6	M7	M8	…	M15	M16	M17	M18	M19
Z6	0.00	0.00	0.00	0.00	0.00	0.91	0.35	0.11	…	0.00	0.00	0.00	0.00	0.00
Z7	0.00	0.00	0.00	0.00	0.00	0.00	0.62	0.61	…	0.00	0.00	0.00	0.00	0.00
Z8	0.00	0.00	0.00	0.00	0.00	0.00	0.00	0.26	…	0.00	0.00	0.00	0.00	0.00
Z9	0.00	0.00	0.00	0.00	0.00	0.00	0.00	0.00	…	0.00	0.00	0.00	0.02	0.22
Z10	0.00	0.00	0.00	0.00	0.00	0.00	0.00	0.00	…	0.00	0.00	0.00	0.30	0.78
Z11	0.00	0.00	0.00	0.00	0.00	0.00	0.00	0.00	…	1.00	1.00	1.00	0.67	0.00
Z12	0.00	0.00	0.00	0.00	0.00	0.00	0.00	0.00	…	0.00	0.00	0.00	0.01	0.00
	$Q=0$													
	M1	M2	M3	M4	M5	M6	M7	M8	…	M15	M16	M17	M18	M19
Z1	1.00	0.09	0.00	0.00	0.00	0.00	0.00	0.00	…	0.00	0.00	0.00	0.00	0.00
Z2	0.00	0.91	0.31	0.01	0.00	0.00	0.00	0.00	…	0.00	0.00	0.00	0.00	0.00
Z3	0.00	0.00	0.69	0.38	0.16	0.01	0.00	0.00	…	0.00	0.00	0.00	0.00	0.00
Z4	0.00	0.00	0.00	0.60	0.37	0.31	0.18	0.00	…	0.00	0.00	0.00	0.00	0.00
Z5	0.00	0.00	0.00	0.00	0.47	0.35	0.47	0.61	…	0.00	0.00	0.00	0.00	0.00
Z6	0.00	0.00	0.00	0.00	0.00	0.34	0.30	0.28	…	0.00	0.00	0.00	0.00	0.00
Z7	0.00	0.00	0.00	0.00	0.00	0.00	0.05	0.10	…	0.00	0.00	0.00	0.00	0.00
Z8	0.00	0.00	0.00	0.00	0.00	0.00	0.00	0.01	…	0.00	0.00	0.00	0.00	0.00
Z9	0.00	0.00	0.00	0.00	0.00	0.00	0.00	0.00	…	0.00	0.00	0.00	0.00	0.00
Z10	0.00	0.00	0.00	0.00	0.00	0.00	0.00	0.00	…	0.00	0.00	0.00	0.00	0.00
Z11	0.00	0.00	0.00	0.00	0.00	0.00	0.00	0.00	…	0.00	0.00	0.00	0.00	0.00
Z12	0.00	0.00	0.00	0.00	0.00	0.00	0.00	0.00	…	0.00	0.00	0.00	0.00	0.00

（3）贝叶斯网络知识推理。

对于一组特征取值 $\boldsymbol{A}_i=\{X_1,X_2,\cdots,X_n\}$，依据上面得到的每一个属性结点的条件表，分别计算 $P(\boldsymbol{A}|Q_i)P(Q_i)(i=1,2)$。每个类的先验概率 $P(Q_i)$ 可以根据训练样本计算，即 $P(Q=0)=0.2675$、$P(Q=1)=0.7325$，再计算下式，即

$$\begin{aligned}P(\boldsymbol{A}|Q=1)&=\prod_{i=1}^{7}P(X_i|Pa(X_i))\\&=p(X_1=x_1,Q=1)*p(X_2=x_2|X_6,Q=1)*p(X_3=x_3|X_1,Q=1)*\cdots\\&*p(X_4=x_4|X_3,Q=1)*p(X_5=x_5|X_4,Q=1)*\cdots\\&*p(X_6=x_6|X_3,Q=1)*p(X_7=x_7|X_6,Q=1)\end{aligned}\tag{3.121}$$

同理可计算下式，即

$$\begin{aligned}P(\boldsymbol{A}|Q=0)&=\prod_{i=1}^{7}P(X_i|Pa(X_i))\\&=p(X_1=x_1,Q=0)*p(X_2=x_2|X_6,Q=0)*p(X_3=x_3|X_1,Q=0)*\cdots\\&*p(X_4=x_4|X_3,Q=0)*p(X_5=x_5|X_4,Q=0)*\cdots\\&*p(X_6=x_6|X_3,Q=0)*p(X_7=x_7|X_6,Q=0)\end{aligned}\tag{3.122}$$

通过比较 $P(\boldsymbol{A}|Q=1)$ 和 $P(\boldsymbol{A}|Q=0)$ 可得到对于样本 $\boldsymbol{A}_i=\{X_1,X_2,\cdots,X_n\}$ 的 TAN 贝叶斯网络检测结果。若 $P(\boldsymbol{A}|Q=1)>P(\boldsymbol{A}|Q=0)$，则该样本属于目标；反之，则该样本属于干扰。

3. 算法性能仿真测试

1）试验条件

测试集与训练集生成方式相同，使用红外仿真平台产生逼近实际空战对抗环境的仿真图像，数据的输出格式为 256×256 的单通道 16 位灰度图序列。该平台通过初始发射条件、目标机动方式、干扰投放策略 3 个维度的参数控制对抗态势，具体包括以下内容。

（1）初始发射条件：目标高度、载机高度、载机速度、水平进入角、投射距离、综合离轴角、发射距离。

（2）目标机动方式：左转、右转、跃升、俯冲、不机动。

（3）干扰投放策略：干扰投放组数、组间隔、干扰间隔、干扰总数。

训练集包含 504 条弹道态势下的全部导引头仿真图像，覆盖目标在视场中由远及近的全过程，导弹发射距离固定为 8000m，对抗态势的参数设置如表 3.7 所列。

表 3.7　算法训练集的对抗态势参数

<table>
<tr><th>干扰投射距离/m</th><th>进入角</th><th>干扰总数</th><th>组间隔/s</th><th>干扰间隔/s</th><th>机动类型</th><th>干扰组数</th><th>每组干扰数</th></tr>
<tr><td rowspan="9">7000
4000</td><td rowspan="9">-180°~180°，间隔 15°</td><td rowspan="9">24</td><td rowspan="9">1</td><td rowspan="9">0.1</td><td rowspan="3">无机动</td><td>24</td><td>1</td></tr>
<tr><td>12</td><td>2</td></tr>
<tr><td>6</td><td>4</td></tr>
<tr><td rowspan="3">左转</td><td>24</td><td>1</td></tr>
<tr><td>12</td><td>2</td></tr>
<tr><td>6</td><td>4</td></tr>
<tr><td rowspan="3">右转</td><td>24</td><td>1</td></tr>
<tr><td>12</td><td>2</td></tr>
<tr><td>6</td><td>4</td></tr>
</table>

目标识别算法的测试集包含导弹在 10°、70°、160°进入角下的仿真图，分别对应尾后、侧向、迎头攻击状态，其余参数设置如表 3.8 所列。

表 3.8　算法测试集的对抗态势参数

<table>
<tr><th>干扰投射距离/m</th><th>干扰总数</th><th>组间隔/s</th><th>干扰间隔/s</th><th>干扰组数</th><th>每组干扰数</th><th>机动类型</th><th>进入角/(°)</th></tr>
<tr><td rowspan="3">7000</td><td rowspan="3">24</td><td rowspan="3">1</td><td rowspan="3">0.1</td><td rowspan="3">12</td><td rowspan="3">2</td><td>无机动</td><td>10/70/160</td></tr>
<tr><td>左转</td><td>10/70/160</td></tr>
<tr><td>跃升</td><td>10/70/160</td></tr>
</table>

利用测试集图像序列，对朴素贝叶斯算法进行仿真验证。此外，使用相同的特征，分别利用 NB 分类模型以及最小欧几里得距离作为分类工具，构成对比算法，通过识别率这一指标的统计分析综合评价算法的抗干扰识别能力。

2）试验结果及分析

本书算法的部分识别结果（目标用红色矩形框标出，干扰用绿色矩形框标出）如图 3.36 至图 3.38 所示。

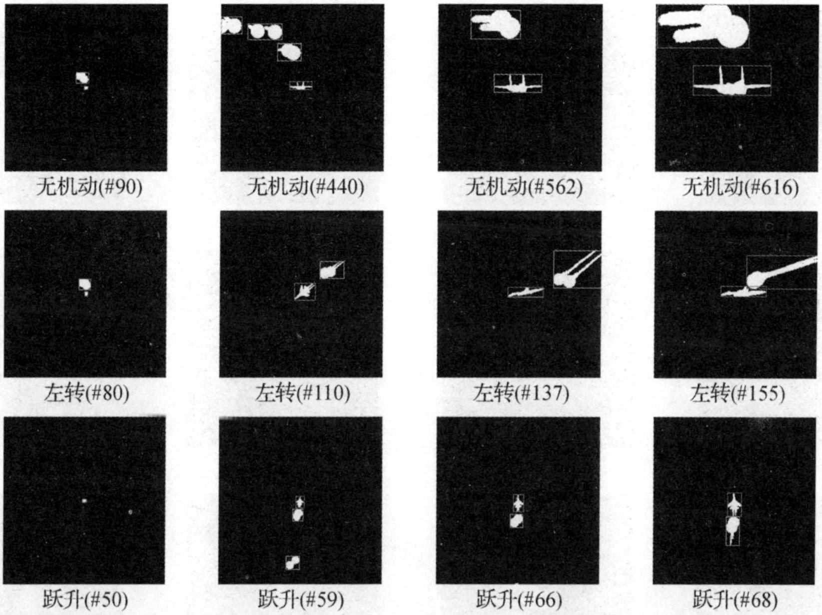

图 3.36　进入角 10°、投射干扰 2 枚/组、间隔 1s（见彩图）

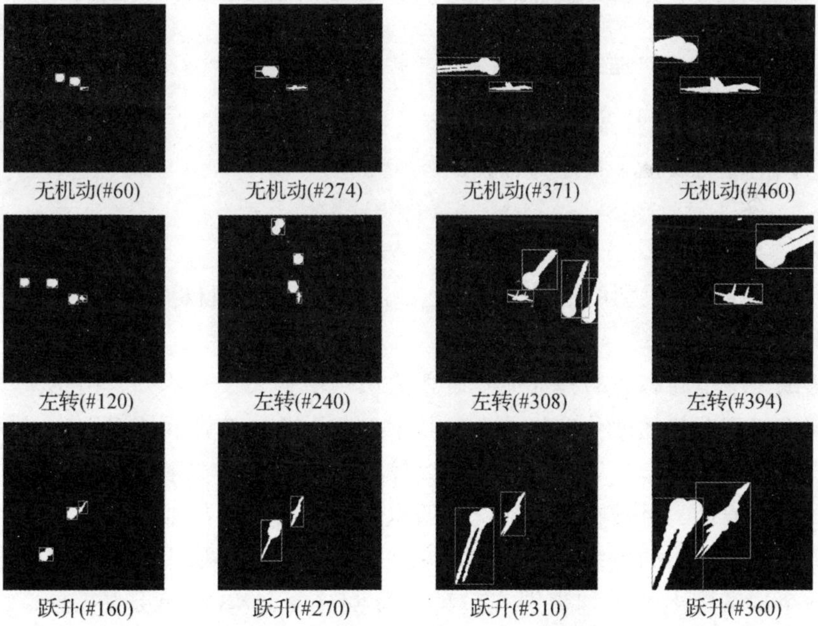

图 3.37　进入角 70°、投射干扰 2 枚/组、间隔 1s（见彩图）

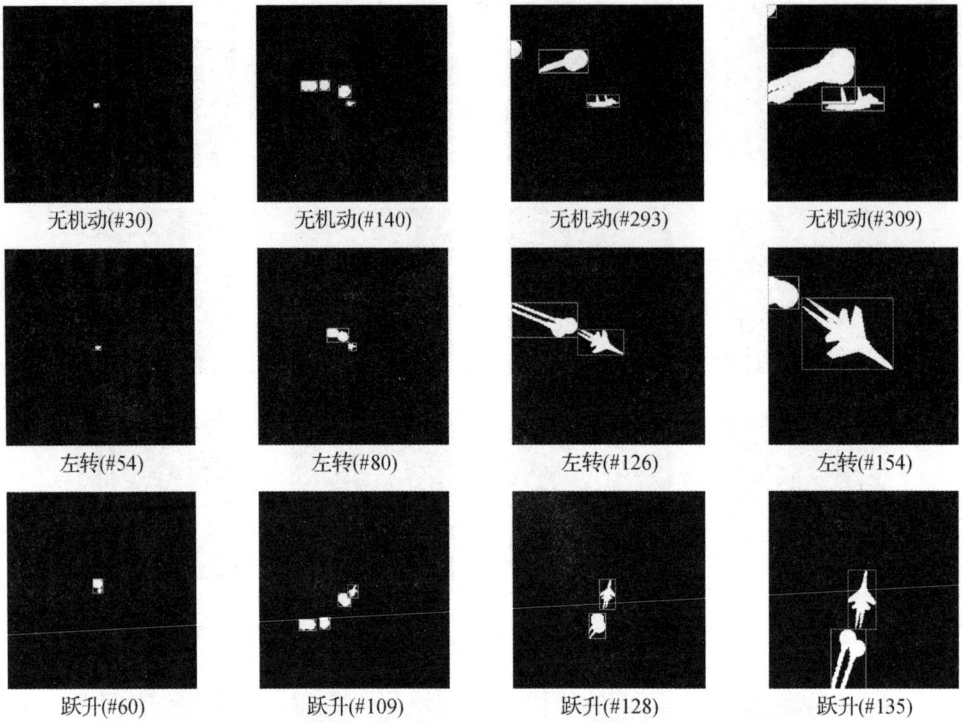

图 3.38　进入角 180°、投射干扰 2 枚/组、间隔 1s（见彩图）

用式（2.106）描述的识别率来定量描述目标识别算法的性能，综合考虑目标的识别能力及抗干扰能力，即

$$P_{\text{right}} = \frac{N_{\text{right}}}{N_{\text{total}} + N_{\text{false}}} \times 100\% \tag{3.123}$$

式中：N_{right}为正确识别的目标数；N_{total}、N_{false}分别为总目标数和干扰被错判为目标的数量。

测试集中不同态势的朴素贝叶斯算法识别率如表 3.9 所列，由结果可以看出，识别率随态势的变化有所波动，其中 10°无机动态势下的识别率最低，此时处于尾后攻击状态，弹目的相对距离较远，目标轮廓在很长一段时间内不太清晰；机动方面，目标在跃升情况下的识别率一般，这是因为缺乏此机动类型的训练样本。对不同进入角下的识别率进行统计，结果如表 3.9 所列。本节算法在整个测试集上的平均识别率最高，为 84.6%，NB 模型是 78.23%。而基于最小欧几里得距离的算法识别率最低，只有 60.8%，这主要是因为在空中目标尺度、姿态变化较快的情况下，特征融合时的固定参数很难自适应各种攻击态势，而且无条件更新模板使模板准确率难以保证。相较于传统的欧几里得距离分类方法，贝叶斯模型则展现出一定的有效性，尤其是 TAN 网络，反映出比起强独立性假设，利用图模型对特征依赖关系建模能够提升特征融合后的表征能力。

表 3.9　基于 TAN 网络的目标识别算法识别率统计结果

统计项目		10°	70°	160°
干扰 2 枚/组无机动	N_{total}	501	564	359
	N_{right}	385	504	333
	N_{false}	28	21	14
	P_{right}	72.77%	86.15%	89.27%
干扰 2 枚/组左转	N_{total}	355	527	219
	N_{right}	331	494	202
	N_{false}	11	62	4
	P_{right}	90.44%	83.87%	90.58%
干扰 2 枚/组跃升	N_{total}	210	454	191
	N_{right}	190	405	170
	N_{false}	9	26	8
	P_{right}	86.76%	84.38%	85.43%

3.4.3　基于贝叶斯网络的目标识别与抗干扰方法

1. 动态贝叶斯网络

1）基本概念

在高动态空战对抗环境下，空中目标的形状、辐射、运动等特性变化较快，但相邻帧之间通常具备很高的关联度，目标识别模型往往需要具备对大量时序信息的知识表述和概率推理能力。静态贝叶斯网络（BN）无法描述信息随时间的变化过程，在识别任务中忽略了图像序列蕴含的帧间信息，这使识别准确率较低，而动态贝叶斯网络作为静态贝叶斯网络在时间维度上的扩展，能够对时序过程建模，因此本节考虑一种基于动态贝叶斯网络（Dynamic Bayesian Networks，DBN）的目标识别方法。沿用 3.4.2 节算法中的特征作为网络结点，利用 TAN 网络模型描述特征之间的依存关系；并在将 TAN 作为初始网络的基础上，考虑特征结点的时变作用，在时间轴上扩展得到动态网络，对特征随时间的演化过程建模；最终将网络模型与网络的概率推理相结合，实现对目标和干扰的识别分类。

实际应用中，静态贝叶斯网络模型往往由于忽略前后时刻的信息关联性，造成误判。为了解决复杂高动态环境下的知识表述和概率推理，Dean 和 Kanazawa 于 1989 年提出了动态贝叶斯网络的概念。DBN 作为 BN 在时间维度上的扩展，网络的每个时间片都可看作一个静态网络，表示动态时变随机过程中某一时间点的状态，网络中可观测的变量为观测变量，不可观测的则为隐藏变量。DBN 不仅能够对变量之间的概率依存关系建模，也能学习变量随时间变化的规律。为了简化模型，DBN 包含以下两个假设：

（1）一阶马尔可夫假设，t 处的状态仅依赖于 t 或 $t-1$ 处的状态，不能跨越时间片，即

$$P(X_t \mid X_{t-1}, X_{t-2}, \cdots, X_1) = P(X_t \mid X_{t-1}) \tag{3.124}$$

式中：X_t 为 t 时刻网络的全部变量结点。

（2）相邻时间片的条件概率过程是平稳的，$P(X_t \mid X_{t-1})$ 不随时间 t 变化。

任意 DBN 均可以表示为 $<B_0, B_{\rightarrow}>$，其中 B_0 为静态贝叶斯网络，被称为初始网络，包含初始时刻的概率分布 $P(X_1)$；$B_{\rightarrow}$ 为转移网络，描述了两个相邻时间片变量之间的条件概率分布 $P(X_t \mid X_{t-1})$，图 3.39 展示了动态贝叶斯网络的结构。根据上述假设与网络定义，DBN 每个时间片的网络结构与参数相同，将网络在时间段[1 : T]上展开，则变量结点 $X^{1:n}$ 的联合概率分布为

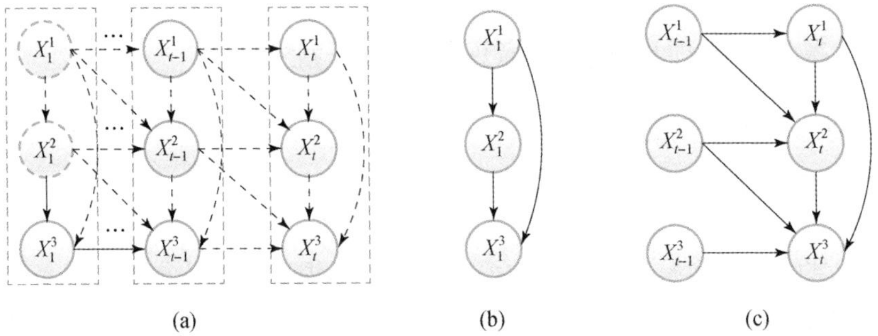

图 3.39　动态贝叶斯网络示意图

（a）DBN；（b）初始网络；（c）转移网络。

$$P(X_{1:T}^{1:n}) = \prod_{i=1}^{n} P_{B_0}(X_1^i \mid Pa(X_1^i)) \times \prod_{t=2}^{T}\prod_{i=1}^{n} P_{B\rightarrow}(X_t^i \mid Pa(X_t^i)) \quad (3.125)$$

式中：X_t^i 为 t 时间片的 X^i 结点，其父结点 $Pa(X_t^i)$ 存在于当前时间片或前一时间片。

作为 DBN 的特例，隐马尔可夫模型（Hidden Markov Models，HMM）也可以对时序问题建模，模型包括一阶马尔可夫过程及观测随机过程，分别对状态转移和观测与状态序列之间的关系建模。标准 HMM 模型结构如图 3.40 所示，X 表示不可观测的隐藏状态变量，Y 表示观测变量。条件概率分布 $P(X_t \mid X_{t-1})$ 为转移模型，描述了状态的时间变化规律，表示变量的时变作用；而传感器模型 $P(Y_t \mid X_t)$ 描述了观测变量对状态变量的瞬时影响。HMM 限制每个时间片内的隐藏状态只能用单个离散随机变量表示，对复杂系统建模时，变量数量的增加会造成参数的大大增加，而 DBN 这一通用框架使用一组随机变量表示隐藏状态，网络化结构显得更为灵活和简洁。

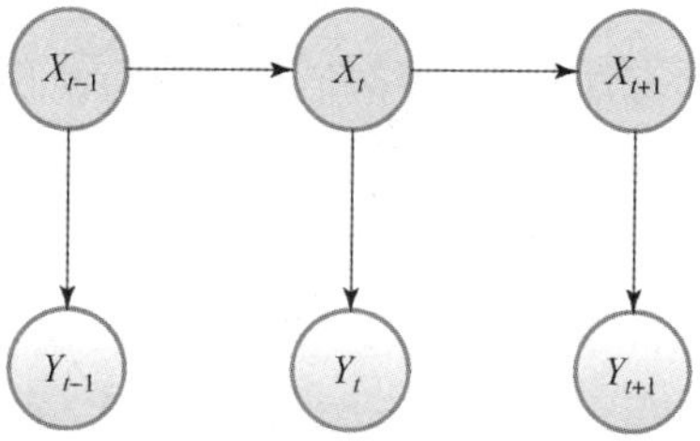

图 3.40　标准隐马尔可夫模型

2）动态贝叶斯网络推理

与静态网络一样，对于已知的动态贝叶斯网络，需要使用证据来更新信念以进行概率推理。给定观测数据 $y_{1:t}$，DBN 的推理基本任务包括以下内容。

（1）滤波：随时间跟踪状态，计算当前状态的后验概率 $P(X_t \mid y_{1:t})$。

（2）预测：计算未来 $t+k$ 时刻状态的后验概率 $P(X_{t+k} \mid y_{1:t})$，$k>0$。

（3）平滑：计算过去 $t-h$ 时刻状态的后验概率 $P(X_{t-h} \mid y_{1:t})$，$h>0$。

（4）解码：确定与当前观测数据最匹配的状态序列，$\hat{x}_{1:t} = \arg\max_{x_{1:t}} P(x_{1:t} \mid y_{1:t})$。

（5）分类：判断符合当前观测数据的一种模式，$\hat{C}(y_{1:t}) = \arg\max_{C} P(y_{1:t} \mid C) P(C)$。

动态贝叶斯网络的推理方法以静态网络的方法为基础，可以分为精确推理和近似推理，其中精确推理适合较简单的网络结构，包括前向后向算法、接口算法等。前向后向算法通过将网络转换为 HMM，利用变量消除思想进行信息传递；而当网络为多连通结构时，需要采用连接树（Junction Tree）算法，也称作团树算法，在通过合并多连通网络结点得到的等价连接树结构上，利用消息传播进行精确推理，接口算法（Interface Algorithm）是连接树算法在 DBN 中的推广。随着观测时长的增加，展开网络所需的存储空间和计算时间也会大幅度增长，近似推理方法力求获得精度与运行时间之间的折衷，主要算法有随机抽样算法、BK（Boyen - Koller）算法等，其中随机抽样近似的典型算法为粒子滤波。

在动态网络结构较为简单，且包含的时间片比较少时，可以使用直接计算推理算法进行网络推理，下面给出算法的具体内容。

假设静态贝叶斯网络包含 n 个隐藏结点 $X=\{X_1,X_1,\cdots,X_n\}$ 以及 m 个观测结点 $Y=\{Y_1,Y_2,\cdots,Y_m\}$，观测数据表示为$(y_1,y_2,\cdots,y_m)$，由此可得隐藏结点的条件概率分布为

$$P(X \mid Y_1=y_1,Y_2=y_2,\cdots,Y_m=y_m) \tag{3.126}$$

根据贝叶斯公式，有

$$P(X=x \mid Y=y)=\frac{P(X=x,Y=y)}{\sum_x P(X=x,Y=y)} \tag{3.127}$$

得到

$$P(\boldsymbol{X}=\boldsymbol{x} \mid y_1,y_2,\cdots,y_m)=\frac{P(x_1,x_2,\cdots,x_n,y_1,y_2,\cdots,y_m)}{\sum_{x_{1:n}} P(x_1,x_2,\cdots,x_n,y_1,y_2,\cdots,y_m)} \tag{3.128}$$

其中 $Y_i=y_i$ 表示为 y_i、$X_i=x_i$ 表示为 x_i。在 BN 的条件独立性假设下，即

$$P(x_1,x_2,\cdots,x_n,y_1,y_2,\cdots,y_m)=\prod_i P(x_i \mid Pa(x_i))\prod_j P(y_j \mid Pa(y_j)) \tag{3.129}$$

式中：$i=1,2,\cdots,n$；$j=1,2,\cdots,m$。

则式（3.128）可表示为

$$P(x_1,x_2,\cdots,x_n \mid y_1,y_2,\cdots,y_m)=\frac{\prod_i P(x_i \mid Pa(x_i))\prod_j P(y_j \mid Pa(y_j))}{\sum_{x_{1:n}}\prod_i P(x_i \mid Pa(x_i))\prod_j P(y_j \mid Pa(y_j))} \tag{3.130}$$

其中，分子部分表示网络中所有结点的联合概率，依据网络结构体现的条件独立关系和各结点的条件概率进行计算，而分母是一种边缘分布，反映了观测结点的联合概率，通过对全结点的联合分布边缘化得到。因为分母的各子项间计算独立，可以利用并行的方式进行，以提高效率。

将网络在时间段$[1:T]$上展开，得到 T 个时间片，则隐藏结点的条件概率分布为

$$P(x_1^{1:n},x_2^{1:n},\cdots,x_T^{1:n}\mid y_1^{1:m},y_2^{1:m},\cdots,y_T^{1:m}) = \frac{P(x_1^{1:n},x_2^{1:n},\cdots,x_T^{1:n},y_1^{1:m},y_2^{1:m},\cdots,y_T^{1:m})}{\sum_{x_{1:T}^{1:n}} P(x_1^{1:n},x_2^{1:n},\cdots,x_T^{1:n}\mid y_1^{1:m},y_2^{1:m},\cdots,y_T^{1:m})} \tag{3.131}$$

式中：$x_t^{1:n}$、$y_t^{1:m}$ 分别为 t 时刻隐变量结点和观测结点的取值。

同理，根据离散 DBN 的条件独立关系假设，得到

$$P(x_1^{1:n},x_2^{1:n},\cdots,x_T^{1:n},y_1^{1:m},y_2^{1:m},\cdots,y_T^{1:m}) = \prod_{i,u} P(x_u^i\mid Pa(x_u^i))\prod_{j,v} P(y_v^j\mid Pa(y_v^j)) \tag{3.132}$$

式中：u、$v=1,2,\cdots,T$；$i=1,2,\cdots,n$；$j=1,2,\cdots,m$。

则式（3.131）可表示为

$$P(x_1^{1:n},x_2^{1:n},\cdots,x_T^{1:n}\mid y_1^{1:m},y_2^{1:m},\cdots,y_T^{1:m}) = \frac{\prod_{i,u} P(x_u^i\mid Pa(x_u^i))\prod_{j,v} P(y_v^j\mid Pa(y_v^j))}{\sum_{x_{1:T}^{1:n}}\prod_{i,u} P(x_u^i\mid Pa(x_u^i))\prod_{j,v} P(y_v^j\mid Pa(y_v^j))} \tag{3.133}$$

其中，分子表示所有结点在 T 个时间段内某一状态的联合概率，而分母则为经过边缘化后的观测结点联合概率，描述了关于结点 Y 的先验知识。在计算时，通过查找 CPT 中各个结点的条件概率，即当其父变量结点取特定值时，该变量处于某一状态的概率，相乘后可以分别得到观测、隐藏结点的联合概率。

从上面的理论可以看出，直接推理的计算过程实则为将各结点状态所对应的条件概率，根据网络结构所描述的依赖关系进行组合。

2. 基于动态贝叶斯网络的目标识别算法

在空中战场干扰对抗环境下，目标相较人工干扰而言，连续多帧之间的特征会表现出较高的关联性，考虑时序信息通常能够提高目标识别算法的准确率。TAN 网络是一种静态贝叶斯网络，不具备表征特征变量在时间维度上变化的能力，因此此处引入动态贝叶斯网络对动态时变过程建模，提出基于动态贝叶斯网络的目标识别算法。算法框架如图 3.41 所示，离线训练阶段利用训练集数据构造 TAN 模型，作为初始网络，随后在两个时间片上扩展，考虑变量结点在相邻时间片间的时变作用，建立动态网络模型；测试阶段通过对测试集的目标及干扰区域的特征表达，得到模型的输入矢量，结合动态网络的概率推理，完成目标和干扰的识别分类。

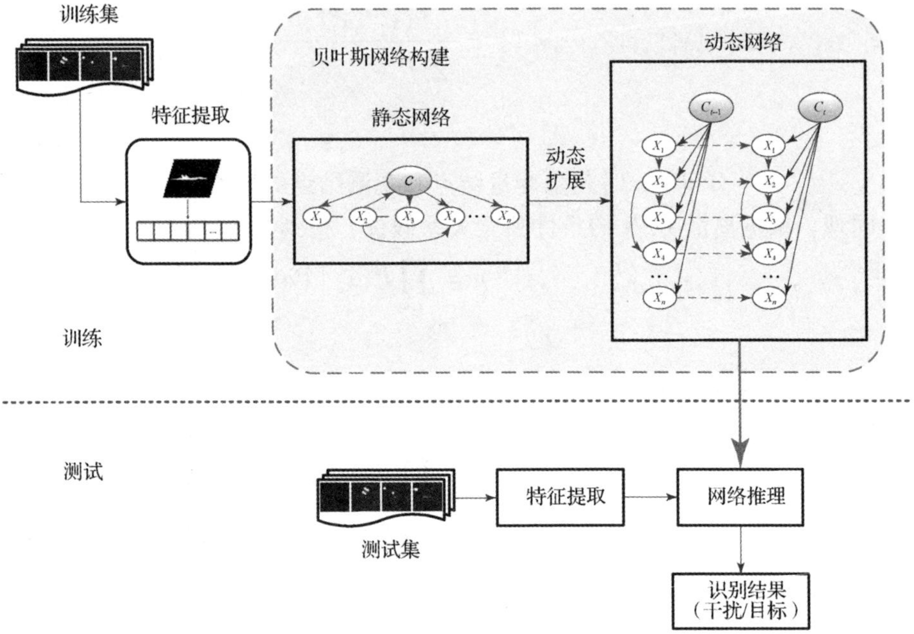

图 3.41　基于动态贝叶斯网络的目标识别算法框架

动态贝叶斯网络包含使用树增强朴素贝叶斯（TAN）模型的初始网络以及描述特征结点的相邻时间片作用的转移网络两部分，下面将详细说明网络的构建过程。

1）初始静态贝叶斯网络建模

对训练集图像进行预处理和特征提取后，建立目标、干扰的特征样本集 $D_+ = \{\boldsymbol{X}_1, \boldsymbol{X}_2, \cdots, \boldsymbol{X}_N\}$ 和 $D_- = \{\boldsymbol{X}_1, \boldsymbol{X}_2, \cdots, \boldsymbol{X}_M\}$，其中 N、M 分别表示目标、干扰的样本数量。$\boldsymbol{X}_i$ 为特征矢量，表示为 $\boldsymbol{X}_i = \{X_1, X_2, \cdots, X_n\}$，$X_i(i=17)$ 对应网络的 17 个特征结点。类别结点为 C，1、0 两种取值分别代表目标和干扰。

按照本章描述的 TAN 网络学习方法进行网络模型构建，利用条件互信息筛选特征对，构成结点的有向无环树，再添加类别结点以及与特征结点间的有向边，得到 TAN 网络结构，最终将其作为初始网络，如图 3.42 所示。

2）动态贝叶斯网络建模

前面建立的 TAN 静态网络描述了特征结点之间的依存关系，下面考虑对特征随时间的演化建模，因此在静态网络的基础上添加动态链接，将其扩展为动态网络。由动态贝叶斯网络定义可知，DBN 是 BN 在时序上的展开，根据一阶马尔可夫假设，t 时刻变量结点的父结点位于 t 或 $t-1$ 时刻。因此本节通过添加 $t-1$ 时刻特征结点指向 t 时刻相同特征结点的链接，表达特征变量在相邻时间片内的变化规律，得到的网络结构如图 3.43 所示（忽略了类别结点 C）。

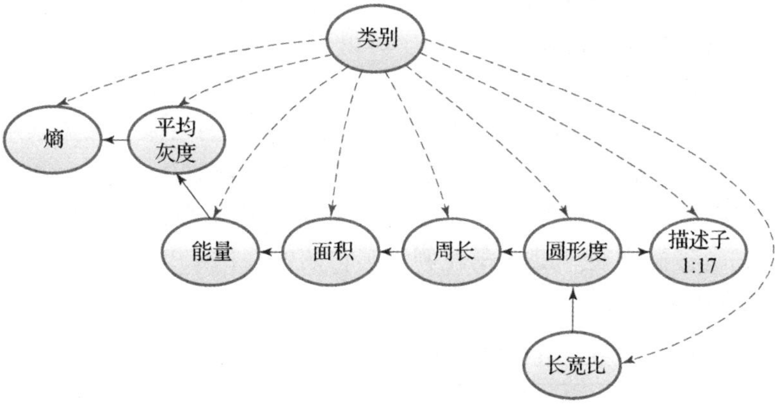

图 3.42　初始网络结构

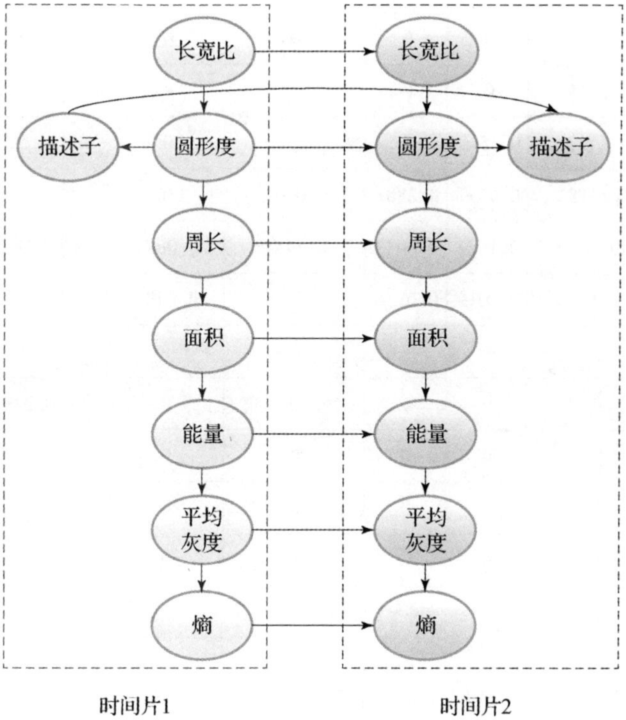

图 3.43　动态贝叶斯网络结构框图

在本节提出的网络架构中，每个时刻的特征结点 X_i 一方面受到当前时刻父结点的影响，另一方面接受来自上一时刻自身结点的时变作用，因此构建的动态贝叶斯网络既可以描述特征变量之间的概率关系，又能够建模特征的动态发展过程。

前面获得的网络结构定性地描述了变量结点之间的逻辑关系，而在此基础上，结点间的依赖强度需要通过参数学习得到。具体来说，参数学习的任务就是针对各个结点，计算给定其父结点状态时该结点自身在不同取值下的条件概率，最终形成网络各结点的条件概率表。由于构建的网络模型除类别结点外不包含隐藏结点，因此采用最大似然估计作为参数学习方法，并把 DBN 看作由时间变量联系在一起的两片 BN，得到片内的条件概率表即初始网络 CPT 以及片间链接的转移概率表。以面积为例，其初始的片内 CPT 与转移 CPT 分别如表 3.10 和表 3.11 所列。

表 3.10　面积特征结点的片内条件概率表

$C=1$										
	Z_1	Z_2	Z_3	Z_4	Z_5	Z_6	…	Z_{23}	Z_{24}	Z_{25}
A_1	0	0	0	0	0	0	…	0	0	0
A_2	0.2200	0.0025	0	0	0	0	…	0	0	0
A_3	0.7788	0.8497	0.1563	0	0	0	…	0	0	0
A_4	0.0012	0.1478	0.6737	0.2881	0.0202	0	…	0	0	0
A_5	0	6.7493×10^{-5}	0.1682	0.6073	0.4414	0.0682	…	0	0	0
A_6	0	0	0.0019	0.0976	0.4330	0.4403	…	0	0	0
…	…	…	…	…	…	…	…	…	…	…
A_{26}	0	0	0	0	0	0	…	0.0795	0	0
A_{27}	0	0	0	0	0	0	…	0.0012	0.3750	0
A_{28}	0	0	0	0	0	0	…	0	0	0
A_{29}	0	0	0	0	0	0	…	0	0	0
$C=0$										
	Z_1	Z_2	Z_3	Z_4	Z_5	Z_6	…	Z_{23}	Z_{24}	Z_{25}
A_1	0.4759	0.0390	0	0	0	0	…	0	0	0
A_2	0.3920	0.4795	0.0473	0	0	0	…	0	0	0
A_3	0.1293	0.3283	0.4019	0.0229	2.5843×10^{-4}	0	…	0	0	0
A_4	0.0029	0.1052	0.3841	0.1851	0.0023	1.100×10^{-4}	…	0	0	0

续表

C = 0										
	Z_1	Z_2	Z_3	Z_4	Z_5	Z_6	…	Z_{23}	Z_{24}	Z_{25}
A_5	0	0.0480	0.0703	0.2051	0.0211	0.0013	…	0	0	0
A_6	0	0	0.0964	0.0618	0.0215	0.0124	…	0	0	0
…	…	…	…	…	…	…	…	…	…	…
A_{26}	0	0	0	0	0	0	…	0	0	0
A_{27}	0	0	0	0	0	0	…	0	0	0
A_{28}	0	0	0	0	0	0	…	0	0	0
A_{29}	0	0	0	0	0	0	…	0	0	0

表 3.11　面积特征结点的转移条件概率表

C = 1										
	Z_1	Z_2	Z_3	Z_4	Z_5	Z_6	…	Z_{23}	Z_{24}	Z_{25}
A_1	0	0	0	0	0	0	…	0	0	0
A_2	0	0	0.1624	0.1250	0	0	…	0	0	0
A_3	0	5.4198×10^{-6}	0.0084	0.0155	0	0	…	0	0	0
A_4	0	3.2100×10^{-5}	0.0413	0.1182	0.4120	0	…	0	0	0
A_5	0	0.9756	0.9459	0.9400	0.9155	0.7678	…	0	0	0
A_6	0	0	0	0.0890	0.0170	0.0080	…	0	0	0
…	…	…	…	…	…	…	…	…	…	…
A_{26}	0	0	0	0	0	0	…	0	0	0
A_{27}	0	0	0	0	0	0	…	0	0	0
A_{28}	0	0	0	0	0	0	…	0	0	0
A_{29}	0	0	0	0	0	0	…	0	0	0
C = 0										
	Z_1	Z_2	Z_3	Z_4	Z_5	Z_6	…	Z_{23}	Z_{24}	Z_{25}
A_1	0	0.0067	0.0073	0.1795	0.0400	0.0091	…	0	0	0

续表

$C=0$										
	Z_1	Z_2	Z_3	Z_4	Z_5	Z_6	…	Z_{23}	Z_{24}	Z_{25}
A_2	0	0.0043	0.0428	0.4501	0.1546	0.0101	…	0	0	0
A_3	0	4.0225×10^{-4}	0.0561	0.5846	0.2094	0.0266	…	0	0	0
A_4	0	4.1615×10^{-4}	0.0271	0.2061	0.1970	0.0612	…	0	0	0
A_5	0	0.0273	0.0518	0.3273	0.4587	0.1549	…	0	0	0
A_6	0	0.1749	0.1870	0.3934	0.4677	0.2284	…	0	0	0
…	…	…	…	…	…	…	…	…	…	…
A_{26}	0	0	0	0	0	0	…	0	0	0
A_{27}	0	0	0	0	0	0	…	0	0	0
A_{28}	0	0	0	0	0	0	…	0	0	0
A_{29}	0	0	0	0	0	0	…	0	0	0

注：片间转移概率表中面积的父结点是当前时刻的周长结点以及上一时刻的面积结点。面积特征结点的转移概率表是三维概率表，本表选取了当前时刻面积的第五个特征区间对应的父结点的转移概率表。$Z_1\sim Z_{25}$为周长结点的 25 个区间，$A_1\sim A_{29}$为面积结点的 29 个区间。

3）概率推理

在测试阶段，候选目标区域的特征矢量将作为训练阶段搭建完成的网络模型的输入，本章算法的网络只包含两个时间片，复杂度较低，可以采用直接推理方法。

结合动态贝叶斯网络的定义及条件独立假设，DBN 初始时刻的联合概率分布可以用 BN 的联合概率分布表示，即

$$P(X_{t-1}^{1:n})=P(X_{t-1}^{1}\mid Pa(X_{t-1}^{1}))\cdots P(X_{t-1}^{i}\mid Pa(X_{t-1}^{i}))\cdots P(X_{t-1}^{n}\mid Pa(X_{t-1}^{n}))\tag{3.134}$$

式中：X_{t-1}^{i}为第 $t-1$ 个时间片上的第 i 个结点；$Pa(X_{t-1}^{i})$为 X_{t-1}^{i}的父结点。而当前时间片中的每一个结点都有一个条件概率分布 $P(X_t^{1:n}\mid X_{t-1}^{1:n})$，$t>0$，表示相邻两个时间片间各变量的条件概率分布，即

$$\begin{aligned}P(X_t^{1:n}\mid X_{t-1}^{1:n})&=\prod_{i=1}^{n}P(X_t^i\mid Pa(X_t^i))\\&=P(X_t^1\mid Pa(X_t^1))P(X_t^2\mid Pa(X_t^2))\cdots P(X_t^i\mid Pa(X_t^i))\cdots P(X_t^n\mid Pa(X_t^n))\end{aligned}\tag{3.135}$$

式中：结点 X_t^i 的父结点 $Pa(X_t^i)$ 可以和 X_t^i 在同一个时间片内，也可以在前一个时间片内。将动态网络在[1 : T]上展开，变量结点的联合概率为

$$P(X_{1:T}^{1:n}) = P(X_1^{1:n}, X_2^{1:n}, \cdots, X_T^{1:n}) = \prod_{t=1}^{T}\prod_{i=1}^{n} P(X_t^i \mid Pa(X_t^i)) \tag{3.136}$$

与 BN 类似，DBN 的推理任务是确定在 1 : T 时间段观测数据下，T 时刻最可能的类别状态，即

$$\begin{aligned} C^*(\boldsymbol{X}_{1:T}) &= \underset{c}{\operatorname{argmax}} P(X_{1:T}^{1:n} \mid C)P(C) \\ &= \operatorname{argmax}\prod_{t=1}^{T}\prod_{i=1}^{n} P(X_t^i \mid Pa(X_t^i), C)P(C) \end{aligned} \tag{3.137}$$

式中：$P(X_{1:T}^{1:n} \mid C)$ 表示观测数据与类别 C 匹配的程度；$P(C)$ 为类别 C 的先验概率。

对于一组候选目标区域的特征矢量 $\boldsymbol{X}_{1:2} = \{X_1^1, X_1^2, \cdots, X_1^{17}, X_2^1, \cdots, X_2^{17}\}$，依据得到的特征结点片内条件概率表以及片间转移条件概率表，分别计算 $P(\boldsymbol{X}_{1:2} \mid C)$，$C=0,1$，每个类别的先验概率由训练集数据得到，即 $P(C=1)=0.5334$、$P(C=0)=0.4666$。按照 DBN 结构体现的结点条件独立关系，计算下式（Q 是该候选区域上一时间片的类别），即

$$\begin{aligned} P(\boldsymbol{X}_{1:2} \mid C=1) &= \prod_{t=1}^{2}\prod_{i=1}^{17} P(X_t^i \mid Pa(X_t^i), C=1) \\ &= p(X_1^1 = x_1^1, Q=1)\cdots p(X_1^{17} = x_1^{17} \mid X_1^2, Q=1) \\ &\quad \cdot p(X_2^1 = x_2^1 \mid X_1^1, C=1)\cdots p(X_2^{17} = x_2^{17} \mid X_1^{17}, X_2^2, C=1) \end{aligned} \tag{3.138}$$

或

$$\begin{aligned} P(\boldsymbol{X}_{1:2} \mid C=1) &= \prod_{t=1}^{2}\prod_{i=1}^{17} P(X_t^i \mid Pa(X_t^i), C=1) \\ &= p(X_1^1 = x_1^1, Q=0)\cdots p(X_1^{17} = x_1^{17} \mid X_1^2, Q=0) \\ &\quad \cdot p(X_2^1 = x_2^1 \mid X_1^1, C=1)\cdots p(X_2^{17} = x_2^{17} \mid X_1^{17}, X_2^2, C=1) \end{aligned} \tag{3.139}$$

同理可计算

$$\begin{aligned} P(\boldsymbol{X}_{1:2} \mid C=0) &= \prod_{t=1}^{2}\prod_{i=1}^{17} P(X_t^i \mid Pa(X_t^i), C=0) \\ &= p(X_1^1 = x_1^1, Q=1)\cdots p(X_1^{17} = x_1^{17} \mid X_1^2, Q=1) \\ &\quad \cdot p(X_2^1 = x_2^1 \mid X_1^1, C=0)\cdots p(X_2^{17} = x_2^{17} \mid X_1^{17}, X_2^2, C=0) \end{aligned} \tag{3.140}$$

或

$$P(\boldsymbol{X}_{1:2} \mid C=0) = \prod_{t=1}^{2}\prod_{i=1}^{17} P(X_t^i \mid Pa(X_t^i), C=0)$$

$$= p(X_1^1 = x_1^1, Q = 0)\cdots p(X_1^{17} = x_1^{17} \mid X_1^2, Q = 0)$$
$$\cdot p(X_2^1 = x_2^1 \mid X_1^1, C = 0)\cdots p(X_2^{17} = x_2^{17} \mid X_1^{17}, X_2^2, C = 0) \quad (3.141)$$

通过比较 $P(\boldsymbol{X}_{1:2} \mid C=1) \cdot P(C=1)$ 和 $P(\boldsymbol{X}_{1:2} \mid C=0) \cdot P(C=0)$ 得到候选目标区域的实际类别。若

$$P(\boldsymbol{X}_{1:2} \mid C=1) \cdot P(C=1) > P(\boldsymbol{X}_{1:2} \mid C=0) \cdot P(C=0) \quad (3.142)$$

则该候选区域实际属于目标区域，反之为人工干扰区域。

3. 试验结构与分析

1）试验条件

为了获得更全面的干扰时序信息，在 3.4.2 节训练集的基础上，增加干扰的样本数量，人工干扰投射距离从 2000～7000m 以 500m 为间隔平均划分为 11 组，其余进入角、投射策略等参数设置与表 3.7 一致。算法性能试验的测试集仿真态势设置如表 3.12 所示，72 种态势，共 24465 张图片，涵盖远、中、近距离下不同角度、姿态和人工干扰策略，以全方位验证算法的有效性。

表 3.12　算法测试集仿真态势

干扰投射距离/m	进入角	干扰总数	组间隔/s	干扰间隔/s	机动类型	干扰组数	每组干扰数
7000	-180°～180° 间隔 30°	24	1	0.1	无机动	12	2
						6	4
					左转	12	2
						6	4
					跃升	12	2
						6	4

利用测试集图像序列，对本章算法进行仿真验证，并与基于 TAN 网络以及基于 NB 模型、最小欧几里得距离的识别算法对比，通过识别率这一指标的统计分析，综合评价算法的抗干扰识别能力。

2）试验结果及分析

针对测试集的红外仿真图像序列，本章算法的部分识别结果如图 3.44 和图 3.45 所示（目标用红色矩形框标出，干扰用绿色矩形框标出，数字代表帧序号）。

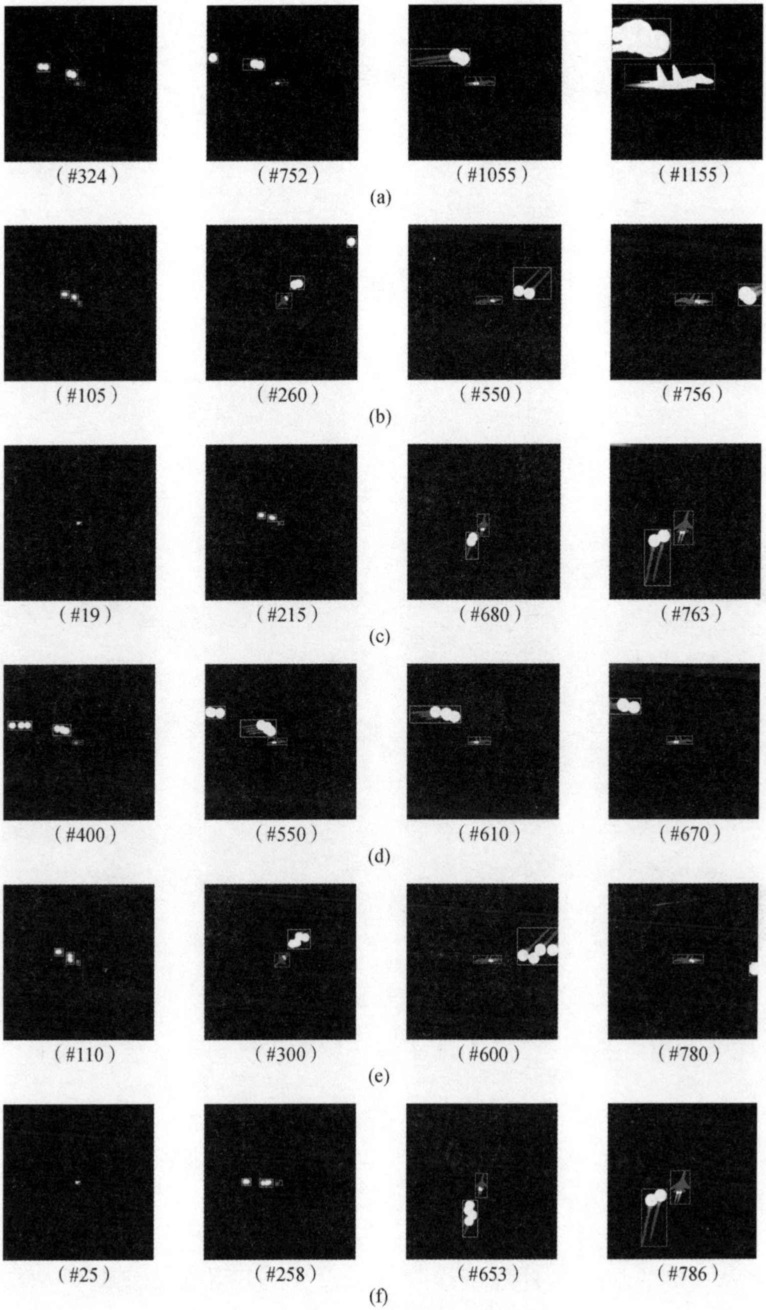

图 3.44　进入角 40°的算法识别结果（见彩图）

(a) 40°无机动干扰 2 枚/组；(b) 40°左转干扰 2 枚/组；(c) 40°跃升干扰 2 枚/组；(d) 40°无机动干扰 4 枚/组；(e) 40°左转干扰 4 枚/组；(f) 40°跃升干扰 4 枚/组。

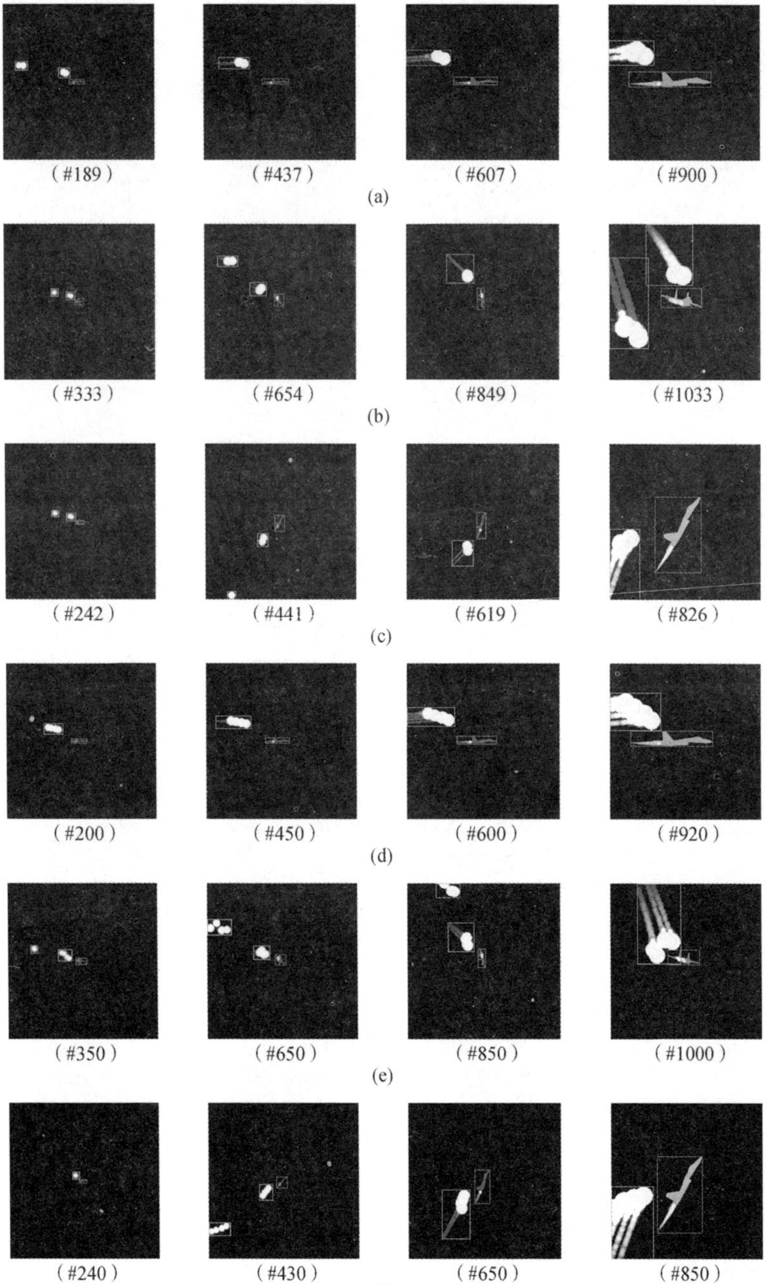

图 3.45　进入角 100°的算法识别结果（见彩图）

（a）100°无机动干扰 2 枚/组；（b）100°左转干扰 2 枚/组；（c）100°跃升干扰 2 枚/组；（d）100°无机动干扰 4 枚/组；（e）100°左转干扰 4 枚/组；（f）100°跃升干扰 4 枚/组。

表 3.13 展示了在整个测试集上本章算法与 3 种对比算法的识别率结果。可以看出，本章算法在整个测试集上取得了最高的识别率 90.96%，并且识别目标数最高，虚警数最低，基于静态树增强贝叶斯网和朴素贝叶斯模型的算法效果次之，而利用最小欧几里得距离的方法识别率最低。图 3.46 所示为不同进入角下算法的识别率对比曲线，结合测试集的整体识别率进一步反映出 TAN 网络相比于 NB 模型的优越性，更复杂的网络结构能够更准确地描述特征关系；而本章算法的优异表现也表明，在针对测试集这类图像序列的识别任务中，引入时序信息有助于使单帧的识别结果更稳定，由于动态贝叶斯网络作为静态网络的扩展，在描述特征关系的基础上通过刻画特征随时间的演化过程，提高了特征融合的准确度，从而使推理更具有前后连续性，降低了不确定性。

表 3.13　不同算法的整体识别率对比

算法名称	统计项目			
	真实目标数	识别目标数	虚警数	识别率/%
本章算法	24465	22925	739	90.96
TAN		21182	979	83.25
NB		20284	2144	76.23
最小欧几里得距离		17912	2728	65.87

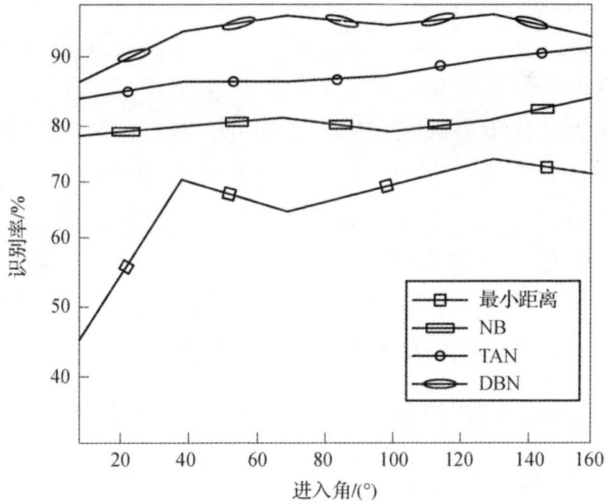

图 3.46　不同进入角下算法的识别率对比曲线

为了进一步分析态势变化对本章算法的影响，选取进入角为 10°、70°、160°的仿真图像序列，即对应迎头、侧向、尾后攻击状态，分别统计目标作不同机动时的识别率，结果如表3.14所列。

表3.14 基于动态贝叶斯网络的目标识别算法识别率统计结果

统计项目		10°	70°	160°
无机动	N_{total}	1254	940	548
	N_{right}	1002	898	508
	N_{false}	8	10	2
	P_{right}	79.40%	94.53%	92.36%
左转	N_{total}	550	716	346
	N_{right}	514	684	322
	N_{false}	5	32	3
	P_{right}	92.61%	91.44%	92.26%
跃升	N_{total}	252	616	174
	N_{right}	230	578	160
	N_{false}	5	3	7
	P_{right}	89.49%	93.38%	88.40%

从表3.14可以得出，基于DBN的识别算法效果在一定程度上也会受到机动方式和进入角的影响。总体来看，侧向攻击的平均识别率最高，为93.22%，而尾后态势下平均识别率最低，只有84.19%。其中10°无机动条件下算法的识别效果最差，这是由于远距时目标区域反映在图像中只有几十个像素点，形状、纹理特征不明显，而一方面本算法采用的多为全局性特征，另一方面，形状特征的弱化也会影响其他特征，贝叶斯模型对特征关系的描述在一定程度上放大了这种影响。另外，70°左转态势下识别结果的虚警数量较大，通过对图像序列分析发现，虚警基本集中在近距，此时粘连在一起的两枚干扰呈现长拖尾状，具备与目标相似的外观；相较于各连通区域的尺寸，10个傅里叶描述子分量远远不够，无法准确描述形状特征。以上情况反映出DBN对时序信息的刻画，在提高识别稳定性的同时也会增加对特征的依赖性。

3.4.4 基于支持向量机的目标识别与抗干扰方法

1. 算法基本原理和流程

基于SVM的抗干扰目标识别算法流程如图3.47所示，总体分为样本采集、预处理、特征提取、分类识别4个阶段。其中，样本采集部分采用人工标注的方式；预处理部分包括统一图片大小，进行中值滤波后采用Otsu分割算法，将图像中的高灰度区域提取出来；特征提取主要针对红外图像的 HOG 特征进行计算并处理，用于后续 SVM 训练；分类识别阶段利用 SVM 训练结果对测试样本进行目标识别，得到目标干扰分类的最终检测结果。

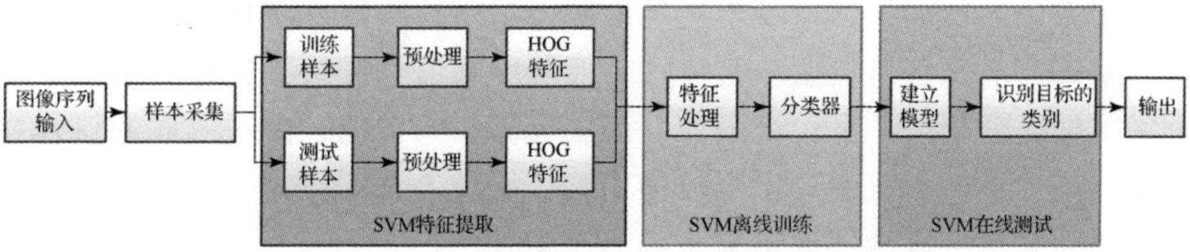

图 3.47　基于 SVM 的抗干扰目标识别算法流程框图

1）样本采集

为进行样本空间构建，首先进行战场态势想定，弹道中目标高度固定为 6km，目标速度固定为 0.8Ma，导弹发射距离设定为 8km，干扰弹投射距离分为 4km、7km 以及不进行投射共计 3 种情况，水平进入角将 -180°~180°以 15°为间隔平均划分为 24 种角度，分别为 0°、180°、15°、-15°、30°、-30°、45°、-45°、60°、-60°、75°、-75°、90°、-90°、105°、-105°、120°、-120°、135°、-135°、150°、-150°、165°、-165°，投射策略按需要划分为 21 种，其中，3 种情况下不投干扰，另外 18 种以不同的机动方式和干扰投射策略共投射 24 枚干扰，具体如表 3.15 所列。

表 3.15　干扰弹投射策略

干扰总数	投射组数	组间隔/s	每组弹数	弹间隔/s	机动方式
48	48	1	1		无机动
					左转
					右转
	24	1	2	0.1	无机动
					左转
					右转
	12	1	4	0.1	无机动
					左转
					右转

根据以上态势想定，共仿真 504 条弹道，将弹道全过程输出为格式 256 × 256 的单通道 16 位灰度图序列，对图像进行人工标注，构造样本空间。

2）预处理

对于采集到的样本需要进行图像预处理，本算法针对图像点噪声情况，首先采取中值滤波方法进行降噪，对降噪后的图像进行图像分割，图像分割的目的是把图像分为目标、背景及干扰等区域，正确的图像分割是后续目标识别与跟踪的基础。对比分析典型分割算法，如灰度阈值分割法、边缘分割法、区域分割法、聚类分割法、最大熵阈值分割法等算法的性能，由于选取的目标背景复杂度不高，目标与背景对比度较为明显，因此算法采用 Otsu 进行图像分割，将目标中的高灰度区域提取出来，如图 3.48 所示。

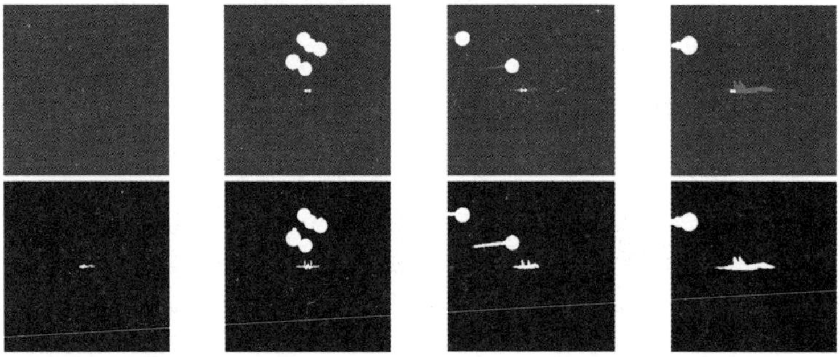

图 3.48　Otsu 分割前后对比（第一排为分割前，第二排为分割后）

3）HOG 特征提取

HOG 特征的提取如图 3.49 至图 3.51 所示，具体分析见 2.1.3 节。

对于本次所用 256×256 的图像而言，每 8×8 的像素组成一个单元格，每 2×2 个单元格组成一个块，每个单元格有 9 个特征，所以每个块内有 36 个特征，以 8 个像素为步长，水平方向有 31 个扫描窗口，垂直方向有 31 个扫描窗口，总共有 31×31 = 961 次移动，也就是总共有 36×961 = 34596 维向量。

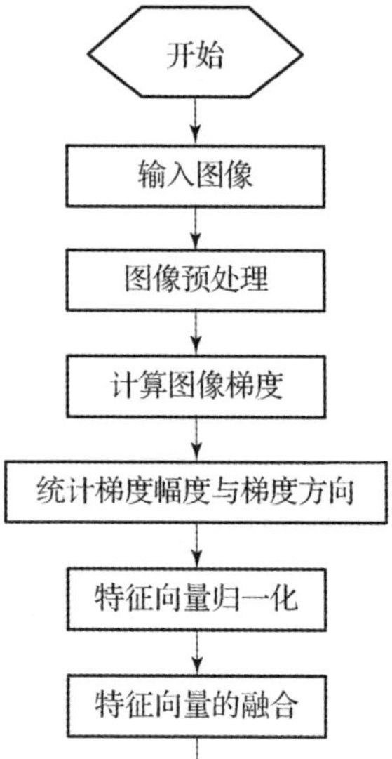

图 3.49　HOG 特征提取流程框图

4）基于 SVM 的抗干扰识别算法设计

SVM 的原理已在 3.3.3 节中介绍。本次所选的单帧图像中，目标干扰存在的状态即无干扰状态、目标干扰粘连状态及目标干扰分离状态，所以要处理的不仅是目标以及干扰的二分类情况，还需对目标干扰粘连进行识别，识别好后进行后续跟踪，针对该问题对 SVM 进行改进，在二分类的基础上实现三分类。

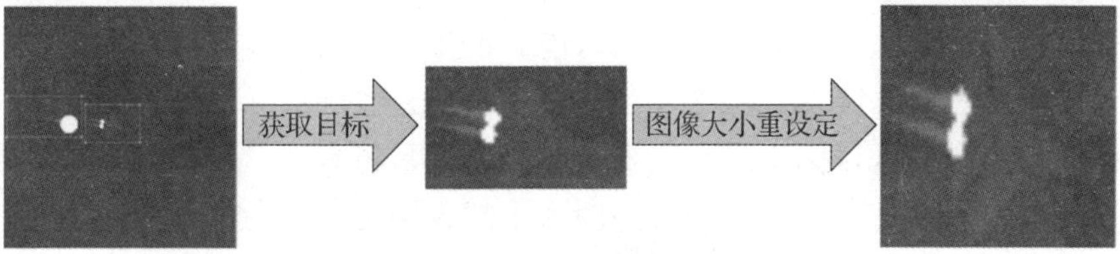

图 3.50　目标预处理

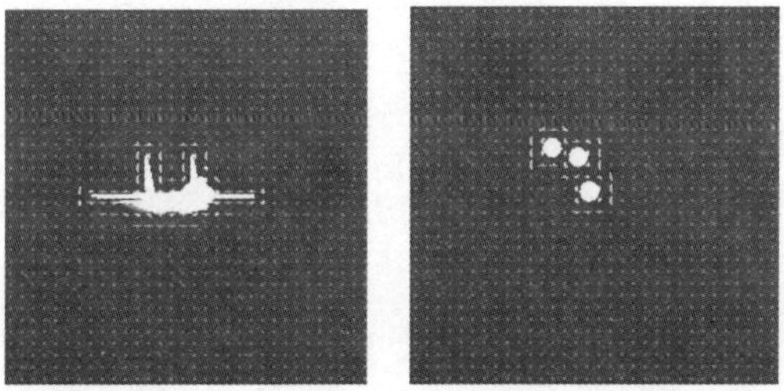

(a)　　(b)

图 3.51　HOG 特征

(a) 目标；(b) 干扰。

实现三分类的基本思想仍是在实现二分类的基础上，对于正、负样本的设置进行重构。有 3 种思路，第一种是“一对多”，第二种是“循环一对一”，第三种是“化简的循环一对一”。第一种方法是将每次需要分类的样本设定为正样本，将其余设定为负样本，第一次对于目标进行识别，则正样本为目标，负样本为干扰以及干扰目标粘连的集合，得到一个分类器；第二次对于干扰进行识别，则正样本为干扰，负样本为目标以及干扰目标粘连的集合，得到第二个分类器；第三次对于干扰目标粘连状态进行识别，则正样本为干扰目标粘连，负样本为目标以及干扰的集合，得到第三个分类器。用测试集进行识别测试时，分别用 3 个分类器进行投票得分，依据得分高低进行类别划分。这样的方法只需要调用 3 个分类器，若有一个待测样本在每个分类器下的得分一样高，就会出现分类重叠或者不可分类现象，这是该方法存在的弊端。

第二种方法则可以对此进行改进，具体方法是每次分类仍进行二分类问题的求解，选取其中一个类的样本作为正样本，另一个类的样本作为负样本，对于本书研究数据集的对象，第一次将目标设定为正样本，干扰设定为负样本，得到一个分类器；第二次目标保持正样本，干扰目标粘连设定为负样本；第三次将干扰设定为正样本，干扰目标粘连设定为负样本。对于多分类来说，如果总共有 k 个类别，那么分类器的数量应为 $k\times(k-1)/2$，本书所需求解为三分类问题，共需 $3\times(3-1)/2=3$ 个分类器，与第一种方法比较，分类器的数目是一样的，而且可以避免第一种方法可能会产生的不可分类现象。

第三种方法具体流程如图 3.52 所示，第一次进行目标和干扰之间的二分类，如果判断结果是目标，进行左支流程，进行目标和干扰目标粘连之间的二分类。同理，若第一次二分类结果判断为干扰，则进行干扰和干扰目标粘连之间的二分类。这样一次分类总共只需要调用两个分类器，速度快且不会出现分类重叠或者不可分类现象，存在的缺点是误差会层层累积，第一次判断的结果会直接造成第二次的失败。

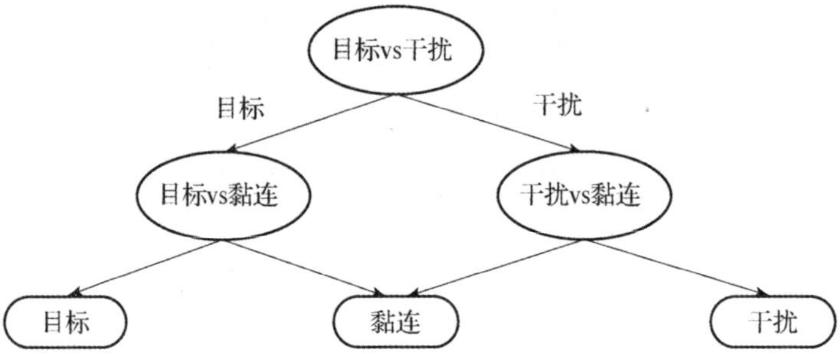

图 3.52　支持向量机设计方法图示

综合比较以上 3 种方法，第一种方法和第二种方法均需要调用 3 个分类器，但是第一种方法每次均需要考虑所有样本，时间上的代价更大，而且第一种方法会产生不可分类现象，两者之间选择第二种方法更好。第二种方法和第三种方法相比，第三种方法的误差累积带来的代价损失更大，因此本书选择第二种进行分类器的设计。将样本标签设置为 3 个，分别是 target、flare 及 combination，在任意两个样本之间设计一个 SVM，本书中的 3 个类别的样本需要设计 3 个 SVM，当对一个未知的样本进行分类时，最后得票最多的类别即为该未知样本的类别。

2. 算法性能仿真测试与分析

采用基于实验室仿真平台的空战对抗样本库中的 16 位仿真灰度图像序列，均为 256×256 单通道，仿真样本集包括初始发射条件、目标机动、干扰投射策略 3 个维度对抗条件的参数，将参数进行量化。为验证抗干扰识别算法的可行性与有效性，选取干扰投射距离为 4000m 及 7000m 的弹道，固定目标高度和载机高度为 6000m，红外干扰投射数目为 24 枚，组间隔为 1s，飞机目标进行无机动、左转、右转 3 种机动方式，仿真图像经标注处理构成用于训练与测试的数据集。样本图共计 28746 幅，将目标样本存放至 target 文件夹中，将干扰样本存放至 flare 文件夹中，将目标干扰粘连样本存放至 combination 文件夹中，方便后续读取。测试集选择仿真平台仿真所得 0°、10°、15°、20°、25°、30°、40°、45°、50°、60°、65°、70°、75°、80°、85°、90°、100°、105°、110°、120°、125°、135°、140°、150°、155°、160°、165°、170°、180°共 29 种进入角条件下的 174 条弹道中所有仿真图像共计 120865 幅，战场态势想定如表 3.16 所列。

表 3.16　算法测试弹道初始态势表

发射距离/m	进入角/(°)	总弹数	机动类型	投弹组数	每组弹数	组间隔/s
4000	0 ~ 180 (29 组)	24	无机动 左机动 右机动	24	1	1
7000	0 ~ 180 (29 组)	24	无机动 左机动 右机动	24	1	1

使用 SVM，将所采集的样本特征映射到高维空间不同的核函数中进行目标（正样本）、干扰（负样本）的分类。试验结果如表 3.17 所列（训练误差率：对训练样本进行交叉验证处理后测试样本的误差分类率）。

表 3.17　3 种核函数分类试验结果分析

核函数 $k(\boldsymbol{x}_1, \boldsymbol{x}_2)$	参数	训练误差率/%
$\boldsymbol{x}_1^{\mathrm{T}}\boldsymbol{x}_2 + c$	$c = 1$	11.56
$(\boldsymbol{x}_1^{\mathrm{T}}\boldsymbol{x}_2 + 1)^p$	$p = 3$	52.78
$\exp(-\gamma \Vert \boldsymbol{x}_1 - \boldsymbol{x}_2 \Vert^2)$	$\gamma = 1.5$	5.63

表 3.17 所示为 3 种核函数的试验结果，当选择高斯径向基核函数（$\gamma = 1.5$）时，SVM 对标签的分类误差最低，为 5.63%。因此，选择基于高斯径向基核函数的 SVM 作为本次测试红外成像空中目标的抗干扰分类器。

（1）实验 1：利用多特征融合的模型，结合传统二分类 SVM 进行目标/干扰识别。

采用基于多特征融合的抗干扰目标识别算法，分类器采用传统二分类SVM，选取训练集中的目标和干扰样本共计21766幅仿真图像进行训练，选取测试数据集174条弹道序列图像中不包含目标干扰粘连状态的共计56162幅仿真图像进行测试，完成多种态势下的红外空中目标抗干扰识别。在试验结果图中，用红色框标注红外飞机目标，用绿色框标注红外干扰。算法识别正确率定义为

$$P_{\text{right}} = \frac{N_{\text{right}}}{N_{\text{total}}} \times 100\% \tag{3.143}$$

式中：N_{right}为正确识别红外飞机、干扰的数量；N_{total}为总测试图像数目。

在计算HOG特征时采取不同单元格和块的尺寸选取策略，移动块的步长选择为块尺寸的一半，进行多特征融合后的试验结果如表3.18所列。

表3.18　不同维数HOG特征进行特征融合后试验结果

单元格尺寸	块尺寸	HOG特征维数	识别正确率/%
8×8	16×16	34596	72.01
16×16	32×32	8100	76.62
32×32	64×64	1764	48.39
16×16	64×64	7056	75.43
16×16	128×128	5184	77.02
8×8	64×64	28224	74.45

从表3.18中可以看出，选取不同的单元格和块尺寸大小，带来不同的识别效果，识别正确率与HOG特征的维数之间不是单调递增或者递减的关系，维数过高可能会带来信息的冗余，维数过低可能对细节的描述不够全面，导致识别正确率出现下降。当选择单元格尺寸为16×16，块尺寸为128×128，HOG特征维数为5184时，达到了最高的识别正确率，为77.02%，此时具体的算法识别正确率测试结果如表3.19所列。

表3.19　算法识别正确率测试结果

类型	N_{total}	N_{right}	P_{right}/%
4000m	20985	16974	80.89
7000m	35177	26284	74.72
总计	56162	43258	77.02

对于不同进入角下的识别正确率进行统计，绘制成图 3.53 所示折线图。

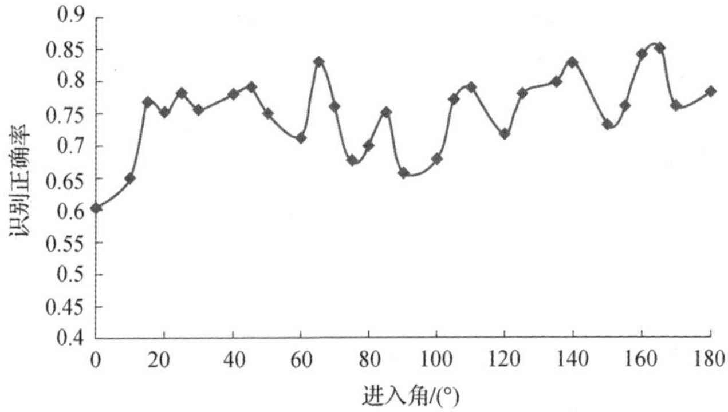

图 3.53　不同进入角下的识别正确率

分析试验结果所得图表可知，在已测试的弹道图像数据集下，该方法的平均识别正确率为 77.02%。在干扰投射距离为 4000m 时，平均识别正确率为 80.89%，在干扰投射距离为 7000m 时，平均识别正确率为 74.72%。其中，在进入角为 0°时，弹道图像序列的平均识别正确率仅为 60.27%，如图 3.54 所示。初步分析可知，在抗干扰过程中远距条件下，红外目标往往仅由几十个像素点构成，缺乏清晰的形状和纹理信息，本章选取的特征又大多依托人类先验知识，对于计算机目标识别来说仍存在很多没有考虑到的细节以及抽象特征，特征融合后对于目标的识别受到了很大的限制；进入角为 0°为尾后态势，这时目标尾焰最为明显，尾焰的形状及纹理特征，如平均灰度、圆形度等特征对于目标与干扰的识别造成较大的影响，所以需要考虑更深层次的目标特征提取。

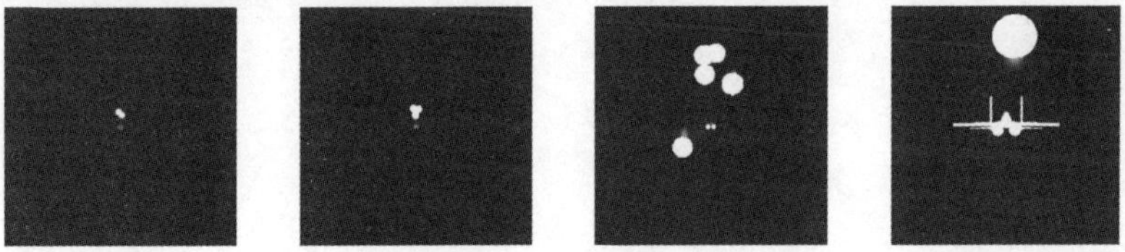

(a) #204　(b) #280　(c) #904　(d) #1146

原图

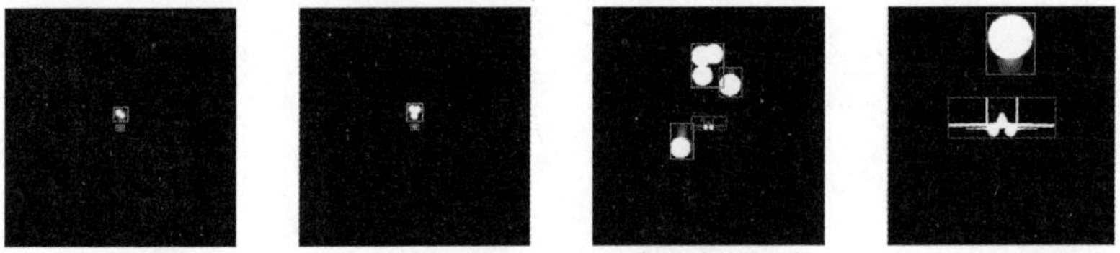

(a) #204　(b) #280　(c) #904　(d) #1146

识别结果图

图 3.54　干扰投射距离为 7000m、进入角 0°、目标无机动（见彩图）

（2）实验 2：利用多特征融合的模型，结合三分类 SVM 进行抗干扰识别。

采用基于多特征融合的抗干扰目标识别算法，并且分类器采用改进的三分类 SVM，选取训练集中的目标、干扰以及目标干扰粘连样本共计 28746 幅仿真图像进行训练，对测试数据集中共 174 条弹道的全部序列共 120865 幅仿真图像进行测试，完成多种态势下的红外空中目标抗干扰识别。在试验结果图中，用红色框标注红外飞机目标，用绿色框标注红外干扰，用黄色框标注目标干扰粘连。算法识别正确率定义为

$$P_{\text{right}} = \frac{N_{\text{right}}}{N_{\text{total}}} \times 100\% \tag{3.144}$$

式中：N_{right}为正确识别红外飞机、干扰以及干扰目标粘连的数量；N_{total}为总测试图像数目。对干扰投射距离为 4000m 及 7000m 的弹道测试结果如表 3.20 所列。

表 3.20　算法识别正确率测试结果

类型	N_{total}	N_{right}	$P_{\text{right}}/\%$
4000m	45162	29234	64.73
7000m	75703	40750	53.83
总计	120865	69984	57.90

对于不同进入角下的识别正确率进行统计，绘制成图 3.55 所示折线图。

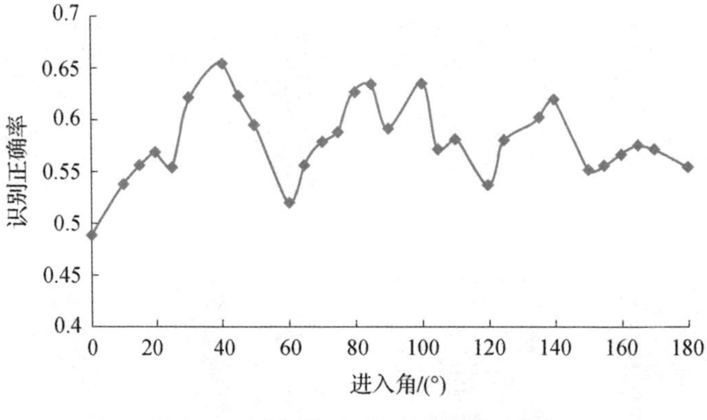

图 3.55　不同进入角下的识别正确率

分析试验结果所得图表可知，在已测试的弹道图像数据集下，该方法的平均识别正确率为 57.90%。在干扰投射距离为 4000m 时，平均识别正确率为

64.73%，在干扰投射距离为7000m时，平均识别正确率为53.83%。其中，在进入角为0°时，弹道图像序列的平均识别正确率仅为48.90%，在目标载机进行左、右机动时，弹道图像序列的平均识别正确率仅为56.1%左右，均低于目标载机无机动时的平均识别正确率（图3.56和图3.57）。该算法考虑目标干扰粘连状态，但从试验结果观察分析得，目标干扰粘连状态有很多都被识别为干扰，尤其是在干扰投放初期，此时干扰对目标造成大面积遮蔽甚至是全遮蔽，导致目标特征的显著性与连续性被极大地破坏。在抗干扰远距、目标产生机动以及进入角较小情况下，目标长时间被干扰遮蔽，造成目标特征长时间被破坏，其纹理与形状特征与干扰的纹理与形状特征产生了较高的相似性，目标干扰粘连状态极易被识别为干扰，造成识别正确率较低。在进入角为60°及120°时，识别正确率均低于邻近角度识别正确率，这是由于60°和120°进入角时，飞机的形状、纹理等特征不显著。试验结果说明，传统手工特征不能很好地适应全弹道过程中的抗干扰识别，需要进行红外图像深度特征的提取，使目标、干扰、目标干扰粘连之间的特征区分度更为明显。

(a) #66　(b) #282　(c) #744　(d) #987

原图

(a) #66　(b) #282　(c) #744　(d) #987

识别结果图

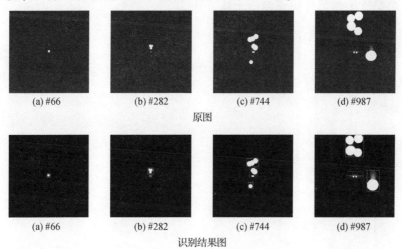

图3.56　干扰投射距离为7000m、进入角0°、目标无机动（见彩图）

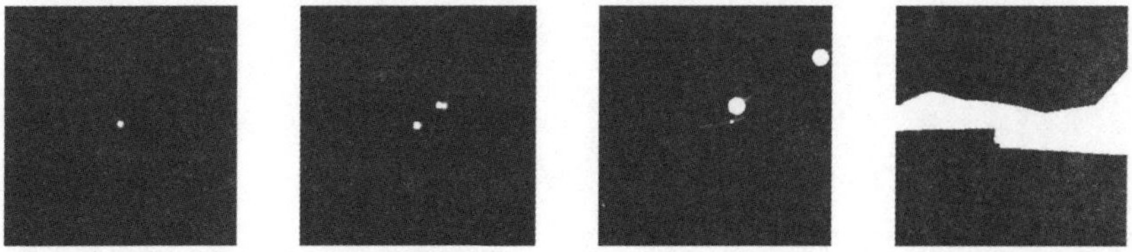

(a) #66　(b) #282　(c) #744　(d) #987

原图

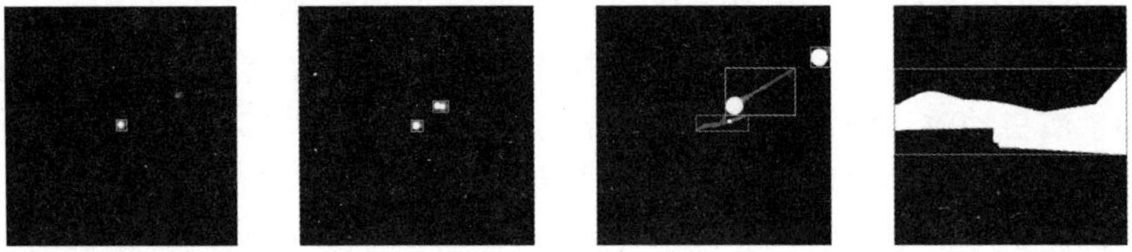

图 3.57　干扰投射距离为 7000m、进入角为 0°、目标左机动（见彩图）

3.5　本章小结

本章主要介绍了基于特征模式匹配的空中红外目标识别与抗干扰技术，首先总结了常用的图像预处理方法，来增强目标在红外图像中的对比度；然后介绍了几种图像分割方法，用以分割目标和背景；最后在此基础上分析了几种特征模式匹配方法和目标识别与抗干扰方法。

第4章 基于相关跟踪的空中红外目标识别与抗干扰技术

基于特征模式匹配的方法对于图像模糊和噪点更敏感，而对移动目标的比例、形变和光照强度不敏感，并且由于需要进行特征提取，产生较大的时间成本，通常难以满足目标跟踪对实时性的要求。而基于相关滤波（Correlation Filters，CF）的方法对图像中感兴趣的特定图案反应非常强烈，而对其他背景图案反应很少，具有跟踪精度高、实时性好等明显优势，逐渐在军事领域受到越来越多的关注。

本章首先介绍并推导了相关滤波跟踪的基本理论，并主要分析了核相关滤波算法（Kernel Correlation Filter，KCF）的优势和不足，随后介绍了目前几种主流的相关滤波方法，对比了各方法的优势和不足。基于此，介绍了一种基于GF－KCF的空中红外目标跟踪算法框架。然后，针对已有的KCF跟踪算法在分析和提取目标尺度变化信息时，存在实时性较差、对目标变化适应性较弱等缺点，本章介绍一种频域尺度信息估计的GF－KCF跟踪算法，并给出了相应的示例。最后，针对已有的KCF跟踪算法未建立抗遮挡机制来应对目标部分遮挡的挑战性情况，在对目标的长期跟踪中表现不佳的问题，本章介绍一种基于分块策略的抗部分遮挡的GF－KCF跟踪算法，并给出了相应的示例。

4.1 相关滤波理论

2014年，Henriques等[27]提出核相关滤波跟踪算法，随着可见光图像目标跟踪领域的广泛应用，其优越的跟踪性能也吸引了众多学者进行改进并应用于红外目标跟踪。该方法不仅对正样本的特征加强了描述，而且给予了负样本尽可能多的重视。为了尽可能对负样本采样，并且不影响跟踪算法性能，KCF算法巧妙地在频率域下，使用循环矩阵作为简化工具，将大量的不同相对位置的样本进行结合，建立了流行的学习算法和经典的信号处理方法之间的关系。下面将简要介绍相关滤波理论以及几种相关滤波方法。

4.1.1 线性回归简化

分类器的样本训练本质上可以定义为一个岭回归问题[27]。若样本集的线性回归函数为 $f(x_i)=\boldsymbol{w}^{\mathrm{T}}x_i$，则将以下残差函数达到最小时作为其训练结果，即

$$\min\sum_i (f(x_i)-y_i)^2+\lambda\|\boldsymbol{w}\|^2 \tag{4.1}$$

式中：λ 用于描述控制系统的结构复杂性。令式（4.1）的导数为0，可求得最优解的闭合形式为

$$\boldsymbol{W}=(\boldsymbol{X}^{\mathrm{T}}\boldsymbol{X}+\lambda\boldsymbol{I})^{-1}\boldsymbol{X}^{\mathrm{T}}y \tag{4.2}$$

将结果统一写成复数域形式，以便于后续推导过程，这里给出式（4.2）的复数形式，即

$$\boldsymbol{W}=(\boldsymbol{X}^{\mathrm{H}}\boldsymbol{X}+\lambda\boldsymbol{I})^{-1}\boldsymbol{X}^{\mathrm{H}}y \tag{4.3}$$

一般情况下，求解上述问题必须解一个维度较高的线性方程组，由于运算量过大，不能达到实际系统的实时性要求。因此，利用频域的周期特性并引入循环矩阵，巧妙地避开了这个限制。

当前以一维信号为例进行推导，结果在多通道的二维图像中的推广具有相同效果。用 $1\times n$ 的向量表示目标图像区域（patch），表示为 $\boldsymbol{x}$ 的正样本，对正样本通过循环移位算子进行循环变换，训练一个分类器，对一维向量即通过置换矩阵进行变换，该矩阵有以下形式，即

$$\boldsymbol{P}=\begin{bmatrix}0&0&0&\cdots&1\\1&0&0&\cdots&0\\0&1&0&\cdots&0\\\vdots&\vdots&\vdots&\ddots&\vdots\\0&0&0&1&0\end{bmatrix} \tag{4.4}$$

乘积 $\boldsymbol{Px}=[x_n,x_1,\cdots,x_{n-1}]^{\mathrm{T}}$ 将向量 $\boldsymbol{x}$ 循环移动元素得到的向量结果，并将其串联起来得到循环矩阵变换。基于循环特性，得到一个循环移位信号的全集 $\{P^u\boldsymbol{x}\mid u=0,1,\cdots,n-1\}$，将每个信号作为数据矩阵的行向量，即

$$X = C(\boldsymbol{x}) = \begin{bmatrix} x_1 & x_2 & x_3 & \cdots & x_n \\ x_n & x_1 & x_2 & \cdots & x_{n-1} \\ x_{n-1} & x_n & x_1 & \cdots & x_{n-2} \\ \vdots & \vdots & \vdots & \ddots & \vdots \\ x_2 & x_3 & x_4 & \cdots & x_1 \end{bmatrix} \tag{4.5}$$

得到的循环矩阵具有循环矩阵经过傅里叶变换后得到对角矩阵的良好特性，结果为

$$\boldsymbol{X} = \boldsymbol{F} \cdot \mathrm{diag}(\hat{\boldsymbol{x}}) \cdot \boldsymbol{F}^{\mathrm{H}} \tag{4.6}$$

式中：$\mathrm{diag}(\hat{\boldsymbol{x}})$为一般循环矩阵分解的特征值；$\hat{x}$ 为向量 $\boldsymbol{x}$ 的傅里叶变换，即 $\hat{\boldsymbol{x}} = \boldsymbol{F}(\boldsymbol{x})$。

基于以上分析可以看出，被训练的样本数据使用循环移位的方法来表示，可以简化式（4.3）。

$\boldsymbol{X}^{\mathrm{H}}\boldsymbol{X}$ 作为非中心化的协方差矩阵引入进来，代入式（4.6）可得

$$\begin{aligned} \boldsymbol{X}^{\mathrm{H}}\boldsymbol{X} &= \boldsymbol{F}\mathrm{diag}(\hat{\boldsymbol{x}}^*)\boldsymbol{F}^{\mathrm{H}} \cdot \boldsymbol{F}\mathrm{diag}(\hat{\boldsymbol{x}})\boldsymbol{F}^{\mathrm{H}} \\ &= \boldsymbol{F}\mathrm{diag}(\hat{\boldsymbol{x}}^*) \cdot \mathrm{diag}(\hat{\boldsymbol{x}})\boldsymbol{F}^{\mathrm{H}} \\ &= \boldsymbol{F}\mathrm{diag}(\hat{\boldsymbol{x}}^* \odot \hat{\boldsymbol{x}})\boldsymbol{F}^{\mathrm{H}} \end{aligned} \tag{4.7}$$

式中：“$\odot$”定义为矩阵间元素级乘法；向量 $\hat{\boldsymbol{x}}^* \odot \hat{\boldsymbol{x}}$ 为信号 $\boldsymbol{x}$ 的自相关，即为傅里叶域的功率谱。将上述步骤应用于线性回归表达式（4.3），可以得到

$$\hat{\boldsymbol{W}} = \frac{\hat{\boldsymbol{x}}^* \odot \hat{y}}{\hat{\boldsymbol{x}}^* \odot \hat{\boldsymbol{x}} + \lambda} \tag{4.8}$$

其中，除式表示矩阵对应元素相除，通过傅里叶反变换可得到空间域 $\boldsymbol{W}$。利用频域变换求解线性回归问题，避免了复杂度为 $O(n^3)$ 的矩阵求逆运算，傅里叶变换的复杂度接近线性的 $O(n\lg n)$，大大减少了算法计算量。

4.1.2　核相关滤波

使用“核方法”将非线性回归函数 $f(z)$ 映射到在不同空间中仍然线性可分的样本，可以使用岭回归解决新空间的优化问题。线性问题可以使用以下核相关滤波方法映射到非线性空间 $\phi(\boldsymbol{x})$，即

$$\boldsymbol{W} = \sum_i \alpha_i \boldsymbol{\varphi}(\boldsymbol{x}_i) \tag{4.9}$$

待优化参数由 $\boldsymbol{W}$ 变为 $\boldsymbol{\alpha}$，这种替代表示成为对偶空间的表示，对偶空间的 $\boldsymbol{\alpha}$ 代替了主空间的 $\boldsymbol{W}$。将算法用点积表示为 $\boldsymbol{\varphi}^{\mathrm{T}}(\boldsymbol{x})\boldsymbol{\varphi}(\boldsymbol{x}') = \kappa(\boldsymbol{x},\boldsymbol{x}')$，$\kappa$ 为核函数。将样本点积以矩阵 $\boldsymbol{K}$ 的形式表示，其中：

$$K_{i,j}=\kappa(\boldsymbol{x}_i,\boldsymbol{x}_j) \tag{4.10}$$

核方法很重要，因为它隐式地使用了高维特征空间，而没有实际实例化该空间中的向量。但是，回归函数的复杂性随样本数量的增加而增加，即

$$f(z)=\boldsymbol{w}^{\mathrm{T}}z=\sum_{i}^{n}\alpha_i\kappa(z,\boldsymbol{x}_i) \tag{4.11}$$

因此，核函数下岭回归的解析解为

$$\boldsymbol{\alpha}=(\boldsymbol{K}+\lambda\boldsymbol{I})^{-1}y \tag{4.12}$$

式中：$\boldsymbol{K}$ 为核矩阵；$\boldsymbol{\alpha}$ 为由 α_i 构成的空间映射系数向量，表示对偶空间的解。

这时需要设置一种条件使 $\boldsymbol{K}$ 是循环的，因此给出定理一的描述：给定循环矩阵 $\boldsymbol{C}(\boldsymbol{x})$，若核函数对于任意置换矩阵 $\boldsymbol{M}$ 满足 $\kappa(\boldsymbol{x},\boldsymbol{x}')=\kappa(\boldsymbol{Mx},\boldsymbol{Mx}')$，则对应的核矩阵 $\boldsymbol{K}$ 是循环行列式[46]。接着利用对角化公式（4.12）快速得到线性回归的最优解，即

$$\hat{\boldsymbol{\alpha}}=\frac{\hat{y}}{\hat{\boldsymbol{k}}^{xx}+\lambda} \tag{4.13}$$

式中：$\boldsymbol{k}^{xx}$是核矩阵 $\boldsymbol{K}=\boldsymbol{C}(k^{xx})$ 的第一行。任意两个向量 $\boldsymbol{x}$ 和 $\boldsymbol{x}'$的核相关向量 $\hat{\boldsymbol{k}}^{xx'}$为

$$\hat{\boldsymbol{k}}^{xx'}=\kappa(\boldsymbol{x}',P^{i-1}\boldsymbol{x}) \tag{4.14}$$

式（4.14）表示两个不同循环移位所得到的核相关，则 $\boldsymbol{k}^{xx}$是 $\boldsymbol{x}$ 与其自身在频域的核相关。由于核相关等价于高维空间的点积 $\boldsymbol{\varphi}(\cdot)$，因此式（4.14）可以表示成另一种形式，即

$$k_i^{xx'}=\boldsymbol{\varphi}^{\mathrm{T}}(\boldsymbol{x}')\boldsymbol{\varphi}(P^{i-1}\boldsymbol{x}) \tag{4.15}$$

式（4.15）即为 $\boldsymbol{x}$ 和 $\boldsymbol{x}'$在高维空间 $\boldsymbol{\varphi}(\cdot)$中的互相关。

与传统方法相反，相关滤波算法只需要运算 $n\times 1$ 的核自相关向量，向量长度随样本数量线性增加。由于核矩阵 $\boldsymbol{K}$ 的准确结构十分清楚，因此在高维空间的核回归方法起到了计算加速的效果。

4.1.3 目标快速检测

相关滤波理论利用循环矩阵思想，选取候选图像块进行目标快速检测，对这些图像块进行循环移位建立检测样本集，利用快速核回归方法检测目标位置。

通过循环移位操作，得到所有目标训练样本 $\boldsymbol{x}$ 和待检测图像块 $\boldsymbol{z}$ 之间的核矩阵 $\boldsymbol{K}^z$，其中每个元素都是从 $\kappa(P^{i-1}\boldsymbol{z},P^{i-1}\boldsymbol{x})$获得的，因此仅第一行定义核矩

阵，即

$$K^z = C(k^{xz}) \tag{4.16}$$

式中：k^{xz}为向量 x 和 z 的互相关元素。根据式（4.11），所有待检测样本的回归函数由下式得到，即

$$f(z) = (K^z)^T\alpha \tag{4.17}$$

其中所有检测图像块的检测响应值由 $f(z)$ 表示，由简化线性回归理论可知，将其对角化以提高算法计算效率，得到

$$\hat{f}(z) = \hat{k}^{xz} \odot \hat{\alpha} \tag{4.18}$$

所有位置响应值 $f(z)$ 可以看作在空间域对 k^{xz} 进行滤波，每个 $f(z)$ 是 k^{xz} 中相邻核值按照学习到的参数 α 进行的线性组合，而在频率域进行滤波操作更加高效。

总之，核相关滤波算法巧妙地通过循环移位构建分类器训练样本并利用这一特性变换到频率域进行问题的求解，避免了矩阵求逆运算以大大降低算法复杂度，满足工程应用的实时性要求。

但是目前主流的核相关滤波跟踪算法及其改进算法，均使用空间域提取目标图像特征，然后经过傅里叶变换进行相关滤波检测目标位置，没有挖掘目标在频率域中的深层信息。因此，本章的后续内容将重点介绍一种基于频域特征信息的相关滤波跟踪算法框架。

4.1.4　几种相关滤波方法

1. MOSSE 跟踪算法

2010 年 Bolme 等[28]首次提出了最小均方误差滤波（Minimum Output Sum of Squared Error，MOSSE），该方法是最先用于目标跟踪领域的基于相关滤波的跟踪方法。此后，基于相关滤波的视觉目标跟踪算法在此基础上取得了极大的突破，成为目标跟踪领域的研究热点。

MOSSE 方法首先在视频第一帧中确定跟踪目标，通过对下一帧图像进行相关滤波，以滤波后最大响应值所在位置作为目标的新位置，根据新位置完成目标运动轨迹的在线更新。以 x 表示待跟踪视频序列中原始的输入图像，f 表示学习得到的滤波器模板，y 表示最终的响应图输出，则相关运算的数学表达式为

$$y = x \otimes f \tag{4.19}$$

为了提高运算速度，引入傅里叶变换，式（4.19）在频域可表示为

$$F(y)=F(x\otimes f)=F(x)\odot F(f)^{*} \tag{4.20}$$

为方便描述，将式（4.20）简写为

$$Y=X\odot F^{*} \tag{4.21}$$

式中：X 为原始输入图像；F 为滤波器；⊙表示点乘；＊表示复共轭；Y 为输出图像。因此，只需要求解滤波器，即

$$F^{*}=\frac{Y}{X} \tag{4.22}$$

MOSSE 方法利用相关输出与期望输出之间的最小平方误差作为滤波器的目标函数，来寻找合适的滤波器；并且由于仅仅以第一帧给定的目标边框作为训练样本过于单一，易产生过拟合，MOSSE 通过对目标第一帧中的初始跟踪框进行随机仿射变换，以此来产生多个图像作为训练样本进行训练，来确定第一帧的 F。滤波器的目标函数表示为

$$\min F^{*}\sum_{i=1}^{n}|X_i\cdot F^{*}-Y_i|^2 \tag{4.23}$$

求偏导得

$$\frac{\partial}{\partial F^{*}}\sum_{i=1}^{L}|X\cdot F^{*}-Y|^2=0 \tag{4.24}$$

最终得到的滤波器模型的闭合解为

$$F^{*}=\frac{\sum_{i=1}^{n}Y_i\odot X_i^{*}}{\sum_{i=1}^{n}X_i\odot X_i^{*}} \tag{4.25}$$

式中：Y_i 为输出响应图；X_i 为输入图像，通过对初始跟踪框进行随机仿射变换来得到训练样本。但由于训练得到的滤波器仅为当前帧的模型，在实际跟踪过程中，目标常常会受到光照条件、姿势、旋转等影响。为了提高滤波器的跟踪效率从而不丢失目标，对此，需要对训练得到的滤波器模板进行更新。MOSSE 的模板更新方法为简单的线性更新，即

$$F_i^{*}=\frac{A_i}{B_i} \tag{4.26}$$

$$A_i=\eta X_i\odot Y_i^{*}+(1-\eta)A_{i-1} \tag{4.27}$$

$$B_i=\eta X_i\odot X_i^{*}+(1-\eta)B_{i-1} \tag{4.28}$$

式中：A_i 和 A_{i-1} 分别为当前帧和上一帧的分子；η 为参数学习率，主要目的是给距离当前帧更近的视频帧赋予更大的权重，之前的视频帧对滤波器的影响随着时间的推移呈现指数式衰减。

MOSSE 算法总体上可以适应目标小规模的变化，并且复杂度较小，能够将其用于快速跟踪。其不足之处在于，首先算法的特征输入为灰度特征，特征信息过于简单；其次算法的采样方式是稀疏采样，训练效果一般；还有由于未能将其同目标的尺度变化相结合，算法在复杂场景下的鲁棒性不佳，跟踪效果较差。

2. CSK 跟踪算法

2012 年，Henriques 等[29]通过视频帧与帧之间目标移动距离有限的潜在结构信息发现数据矩阵呈环状，并依据循环矩阵理论提出了核函数循环采样检测跟踪（Circulant Strcuture Tracker，CSK）算法。该算法在 MOSSE 的基础上进行了改进优化，提出采用基于循环移位的近似密集采样（Dense Sampling）方法，能够充分利用图像特征，并利用循环矩阵的性质引入快速傅里叶变换以加速算法，解决了密集采样所导致的计算负担问题。此外，CSK 通过核函数将原来的线性空间问题转化成为非线性高维度空间的回归问题，解决了低维线性不可分的问题，提高了算法准确性。

首先，MOSSE 是将相关滤波跟踪算法转换到频域进行计算，通过最小二乘法来求解相关滤波器模板，而 CSK 用一个线性分类器来求解相关滤波器模板，其目标函数为

$$\min \sum_{i=1}^{m} L(y_i, f(\boldsymbol{x}_i)) + \lambda \|\boldsymbol{w}\|^2 \tag{4.29}$$

其中：

$$f(x_i) = \langle \boldsymbol{w}, \boldsymbol{x}_i \rangle + b \tag{4.30}$$

$$L(y, f(\boldsymbol{x}_i)) = (y - f(\boldsymbol{x}_i))^2 \tag{4.31}$$

式中：i 为密集采样后的样本数量；w 为滤波器模板，对应于 MOSSE 中的相关滤波器 H；$\boldsymbol{x}_i$ 为密集采样后的图像样本向量；$f(x_i)$ 为输入的原始图像 $\boldsymbol{x}_i$ 与滤波器模板 $\boldsymbol{w}$ 在频域内的点积；b 没有实际意义，可以忽略；$L(y_i, f(x_i))$ 为最小二乘法的损失函数；y 为理想的高斯响应；λ 为控制过拟合的正则化参数。

该模型参考了 SVM 的求解方法，SVM 采用损失函数 $L(y, f(x)) = \max(0, 1 - y \cdot f(x))$ 进行滤波器 $\boldsymbol{w}$ 的求解，而 CSK 则使用正则化最小二乘法（Recursive Least Square，RLS）进行滤波器求解，即式（4.31），也称为岭回归函数。加入正则项能够有效防止求得的滤波器过拟合，并使滤波器在后续帧中的泛化能力更强。

其次，CSK 通过非线性变换，将输入向量映射到高维特征空间，并使用核函数提高了模型在高维特征空间中的样本分类速度。令 $\varphi(x)$ 表示特征空

间，$k(x_i,x_j)=\langle\varphi(x_i),\varphi(x_j)\rangle$表示其核函数，式（4.29）的解可以表示为以下的线性组合，即

$$\boldsymbol{w}=\sum_i \alpha_i\varphi(\boldsymbol{x}_i) \tag{4.32}$$

故式（4.30）可以写为

$$f(\boldsymbol{x}_i)=\langle\boldsymbol{w},\boldsymbol{x}_i\rangle+b=\sum_i^n \alpha_i k(\boldsymbol{x}_i,\boldsymbol{x}_j)=\boldsymbol{K\alpha} \tag{4.33}$$

又

$$\|\boldsymbol{w}\|^2=\boldsymbol{\alpha}^{\mathrm{T}}\boldsymbol{K\alpha} \tag{4.34}$$

目标函数可以表示为

$$\min_m\sum_{i=1}^m L(y_i,f(\boldsymbol{x}_i))+\lambda\|\boldsymbol{w}\|^2=\min_{\boldsymbol{\alpha}}\sum_{i=1}^m L(y_i-\boldsymbol{K\alpha})+\lambda\boldsymbol{\alpha}^{\mathrm{T}}\boldsymbol{K\alpha} \tag{4.35}$$

要求目标函数的最小值，由于$\boldsymbol{K}$无论是何种核函数，都可以将其当作已知量，因此只需要求解$\boldsymbol{\alpha}$即可。式（4.35）对$\boldsymbol{\alpha}$求导可得

$$-\boldsymbol{K}y+\boldsymbol{K}^2+\lambda\boldsymbol{K\alpha}=0 \tag{4.36}$$

故$\boldsymbol{\alpha}$的表达式为

$$\boldsymbol{\alpha}=(\boldsymbol{K}+\lambda\boldsymbol{I})^{-1}y \tag{4.37}$$

式中：$\boldsymbol{I}$为单位矩阵；$\boldsymbol{K}$为含有元素$K_{ij}=k(\boldsymbol{x}_i,\boldsymbol{x}_j)$的核矩阵。

由于式（4.37）中包含了求逆运算，为了避免计算的复杂性，提升计算效率，CSK引入了循环矩阵来降低计算量，并且无样本重复和信息遗漏。设样本$\boldsymbol{u}=(u_0,u_1,\cdots,u_{n-1})$，循环矩阵$\boldsymbol{C}(\boldsymbol{u})$是由向量$\boldsymbol{u}$所有可能的循环移位连接而成，其表达式为

$$\boldsymbol{C}(\boldsymbol{u})=\begin{bmatrix} u_0 & u_1 & \cdots & u_{n-1}\\ u_{n-1} & u_0 & \cdots & u_{n-2}\\ \vdots & \vdots & \ddots & \vdots\\ u_1 & u_2 & \cdots & u_0\end{bmatrix} \tag{4.38}$$

第一行是向量$\boldsymbol{u}$，第二行是向量$\boldsymbol{u}$向右移动一个元素（最后一个元素会回到行首），然后第二行到第n行依此类推。用$\boldsymbol{C}(\boldsymbol{u})\boldsymbol{v}$表示向量$\boldsymbol{u}$和$\boldsymbol{v}$的卷积，在傅里叶域中可表示为

$$\boldsymbol{C}(\boldsymbol{u})\boldsymbol{v}=\mathcal{F}^{-1}(\mathcal{F}^*(\boldsymbol{u})\odot\mathcal{F}(\boldsymbol{v})) \tag{4.39}$$

式中：$\odot$表示逐元素点乘；$*$表示复共轭。

给定单个图像$\boldsymbol{x}$，表示为$n\times1$向量，样本定义为

$$x_i=\boldsymbol{P}^i\boldsymbol{x},\ \forall i=0,1,\cdots,n-1 \tag{4.40}$$

式中：$\boldsymbol{P}$ 为置换矩阵，该矩阵将向量 $\boldsymbol{x}$ 循环移位一个元素，其 i 次幂 $\boldsymbol{P}^i$ 对应进行 i 次移位。直观地说，样本 x_i 是 $\boldsymbol{x}$ 的所有可能的移位（图像边界处除外）。

由循环矩阵的性质：循环矩阵是一个酉矩阵，循环矩阵的和、点积、逆矩阵也是循环矩阵，将单位矩阵也看作循环矩阵，即

$$\boldsymbol{\delta}=[1\quad 0\quad 0\quad \cdots\quad 0]^{\mathrm{T}} \tag{4.41}$$

$$\boldsymbol{I}=\boldsymbol{C}(\boldsymbol{\delta}) \tag{4.42}$$

式（4.37）可进一步写为

$$\boldsymbol{\alpha}=(\boldsymbol{C}(\boldsymbol{k})+\lambda\boldsymbol{C}(\boldsymbol{\delta}))^{-1}y=(\boldsymbol{C}(\boldsymbol{k}+\lambda\boldsymbol{\delta}))^{-1}y \tag{4.43}$$

再利用傅里叶变换线性性质以及式（4.36），式（4.37）可在频域下表示为

$$\boldsymbol{\alpha}=\mathcal{F}^{-1}\left(\frac{\mathcal{F}(y)}{\mathcal{F}(\boldsymbol{k})+\lambda}\right) \tag{4.44}$$

求出滤波器 w 的对偶解 $\boldsymbol{\alpha}$ 后，将其在候选样本 z 上进行滤波操作，输入的响应表示为

$$y'=\sum_i \alpha_i \boldsymbol{k}(x_i,z) \tag{4.45}$$

该公式通常以滑动窗口的方式在所有子窗口中评估候选样本，可以利用循环矩阵计算所有位置的响应值，求得最终响应图，即

$$\hat{y}=\mathcal{F}^{-1}(\mathcal{F}(\bar{\boldsymbol{k}})\odot\mathcal{F}(\boldsymbol{\alpha})) \tag{4.46}$$

式中：$\bar{\boldsymbol{k}}$ 为 $\boldsymbol{k}(z,\boldsymbol{P}^i\boldsymbol{x})$ 的向量。

上述公式中使用的核函数为高斯核函数，即

$$k^{\mathrm{Gauss}}=\exp\left(-\frac{1}{\sigma^2}(\|\boldsymbol{x}_1\|^2+\|\boldsymbol{x}_2\|^2)-2\mathcal{F}^{-1}(\mathcal{F}(\boldsymbol{x}_1)\odot\mathcal{F}^*(\boldsymbol{x}_2))\right) \tag{4.47}$$

式中：$\odot$ 表示逐元素点乘；$*$ 表示复共轭。

3. CN 跟踪算法

2014 年 Danelljan 等[30]提出了基于 CSK 跟踪器的改进算法——CN（Adaptive Color Attributes for Real - Time Visual Tracking）跟踪器。CN 跟踪器在 CSK 的基础上引入多通道颜色属性（Color Name，CN）作为目标特征，并且提出了使用概率潜在语义分析（Probabilistic Latent Semantic Analysis，PLSA），用于将 RGB 通道的图像转化到 11 通道空间中（分别是 black、blue、brown、grey、green、orange、pink、purple、red、white、yellow），以增强颜色特征的表征强度，提高跟踪器对光照变化和颜色失真的鲁棒性。但这种做法的运算量显然非常大。为了提高运算速度，CN 采用主成分分析（Principal Component Analysis，

PCA）算法对颜色特征进行降维处理，将 11 维特征降为二维特征，实时地选取较显著的颜色，剔除了无效信息。此外，CN 还引入贝叶斯公式对前景和背景进行区分，降低了复杂背景对目标跟踪的干扰程度。

为了能够整合颜色信息，CN 算法定义了一个合适的核来扩展 CSK 跟踪多颜色特征，这个径向基函数把范式扩展到多维空间，CSK 跟踪器将灰度图像的模板先乘上一个 Hann 窗来做预处理，CN 在 CSK 的基础上通过 Hann 窗提取颜色特征，从而得到灰度特征和颜色特征的综合特征表示。CN 在计算当前帧时通过考虑之前视频序列的所有帧，来更新核分类器和多维颜色特征，通过训练目标周围大小为 M、N 的图像块获得分类器，训练样本 $x_{M,N}$ 采用循环移位来获得。为了简化训练和检测任务，其解限制在分类器的集合上，每一帧都用常数 β_i 作为加权系数，其总的损失函数表示为

$$\text{Loss} = \sum_{i=1}^{p}\beta_i\Big(\sum_{M,N}\left|\langle \boldsymbol{\phi}(x_{M,N}^{i},\boldsymbol{\omega}^{i}) - y^{i}(M,N)\rangle\right|^{2} + \lambda\langle \boldsymbol{\omega}^{i},\boldsymbol{\omega}^{i}\rangle\Big) \tag{4.48}$$

式中：$x_{M,N}^{i}$ 为第 i 帧大小为 M、N 的图像块；$\phi(\cdot)$ 表示将图像块通过映射到 Hilbert 空间的核函数；y^i 为 $x_{M,N}^{i}$ 的期望高斯函数输出；$\lambda \geqslant 0$ 为正则化参数。

式（4.48）的解可以表示为输入的线性组合，即

$$\boldsymbol{\omega}^{i} = \sum_{p,l}\boldsymbol{\alpha}(k,l)\boldsymbol{\phi}(x_{p,l}^{i}) \tag{4.49}$$

损失函数最小时应满足

$$A^{p} = \frac{A_N^p}{A_D^p} = \mathcal{F}(a) = \frac{Y}{U_x + \lambda} = \frac{\sum_{i=1}^{p}\beta_i Y^i U_x^i}{\sum_{i=1}^{p}\beta_i U_x^i (U_x^i + \lambda)} \tag{4.50}$$

其中，各大写字母表示相应变量的傅里叶变换，$U_x^i = \mathcal{F}(u_x^i)$，$u_x^i(M,N) = k(x_{M,N}^{i},x^{i})A^{p} = A_N^p/A_D^p$，目标模型的更新方法表示为

$$A_N^p = (1-\gamma)A_{N-1}^p + \gamma Y^p U_x^p \tag{4.51}$$

$$A_D^p = (1-\gamma)A_D^{p-1} + \gamma U_x^p(U_x^p + \lambda) \tag{4.52}$$

$$\hat{x}^p = (1-\gamma)\hat{x}^{p-1} + \gamma x^p \tag{4.53}$$

这种机制使模型更新不需要存储冗余信息，只需要存储上一帧的信息 $\{A_N^p, A_D^p, \hat{x}^p\}$，确保了跟踪速度。

分类器的输出响应为

$$\hat{y}^p = \mathcal{F}^{-1}(A^p U_z^p) \tag{4.54}$$

式中：$U_z^p = \mathcal{F}(u_z^p)$；$u_z^p(M,N) = k(z_{M,N}^{p},\hat{x}^p)$；$z_{M,N}^{p}$ 为第 p 帧提取的目标特征；$\hat{x}^p$

为通过分类器学习之后估计的第 p 帧目标特征。计算输出响应 $\hat{y}^p$ 并通过其最大值来确定目标在下一帧中的位置。CN 算法的流程框图如图 4.1 所示。

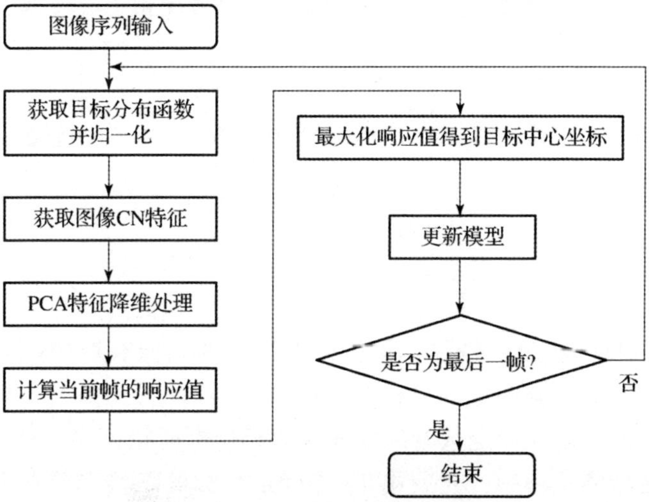

图 4.1　CN 算法跟踪流程框图

CN 跟踪器性能强大，在许多具有复杂信息变化视频序列中均发挥了较优的跟踪作用，如光照变化、遮掩、非刚性形变、平面内旋转、出平面旋转及背景杂乱。同时，CN 在 CSK 的基础上通过汉宁窗提取颜色特征，将损失函数推广到视频序列的所有帧进行运算，并且进行了 PCA 降维运算处理，在提升跟踪精度的同时，也满足了实时性需求。但由于 CN 算法仅依据颜色特征进行跟踪，当图像序列中出现目标被不同类物体遮挡或是遮挡物颜色和目标颜色部分相近的情况下，该算法容易丢失目标，且一旦丢失目标后，就无法再次进行跟踪，对于多尺度目标的跟踪效果较差。

4. DSST 跟踪算法

2014 年 Danelljan 等[31]提出了尺度判别尺度空间跟踪（Discriminative Scale Space Tracking，DSST）算法，解决了 MOSSE、CSK 及 KCF 滤波器都没有解决的问题——鲁棒的目标尺度估计。

DSST 设计了两个算法类似但功能各异的相关滤波器，分别实现目标的跟踪位置锁定和尺度变换，分别定义为位置滤波器（Translation Filter，TF）和尺度滤波器（Scale Filter，SF），前者进行当前帧目标的定位，确定当前帧的目标位置后，在目标所处位置提取多个尺寸不同的像素块，后者进行当前帧目标尺度的估计，以最大响应值对应的尺度作为当前帧的最优目标尺度。两个滤波器单独训练，单独更新，彼此互不影响。

TF 算法是对 MOSSE 算法的延伸，将输入图像（输入信号，设为 x）调整为 d 维特征向量，通过建立最小化损失函数构造最优相关滤波器 h，有

$$\varepsilon = \| y - \sum_{l=1}^{d} \boldsymbol{f}^{l} * \boldsymbol{x}^{l} \|^{2} + \lambda \sum_{l=1}^{d} \| \boldsymbol{f}^{l} \|^{2} \tag{4.55}$$

式中：$\boldsymbol{f}^l$、$\boldsymbol{x}^l$ 分别为第 l 个通道的滤波器和输入样本；y 为期望的相关输出。进一步转换式（4.25）可得最终滤波器形式，即

$$F^{l} = \frac{\bar{Y} X^{l}}{\sum_{k=1}^{d} \overline{X^{k}} X^{k} + \lambda} \quad (l = 1, 2, \cdots, d) \tag{4.56}$$

TF 在获取特征图时，是以 2 倍目标框大小的图像获取的。并且这个候选框只有一个，即上一帧确定的目标框。而 SF 在获取特征图时，是以当前目标框的大小为基准，以某固定数量的尺度获取候选框的特征图。SF 与 TF 独立训练和更新，在新的一帧中，先利用 TF 来确定目标的新候选位置，但此时得到的尺度是上一帧图像目标的尺度，因此再利用 SF 以当前中心位置为中心点，获取不同尺度的候选图像片段，从而找到最匹配的尺度。

式（4.55）给出了给定目标外观的单个训练样本 x 的最优滤波器 f，而在实际中，需要考虑不同实例下的几个样本 $\{x_i\}_1^j$，以得到一个鲁棒的相关滤波器 f。然而每个样本中的每个像素点需要求解 $d \times d$ 维的线性方程组，使计算复杂度大大提高。为了获得较高的计算效率，DSST 通过计算单个样本情况下的精确解来计算鲁棒的近似值，将 A_i^l 和 B_i 分别定义为第 $i-1$ 帧滤波器的分子和分母，受单个特征情况（$d=1$）的更新规则的启发[28]，滤波器模板的更新方法为

$$A_i^l = (1-\eta) A_{i-1}^l + \eta \bar{Y} X_i^l \quad (l = 1, 2, \cdots, d) \tag{4.57}$$

$$B_i = (1-\eta) B_{i-1} + \eta \sum_{k=1}^{d} \overline{X_i^k} X_i^k \tag{4.58}$$

式中：η 为参数学习率。在新的一帧中，特征映射的矩形区域 z 处的响应值 y 通过下式进行计算，即

$$y_i = \mathcal{F}^{-1}\left(\frac{\sum_{l=1}^{d} A_i^l Z_i^l}{B_{i-1} + \lambda}\right) \tag{4.59}$$

最后，通过最大化响应值 y 来估计新的目标状态，得到目标在下一帧图像中的位置。

尺度滤波器的求解过程与位置滤波器相同，只是在尺度估计时采用一维滤波器，目标尺寸估计的选择原则为

$$a^p M \times a^p N,\ p \in \left\{ -\frac{S-1}{2}, -\frac{S-2}{2}, \cdots, \frac{S-1}{2} \right\} \tag{4.60}$$

式中：M、N 为目标框的宽和高；a 为尺度因子；S 为尺度数量。各尺度之间不是线性关系，而是由窄到宽的设计，由内到外的检测过程。在得到目标尺度后，将其与位置滤波器所得到的目标位置综合，从而得到新一帧中的目标。DSST 算法的跟踪流程如图 4.2 所示。

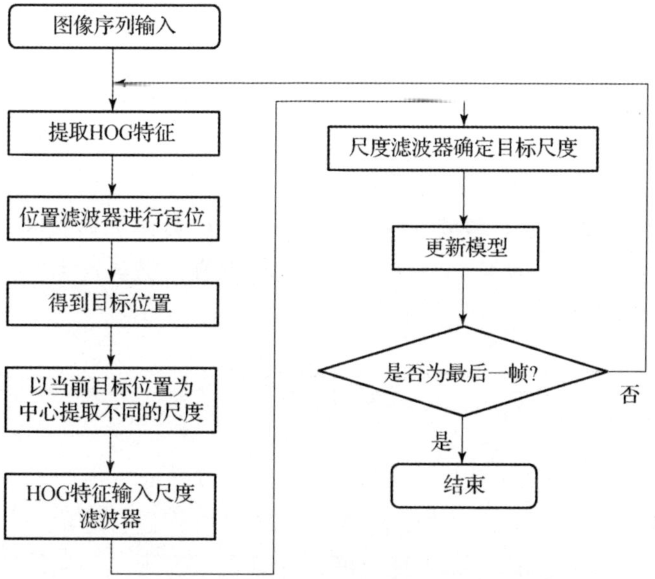

图 4.2　DSST 算法跟踪流程框图

DSST 方法不仅在特征选择上保持高度的灵活性，而且尺度估计模块可以迁移到其他算法，具有实时性高、可移植性强、跟踪精度良好的优点，是一个非常典型且高效的基于相关滤波器的目标跟踪算法，其中的思想和方法在今后的研究中非常值得学习和借鉴。

5. FDSST 跟踪算法

DSST 在尺度估计模块中所选取的尺度数量为 $S=33$，大大增加了计算负担，导致算法存在计算复杂度高、计算量大的问题。针对该问题，Danelljan 等[32]对 DSST 算法进行了优化，继续提出了快速判别尺度空间跟踪（Fast Discriminative Scale Space Tracking，FDSST）算法。FDSST 分别对位置滤波器与尺度滤波器进行 PCA 降维和 QR 分解来降低计算量并提升计算速度，使其更适

应快速运动目标跟踪。

首先，FDSST 对 DSST 算法的特征降维，将目标模板更新为

$$u_i = (1-\eta)u_{i-1} + \eta x_i \tag{4.61}$$

然后通过构造矩阵 $\boldsymbol{P}_i$，又称尺度估算因子，将其投影到维度较低的空间里，由于 $\boldsymbol{P}_i$ 的维度大小是 $d \times d$，其中 d 表示压缩之后的维度，$\boldsymbol{P}_i$ 通过重构 u_i 的误差得到

$$\varepsilon = \sum_n \| u_i(n) - \boldsymbol{P}_i^{\mathrm{T}} \boldsymbol{P}_i u_i(n) \|^2 \tag{4.62}$$

式中：n 为索引元组。接下来分别对分子和分母进行降维处理，降维之后分子和分母分别进行以下更新，即

$$A_i^l = \bar{Y} U_i^l \tag{4.63}$$

$$B_i = (1-\eta)B_{i-1} + \eta \sum_{k=1}^{d} \overline{X_i^l} X_i^l \tag{4.64}$$

式中：X_i 和 U_i 分别为目标样本 x_i 和模板 u_i 经过 $\boldsymbol{P}_i$ 降维和傅里叶变换之后的结果。然后，使用下式计算相关滤波器的最大响应值，得到目标在下一帧图像中的位置，即

$$y_i = \mathcal{F}^{-1}\left(\frac{\sum_{l=1}^{d} \overline{A_i^l} Z_i^l}{B_{i-1} + \lambda}\right) \tag{4.65}$$

此计算方式与 DSST 中相同。而对于尺度滤波方面，由于其维度较高，运算量很大，因此使用 QR 分解方法降维的方式对矩阵进行分解，然后分而求解以降低运算复杂度，从而提高运算速度，并且在尺度数量的选取方面，也从原算法的 33 个降低到 17 个，减少了一半的计算量，大大加快了算法的速度。此外，在求解滤波器响应值时，FDSST 算法中分别对位置滤波器响应和尺度滤波器响应进行三角多项式插值，根据最大响应值输出跟踪目标的位置信息和尺度信息。简单来说，就是通过插值处理使响应图的分辨率达到原始图像的分辨率，以提高目标检测精度。除上述所列外，尺度滤波器的求解过程均与位置滤波器相同，不再赘述。

FDSST 算法比 DSST 算法在速度上提升了 50% 左右，在精度上提升了 6% 左右，在不牺牲准确性的前提下提高运算速度，保证了跟踪的实时性。但值得注意的是，FDSST 算法只考虑了目标的局部信息，而忽略了背景信息的利用，导致在一些红外场景下跟踪受到限制。同时，FDSST 的位置滤波器和尺度滤波器均采用固定的方式进行更新，无法适应目标可能出现的各种变化，一旦目标

受到干扰，如目标在短时间内发生大幅度变形、快速移动、被遮挡等，使用FDSST算法就达不到良好的跟踪效果，并且无法重新捕获目标，在具有长时间目标跟踪需求的场景下也就无法得到良好的应用效果。此外，FDSST在目标跟踪过程中没有相应的跟踪可靠性判别机制，容易出现跟踪错误目标以及跟踪失败的情况。

6. SAMF跟踪算法

2015年Li等[33]提出了基于KCF改进的解决尺度变化问题的跟踪器——多特征集成尺度自适应跟踪器（Scale Adaptive Mutiliple Feature Tracker，SAMF）。与DSST算法类似，SAMF同样在算法中应用了目标尺度自适应的概念，使算法对目标大小改变更加敏感，跟踪性能较好。但是在滤波器设计以及目标特征选择上与DSST不同，前面提到，DSST算法提出了融合特征的思想，但是在实际试验部分却只采用了单通道HOG特征，因为其尺度区分过于精细，分了33种，导致算法计算量加大，跟踪实时性下降，因此放弃融合特征，避免再次加大计算量。SAMF算法采用融合特征用于目标的表示，并且利用一个相关滤波器来确定目标位置和估计尺度，无需为尺度估计进行额外的滤波器训练。与DSST算法另一个不同点是，SAMF在尺度选择上只有7个不同尺度。

由于内核相关函数只需要计算点积和向量范数，对于KCF算法中求取只使用单通道HOG特征，可以改进这一点为图像特征应用多个通道。假设用来表示数据的多通道特征被连接成向量$\boldsymbol{x}=[x_1,x_2,\cdots,x_C]$，那么式（4.47）可以改写为

$$k^{\text{Gauss}}=\exp\left(-\frac{1}{\sigma^2}(\|\boldsymbol{x}_1\|^2+\|\boldsymbol{x}_2\|^2)-2\mathcal{F}^{-1}\left(\sum_C\mathcal{F}(\boldsymbol{x}_1)\odot\mathcal{F}^*(\boldsymbol{x}_2)\right)\right) \tag{4.66}$$

式中：⊙表示逐元素点乘；*表示复共轭。

这允许算法使用更强大的目标特征而不仅仅是原始灰度像素或者HOG特征，进而体现多特征融合的优势。SAMF算法提出的跟踪器中使用了3种类型的目标特征，除了原始图像的原始灰度像素外，算法还融合了两个常用的目标特征——HOG特征和CN特征。这两个特征相互补充，HOG特征强调图像渐变，而CN特征则侧重于目标颜色信息。不过需注意，特征尺寸最初并不相互一致，并且应该与相关过滤器处理的目标特征相对齐。

SAMF算法中采用滤波器设计思想与DSST算法中不同，并不是使用两个滤波器来完成目标定位和目标尺度估计的过程，而是只采用了一个滤波器。预测框大小固定为$s_{\mathrm{T}}=(s_x,s_y)$，并且定义了尺度池的概念，尺度池$S=(t_1,t_2,\cdots,t_k)$，

假设目标预测框大小为原始图像空间中的 s_T，采用双线性插值的方法使尺度池中各个尺度的样本变得与 s_T 样本一致。对于当前帧，在 $\{t_i s_T | t_i \in S\}$ 中获取 k 个大小的目标来比较，以找到最佳尺寸的目标。其操作示意图如图 4.3 所示。

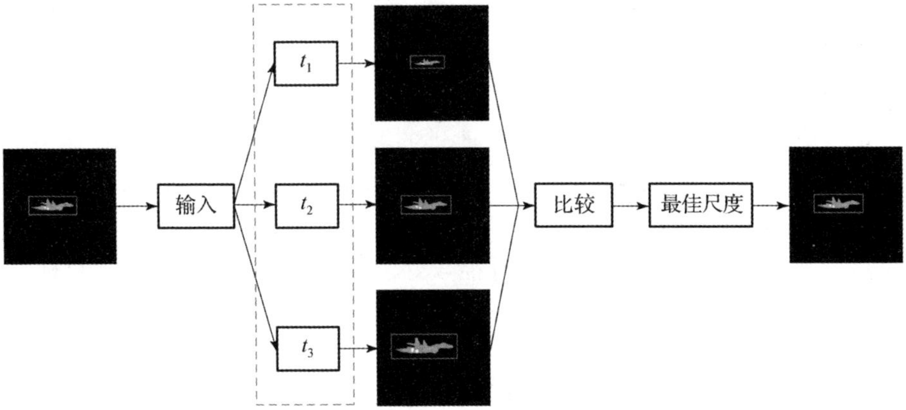

图 4.3　SAMF 算法寻找最佳尺度示意图

其中，在 SAMF 算法中尺度池包含 7 个尺度，即 $S=\{0.985,0.990,0.995,1.000,1.005,1.010,1.015\}$，实际上是在较小的范围内对目标进行缩放，并对不同大小的目标进行比较，找到最大响应目标所对应的尺度，即为最佳尺度。而最大响应结合前面推导并将不同尺度的概念引入得到

$$\mathrm{argmax}\mathcal{F}^{-1}(\hat{f}(z^{t_i})) \tag{4.67}$$

式中：z^{t_i}为尺度为 $t_i s_T$ 的样本的修正值，因为求取响应得到的是一个矢量，因此采用求取最大值操作来找到这个最大矢量的模，模最大时对应的 t_i 即为目标最佳尺度，这是多尺度核相关滤波器估计目标尺度的思想。由于目标运动隐含在响应图中，因此需要将最终位移调整为 t_i 以获得真实的运动偏差。

另外，在滤波器 F 更新部分与之前算法也存在不同，所有滤波器模板都设为一个定值。这样，模型更新过程中只需要更新两个参数：一个是对偶空间系数 $\boldsymbol{\alpha}$；另一个是基础目标特征模板 $\tilde{x}$，将新过滤器与旧过滤器线性组合，有

$$\bar{\boldsymbol{F}}_{\text{new}}=\theta\boldsymbol{T}_{\text{new}}+(1-\theta)\bar{\boldsymbol{F}}_{\text{old}} \tag{4.68}$$

式中：$\bar{\boldsymbol{F}}$ 为线性组合后的滤波器；$\boldsymbol{T}$ 为通过模板更新的滤波器；θ 为线性组合权值。且 $\boldsymbol{T}=[\boldsymbol{\alpha}^{\mathrm{T}},\tilde{\boldsymbol{x}}^{\mathrm{T}}]^{\mathrm{T}}$。

SAMF 算法的核心思想是基于 KCF 算法中的核相关滤波器，通过对各个预

测位置且经过缩放后的不同尺度的目标进行相关滤波，求取最大响应值，综合完成目标定位和尺度估计。由于其只采用了 7 个目标尺度，远不及 DSST 算法的 33 个精细尺度，只能在小范围内对目标尺度变化进行适应，但是在目标低速运动时，即便是靠近或者远离运动，依旧能适应。7 个尺度带来计算量的减小，使 SAMF 算法可以采用融合特征来对目标进行描述，这一点改善了跟踪效果，这是 KCF 算法和 DSST 算法所不具备的。

7. SRDCF 跟踪算法

除了上述几种对图像特征选取的改进和对目标尺度变化的改进算法，后续还出现了对边界效应问题的相关研究。标准的相关滤波模型使用的正负样本是由循环移位获得的，因此只有中心样本是正确的，当目标函数通过傅里叶变换转换到在频域进行求解时，需对图像窗口进行循环拼接，这将导致拼接图像在边缘处不连续，从而产生边界效应，而边界效应产生的错误样本造成分类器的辨别能力不强，是隐含在相关滤波模型中的一个容易过拟合的缺陷。当在目标快速运动和相似背景物的干扰情形下，边界效应的影响会导致错误样本的产生，从而使分类器判别能力不够强，目标容易跟踪失败。

为了克服相关滤波中出现的边界效应，2015 年，Danelljan 等[34]提出了空间正则相关滤波器（Spatially Regularized Correlation Filter，SRDCF）算法，该算法通过引入空间权重函数有效地抑制了图像边缘区域响应，并且允许跟踪器使用更大的搜索区域，在快速运动、复杂背景等场景下能保持优秀的性能。

空间正则化滤波器的设计就是在相关滤波器的基础上，将式（4.55）的正则化部分变为更加普遍的正则化项。具体而言，在公式中引入空间权重函数 $w:\Omega\to\mathbf{R}$，Ω 代表空间域，$\mathbf{R}$ 表示实数空间。空间权重函数代表了滤波器 f^l 不同位置元素的重要程度。由于边缘效应仅仅发生在滤波器的边缘，所以中心部分施加较小的权重系数，而在边界部分施加较大的权重系数，从而使滤波器边缘的系数得到抑制。一般而言，空间权重的形式采取从中心到边缘平滑过渡的二次函数形式 $w(m,n)=\mu+(m/P)^2+(n/Q)^2$，$P\times Q$ 代表目标的尺度。图 4.4 所示为空间权重函数示意图。

利用正则化权重对训练过程中的滤波器系数进行惩罚，从而可以生成一个判别性更强的模型。其改进后的最优化问题可以表示为

$$\varepsilon = \sum_{k=1}^{t}\alpha_k \left\| \sum_{l=1}^{d} x_k^l * f_k^l - y \right\|^2 + \lambda \sum_{l=1}^{d} \| w \cdot f^l \|^2 \tag{4.69}$$

式中：$\alpha_k \geqslant 0$ 为每个训练样本的权重系数；w 为正则化权重系数；t 为样本数量；d 为特征图维数。式（4.69）的第二项为空间化正则项。

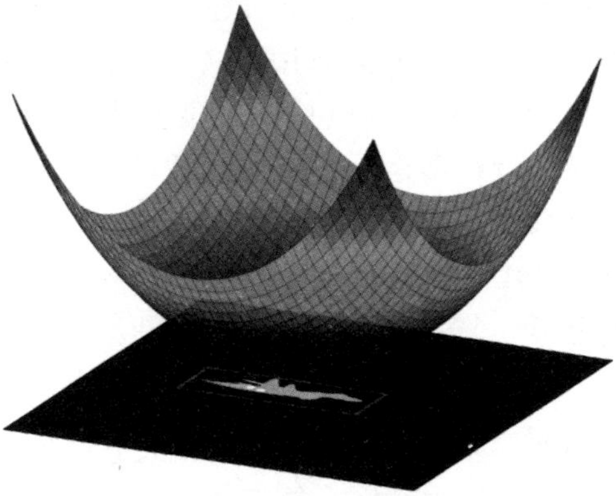

图 4.4　空间权重函数示意图

通过帕斯瓦尔定理和循环矩阵的性质，可以将最优化问题转移到频域中，简化式（4.69）为

$$\tilde{\varepsilon} = \sum_{k=1}^{t} \alpha_k \left\| \sum_{l=1}^{d} \boldsymbol{D}_k \tilde{f}_k - \tilde{y}_k \right\|^2 + \lambda \sum_{l=1}^{d} \| \boldsymbol{W} \tilde{f}_k \|^2 \tag{4.70}$$

接着，将式（4.70）化解为 $A_t \tilde{f} = \tilde{b}_t$ 的形式，从而求得满足条件的最小值，其中：

$$A_t^l = \sum_{k=1}^{t} \alpha_k \boldsymbol{D}_k^{\mathrm{T}} \boldsymbol{D}_k + \boldsymbol{W}^{\mathrm{T}} \boldsymbol{W} \tag{4.71}$$

$$\tilde{b}_t = \sum_{k=1}^{t} \alpha_k \boldsymbol{D}_k^{\mathrm{T}} \tilde{y}_k \tag{4.72}$$

在模型更新阶段，通过更新 A_t 和 $\bar{b}_t$ 两项对滤波器进行更新，该算法引入了学习率 $\eta \geqslant 0$，更新公式为

$$A_t = (1-\eta) A_{t-1} + \eta (\boldsymbol{D}_t^{\mathrm{T}} \boldsymbol{D}_t + \boldsymbol{W}^{\mathrm{T}} \boldsymbol{W}) \tag{4.73}$$

$$b_t = (1-\eta) b_{t-1} + \eta \boldsymbol{D}_t^{\mathrm{T}} \tilde{y}_t \tag{4.74}$$

在检测阶段，求取更新后的滤波器参数与样本之间的响应，响应的最大值点即为新的目标位置，该算法的响应函数与前述算法相似。

尽管 SRDCF 能有效地抑制边界效应，但该方法主要问题是求解的计算量较大。由于空间正则项不能完美地利用传统的 CF 循环矩阵方法使计算量变大，而且大型线性方程和高斯－赛德尔求解十分耗时，导致整体的计算量较大。

8. BACF 算法

由于此前的相关滤波算法只对目标进行建模，在训练滤波器时，将目标图

像块裁剪和循环拼接后的图像作为负样本，而并非将目标以外的大量实际背景当作负样本用于训练滤波器，忽略了目标背景随时间变化的情况，这将会影响目标跟踪效果。为了解决该问题，Galoogahi 等[35]提出了背景感知相关滤波（BACF）算法，该算法利用 HOG 特征，随时间变化动态地对跟踪目标的前景和背景进行建模，同时提出了一种基于交替方向乘子法[36]（Alternating Direction Method of Multiplier，ADMM）的优化方法对滤波器进行求解。最终通过试验，证明了 BACF 算法具有更高的准确性和实时性。

传统的多通道相关滤波跟踪器（如 DSST），其最优化问题表示为式（4.55），其也可以等效地写成脊回归的形式，即

$$\varepsilon(\boldsymbol{f}) = \frac{1}{2}\sum_{j=1}^{D}\left\| y(j) - \sum_{l=1}^{d}\boldsymbol{f}_l^{\mathrm{T}}\boldsymbol{x}_l[\Delta\tau_j]\right\|^2 + \frac{\lambda}{2}\sum_{l=1}^{d}\|\boldsymbol{f}_l\|^2 \tag{4.75}$$

式中：$y(j)$ 为 y 中的第 j 个元素；$[\Delta\tau_j]$ 为循环移位算子；$x_k[\Delta\tau_j]$ 表示对 x_k 的 j 阶离散循环移位操作；λ 为正则化系数；T 为 $\boldsymbol{x}_l$ 的长度。

式（4.75）表明，以目标为中心的一个图像块被当作正样本，其余的 $D-1$ 个循环位移后的图像块将作为负样本。按此方式训练出来的滤波器，很适宜将目标图像块从它自身的循环位移后的图像块中分辨出来。但是，却不能很好地将目标从真实背景中分离出来。

为了让相关滤波跟踪器在训练时更多地利用目标外围的真实背景，BACF 在式（4.75）的基础上进行了改进，其滤波器的训练公式为

$$\varepsilon(\boldsymbol{f}) = \frac{1}{2}\sum_{j=1}^{D}\left\| y(j) - \sum_{l=1}^{d}\boldsymbol{f}_l^{\mathrm{T}}\boldsymbol{P}\boldsymbol{x}_l[\Delta\tau_j]\right\|^2 + \frac{\lambda}{2}\sum_{l=1}^{d}\|\boldsymbol{f}_l\|^2 \tag{4.76}$$

式中：$\boldsymbol{P}$ 为裁剪矩阵，用于从 x_k 裁剪出 D 个元素；$\boldsymbol{P}\boldsymbol{x}_l[\Delta\tau_j]$ 表示首先对整个样本进行循环位移操作，然后裁剪出和滤波器 f 等大的样本块用于训练，这保证 f 在训练时利用了足够的目标以外的真实背景，如图 4.5 所示。在连续的跟踪过程中，以滤波器峰值响应位置为中心所截取的图像块将被当作下一次训练的正样本。而其余响应值贴近于 0 的位置，将被采集为负样本。

在训练采样时，可以先将采样区域移动到以目标为中心，然后才进行 $\boldsymbol{P}\boldsymbol{x}_l[\Delta\tau_j]$ 操作。从而，目标位置固定，$\boldsymbol{P}$ 的形式也将预先固定。于是，$\boldsymbol{P}\boldsymbol{x}_l$ 的运算可以通过查找表方式完成，极大地减少了计算量。

同样，为了提高计算效率，BACF 滤波器的训练学习放在频率域进行，式（4.76）在频域表示为

$$\varepsilon(\boldsymbol{f},\hat{\boldsymbol{q}}) = \frac{1}{2}\sum_{j=1}^{T}\|\hat{\boldsymbol{y}} - \hat{\boldsymbol{X}}\hat{\boldsymbol{q}}\|^2 + \frac{\lambda}{2}\|\boldsymbol{f}\|^2 \tag{4.77}$$

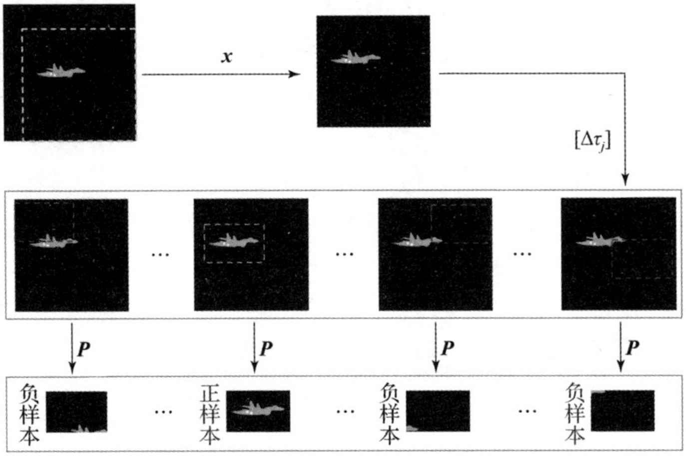

图 4.5 对大样本的裁剪获得接近真实背景的负样本

式中：$\hat{q}$ 为辅助变量，该变量需满足

$$\hat{\boldsymbol{q}}=\sqrt{T}(\boldsymbol{F}\boldsymbol{P}^{\mathrm{T}}\otimes\boldsymbol{I}_K)\boldsymbol{f} \tag{4.78}$$

$\hat{\boldsymbol{X}}$ 矩阵为分块对角矩阵，被定义为 $\hat{\boldsymbol{X}}=[\mathrm{diag}^{\mathrm{T}}(\hat{x}_1),\cdots,\mathrm{diag}^{\mathrm{T}}(\hat{x}_k)]$；$\boldsymbol{F}$ 为标准正交矩阵，用于将其他向量化信号映射到傅里叶域；$\otimes$指的是克罗内克积。

为了使用 ADMM 算法技巧对问题进行迭代求解，本书利用增广拉格朗日算法来变形式（4.77），然后分解成多个子问题进行求解，即

$$L(\boldsymbol{f},\hat{\boldsymbol{q}},\boldsymbol{\zeta})=\frac{1}{2}\|\hat{\boldsymbol{y}}-\hat{\boldsymbol{X}}\hat{\boldsymbol{q}}\|+\frac{\lambda}{2}\|\boldsymbol{f}\|^2+\hat{\boldsymbol{\zeta}}^{\mathrm{T}}(\hat{\boldsymbol{q}}-\sqrt{T}(\boldsymbol{F}\boldsymbol{P}^{\mathrm{T}}\otimes\boldsymbol{I}_K)\boldsymbol{f})$$
$$+\frac{\mu}{2}\|\hat{\boldsymbol{q}}-\sqrt{T}(\boldsymbol{F}\boldsymbol{P}^{\mathrm{T}}\otimes\boldsymbol{I}_K)\boldsymbol{f}\|^2 \tag{4.79}$$

式中：$\boldsymbol{\zeta}=[\hat{\boldsymbol{\zeta}}_1^{\mathrm{T}},\hat{\boldsymbol{\zeta}}_2^{\mathrm{T}},\cdots,\hat{\boldsymbol{\zeta}}_k^{\mathrm{T}}]^{\mathrm{T}}$ 为傅里叶域的拉格朗日矢量；$\boldsymbol{I}_k$ 为单位矩阵；μ 为惩罚因子。

在多尺度检测方面，BACF 算法沿用了 SAMF 跟踪算法中的尺度检测方法。

为了与滤波器训练时目标样本 $\boldsymbol{x}$ 相区别，这里检测定位时搜索区域图像用 z 表示。在当前帧中，以前一帧中获得的目标为中心，截取不同空间尺度大小的图像块，其大小为上一帧匹配尺寸的 a^r 倍，表示为 z_r $\left(r\in\left\{\frac{1-N}{2},\cdots,\frac{N-1}{2}\right\}\right)$。其中 N 表示设定的尺度数目，a 是尺度增量因子。

在跟踪的第一帧，滤波器的网格尺寸就已经确定，后续跟踪中不再改变，假设其对应的搜索区域图像的像素尺寸为 $M\times N$。不同尺寸的图像块 z_r 将通过

双线性插值方法缩放至同样的像素尺寸大小 $M \times N$。然后在这些同样尺寸大小的图像上进行特征提取，将其转换为等大的特征图。接着滤波器在所有尺度的特征图上都进行运算，在最大响应值处，同时获得目标位置以及当前帧的匹配尺度。尺度滤波的执行过程如图 4.6 所示。

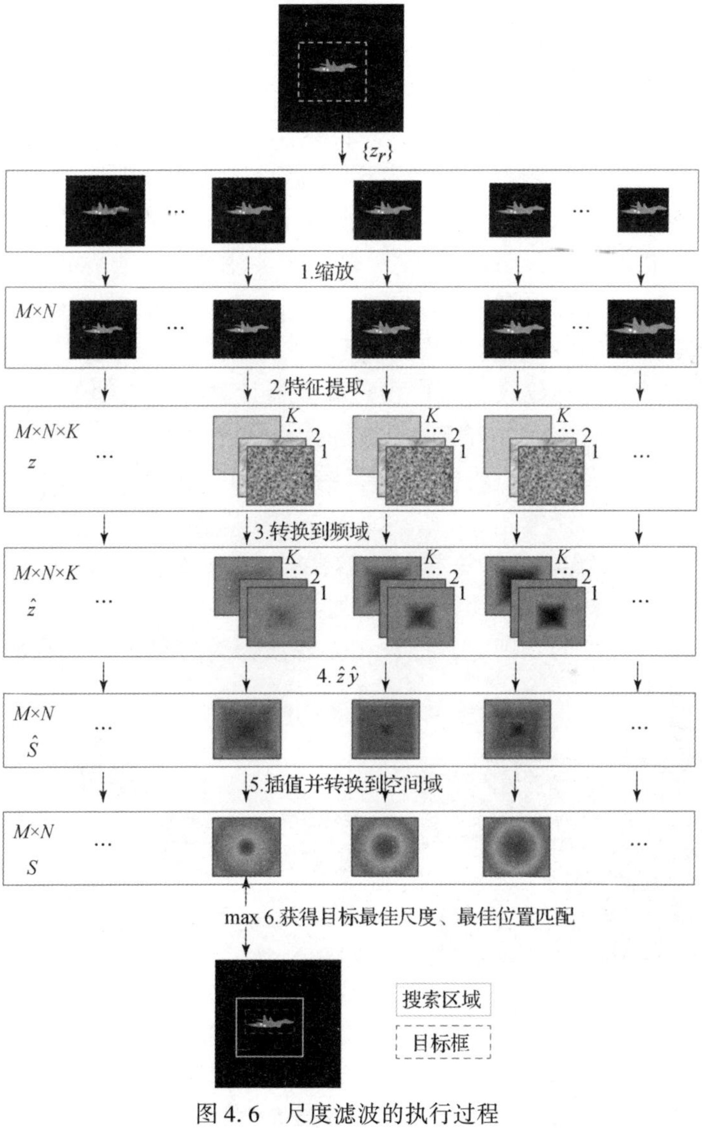

图 4.6　尺度滤波的执行过程

BACF 算法在之前相关滤波框架上扩大了循环矩阵的采样区域，并利用裁剪矩阵将样本裁剪为多个与目标大小相同的小样本，即这些小样本均是通过循环移位和裁剪生成，包括更大范围的搜索区域和真实背景，显著提高了用来训练滤波器样本的数量和质量，且减弱了边缘效应的影响，并且通过采用 ADMM 来交替优化求解目标函数，有效地解决了 SRDCF 方法计算量过大的问题。尽管 BACF 算法可以解决大部分问题，但是随着视频序列复杂度的增加，在遇到运动模糊以及过度形变等问题时，目标跟踪框会发生漂移，由于没有进行目标预测跟踪位置纠正的相关机制，算法的跟踪效果不佳。

9. CACF 跟踪算法

传统的核相关滤波跟踪器大多关注目标样本所包含的语义信息，而忽略对上下文信息的利用，当跟踪目标处于快速运动、遮挡、严重的背景干扰情况时，算法的跟踪表现不佳。为进一步提升相关滤波类跟踪算法的跟踪精度和应对跟踪环境变化的能力，Mueller 等[37]在核相关滤波跟踪算法的基础上提出基于相关滤波的上下文感知目标跟踪算法（Context - Aware target tracking based on Correlation Filter，CACF），该算法同时利用到目标信息及其周围的背景信息，首先利用前一帧的目标位置，通过相关滤波器计算出当前帧的目标的置信图，然后置信图中最高的幅值点对应的位置即为目标的位置，最后用当前帧的目标位置在线更新上下文相关滤波模型，算法在满足目标跟踪实时性的同时，也提高了跟踪复杂目标的能力。

CACF 算法中提出了在训练相关滤波器时，提取跟踪目标周围信息即感知区域特征，作为负样本加入到相关滤波器的训练中，相当于对相关滤波又进行了以此更加有针对性的正则化，提升相关滤波器对背景干扰信息的分辨能力，具体如图 4.7 所示。

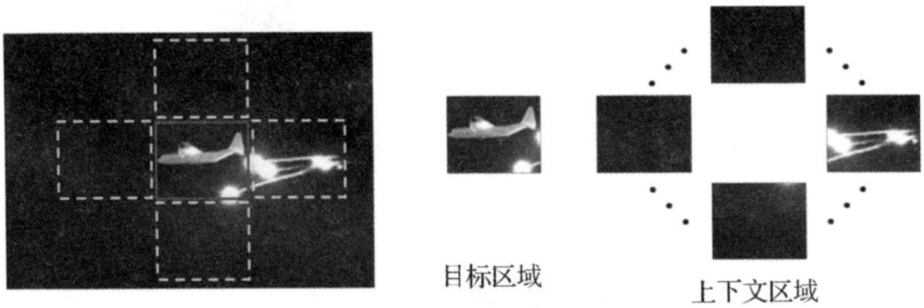

图 4.7　感知区域和经典相关滤波区域对比

CACF 算法中，在目标图像块 $a_0 \in R^n$ 周围添加 k 个上下文局部块 $a_i \in R^n$。它们对应的循环矩阵分别是 $\boldsymbol{A}_0 \in \boldsymbol{R}^{n\times n}$ 和 $\boldsymbol{A}_i \in \boldsymbol{R}^{n\times n}$。这些上下文局部块可以被视为负样本，它们包含各种干扰因素和不同形式的全局背景。上下文感知滤波器和相关滤波器的训练同样，即利用岭回归的方法得到一个新的滤波器，其目标

函数可以表示为

$$\min_{w}\ \|\boldsymbol{A}_0\boldsymbol{f}-\boldsymbol{y}\|^2+\lambda_1\ \|\boldsymbol{f}\|^2+\lambda_2\sum_{i=1}^{k}\ \|\boldsymbol{A}_i\boldsymbol{f}\|^2 \tag{4.80}$$

式中：$\boldsymbol{f}$ 为相关滤波器；λ_1、λ_2 为正则化权重参数，参数 λ_2 用于控制回归为零的上下文图像块。

在式（4.80）中，由于目标图像块周围叠加了上下文图像块，形成新的数据矩阵 $\boldsymbol{B}\in\boldsymbol{R}^{(k+1)n\times n}$。新的目标函数可表示为

$$g(\boldsymbol{f},\boldsymbol{B})=\|\boldsymbol{B}_0\boldsymbol{f}-\bar{\boldsymbol{y}}\|^2+\lambda_1\|\boldsymbol{f}\|^2 \tag{4.81}$$

式中：$\boldsymbol{B}=[A_0,\sqrt{\lambda_2}A_1,\cdots,\sqrt{\lambda_2}A_k]^{\mathrm{T}}$；$\bar{\boldsymbol{y}}=[y,0,\cdots,0]^{\mathrm{T}}$；$g(f,B)$ 为凸函数，可以通过将导数设置为零来最小化 $\boldsymbol{f}$，从而得到

$$\boldsymbol{f}=(\boldsymbol{B}^{\mathrm{T}}\boldsymbol{B}+\lambda_1\boldsymbol{I})^{-1}\boldsymbol{B}^{\mathrm{T}}\bar{\boldsymbol{y}} \tag{4.82}$$

利用循环矩阵恒等式 $\boldsymbol{X}=\boldsymbol{F}\cdot\mathrm{diag}(\hat{\boldsymbol{x}})\cdot\boldsymbol{F}^{\mathrm{H}}$ 和 $\boldsymbol{X}^{\mathrm{T}}=\boldsymbol{F}\cdot\mathrm{diag}(\hat{\boldsymbol{x}}^*)\cdot\boldsymbol{F}^{\mathrm{H}}$ 将循环矩阵对角化，在傅里叶域中获得 $\boldsymbol{f}$ 的闭式解。

$$\boldsymbol{f}=\mathcal{F}^{-1}\left(\frac{\mathcal{F}(a_0^*)\odot\mathcal{F}(y)}{\mathcal{F}(a_0^*)\odot\mathcal{F}(a_0)+\lambda_1+\lambda_2\sum_{i=1}^{k}\mathcal{F}(a_0^*)\odot\mathcal{F}(a_0)}\right) \tag{4.83}$$

式中：$\odot$ 表示逐元素点乘；$*$ 表示复共轭；$\mathcal{F}$ 表示傅里叶变换。

CACF 的检测方案与传统的相关滤波检测方案完全一致，将训练得到的滤波器 $\boldsymbol{f}$ 与下一帧中的图像块 z（搜索窗口）进行卷积 $\hat{r}_p=\hat{z}\odot\hat{\boldsymbol{f}}$，最大响应值位置就是预测目标位置。对于无约束输出的滤波器更新，一般采用的是固定的学习因子 η，模型更新和滤波器更新为

$$\boldsymbol{x}^t=(1-\eta)\boldsymbol{x}^{t-1}+\eta\boldsymbol{x}^t \tag{4.84}$$

式中：$\boldsymbol{x}^t$ 为当前帧的目标模型；$\boldsymbol{x}^{t-1}$ 为前一帧的目标模型。

$$F(\boldsymbol{\alpha}^t)=(1-\eta)F(\boldsymbol{\alpha}^{t-1})+\eta F(\boldsymbol{\alpha}^t) \tag{4.85}$$

式中：$\boldsymbol{\alpha}^t$ 为当前帧的相关滤波器，$\boldsymbol{\alpha}^{t-1}$ 为前一帧的相关滤波器。

CACF 通过加入感知区域特征信息的方法，相关滤波器在计算特征的响应输出时，目标区域响应输出较高，而背景区域响应输出接近于零，以此来更好地区分跟踪目标和背景，提升了算法的跟踪鲁棒性。但是，算法在滤波器求解模型中将整个上下文感知区域看作一个整体，没有考虑不同分区对目标跟踪的贡献，削弱了上下文的作用，滤波器模型的鲁棒性会因此表现得不够强壮。算法在处理目标形变和目标快速移动等复杂背景目标的过程中容易出现跟踪目标漂移，从而导致跟踪失败。

4.2 二维频域 Gabor 滤波与相关跟踪融合理论

已有的基于核相关滤波跟踪算法框架下的特征提取方法，在本质上均是提取空间域特征信息进行分析和检测目标位置，而相关滤波跟踪算法是在频域下进行目标训练、检测和更新，因此空间域特征提取方法不能很好地与相关滤波算法框架相结合。针对这些问题，本节介绍一种基于二维频域 Gabor 滤波的频域特征提取、融合方法。一方面，二维 Gabor 滤波器可以有效地提取图像边缘纹理特征信息以弥补红外图像缺陷；另一方面，Gabor 滤波器的平移不变等特性有利于稳定地提取目标特征，提升跟踪算法鲁棒性。因此本节首先从二维加窗傅里叶变换角度引出二维 Gabor 滤波器函数；然后分析、推导了二维 Gabor 滤波器函数的标准式、参数选取并构建出不同方向、尺度的频域 Gabor 滤波器组，为 GF－KCF 算法奠定理论基础；最后证明二维 Gabor 特征的平移、尺度、旋转不变性，引入 KCF 跟踪算法更有利于表征目标边缘纹理信息。

4.2.1 Gabor 滤波理论

傅里叶变换是在时间域或空间域上的无限延伸，即傅里叶变换没有任何时间或空间局限的信息而只分析信号的频率特性。加窗傅里叶变换是在傅里叶变换的基础上进行的改进，即为了分析信号随时间或空间变化的特性，加窗傅里叶变换通过对傅里叶变换加入高斯窗函数，空间信息被转变为方向信息。另外，原来的频率信息转变为二维平面中的尺度信息。二维加窗傅里叶变换的表达式为

$$\mathcal{S}[f(m,n,\xi_0,\nu_0)] = \int_{-\infty}^{+\infty}\int_{-\infty}^{+\infty} f(x,y)\cdot h_{m,n,\xi_0,\nu_0}^{*}(x,y)\mathrm{d}x\mathrm{d}y \tag{4.86}$$

其中，

$$h_{m,n,\xi_0,\nu_0}(x,y) = g(x-m,y-n)\cdot\exp(\mathrm{j}\xi_0 x+\mathrm{j}\nu_0 y) \tag{4.87}$$

式中：$\mathcal{S}[\cdot]$表示加窗傅里叶变换；$f(x,y)$表示二维图像函数；“$*$”表示取函数复共轭；$g(x,y)$表示窗函数；ξ_0、ν_0 表示频域坐标。由式（4.86）可知，加窗傅里叶变换实质是运用窗口函数与原函数相乘实现在 m、n 附近加窗和平移之后进行傅里叶变换。若 $g(x,y)$为二维高斯窗函数，则

$$g(x,y) = \frac{1}{2\pi\sigma\beta}\exp\left(-\frac{x^2}{2\sigma^2}-\frac{y^2}{2\beta^2}\right) \tag{4.88}$$

由式（4.88）定义的二维加窗傅里叶变换即为二维 Gabor 变换，其中 σ、

β 分别为高斯窗函数在 x、y 方向上的高斯尺度。除以 $2\pi\sigma\beta$ 对高斯窗函数进行归一化处理，使得

$$\int_{-\infty}^{+\infty}\int_{-\infty}^{+\infty} g(x,y)\,\mathrm{d}x\mathrm{d}y = 1 \tag{4.89}$$

定义 $\varphi(x,y,\xi_0,\nu_0)$，使得

$$\varphi(x,y,\xi_0,\nu_0) = g(x,y)\cdot\exp(\mathrm{j}\xi_0 x + \mathrm{j}\nu_0 y) \tag{4.90}$$

将式（4.90）代入式（4.86）中，得

$$\begin{aligned}
\mathcal{S}[f(m,n,\xi_0,\nu_0)] &= \int_{-\infty}^{+\infty}\int_{-\infty}^{+\infty} f(x,y)\cdot g(x-m,y-n)\cdot\exp(-\mathrm{j}\xi_0 x - \mathrm{j}\nu_0 y)\,\mathrm{d}x\mathrm{d}y \\
&= \int_{-\infty}^{+\infty}\int_{-\infty}^{+\infty} f(x,y)g(x-m,y-n)\cdot\exp[\mathrm{j}\xi_0(m-x) \\
&\quad + \mathrm{j}\nu_0(n-y)]\exp(-\mathrm{j}\xi_0 m - \mathrm{j}\nu_0 n)\,\mathrm{d}x\mathrm{d}y \\
&= \int_{-\infty}^{+\infty}\int_{-\infty}^{+\infty} f(x,y)\cdot\varphi(x-m,y-n,\xi_0,\nu_0)\cdot \\
&\quad \exp(-\mathrm{j}\xi_0 m - \mathrm{j}\nu_0 n)\,\mathrm{d}x\mathrm{d}y \\
&= [f(m,n)\odot\varphi(m,n,\xi_0,\nu_0)]\cdot\exp(-\mathrm{j}\xi_0 m - \mathrm{j}\nu_0 n)
\end{aligned} \tag{4.91}$$

式中：$\odot$表示函数卷积运算。式（4.91）可以等价地描述为：将二维 Gabor 变换看成是二维图像函数与一个函数的卷积，从而得到二维 Gabor 函数即 $\varphi(x,y,\xi_0,\nu_0)$。由式（4.87）可知，二维 Gabor 函数表示为高斯函数乘以一个调制函数的形式，而 $\exp(-\mathrm{j}\xi_0 m - \mathrm{j}\nu_0 n)$ 只引起卷积响应的相位变化，其幅值响应不变，有

$$|\phi(m,n)\cdot\exp(-\mathrm{j}\xi_0 m - \mathrm{j}\nu_0 n)| = |\phi(m,n)| \tag{4.92}$$

因此，可得空间域中的标准二维 Gabor 函数的一般表达式为

$$\begin{cases}
\varphi(x,y,\xi_0,\nu_0,\sigma,\beta) = g(x,y,\sigma,\beta)\cdot\eta(x,y,\xi_0,\nu_0) \\
g(x,y,\sigma,\beta) = \dfrac{1}{2\pi\sigma\beta}\exp\left(-\dfrac{x^2}{2\sigma^2} - \dfrac{y^2}{2\beta^2}\right) \\
\eta(x,y,\xi_0,\nu_0) = \exp(\mathrm{j}\xi_0 x + \mathrm{j}\nu_0 y)
\end{cases} \tag{4.93}$$

式中：$g(x,y,\sigma,\beta)$ 和 $\eta(x,y,\xi_0,\nu_0)$ 分别为二维高斯函数和一个二维调制函数；ξ_0、ν_0 分别为函数在频域的坐标。频率(ξ_0,ν_0)的复平面波的传播方向为沿着椭圆高斯函数的短轴方向。令 $\omega_0 = \sqrt{\xi_0^2 + \nu_0^2}$、$\theta = \arctan(\xi_0/\nu_0)$，可以得到 $\xi_0 = \omega_0\cos\theta$、$\nu_0 = \omega_0\sin\theta$，$\omega_0$、$\theta$ 分别为复平面波的频率和传播方向。因此二维调制函数可写成

$$\eta(x,y,\omega_0,\theta) = \exp[\mathrm{j}\omega_0(x\cos\theta + y\sin\theta)] \tag{4.94}$$

二维 Gabor 滤波函数是以二维 Gabor 函数作为基函数，基于 Gabor 小波簇

通过角度旋转和尺度缩放的离散化处理生成一组 Gabor 滤波器函数，以形成几乎完整且非正交的滤波器函数组，滤波器函数进一步简化为

$$\begin{cases}\varphi(x,y,\omega_0,\theta,\sigma,\beta)=\dfrac{1}{2\pi\sigma\beta}\exp\left(-\dfrac{x'^2}{2\sigma^2}-\dfrac{y'^2}{2\beta^2}\right)\cdot\exp(\mathrm{j}\omega_0 x')\\ x'=x\cos\theta+y\sin\theta\\ y'=-x\sin\theta+y\cos\theta\end{cases}\tag{4.95}$$

式中：θ 定义为滤波方向，其含义为调制平面波和椭圆高斯函数主轴沿逆时针方向旋转的角度；x'、y'分别为旋转角度 θ 后的坐标。图 4.8 给出了二维 Gabor 滤波器的实部、虚部三维模型以及滤波响应图。

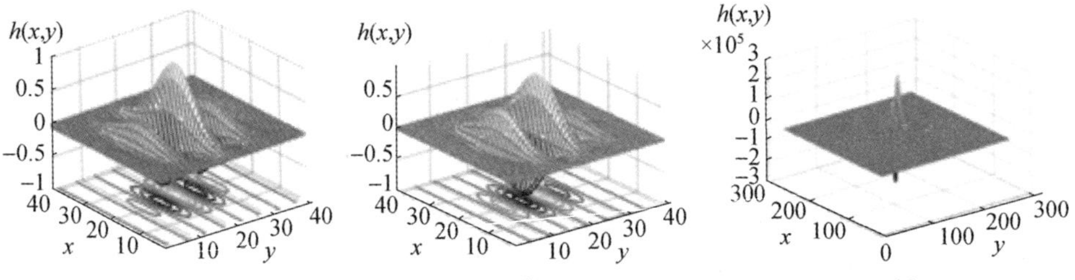

图 4.8　二维 Gabor 滤波器的三维空间模型示意图

（a）Gabor 滤波器实部；（b）Gabor 滤波器虚部；（c）Gabor 滤波响应图。

再令

$$\frac{\beta}{\sigma}=\gamma\tag{4.96}$$

$$\sigma=\frac{k}{\omega_0}\tag{4.97}$$

$$k=\sqrt{2\ln 2}\left(\frac{2^{\Omega}+1}{2^{\Omega}-1}\right)\tag{4.98}$$

其中，对于特定的阶跃带宽 Ω 可知 k 也是固定常数。则 Gabor 滤波器的函数模型可进一步得到

$$\varphi(x,y,\omega_0,\theta)=\frac{\omega_0^2}{2\pi k^2\gamma}\exp\left[-\frac{\omega_0^2}{2\gamma^2k^2}(\gamma^2x'^2+y'^2)\right]\cdot\exp(\mathrm{j}\omega_0x')\tag{4.99}$$

式（4.99）即为二维 Gabor 滤波器函数表达式，选择特定的尺度、方向的 Gabor 滤波器函数分别提取相应的目标特征。显然，需要使用由多个滤波器组成的滤波器组，滤波器相应之间的关系提供了区分和提取对象的基础。

对于离散尺度 ω_i 的选择，Daugman（1998）证明必须使用指数抽样的方式

选择尺度，即

$$\omega_i = d^{-i}\omega_{\max} \quad (i=0,1,\cdots,K-1) \tag{4.100}$$

式中：ω_i 为第 i 个尺度；$\omega_0 = \omega_{\max}$为所需要的最大尺度；d 为尺度比例因子，通常选择 $d=\sqrt{2}$。

对于离散旋转角 θ_j 的选择，Kyrki 等（2001）已经证明了离散的旋转角度如何均匀间隔的选择，即

$$\theta_j = \frac{j\pi}{S} \quad (j=0,1,\cdots,S-1) \tag{4.101}$$

式中：θ_j 为第 j 个方向；S 为使用的方向总数。由于方向角 θ 在$[0,\pi]$范围内的响应与$[\pi,2\pi]$的响应相同，因此只选择 θ 在$[0,\pi]$的范围。

综上所述，假设建立一个为 6×6 大小的 Gabor 滤波器组，按行、列方向分别为 6 个方向和 6 个尺度，则特定尺度、方向的滤波器在空间域的表示如图 4.9 所示。

图 4.9　6×6 个 Gabor 滤波器组空间域示意图

根据图 4.9 可以总结出规律：在使用不同尺度 Gabor 滤波器提取纹理特征时，较大尺度的 Gabor 滤波器提取出的纹理较为细密且目标边缘纹理特征较为准确，但是易受到原图中噪声的干扰；相反，较小尺度的 Gabor 滤波器提取的纹理只有目标的大致边缘轮廓信息，对目标精确定位较为困难，但是可以抑制原图中的噪声。因此，选择合适的尺度范围，既可以准确描述目标边缘轮廓信息，又能达到抑制背景噪声干扰的效果。式（4.99）显示，低频率对应大尺度的 Gabor 滤波器，具有较好的噪声抑制能力；而高频率对应小尺度的 Gabor 滤波器可以较准确地提取边缘纹理信息。本节所介绍的 GF – KCF 算法框架

则是利用多个尺度的 Gabor 滤波器虚部 $\phi(x,y,\omega_0,\theta)$ 来平滑图像、提取局部特征。

应用 Gabor 滤波器对图像进行滤波处理时，图像函数 $f(x,y)$ 和 Gabor 滤波器函数虚部 $\phi(x,y,\omega_0,\theta)$ 的卷积得到其空间域响应值 q_s，即

$$\begin{aligned}\phi(x,y,\omega_0,\theta) &= \mathrm{Im}(\varphi(x,y,\omega_0,\theta))\\ q_s(x,y,\omega_0,\theta) &= f(x,y)\odot\phi(x,y,\omega_0,\theta)\\ &= \int_{-\infty}^{+\infty}\int_{-\infty}^{+\infty} f(\tau_1,\tau_2)\cdot\phi(x-\tau_1,y-\tau_2,\omega_0,\theta)\,\mathrm{d}\tau_1\mathrm{d}\tau_2\end{aligned} \tag{4.102}$$

图 4.10 是一个空中目标图像块的 6×6 个空间域 Gabor 滤波响应示意图。

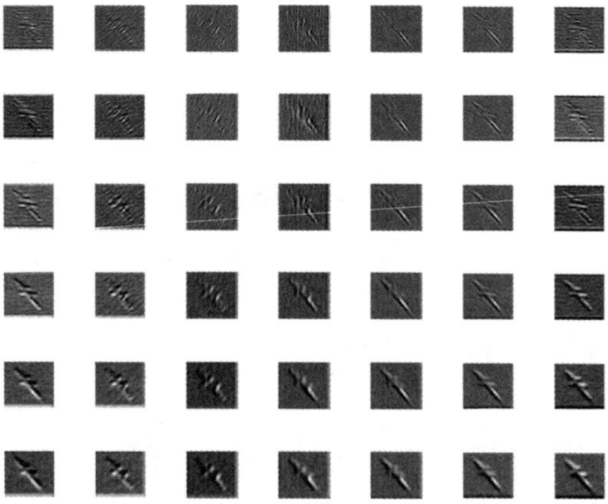

图 4.10　目标图像块的 6×6 个空间域 Gabor 滤波响应示意图

傅里叶变换的卷积定理：两个函数在空间域的卷积等于两个函数经过傅里叶变换后的乘积。因此，可以将二维原函数和二维 Gabor 滤波器函数转换到频域，然后将两个函数直接相乘等价于在频域下对二维原函数进行 Gabor 滤波，得到频域响应值，即

$$Q_s(\xi,\nu,\omega_0,\theta) = \mathcal{F}[f(x,y) * \varphi(x,y,\omega_0,\theta)] = F(\xi,\nu)\cdot\Psi(\xi,\nu,\omega_0,\theta) \tag{4.103}$$

式中：$\mathcal{F}[\cdot]$表示二维傅里叶变换；函数 $Q_s(\xi,\nu,\omega_0,\theta)$、$F(\xi,\nu)$、$\Psi(\xi,\nu,\omega_0,\theta)$分别为 $q_s(x,y,\omega_0,\theta)$、$f(x,y)$、$\varphi(x,y,\omega_0,\theta)$ 经过二维傅里叶变换后的频域表达式；ξ、ν 为各函数在频域的坐标。傅里叶变换的卷积定理可以简化在空间域下卷积的计算量，在频域建立二维 Gabor 滤波器组，并将二维图像函数转换到频域进行 Gabor 滤波，奠定了 GF－KCF 算法的理论基础。

4.2.2 Gabor 特征提取与融合

根据式（4.103），首先将提取到的第一帧目标灰度图像块与二维 Gabor 滤波器组在频域下进行相乘，即

$$Q_{\mathrm{s}}(\xi,\nu,\omega_i,\theta_j)=F(\xi,\nu)\cdot\Psi(\xi,\nu,\omega_i,\theta_j) \tag{4.104}$$

式中：$i(i=0,1,\cdots,K-1)$、$j(j=0,1,\cdots,S-1)$代表 Gabor 滤波器的离散化尺度和方向，每一个目标图像块经式（4.104）滤波后得到36个$Q_{\mathrm{s}}(\xi,\nu,\omega_i,\theta_j)$。由于 Gabor 特征本身的非正交性，导致其频域响应值包含了大量的冗余信息，需要将响应值中最能体现目标的特征提取出来。

根据4.2.1节中的二维 Gabor 滤波器参数选择方案，对于频域 Gabor 滤波响应矩阵(ξ,ν)位置，即

$$J_m(\xi,\nu)=\max_{i,j}\{Q_{\mathrm{s}}(\xi,\nu,\omega_i,\theta_j)\}\quad(i=0,1,\cdots,K-1;j=0,1,\cdots,S-1) \tag{4.105}$$

式中：$J_m(\xi,\nu)$为所有频域 GF 特征矩阵(ξ,ν)位置处的响应最大值，对频域响应矩阵的所有位置点进行筛选、提取、融合成频域响应矩阵$\boldsymbol{G}_{\mathrm{s}}$，即

$$\boldsymbol{G}_{\mathrm{s}}=\begin{pmatrix} J(\xi_0,\nu_0) & J(\xi_0,\nu_1) & \cdots & J(\xi_0,\nu_{n-1}) \\ J(\xi_1,\nu_0) & J(\xi_1,\nu_1) & \cdots & J(\xi_1,\nu_{n-1}) \\ \vdots & \vdots & \ddots & \vdots \\ J(\xi_{m-1},\nu_0) & J(\xi_{m-1},\nu_1) & \cdots & J(\xi_{m-1},\nu_{n-1}) \end{pmatrix} \tag{4.106}$$

式中：m、n分别为响应融合矩阵的行数和列数。选择出对应频率(ξ,ν)下的最大响应值即该最大值对应的尺度和方向$(\hat{\omega},\hat{\theta})$滤波响应最大，即该尺度和方向下的纹理较为丰富，更易于提取目标的边缘纹理信息。

由图4.11可以明显看出，目标图像经过频域二维 Gabor 特征提取、融合，空间域响应图的边缘纹理特征更加突出，并且与原图效果不同的是，目标机身边缘纹理信息和尾焰边缘纹理信息基本处于同一灰度级别，局部区域亮度增大并没有造成频域 Gabor 特征局部响应值的不同。

4.2.3 GF 特征分析

由于空中目标的位置、尺寸和姿态都是无规律的，因此需要提取的目标特征对于目标的平移、尺度和旋转变化不敏感。二维 Gabor 特征的平移、尺度等几何不变性直接决定了二维 Gabor 滤波器更适用于目标特征信息提取，因此从理论上对其特性进行推导证明是很有必要的。

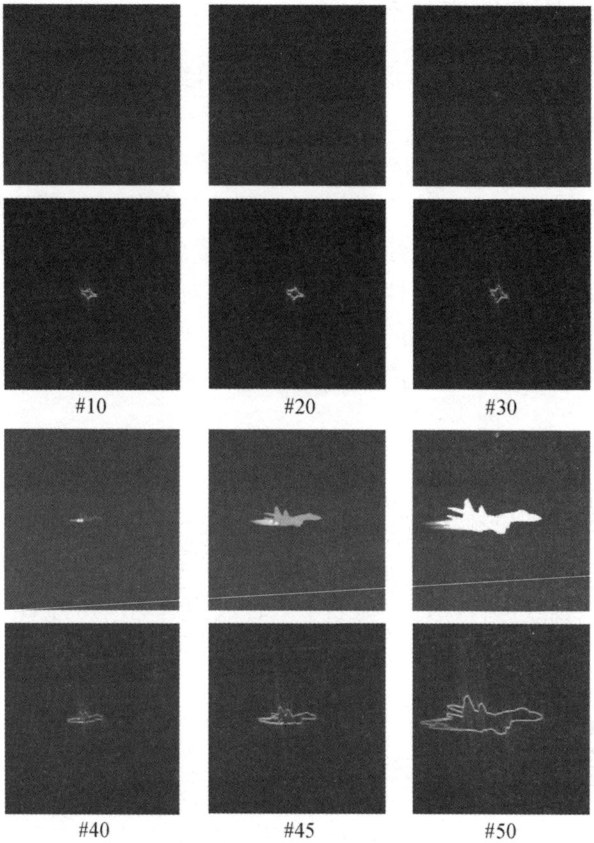

图 4.11　空中目标图像块频域响应融合的空间域效果

1. 尺度缩放不变性

根据式（4.102）可知，输入空中目标图像函数为 $f(x,y)$，假设尺度比例因子为 $a(a>0)$，当目标图像发生尺度缩放变化后的目标图像函数为 $f_{\text{scale}}(x,y)=f(ax,ay)$，其 Gabor 滤波器响应值为

$$\begin{aligned} q_{\text{scale}}(x,y,\omega_0,\theta) &= \int_{-\infty}^{+\infty}\int_{-\infty}^{+\infty} f_{\text{scale}}(\tau_1,\tau_2)\cdot\varphi(x-\tau_1,y-\tau_2,\omega_0,\theta)\,\mathrm{d}\tau_1\mathrm{d}\tau_2 \\ &= \int_{-\infty}^{+\infty}\int_{-\infty}^{+\infty} f_{\text{scale}}(x-\tau_1,y-\tau_2)\cdot\varphi(\tau_1,\tau_2,\omega_0,\theta)\,\mathrm{d}\tau_1\mathrm{d}\tau_2 \\ &= \int_{-\infty}^{+\infty}\int_{-\infty}^{+\infty} f(ax-a\tau_1,ay-a\tau_2)\cdot\varphi(\tau_1,\tau_2,\omega_0,\theta)\,\mathrm{d}\tau_1\mathrm{d}\tau_2 \end{aligned} \tag{4.107}$$

设 $\tilde{\tau}_1 = a\tau_1$、$\tilde{\tau}_2 = a\tau_2$，则 $\mathrm{d}\tau_1 = \dfrac{1}{a}\mathrm{d}\tilde{\tau}_1$、$\mathrm{d}\tau_2 = \dfrac{1}{a}\mathrm{d}\tilde{\tau}_2$，且由式（4.107）可得

$$\varphi(\tau_1,\tau_2,\omega_0,\theta) = a^2\varphi\left(a\tau_1,a\tau_2,\frac{\omega_0}{a},\theta\right) = a^2\varphi\left(\tilde{\tau}_1,\tilde{\tau}_2,\frac{\omega_0}{a},\theta\right) \tag{4.108}$$

代入式（4.107）中可得

$$\begin{aligned} q_{\mathrm{scale}}(x,y,\omega_0,\theta) &= \int_{-\infty}^{+\infty}\int_{-\infty}^{+\infty} f(ax-\tilde{\tau}_1,ay-\tilde{\tau}_1)\cdot\varphi\left(\tilde{\tau}_1,\tilde{\tau}_2,\frac{\omega_0}{a},\theta\right)\mathrm{d}\tilde{\tau}_1\mathrm{d}\tilde{\tau}_2 \\ &= q\left(ax,ay,\frac{\omega_0}{a},\theta\right) \end{aligned} \tag{4.109}$$

因此，式（4.109）可以等价地描述为：Gabor 滤波器对比例缩放图像的响应值等于相应比例缩放的滤波器对相同位置原始图像的响应值，如图 4.12 所示。

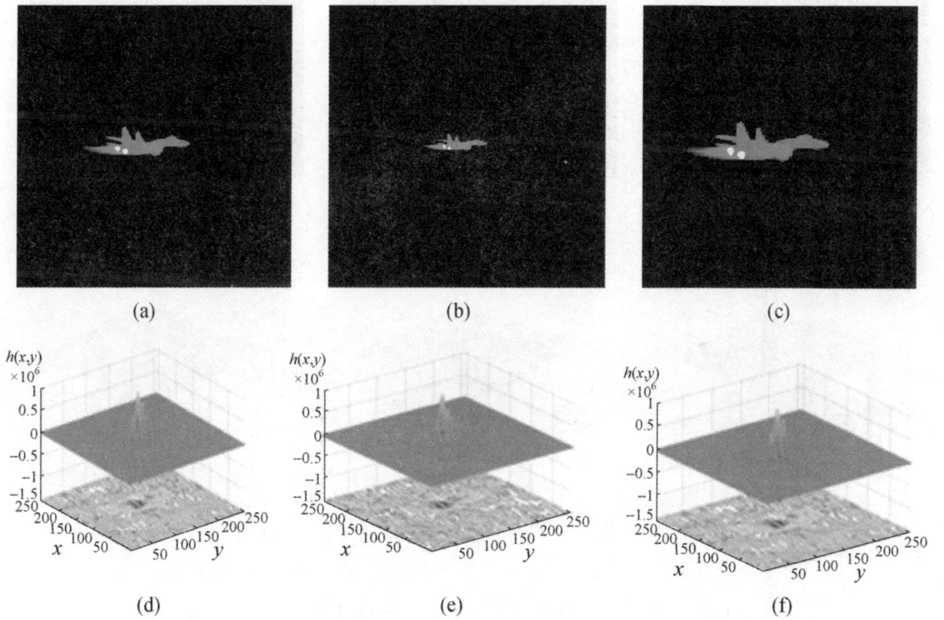

图 4.12　发生尺度变化前后目标图像在 0°方向上的 Gabor 滤波器响应图
（a）原图；（b）尺度缩小后；（c）尺度放大后；（d）Gabor 滤波响应图；
（e）尺度缩小后响应图；（f）尺度放大后响应图。

2. 平移不变性

根据式（4.102），输入空中目标图像函数为 $f(x,y)$，假设目标分别在 x 方向和 y 方向的平移距离为 x_1、y_1，则平移后的图像为 $f_{\mathrm{trans}}(x,y)=f(x-x_1,y-y_1)$，

此时 Gabor 滤波器的响应值为

$$
\begin{aligned}
q_{\text{trans}}(x,y,\omega_0,\theta) &= \int_{-\infty}^{+\infty}\int_{-\infty}^{+\infty} f_{\text{trans}}(\tau_1,\tau_2)\cdot\varphi(x-\tau_1,y-\tau_2,\omega_0,\theta)\,\mathrm{d}\tau_1\mathrm{d}\tau_2 \\
&= \int_{-\infty}^{+\infty}\int_{-\infty}^{+\infty} f_{\text{trans}}(x-\tau_1,y-\tau_2)\cdot\varphi(\tau_1,\tau_2,\omega_0,\theta)\,\mathrm{d}\tau_1\mathrm{d}\tau_2 \\
&= \int_{-\infty}^{+\infty}\int_{-\infty}^{+\infty} f(x-x_1-\tau_1,y-y_1-\tau_2)\cdot\varphi(\tau_1,\tau_2,\omega_0,\theta)\,\mathrm{d}\tau_1\mathrm{d}\tau_2 \\
&= q(x-x_1,y-y_1,\omega_0,\theta)
\end{aligned}
\tag{4.110}
$$

因此，图像在 x、y 方向平移前后的 Gabor 滤波响应值相等，Gabor 滤波器具有平移不变性，如图 4.13 所示。

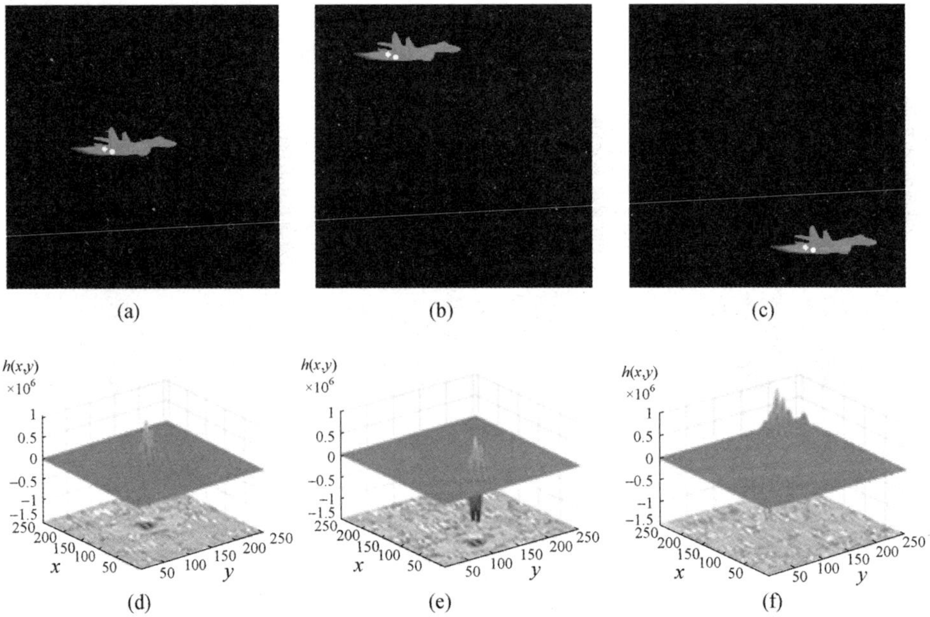

图 4.13　发生平移变化前后目标图像在 0°方向上的 Gabor 滤波器响应图

(a) 原图；(b) 左上平移；(c) 右下平移；(d) Gabor 滤波响应图；

(e) 平移后响应图；(f) 平移后响应图。

3. 旋转不变性

根据式（4.102）可知，输入空中目标图像函数为 $f(x,y)$，对于图像中任意一个点 (x_0,y_0) 都有

$$
q_{\text{s}}(x_0,y_0,\omega_0,\theta) = \int_{-\infty}^{+\infty}\int_{-\infty}^{+\infty} f(\tau_1,\tau_2)\cdot\varphi(x_0-\tau_1,y_0-\tau_2,\omega_0,\theta)\,\mathrm{d}\tau_1\mathrm{d}\tau_2
\tag{4.111}
$$

假设以点(x_0, y_0)为中心旋转角度 ϕ 后的图像函数为$f_{\mathrm{rot}}(x, y) = f(\tilde{x}, \tilde{y})$，其中：

$$\begin{cases} \tilde{x} = (x - x_0)\cos\phi + (y - y_0)\sin\phi + x_0 \\ \tilde{y} = -(x - x_0)\sin\phi + (y - y_0)\cos\phi + y_0 \end{cases} \tag{4.112}$$

因此可得

$$q_{\mathrm{rot}}(x_0, y_0, \omega_0, \theta) = \int_{-\infty}^{+\infty}\int_{-\infty}^{+\infty} f(\tilde{\tau}_1, \tilde{\tau}_2) \cdot \varphi(x_0 - \tau_1, y_0 - \tau_2, \omega_0, \theta)\mathrm{d}\tau_1\mathrm{d}\tau_2 \tag{4.113}$$

对于$\varphi(x_0 - \tau_1, y_0 - \tau_2, \omega_0, \theta)$函数，由式（4.95）可得

$$\begin{aligned} x' &= (x_0 - \tau_1)\cos\theta + (y_0\ \ \tau_2)\sin\theta \\ &= (x_0 - \tau_1)\cos[(\theta - \phi) + \phi] + (y_0 - \tau_2)\sin[(\theta - \phi) + \phi] \\ &= \hat{x}\cos(\theta - \phi) + \hat{y}\sin(\theta - \phi) \end{aligned} \tag{4.114}$$

同理可以得到$y' = -\hat{x}\sin(\theta - \phi) + \hat{y}\cos(\theta - \phi)$，其中$\hat{x}$、$\hat{y}$结合式（4.112）可得

$$\begin{cases} \hat{x} = (x_0 - \tau_1)\cos\phi + (y_0 - \tau_2)\sin\phi = x_0 - \tilde{\tau}_1 \\ \hat{y} = -(x_0 - \tau_1)\sin\phi + (y_0 - \tau_2)\cos\phi = y_0 - \tilde{\tau}_2 \end{cases} \tag{4.115}$$

由x'、y'表达式可得

$$\varphi(x_0 - \tau_1, y_0 - \tau_2, \omega_0, \theta) = \varphi(x_0 - \tilde{\tau}_1, y_0 - \tilde{\tau}_2, \omega_0, \theta - \phi) \tag{4.116}$$

又由式（4.112）可得

$$\begin{cases} \mathrm{d}\tilde{\tau}_1 = \cos\phi \cdot \mathrm{d}\tau_1 + \sin\phi \cdot \mathrm{d}\tau_2 = \mathrm{d}\tau_1 \\ \mathrm{d}\tilde{\tau}_2 = -\sin\phi \cdot \mathrm{d}\tau_1 + \cos\phi \cdot \mathrm{d}\tau_2 = \mathrm{d}\tau_2 \end{cases} \tag{4.117}$$

将式（4.117）代入到式（4.113）中，得到图像旋转后的 Gabor 滤波响应值为

$$\begin{aligned} q_{\mathrm{rot}}(x_0, y_0, \omega_0, \theta) &= \int_{-\infty}^{+\infty}\int_{-\infty}^{+\infty} f_{\mathrm{rot}}(\tau_1, \tau_2) \cdot \varphi(x_0 - \tau_1, y_0 - \tau_2, \omega_0, \theta)\mathrm{d}\tau_1\mathrm{d}\tau_2 \\ &= \int_{-\infty}^{+\infty}\int_{-\infty}^{+\infty} f(\tilde{\tau}_1, \tilde{\tau}_2) \cdot \varphi(x_0 - \tilde{\tau}_1, y_0 - \tilde{\tau}_2, \omega_0, \theta - \phi)\mathrm{d}\tilde{\tau}_1\mathrm{d}\tilde{\tau}_2 \\ &= q(x_0, y_0, \omega_0, \theta - \phi) \end{aligned} \tag{4.118}$$

因此，式（4.118）可以等价地描述为：Gabor 滤波器对旋转图像的响应等于滤波器旋转相应角度后对原始图像的响应，该特性适用于任何保持相同形状的连续函数，如图 4.14 所示。

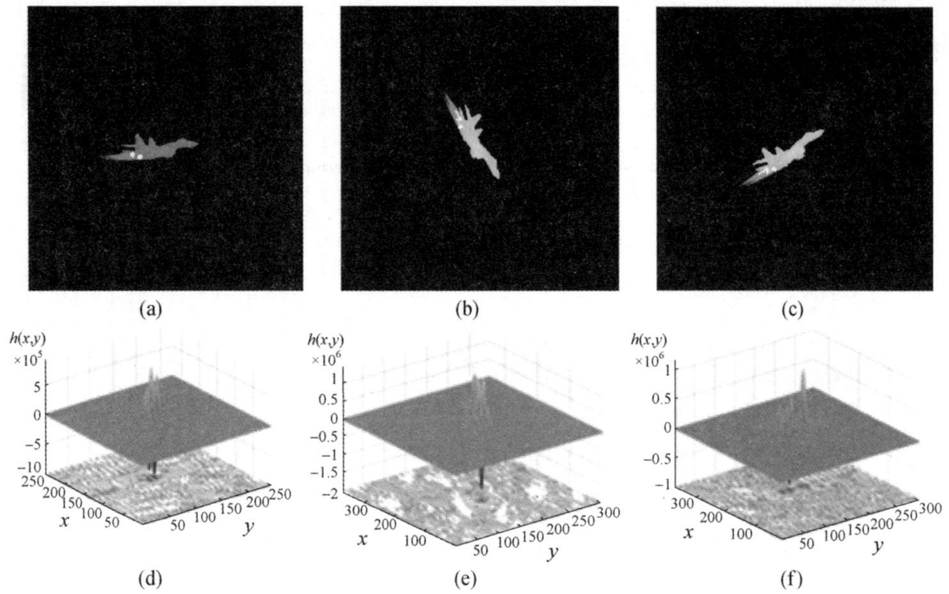

图 4.14　发生旋转变化前后目标图像在 0°方向的 Gabor 滤波器响应图

（a）原图；（b）顺时针旋转 60°；（c）逆时针旋转 30°；

（d）Gabor 滤波响应图；（e）旋转后响应图；（f）旋转后响应图。

4.2.4　GF – KCF 目标跟踪方法

在核相关滤波跟踪算法的基础上，本节介绍一种基于频域 Gabor 滤波的空中红外目标 KCF 跟踪算法（GF – KCF），在频域下利用二维 Gabor 滤波器组提取跟踪框图像的频域边缘纹理特征，经过特征降维得到的频域响应融合矩阵直接进行核相关滤波识别跟踪目标。GF – KCF 算法弥补了红外图像的缺陷，并且 Gabor 特征的尺度、旋转和位移不变性可以很好地适用于空中红外目标跟踪领域，很大程度上解决目标大尺度和大机动快速变化引起的跟踪点漂移甚至丢失目标的情况。在 KCF 跟踪算法中，视频初始帧跟踪框位置及大小由人工或识别算法给定，按照给定比例扩展目标区域，并将目标区域特征转换到频域进行核相关滤波操作。频域尺度信息估计方法的引入可以方便、有效地利用频谱信息估计目标尺度变化。频域尺度估计 KCF 算法的实现可以分为 Gabor 特征提取融合、训练、检测、跟踪框和模板更新 4 个部分。

1. 训练

在第 $t-1$ 帧中，将得到的目标最佳位置进行频域 Gabor 特征融合，然后在响应

融合矩阵 $\boldsymbol{G}_s^{t-1}$ 上进行训练。设 $\boldsymbol{G}_s^{t-1}$ 的傅里叶逆变换 g_s 得到分类器初始模型的线性回归 $f(g_s)=\boldsymbol{w}^{\mathrm{T}}\phi(g_{si})$，$g_{si}$ 采用循环移位的方式实现，其中 $i\in\{0,1,\cdots,M-1\}\times\{0,1,\cdots,N-1\}$。样本训练过程实际是一个岭回归问题，即

$$\min_{\boldsymbol{w}}\|\phi(X)\boldsymbol{w}-y\|^2+\lambda\ \|\boldsymbol{w}\|^2 \tag{4.119}$$

式中：$\phi(g_{si})$ 为 Hilbert 空间的映射；λ 为线性回归控制过拟合的正则化参数。采用核方法，$\boldsymbol{w}$ 表示 $\boldsymbol{\phi}(\Theta)=[\phi(g_{s1}),\phi(g_{s2}),\cdots,\phi(g_{sn})]^{\mathrm{T}}$ 行向量张成的空间中的一个向量，所以 $\boldsymbol{w}$ 可以表示为训练样本线性组合的形式，即 $\boldsymbol{w}=\sum_i\alpha_i\phi(g_{si})$，其中 α 为滤波器系数，则式（4.119）变为

$$\boldsymbol{\alpha}=\min_{\boldsymbol{\alpha}}\|\boldsymbol{\phi}(\Theta)\boldsymbol{\phi}(\Theta)^{\mathrm{T}}\boldsymbol{\alpha}-y\|^2+\lambda\ \|\boldsymbol{\phi}(\Theta)^{\mathrm{T}}\boldsymbol{\alpha}\|^2 \tag{4.120}$$

令关于列向量导数为 0，得

$$\boldsymbol{\alpha}=[\boldsymbol{\phi}(\Theta)\boldsymbol{\phi}(\Theta)^{\mathrm{T}}+\lambda\boldsymbol{I}]^{-1}y \tag{4.121}$$

对于核函数 $\boldsymbol{\kappa}(g_s,g_s')=\langle\phi(g_s),\phi(g_s')\rangle$，分类器可以进一步转化为 $f(g_s)=\sum_i\alpha_i\kappa(g_{si},g_s)$。如果核函数具有循环性质，那么 $\hat{\boldsymbol{\alpha}}$ 可以推导为

$$\hat{\boldsymbol{\alpha}}=\frac{\hat{y}}{\hat{k}^{gg}+\lambda} \tag{4.122}$$

式中：“∧”表示离散傅里叶变换。核相关 k^{gg} 表示 $\boldsymbol{\kappa}(\boldsymbol{g}_{si},\boldsymbol{g}_s)$ 的第 i 个元素，计算公式为

$$k^{gg'}=\exp\left\{-\frac{1}{\sigma^2}[\ \|\boldsymbol{g}_s\|^2+\|\boldsymbol{g}_s'\|^2-2\mathcal{F}^{-1}(\boldsymbol{G}_s^*\cdot\boldsymbol{G}_s')]\right\} \tag{4.123}$$

式中：σ 为核函数参数；$\boldsymbol{G}_s^*$ 为 $\boldsymbol{G}_s$ 的复共轭。因此，由式（4.122）和式（4.123）可得，滤波器系数 $\hat{\boldsymbol{\alpha}}$ 可以直接由频域响应融合矩阵 $\boldsymbol{G}_s^{t-1}$ 训练得到，无需中间转换变量 g_s，提高了 GF-KCF 算法的训练速度。

2. 检测

对于第 t 帧，在以上一帧目标位置为中心、大小为 $m\times n$ 的待检测图像上提取当前帧频域响应融合矩阵 $\boldsymbol{G}_s^t$，并进行目标快速检测。相关频域响应图 $F(\boldsymbol{G}_s)$ 为

$$F(\boldsymbol{G}_s)=\hat{k}^{xz}\cdot\boldsymbol{G}_s \tag{4.124}$$

因此，新的目标位置通过 $F(\boldsymbol{G}_s)$ 反傅里叶变换后的最大值对应位置找到。

3. 跟踪框和模板更新

采用线性插值的方式训练并更新第 t 帧滤波器系数 $\hat{\boldsymbol{\alpha}}$ 和目标模板 $\boldsymbol{x}$，完成一次目标跟踪，即

$$
\begin{cases}
\hat{\alpha}_t = (1-\gamma)\hat{\alpha}_{t-1} + \gamma\hat{\alpha} \\
\hat{x}_t = (1-\gamma)\hat{x}_{t-1} + \gamma\hat{x}
\end{cases}
\tag{4.125}
$$

式中：γ 为学习率；t 为帧数。

综上所述，可以将 GF - KCF 算法框架整理如下，算法流程如图 4.15 所示。

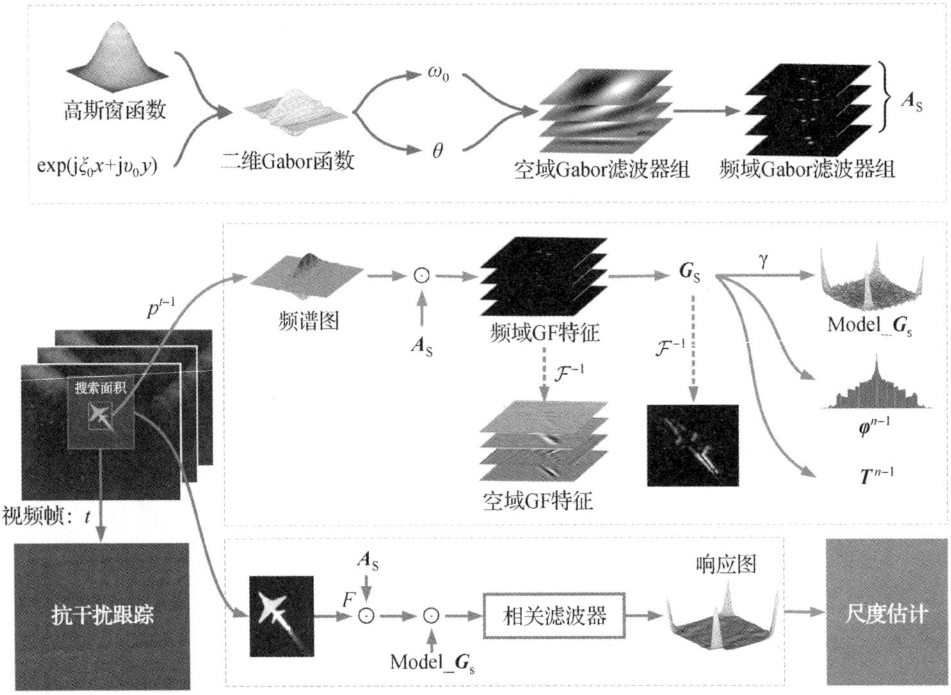

图 4.15　GF - KCF 算法框架示意图

（1）根据给定目标区域，提取第一帧目标图像块，并用汉明窗平滑图像边缘。

（2）对目标图像块和 6×6 的二维 Gabor 滤波器组分别进行二维离散傅里叶变换并相乘，将 6×6 个频域 Gabor 滤波响应矩阵进行特征提取、融合，得到频域响应融合矩阵 $\boldsymbol{G}_s$。在 $t-1$ 帧中，根据相邻帧间的目标位置提取新的目标图像块，并做上述二维 Gabor 滤波、融合操作，用于目标识别跟踪。

（3）对频域响应融合矩阵 $\boldsymbol{G}_s$ 执行相关滤波操作。

（4）得到相关滤波后的频域图，通过二维离散傅里叶逆变换得到的目标响应图最大值对应的坐标即为目标的新位置，并由此训练、更新相关滤波器。

4.3　基于频域尺度信息估计的 GF-KCF 跟踪算法

已有的基于 KCF 跟踪算法的目标尺度估计方法在本质上均是利用空间域特征信息分析和提取目标尺度变化信息，存在实时性较差、对目标变化适应性较弱等缺点。针对这些问题，本节在 GF-KCF 跟踪算法的框架下介绍一种频域尺度估计的空中红外目标跟踪方法，主要包含以下方面：一是对二维图像在频域下的尺度缩放特性等进行分析和推导，为尺度估计方法提供严谨的理论基础；二是介绍一种频域尺度信息估计方法，该方法在频域下计算频谱图及其特征向量，基于相邻两帧特征向量提取目标旋转、平移和尺度缩放信息，并将目标旋转对目标尺度信息的影响隔离出来，既能够根据目标尺度变化计算目标尺度信息，增强尺度估计的精确性，也能够根据目标旋转更新跟踪框比例以提高跟踪框对目标旋转变化的适应性；三是介绍基于频域尺度估计的 GF-KCF 空中目标跟踪方法，利用相关滤波算法最大检测频域响应值提取的当前帧跟踪框图像块，通过频域尺度信息估计方法计算当前帧目标尺度，更新跟踪框尺度和长宽比，提高对目标旋转、尺度、平移变化的适应性。

4.3.1　频域尺度特性分析

相关滤波器已经在目标跟踪应用过程中取得良好的效果，虽然其计算复杂度很低、实时性很强，但是由于它将候选区域所有像素点平等对待，没有考虑不同的位置对于目标中心确定的贡献差异，从而无形中弱化了相关滤波对于目标背景的区分能力。针对这些问题，本节介绍一种基于频域的目标尺度信息估计方法。由于二维傅里叶变换在频域下具有平移、尺度、旋转方面的特性，一方面，在频域下可以快速有效地消除相邻两帧间目标旋转对目标尺度估计的影响；另一方面，在频域下更易于估计相邻两帧间的尺度变化比例[38]。

本节首先对二维图像在频域下的尺度缩放特性、平移尺度不变性和旋转尺度特性进行分析和推导。

1. 尺度缩放特性分析

KCF 跟踪算法利用频域响应矩阵检测出跟踪框内目标位置信息时，目标较前一帧会发生一定比例的尺度缩放，因此本小节在频域中分析二维图像的尺度缩放特性。

一维傅里叶变换对为

$$\mathcal{F}[f(t)] = F(\omega) \tag{4.126}$$

式中：$\mathcal{F}[\cdot]$表示傅里叶变换；t 为时间；ω 为频率。根据傅里叶变换的尺度变换性质，一维信号$f(t)$在时域发生尺度变化时，对应的在频域的信号 $F(\omega)$ 也会发生相应的变化。设 a 为尺度因子，一维信号$f(t)$在时域和频域的尺度变换有以下推导过程，即

$$\mathcal{F}[f(at)] = \int_{-\infty}^{+\infty} f(at)\mathrm{e}^{-\mathrm{j}\omega t}\mathrm{d}t \tag{4.127}$$

令 $at=x$，当 $a>0$ 时，有

$$\mathcal{F}[f(at)] = \frac{1}{a}\int_{-\infty}^{+\infty} f(x)\mathrm{e}^{-\mathrm{j}\omega\frac{x}{a}}\mathrm{d}x = \frac{1}{a}F\left(\frac{\omega}{a}\right) \tag{4.128}$$

当 $a<0$ 时，有

$$\mathcal{F}[f(at)] = -\frac{1}{a}\int_{-\infty}^{+\infty} f(x)\mathrm{e}^{-\mathrm{j}\omega\frac{x}{a}}\mathrm{d}x = -\frac{1}{a}F\left(\frac{\omega}{a}\right) \tag{4.129}$$

综上所述，可整理得到以下表达式，即

$$\mathcal{F}[f(at)] = \frac{1}{|a|}F\left(\frac{\omega}{a}\right) \tag{4.130}$$

式（4.130）即表征傅里叶变换的尺度变换性质：当 $a>1$ 时，信号在时域被压缩，高频部分增加，信号在频域被拉伸；当 $0<a<1$ 时，信号在时域被拉伸，低频部分增加，信号在频域被压缩。又根据能量守恒原理，尺度变换后的信号振幅变为原来的 $1/a$ 倍。尺度变换性质表明，信号在时域中的压缩（拉伸）对应于信号在频域中的拉伸（压缩）。

同理，可以证明二维傅里叶变换的尺度变换性质。已知二维图像函数$f(x,y)$的傅里叶变换对为

$$\mathcal{F}[f(x,y)] = F(\xi,\nu) \tag{4.131}$$

假设 m、n 分别为 x 方向和 y 方向的尺度因子，则在空间域和频域的尺度变换有以下推导过程，即

$$\mathcal{F}[f(mx,ny)] = \int_{-\infty}^{+\infty}\int_{-\infty}^{+\infty} f(mx,ny)\mathrm{e}^{-\mathrm{j}\xi x-\mathrm{j}\nu y}\mathrm{d}x\mathrm{d}y \tag{4.132}$$

式中：ξ、ν 分别为函数在频域的坐标。令 $mx=\tau_1$、$ny=\tau_2$，当 $mn>0$，即 m、n 同号时，有

$$\mathcal{F}[f(mx,ny)] = \frac{1}{mn}\int_{-\infty}^{+\infty}\int_{-\infty}^{+\infty} f(\tau_1,\tau_2)\mathrm{e}^{-\mathrm{j}\xi\frac{\tau_1}{m}-\mathrm{j}\nu\frac{\tau_2}{n}}\mathrm{d}\tau_1\mathrm{d}\tau_2 = \frac{1}{mn}F\left(\frac{\xi}{m},\frac{\nu}{n}\right) \tag{4.133}$$

当 $mn<0$，即 m、n 异号时，有

$$\mathcal{F}[f(mx,ny)] = -\frac{1}{mn}\int_{-\infty}^{+\infty}\int_{-\infty}^{+\infty} f(\tau_1,\tau_2)\,\mathrm{e}^{-\mathrm{j}\xi\frac{\tau_1}{m}-\mathrm{j}\nu\frac{\tau_2}{n}}\mathrm{d}\tau_1\mathrm{d}\tau_2 = -\frac{1}{mn}F\left(\frac{\xi}{m},\frac{\nu}{n}\right) \tag{4.134}$$

综上所述，可整理得到以下表达式，即

$$\mathcal{F}[f(mx,ny)] = \frac{1}{|mn|}F\left(\frac{\xi}{m},\frac{\nu}{n}\right) \tag{4.135}$$

由式（4.135）可以看出，二维傅里叶变换的尺度缩放性质与一维尺度变换性质类似，可以看成二维图像$f(x,y)$分别在频域的两个方向进行尺度缩放，每个方向在时域中压缩（或拉伸），则在频域中拉伸（或压缩）。由能量守恒原理，二维尺度缩放后的频谱振幅变为原来的$(1/mn)$。另外，二维尺度缩放在两个方向的尺度因子 m、n 在频谱上是相互独立的，即分别在两个频率方向的分母上；而 m、n 在幅度谱上是耦合在一起的，即两个方向的尺度缩放共同影响图像函数在频域上的幅度大小。因此，利用 KCF 算法得到的相邻两帧间的频域响应矩阵，计算两个尺度比例因子 m、n，估计相邻两帧图像的尺度缩放。在图 4.16 中，(a)~(c)表示目标在空间域尺度逐渐增大，(d)~(f)表示(a)~(c)对应的振幅频谱图变化效果。

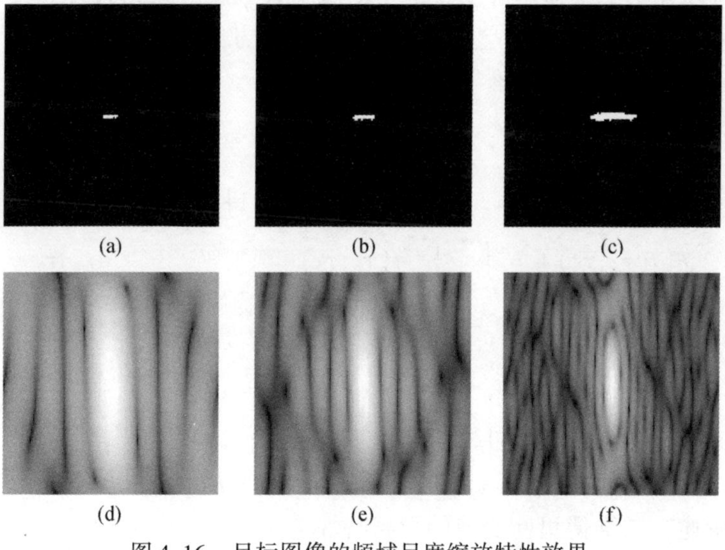

图 4.16　目标图像的频域尺度缩放特性效果

(a) 尺度缩小；(b) 原图；(c) 尺度放大；(d) 尺度缩小后的频谱图；
(e) 原图频谱图；(f) 尺度放大后的频谱图。

2. 平移尺度不变性分析

相关滤波跟踪算法在前一帧跟踪框中检测出的当前帧目标位置，相对于前一帧会发生一定的平移变化，因此本小节在频域下分析并推导二维图像在空间域平移变化前后的尺度不变性。

对于一维傅里叶变换，已知有式（4.126）。当一维信号 $f(t)$ 在时域平移 t_0 单位时，即

$$\mathcal{F}[f(t-t_0)] = \int_{-\infty}^{+\infty} f(t-t_0)\mathrm{e}^{-\mathrm{j}\omega t}\mathrm{d}t \tag{4.136}$$

令 $x=t-t_0$，代入式（4.136）得

$$\begin{aligned}\mathcal{F}[f(x)] &= \int_{-\infty}^{+\infty} f(x)\mathrm{e}^{-\mathrm{j}\omega(x+t_0)}\mathrm{d}x \\ &= \mathrm{e}^{-\mathrm{j}\omega t_0}\int_{-\infty}^{+\infty} f(x)\mathrm{e}^{-\mathrm{j}\omega x}\mathrm{d}x \\ &= \mathrm{e}^{-\mathrm{j}\omega t_0}F(\omega)\end{aligned} \tag{4.137}$$

同理可以得到 $\mathcal{F}[f(t+t_0)]=\mathrm{e}^{\mathrm{j}\omega t_0}F(\omega)$。整理可得

$$\mathcal{F}[f(t-t_0)] = \mathrm{e}^{-\mathrm{j}\omega|t_0|}F(\omega) \tag{4.138}$$

同理可以证明二维傅里叶变换的空间域平移性质。根据式（4.131），假设二维图像函数 $f(x,y)$ 分别在空间域的 x 方向和 y 方向平移 x_0、y_0 单位，且 $x_0>0$、$y_0>0$，则其频域表达式推导过程为

$$\mathcal{F}[f(x-x_0,y-y_0)] = \int_{-\infty}^{+\infty}\int_{-\infty}^{+\infty} f(x-x_0,y-y_0)\mathrm{e}^{-(\mathrm{j}\xi x+\mathrm{j}\nu y)}\mathrm{d}x\mathrm{d}y \tag{4.139}$$

令 $x-x_0=\tau_1$、$y-y_0=\tau_2$，代入式（4.139）得

$$\begin{aligned}\mathcal{F}[f(\tau_1,\tau_2)] &= \int_{-\infty}^{+\infty}\int_{-\infty}^{+\infty} f(\tau_1,\tau_2)\mathrm{e}^{-\mathrm{j}\xi(\tau_1+x_0)-\mathrm{j}\nu(\tau_2+y_0)}\mathrm{d}\tau_1\mathrm{d}\tau_2 \\ &= \mathrm{e}^{-\mathrm{j}(\xi x_0+\nu y_0)}\int_{-\infty}^{+\infty}\int_{-\infty}^{+\infty} f(\tau_1,\tau_2)\mathrm{e}^{-\mathrm{j}(\xi\tau_1+\nu\tau_2)}\mathrm{d}\tau_1\mathrm{d}\tau_2 \\ &= \mathrm{e}^{-\mathrm{j}(\xi x_0+\nu y_0)}F(\xi,\nu)\end{aligned} \tag{4.140}$$

当 $x_0<0$、$y_0<0$，同理可得

$$\mathcal{F}[f(x+x_0,y+y_0)] = \mathrm{e}^{\mathrm{j}(\xi x_0+\nu y_0)}F(\xi,\nu) \tag{4.141}$$

综上所述，二维傅里叶变换的平移特性为

$$\mathcal{F}[f(x-x_0,y-y_0)] = \mathrm{e}^{-\mathrm{j}(\xi|x_0|+\nu|y_0|)}F(\xi,\nu) \tag{4.142}$$

通过分析式（4.142）可知，二维函数在空间域发生平移，在频率域中只发生相移，而其频谱的幅值响应不变，因为

$$|\mathrm{e}^{-\mathrm{j}(\xi|x_0|+\nu|y_0|)}F(\xi,\nu)| = |F(\xi,\nu)| \tag{4.143}$$

因此，当相关滤波算法跟踪红外目标图像存在跟踪点漂移现象时，对目标尺度估计没有影响，目标具有平移尺度不变性。在图 4.17 中，(a)~(c)展示了目标在空间域发生平移变化，(d)~(f)表示(a)~(c)对应的频谱图具有尺度平移不变效果。明显看出，目标的平移变化不改变图像频谱图响应值及分布。

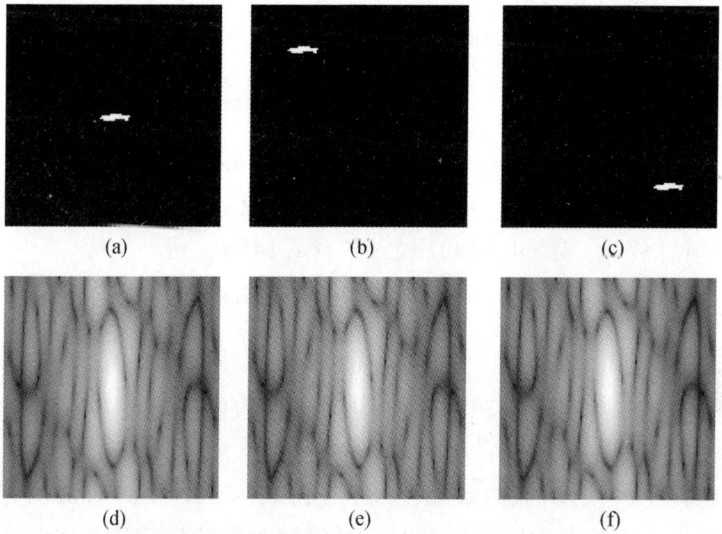

图 4.17　目标图像的频域尺度平移不变特性效果

(a) 原图；(b) 左上平移；(c) 右下平移；(d) 原图频谱图；(e) 平移后频谱图；(f) 平移后频谱图。

3. 旋转尺度特性分析

KCF 跟踪算法在当前帧检测出的目标图像块中，目标姿态相对于前一帧可能发生旋转变化，因此本小节在频域下分析并推导图像函数经过旋转变化前后的尺度特性。

令二维傅里叶变换表达式的 $\omega=\sqrt{\xi^2+\nu^2}$、$\phi=\arctan(\xi/\nu)$，可以得到 $\xi=\omega\cos\phi$、$\nu=\omega\sin\phi$。则二维图像函数 $f(x,y)$ 的傅里叶变换极坐标表达式为

$$\mathcal{F}[f(x,y)]=\int_{-\infty}^{+\infty}\int_{-\infty}^{+\infty}f(x,y)\,\mathrm{e}^{-\mathrm{j}\omega(x\cos\phi+y\sin\phi)}\mathrm{d}x\mathrm{d}y=F(\omega,\phi)\qquad(4.144)$$

式中：ω 为复平面的频率；ϕ 为复平面信号的传播方向。

以图像中任意一点作为旋转坐标系中心、在空域旋转角度 θ 后的图像函数为 $f_{\mathrm{rot}}(x,y)=f(x',y')$，其中：

$$\begin{cases}x'=x\cos\theta+y\sin\theta\\ y'=-x\sin\theta+y\cos\theta\end{cases}\qquad(4.145)$$

由二维傅里叶变换定义式，目标图像块经过旋转后的傅里叶变换表达式为

$$\mathcal{F}[f_{\mathrm{rot}}(x,y)] = \mathcal{F}[f(x',y')] = \int_{-\infty}^{+\infty}\int_{-\infty}^{+\infty} f(x',y')\,\mathrm{e}^{-\mathrm{j}\omega(x\cos\phi + y\sin\phi)}\,\mathrm{d}x\mathrm{d}y \tag{4.146}$$

对于$(x\cos\phi + y\sin\phi)$，有以下推导，即

$$\begin{aligned} x\cos\phi + y\sin\phi &= x\cos[(\phi-\theta)+\theta] + y\sin[(\phi-\theta)+\theta] \\ &= x'\cos(\phi-\theta) + y'\sin(\phi-\theta) \end{aligned} \tag{4.147}$$

且由式（4.145）可得

$$\begin{cases} \mathrm{d}x' = \mathrm{d}x\cos\theta + \mathrm{d}y\sin\theta = \mathrm{d}x \\ \mathrm{d}y' = -\mathrm{d}x\sin\theta + \mathrm{d}y\cos\theta = \mathrm{d}y \end{cases} \tag{4.148}$$

将式（4.147）、式（4.148）代入式（4.145），得

$$\mathcal{F}[f_{\mathrm{rot}}(x,y)] = \int_{-\infty}^{+\infty}\int_{-\infty}^{+\infty} f(x',y')\,\mathrm{e}^{-\mathrm{j}\omega[x'\cos(\phi-\theta)+y'\sin(\phi-\theta)]}\,\mathrm{d}x'\mathrm{d}y' = F(\omega,\phi-\theta) \tag{4.149}$$

综上所述，在空间域旋转的二维图像函数的傅里叶变换也旋转了相同角度，其频谱的幅值响应不变。在图4.18中，(b)、(c) 分别为 (a) 中目标图像逆时针旋转30°、150°后的效果，(d)~(f)表示(a)~(c)对应的频谱图具有尺度旋转效果。明显看出，目标在空间域旋转对应的频域具有尺度旋转特性。

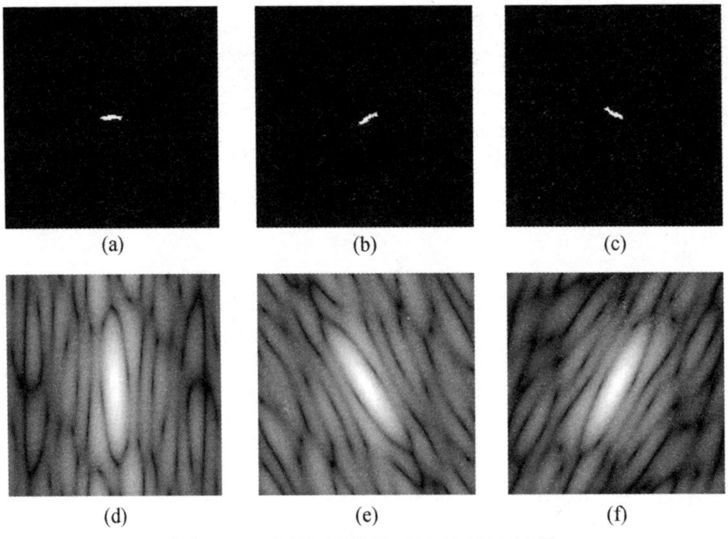

图4.18　图像频域尺度旋转特性效果

(a) 原图；(b) 逆时针旋转30°；(c) 逆时针旋转150°；
(d) 原图频谱图；(e) 旋转后频谱图；(f) 旋转后频谱图。

4.3.2　频域尺度信息估计方法

在介绍自适应尺度估计算法前，需要进行一些合理的假设，以更好地说明该算法的适应性。假设图像序列帧间的目标尺度、姿态、位置等变化较小，且目标在 KCF 跟踪算法提取到的目标图像块中央。因此，相邻两帧间目标图像的振幅频谱图是相似的，仅在频谱振幅的缩放和旋转程度上存在差异。

由式（4.135）可知，当前帧目标在空间域发生尺度变化时的频谱振幅与上一帧相差$(1/mn)$倍。同时，振幅频谱图在 x 方向频移$(1/m)$倍、y 方向频移$(1/n)$倍。在振幅频谱图中，振幅较大的极值点可以更好地反映上述尺度变化的全部特性，且易于提取。因此，本节提出利用频谱振幅极值点进行目标尺度估计。在振幅频谱图中提取出多个极值点及其频谱特征值作为频域特征向量，基于相邻两帧的频域特征向量求取两个方向的尺度比例因子，从而估计目标尺度变化。方法实现具体包括旋转角度估计、尺度信息估计、跟踪框和模板更新 3 个部分。

1. 旋转角度估计

目标在空间域平移对振幅频谱图没有影响。但是目标发生姿态旋转变化将会影响目标尺度估计。因此，首先需要抑制目标旋转对尺度估计的影响。由二维频谱图关于频域原点中心对称，提取当前帧目标频谱图 0°~180°的角向特征值，组成角度估计特征向量 $\boldsymbol{\varphi}^n = \{\varphi_1^n, \cdots, \varphi_i^n, \cdots, \varphi_N^n\}$。为了保证每帧各方向提取特征向量的能量在相同范围，因此频谱图各角度径向特征的取值范围如图 4.19 所示，从频域原点左侧的正方向逆时针提取特征向量的 0°~180°特征值。

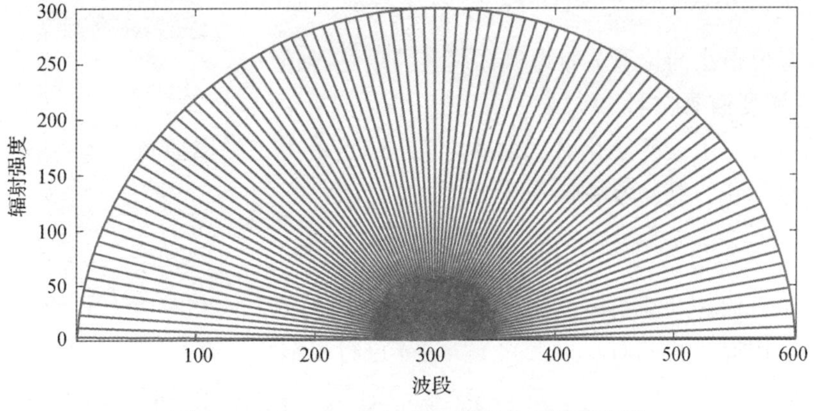

图 4.19　0°~180°构造角向特征向量取值范围

将得到的特征向量经过归一化处理，得到最终的角向特征向量直方图如图 4.20 所示。

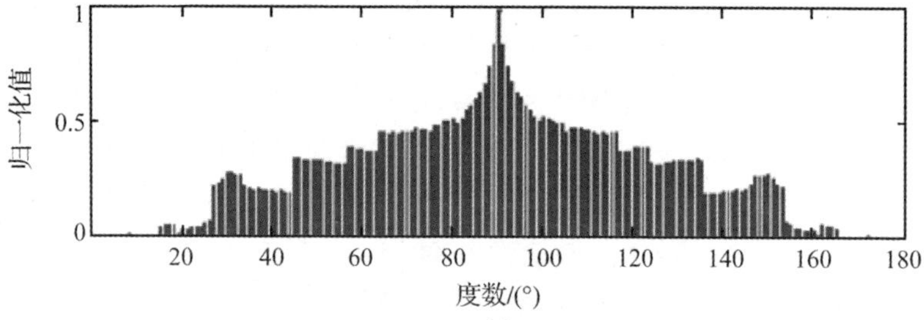

(a)

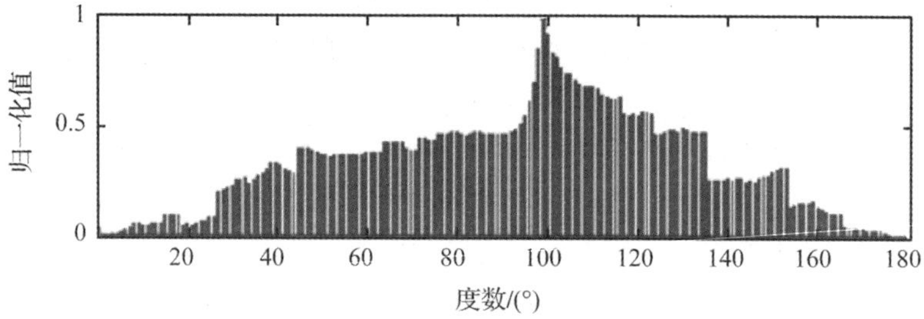

(b)

图 4.20　相邻两帧间角向特征向量归一化直方图对比

（a）上一帧目标角向特征向量；（b）当前帧目标角向特征向量。

图 4.20 分别为上一帧和当前帧目标的角向特征向量归一化直方图。将当前帧特征向量进行循环移位 r 并与上一帧特征向量 $\boldsymbol{\varphi}^{n-1}=\{\varphi_1^{n-1},\cdots,\varphi_i^{n-1},\cdots,\varphi_N^{n-1}\}$ 进行 SAD 模板匹配，有

$$\mathrm{SAD}(r)=\frac{1}{N}\sum_{i=0}^{N}\left[\varphi_i^n-\varphi_{i+r}^{n-1}\right]^2 \tag{4.150}$$

响应值最小的位置 r 即为目标旋转角度估计值 θ_r。

2. 尺度信息估计

当目标发生尺度变化时，由式（4.135）可得，频谱原点只发生振幅值的相应尺度变化，其频谱相位不变，即

$$\mathcal{F}[f(m\cdot x,n\cdot y)]=\frac{1}{|mn|}F(0,0),\ x=0,y=0 \tag{4.151}$$

由于目标是刚性物体，假设相邻两帧之间水平方向和垂直方向的尺度变化率相等。因此，首先对尺度变化率 m、n 进行粗估计，有

$$m=n=\sqrt{\frac{Q_{n-1}}{Q_n}} \tag{4.152}$$

为了获得更精确的目标尺度 m、n 参数估值，提取上一帧频谱图 0°的频谱离散曲线作为径向特征模板 $\boldsymbol{T}^{n-1}$，根据旋转角度估计值 θ_r 提取当前帧对应角度 θ_r 的频谱离散曲线作为径向特征向量 $\boldsymbol{T}^n$。根据相邻帧间的目标频域尺度变化特性即式（4.135），使用非线性最小二乘算法精确估计目标尺度变化，其中包括 M&A 估计、平均幅度差函数估计和平均方差函数估计。在离散采样情况下，ASDF 估计性能最能接近被拟合曲线。因此，采用 ASDF 估计进行参数估计的细化过程为

$$\theta = \arg\min_{m,n}\left\{\int_0^T \left| T'(x,y) - \frac{1}{mn}T(mx,ny)\right|^2 \mathrm{d}s\right\} \tag{4.153}$$

根据尺度粗估计得到目标参数的粗估计值，使用非线性最小二乘拟合的算法求解式（4.153）。由于频谱特征向量为离散曲线，式（4.153）可以写为

$$\theta = \arg\min_{m,n}\left\{\sum_k [F_k(\boldsymbol{\theta})]^2\right\} \tag{4.154}$$

其中，

$$F_k(\boldsymbol{\theta}) = T^n(k) - \frac{1}{mn}T^{n-1}(mk) \tag{4.155}$$

采用经典的高斯 - 牛顿迭代法求解为

$$\boldsymbol{\theta}^{(s+1)} = \boldsymbol{\theta}^{(s)} - (\boldsymbol{J}_r^{\mathrm{T}}\boldsymbol{J}_r)^{-1}\boldsymbol{J}_r^{\mathrm{T}}\boldsymbol{F}(\boldsymbol{\theta}^{(s)}) \tag{4.156}$$

式中：$\boldsymbol{F} = (F_1, F_2, \cdots, F_N)^{\mathrm{T}}$；$\boldsymbol{J}_r$ 为雅可比矩阵，定义为

$$(\boldsymbol{J}_r)_{ij} = \frac{\partial F_j(\boldsymbol{\theta}^{(s)})}{\partial \theta_i} \tag{4.157}$$

根据迭代式（4.157）多次迭代求解参数向量 $\boldsymbol{\theta}$，直到 $\|\boldsymbol{\theta}^{(s+1)} - \boldsymbol{\theta}^{(s)}\|$ 低于预设的阈值则迭代终止。

计算出的 m、n 即为 x、y 方向的两个尺度比例因子（图 4.21）。根据上一帧跟踪框尺度 w、h 估计出当前帧目标跟踪框尺度 w'、h'，定义对角线长度为 $l' = \sqrt{w'^2 + h'^2}$，对角线与横轴夹角为 θ_l，因此有

$$\begin{cases} w' = l'\cos\theta_l = m \cdot w \\ h' = l'\sin\theta_l = n \cdot h \end{cases} \tag{4.158}$$

3. 跟踪框和模板更新

由于目标旋转会改变跟踪框的长宽比，仍需要考虑旋转对跟踪框尺度的影响以提高跟踪框对目标旋转变化的适应性。以跟踪框对角线的长度 l' 为直径，以消旋的反方向旋转角度 θ_r，得到旋转后的跟踪框尺度分别为

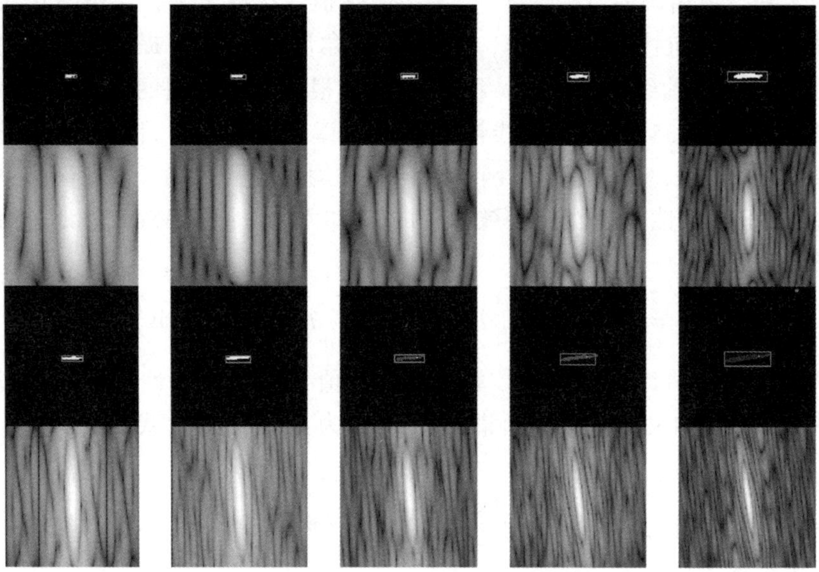

图 4.21　频域尺度信息估计方法结果

$$\begin{cases} w'' = l'\cos(\theta_l + \theta_r) = w'\cos\theta_r - h'\sin\theta_r \\ h'' = l'\sin(\theta_l + \theta_r) = w'\sin\theta_r + h'\cos\theta_r \end{cases} \tag{4.159}$$

以跟踪点为跟踪框中心，以 w''、h''为跟踪框的宽和高，更新跟踪框尺度和长宽比，然后提取图像块作为最终的当前帧目标图像块，用以目标模板的更新。

4.3.3　算法原理

基于以上的理论基础知识分析，本节对基于频域尺度信息估计的 GF－KCF 跟踪算法原理进行介绍。算法利用相关滤波方法得到的当前帧跟踪框频谱图，在频域下对相邻两帧间的目标尺度变化进行估计，并加入了目标旋转变化对跟踪框长宽比的影响。基于频域尺度估计方法，利用尺度缩放等特性，通过计算尺度、旋转变化信息，更新当前帧跟踪框尺度和长宽比以提高对目标尺度、旋转变化的适应性。

基于 GF－KCF 跟踪算法框架，视频初始帧跟踪框位置及大小由人工或识别算法给定，按照给定比例扩展目标区域，并将目标区域特征转换到频域进行核相关滤波操作。频域尺度信息估计方法的引入可以方便、有效地利用频谱信息估计目标尺度变化。频域尺度估计 GF－KCF 算法的实现可以分为训练、检测、尺度信息估计、跟踪框和模板更新 4 个部分。下面重点介绍本章提出的频域尺度信息估计方法在 GF - KCF 跟踪算法框架中的原理步骤。

（1）训练。在第 $t-1$ 帧中，分类器初始模型是线性回归 $f(x)=\boldsymbol{w}^{\mathrm{T}}\boldsymbol{\phi}(x)$，以目标位置为中心、大小为 $M\times N$ 的图像块 x 上，采用循环移位的形式进行训练。采用核方法，$\boldsymbol{w}$ 表示 $\boldsymbol{\phi}(\boldsymbol{X})=[\phi(x_1),\phi(x_2),\cdots,\phi(x_n)]^{\mathrm{T}}$ 行向量张成的空间中的一个向量，将 $\boldsymbol{w}$ 表示为式（4.9）的形式。令其关于列向量导数为 0，得到如式（4.12）的滤波器系数矩阵。

分类器对于核函数可以进一步转化为 $f(x)=\sum_i \alpha_i \kappa(x_i,x)$，那么 $\hat{\boldsymbol{\alpha}}$ 可以推导为式（4.13）的形式。同时提取第 $t-1$ 帧目标图像块频谱图的频域特征向量并保存，用于第 t 帧的尺度信息估计。

（2）检测。对于第 t 帧，在以上一帧目标位置为中心、大小为 $M\times N$ 的图像块 $\boldsymbol{z}$ 上进行检测，得到如式（4.18）的核相关响应图 $f(z)$，进而目标位置即最大响应值坐标。

（3）尺度信息估计。根据第 $t-1$ 帧跟踪框尺度大小，提取第 t 帧目标图像频谱图的极值点及其频域特征向量。基于相邻两帧的频谱振幅特征向量计算目标当前帧旋转角度 θ_r，按照目标旋转方向反向旋转以消除目标旋转影响。设原频域响应矩阵为 $\boldsymbol{Q}(x,y)$，旋转后的响应矩阵为 $\boldsymbol{Q}_r(x,y)=\boldsymbol{Q}(x',y')$，根据二维图像旋转原理，即式（4.95）得

$$\begin{cases} x = x'\cos\theta_r - y'\sin\theta_r \\ y = x'\sin\theta_r + y'\cos\theta_r \end{cases} \tag{4.160}$$

利用旋转后的响应矩阵坐标 (x',y') 计算所对应原矩阵的坐标 (x,y)。由于旋转后的坐标往往不是整数，因此通过双线性插值得到旋转后坐标的响应值为

$$\boldsymbol{Q}(x,y)=[1-x \quad x]\begin{bmatrix} Q(x_0,y_0) & Q(x_0,y_1) \\ Q(x_1,y_0) & Q(x_1,y_1) \end{bmatrix}\begin{bmatrix} 1-y \\ y \end{bmatrix} \tag{4.161}$$

式中：4 个坐标 (x_0,y_0)、(x_0,y_1)、(x_1,y_0)、(x_1,y_1) 分别为待求坐标点周围的已知点坐标，由此重新计算当前帧的频域特征向量。然后基于相邻两帧的特征向量，根据式（4.153）计算目标尺度比例因子 m、n，完成一次目标尺度估计。

（4）跟踪框和模板更新。为了更好地适应目标外观和旋转的变化，根据式（4.159）重构跟踪框长宽比和尺度 w''、h''，采用线性插值的方式训练并更新第 t 帧滤波器系数 $\hat{\boldsymbol{\alpha}}$ 和目标模板 $\boldsymbol{x}$，完成一次目标跟踪，即

$$\begin{cases} \hat{\alpha}_t = (1-\gamma)\hat{\alpha}_{t-1} + \hat{\gamma}\alpha \\ \hat{x}_t = (1-\gamma)\hat{x}_{t-1} + \hat{\gamma}x \end{cases} \tag{4.162}$$

式中：γ 为学习率；t 为帧数。

基于以上介绍，可以将基于频域尺度信息估计的 GF－KCF 跟踪算法框架整理如图 4.22 所示。

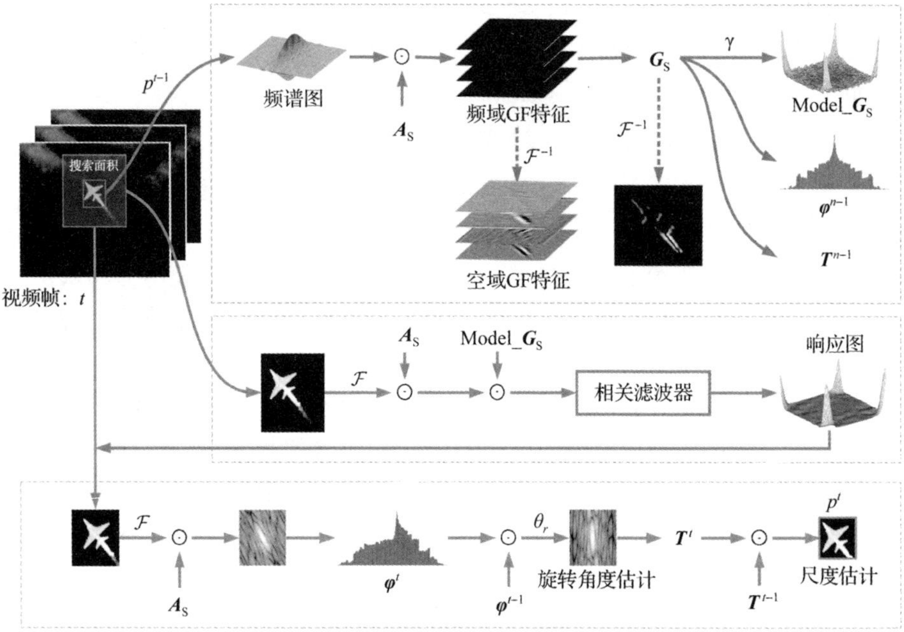

图 4.22　频域尺度信息估计的 KCF 跟踪算法框架示意图

（1）根据给定目标区域，提取第一帧的目标图像块 x_1 并做离散傅里叶变换，根据式（4.13）训练得到相关滤波器系数和目标模板，提取频域特征向量并保存特征向量 $\boldsymbol{\varphi}^1$、$\boldsymbol{T}^1$。在第 $t-1$ 帧中，保存频域特征向量 $\boldsymbol{\varphi}^{t-1}$、$\boldsymbol{T}^{t-1}$用以估计下一帧目标尺度信息。

（2）采集第 t 帧待检测图像块 x_t 提取频域 GF 特征，在 GF－KCF 算法框架下，目标频谱图最大值对应的坐标位置即为目标最佳位置。

（3）对新跟踪框位置的图像块频谱图计算并保存频域特征向量 $\boldsymbol{\varphi}^t$、$\boldsymbol{T}^t$。

（4）根据式（4.150），基于相邻两帧间的特征向量估计目标旋转角度 θ_r。

（5）根据式（4.158），基于相邻两帧间的特征向量计算目标尺度比例因子 m、n，估计目标尺度。

（6）根据式（4.159），更新跟踪框长宽比和尺度 w''、h''，获得当前目标状态，并由此训练位置、更新相关滤波器系数 $\hat{\alpha}_t$ 和目标模板 $\hat{x}_t$，完成一次目标跟踪和目标尺度估计。

由于相关滤波的跟踪和频域尺度信息估计均采用DFT实现，整个过程在频域中进行，并且利用DFT的对称性，只需提取频谱图上半部分的极值点及其特征向量，提高了算法速率。

4.3.4 示例

为验证基于频域尺度信息估计的GF－KCF跟踪算法对红外空中目标跟踪的有效性和准确性，故本节试验选取基于实验室VS2010仿真平台得到的红外空战仿真图像数据集和红外实测数据集，其中囊括了目标大机动转弯、目标姿态旋转、复杂云背景等各种现象，并与目前在目标尺度估计方面较为经典的DSST算法[31]和SAMF算法[33]进行了对比。采用Matlab R2018A开发平台进行书中算法的实现和测试，通过统计算法对于测试数据集的识别准确率进行性能对比和分析。

本节在试验中使用灰度特征，相关滤波器正则化参数$\lambda_s=0.01$，线性差值系数$\eta=0.075$，初始帧目标区域给定。红外空战仿真图像数据集的初始发射距离为7000m。

1. 定性分析

本节采用基于频域尺度信息估计KCF的红外目标跟踪方法进行飞机目标跟踪，分别选取目标飞机平飞、向下俯冲、向左机动、连续横滚4个态势的红外空战仿真图像数据集，以及红外实测数据集进行测试。部分测试结果如图4.23和图4.24所示（注：方法结果图中，将飞机目标用绿色矩形框标注）。

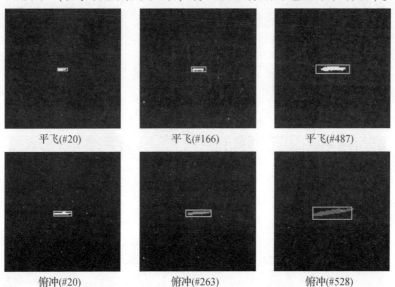

平飞(#20)

平飞(#166)

平飞(#487)

俯冲(#20)

俯冲(#263)

俯冲(#528)

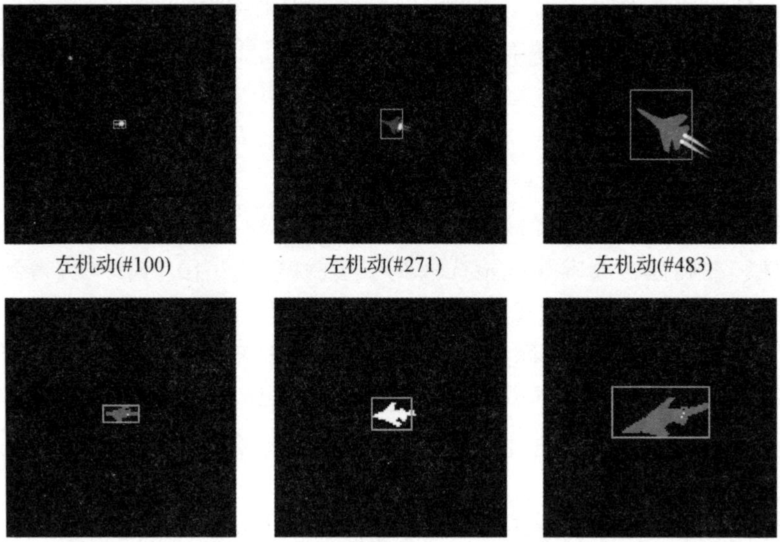

左机动(#100)　左机动(#271)　左机动(#483)

横滚(#100)　横滚(#247)　横滚(#465)

图 4.23　红外空战仿真图像数据集部分测试结果（见彩图）

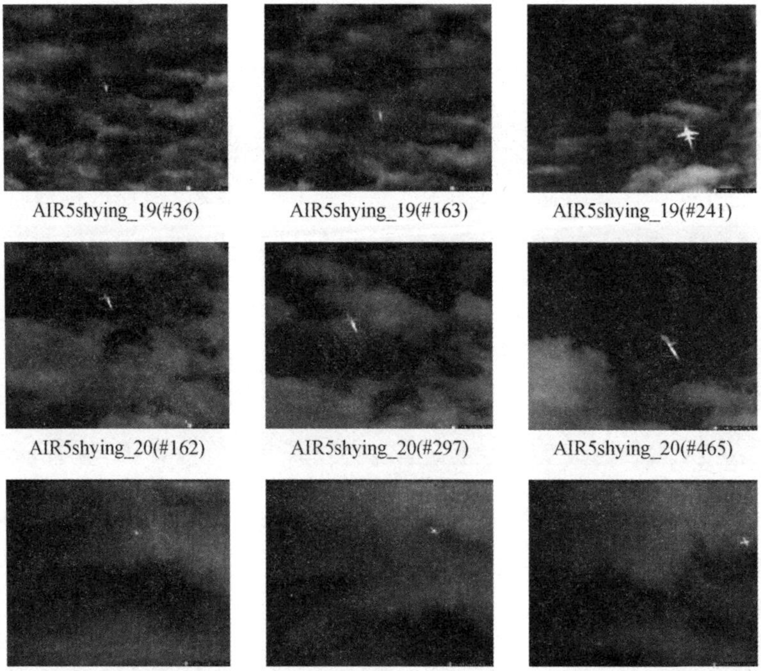

AIR5shying_19(#36)　AIR5shying_19(#163)　AIR5shying_19(#241)

AIR5shying_20(#162)　AIR5shying_20(#297)　AIR5shying_20(#465)

AIR6gudingyi(#28)　AIR6gudingyi(#179)　AIR6gudingyi(#316)

图 4.24　红外实测数据集部分测试结果

对于发射距离 7000m 的红外仿真图像序列，如图 4. 23 所示，目标在序列全过程发生大尺度变化，本节算法相比于 KCF 算法体现出明显的尺度自适应效果，并且对于目标旋转能够较好地适应，更加精确地跟踪目标。对于 7000m 发射导弹的情况下，远距飞机目标像素很少，且没有形状轮廓信息；在由远及近的过程中，目标轮廓特征逐渐明显，尺度变化也逐渐加快；同时，对于向左机动、横滚、俯冲态势的图像序列，目标同时会发生横向或纵向的旋转变化，这符合飞机目标的红外成像规律。

为了进一步验证本节算法的有效性和实用性，对红外实测数据集进行测试，如图 4. 24 所示。空中飞机目标在由远及近运动的同时，还伴随着复杂的姿态旋转变化，本节算法对于实测目标图像具有较好的尺度自适应性能，同时能够较好地应对目标姿态旋转变化。但是对于复杂背景且目标较小的序列，如序列 AIR6gudingyi，当目标微弱且发生横滚姿态变化时，本节算法估计的目标尺度会发生一定误差。

2. 定量分析

跟踪算法的性能好坏通常使用中心位置误差精度（CLE）和重叠精度（OP）来评判。以跟踪算法得到的目标中心位置(x_T, y_T)与人工标注的目标中心位置(x_S, y_S)的欧几里得距离来评估跟踪算法精度，即

$$E = \sqrt{(x_T - x_S)^2 + (y_T - y_S)^2} \tag{4.163}$$

精确度图显示欧几里得距离在阈值距离之内的帧数占总帧数的百分比。成功率图显示跟踪目标区域和真实目标区域重合程度，重叠率公式为

$$S = \frac{|r_t \cap r_a|}{|r_t \cup r_a|} \tag{4.164}$$

式中：r_t 为跟踪目标区域范围；r_a 为真实目标区域范围。

本节采用一次性评估方法（One - Pass Evaluation，OPE）测试基于频域尺度信息估计的 GF - KCF 跟踪算法（本节算法）的性能优劣，即在红外图像数据集上运行跟踪器，并计算得到精确度和成功率，分别与 KCF 算法、DSST 算法和 SAMF 算法进行对比。表 4. 1 为每种算法在 3 段具有挑战性的红外图像序列下的误差阈值为 20 像素时的精确度以及跟踪速度结果对比。

从表 4. 1 中可以看出针对目标尺度、旋转变化情况，相比于基准 KCF 算法，本节算法在精确度评价上具有明显优势，尤其对于序列 Right_Motoring 目标向右做大机动转弯时，算法对目标尺度、姿态快速变化的估计具有较为明显的优势，能够较准确、完整地跟踪目标位置。但是相比于 DSST 算法，算法精确度提升并不明显，因为 DSST 算法选用了 31 个尺度比例因子进行估计尺度，

精确度评价上更占优势，但是也因此导致其在实时性方面相比于本节算法处于明显的劣势。而本节算法在频域尺度信息提取方面较为简单，计算复杂度一定程度上影响本节算法实时性和精确度，仍有改进空间。4 种算法在多数大尺度变化的序列中都可以有效跟踪目标，具有一定鲁棒性，且由上述可知，本节算法能够有效解决目标跟踪中的尺度变化问题。

表 4.1　不同尺度估计方法的跟踪算法性能比较

算法名称	序列名称					
	Smooth		Flight_Rolling		Right_Motoring	
	精确度/20px	跟踪速度/fps	精确度/20px	跟踪速度/fps	精确度/20px	跟踪速度/fps
本节算法	96.75%	264.58	89.40%	203.31	91.63%	245.23
KCF	79.72%	1039.9	83.44%	694.72	72.58%	829.88
DSST	99.8%	128	88.91%	78.9	99.41%	111
SAMF	86.61%	45.48	68.38%	39.6	82.05%	42.81

对以上 4 种跟踪算法进行整体性能分析，并计算所有序列的平均精确度和平均成功率，如图 4.25 和图 4.26 所示。

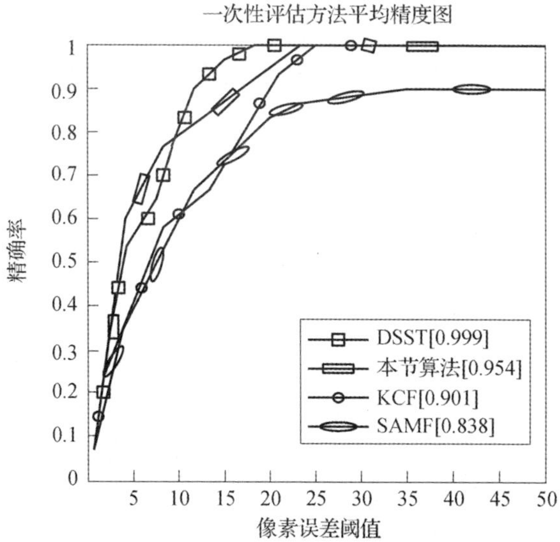

图 4.25　算法平均精确度的一次性评价

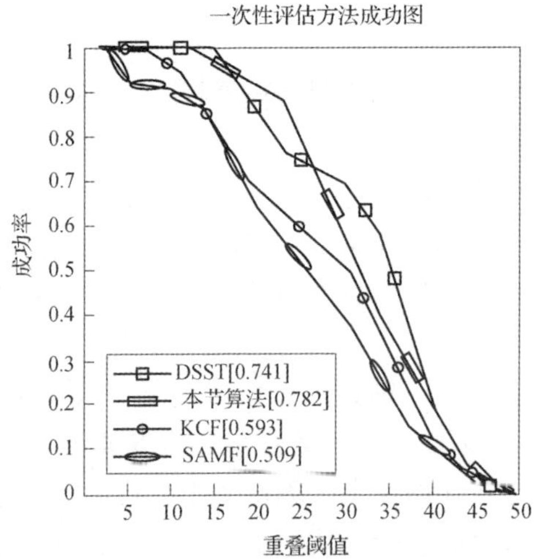

图 4.26　算法成功率的一次性评价

图 4.25、图 4.26 分别展示了本节算法与其他 3 种算法在红外空战仿真图像数据集和红外实测数据集上的平均跟踪结果，平均精确度为 0.954，相对于 KCF 算法提高了 5.3%；平均成功率为 0.782，相对于 KCF 算法提高了 18.9%，相对于 DSST 算法提升了 4.1%；精确度和成功率相比于 DSST 算法提升并不明显，是因为频域尺度、旋转信息提取方法较为简单，还不能体现频域尺度估计策略的优势，需要进一步提升和完善频域尺度估计方法的性能。

最后，对复杂云背景的图像序列作进一步的算法测试和对比分析。针对穿云的复杂背景干扰情况，如图 4.27 所示，绿色、红色、蓝色框分别为本节算法、SAMF 算法和 DSST 算法跟踪框显示位置。从图中可以明显看出，蓝色与绿色框几乎重合，表明本节算法和 DSST 算法均可以在全过程快速、准确跟踪目标，并很好地估计目标尺度变化；而 SAMF 算法在该序列的第 54 帧丢失目标，并没有再次找回，因此本节算法具有一定的抑制复杂云背景的能力。

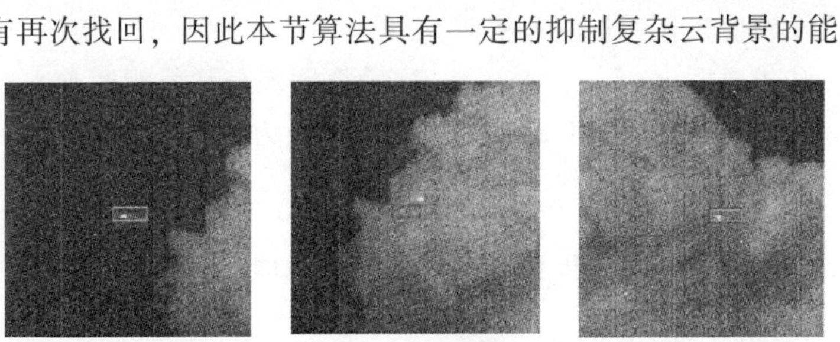

AIR4jiao8_33(#22)　AIR4jiao8_33(#54)　AIR4jiao8_33(#127)

图 4.27　复杂云背景干扰的跟踪结果对比（见彩图）

4.4 基于分块策略的抗部分遮挡的 GF－KCF 跟踪算法

KCF 算法由于其高效和高性能而最近在目标跟踪中引起了学者们注意。但是，它们在长期跟踪中的应用受到一定限制，因为相关滤波算法没有配备抗遮挡机制来应对目标部分遮挡的挑战性情况。本节识别和利用可在整个目标遮挡过程中有效跟踪的高置信分块，并基于该模型介绍了一种抗部分遮挡的 GF－KCF 跟踪算法。首先，介绍一种跟踪置信度度量，以衡量分块的跟踪可靠性，其中介绍了一种概率模型来估计顺序蒙特卡洛框架下高置信分块的分布。其次，由于高置信分块分布在图像上，因此利用分块运动信息以区分高置信分块与低置信背景。然后，将高置信分块对象定义为同类分块运动的聚集区域，因此采用投票方案估计目标状态。最后，基于高置信分块模型的空中目标跟踪算法介绍了一套空空导弹红外导引头全过程抗点源干扰策略。大量的仿真数据和实测数据试验结果表明，基于高置信分块模型的空中目标跟踪算法与主流跟踪算法相比对红外目标部分遮挡问题较为有效。

4.4.1 高置信分块跟踪模型

本节主要介绍了用于高置信分块对象跟踪模型。首先，介绍一种顺序蒙特卡洛框架，该框架利用了高置信分块算法。其次，研究如何使用视觉信息计算分块跟踪的可靠性，并根据运动信息估算物体上的分块置信度。

1. 顺序蒙特卡罗框架

本节所介绍模型的主要功能是识别和跟踪高置信分块以跟踪目标对象。该模型利用顺序蒙特卡洛框架来找到确切的高置信分块，并估计其概率分布。在下文中，本节对其进行详细的分析研究。

通常，从边界框 $\boldsymbol{x}=[x,y,w,h]\in\mathbb{R}^4$ 采样图像分块，观察前一帧 $z_{1:t-1}==\{z_1,z_2,\cdots,z_{t-1}\}$，当前帧分块 $\boldsymbol{x}_t$ 的概率密度函数为

$$p(\boldsymbol{x}_t|z_{1:t-1}) = \int p(\boldsymbol{x}_t|\boldsymbol{x}_{t-1})p(\boldsymbol{x}_{t-1}|z_{1:t-1})\mathrm{d}\boldsymbol{x}_{t-1} \tag{4.165}$$

式中：$p(\boldsymbol{x}_t|z_{1:t-1})$ 为状态密度函数。根据贝叶斯理论递归计算得到

$$p(\boldsymbol{x}_t|z_{1:t}) = \frac{p(z_t|\boldsymbol{x}_t)p(\boldsymbol{x}_t|z_{1:t-1})}{p(z_t|z_{1:t-1})} \tag{4.166}$$

式中：$p(z_t|\boldsymbol{x}_t)$ 为似然函数；$p(\boldsymbol{x}_t|z_{1:t-1})$ 为过渡密度函数。令 N 表示高斯分

布，$p(\boldsymbol{x}_t|\boldsymbol{x}_{t-1})$定义为

$$p(\boldsymbol{x}_t|\boldsymbol{x}_{t-1}) = N(\boldsymbol{x}_t;\boldsymbol{x}_{t-1},\boldsymbol{\Psi}(\boldsymbol{x}_{t-1})) \tag{4.167}$$

式中：$\boldsymbol{\Psi}_1(\boldsymbol{x}) = [\boldsymbol{0} \quad \boldsymbol{E}]\boldsymbol{x}$ 用于目标坐标选取。特别是此假设将允许高置信分块围绕对象移动，以解决变形问题。这将使跟踪器对本地结构更加敏感。

形式上，定义了一个高置信分块，它具有两个属性：①可跟踪的；②黏在目标物体上。通过假设这两个属性，跟踪可靠性 $p(z_t|\boldsymbol{x}_t)$ 可以表示为

$$p(z_t|\boldsymbol{x}_t) = p_t(z_t|\boldsymbol{x}_t)p_o(z_t|\boldsymbol{x}_t) \tag{4.168}$$

式中：$p_t(z_t|\boldsymbol{x}_t)$为要有效跟踪的分块置信度；$p_o(z_t|\boldsymbol{x}_t)$为分块在被跟踪对象上的可靠性。

由于变量 $\boldsymbol{x}\in\mathbb{R}^4$的状态空间太大而无法直接推断，因此后验概率 $p(\boldsymbol{x}_t|z_{1:t-1})$ 采用粒子滤波器进行估计。第 i 个分块的粒子权重可以通过以下方式计算，即

$$w_t^{(i)} = w_{t-1}^{(i)}p(z_t|\boldsymbol{x}_t^{(i)}) \tag{4.169}$$

在本节中，通过一组高置信分块来表示图像中的目标。为简单起见，将分块定义为 $\boldsymbol{X}_t^{(i)} = \{\boldsymbol{x}_t^{(i)},\boldsymbol{V}_t^{(i)},\boldsymbol{y}_t^{(i)}\}$，其中 $\boldsymbol{V}_t^{(i)}$ 表示时间窗口内分块对象 $\boldsymbol{x}_t^{(i)}$ 的轨迹，$y_t^{(i)}$ 表示分块对象 $\boldsymbol{x}_t^{(i)}$ 的标签是正样本还是负样本。因此，图像中的目标可以表示为

$$\boldsymbol{M}_t = \{\boldsymbol{X}_t^{(1)},\cdots,\boldsymbol{X}_t^{(N)},\boldsymbol{x}_t^{\text{target}}\} \tag{4.170}$$

式中：$\boldsymbol{x}_t^{\text{target}}$ 为最终跟踪目标状态。将估算高置信分块的过程集成到单个管道中。跟踪器要使 $\boldsymbol{M}_t$ 尽可能长。通过跨帧跟踪高置信分块计算每帧的粒子权重，可以大大提高整体性能。

直接使用粒子滤波器来推断出高置信分块是否位于被跟踪的物体上。与传统的粒子滤波相比，每一帧均通过基本跟踪器跟踪高置信分块，删除低置信分块并对其重采样分块状态空间。当各分块后验概率都低于分块粒子权重，就可以通过霍夫投票方案将其用于估计跟踪目标的规模和位置。因此，整个过程确保跟踪与视觉对象相关的高置信分块，提高跟踪算法的鲁棒性。

2. 可跟踪分块的似然估计

采用峰值旁瓣比（PSR）作为置信度以估计分块的跟踪可靠性，该方法广泛用于信号处理中以测量响应图中的信号峰值强度。基于相关滤波算法估计目标各高置信分块的当前帧位置，有

$$s(\boldsymbol{X}) = \frac{\max(\boldsymbol{R}(\boldsymbol{X})) - \mu_{\Phi}(\boldsymbol{R}(\boldsymbol{X}))}{\sigma_{\Phi}(\boldsymbol{R}(\boldsymbol{X}))} \tag{4.171}$$

式中：$\boldsymbol{R}(\boldsymbol{X})$通常为响应图；$\boldsymbol{\Phi}$ 为峰值周围的旁瓣面积，在本节中是响应图面

积的15%；μ_{Φ} 和 σ_{Φ} 分别为不包括旁瓣区域 $\boldsymbol{\Phi}$ 的响应图 $\boldsymbol{R}$ 的均值和标准差。明显地观察到，当响应峰值强时，函数 $s(\boldsymbol{X})$ 变大。因此，可以将 $s(\boldsymbol{X})$ 视为分块算法测量其跟踪的置信度。通常，$\boldsymbol{R}(\boldsymbol{X})$ 可以定义为

$$R_{i,j}(\boldsymbol{X}) \propto \frac{1}{d(\boldsymbol{T},f(\boldsymbol{x}+u(i,j)))} \tag{4.172}$$

式中：$d(\boldsymbol{T},f(\boldsymbol{x}))$ 为模板 $\boldsymbol{T}$ 与观测值之间的距离；$f(\boldsymbol{x})$ 为特征提取函数；$u(i,j)$ 为坐标偏差。因此，高置信分块跟踪模型适用于所有具有模板 $\boldsymbol{T}$ 的基于模板的跟踪算法。

由于响应值 $\boldsymbol{R}(\boldsymbol{X})$ 在模板和采样分块之间的距离成反比，因此可跟踪的得分函数 $s(\boldsymbol{X})$ 与大多数基本跟踪算法兼容，如 Lucas – Kanade[39] 方法、归一化互相关算法等。基于高置信分块的跟踪算法基于 4.2.4 节所介绍的 GF – KCF 算法框架得到分块响应图，进而计算跟踪可靠得分函数。因此，跟踪可靠性可以表述为

$$p_t(z_t \mid \boldsymbol{x}_t) \propto s(\boldsymbol{X}_t)^{\lambda} \tag{4.173}$$

式中：λ 为衡量似然函数贡献的系数，本节中取 $\lambda=2$。

图 4.28 给出了绘制所选高置信分块的示例。可以看出，高置信分块跟踪算法更倾向于选择目标轮廓边缘区域而不是机身中心，因为目标边缘具有更多的视觉感。因此，高置信分块跟踪算法倾向于寻找视觉观察的基础结构，该方法在跟踪方法[40]中提到，采用专家决策的结构表示。

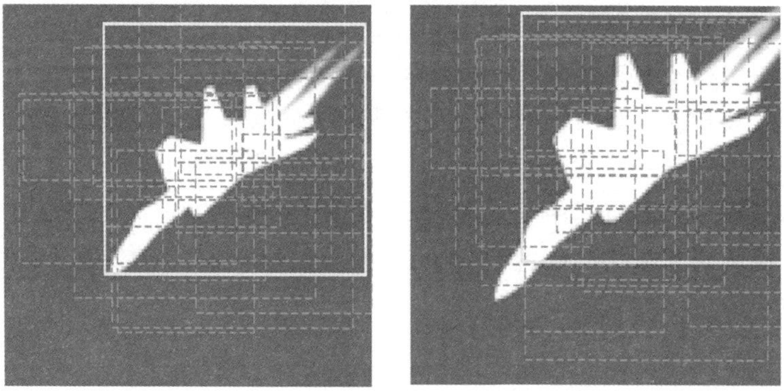

图 4.28　分块在目标区域的分布特点（见彩图）

3. 目标分块的运动似然估计

利用高置信分块的运动轨迹计算其位于被跟踪对象上的概率。具体来说，跟踪前景和背景的分块并记录每个分块的相对轨迹：$\boldsymbol{V}_t = [\boldsymbol{v}_{t-k+1}^{\mathrm{T}}, \cdots, \boldsymbol{v}_t^{\mathrm{T}}]^{\mathrm{T}} \in$

R^{2k}，其中 $\boldsymbol{v}_t = \boldsymbol{\Psi}_2(\boldsymbol{x}_t - \boldsymbol{x}_{t-1})$ 表示相对位移特征，$\boldsymbol{\Psi}_2 = [\boldsymbol{E}_{2\times2}, \boldsymbol{0}] \in R^{2\times4}$ 表示用于选择初始状态下的位置向量的选择性矩阵。

与其使用计算密集的无监督聚类方法（如聚类算法）对轨迹进行分组，只是通过以目标为中心的矩形框将图像划分为多个区域。然后，将边界框内的分块对象标记为正样本和负样本。如图 4.28 所示，黄色框表示跟踪框。因此，通过将相似性得分函数表述为以下方式来衡量分块与其标记组之间的相似性，即

$$l(X) = y_t\left(\frac{1}{N-}\sum_{j\in\Omega^-} \| V - V^{(j)} \|_2 - \frac{1}{N+}\sum_{j\in\Omega^+} \| V - V^{(j)} \|_2\right) \tag{4.174}$$

式中：$y_t \in \{+1, -1\}$ 为指示 $\boldsymbol{x}_i$ 是否在黄色矩形中的标签；Ω_t^+ 为包含正样本分块索引的集合；Ω_t^+ 为包含负样本分块索引的集合；$N+$ 和 $N-$ 分别为响应集合的数量。

当一组采样器同时运动时，函数 $l(X)$ 具有较高的得分，而另一组具有较大运动差异时的标签错误采样器的得分为负。函数值趋近于零，表明每组的运动信息没有明显变化。因此，可以在采样器集合中再次标记每个采样器，并将分块的重点放在“目标”上。因此，计算分块在运动目标上的概率为

$$p_o(z_t \mid x_t) \propto e^{\mu l(X_t)} \tag{4.175}$$

式中：μ 为平衡在目标上的概率所贡献的系数，本节中简单地取 $\mu = 1$。在前景和背景没有明显移动的情况下，p_o 接近于 1，这将会些许地影响观测模型。

4.4.2　基于高置信分块的跟踪算法

基于 4.4.1 节所介绍的高置信分块跟踪模型，可以通过统计方法估计目标状态，通过存储每个分块的矢量 $\boldsymbol{d}_t^{(i)} = \boldsymbol{\Psi}_2(\boldsymbol{x}_t^{\text{target}} - \boldsymbol{x}_t^{(i)}) \in R^2$ 来估计被跟踪物体的规模。然后，计算分块集合中每个分块的缩放比例，即

$$D_t = \left\{\frac{\| \boldsymbol{r}^{i,j} \|}{\| d^{i,j} \|}, i \neq j\right\} \tag{4.176}$$

式中：$\boldsymbol{r}^{i,j} = \boldsymbol{\Psi}_2(\boldsymbol{x}_t^{(i)} - \boldsymbol{x}_t^{(j)})$；$\boldsymbol{d}^{i,j} = \boldsymbol{d}_t^{(i)} - \boldsymbol{d}_t^{(j)}$。利用整个分块集合中值 $c_t = \text{med}(D_t)$ 估计目标当前帧尺度。采用高斯滤波器平滑输出目标尺度以使其更具有鲁棒性。

可以通过霍夫投票方案[41]估计目标位置。若高置信分块与跟踪目标保持着结构一致性，则分块跟踪置信度可以由归一化分块权重 $w_t^{(i)}$ 计算得到。因此，采用所有高置信分块来对目标中心进行投票，即

$$P_t^{\text{target}} = \sum_{i \in \Omega+} w_t^{(i)} (\boldsymbol{\Psi}_2 x_t^{(i)} + c_t d_t^{(i)}) \tag{4.177}$$

最终的跟踪目标状态可以估计为

$$\boldsymbol{X}_t^{\text{target}} = [P_t^{\text{target}}, c_t \boldsymbol{\Psi}(x_{t-1}^{\text{target}})] \tag{4.178}$$

由于错误的正样本分块在较大的运动间隙中具有非常小的权重；当运动变化不明显时，假的正样本分块的位置离真实位置较近。随着分块数量的增加，目标状态的估计趋于更准确。

与传统方法要求在每帧重新采样所有粒子相反，基于高置信分块的跟踪算法保留了先前帧中的分块粒子，仅重新计算了它们的权重。同时在必要条件下对分块进行重新采样。算法通过以下标准来执行重采样。

(Q1) 远离目标。算法分别定义了两个区域，分别是 A_1 和 A_2。当分块远离跟踪目标时，则分块的重要性降低。因此，只需去除 A_2 区域之外的分块。同时，对 A_1 区域外的粒子重新采样，但是这可能会导致一些漂移。

(Q2) 前景和背景分块之间不平衡。由于计算预算是固定的，需要保持前景和背景分块之间的平衡以保证分块模型的稳定性。具体来说，当正样本分块的一部分大于阈值 γ 时，使用低权重系数对正样本分块重新采样。同样，当负样本分块的比例变大时进行重新采样。

(Q3) 较低的跟踪置信度。以较低的跟踪置信度对分块进行重新采样，该区域通常包含目标边缘纹理信息很少，删除该类分块以减小计算量的同时提高跟踪稳定性。

在重新采样过程中，各分块的跟踪器将在低置信度情况下重新初始化。还需要注意的是，分别更新每个基本跟踪器。

下面给出基于高置信分块策略的跟踪算法实现步骤，算法流程如图 4.29 所示。

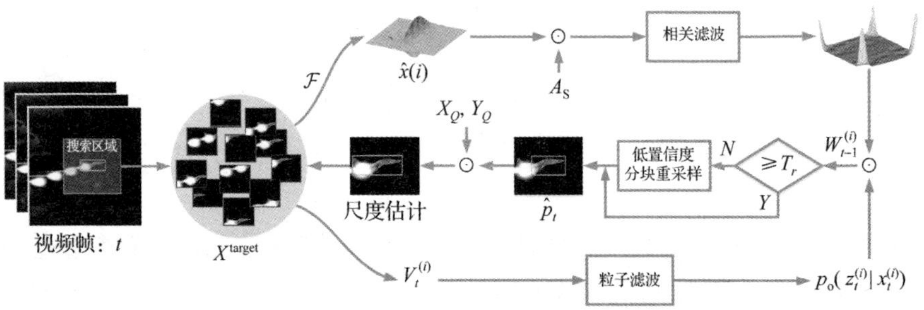

图 4.29 基于高置信分块策略的抗部分遮挡跟踪算法流程

（1）前一帧模板 M_{t-1} 和当前帧的红外图像 I_t。

（2）模板 M_{t-1} 中的每个分块模板 $X_{t-1}^{(i)}$，利用相关滤波跟踪器检测当前帧图像 I_t。

（3）检测每个分块的当前位置，并更新其模板 $X_t^{(i)}$ 中的 $x_t^{(i)}$ 和 $V_t^{(i)}$，得到当前帧模板 M_t。

（4）根据式（4.169）计算每个分块的粒子权重 $\mathbf{W}=[w_t^{(1)},w_t^{(2)},\cdots,w_t^{(N)}]$。

（5）根据式（4.177），利用分块粒子权重 W 粗略估计目标位置 $\hat{p}_t$。

（6）按照 Q1、Q2、Q3 的要求，基于粗略估计的目标位置 $\hat{p}_t$ 重新采样分块。

（7）根据式（4.178）获取目标状态信息 X_t^{target}，将 M_t 和 X_t^{target} 用于下一帧目标跟踪。

4.4.3　抗遮挡跟踪算法改进策略

对基于高置信分块的抗部分遮挡跟踪算法进行仿真测试，以水平进入角45°、目标右机动弹道序列为例（图 4.30），目标投放红外干扰过程中，由于目标被遮挡部位置信度较低，干扰长时间遮挡导致高置信分块集中在目标未遮挡区域，没有及时估计和预测目标尺度和位置，从而导致干扰分离后跟踪框只包含目标局部区域。当目标再次投放干扰时，极易导致算法跟踪失败。

右机动(#135)　　右机动(#157)　　右机动(#264)

图 4.30　跟踪局部区域导致丢失目标

为了解决上述问题，需要采用一定的策略对抗部分遮挡算法进行改进。当高置信分块集中于目标局部区域时，利用未遮挡时跟踪框信息，通过判断干扰投射方向，预测目标遮挡部位区域，从而更新跟踪框位置和大小。具体步骤如下。

（1）对遮挡区域的低置信分块进行重采样后，以得到当前帧跟踪点坐标。

由式（4.179）计算跟踪框内区域能量分布中心，结合跟踪点与能量中心的相对位置，判断干扰投射方向，即

$$X_Q = \frac{\sum (x \cdot f(x,y))}{\sum f(x,y)};\ Y_Q = \frac{\sum (y \cdot f(x,y))}{\sum f(x,y)} \tag{4.179}$$

（2）由式（4.180）融合相邻两帧跟踪框大小，便于预测尽可能大的目标区域，即

$$\begin{cases} w = \arg\max\limits_{t}\{w_t, w_{t-1}\} \\ h = \arg\max\limits_{t}\{h_t, h_{t-1}\} \end{cases} \tag{4.180}$$

（3）根据已得到的跟踪点坐标、跟踪框大小和干扰投放方向，计算跟踪框相对于跟踪点的偏移量，预估跟踪框位置，由式（4.181）估计目标尺度，γ 取 0.075，预测出当前帧目标被遮挡区域。

$$l_t = (1-\gamma) I_{t-1} + \gamma l \tag{4.181}$$

如图 4.31 所示，红外干扰遮挡目标尾后区域，而高置信分块集中在目标机身区域。算法经改进后，跟踪框预测并框出目标尾后被遮挡区域。目标与干扰分离后的跟踪框内仍包含目标整体信息，有效避免了下一阶段干扰投放对跟踪框的影响，进一步提高了算法的稳定性。

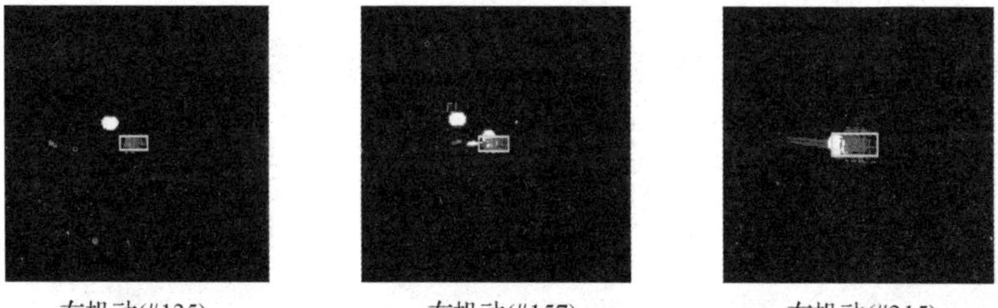

图 4.31　算法改进后效果

4.4.4　全程抗干扰跟踪算法架构

在高置信分块的抗部分遮挡 GF－KCF 目标跟踪算法的基础上，本节进一步介绍一套标准导引头全过程抗干扰跟踪算法架构，针对干扰对抗各阶段问题，采用不同阶段的抗干扰跟踪算法，实现了全过程抗干扰跟踪。全程抗干扰跟踪算法架构流程如图 4.32 所示。

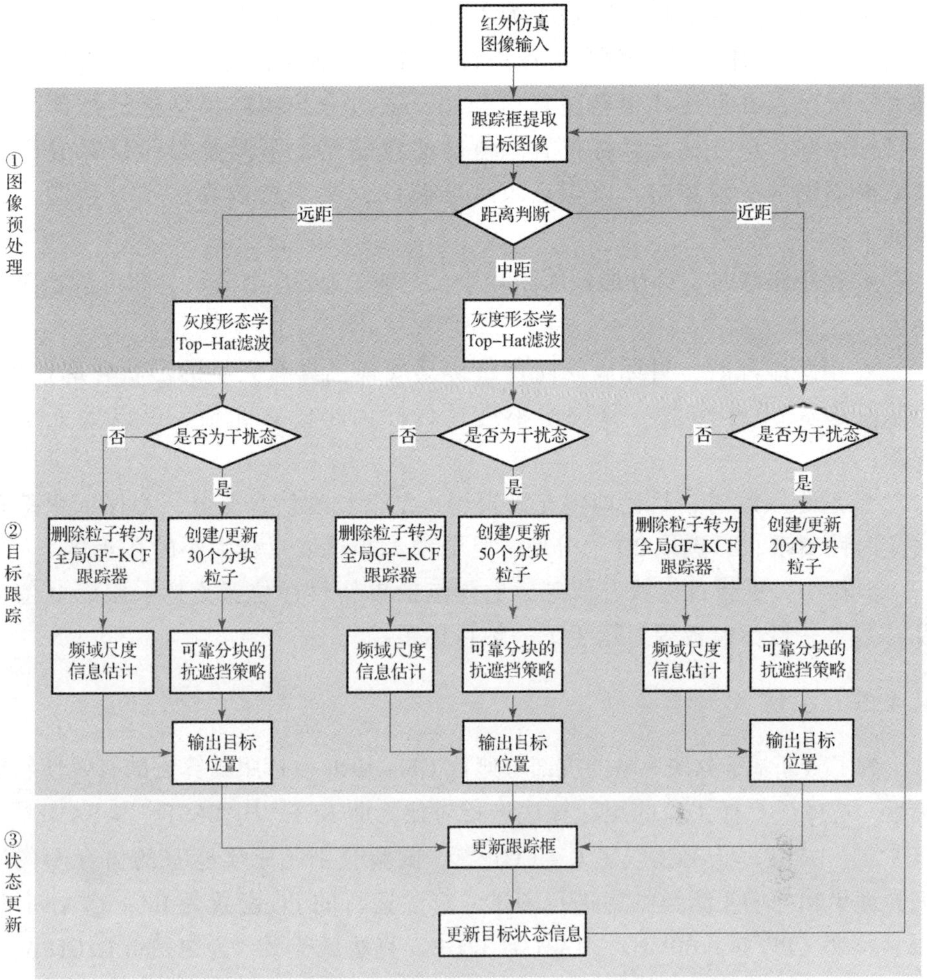

图 4.32　全程抗干扰跟踪算法流程框图

从导引过程和目标成像特性来划分，红外成像导引头抗干扰跟踪算法可分为小目标阶段（远距）、成像目标阶段（中距）和目标充满视场阶段（近距）。根据不同阶段的成像特征，采取不同的抗干扰跟踪策略。

整个抗干扰跟踪算法主要包括图像预处理、目标跟踪、状态更新 3 个步骤，各个步骤的主要功能如下。

步骤①：主要进行图像预处理操作以实现滤除探测器成像噪声、背景抑制的功能。

步骤②：主要进行目标跟踪，通过判断目标状态选择相应的跟踪策略。首先判断目标是否遮挡，即是否为干扰态。若目标没有发生遮挡，则使用全局 GF - KCF 跟踪器，并对目标进行频域尺度估计；若目标发生遮挡，则进入干扰态，并创建或更新高置信分块，通过分块跟踪模型进行抗部分遮挡目标跟踪，最终输出目标位置。值得注意的是，不同阶段的目标成像特性采取不同的分块策略，既保证跟踪准确性，又不影响算法实时性能。具体如下：

- 远距跟踪时，目标成像面积较小，只需选取 30 个分块，即可满足跟踪精度；
- 中距跟踪时，目标成像面积已初具规模，具有完整的形状轮廓信息，该阶段选取 50 个分块，分块大小选择目标大小的 0.5 倍，可以保证精确跟踪；
- 近距跟踪时，目标即将充满视场，细节纹理信息充分，为保证跟踪算法实时性要求，只选取 20 个分块，且分块大小选取目标大小的 0.4 倍。

步骤③：更新目标状态信息，主要包括更新目标位置坐标、跟踪框位置及长宽比、目标模板等，用于下一帧目标跟踪。

4.4.5 示例

为了验证基于分块策略的抗部分遮挡 GF - KCF 目标跟踪算法的有效性和准确性，选择了 7 种主流的跟踪算法进行对比，即 KCF[27]、DSST[31]、SAMF[33]、LCT[42]、DPCF[43]、ECO[44]、C - COT[45]。试验分别基于实验室的仿真图像序列数据集和外场实测数据集进行测试，算法运行的 PC 配置为 Inter © Xeon © E5 - 1620 CPU @ 3.60GHz，RAM 为 32GB，算法试验平台为 Matlab R2018A。

本节试验首先基于装备预研“十三五”共用技术项目的战场态势对抗仿真试验平台，生成红外空战仿真图像数据集进行算法测试，该仿真测试数据集的生成条件可以设置包括初始发射条件、目标机动方式、干扰投放策略 3 个维度的对抗条件参数，并在限定范围内涵盖了所有对抗条件参数并进行量化，主要量化参数共包含 12 个：

- 初始对抗态势共有 7 个参数，包括目标高度、载机高度、目标速度、载机速度、水平进入角、发射距离、综合离轴角；
- 目标机动有 4 种类型，包括左机动、右机动、跃升、俯冲；
- 红外干扰投放策略 4 个参数，包括总弹数、组数、弹间隔、组间隔。

因此，本书设置仿真数字平台的仿真图像序列生成条件如下：

- 导弹发射距离为4000m；
- 目标高度及载机高度均为6000m；
- 红外点源干扰弹总数为24枚；
- 目标机动类型为左机动、右机动、跃升、俯冲4种；
- 组间隔分别为0.8s、1.5s，投弹组数分别为24、12、6；
- 水平进入角选取典型的10°、45°、120°、150°。

根据以上测试条件设置仿真参数，每个维度对抗条件下参数有条件进行结合构成仿真图像序列测试集，共96条仿真弹道图像序列并输出256×256的单通道16位格式的灰度图像。弹道初始态势及干扰策略设置如表4.2所列。

表4.2　仿真图像序列生成初始态势表

发射距离/m	机动类型	总弹数	组间隔/s	弹间隔/s	水平进入角/(°)	投弹组数	每组弹数
4000	左机动、右机动、跃升、俯冲	24	0.8、1.5	0.1	10、45、120、150	24、12、6	1、2、4

同时，本节试验选取基于实验室外场采集的红外实测数据集，其中囊括了目标大机动转弯、目标姿态旋转、复杂云背景、投放红外点源干扰等各种现象。采用Matlab R2018A开发平台进行书中算法的实现和测试。最后统计仿真数据集和实测数据集的测试结果进行算法性能对比和分析。

1. 定性分析

本节采用基于分块策略的抗部分遮挡GF-KCF目标跟踪算法进行飞机目标跟踪，分别选取目标飞机俯冲、跃升、左机动、右机动4个机动类型的红外空战仿真图像数据集和红外实测数据集进行测试。部分测试结果如图4.33和图4.34所示。

对于发射距离7000m的红外仿真图像序列，如图4.33所示，目标在序列全过程投放红外点源干扰，本书算法相比于KCF算法体现出明显的抗部分遮挡效果，并且对于目标机动有较好的适应以更加精确地跟踪目标；对于跃升、俯冲态势的目标同时会发生横向或纵向的旋转变化，这符合飞机目标的红外成像规律。

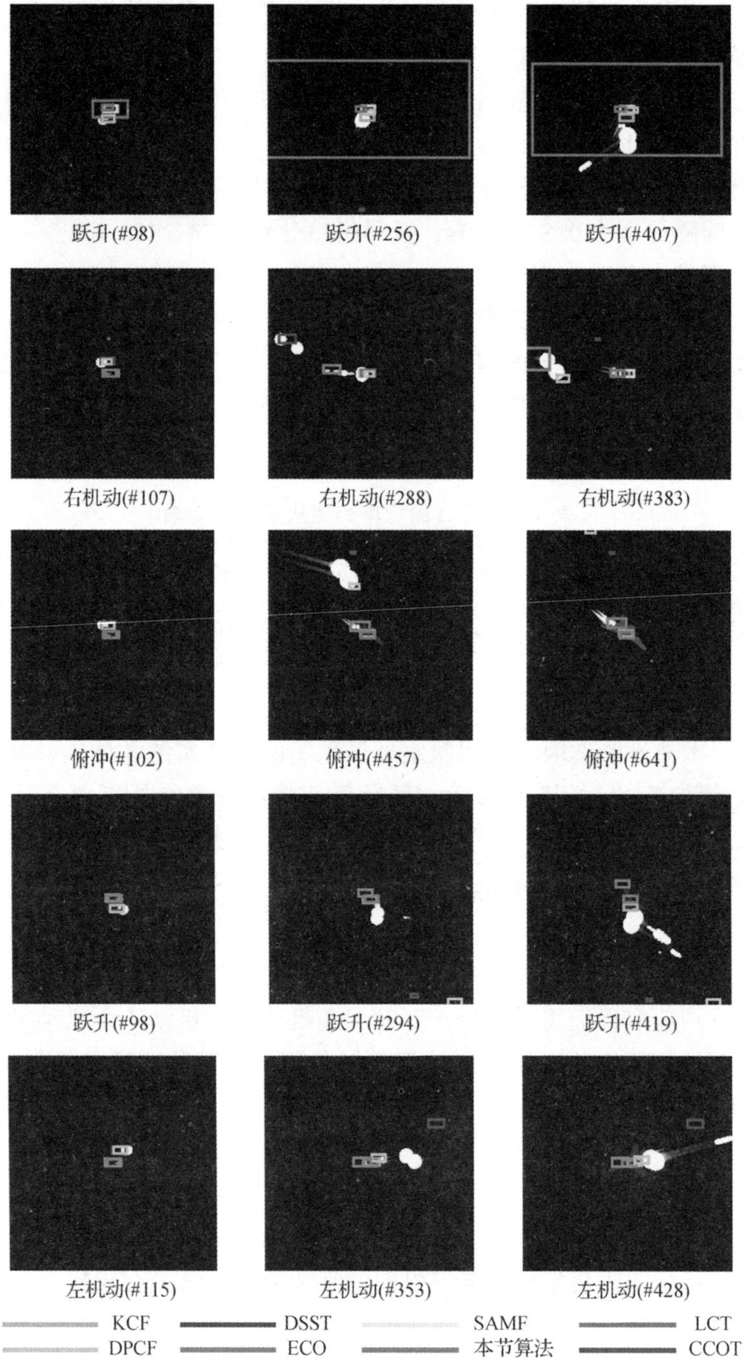

图 4.33 不同算法在仿真数据集测试的跟踪结果比较（见彩图）

序列1(#569)

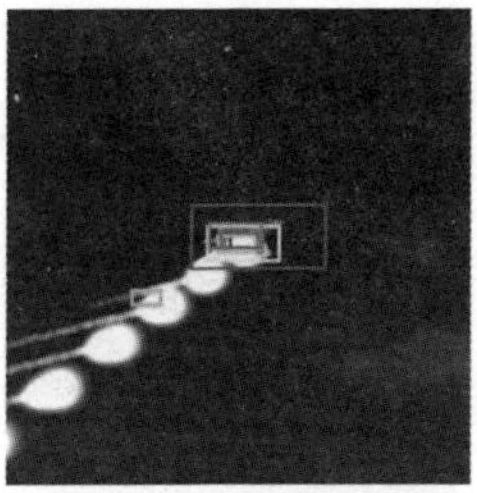
序列1(#774)

序列1(#949)

序列2(#243)

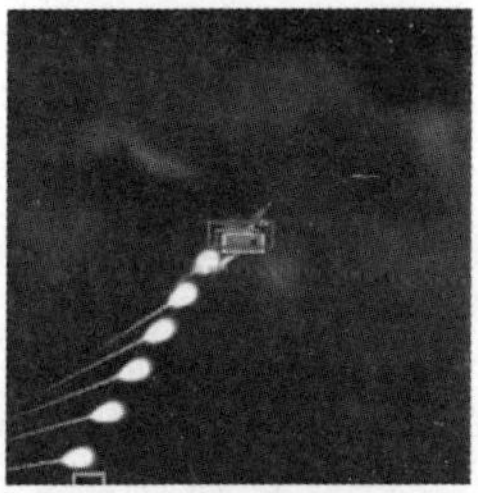
序列2(#572)

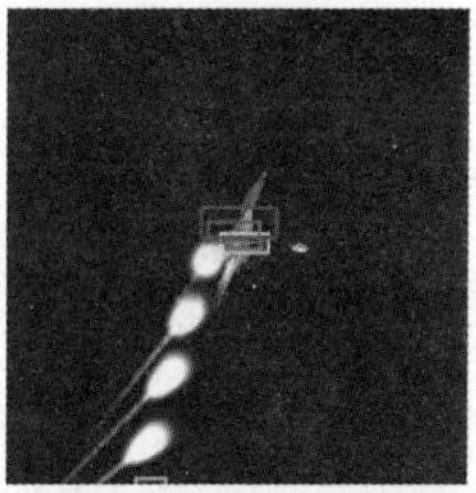
序列2(#740)

序列3(#218)

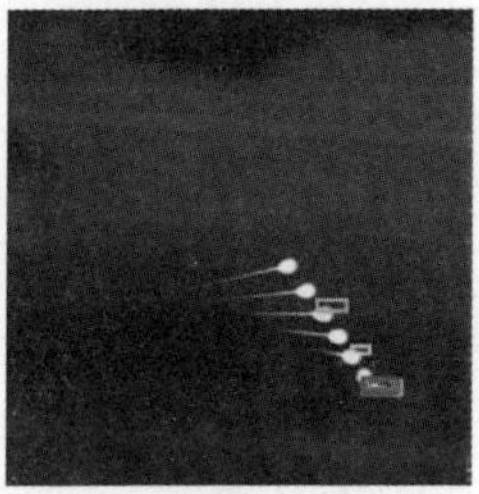
序列3(#553)

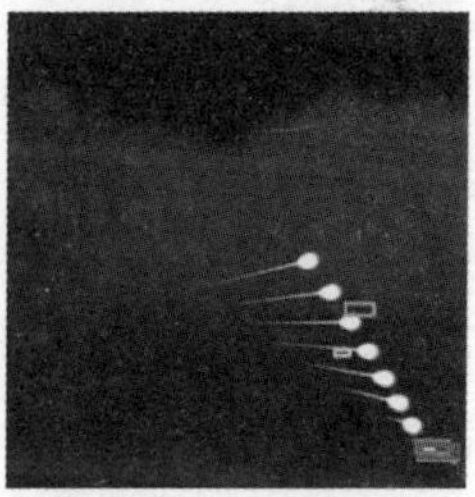
序列3(#719)

序列4(#173)

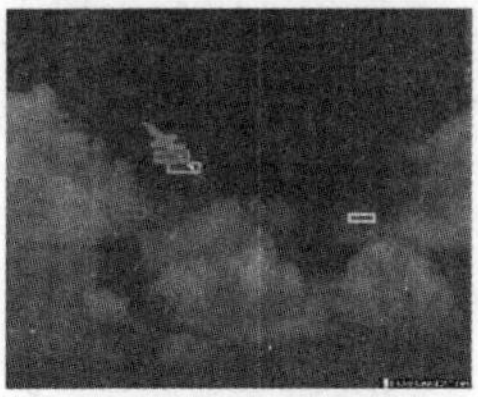
序列4(#347)

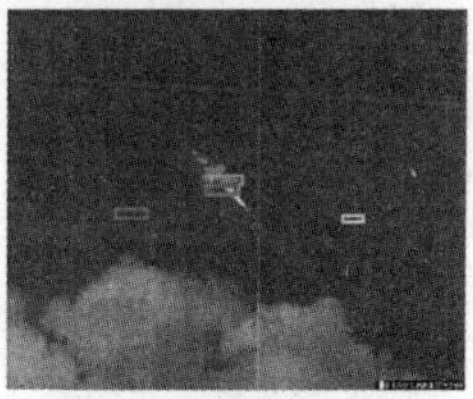
序列4(#379)

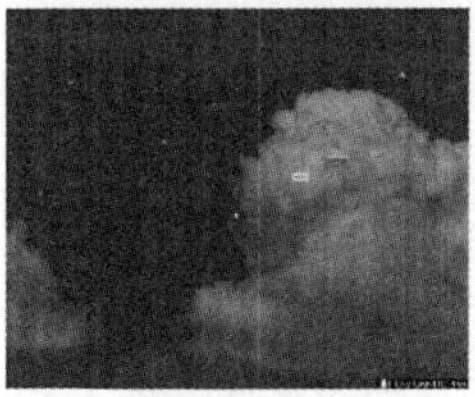
序列5(#95)

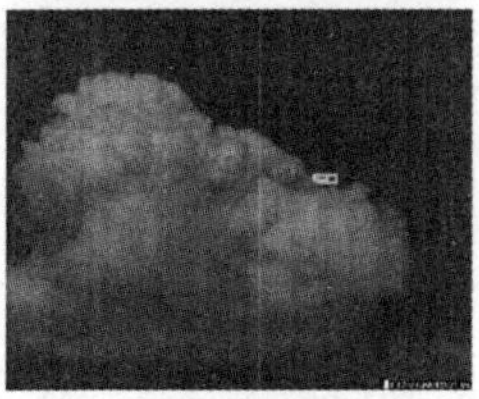
序列5(#214)

序列5(#338)

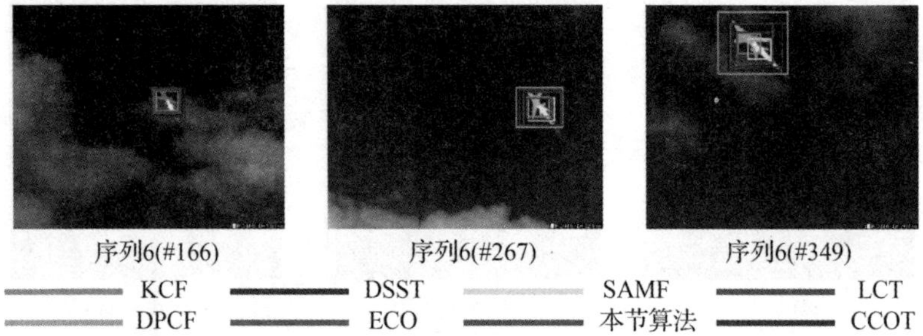

图 4.34　不同算法在实测数据集测试的跟踪结果比较（见彩图）

为了进一步验证本节算法的有效性和实用性，对实测数据集进行测试，如图 4.34 所示。空中目标投放红外点源干扰的同时，还伴随着姿态旋转和尺度的变化，本节算法对于目标图像具有较好的抗目标部分遮挡性能，同时能够较好地应对目标尺度变化。但是对于复杂背景且目标较小的序列（如序列 4），本节算法估计的目标尺度会发生一定误差。

2. 定量分析

为了比较算法的整体跟踪效果，仍然采用一次性评估方法（OPE）测试基于分块策略的抗部分遮挡 GF－KCF 目标跟踪算法（本节算法）的性能优劣，测试并统计了 107 条图像序列的精确度一次性评价和成功率一次性评价，其中包括 96 条仿真图像数据和 11 条外场实测数据。精确度和成功率评价指标的详细定义和计算方法在 4.3.4 节中已给出。同时，分别与 KCF 算法、DSST 算法、SAMF 算法、LCT 算法、DPCF 算法、ECO－HC 算法、CCOT 算法进行对比。测试算法的平均精确度和平均成功率比较分别如图 4.35 和图 4.36 所示。表 4.3 所列为每种算法在投放红外点源干扰的仿真数据下的误差阈值为 20 像素时的精确度以及跟踪速度结果对比。

表 4.3　不同跟踪算法在一次性评价中的跟踪性能比较

算法名称	本节算法	KCF	DSST	SAMF	LCT	DPCF	ECO－HC	CCOT
精确度/%	96.6	83.4	70.6	83.8	89.7	76.0	93.3	94.5
FPS/（帧/s）	112.14	3324.4	365.03	165.52	271.05	30.23	54.38	0.8759

注：平均精确度和平均帧率的最大值均用红色标出，次大值用蓝色标出。

由表 4.3 可以看出，本节算法的平均精确度较 ECO－HC 算法高 3.3%，帧率高 57.76；与其他算法的精确度相比较，本节算法比 CCOT 算法高 2.2%，比 LCT 算法高 8.9%；与其他算法的帧率比较，本节算法低于 KCF 算法 3212.26 帧/s，低于 DSST 算法 252.89 帧/s，远高于 CCOT 算法。

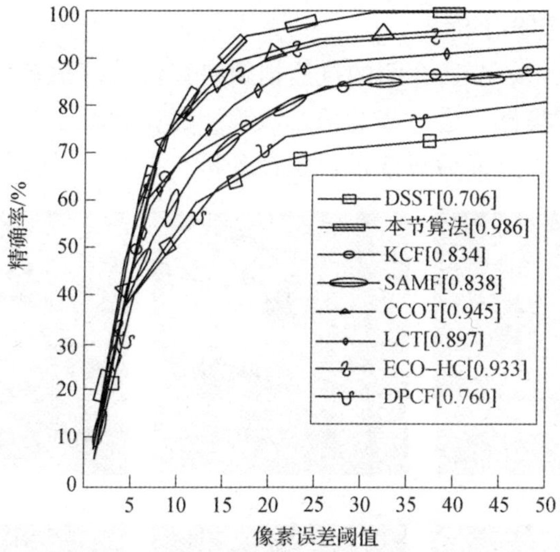

图 4.35　算法平均精确度的一次性评价

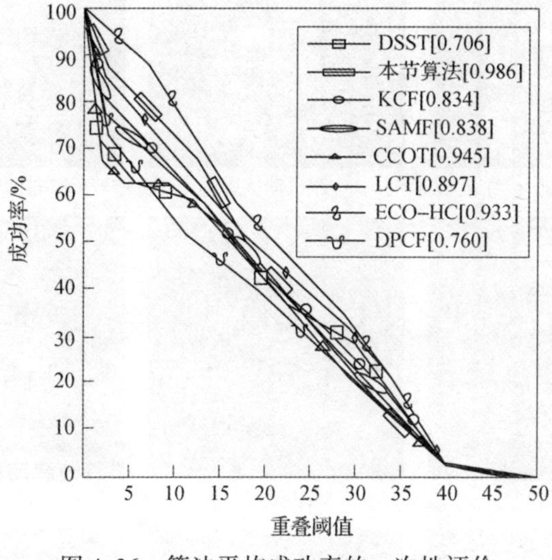

图 4.36　算法平均成功率的一次性评价

从图 4.35 和图 4.36 中可以看出，本节算法精确度优于其他跟踪算法，成功率仅次于 ECO - HC 算法，略胜于 CCOT 算法。其主要原因是本节算法可以稳定跟踪目标且仍在视场中的部位区域，这部分区域的分块模板没有被干扰污染，所以平均精确度较高。而由于在图像序列后半部分，即进入末端攻击距离时，目标尺度变化较为剧烈，不能准确地估计干扰投放时目标的尺度变化，因此跟踪框仅集中在目标部分可信区域。

3. 改进算法试验分析

本小节根据4.4.3节所介绍的抗遮挡跟踪算法的改进策略，基于上述仿真数据集+实测数据集做了进一步的仿真试验测试，验证了算法改进策略具有一定的优化效果。对改进前后算法进行定性分析，如图4.37所示。

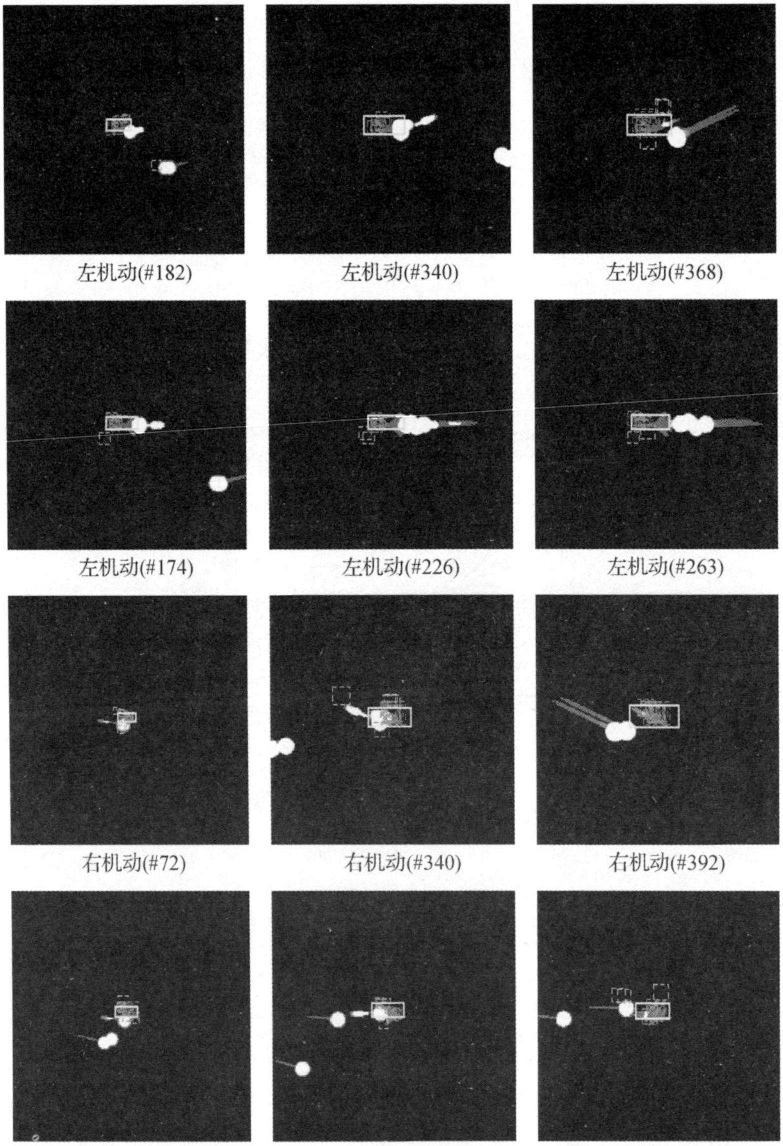

左机动(#182)　左机动(#340)　左机动(#368)

左机动(#174)　左机动(#226)　左机动(#263)

右机动(#72)　右机动(#340)　右机动(#392)

右机动(#139)　右机动(#260)　右机动(#290)

图4.37　算法改进后跟踪效果（见彩图）

由图 4. 37 中的左机动 340 号和 368 号以及 226 号和 263 号、右机动 340 号和 392 号以及 260 号和 290 号的跟踪效果可以看出，当干扰大面积遮挡目标局部区域时，改进后的算法跟踪框不仅能够包含高置信分块区域，并且根据低置信区域判断干扰投射方向，从而估计和预测被遮挡目标区域。当完整目标重新出现在视场中时，跟踪框可以尽可能多地包含目标信息，提高跟踪算法的准确性和稳定性。

对改进算法进一步进行定量分析，统计数据集的测试结果，得到改进算法的平均精确度和平均成功率一次性评价数据，对改进算法进行定量分析如图 4. 38 和图 4. 39 所示。可以看出，改进后的算法几乎没有影响平均精确度指标，而平均成功率在 40. 6% 的基础上提高了 5. 8%，这是由于在有红外干扰部分遮挡目标的情况下，改进后的算法仍然能够预估目标被遮挡的区域，由式 (4. 164) 可知，预判得到的跟踪框位置和大小与目标真实区域位置重叠率更高，从而提高了算法的成功率。

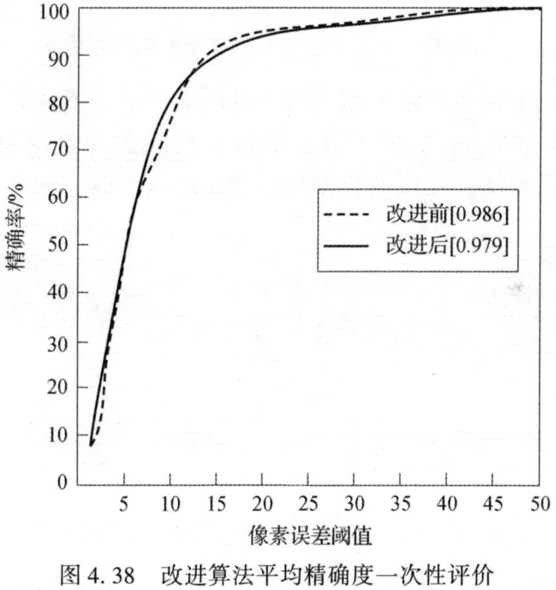

图 4. 38　改进算法平均精确度一次性评价

仍然以 4. 4. 3 节的水平进入角 45°、目标右机动的弹道图像序列为例，对改进前后算法的跟踪效果进行指标定量对比，弹道全过程跟踪精确度和跟踪框重叠率对比曲线分别如图 4. 40 和图 4. 41 所示。由图 4. 40 可以明显看出，139 帧目标投放出第一枚干扰，改进前算法的跟踪点发生 11 像素的小幅度漂移，跟踪目标局部区域；244 帧目标再次投放干扰，漂移误差逐渐增大，跟踪框已

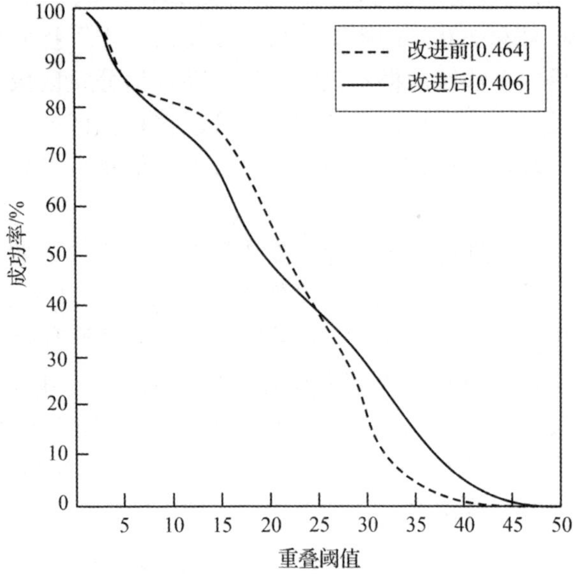

图 4.39　改进算法平均成功率一次性评价

偏离目标，并在 311 帧达到最大值。而改进后的算法在 554 帧范围内，误差均可以保持在 20 像素以内，提高了算法的抗干扰能力和跟踪稳定性。554 帧之后，目标已经充满视场，尺度变化剧烈导致跟踪点漂移，误差增大。

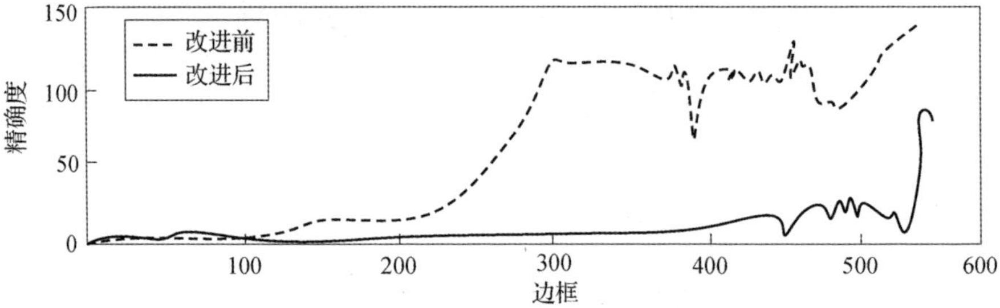

图 4.40　弹道全过程的算法跟踪精确度对比曲线

从图 4.41 可以看出，改进前的算法在 139 帧重叠率迅速下降至 15.89%，跟踪框小幅度偏移目标中心；244 帧重叠率低于 10%，跟踪框已严重偏离目标。改进后算法在 139 帧对目标遮挡区域进行预测，重叠率在 151 帧内提升到 79.12%，同时重叠率在 366 帧范围内稳定保持在 70% 以上，算法成功率大幅提高。最后阶段重叠率逐渐下降，因为目标逐渐充满视场，算法对最后阶段目标的大幅尺度变化不能更好地适应，后续仍需加强改进。

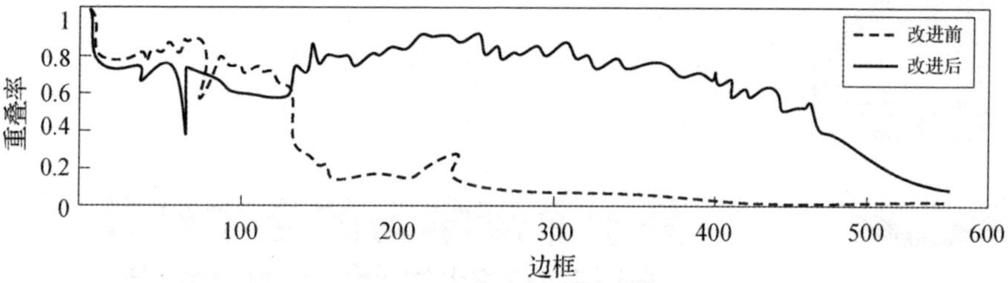

图 4.41　弹道全过程的算法跟踪框重叠率对比曲线

4.5　本章小结

首先，本章介绍了相关滤波跟踪、Gabor 滤波、GF 特征分析等基础理论，并基于此进一步介绍了基于 GF - KCF 的空中红外目标跟踪算法框架。该算法基于二维频域 Gabor 特征融合对红外运动目标图像序列进行核相关滤波跟踪。构造二维频域 Gabor 滤波器组，用于提取、融合目标图像块的频域边缘纹理特征，得到频域响应融合矩阵，有效地抑制背景噪声和突出目标纹理信息。利用核相关滤波算法对频域响应融合矩阵进行相关滤波和快速检测，得到目标响应矩阵的最大位置，即为目标所在位置坐标，将新的目标区域用于训练、更新目标模板，完成运动目标图像序列连续跟踪。

其次，本章介绍了基于频域尺度信息估计 KCF 的空中红外目标跟踪算法。该算法主要基于快速核相关滤波（KCF）跟踪对红外目标图像序列进行识别跟踪。频域尺度信息估计方法利用 KCF 跟踪算法得到目标最佳位置，基于相邻两帧间的频域特征向量计算目标尺度、旋转变化信息，更新跟踪框尺度大小和长宽比，明显提高跟踪框对目标尺度、旋转变化的适应性。

最后，本章基于 GF - KCF 跟踪算法框架，研究并分析了基于高置信分块策略的抗部分遮挡跟踪算法。该算法利用跟踪高置信局部目标的优势，进一步提高了尺度估计的可靠性。在此基础上，本章进一步介绍了一种标准导引头全程抗干扰目标跟踪算法架构，并针对试验测试过程遇到的问题介绍了相应的改进策略。试验结果表明，改进算法的跟踪结果更加精确，通过跟踪框预测的方法能较好地确定目标位置。

第5章 基于深度学习的空中红外目标识别与抗干扰技术

传统的目标跟踪方法如相关滤波跟踪算法中最重要的环节是特征提取，但由于提取到的颜色、灰度等手工特征较为粗糙，一定程度上影响了跟踪精度，并且仍然具有模板类算法的通病，即不能适应目标的快速运动，当目标运动较快时，搜索框将不能正确地更新目标所在的位置。近年来，随着深度学习理论的发展，目标跟踪的技术方向已经逐渐向深度学习的领域过渡，使用深度特征的跟踪方法能够在跟踪的精度和速度方面达到很好的平衡。本章对基于深度学习的空中红外目标识别与抗干扰技术进行研究和介绍。首先，分析卷积神经网络的基本原理与训练过程，详细介绍了几种卷积神经网络。其次，介绍几种神经网络的改进方法，包括多尺度卷积核、密集链接和注意力机制。最后，基于改进方法，介绍几种基于卷积神经网络的目标识别算法，包括基于 DNET 的目标识别算法、基于注意力模块的目标识别算法和基于关键点检测的目标识别算法。

5.1 卷积神经网络原理与训练

卷积神经网络是一种用来处理局部和整体相关性的计算网络结构，被应用于图像识别、自然语言处理甚至是语音识别领域，因为图像数据具有显著的局部与整体关系，其在图像识别领域的应用获得了巨大成功。本节分别对卷积神经网络的结构组成、网络特性和训练过程进行了详细介绍，随后介绍了几种经典的卷积神经网络模型——FASTER - RCNN、SSD、YOLO 系列，并简要分析了各个网络的优、缺点。

5.1.1 卷积神经网络原理

1. 卷积神经网络的基本结构

卷积神经网络的结构主要由卷积层、激活函数、池化层、全连接层组成。

卷积层的主要作用是提取数据的局部特征；激活函数的主要作用是将卷积层处理过的数据进行非线性映射，以此来增强整个网络的表达能力；池化层的作用是将特征的尺度进行缩减，最后由全连接层将前面几个操作提取到的特征进行连接以用来分类。

1）卷积层

卷积层的作用是提取输入图片的特征，完成该功能的是卷积层中的卷积核。卷积核可以看作一个指定大小的扫描器，卷积核在图像上不断滑动，通过多次扫描输入的数据来提取数据的特征。如果输入数据为图像，那么通过卷积核，就可以识别出图像中的重要特征。

假设图像的输入尺寸为 $32 \times 32 \times 3$，其中 32×32 指图像的宽度与高度，3 指图像的 R、G、B 三通道。假设卷积核的尺寸为 $5 \times 5 \times 3$，其中 5×5 是卷积核的宽度与高度，3 是卷积核的维度。卷积核的维度与图像的相同，是为了卷积核可以在输入图像的 3 个通道上同时进行卷积操作。

图 5.1 所示为单通道图像的卷积过程。

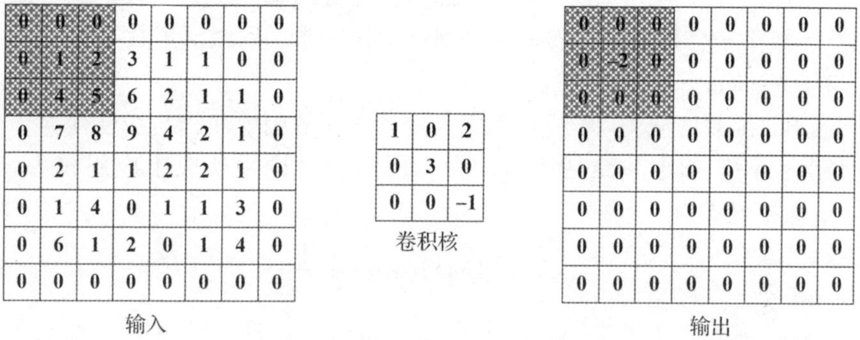

图 5.1　单通道图像卷积过程

卷积的计算方法就是将对应位置的数据相乘后全部相加，其表达式为

$$0 \times 1 + 0 \times 0 + 0 \times 2 + 0 \times 0 + 1 \times 3 + 2 \times 0 + 0 \times 0 + 4 \times 0 + 5 \times (-1) = -2 \tag{5.1}$$

另外，图 5.1 中的输入图像的最外圈像素都为 0，这其实是一种像素填充方法。在对图像进行卷积操作之前，有两种像素填充方式，分别是 Same 和 Valid。Same 是在输入图像的最外圈包裹指定层数的像素值全为 0 的边界，这样可以使输出图像的尺寸与输入图像相同；而 Valid 是直接对输入图像进行卷积，这样往往会使图像的尺寸变小。

卷积操作维度变化公式为

$$W_{\text{out}}=\frac{W_{\text{in}}-W_{\text{f}}+2P}{S}+1 \tag{5.2}$$

式中：W_{out}为输出图像宽度；W_{in}为输入图像宽度；W_{f}为卷积核宽度；S为卷积核的步长（卷积核每次滑动所经过的距离）；P为在图像外围增加0像素的层数，对于Valid方式来说，$P=0$；对于Same方式来说，P为指定增加的层数。

对于多通道卷积来说，就是将多个通道的卷积过程看作多个独立的单通道卷积过程，最后将多个独立的单通道卷积结果相加，就得到多通道卷积的结果。

2）激活函数

神经元的输出是输入的线性函数，而线性函数之前的嵌套仍然是线性函数。因此，如果只是单纯叠加网络的层数，那么无论层数有多少，最终的输出仍然与输入是线性关系。这样无法描述各种复杂的现象。因此，需要在线性神经元后加入非线性激活函数，使网络具有更强的表达能力，可以拟合复杂的数据。由于深度神经网络（≥3层）具备非线性处理单元，它在理论上可逼近任何函数。接下来介绍几种在卷积神经网络中比较常用的激活函数。

（1）Sigmoid函数。

Sigmoid函数值域为[0,1]，当输入接近0时的函数曲线与线性变换十分相似。作为一种S型饱和激活函数，在早期的神经网络研究中应用较为普遍，Sigmoid函数公式为

$$f(x)=\text{Sigmoid}(x)=\frac{1}{1+\mathrm{e}^{-x}} \tag{5.3}$$

Sigmoid函数模拟了生物神经元接受兴奋后产生冲动的过程。如图5.2所示，靠近坐标原点区域的导数斜率较大，对输入数据的感应较为灵敏。远离原点区域的曲线较为平坦，对输入信号的响应相对不灵敏。将Sigmoid函数应用于深层网络中时，一方面，非零且恒正的响应值导致了神经网络权值参数仅有一个更新方向，神经网络的收敛过程因此被减缓了，对CNN模型分类性能也有不利影响；另一方面，当激活函数输入值靠近Y轴两侧的平缓区域时，Sigmoid的导数接近于0，使经过多层反向传播后得到的权重更新梯度值会变得很小，可能导致梯度消失问题，使一部分神经元达到饱和状态而无法得到训练，与其相邻的神经元也训练得很慢。此外，由于输出只有正值，不利于将中间层变量的均值向0靠近，也影响了神经网络的性能。

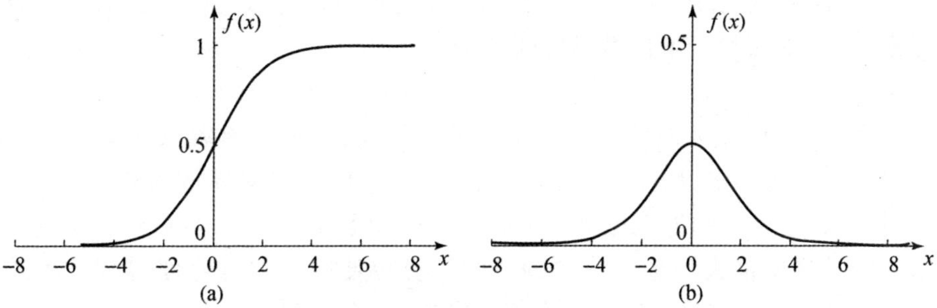

图 5.2 Sigmoid 的原函数及导数

（a）原函数；（b）导数。

（2）tanh 函数。

tanh 函数又被称为双曲正切函数，值域为[−1,1]，其数学定义式为

$$f(x)=\tanh(x)=\frac{e^{x}-e^{-x}}{e^{x}+e^{-x}} \tag{5.4}$$

观察 tanh 函数曲线（图 5.3）可以发现，当输入接近 0 时，tanh 激活函数与线性变换接近，tanh 函数相比 Sigmoid 函数最大的改进是，此时的函数图像是以原点为中心对称。当输入为 0 时，tanh 函数的导数达到最大值 1。输入数据偏离 0 越远，导数也离 0 越近。因此，虽然 tanh 通过以 0 为中心的输出值加快了网络的训练，但仍无法克服梯度消失问题。

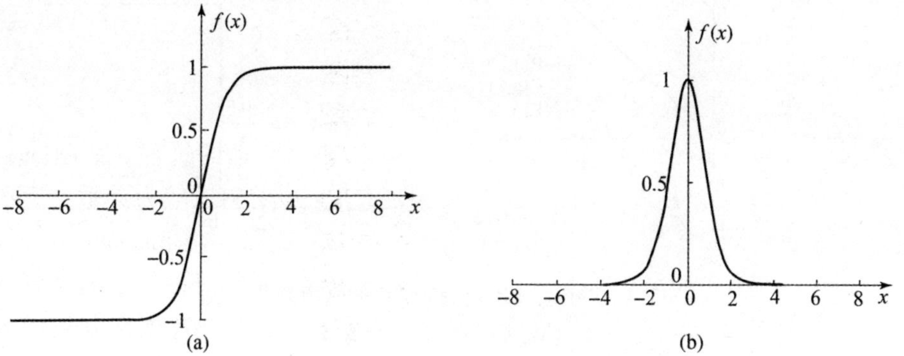

图 5.3 tanh 的原函数及导数

（a）原函数；（b）导数。

（3）ReLU、Leaky − ReLU 和 ELU 函数。

为解决 Sigmoid 和 tanh 带来的种种问题，一些不饱和激活函数也相继被提出。其中最具有代表性的是 ReLU（Rectified Linear Unit，修正线性单元）函数。ReLU 的值域是$[0,+\infty)$，它是一个十分简单的非线性变换，对于任意输入元素 x，该非线性变换的数学定义式为

$$f(x)=\mathrm{ReLU}(x)=\max(0,x) \tag{5.5}$$

观察 ReLU 的函数曲线（图 5.4）可以发现，ReLU 函数仅保留正输入元素，并将负输入元素置零。输入为负数时，ReLU 函数的导数为 0。输入为正元素时，ReLU 函数的导数恒为 1（定义 $x=0$ 处导数为 0），导数恒为 1 的性质有效克服了梯度消失问题，简单的线性运算也使网络训练速度得到较大的提升。然而，ReLU 函数对负输入元素的响应是 0，一部分神经元在训练过程中将得不到权重更新。因此，虽然为网络引入了一些稀疏性，但也导致神经元死亡现象，模型的学习能力和分类性能都受到了不利影响。

Leaky - ReLU 通过在负半轴引入一个较小的斜率 a 成功克服了 ReLU 导致的神经元死亡问题，因而对于负输入值，也可以进行反向传播。

ELU 激活函数同样是将 ReLU 的负半轴部分进行了优化，ELU 对负输入值进行指数计算，其数学定义式为

$$f(x)=\mathrm{ELU}(x)=\begin{cases}\max(x,0), x\geqslant 0\\ a(\mathrm{e}^{x}-1), x<0\end{cases} \tag{5.6}$$

式中：a 为可变参数。ReLU、Leaky - ReLU 及 ELU 的函数和导数曲线见图 5.4。

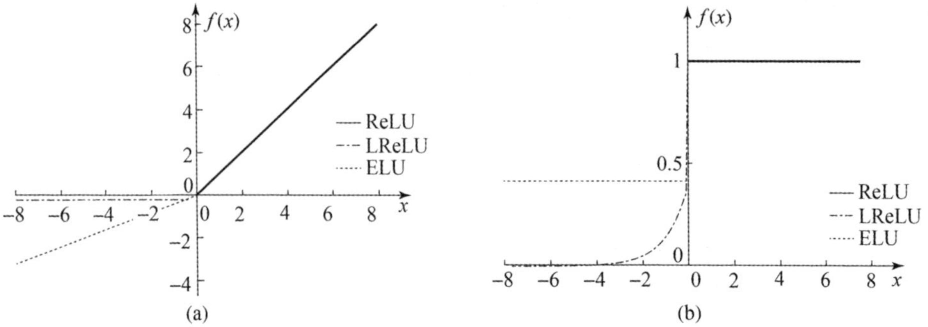

图 5.4 ReLU、LReLU 和 ELU 的原函数及导数

（a）原函数；（b）导数。

3）池化层

池化层又称为下采样层，作用是对感受野内的特征进行筛选，提取区域内最具代表性的特征，能够有效地降低输出特征尺度。池化操作不仅实现了对原始数据的压缩，而且减少了网络所需要的参数量，因此提升了计算效率。池化按操作类型通常分为最大池化（Max Pooling）和平均池化（Average Pooling），

它们分别提取感受野内最大、平均的特征值作为输出。

如图 5.5 所示，池化层也需要定义一个池化窗口尺寸，图中所使用的池化窗口尺寸为 2×2，维度与特征图的维度一致，且步长为 2。

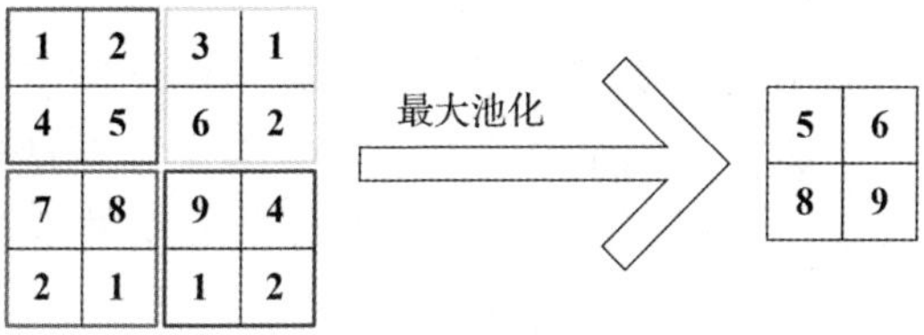

图 5.5　池化计算过程

池化的具体操作：首先选中窗口的数据，然后选择其中的最大值作为输出结果。图 5.5 中第一个窗口所选择的数字为 1、2、4、5，其中最大值为 5；然后窗口向右滑动两个单位，第二个窗口所选择的数字为 3、1、6、2，其中最大值为 6；第三个窗口由第一个窗口向下滑动两个像素得到，最大值是 8；第四个窗口得到的最大值是 9。因此，本次池化操作的最终结果为 5、6、8、9。平均池化操作与最大池化操作基本相同，分别采用以下公式进行计算，即

$$\text{out} = \max_{i,j\in[1,m]}(\text{map}_{ij}) \tag{5.7}$$

$$\text{out} = \frac{1}{m\cdot m}\sum_{i=1}^{m}\sum_{j=1}^{m}\text{map}_{ij} \tag{5.8}$$

式中：map 为卷积输出特征图；i、j 为特征图的大小；m 为池化核的大小。最大池化因为取的是最大值，所以可以提取到边缘性的信息，适用于刚性物体检测，平均池化因为考虑了感受野中所有像素的平均信息，所以生成的特征也会更加平滑，适用于非刚性物体检测。

池化操作维度变化公式为

$$W_{\text{out}} = \frac{W_{\text{in}} - W_{\text{f}}}{S} + 1 \tag{5.9}$$

式中：W_{out} 为输出图像宽度；W_{in} 为输入图像宽度；W_{f} 为滑动窗口宽度；S 为卷积核的步长。

对于多通道池化来说，是分别在每个通道进行单独的池化操作，就得到了多通道池化的结果。在图像识别等任务中，重要的不是显著特征的绝对位置而是相对的位置，所以为了避免把过多的位置信息编码进去，卷积和池化操作都可以对局部的纹理进行模糊化，这样也就使图像有了一定的形状不变性。

4）全连接层

在卷积层和池化层对图像特征进行分析和提取后，生成的输出特征数据一

般只与输入图像的局部区域信息一一对应，无法覆盖整个图像的空间维度，因此需要对所有的信息进行结合处理输出最终的结果。而全连接层的主要作用则是将输入图像在经过卷积和池化后所提取到的特征进行压缩，再根据压缩后的特征进行网络的分类输出。

如图 5.6 所示，在全连接层里的任一单元都由前层所有单元根据对应的权重值进行连接计算而生成，在网络的末端，前方多个层处理后的特征信息将在展开形成向量后输入全连接层，结合特征图的所有单元信息进行高层的抽象推理，提高网络识别结果与提取特征的关联程度。

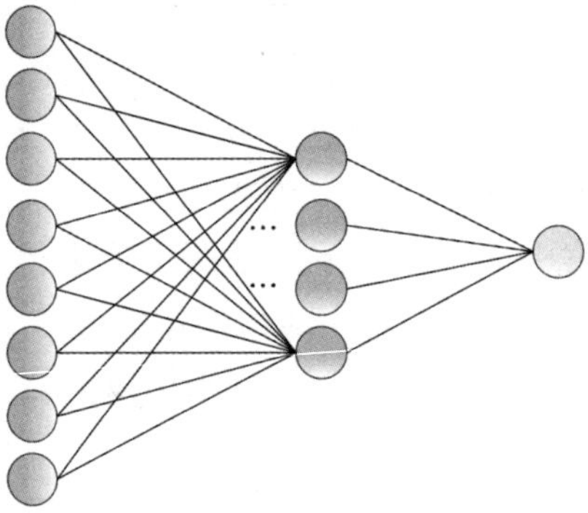

图 5.6　全连接层的一般结构

以其中相邻的两层为例，设输入矢量和输出矢量分别为 x 和 y，则它们的函数关系可以表示为

$$\begin{pmatrix} y_1 \\ y_2 \\ \vdots \\ y_n \end{pmatrix} = \begin{pmatrix} W_{11} & W_{12} & \cdots & W_{1k} \\ W_{21} & W_{22} & \cdots & W_{2k} \\ \vdots & \vdots & \ddots & \vdots \\ W_{n1} & W_{n2} & \cdots & W_{nk} \end{pmatrix} \begin{pmatrix} x_1 \\ x_2 \\ \vdots \\ x_k \end{pmatrix} + \begin{pmatrix} b_1 \\ b_2 \\ \vdots \\ b_n \end{pmatrix} \tag{5.10}$$

通常，在全连接层后会使用 Softmax 函数等方法计算得到分类结果，Softmax 层的输出向量的维度与分类任务的类别数相同，每个值表示对应类别的概率，从而方便使用概率来表示分类结果，作为网络最终的输出。需要注意的是，使用 Softmax 后，输出向量的所有元素之和为 1，且维度不会改变。Softmax 的函数表达式用公式表示为

$$f(x) = \frac{e^{z_i}}{\sum_{k=1}^{n} e^{z_i}} \tag{5.11}$$

式中：z_i 为第 i 个结点输出的值，n 为所对应的输出结点的数目，同时也代表所对应分类种类的总数。

由此可见，全连接层的本质就是特征向量之间通过矩阵运算的乘积后，再加上激活函数的映射以及全连接层数量的增加，使其在理论上可以实现不同种类的非线性变换，从而达到对有用信息的整合功能。需要注意的是，虽然全连接层的深度和神经元的个数增加理论上会使模型对于特征的非线性映射能力更强，但是过大的深度会使模型复杂度增加、训练时间变长，且有可能造成模型对于训练数据的过拟合。所以，选择一个合理大小的全连接层对于模型的训练有着非常大的影响。

2. 卷积神经网络特性

每一张图像都由多个像素点组成。比如，一个 500×500 的图像就有 25 万个像素点，如果使用传统的神经网络中的全连接来处理这张图片，则需要的参数数据为 $250000 \times 250000 = 625$ 亿。仅仅一次处理就需要这么大的计算量，使神经网络根本无法训练。所以，使用神经网络处理图像必先减少参数数量，加快训练速度。相对于传统的神经网络，卷积神经网络具有三大特性，即局部连接、权值共享和池化采样。

1）局部连接

图像在空间上是有组织结构的，每一个像素点跟周围的像素点实际上有紧密联系，而距离较远的像素点之间的相关性则较弱。这就是感受野的概念，每一个感受野只接受一小块区域的信号。这一小块区域中的所有像素点是相互联系的，所以每个神经元不需要连接整个图像中所有的像素点，只需要连接局部的像素点。然后，将所有神经元收集到的局部信息综合起来，就能得到整张图片的信息。这样就可以将之前的全连接模式改为局部连接模式。

在图 5.7 中，假设局部感受野的大小是 10×10，即每个神经元和 10×10 个像素点相连接，现在只需要 $10 \times 10 \times 25$ 万个连接，相对于左图中连接 25 万 $\times 25$ 万的全连接模式，缩小了 2500 倍。

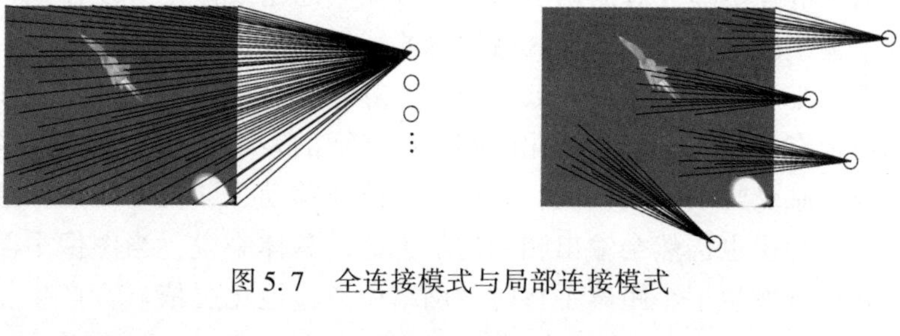

图 5.7　全连接模式与局部连接模式

2）权值共享

使用局部连接可以将参数量从 625 亿降到 2500 万，但即使这样参数量依然超出网络可训练范围。在局部连接中，每个神经元与 10×10 个像素点相连，即每个神经元有 100 个参数。如果每一个神经元的参数对应相同，则参数量就从 2500 万降低到 100。如果将这 100 个参数（也就是卷积操作）看成是提取特征的方式，即使用一个神经元处理整张图片，整张图片共享这一个神经元的权值。如图 5.8 所示，使用大小为 3×3 的卷积核对图像进行特征提取，同样的卷积核参数可以应用于不同的区域中。

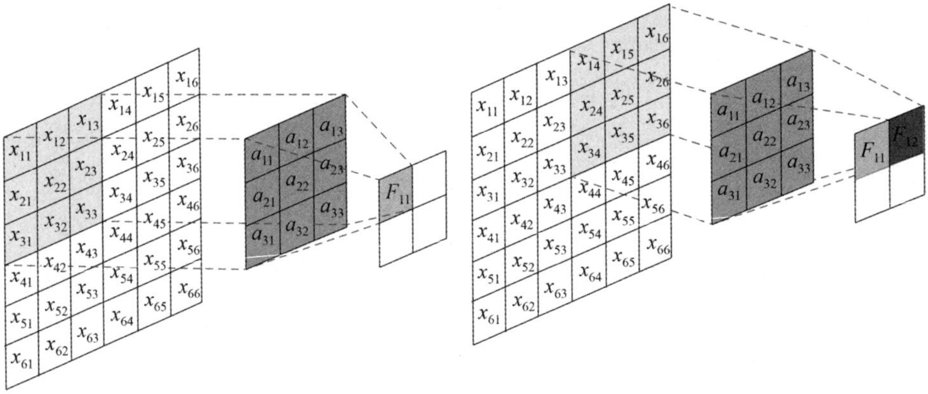

图 5.8　卷积神经网络参数共享示意图

由于图像的一部分统计特性与其他部分是一样的，因此在这一部分学习的特征也能用在另一部分上。所以，对于这个图像上的所有位置，都能使用同样的学习特征。在这种情况下，无论输入图片的尺寸有多大，参数量都为 100（即卷积核的尺寸），通过卷积操作可以大大减少参数量，并提升对图片尺寸的适应性。算法关注的重点不再是输入图片的尺寸，而是一个神经元的连接数，或者说卷积核的尺寸。

3）池化采样

由 5.1.1 节开始部分对池化层的介绍可知，池化采样是对统计某一局部区域的特征，输出统计值来代表该区域的总体特征，该统计特征相比上一层的输出具有更低的维度，能够减少参数和网络计算量。当采用最大池化方法时，即便输入的特征有少量的平移，池化能够帮助特征的表示近似不变。这是由于最大池化层返回感受野中的最大值，如果最大值被移动了，但是仍然在这个感受野中，那么池化层也仍然会输出相同的最大值。具体来说，当图像中需要识别的目标所在位置发生了小距离平移时，网络中通过池化层依然会产生相同的池化特征。这种局部平移不变性具有很大的作用，尤其是不关心特征出现的位置时。并且，当特征具有轻微形变时，特征都有可能被池化层统计提取出来，增强了卷积层对位置的独立性，提高了模型的泛化能力。

5.1.2　卷积神经网络训练过程

一般的卷积神经网络采取的是有监督学习的方法进行训练，它需要给定足够的有标签的训练样本集，在采用基于梯度的方法进行训练的情况下，样本集中的样例是由（输入向量，理想输出向量）的向量对组成，用已知标签的这些向量对卷积神经网络进行训练，让其学习足够多的输入到输出之间的映射关系。训练样本集确定后也需要测试集与验证集，测试集中应有训练集中没有的数据用来检验最终网络的性能如何，验证集用于当网络结构确定后检验网络的性能。训练过程主要分为两个阶段，即前向传播阶段（Forward Propagation）和后向传播（Error Back Propagation/网络权值更新）阶段。前向传播阶段完成数据输入到结果的输出，这个过程也是网络在完成训练后进行测试时执行的过程；后向传播是根据输出误差和权重修改公式，进行误差的反向传递，借此更新网络权重。网络训练过程如下。

（1）选定训练集，从样本集中随机地寻求 N 个样本作为训练样本。

（2）对各权值、阈值、精度控制参数和学习率进行初始化。

（3）从训练样本集中取一个样本的输入值到网络，计算网络各层输出结果向量。

（4）将网络的计算输出与样本的实际输出相比较，计算误差。利用误差修正连接的权值。

（5）对于中间卷积层的误差，是由上层的误差反向传播过来，再用此层误差来修正卷积核的值（网络权值），即按反向权值的修正公式进行修改。

（6）依次反向修正各层网络权值和偏置（阈值）。

（7）对所有样本都训练一遍（从输入到输出计算误差，用误差反向修改网络权值）。

（8）经历大量的迭代后，判断计算输出与样本输出的差是否满足精度要求，如果不满足，则返回③，继续迭代，如果满足就进入下一步。

（9）训练结束，保存网络的权值和偏置。这时可以认为各个权值已经达到稳定，网络训练已经完成。

网络训练过程框图如图 5.9 所示。

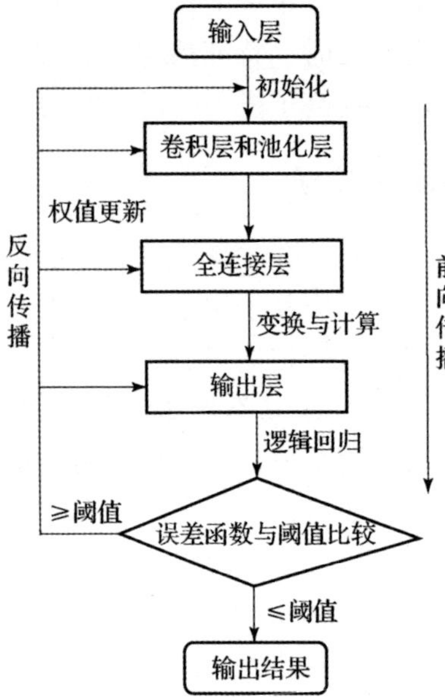

图 5.9　网络训练过程框图

下面分别对网络训练过程中的前向传播和误差反向传播过程进行详细介绍。

1. 前向传播

在神经网络模型中，前向传播即将上一层的输出作为下一层的输入，通过该值来计算下一层的输出值，该过程直到输出层停止。在训练过程中，首先对超参数进行初始化，然后输入数据开始前向传播过程，得出结果后将误差与预期值进行比较，看两者是否相符。若不符，就需要进入反向传播过程；否则结束训练。

若前向传播的过程中，第 l 层输出向量是$(x_1^l, x_2^l, \cdots, x_n^l)$，第 $l+1$ 层中拥有 m 个神经元，那么，第 $l+1$ 层中的任意一个神经元 $j(j \in 1,2,\cdots,m)$，输入数据（即第 l 层的输出数据）都对应一个权值向量$(\omega_{1j}^l, \omega_{2j}^l, \cdots, \omega_{nj}^l)$、一个偏置 b_j^l 和一个激活函数 σ，训练后得到一个输出值 y_j^{l+1}，其中具体计算过程如下。

对于第 $l+1$ 层的任意一个神经元，其中间值 z_j^{l+1} 的计算公式为

$$z_j^{l+1} = \sum_{i=1}^{n} \omega_{ij}^l x_i^l + b_j^l \tag{5.12}$$

然后经过激活函数 σ 激活，得到第 $l+1$ 层中神经元 j 的输出值 y_j^{l+1} 的计算公式，即

$$y_j^{l+1} = f(z_j^{l+1}) = \sigma\left(\sum_{i=1}^{n} \omega_{ij}^{l} x_i^{l} + b_j^{l}\right) \tag{5.13}$$

通过对第 $l+1$ 中每个神经元进行计算，最终获得一个 m 维的向量 $\boldsymbol{y}^{l+1}=(y_1^{l+1},y_2^{l+1},\cdots,y_m^{l+1})$ 是第 $l+1$层的输出值。接着按该方法一层一层计算下去，直至输出结果为止。

由式（5.12）和式（5.13）可知，神经元前向传播的计算过程如图 5.10 所示。

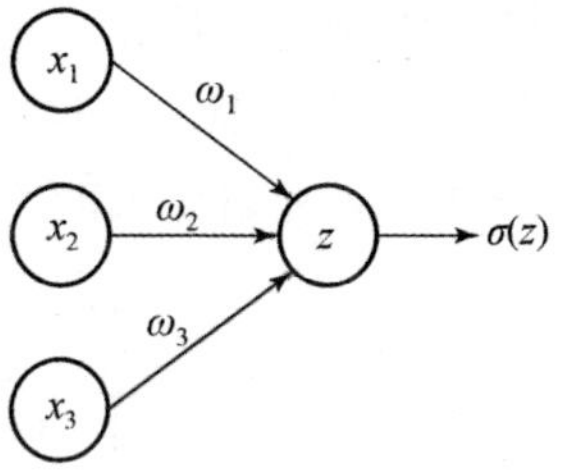

图 5.10　神经元前向传播

当计算到最后一层时，前向传播利用损失函数对模型的性能进行评估，假设评估实际值与预测值的损失函数是均方根误差函数，而且最后预测值是 $\boldsymbol{y}^{l+1}$，其中第 $l+1$ 层是输出层，那么损失函数为

$$J(W,b) = \frac{1}{m}\sum_{i=1}^{m}(y_i - y_i^{l+1})^2 \tag{5.14}$$

神经网络的输出值与真实值的差距越大，则损失函数的值也就越大。训练神经网络的过程就是最小化损失函数的过程[46]。

下面列举 3 种经常使用的损失函数。

（1）均方误差函数。

均方误差适用于回归问题，其计算的是神经网络的预测值与真实值之差的平方。得到的值越小，说明网络的预测值的精确度越高。其表达式为

$$\text{MSE} = \frac{1}{N}\sum_{i=1}^{N}(y_{\text{true}}^{i} - y_{\text{pred}}^{i})^2 \tag{5.15}$$

式中：y_{true}为真实值；y_{pred}为预测值。

（2）平均绝对误差。

平均绝对误差适用于回归问题，其计算的是神经网络的预测值与真实值之差的绝对值，能更好地反映预测值误差的实际情况。得到的值越小，说明网络的预测值的精度越高。其表达式为

$$\text{MAE} = \frac{1}{N}\sum_{i=1}^{N}\left|(y_{\text{true}}^{i} - y_{\text{pred}}^{i})\right| \tag{5.16}$$

（3）交叉熵损失。

交叉熵损失适用于分类问题。其定义为，若期望概率分布为$\{p_i\}$，网络的预测值为$\{q_i\}$，则网络的交叉熵损失为

$$\text{CE} = -\sum_{c=1}^{M} p_c \cdot \log q_c \tag{5.17}$$

若期望输出为“p_c 仅在 $c=M$ 时为 1”，即“属于第 M 类”，则交叉熵损失

简写为

$$CE = -\log q_c \tag{5.18}$$

式中：M 为类别数量；p_c 为指示变量（与真实类别相同则为 1，否则为 0）；q_c 为样本属于类别 c 的预测概率，也就是说，交叉熵损失只关心正确类别的预测概率。交叉熵损失的函数曲线如图 5.11 所示。

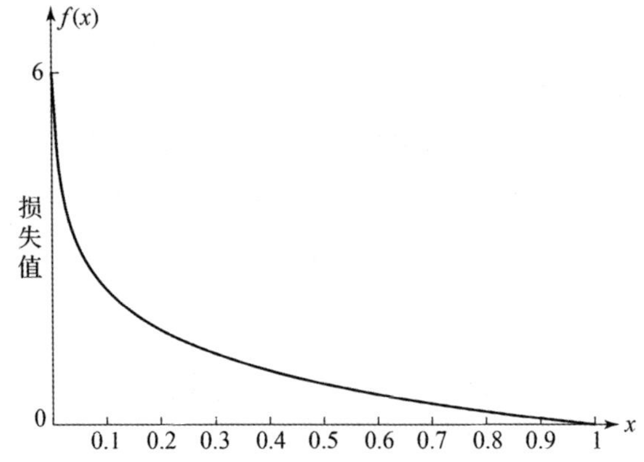

图 5.11 交叉熵损失函数曲线

（4）焦点损失。

焦点损失[47]是一种在交叉熵损失上进行修改，用于解决分类问题中的类别不均衡和分类难度差异的损失，其多分类情形下的数学表达式为

$$L = -(1-p_c)^{\gamma}\log(p_c) \tag{5.19}$$

其中，因子 $\gamma > 0$ 可以减少易分类样本的损失，使模型关注于困难样本。不同取值时焦点损失函数曲线如图 5.12 所示。

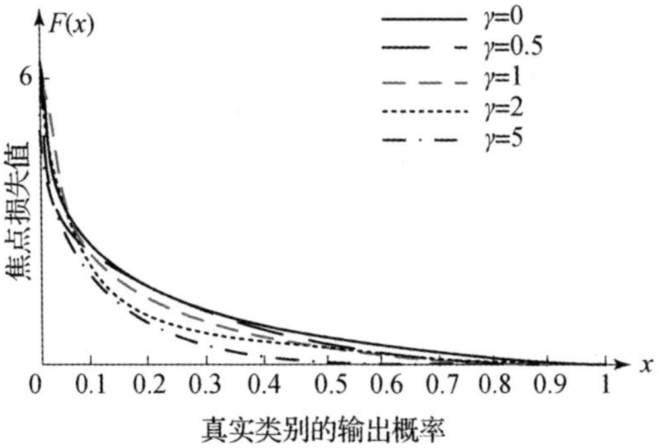

图 5.12 不同 γ 取值时的焦点损失

2. 误差反向传播

反向传播算法由 Hirose 等[48]于 1992 年提出，是目前训练神经网络最为有效的办法。反向传播算法又名误差反向传播算法，其主要思想是利用前向传播时从输入到输出的误差，根据求导法则，从输出层出发，顺次计算损失函数 J 关于网络各层权值及偏置的变化率。反向传播误差以某种形式通过隐藏层逐层向输入层传递，并将误差分担给各层的所有神经元，从而获得各层的信号误差，此误差即可作为修正单元权值的依据。这个过程将周而复始地进行，权值参数也将不断调整，直到模型误差达到可接受的范围之内。

将式（5.13）改写为向量形式，即

$$\boldsymbol{y}^l = \sigma(\boldsymbol{\omega}^l \boldsymbol{x}^{l-1} + \boldsymbol{b}^l) \tag{5.20}$$

相应地，l 层的中间变量 z 变成

$$\boldsymbol{z}^l = \boldsymbol{\omega}^l \boldsymbol{x}^{l-1} + \boldsymbol{b}^l \tag{5.21}$$

定义第 l 层中序号为 j 的单元误差为

$$\delta_j^l = \frac{\partial J}{\partial z_j^l} \tag{5.22}$$

首先计算输出层 L 中的序号 j 的单元误差，即

$$\delta_j^L = \frac{\partial J}{\partial z_j^L} \tag{5.23}$$

由链式法则，有

$$\delta_j^L = \frac{\partial J}{\partial z_j^L} = \frac{\partial J}{\partial x_j^L}\frac{\partial x_j^L}{\partial z_j^L} = \frac{\partial J}{\partial x_j^L}\sigma'(z_j^L) \tag{5.24}$$

将式（5.24）改写为向量形式，即

$$\boldsymbol{\delta}^L = \nabla_x \boldsymbol{J} \odot \boldsymbol{\sigma}'(z_j^L) \tag{5.25}$$

式中：向量$\nabla_x \boldsymbol{J}$ 的各元素为$\dfrac{\partial J}{\partial z_j^L}$；$\odot$为哈达玛积。

而 l 与 $l+1$ 层的神经元误差的关系为

$$\boldsymbol{\delta}^l = ((\boldsymbol{\omega}^{l+1})^{\mathrm{T}}\boldsymbol{\delta}^{l+1}) \odot \sigma'(z_j^L) \tag{5.26}$$

相应地，代价函数关于偏置和权重的变化率为

$$\frac{\partial \boldsymbol{J}}{\partial \boldsymbol{b}} = \boldsymbol{\delta} \tag{5.27}$$

$$\frac{\partial \boldsymbol{J}}{\partial \boldsymbol{\omega}} = x_{\text{in}}\delta_{\text{out}} \tag{5.28}$$

借助神经元误差，可以对代价函数关于网络中的权重和偏置的变化率（梯

度）进行计算，给定学习率 $\boldsymbol{\alpha}$，利用梯度下降法对权值和偏置参数进行更新，有

$$\boldsymbol{\omega}^{l} = \boldsymbol{\omega}^{l} - \boldsymbol{\alpha}\sum_{k} x_{\mathrm{in},k}\delta_{\mathrm{out},k} \tag{5.29}$$

$$\boldsymbol{b}^{l} = \boldsymbol{b}^{l} - \boldsymbol{\alpha}\sum_{k} \delta_{k}^{l} \tag{5.30}$$

全局的梯度下降在每次计算过程中都是针对整个训练集，所以明显增加了计算损失时的时间和网络训练过程中的复杂度。训练集数据越大，这个问题就越明显。为了解决这个问题，人们对全局梯度下降进行了改进，创造了批量梯度下降法。

相对于梯度下降法，批量梯度下降法就是将训练集划分为多个大小一致的训练集，将其中一个训练集称为一个批量。每次使用一个批量训练网络，并用这个批量的损失值作为网络中所有参数的梯度更新依据，每个批量只使用一次，所有批量全部使用完毕。如果合理划分批量，可以大大降低梯度下降的时间成本与网络训练的复杂度。

另一种解决方法是随机梯度下降，就是随机从整个训练集中选取一部分参与训练，用这一部分的损失值作为网络中所有参数的梯度更新依据。随机梯度下降虽然很好地提升了训练速度，但是由于随机选择训练集，网络在优化过程中会出现抖动。

需要注意的是，卷积神经网络含有较多的权值，当具有标签的训练样本较少时，仅使用监督训练的方法不能充分训练网络，这时可以先使用没有标签的训练样本逐层非监督训练卷积神经网络，而后再使用少量具有标签的训练样本监督训练网络，进行权值微调，这样在具有标签的训练样本较少时，也能训练出泛化能力较高的网络。

5.1.3 几种卷积神经网络

1. FASTER－RCNN

基于卷积神经网络的目标检测方法主要分为两种，即单步检测和两步检测。两步检测出现较早，其代表网络有 FAST－RCNN、FASTER－CNN 等。两步检测方法首先生成一系列预选框作为目标的推荐区域，再通过卷积神经网络进行样本分类。由于要生成大量的预选框，因此这个方法的速度较慢，无法达到实时检测的要求。

如图 5.13 所示，FASTER－RCNN 网络可以分为 4 个主要部分。

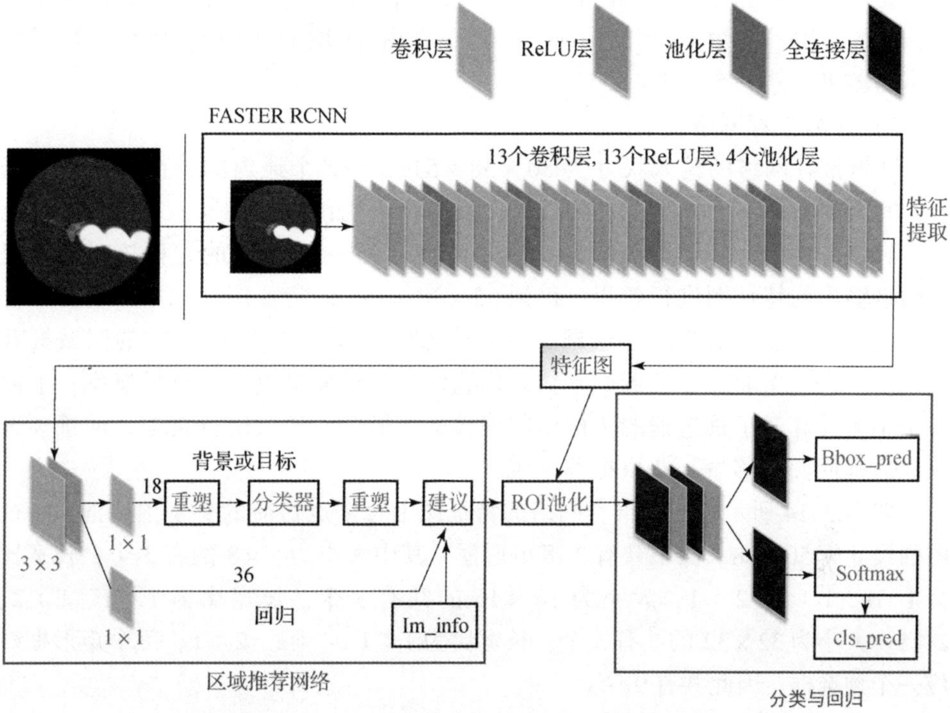

图 5. 13　FASTER – RCNN 网络结构（见彩图）

（1）特征提取部分。FASTER – RCNN 选择了以 VGG 分类网络作为骨干网络，以提取目标特征，得到后续步骤所需的特征图。

（2）区域推荐网络。区域推荐网络用于生成推荐区域。该层对特征图上的每个点预测 9 个预选框，判断预选框属于背景（负例）或者前景（正例）后，利用边框回归修正预选框，以得到准确的推荐区域。

（3）ROI 池化部分。该层将特征图中不同大小的推荐区域，通过池化操作转化为相同尺寸，送入后续全连接层，判定目标类别。

（4）分类回归网络。利用推荐特征图计算推荐的类别，同时再次使用边框回归，获得检测框最终的精确位置。

下面分别对特征提取网络、区域推荐网络、ROI 池化、分类与回归网络、损失函数进行详细介绍。

1）特征提取网络

特征提取网络源自经典分类网络 VGG，图片输入尺寸为 800 × 600，共有 13 个尺寸为 3 × 3 的卷积层。在卷积层后加入激活函数 ReLU，来提高网络的非线性能力与表达能力。4 个池化层的步长为 2，尺寸为 2 ×2。4 次池化操作将特征图的长宽各缩短 16 倍的同时，将通道数由 64 增加到 512，整个特征提取网络的输出尺寸为 50 ×38 ×512。

2）区域推荐网络

区域推荐网络的输入尺寸为 50 ×38 ×512。512 个通道的特征已经有了冗余，冗余的特征不会提高分类的效果，反而会干扰预测。但是，通道数过少也会导致特征不足，降低预测效果。因此，使用 256 个 3 ×3 的卷积核对特征提取网络输出的特征图进行卷积，得到 50 ×38 ×256 的特征图。使用滑动窗口在特征图上每个点生成 9 个预选框。然后分为两条线，如图 5.13 中的区域推荐网络。上面一条通过分类器概率估计预选框，获得前景概率与背景概率；下面一条用于计算对于预选框的边框回归偏移量。最后，建议层负责综合前景预选框和边框回归偏移量，获取推荐区域。

如图 5.14 所示，区域推荐网络的特征图上每个点对应的 9 个预选框，特征图的尺寸为 50 ×38。图中共有 3 组矩形框，其中大小为 8 ×8 的有 3 个，长宽比为 1∶1、1∶2、2∶1，大小为 16 ×16 的共有 3 个，长宽比为 1∶1、1∶2、2∶1。大小为 32 ×32 的共有 3 个，长宽比为 1∶1、1∶2、2∶1。每个矩形框对应一个预选框，因此共有 9 个。

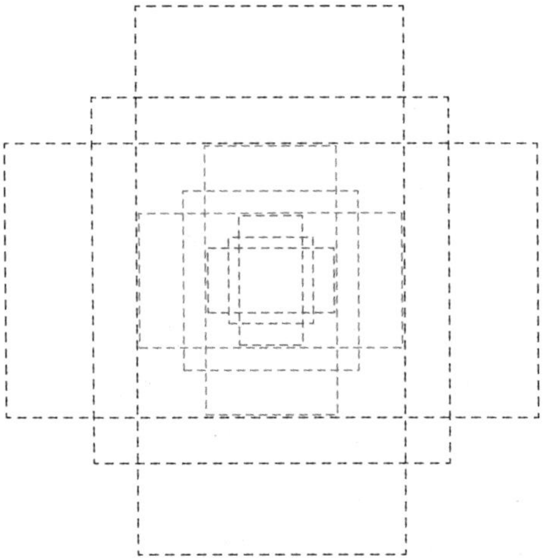

图 5.14　预选框机制

区域推荐网络中 8、16、32 这 3 种尺度的设计可以兼顾不同大小的目标，而 3 个不同的长宽比可以兼顾不同形状的各类目标。

图 5.13 中区域建议网络中上面的路线使用 18 个尺寸为 1 ×1 的卷积核进

行卷积，得到 50×38×18 的特征图。然后将尺寸转为(2,9×50×38)。最后为每个预选框分配相应的类标签，根据 IoU（Intersection over Union，交并比）划分为正标签、负标签与不参与训练的标签。分类规则为

$$p^{*}=\begin{cases}\text{正标签}, & \text{IoU}>0.7\\ \text{负标签}, & \text{IoU}<0.3\\ \text{不参与训练}, & 0.3\leqslant \text{IoU}\leqslant 0.7\end{cases} \tag{5.31}$$

对于所有预选框，如果与目标真实框的重叠比例大于 0.7，则认为是正标签，即前景；如果与目标真实边框的重叠比例小于 0.3，则认为是负标签，即背景；剩下的预选框则忽略[49]。然后，进行分类器概率估计，得到特征图上每个点的 9 个预选框的前景概率与背景概率。最后，再将特征图的尺寸还原为 50×38×18。

图 5.13 中区域推荐网络中下面的路线使用 36 个尺寸为 3×3 的卷积核进行卷积，得到 50×38×36 的特征图。在尺寸为 50×38 的特征图上，为每个点预测 9 个预测框。预测框相对预选框的偏移量为 t_x、t_y、t_w、t_h。其定义为

$$\begin{cases}\dfrac{t_x=(x-x_a)}{w_a}\\ \dfrac{t_y=(y-y_a)}{h_a}\\ t_w=\log_2\left(\dfrac{w}{w_a}\right)\\ t_h=\log_2\left(\dfrac{h}{h_a}\right)\end{cases} \tag{5.32}$$

式中：x、y、w、h 为预测框的中心点坐标与宽度、高度；x_a、y_a、w_a、h_a 为预选框的中心点坐标与宽度、高度。

建议层负责综合所有 t_x、t_y、t_w、t_h 变换量和正类预选框，计算出精准的推荐区域的左上角坐标与右下角坐标，送入后续 ROI 池化部分。

利用预选框事先指定的尺寸，结合式（5.32），还原出检测框。

在所有的检测框中，挑选出 128 个正例与 128 个负例用于训练。当正例的检测框小于 128 个时，使用负例进行填充。这 256 个框的选取，可以在检测框置信度排序、非极大值抑制、超出边界过滤之后随机选取。

输出推荐区域[x_1、x_2、y_1、y_2]，正例框的坐标信息。此时的坐标信息是对应 800×600 尺寸的，原因是可以充分利用网络回归数值。如果对应于 16 倍下采样后的特征图，那么两个位置之间相差就是 16 个像素。

3）ROI 池化

FASTER－RCNN 算法对推荐区域进行分类，以获得目标的类别标签。由于分类网络采用全连接层进行分类，因此输入尺寸应该相同。由于不同目标的大小不同，因此采用 ROI 池化操作。相对于常用全图池化操作，ROI 池化可以更好地将不同大小的目标缩放到相同尺寸（FASTER－RCNN 中为 7×7）。

图 5.15 所示为 ROI 池化的具体操作，以在 8×8 的特征图上将 5×7 的区域池化为 2×2 为例加以介绍。

0.8	0.4	0.1	0.1	0.3	0.7	0.9	0.2
0.1	0.4	0.5	0.1	0.6	0.2	0.7	0.7
0.6	0.2	0.8	0.6	0.5	0.7	0.5	0.2
0.8	0.3	0.7	0.8	0.2	0.7	0.6	0.2
0.3	0.7	0.2	0.3	0.3	0.0	0.3	0.4
0.2	0.1	0.1	0.1	0.7	0.6	0.9	0.3
0.1	0.6	0.0	0.8	0.8	0.0	0.1	0.4
0.8	0.2	0.9	0.0	0.2	0.3	0.5	0.9

0.8	0.4	0.1	0.1	0.3	0.7	0.9	0.2
0.1	0.4	0.5	0.1	0.6	0.2	0.7	0.7
0.6	0.2	0.8	0.6	0.5	0.7	0.5	0.2
0.8	0.3	0.7	0.8	0.2	0.7	0.6	0.2
0.3	0.7	0.2	0.3	0.3	0.0	0.3	0.4
0.2	0.1	0.1	0.1	0.7	0.6	0.9	0.3
0.1	0.6	0.0	0.8	0.8	0.0	0.1	0.4
0.8	0.2	0.9	0.0	0.2	0.3	0.5	0.9

0.8	0.4	0.1	0.1	0.3	0.7	0.9	0.2
0.1	0.4	0.5	0.1	0.6	0.2	0.7	0.7
0.6	0.2	0.8	0.6	0.5	0.7	0.5	0.2
0.8	0.3	0.7	0.8	0.2	0.7	0.6	0.2
0.3	0.7	0.2	0.3	0.3	0.0	0.3	0.4
0.2	0.1	0.1	0.1	0.7	0.6	0.9	0.3
0.1	0.6	0.0	0.8	0.8	0.0	0.1	0.4
0.8	0.2	0.9	0.0	0.2	0.3	0.5	0.9

⇨

0.8	0.8
0.9	0.9

图 5.15　ROI 池化操作过程

左上角的图为输入；右上角的图为输入图上选出所需池化的区域；左下角的图将池化区域分成 2×2 共 4 块；右下角的图分别将 4 块中选取最大值，得到 ROI 池化的结果。

4）分类与回归网络

分类与回归网络将区域推荐网络得到的预选框，通过分类部分得到前景概率，选出分数较高的 2000 个预选框作为推荐区域。后续部分使用分类的思想，对推荐区域中的目标进行分类。分类部分利用已经获得的推荐区域特征图，通过全连接层与分类器概率估计，计算每个推荐区域具体属于哪个类别，输出 cls_prob 概率向量。同时，再次利用边框回归，获得每个推荐区域的位置偏移量 bbox_pred，用于回归更加精确的目标检测框。

5）损失函数

FASTER - RCNN 的损失函数包括定位损失和分类损失，其定义为

$$L(\{p_i\},\{t_i\}) = \frac{1}{N_{\text{cls}}}\sum_i L_{\text{cls}}(p_i,p_i^*) + \lambda \frac{1}{N_{\text{reg}}}\sum_i p_i^* L_{\text{reg}}(t_i,t_i^*) \tag{5.33}$$

式中：i 为预选框的索引；p_i 为第 i 个预选框预测为目标的概率；当预选框为正标签时 p_i^* 为 1，当其为负标签时 p_i^* 为 0。$t_i = \{t_x, t_y, t_w, t_h\}$，$t_i^* = \{t_x^*, t_y^*, t_w^*, t_h^*\}$；$L_{\text{cls}}(p_i,p_i^*)$ 为两个类的对数损失，其表达式如公式（5.34）所示；$L_{\text{reg}}(t_i,t_i^*)$ 为回归损失，其表达式如公式（5.36）所示，即

$$\begin{cases} \dfrac{t_x^* = (x^* - x_{\text{a}})}{w_{\text{a}}} \\ \dfrac{t_y^* = (y^* - y_{\text{a}})}{h_{\text{a}}} \\ t_w^* = \log_2\left(\dfrac{w^*}{w_{\text{a}}}\right) \\ t_h^* = \log_2\left(\dfrac{h^*}{h_{\text{a}}}\right) \end{cases} \tag{5.34}$$

$$L_{\text{cls}}(p_i,p_i^*) = -\log_2[p_i p_i^* + (1-p_i)(1-p_i^*)] \tag{5.35}$$

$$L_{\text{reg}}(t_i,t_i^*) = R(t_i - t_i^*) \tag{5.36}$$

式中：R 为 smoothL1 正则化，其表达式为

$$R = \begin{cases} 0.5x^2, & -1 < x < 1 \\ |x| - 0.5, & x \leqslant -1 \text{ 或 } x \geqslant 1 \end{cases} \tag{5.37}$$

2. SSD

SSD 的网络结构如图 5.16 所示。SSD 使用 VGG - 16 网络的第一层到 Con5_3 层作为骨干网络，使用 VGG - 16 的 Con4_3 层和 Conv7(f7)层作为检测层，另外在后面加了 4 个尺寸依次减小的额外卷积层作其他检测层，构成了从 19×19 到 1×1 的多尺度金字塔结构特征图，用来检测不同尺度的目标。使用大尺寸特征图，检测小尺寸目标；使用小尺寸特征图，检测大尺寸目标。SSD 中使用卷积层代替全连接层，来检测不同尺寸的特征图。由于去除了全连接层，使网络可以训练与预测不同尺寸的输入图片。

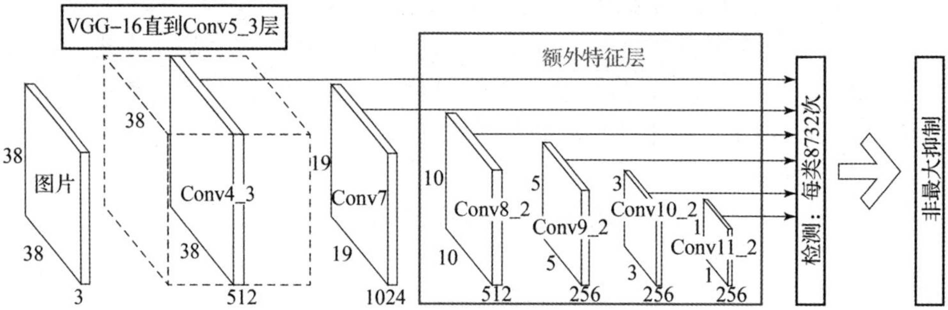

图 5.16　SSD 网络结构

1）预选框设置

SSD 将特征图划分成多个格子，每个格子对应多个预选框，其尺寸和形状不同。如图 5.17 所示，可以看到每个格子使用了 4 个不同尺寸的预选框，图中飞机与诱饵分别匹配到最适合其形状的预选框。飞机的尺寸较大，与 4×4 特征图上的预选框相匹配；诱饵的尺寸较小，与 8×8 特征图上的预选框相匹配。

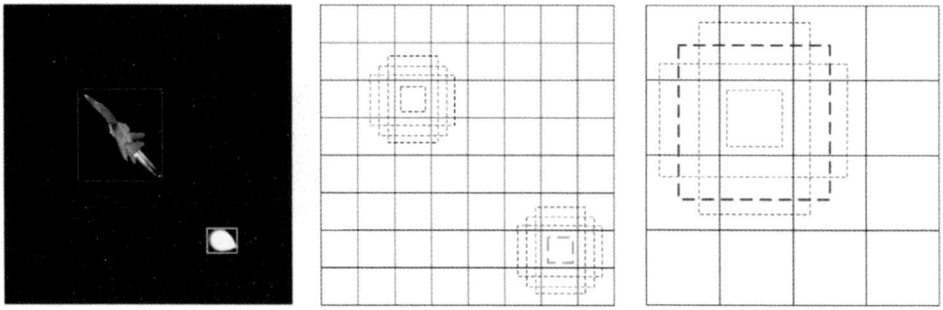

(a)　(b)　(c)

图 5.17　SSD 网络预选框匹配

（a）图片的真实框；（b）8×8 特征图；（c）4×4 特征图。

检测所用的特征图为 Conv4_3、Conv7、Conv8_2、Conv9_2、Conv10_2、Conv11_2 共 6 个特征图，其大小分别是(38×38)、(19×19)、(10×10)、(5×5)、(3×3)、(1×1)。Conv7、Conv8_2、Conv9_2 作为大小适中的特征图使用 6 个预选框，尺寸较大的 Conv4_3 与尺寸较小的 Conv10_2 和 Conv11_2 层仅使用 4 个预选框。预选框的尺寸设计遵守一个线性递增规则：随着特征图大小降低，先验框尺度线性增加，其公式为

$$s_k = s_{\min} + \frac{s_{\max} - s_{\min}}{m-1}(k-1) \quad (k \in [1, m]) \tag{5.38}$$

式中：s_k 为预选框的大小相对于图片的比例；$s_{\min}$ 与 $s_{\max}$ 为比例的最小值与最大值，一般分别取值为 0.2 和 0.9；m 为特征图的个数。由于 Conv4_3 单独设计为 0.1，因此在 SSD 中 m 设定为 5，此时增长步长为 0.17，因此得到各个特征图的 s_k 为 0.2、0.37、0.54、0.71、0.88。图片的输入尺寸为 300×300，因此预选框的大小为 30、60、111、162、213、264。长宽比 a 一般选为（1、2、3、1/2、1/3）。此外，又加入了一个长宽比为 1、长宽为原预选框 $\sqrt{s_{k+1}/s_k}$ 倍的预选框，这样每个特征图都有两个大小不同的正方形预选框，以覆盖不同大小的目标。因此，每个特征图都有 6 个预选框。但是，尺寸较大的 Conv4_3 与尺寸较小的 Conv10_2 和 Conv11_2 层不使用 3 和 1/3 这两个预选框。SSD 对待检测特征图上的每个点都会生成预选框。因此，共有 $(38\times38+3\times3+1\times1)\times4+(19\times19+10\times10+5\times5)\times6=8732$ 个预选框。

2）预选框匹配原理

在 SSD 中，预选框与真实框的匹配准则主要有两个。第一个准则：将图片中每个真实框与其 IoU 最大的预选框相匹配，使每个真实框一定与某个预选框相匹配，并将与真实框匹配的预选框称为正样本。如果某个预选框没有与任何真实框相匹配，那么该预选框只能与背景匹配，这个就称为负样本。由于图片中的真实框很少，而预选框很多，因此很多预选框无法与真实框相匹配。这会导致负样本的数量远超过正样本，正负样本数量极不均衡。第二个准则：在未匹配预选框中，如果与某个真实框的 IoU 超过 0.5，则该预选框与这个真实框相匹配。这使某个真实框可以与多个预选框相匹配，以提高预选框正样本数量[50]。

SSD 对特征图上每个单元格的每个预选框都预测一批预测值。预测值包括置信度信息与位置信息。对于 a 种目标的检测任务来说，SSD 需要预测 $a+1$ 个置信度值，因为 SSD 将背景也当成一种类别，这个类别的置信度值代表这个单元格不含目标的概率。预测框的位置信息由 4 个值 C_x、C_y、w、h 表示，这 4 个值分别表示预测框的中心坐标及宽、高。一个尺寸为 $A\times B$ 的特征图上共有 $A\times B$ 个单元格，每个单元格的预选框数为 k，则每个单元格预测 $(a+5)\times k$ 个值，整个特征图预测 $(a+5)\times k\times A\times B$ 个值。SSD 使用 $(a+5)\times k$ 个卷积核来完成这个预测过程[51]。

3）损失函数

SSD 算法的损失函数为

$$L(x,c,l,g)=\frac{1}{N}(L_{\mathrm{conf}}(x,c)+\alpha L_{\mathrm{loc}}(x,l,g)) \tag{5.39}$$

式中：N 为先验框中正样本的个数；x 为 x_{ij}^p，当第 i 个先验框与第 j 个真实框相匹配时，x_{ij}^p 为 1；c 为类置信度的预测值；l 为先验框对应的边界预测值；g 为真实框的位置参数。

$L_{\mathrm{conf}}(x,c)$ 是类置信度的预测值，其表达式为

$$L_{\mathrm{conf}}(x,c)=-\sum_{i\in \mathrm{Pos}}^{N} x_{ij}^p \lg(\hat{c}_i^p)-\sum_{i\in \mathrm{Neg}} \lg(\hat{c}_i^0) \tag{5.40}$$

其中，

$$\hat{c}_i^p=\frac{\exp(c_i^p)}{\sum_p \exp(c_i^p)} \tag{5.41}$$

L_{loc} 是位置误差，其定义式为

$$L_{\mathrm{ioc}}(x,l,g)=\sum_{\mathrm{iePosme}\{c_x,c_y,w,h\}}^{N} x_{ij}^k R(l_i^m-\hat{g}_j^m) \tag{5.42}$$

其中，

$$\begin{cases}\hat{g}_j^{cx}=\dfrac{(g_j^{cx}-d_j^{cx})}{d_i^w}\\ \hat{g}_j^{cy}=\dfrac{(g_j^{cy}-d_j^{cy})}{d_i^h}\\ \hat{g}_j^{w}=\lg\left(\dfrac{g_j^w}{d_i^w}\right)\\ \hat{g}_j^{h}=\lg\left(\dfrac{g_j^h}{d_i^h}\right)\end{cases} \tag{5.43}$$

式中：R 为 smoothL1 正则项，其表达式为

$$R=\begin{cases}0.5x^2, & -1<x<1\\ |x|-0.5, & x\leqslant -1 \text{ 或 } x\geqslant 1\end{cases} \tag{5.44}$$

3. YOLO 系列

1）YOLO

YOLO 最大的创新是将目标的类别信息与位置信息视为同类，同时作为回归问题求解。可以从最后一层特征图，直接得到特征图中所有目标的类别信息与位置信息。而 FASTER - RCNN 等两步检测方法，首先将目标从原始图片中提取出来，再对被提取出的目标进行分类，可以看作定位网络与分类网

络的拼接。

由于 YOLO 将检测作为回归问题来处理，不需要复杂的模型，其检测原理如图 5.18 所示。YOLO 骨干网络基于 GoogleNet 模型，其网络有 24 个卷积层，然后是两个完全连接层，其使用简单的 1×1 简化层加 3×3 卷积层，来代替 GoogleNet 的初始模块。

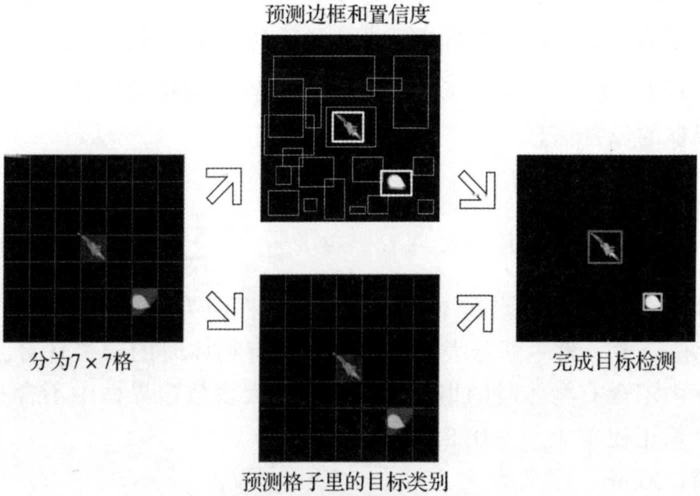

图 5.18　YOLO 检测原理

YOLO 网络分为每个训练中的图像，设置为 $S\times S(S=7)$ 网格。如果目标中心落在某个网格中，则这个网格负责检测目标。每个网格需要预测 b 个边界框与 c 个类别信息，每个边界框要预测目标的中心横坐标 x、中心纵坐标 y、宽度 w、高度 h、置信度共 5 个值。所以，输出为一个 $S\times S\times(5\times B+C)$ 的张量。在 YOLO 中，$B=2$、$C=20$。置信度定义式为

$$\text{Confidence}=p_r(\text{Object})\times \text{IoU}_{\text{pred}}^{\text{truth}},p_r(\text{Object})\in\{0,1\} \tag{5.45}$$

当目标落在格子中时，$p_r(\text{Object})$ 为 1；否则为 0。$\text{IoU}_{\text{pred}}^{\text{truth}}$ 用于表示参考和预测边界框之间的重合。置信度反映了网格是否包含对象及预测边界框包含对象时的准确性。当多个边界框检测到同一目标时，YOLO 使用非最大值抑制方法选择最佳边界框。

YOLO 的损失函数为

$$\text{Loss}=\text{Error}_{\text{coord}}+\text{Error}_{\text{iou}}+\text{Error}_{\text{class}} \tag{5.46}$$

式中：$\text{Error}_{\text{coord}}$、$\text{Error}_{\text{iou}}$ 和 $\text{Error}_{\text{class}}$ 分别为预测数据与标定数据之间的坐标误差、IoU 误差和分类误差。

坐标预测错误$\text{Error}_{\text{coord}}$定义为

$$\text{Error}_{\text{coord}} = \lambda_{\text{coord}} \sum_{i=1}^{S^2} \sum_{j=1}^{B} 1_{ij}^{\text{obj}} [(x_i - \hat{x}_i)^2 + (y_i - \hat{y}_i)^2] + \lambda_{\text{coord}} \sum_{i=1}^{S^2} \sum_{j=1}^{B} 1_{ij}^{\text{obj}} [(w_i - \hat{w}_i)^2 + (h_i - \hat{h}_i)^2] \tag{5.47}$$

式中：λ_{corrd}为坐标误差权重，$\lambda_{\text{corrd}} = 5$；$1_{ij}^{\text{obj}}$为第$i$个网格中第$j$个边界框是否负责该目标的预测，如果没有目标中心落入这个边界框，则1_{ij}^{obj}为0，如果有目标中心落入，则1_{ij}^{obj}为1；(x_i, y_i, w_i, h_i)为实际边界框的位置信息；$(\hat{x}_i, \hat{y}_i, \hat{w}_i, \hat{h}_i)$为预测边界框的位置信息。

IoU 错误$\text{Error}_{\text{iou}}$定义为

$$\text{Error}_{\text{iou}} = \sum_{i=1}^{S^2} \sum_{j=1}^{B} 1_{ij}^{\text{obj}} (C_i - \hat{C}_i)^2 + \lambda_{\text{noobj}} \sum_{i=1}^{S^2} \sum_{j=1}^{B} 1_{ij}^{\text{noobj}} (C_i - \hat{C}_i)^2 \tag{5.48}$$

式中：C_i为真实置信度，当物体中心落在边界框中为1，否则为0；$\hat{C}_i$为预测置信度。$\text{Error}_{\text{iou}}$中，第一部分表示边界框中含有物体时的损失计算，第二部分表示边界框中不含有物体时的损失计算。由于大多数边界框中不含有物体，因此加入一个修正权重$\lambda_{\text{noobj}} = 0.5$。

分类错误$\text{Etror}_{\text{class}}$定义为

$$\text{Error}_{\text{class}} = \lambda_{\text{coord}} \sum_{i=1}^{S^2} 1_{ij}^{\text{obj}} \sum_{c \in \text{classes}} [p_i(c) - \hat{p}_i(c)]^2 \tag{5.49}$$

式中：c为检测到的目标所属的类；$p_i(c)$为属于类c的对象在网格i中的真实概率；$\hat{p}_i(c)$为预测值；$\text{Etror}_{\text{class}}$为网格中所有对象的分类错误的总和。

YOLO 算法有以下优点：①检测速度快，对于 FASTER - RCNN 等两步检测网络，其出发点还是分类算法，不同的只是将目标从图中抠出来后再进行分类，而 YOLO 直接同时回归类别信息与位置信息的思想影响了后续许多新算法，YOLO 相对于两步检测方法有明显的速度优势；②背景误检率低，YOLO 回归过程中使用完整的特征图，而两步检测算法在回归过程中只使用推荐区域的局部特征图。对于两步检测算法来说，如果局部特征图中包含部分背景数据，在回归过程中容易被当成目标。其不足之处有以下几点：①由于 YOLO 对每个格子只预测一个类别，而不是对格子中的每个边框单独预测一个类别，且每个格子只预测两个边框，因此对靠得很近的不同类物体，以及小目标的群体检测效果不佳；②同一类物体出现新的不常见的长宽比和其他情况时，泛化能力偏弱；③由于 YOLO 中采用了全连接层，所以需要在检测时读入测试图像的大小必须和训练集的图像尺寸相同。

2）YOLOV2

为了解决 YOLO 不足的问题，YOLO 系列作者又提出了改进网络 YOLOV2，其主要改动如下。

（1）批正则化。

YOLO 中使用“信号丢失”（dropout）来缓解过拟合问题，而 YOLOV2 中则使用了批正则化，就是对网络的每一层输入都做了归一化，将每个点的值转为符合标准的正态分布，以加快收敛速度。作者在 YOLOV2 中为每个卷积层都添加了正则化。

（2）骨干网络改动。

①删除了全连接层和最后一个池化层，不仅使网络可以接收不同尺寸的图片，而且使最后的卷积层可以有更高分辨率的特征。

②将图片的输入尺寸从 448×448 调整到 416×416。因为 YOLOV2 会使用 6 次下采样操作将特征图缩小 32 倍。用 416 代替 448 可以使最后特征图的长宽从 14 变成 13，奇数大小的长宽可以使检测目标时特征图只有一个中心。因为大的目标一般会占据图像的中心，所以希望用一个中心格子去预测，而不是用 4 个中心格子。

（3）预选框机制。

相比于 YOLO 直接预测目标的位置，FASTER－RCNN 中使用预选框的偏移量来预测边界框，这种方法更加有效且易于训练。YOLOV2 中引入这种思想，检测时将图片分为 13×13 个格子，对每个格子借助预选框预测 5 个边界框，相比于 YOLO 增加了 3 个，可以提高检测效果。

YOLOV2 所使用的预测框机制与 FASTER－RCNN 不同，因为 FASTER－RCNN 所使用的方法不稳定，特别是在早期迭代时。大多数不稳定性来自预测框的中心坐标位置。因为其缺少预选框与预测框相对位置的约束，所以预测框的中心坐标不稳定。为了解决这个问题，YOLO 使用了新的预测框机制。

（4）目标区域检测

如图 5.19 所示，YOLOV2 利用先验知识，使用纬度聚类算法来确定预选框 p_w 的大小，接着为每个边界框预测 4 个坐标，即 t_x、t_y、t_w、t_h，分别用于计算预测框的中心横坐标、中心纵坐标、边界框的宽度与高度。如果目标距离图像左上角的边距是(c_x, c_y)，且它对应先验框的宽和高为 p_w、p_h，那么边界框的预测值则为

$$\begin{cases} b_x = \sigma(t_x) + c_x \\ b_y = \sigma(t_y) + c_y \\ b_w = p_w e^{t_w} \\ b_h = p_h e^{t_h} \end{cases} \tag{5.50}$$

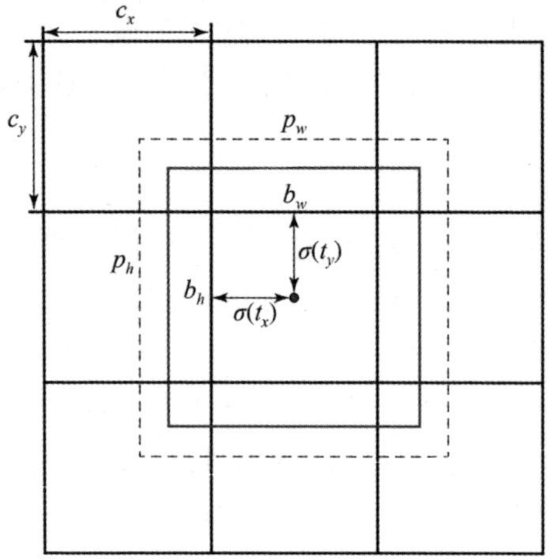

图 5.19 YOLOV2 预测框机制

为了将边界框的中心点约束在当前格子中，使用 Sigmoid 函数将 t_x、t_y 归一化处理，将值约束在 0 ~ 1 内，这使得模型训练更稳定。t_x、t_y、t_w、t_h、σ 是要学习的参数。b_x、b_y、b_w、b_h 是预测边框的中心坐标和宽、高。

3）YOLOV3

YOLOV3 作为 YOLO 系列的集大成者，主要修改了骨干网络与分类损失函数。YOLOV3 网络参数如图 5.20 所示，从第 0 层一直到 74 层，共有 53 个卷积层，其余为残差层，将其作为 YOLOV3 特征提取的主要网络结构。该结构主要使用尺寸为 1 × 1 的卷积层进行多跨通道信息融合，以提升网络拟合能力并降低运算量。接着使用 3 × 3 的卷积层进行特征提取，再使用残差层来控制梯度的传播，避免出现梯度消失或者爆炸等不利于训练的情形。DARKNET – 53 的设计思路源自残差网络 RESNET，并在 RESNET 的基础上进行了优化。它在比 101 层的残差网络 RESNET – 101 效果更好的情况下，检测速度是 RESNET – 101 的 1.5 倍，在几乎与 RESNET – 152 效果相同的情况下，检测速度是 RESNET – 152 的 2 倍。

从 75 到 105 层为 YOLO 网络的特征交互层，分为 3 个尺度。其中，小尺度 YOLO 层对大目标的检测效果突出，中尺度的 YOLO 层对中目标的检测效果突

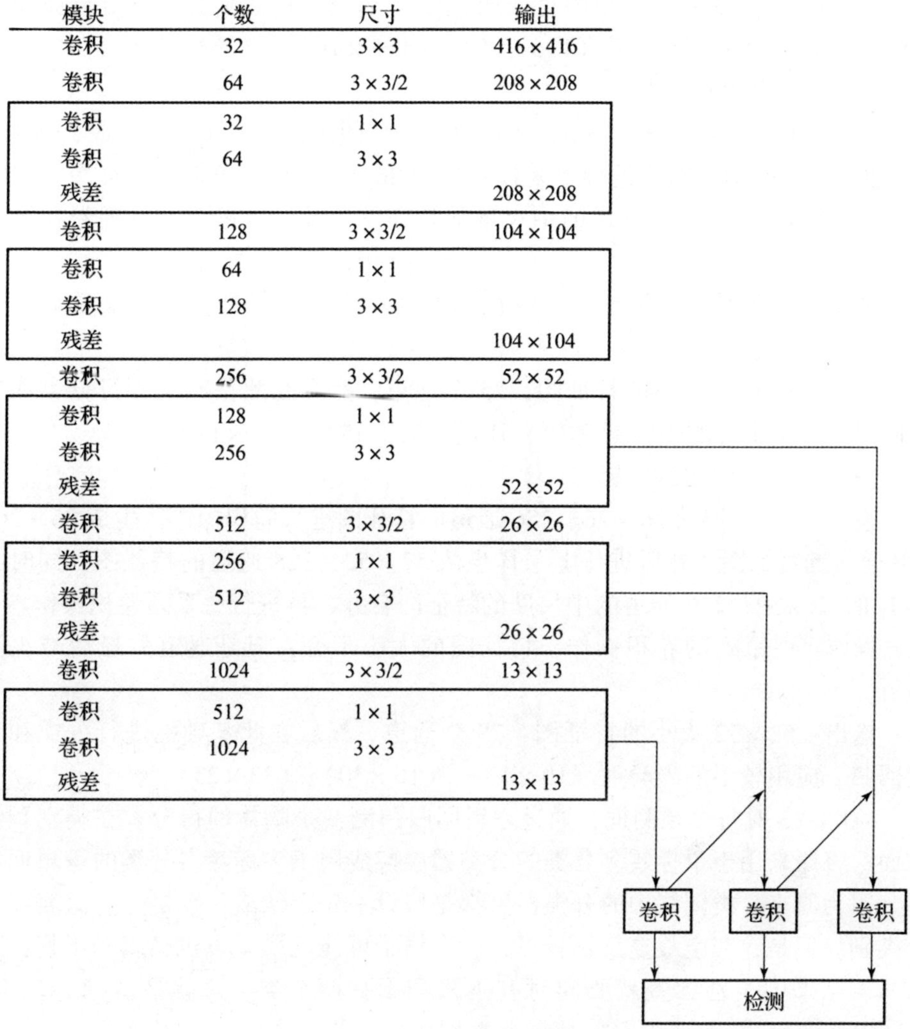

图 5.20　YOLOV3 网络参数设置

出，大尺度的 YOLO 层对小目标的检测效果突出。每个尺度内，通过卷积核的方式实现局部的特征交互，通过尺寸为 1×1 和 3×3 的卷积核，实现特征图之间的局部特征交互。

（1）最小尺度 YOLO 层。

输入：13×13 的特征图，共 1024 个通道。

操作：一系列的卷积操作，特征图的大小不变，但是通道数最后减少为 75 个。

输出：输出 13×13 大小的特征图，75 个通道，在此基础上进行分类和位置回归。应用较大的先验框（116×90）、（156×198）、（373×326）。

（2）中尺度 YOLO 层。

输入：将 79 层的 13×13、512 通道的特征图进行卷积操作，生成 13×13、256 通道的特征图，然后进行上采样，生成 26×26、256 通道的特征图，同时与 61 层的 26×26、512 通道的中尺度的特征图合并，再进行一系列卷积操作提取特征。

操作：一系列的卷积操作，特征图的大小不变，但是通道数最后减少为 75 个。

输出：26×26 大小的特征图，75 个通道，然后在此基础上进行分类和位置回归。应用中等的先验框（30×61）、（62×45）、（59×119）。

（3）大尺度的 YOLO 层。

输入：将 91 层的 26×26、256 通道的特征图进行卷积操作，生成 26×26、128 通道的特征图，然后进行上采样生成 52×52、128 通道的特征图，同时与 36 层的 52×52、256 通道的中尺度的特征图合并，再进行一系列卷积操作。

操作：一系列的卷积操作，特征图的大小不变，但是通道数最后减少为 75 个。

输出：52×52 大小的特征图，75 个通道，然后在此基础上进行分类和位置回归。应用较小的先验框（10×13）、（16×30）、（33×23）。

YOLOV3 对每个预测框，通过逻辑回归预测一个物体的得分。在类别预测方面，将原来用于单标签多分类的分类器层换成用于多标签多分类的逻辑回归层。因为原来分类网络中的分类器层都是假设一张图像或一个格子，只属于一个类别。但是，在空战复杂场景下，一个格子可能既属于飞机又属于干扰，那么检测结果中类别标签就要同时有飞机和干扰两个类，这就是多标签分类。YOLOV3 使用 Sigmoid 函数来对每个类别作二分类，该函数可以将输入约束在 0 ~ 1 范围内。因此，当一张图像经过特征提取后的某一类输出经过 Sigmoid 函数约束后，如果大于 0.5，就表示属于该类。

5.2 几种网络改进方法

5.2.1 多尺度卷积核

卷积层是通过卷积核计算后的网络层，卷积核即为神经网络的权重，一个卷积核只能提取图片的一种特征，无法表达图片的整体特性。因此，需要使用多个卷积核来提取图片的多种特征。图像中的基本特征是点和边，无论多么复杂的图片都是由点和边组成的。所以，只要提供足够数量的卷积核，就可以提取出各种方向的边和各种形态的点，就可以让卷积层抽象出丰富而有效的高阶特征。

假设在第一个卷积层使用 100 个卷积核来提取特征，如图 5.21 所示，那么共需要的参数量为 100×100。相对于只使用局部连接方法的 2500 万参数量又缩小了 2500 倍。卷积神经网络的好处是，网络需要训练的权值只与卷积核的大小、数量有关，因此可以使用非常少的参数量处理任意大小的图片。每一个卷积层提取的特征，在后面的层都会再次被提取为更高阶的抽象特征。相对于使用单层提取全部特征的全连接网络，多层卷积网络的表达能力更强、效率更高、参数更少。

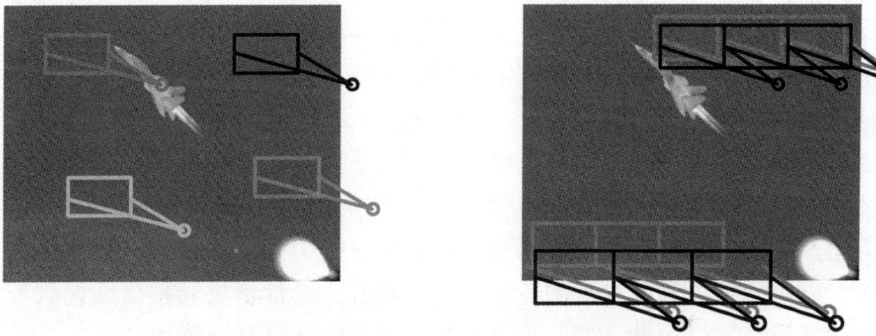

图 5.21　单卷积核与多卷积核（见彩图）

大尺寸卷积核感受野尺寸较大，获取的信息全面，但又会包含太多冗余信息造成干扰，忽略图像的细节信息；小尺寸卷积核注重图像细节特征，但太小的卷积核只能包含有限的邻域范围，不足以构成整幅图像的特征。因此，卷积核的选用应根据实际情况多次调试。

卷积过程实质上是卷积核在原始图像上滑动的过程，卷积核可以被看作一个滑动窗口，不同大小的窗口能“看到”的视野不同，同样，不同尺寸的卷积核对输入图像像素矩阵的感受野不同，对输入图像像素矩阵做出的卷积运算也不同，换言之所提取出来的图像特征信息也不同。如图 5.22 所示，不同颜色的框分别代表不同尺寸的卷积核在原始图像上的视野范围。

卷积的本质是通过用一个小方阵数据的线性组合学习图像特征。在图 5.22 中，当卷积核大小等于图像大小 5×5 时，输出只是这 5×5 个像素的

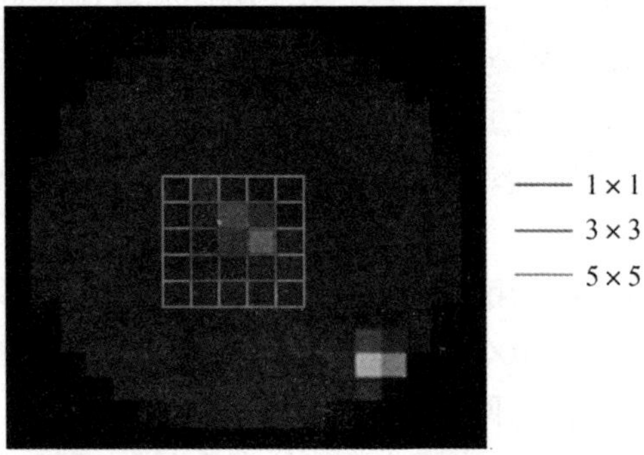

图 5.22 不同尺寸的卷积核（见彩图）

线性组合的结果；当卷积核为 3×3 时，输出的是一个 3×3 的特征图，特征图中的每个像素都是输入图像中 3×3 图像块线性组合的结果。所以，如果采用单个卷积核，卷积核尺寸越大，学习到的细节信息越少；反之，学习到的细节信息越多。多尺度卷积核的优势在于避免了在卷积核设置上对整体网络模型提取图像特征信息能力的限制，在面临不同输入特征图像时增强了网络提取图像特征信息的鲁棒性。

大尺寸的卷积核适用于提取全局特征，而小尺寸的卷积核善于捕捉局部细节特征，卷积核中的每个元素都与权重系数、偏差量一一对应。卷积层上结点的输入是其上层网络的部分，利用卷积对上层网络中的各个部分进行更为深层的分析，以得到抽象程度更高的特征集合。通常，设计低层卷积层来提取形状和边缘等低层特征，设计高层卷积层来提取复合特征等复杂特征。

5.2.2 密集链接

在介绍密集链接之前，需要对残差网络进行简要介绍。在该网络提出之前，学者们普遍认为增加卷积神经网络模型的卷积层数，可以提高网络模型的信息提取能力及非线性表达能力，网络层数越深，信息提取能力越强，输出结果就越好。而试验表明，太过深层的网络模型不仅计算复杂度高、训练难度更大，而且出现了输出结果的退化。直到 2016 年何恺明团队提出了残差网络（ResNet），该问题才得到有效的解决[51]。

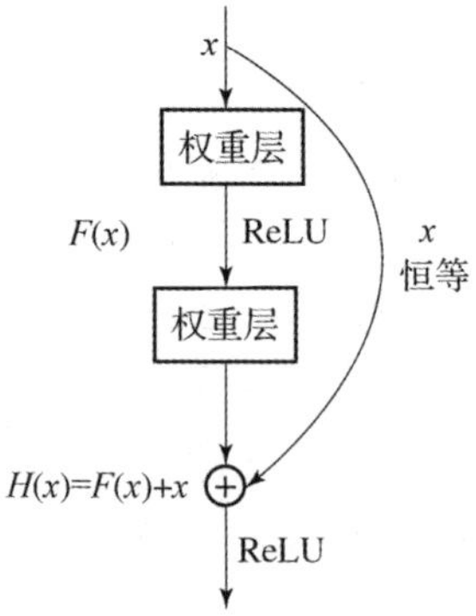

图 5.23 残差网络模型

如图 5.23 所示，ResNet 将输入某段卷积神经网

络层前的输入信息通过跳跃连接与该段输出信息作累加形成最终映射，即

$$H(x) = F(x) + x \tag{5.51}$$

式中：$F(x)$为残差映射；x为输入；$H(x)$为最终输出映射。

随着网络的不断加深，图像特征信息会存在少部分的丢失或干扰。由式（5.51）可知，ResNet 在整体网络模型中，可将原始图像特性信息或经过卷积运算后的特征信息通过跳跃连接直接补充到后续网络模型中，从而对已丢失的图像特征信息进行二次补偿。此外，针对残差网络解决梯度的原理，可从数学方面进行分析。式（5.51）可进一步的转化为

$$y_l = h(x_l) + F(x_l, W_l) \tag{5.52}$$

$$x_{l+1} = f(y_l) \tag{5.53}$$

式中：x_l为l层的输入；$h(x_l)$为恒等映射；F为残差映射；f为激活函数。

进一步将公式继续推导为

$$x_{l+1} = x_l + F(x_l, W_l) \tag{5.54}$$

假设$L>1$，那么L层所学习到的特征可表示为

$$x_{l+1} = x_l + \sum_{i=1}^{L-1} F(x_l, W_l) \tag{5.55}$$

卷积神经网络需要反向传播对权重参数进行更新，对式（5.55）进行链式求导，可得

$$\frac{\partial \varepsilon}{\partial x_l} = \frac{\partial \varepsilon}{\partial x_L}\frac{\partial x_L}{\partial x_l} = \frac{\partial \varepsilon}{\partial x_L}\left(1 + \frac{\partial}{\partial x_L}\sum_{i=1}^{L-1} F(x_l, W_l)\right) \tag{5.56}$$

由式（5.56）可知，即使式中的求导参数存在变大或变小的不确定性，式中的“1”总能将梯度收敛到一定范围内，避免了深层网络反向传播中权重更新不完善的问题。其中“1”可看作 ResNet 中的跳跃连接在数学上的表示方式。

自 ResNet 提出后，学者们发现在卷积神经网络中加入跳跃连接可以有效地改善整体网络模型的性能，由于跳跃连接的特性，经过卷积层计算的图像特征信息可在后续网络中得到多次复用。2016 年，Huang 等[52]利用跳跃连接在卷积神经网络中的优越性，在卷积神经网络中对其进行多次使用及改善，提出了密集链接网络（DenseNet）。

相比于 ResNet，DenseNet 是将每层卷积层输入特征图像通过跳跃连接输入到后续所有卷积层中，即每层都会接受前面所有层作为其额外的输入，DenseNet 网络的连接机制如图 5.24 所示。与 ResNet 不同的是，DenseNet 每个层都会与前面所有层在通道（Channel）维度上拼接（Concatenate）在一起，

并作为下一层的输入，而不是简单的相加操作。因此，对于一个 L 层的网络，DenseNet 共包含 $\frac{L(L+1)}{2}$ 个连接。并且 DenseNet 是直接合并来自不同层的特征图，这可以实现特征重用，提升效率，这一特点是 DenseNet 与 ResNet 最主要的区别。

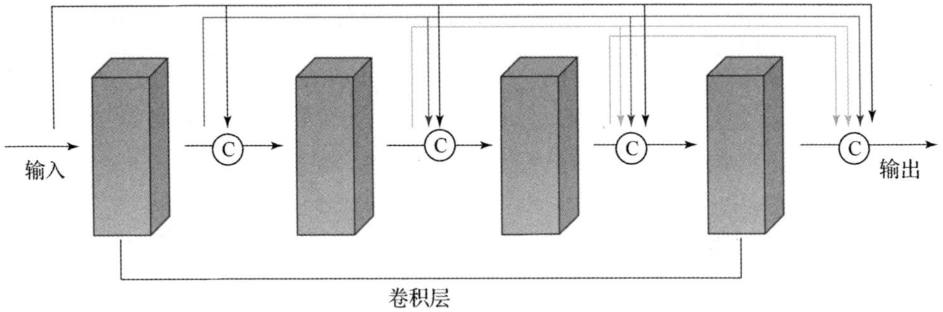

图 5.24　密集链接网络模型

DenseNet 的具体公式为

$$x_l = H_l([x_0, x_1, \cdots, x_{l-1}]) \tag{5.57}$$

式中：x_l 为密集链接网络中 l 层的输入；H_l 为非线性转化函数（non - liear transformation），它是一个组合操作，其可能包括一系列的 BN（Batch Normalization，批归一化），包括 ReLU、Pooling 及 Conv 操作。需要注意的是，l 层与 $l-1$ 层之间可能实际上包含多个卷积层。

由上述可知，DenseNet 建立了密集多次的跳跃连接，多次利用了跳跃连接地对卷积神经网络模型的优化。DenseNet 的优势首先在于对输入图像像素矩阵的最大利用化，由于每层输入图像像素矩阵都会输出到后续网络进行卷积运算，所以无论是图像低频特征还是图像高频特征，DenseNet 相较于传统网络模型其特征提取能力都是高效的。其次，由于 DenseNet 多重跳跃连接的特性，即使建立深层卷积神经网络模型导致了图像特征信息的丢失，网络也能充分补偿所丢失的信息，并且因为多重跳跃连接特性也使 DenseNet 对深层网络中的梯度问题进行了有效抑制。此外，DenseNet 还可以减轻整体卷积神经网络参数的计算复杂度。因为传统网络模型的特征图像通过卷积层进行学习和传递，后面的卷积层接收前面卷积层输出的图像特征信息并经过计算输出到下一层，因此无法对冗余的特征图像进行规避，而 DenseNet 可以将权重参数更新未收敛的浅层卷积层输出的图像直接输入到深层网络中，更高效地完成参数的优化及收敛，相比于传统的卷积网络有更少的参数。

5.2.3　注意力机制

视觉注意力机制是人类视觉所特有的大脑信号处理机制。人类视觉通过快速扫描全局图像，获得需要重点关注的目标区域，也就是一般所说的注意力焦点，而后对这一区域投入更多注意力资源，以获取更多所需要关注目标的细节信息，而抑制其他无用信息。这是人类利用有限的注意力资源从大量信息中快速筛选出高价值信息的手段，是人类在长期进化中形成的一种生存机制，人类视觉注意力机制极大地提高了视觉信息处理的效率与准确性。图 5.25 所示为一幅基于人脑观察的图像注意力机制。从人类视角出发，当人眼观察到这张图片后，首先通过人眼全局扫描神经机制得知这是一幅飞机在云层中飞行的图像信息，其次观察到图中有几个亮度较高的诱饵弹，在此基础上将重点注意力集中在飞机的特征和旁边的诱饵弹上以获取更多的信息。同时在注意力集中时，会自动忽略掉飞机周围的云层等无用信息。这种筛选信息的方式是高级动物所独有的方式，通过重点关注特定区域的方式，从复杂的冗余信息中有选择性地忽略掉一些无用信息。通过这种注意力机制的筛选，显著地提高了人类处理视觉所获取信息的高效性。卷积神经网络中的注意力机制环节就是模仿人类的视觉关注机制，通过一系列的关注区域的定位操作，从而精准地从待检测目标中获取当前任务的关键特征信息。

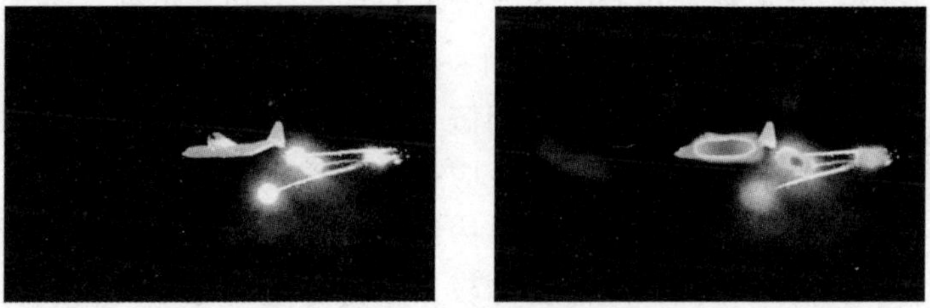

图 5.25　人脑注意力机制

注意力机制从本质上讲和人类的选择性注意力机制类似，其核心目标也是从众多信息中选出对当前任务目标更加关键的信息。根据实现方式的不同，可以将其划分为软注意力机制（Soft Attention）和硬注意力机制（Hard Attention）。最近，随着 Transformer 的提出，自注意力机制（Self Attention）逐渐走入人们的视野。

1. 硬注意力机制

硬注意力的主要原理：从输入序列中选择一个或多个固定位置作为输出，

而非对所有输入位置进行加权求和。其通常将输入表示为一个矩阵，其中每行表示一个输入位置的特征向量。然后，根据某种准则（如最大化相似度或最大化概率分布等），选择一个或多个输入位置作为输出位置。例如，在图像分类任务中，可以选择最有可能包含目标物体的区域进行分类；在目标检测任务中，可以选择最可能包含目标的区域作为检测结果；在语义分割任务中，可以选择最可能包含目标物体的像素进行标注。

硬注意力的主要功能是选择最有代表性的位置进行分类或标注，从而提高模型的性能和效率。具体地，硬注意力可以减少模型的计算量和存储空间，因为只需要选择一个或几个位置作为输出，而非对所有位置进行加权求和。另外，硬注意力还可以使模型产生具有解释性的输出结果，即输出结果对应于输入序列中的一个固定位置，从而使模型的输出更加可解释和可视化。

然而，硬注意力也存在一些限制和问题。例如，在训练时需要选择固定的输出位置，然而硬注意力也存在一些限制和问题。例如，硬注意力需要在训练时选择固定的输出位置，而这些位置通常是人为设定的，因此可能不够灵活和自适应。另外，在某些情况下，硬注意力可能无法选择最佳的输出位置，从而导致模型性能的下降。

2. 软注意力机制

软注意力是一种基于加权求和的注意力机制，可以将输入中的每个位置或元素都考虑在内，并根据其相对的重要性进行加权求和，得到一个加权的输出结果。软注意力通常使用一些函数（如 Softmax 函数），将输入中的每个位置或元素映射到一个概率分布上，然后使用概率分布中的权重进行加权求和。这样可以根据输入的内容和上下文信息自适应地选择重要的位置或元素，并更好地整合到模型中，以提高模型的性能和鲁棒性。例如，在图像分类任务中，软注意力可以对输入图像的不同区域进行加权，以更好地区分不同类别的物体或场景；在目标检测任务中，软注意力可以选择最可能包含目标的区域进行检测；在语义分割任务中，软注意力可以对输入图像的每个像素进行加权，以更准确地标注不同物体或场景的边界和区域。

与硬注意力相比，软注意力更加灵活和自适应，可以根据具体任务和应用场景自动选择重要的位置或元素，并且可以对不同位置或元素赋予不同的权重，更好地捕捉输入的上下文信息。但是，软注意力也需要更多的计算和存储空间，因为需要对输入中的每个位置或元素进行加权求和。同时，软注意力的训练和优化也需要更多的时间和精力，因为需要对加权求和的函数和参数进行优化。

软注意力中，最典型的注意力机制包括空间注意力机制和时间注意力机制、CBAM 等。这些注意力机制允许模型对输入序列的不同位置分配不同的权重，以便在处理每个序列元素时专注于最相关的部分。

1）通道注意力机制

通道注意力模块能够重新调整特征图的通道权重系数，其中不同通道中的特征图都可作为各自的特征检测器（Feature Detetor），最后叠加起来通过通道注意力模块反馈于网络中，从而使网络更加关注 IoU 区域特征。

图 5.26 所示为通道注意力机制，对于 $\boldsymbol{F} \in R^{C\times H\times W}$层的特征图，$C$ 表示通道数，H 和 W 表示特征映射的长度和宽度（以像素为单位），通道注意力模块首先对图中不同通道的特征图分别进行极大池化或均值池化，以获取极大池化通道注意力向量（Max Pool Channel Attention Vector）和平均池化通道注意力向量（Avg Pool Channel Attention Vector），向量维度均为$[C,1,1]$。其次将上述两个矢量输入至一个权重共享的隐层感知机（MLP），而后得到两个经过处理的通道注意力向量。最终将处理后获取的两个向量进行元素求和操作和 Sigmoid 激活函数处理，同时与原特征图进行元素之间的相乘，继而得到新的特征图。该过程用数学公式表示为

$$\begin{aligned} M_{c}(F) &= \sigma(\mathrm{MPL}(\mathrm{AvgPool}(F)) + \mathrm{MPL}(\mathrm{MaxPool}(F))) \\ &= \sigma(W_1(W_0(F^C_{\mathrm{avg}})) + W_1(W_0(F^C_{\max}))) \end{aligned} \tag{5.58}$$

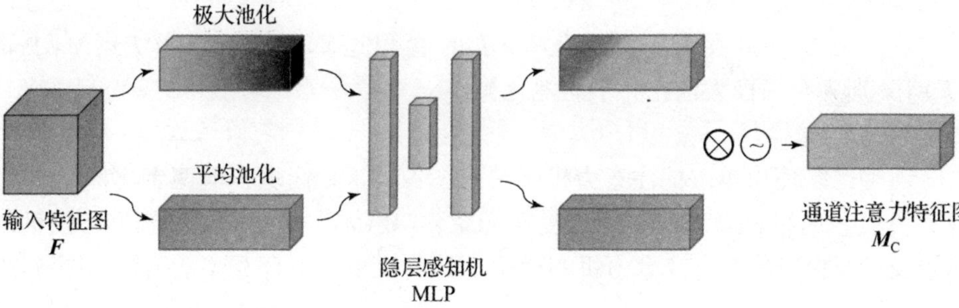

图 5.26　通道注意力机制

式中：σ 为 Sigmod 函数；$W_0 \in R^{C/r\times C}$和 $W_1 \in R^{C/r\times C}$分别为隐层感知机（MLP）的权重。

2）空间注意力机制

空间注意力机制与通道注意力机制相辅相成，通道注意力机制更关注通道之间参数的变化，即语义特征的变化过程，对图像中语义信息的关注有较好的效果。

空间注意力机制所实现的功能主要是通过空间注意力图来衡量特征之间的相对空间关系，从而使模型关注特征图中不同特征之间的 IoU 区域上的空间关系。

如图 5.27 所示，空间注意力机制不同于通道注意力机制，具体表现在空间轴的方向上对于不同的特征图上相同位置的像素值，空间注意力机制使用全局的极大池化和平均池化操作，从而分别得到两个空间注意力特征图，进而将其组合起来，其维度为[2,H,W]。其次利用一个 7×7 的卷积对上述获取的特征图进行卷积的同时，后接一个 Sigmoid 激活函数，以获取一个加上空间注意力权重的与特征图维数相同的空间矩阵。通过矩阵元素之间相乘，输出关于空间注意力的特征图 $\boldsymbol{M}_{\mathrm{S}} \in R^{1\times H\times W}$。其数学公式为

$$\begin{aligned}\boldsymbol{M}_{\mathrm{S}}(F) &= \sigma(f^{7\times 7}([\mathrm{AvgPool}(F);\mathrm{MaxPool}(F)])) \\ &= \sigma(f^{7\times 7}([F_{\mathrm{ang}}^{\mathrm{S}};F_{\mathrm{max}}^{\mathrm{S}}])) \end{aligned} \tag{5.59}$$

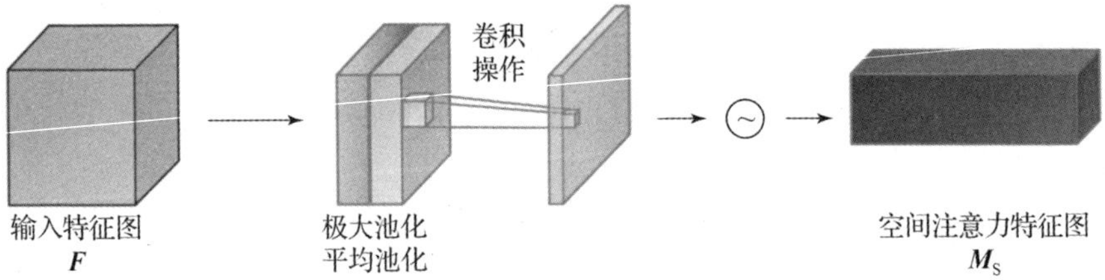

图 5.27 空间注意力机制

式中：σ 为 Sigmod 函数；$f^{7\times 7}$为 7×7 的卷积运算；[AvgPool(F)；MaxPool(F)]分别为全局极大池化和平均池化操作。

3）CBAM

通常网络使用单一的注意力机制获取图像的 IoU 区域，但两者之间的特征优势可更好地组合以应对出现的复杂场景，CBAM[53]模块则是结合网络轻量化思想设计而提出的混合注意力机制模块。其具体模块组合及体系结构如图 5.28 所示。

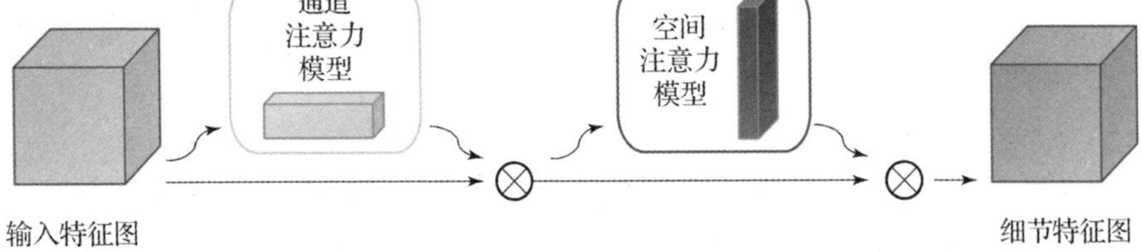

图 5.28 CBAM 注意力机制

CBAM 模块将特征图的运算过程分为两个阶段。首先，将输入图像特征图经过通道注意力模块，获取图像特征中更为关注语义特征，得到通道注意特征图 M_C。其次，将 M_C 与原始特征图 F 相融合，作为空间注意力机制的输入，获取图像特征中更为关注的空间特征即空间位置等信息，得到空间注意权重图 M_S。再将卷积后得到的空间注意特征图 M_S 与特征图 F_S 相乘，与原始特征图 F 相加，即可强化重要位置的响应。最后，将求和后的特征图通过 ReLU 激活函数，输出最终的特征图。该过程的数学表达式为

$$M_F(F) = \max(0, (M_S \otimes F_S) \oplus F) \tag{5.60}$$

CBAM 将通道与空间注意力机制相结合，获取一个既包含通道注意力特征又包含空间注意力特征的特征图，从而为后续的识别及分类任务提供了更细致的特征信息，提升了网络的特征提取性能，提高了网络的精度。

3. 自注意力机制

自注意力机制通过编码和解码寻找自身不同序列间的相关性，最早应用于自然语言处理任务，也被称为 Transformer[54] 模型。它减少了神经网络对大量外部相关信息的需求，增加了模型，最大限度地利用特征内部固有的信息进行注意力的交互，增加了模型对于特征数据内部相关性的理解。

自注意力机制首先将原始特征图映射为 Query、Key 和 Value 这 3 个向量分支，以下简写为 Q、K、V，该过程用数学公式表示为

$$\text{Query}: \boldsymbol{Q} = W_Q x_i \tag{5.61}$$

$$\text{Key}: \boldsymbol{K} = W_K x_i \tag{5.62}$$

$$\text{Value}: \boldsymbol{V} = W_V x_i \tag{5.63}$$

其次，计算 Q 和 K 之间的相关性权重矩阵系数，对权重矩阵利用 Softmax 函数进行归一化处理，有

$$\alpha = \text{Softmax}(\boldsymbol{K}^{\text{T}}\boldsymbol{Q}) \tag{5.64}$$

最后，将上一步所得的权重系数叠加到 V 上，即

$$\text{Attention}(\boldsymbol{Q}, \boldsymbol{K}, \boldsymbol{V}) = \text{Softmax}\left(\frac{\boldsymbol{QK}^{\text{T}}}{\sqrt{d_k}}\right)\boldsymbol{V} \tag{5.65}$$

式中：$\sqrt{d_k}$为缩放因子，用于防止矩阵乘法所得到的结果太大导致 Softmax 的梯度太小。

自注意力机制通过上述方式实现对全局上下文信息的建模，其本质可以描述为一个查询与一系列（键－值对）映射得到的输出，其编码部分的基本架构如图 5.29 所示。

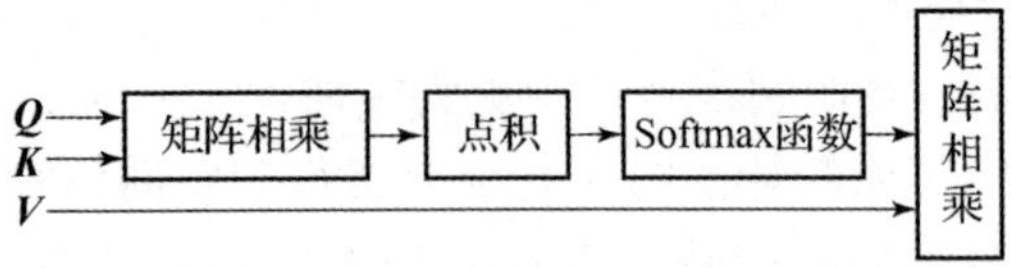

图 5.29　注意力机制编码部分的基本架构

上述所介绍的自注意力机制为单头自注意力机制，Transformer 中提出了多头自注意力机制的概念。对于同一个输入应用多次自注意力函数可以得到不同的 $\boldsymbol{Q}$、$\boldsymbol{K}$ 和 $\boldsymbol{V}$，最终得到多个更新后的值，这种方式能够更好地捕获多层次的特征。这种多个自注意力函数的机制类似于卷积神经网络中在一个卷积层应用多个卷积核，自注意力函数的个数被称为头（Head）的数目，因此被称为多头自注意力机制，其具体实现模块被称为多头自注意力模块。多头自注意力机制的基本架构如图 5.30 所示。

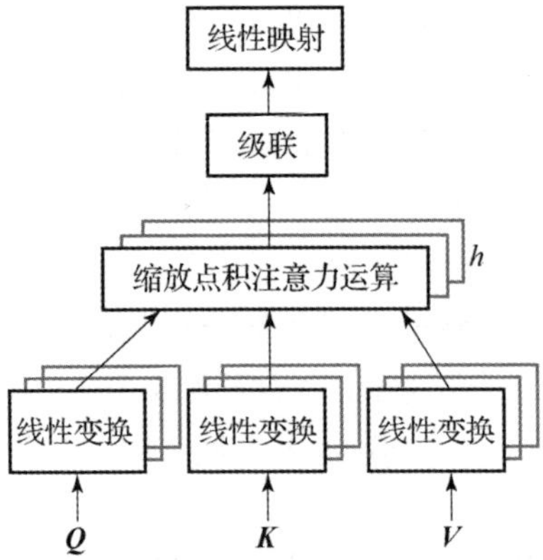

图 5.30　多头注意力的编码模块基本架构

相对于单一注意力机制只对单一维度的 $\boldsymbol{Q}$、$\boldsymbol{K}$ 和 $\boldsymbol{V}$ 进行注意力计算，多头注意力机制中，$\boldsymbol{Q}$、$\boldsymbol{K}$ 和 $\boldsymbol{V}$ 首先经过线性变换，然后输入到点积缩放注意力机制，可以分别对 $\boldsymbol{Q}$、$\boldsymbol{K}$ 和 $\boldsymbol{V}$ 的各个维度进行 h 次线性映射。需要注意的是，在这 h 次的映射中，每次进行线性变换的参数 $\boldsymbol{W}$ 是不一样的，各个单头自注意力机制中分别有 $\boldsymbol{W}_Q$、$\boldsymbol{W}_K$、$\boldsymbol{W}_V$ 这 3 个参数矩阵，每个矩阵的参数都不共享。

多头自注意力计算的数学公式可以表示为

$$\text{MultiHead}(\boldsymbol{Q},\boldsymbol{K},\boldsymbol{V})=\text{Concat}(\text{head}_1,\text{head}_2,\cdots,\text{head}_h)\boldsymbol{W}^O \tag{5.66}$$

$$\text{head}_i=\text{Attention}(\boldsymbol{Q}\boldsymbol{W}_i^Q,\boldsymbol{K}\boldsymbol{W}_i^K,\boldsymbol{V}\boldsymbol{W}_i^V)\quad(i=1,2,\cdots,h) \tag{5.67}$$

式中：Concat 表示级联运算；$\boldsymbol{W}_i^Q$、$\boldsymbol{W}_i^K$ 和 $\boldsymbol{W}_i^V$ 为线性映射矩阵；将 $\boldsymbol{Q}$、$\boldsymbol{K}$ 和 $\boldsymbol{V}$ 矩阵分别映射到第 i 个特征子空间以获得多层次的特征；$\boldsymbol{W}^O$ 为线性输出映射

矩阵，表示将来自所有头的自注意力输出进行融合。

在计算机视觉领域中，引入了自注意力机制可以克服大量卷积堆叠导致的感受野限制等缺点，通过使用自注意力机制可以充分计算每个像素值和全部像素之间的注意力值，获得输入图像特征中的每一个特征点关于全局特征之间的信息，从而有效获取图像长距离间隔特征之间的依赖关系，突破图像的感受野限制，极大地增加了神经网络在图像处理中对于图像理解的准确性，具有更高的效率和可扩展性。

5.3 基于卷积神经网络的目标识别算法

5.3.1 基于 DNET 的目标识别算法

针对通用卷积神经网络不善于检测小目标的问题，本节介绍两种新的特征提取骨干网络 MNET 和 DNET，同时保持对红外小目标检测的准确性、实时性及尺度变化适应性。首先，详细介绍 MNET 的结构和几个重要设计原则，并基于实拍的无人机数据进行试验，给出了相应的示例。其次，基于 MNET 网络存在的问题，介绍基于 MNET 的改进网络 DNET。最后，将 DNET 网络分别与多尺度特征图检测和多尺度特征图融合检测相结合，得到改进后的 DNET - A 和 DNET - B，并通过先进红外建模与仿真技术，构造用于网络训练与测试的大数据集，基于该数据集，将两种网络与 YOLOV3 网络进行了试验对比和分析。

1. 小目标检测网络 MNET

早期的基于卷积网络的目标检测算法对小目标的检测效果都很差，后来人们提出 FPN 等算法，将深层网络与浅层网络相加来解决这个问题，希望用较浅的但分辨率较大的层进行小目标检测。由于浅层网络的语义信息较弱，无法正确识别目标，可将浅层网络与语义信息强的深层网络相叠加，以期提升浅层网络的表达能力。但是，由于下采样次数过多，小目标很可能已经消失在深层网络中（红外小目标的尺寸一般比检测网络所认定的小目标更小，自然也丢失了其语义信息。

为了解决这个问题，MNET 将原始图片以 456×456 的尺寸输入网络，输出特征图的尺寸为 57×57，具体参数如下。

第一阶段，第一层：使用 $3 \times 3 \times 16$ 的卷积核进行卷积，得到大小为 $456 \times 456 \times 16$ 的特征图。第二层：使用 $3 \times 3 \times 32$、步长为 2 的卷积核进行卷积，

得到大小为 228×228×32 的特征图。第三层：使用 1×1×16 的卷积核进行卷积，得到大小为 228×228×16 的特征图。第四层：使用 3×3×32 的卷积核进行卷积，得到大小为 228×228×32 的特征图。第五层：使用残差层，将第二层与第四层的输出相加，残差结构可以缓解网络加深后带来的退化问题。

第二阶段，第一层：使用 3×3×64、步长为 2 的卷积核进行卷积，得到大小为 114×114×64 的特征图。第二层：使用 1×1×32 的卷积核进行卷积，得到大小为 114×114×32 特征图。第三层：使用 3×3×64 的卷积核进行卷积，得到大小为 114×114×64 特征图。第四层：使用残差层，将第一层与第三层的输出相加，保证梯度可以更加有效地传递。

第三阶段，第一层：使用 3×3×128、步长为 2 的卷积核进行卷积，得到大小为 57×57×128 的特征图。第二层：使用 1×1×64 的卷积核进行卷积，得到大小为 57×57×64 特征图。第三层：使用 3×3×128 的卷积核进行卷积，得到大小为 114×114×128 特征图。第四层：使用残差层，将第一层与第三层的输出相加，保证梯度可以更加有效地传递。随后不再进行下采样操作，而是在该尺寸的特征图上使用密集网络，在加深网络的同时保留各层网络的输出信息。

第四阶段，连续使用两个 M 模块。

第五阶段，引入特征注意力机制，实现特征通道的自适应校准，进一步提纯由密集链接保存的各层信息。最后，连续使用 5 次 1×1×64 与 3×3×128 的卷积层组合。

由于直接训练检测网络可能会出现不收敛的问题，MNET 在检测算法部分选择了 YOLO，并在每一层中都加入了正则化，使网络的训练过程更加快速、稳定。MNET 的结构如图 5.31 所示，图 5.32 展示了 MNET 的具体参数。

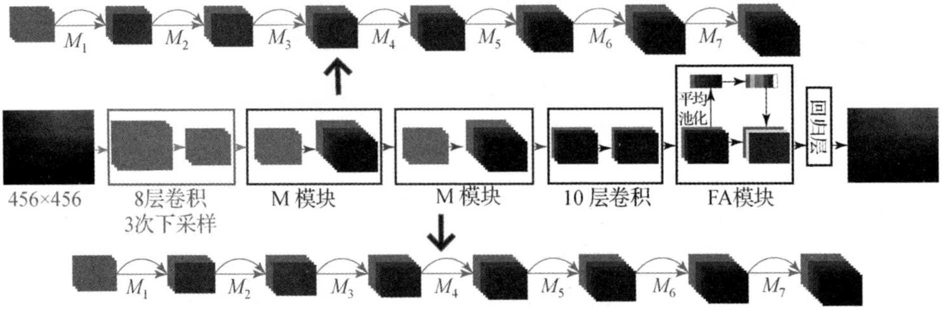

图 5.31　MNET 网络

	操作	通道数	尺寸	输出
1×	Conv	16	3×3	456×456
	Conv	32	3×3/2	228×228
	Conv	16	1×1	
	Conv	32	3×3	
	Res			
1×	Conv	64	3×3/2	114×114
	Conv	32	1×1	
	Conv	64	3×3	
	Res			
1×	Conv	128	3×3/2	57×57
	Conv	64	1×1	
	Conv	128	3×3	
	M 模块			
1×	Conv	64	1×1	57×57
	Conv	128	3×3	
	M 模块			
5×	Conv	64	1×1	57×57
	Conv	128	3×3	
	FA 模块			
	回归			

图 5.32　MNET 网络参数

下面详细阐述每个组件及相应的设计原则。

1）小尺度卷积核组合策略

在卷积神经网络中，不同尺寸的卷积核对图像具有不同大小的感受野。传统的卷积神经网络，在提取特征信息的过程中，通过使用大尺寸卷积核来获得大的感知域。然而，这不是提高网络性能的最有效方式，卷积核尺寸的增大必然带来计算量指数级增大。因此，为了压缩计算量提升检测速度，本书使用多个 3×3 卷积核来代替 5×5、7×7 等大尺寸卷积核。相比于使用单个大尺寸卷积核的方法，连续使用多个小尺寸卷积核的方法，可以在获得与大卷积核相同感受野的同时减少参数量。两种方法参数量比较将在以下内容中详述。

感受野：卷积神经网络每一层输出的特征图上的像素点在原始图像上映射的区域大小，计算公式为

$$\mathrm{RF}_l = \mathrm{RF}_{l-1} + \left((f_l - 1) \times \prod_{i=1}^{l-1} s_i\right) \tag{5.68}$$

式中：l 为卷积层数，从 1 开始；RF_l 为层 l 的感知域，$\mathrm{RF}_0 = 1$；f_l 为层 l 的卷积核尺寸；s_i 为层 i 的步幅，$s_0 = 1$，s_i 可以通过式（5.69）计算，即

$$s_i = s_1 \times s_2 \times \cdots \times s_{i-1} \tag{5.69}$$

在一个由 3 层 3×3 卷积核组成的卷积神经网络中，第一层网络输出每一个像素受到原始图像的 3×3 区域内的影响，故而第一层的感受野为 3，用字母表示为$\mathrm{RF}_1 = 3$；第二层网络输出的每一个像素受到第一层输出的区域影响，为 3×3，而第一层输出中的这个 3×3 区域又受到原始图像的 5×5 区域的影响，故而第二层的感受野为 5，即$\mathrm{RF}_2 = 5$；第三层输出的每一个像素受到第二层输出的区域影响，为 3×3，第二层输出中的这个 3×3 区域又受到第一层输出的 5×5 区域的影响，而第一层输出中的这个 5×5 区域又受到原始图像的 7×7 区域的影响，故而第三层的感受野为 7，即$\mathrm{RF}_3 = 7$。

卷积参数量：卷积运算期间的参数量是影响整个网络实时性能的因素之一。卷积运算的参数量越小，网络的速度性能越好。卷积运算中的参数量通过式（5.70）计算：

$$\mathrm{Cost} = K_h \times K_w \times C_{\mathrm{in}} \times C_{\mathrm{out}} \tag{5.70}$$

式中：Cost 为卷积参数量；K_h、K_w 为卷积核的高度和宽度；C_{in}、C_{out}为输入和输出的通道数。小卷积核堆叠策略和大卷积核策略的感受野和参数量的比较结果如表 5.1 所列。

表 5.1　卷积核尺寸比较

卷积核参数	计算量	感受野
3×3+3×3	$2\times3\times3\times C_{\mathrm{in}}\times C_{\mathrm{out}}$	$\mathrm{RF}_2=5$
5×5	$5\times5\times C_{\mathrm{in}}\times C_{\mathrm{out}}$	$\mathrm{RF}_1=5$
3×3+3×3+3×3	$3\times3\times3\times C_{\mathrm{in}}\times C_{\mathrm{out}}$	$\mathrm{RF}_3=7$
7×7	$7\times7\times C_{\mathrm{in}}\times C_{\mathrm{out}}$	$\mathrm{RF}_1=7$

从表 5.1 可以看出，在获得相同大小感受野的情况下，使用多个小尺寸卷积核可以大幅减少卷积过程中参数量。并且，更多的卷积层数意味着会在网络

中融入更多的激活函数，使整体网络具有更多的非线性，有利于网络提取更丰富的特征，以及提升网络的分类能力。

另外，在网络中加入适量 1×1 卷积核作为瓶颈层，可以在保持特征图尺寸不变的情况下，进一步降低计算量，提升网络速度。例如，对一个 512 通道的输入特征图进行 3×3 的卷积操作，并降维到 128 通道的输出特征图。是否加入 1×1 卷积瓶颈层的参数量对比如表 5.2 所列。

表 5.2　卷积组合计算量比较

卷积核参数	计算量
1×1×128+3×3×128	1×1×512×128+3×3×128×512
3×3×256	3×3×512×128

由表 5.2 可以明显看出，加入 1×1 卷积瓶颈层，可以大幅降低改变特征图通道数时的计算开销。另外，增加 1×1 卷积层在提升网络非线性的同时，还可以融合多通道信息，把网络作得很深。

2）M 模块

大多数检测网络为了兼顾不同尺寸的目标，使用 VGG 或者残差网络 RESNET 作为基础结构，在连接深层网络与浅层网络时，只是简单将深层网络的输出上采样后与浅层网络的输出相叠加。而 MNET 希望在 57×57 这个尺度上尽可能保存各个输出层的信息，这样可以更好地联合浅层的边缘特征与深层的语义信息。在这里，受到 DENSENET[56] 中密集连接方式的启发。在密集连接中，输入的每层网络的特征图是之前所有层输出特征图的总和，而其本身的特征图作为之后所有层输入特征图的一部分。本书所使用的特征融合模块被命名为 M 模块，如图 5.33 所示。

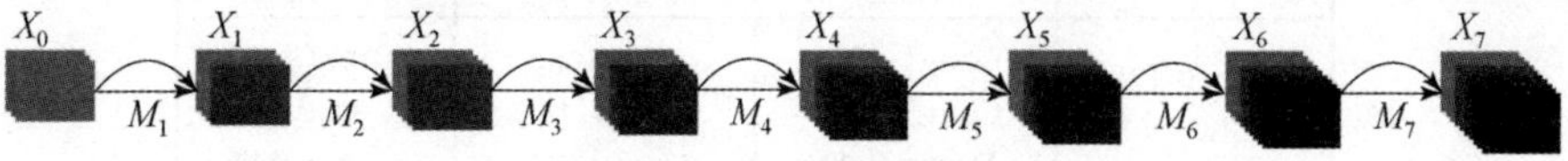

图 5.33　M 模块结构

M 模块中输出与输入的关系定义为

$$X_n = M_c(\delta(CX_{n-1}) + X_{n-1}) \tag{5.71}$$

式中：X_{n-1} 为输入特征图，从 X_0 开始到 X_n，是第 n 层的输出特征图，到 X_7 结束；C 为卷积操作；δ 为激活函数 Leaky；$M_c(a,b)=\mathrm{Concat}(a,b)$ 表示将两个特征图进行通道叠加。

DENSENET 的作者原本希望用这种密集连接的方式来缓解梯度消失问题，在加深网络的同时使网络有更好的表达效果。而本书发现密集连接能更好地在同一尺度上融合浅层与深层信息，对小尺寸的红外小目标检测有更好的识别与定位能力。另外，密集连接兼有正则化的效果，有利于不使用预训练网络而直接训练重头训练网络的方式。

本节采用了 4 种不同结构的 M 模块进行对比试验。

如图 5.34 所示，输入 M 模块的特征图尺寸为 57×57，128 通道。结构 A 由 7 个 M 小组组成，每个 M 小组包括一次 Conv3 – Dense 操作。第一组：使用 3×3×128 的卷积核进行卷积，然后使用 Dense 层将输入与第一层的输出相叠加，得到 57×57×256 的特征图；第二组：使用 3×3×128 的卷积核进行卷积，然后使用 Dense 层将第一组的输出与第二组第一层的输出相叠加，得到 57×57×384 的特征图；第三组：使用 3×3×128 的卷积核进行卷积，然后使

模块设置

	A	B	C	D
	输入：57×57, 128特征图			
M_1	Conv3~128 Dense~256	Conv1~128 Conv3~128 Dense~256	Conv1~64 Conv3~128 Dense~256	Conv1~128 Conv3~64 Dense~192
M_2	Conv3~128 Dense~384	Conv1~128 Conv3~128 Dense~384	Conv1~64 Conv3~128 Dense~384	Conv1~128 Conv3~64 Dense~256
M_3	Conv3~128 Dense~512	Conv1~128 Conv3~128 Dense~512	Conv1~64 Conv3~128 Dense~512	Conv1~128 Conv3~64 Dense~320
M_4	Conv3~128 Dense~640	Conv1~128 Conv3~128 Dense~640	Conv1~64 Conv3~128 Dense~640	Conv1~128 Conv3~64 Dense~384
M_5	Conv3~128 Dense~768	Conv1~128 Conv3~128 Dense~768	Conv1~64 Conv3~128 Dense~768	Conv1~128 Conv3~64 Dense~448
M_6	Conv3~128 Dense~896	Conv1~128 Conv3~128 Dense~896	Conv1~64 Conv3~128 Dense~896	Conv1~128 Conv3~64 Dense~512
M_7	Conv3~128 Dense~1024	Conv1~128 Conv3~128 Dense~1024	Conv1~64 Conv3~128 Dense~1024	Conv1~128 Conv3~64 Dense~576

图 5.34　M 模块参数

用 Dense 层将第二组的输出与第三组第一层的输出相叠加，得到 57 × 57 × 512 的特征图；第四组：使用 3 × 3 × 128 的卷积核进行卷积，然后使用 Dense 层将第三组的输出与第四组第一层的输出相叠加，得到 57 × 57 × 640 的特征图；第五组：使用 3 × 3 × 128 的卷积核进行卷积，然后使用 Dense 层将第四组的输出与第五组第一层的输出相叠加，得到 57 × 57 × 768 的特征图；第六组：使用 3 × 3 × 128 的卷积核进行卷积，然后使用 Dense 层将第五组的输出与第六组第一层的输出相叠加，得到 57 × 57 × 896 的特征图；第七组：使用 3 × 3 × 128 的卷积核进行卷积，然后使用 Dense 层将第六组的输出与第七组第一层的输出相叠加，得到 57 × 57 × 1024 的特征图。

结构 B 由 7 个 M 小组组成，每个 M 小组包括一次 Conv1 – Conv3 – Dense 操作。第一组：使用 1 × 1 × 128 的卷积核进行卷积，得到 57 × 57 × 128 的特征图，第二层使用 3 × 3 × 128 的卷积核进行卷积，得到 57 × 57 × 128 的特征图，然后使用 Dense 层将输入与第二层的输出相叠加，得到 57 × 57 × 256 的特征图；第二组：使用 1 × 1 × 128 的卷积核进行卷积，得到 57 × 57 × 128 的特征图，第二层使用 3 × 3 × 128 的卷积核进行卷积，得到 57 × 57 × 128 的特征图，然后使用 Dense 层将第一组的输出与第二组第二层的输出相叠加，得到 57 × 57 × 384 的特征图；第三组：使用 1 × 1 × 128 的卷积核进行卷积，得到 57 × 57 × 128 的特征图，第二层使用 3 × 3 × 128 的卷积核进行卷积，得到 57 × 57 × 128 的特征图，然后使用 Dense 层将第二组的输出与第三组第二层的输出相叠加，得到 57 × 57 × 512 的特征图；第四组：使用 1 × 1 × 128 的卷积核进行卷积，得到 57 × 57 × 128 的特征图，第二层使用 3 × 3 × 128 的卷积核进行卷积，得到 57 × 57 × 128 的特征图，然后使用 Dense 层将第三组的输出与第四组第二层的输出相叠加，得到 57 × 57 × 640 的特征图；第五组：使用 1 × 1 × 128 的卷积核进行卷积，得到 57 × 57 × 128 的特征图，第二层使用 3 × 3 × 128 的卷积核进行卷积，得到 57 × 57 × 128 的特征图，然后使用 Dense 层将第四组的输出与第五组第二层的输出相叠加，得到 57 × 57 × 768 的特征图；第六组：使用 1 × 1 × 128 的卷积核进行卷积，得到 57 × 57 × 128 的特征图，第二层使用 3 × 3 × 128 的卷积核进行卷积，得到 57 × 57 × 128 的特征图，然后使用 Dense 层将第五组的输出与第六组第二层的输出相叠加，得到 57 × 57 × 896 的特征图；第七组：使用 1 × 1 × 128 的卷积核进行卷积，得到 57 × 57 × 128 的特征图，第二层使用 3 × 3 × 128 的卷积核进行卷积，得到 57 × 57 × 128 的特征图，然后使用 Dense 层将第六组的输出与第七组第二层的输出相叠加，得到 57 × 57 × 1024 的特征图。

在结构 A 的基础上，结构 B 在每小组中加入一个尺寸为 1×1×128 的卷积瓶颈层。由于密集网络的串联操作会使通道数快速增加，在特征提取层前加入瓶颈层可以显著降低计算量，并借助激活函数给网络融入更多的非线性，提升网络的表达能力。

结构 C 由 7 个 M 小组组成，每个 M 小组包括一次 Conv1 – Conv3 – Dense 操作。第一组：使用 1×1×64 的卷积核进行卷积，得到 57×57×128 的特征图，第二层使用 3×3×128 的卷积核进行卷积，得到 57×57×128 的特征图，然后使用 Dense 层将输入与第二层的输出相叠加，得到 57×57×256 的特征图；第二组：使用 1×1×64 的卷积核进行卷积，得到 57×57×128 的特征图，第二层使用 3×3×128 的卷积核进行卷积，得到 57×57×128 的特征图，然后使用 Dense 层将第一组的输出与第二组第二层的输出相叠加，得到 57×57×384 的特征图；第三组：使用 1×1×64 的卷积核进行卷积，得到 57×57×128 的特征图，第二层使用 3×3×128 的卷积核进行卷积，得到 57×57×128 的特征图，然后使用 Dense 层将第二组的输出与第三组第二层的输出相叠加，得到 57×57×512 的特征图；第四组：使用 1×1×64 的卷积核进行卷积，得到 57×57×128 的特征图，第二层使用 3×3×128 的卷积核进行卷积，得到 57×57×128 的特征图，然后使用 Dense 层将第三组的输出与第四组第二层的输出相叠加，得到 57×57×640 的特征图；第五组：使用 1×1×64 的卷积核进行卷积，得到 57×57×128 的特征图，第二层使用 3×3×128 的卷积核进行卷积，得到 57×57×128 的特征图，然后使用 Dense 层将第四组的输出与第五组第二层的输出相叠加，得到 57×57×768 的特征图；第六组：使用 1×1×64 的卷积核进行卷积，得到 57×57×128 的特征图，第二层使用 3×3×128 的卷积核进行卷积，得到 57×57×128 的特征图，然后使用 Dense 层将第五组的输出与第六组第二层的输出相叠加，得到 57×57×896 的特征图；第七组：使用 1×1×64 的卷积核进行卷积，得到 57×57×128 的特征图，第二层使用 3×3×128 的卷积核进行卷积，得到 57×57×128 的特征图，然后使用 Dense 层将第六组的输出与第七组第二层的输出相叠加，得到 57×57×1024 的特征图。

结构 D 由 7 个 M 小组组成，每个 M 小组包括一次 Conv1 – Conv3 – Dense 操作。第一组：使用 1×1×128 的卷积核进行卷积，得到 57×57×128 的特征图，第二层使用 3×3×64 的卷积核进行卷积，得到 57×57×64 的特征图，然后使用 Dense 层将输入与第二层的输出相叠加，得到 57×57×192 的特征图；第二组：使用 1×1×128 的卷积核进行卷积，得到 57×57×128 的特征图，第二层使用 3×3×64 的卷积核进行卷积，得到 57×57×64 的特征图，然后使用

Dense 层将第一组的输出与第二组第二层的输出相叠加，得到 57×57×256 的特征图；第三组：使用 1×1×128 的卷积核进行卷积，得到 57×57×128 的特征图，第二层使用 3×3×64 的卷积核进行卷积，得到 57×57×64 的特征图，然后使用 Dense 层将第二组的输出与第三组第二层的输出相叠加，得到 57×57×320 的特征图；第四组：使用 1×1×128 的卷积核进行卷积，得到 57×57×128 的特征图，第二层使用 3×3×64 的卷积核进行卷积，得到 57×57×64 的特征图，然后使用 Dense 层将第三组的输出与第四组第二层的输出相叠加，得到 57×57×384 的特征图；第五组：使用 1×1×128 的卷积核进行卷积，得到 57×57×128 的特征图，第二层使用 3×3×64 的卷积核进行卷积，得到 57×57×64 的特征图，然后使用 Dense 层将第四组的输出与第五组第二层的输出相叠加，得到 57×57×448 的特征图；第六组：使用 1×1×128 的卷积核进行卷积，得到 57×57×128 的特征图，第二层使用 3×3×64 的卷积核进行卷积，得到 57×57×64 的特征图，然后使用 Dense 层将第五组的输出与第六组第二层的输出相叠加，得到 57×57×512 的特征图；第七组：使用 1×1×128 的卷积核进行卷积，得到 57×57×128 的特征图，第二层使用 3×3×64 的卷积核进行卷积，得到 57×57×64 的特征图，然后使用 Dense 层将第六组的输出与第七组第二层的输出相叠加，得到 57×57×576 的特征图。

结构 C 用 64 通道的瓶颈层 Con1 替换了 B 中 128 通道的瓶颈层 Conv1，结构 D 用 64 通道的卷积层 Con3 替换了 B 中 128 通道的卷积层 Conv3。

3）FA 模块

经过 M 模块的特征融合操作之后，浅层网络与深层网络的特征已经被留存在了特征图的各个通道中，而下一步希望继续加入特征注意力机制，以获得每个特征通道的重要程度，然后依照这个重要程度去增强有用的特征。也就是让网络利用全局信息，有选择地增强有益的特征，从而能实现特征通道的自适应校准。因此，MNET 在骨干网络的最后加入 FA 模块，其结构如图 5.35 所示。

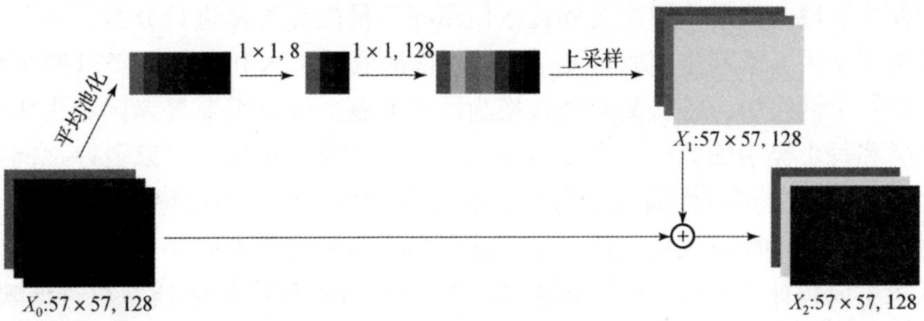

图 5.35　FA 模块结构

FA 模块的特征计算式为

$$\begin{cases} X_1 = \delta(C_2(\delta(C_1(PX_0)))) \\ X_2 = X_0 + UX_1 \end{cases} \tag{5.72}$$

式中：P 为全局平均池化；δ 为 Leaky 激活函数；C_1 为 1×1，8 的卷积操作；C_2 为 1×1，128 的卷积操作；U 为放大倍数为 57 的上采样操作。

FA 模块的输入 X_0 为 57×57，128 通道的特征图。一般卷积神经网络中的每个通道学习到的滤波器都对局部感受野进行操作，每个特征图都无法利用其他特征图的上下文信息，而且网络较低的层次上其感受野尺寸都是很小的，这样情况就会更加严重。

为了解决这个问题，可采用全局平均池化对其每个特征图进行压缩，使这个特征图变成 $1 \times 1 \times 128$ 的实数数列。理论上这个数应该具有全局的感受野，这使浅层网络的特征图也可以利用全局特征信息。为了利用挤压操作中聚合的信息，使用激励操作来全面捕获通道依赖性。首先，使用一个 1×1，8 通道的卷积层的降维操作与 1×1，128 通道的卷积层的升维操作。这里的 1×1 卷积可以发挥全连接的作用，并获得每个特征通道的重要程度。同时，在卷积操作中加入 LeakyReLU 激活函数，以提升模块的非线性。相对于 ReLU 激活函数，LeakyReLU 的负半轴保留了一个很小的正值（设为 0.1），可以缓解“死”ReLU 问题。当 $x < 0$ 时，ReLU 的输出为 0，这可能会导致模型无法学习特征。如果学习率设置得太大，可能会导致网络部分神经元处于“死掉”的状态，无法被有效训练。因此，在使用 ReLU 激活函数时，需要合理设计网络的学习率。然后，经过上采样还原到 57×57 的尺寸后，得到 X_1。最后，将 X_1 与原输入 X_0 相加，增强原输入中有益的特征，得到最后输出。

4）YOLO 回归算法

在检测部分，选择一步算法 YOLO 作为检测方法。首先，如 FAST - RCNN、FASTER - RCNN 等两步检测算法，都需要先通过区域提议网络等方法得到候选区域；然后，对这些候选区使用高质量的分类器进行分类，这会使计算开销非常大，不利于实时检测。YOLO 将提取候选区和进行分类这两个任务融合到一个网络中，将检测问题转换为回归问题。它不需要提议区域生成边界框坐标和每个类别的概率。直接通过回归，检测速度更快，可以更好地满足红外小目标检测的实时性需求。另外，有研究表明[57]，只有单步算法可以在没有预先训练的情况下成功收敛。推测这是由于两步方法中的 ROI 池化为每个推荐区域生成特征，从而阻碍了梯度从区域级平滑地反向传播到卷积特征映射。基于建议的方法可以很好地与预先训练的网络模型一起工作，因为在 ROI 池化之前，参数初始化对卷积层是有好处的，而对于从头开始的训练则不是这样。

接下来，在一步算法中选择 YOLO，而不是人们通常选择的 SSD。这是因为 SSD 使用了 6 个尺度的特征图检测不同尺寸的目标，可显著提升包含大、中、小目标的通用数据集。但是，对红外小目标检测来说并没有特别大的意义。

YOLO 检测原理如图 5.36 所示。YOLO 网络将每张输入图片分成 57 × 57 个格子，如果目标的中心落在某个格子中，这个格子就负责预测目标，每个格子预测 3 个边框。

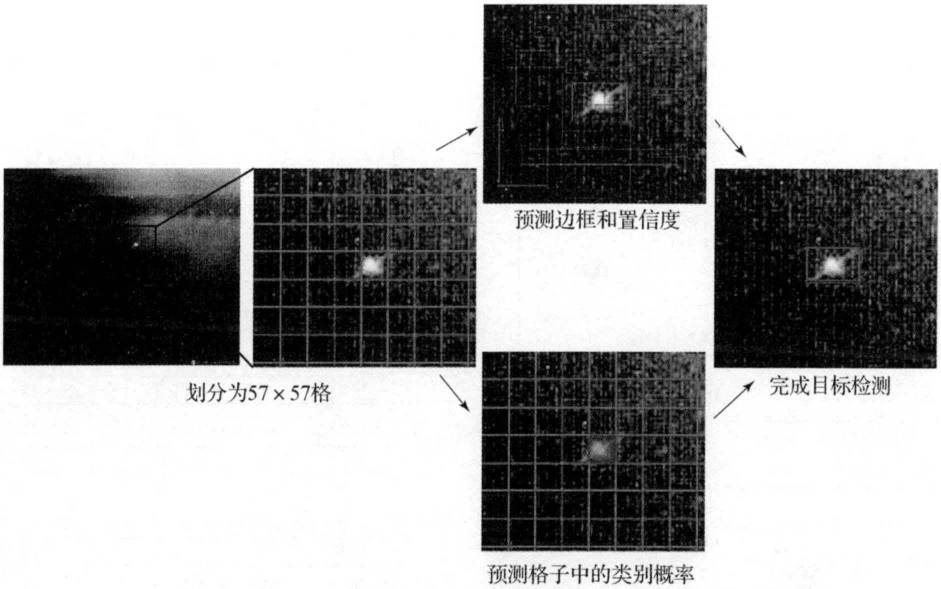

图 5.36　YOLO 检测原理

2. 基于 MNET 改进的基础网络 DNET

5.3.1 节 1 中所介绍的 MNET 网络解决了点目标与亚成像目标阶段的抗干扰识别问题，但是，红外成像空空导弹由远及近的攻击过程中，目标的形状与大小变化剧烈，MNET 未针对大目标优化，对剧烈尺度变化的鲁棒性不好。因此，针对目标形状、尺度剧烈变化及抗干扰的问题，本小节进一步介绍一种特征提取骨干网络 DNET。一方面，DNET 在 MNET 的基础上加深网络，增加了一个小尺寸的密集链接模块，来加强对大尺度目标的特征提取能力，提升对大目标的识别效果；另一方面，增加了一个中尺寸的密集链接模块，来加强对中尺度目标的特征提取能力，提升对中目标的识别效果。将 DNET 与多尺度特征图检测结合，得到 DNET - A；将 DNET 与多尺度特征融合检测结合，得到

DNET－B。

如图 5.37 所示，DNET 前部的参数设置与 MNET 相同，唯一区别是为了适应本章的应用场景，将图片的输入尺寸改为 224×224。在经过 3 次下采样与 8 次卷积操作得到合适的尺寸后，MNET 使用两次 M 模块来提取小目标特征。而在 DNET 中分别使用 M 模块在 28×28、14×14、7×7 这 3 个尺度上提取不同大小目标的特征信息。DNET 中 M 模块的具体设置采用了类似本节中效果最好的 MNET－C。

	操作	通道数	尺寸	输出尺寸
	卷积	16	3×3	456×456
	卷积	32	3×3/2	
	卷积	16	1×1	
	卷积	32	3×3	
	残差			228×228
	卷积	64	3×3/2	
	卷积	32	1×1	
	卷积	64	3×3	
	残差			114×114
	卷积	128	3×3/2	
	卷积	64	1×1	
	卷积	128	3×3	57×57
	M模块			
	卷积	64	1×1	
	卷积	128	3×3	57×57
	M模块			
5×	卷积	64	1×1	
	卷积	128	3×3	57×57
	回归			

	操作	通道	尺寸	输出尺寸
	卷积	16	3×3	224×224
	卷积	32	3×3/2	
	卷积	16	1×1	
	卷积	32	3×3	
	残差			112×112
	卷积	64	3×3/2	
	卷积	32	1×1	
	卷积	64	3×3	
	残差			56×56
	卷积	128	3×3/2	28×28
7次密集链接	卷积	64	1×1	
	卷积	128→1024	3×3	28×28
	卷积	64	1×1	28×28
	卷积	128	3×3	28×28
	卷积	256	3×3/2	14×14
7次密集链接	卷积	128	1×1	
	卷积	256→2048	3×3	14×14
	卷积	128	1×1	14×14
	卷积	256	3×3	14×14
	卷积	512	3×3/2	7×7
7次密集链接	卷积	256	1×1	
	卷积	512→4096	3×3	7×7
	卷积	256	1×1	7×7
	卷积	512	3×1	7×7

图 5.37　MNET 与 DNET 网络参数对比

第一个 M 模块由 7 个 M 小组组成，每个 M 小组包括一次 Conv1－Conv3－Dense 操作。在 28×28 的尺度上使用 1×1×64 与 3×3×128 的卷积组合，每次 Dense 叠加可以在特征图上增加 128 通道，最终得到 28×28×1024 的特征图。然后，再次使用 1×1×64 与 3×3×128 的卷积组合，得到 28×28×128 的特征图作为大尺度特征图。

第二个 M 模块由 7 个 M 小组组成，每个 M 小组包括一次 Conv1－Conv3－

Dense 操作。在 14×14 的尺度上使用 1×1×128 与 3×3×256 的卷积组合，每次 Dense 叠加可以在特征图上增加 256 通道，最终得到 14×14×2048 的特征图。然后，再次使用 1×1×128 与 3×3×256 的卷积组合，得到 14×14×256 的特征图作为中尺度特征图。

第三个 M 模块由 7 个 M 小组组成，每个 M 小组包括一次 Conv1 – Conv3 – Dense 操作。在 7×7 的尺度上使用 1×1×256 与 3×3×512 的卷积组合，每次 Dense 叠加可以在特征图上增加 512 通道，最终得到 7×7×4096 的特征图。然后，再次使用 1×1×128 与 3×3×256 的卷积组合，得到 14×14×256 的特征图作为小尺度特征图。

1）多尺度特征图检测网络 DNET – A

由于本次试验中目标的尺度与形状变化巨大，具体来说在 256×256 的图片中，目标最初大小约为 4×4，结束时目标充满整个视场，大小变为 256×256。目标图像尺度变化程度较大，因此需要加入多尺度的特征图金字塔。

基础的检测结构如图 5.38（a）所示。通过在卷积过程中使用卷积和池化操作，得到不同大小尺寸的特征图，搭建图像的特征金字塔。大尺寸的特征图主要提取目标的位置信息，小尺寸特征图主要提取目标的语义信息。由于语义信息对目标的分类更加敏感，且通用检测数据中的目标一般较大，所以研究者通常使用最后一层的小尺寸特征图进行训练与预测。这种早期方法计算开销少、速度快，但是由于没有真正利用浅层特征图，而是只选用了卷积网络中最后一层特征图，所以对目标的定位效果较差，且对小目标的检测效果不好。

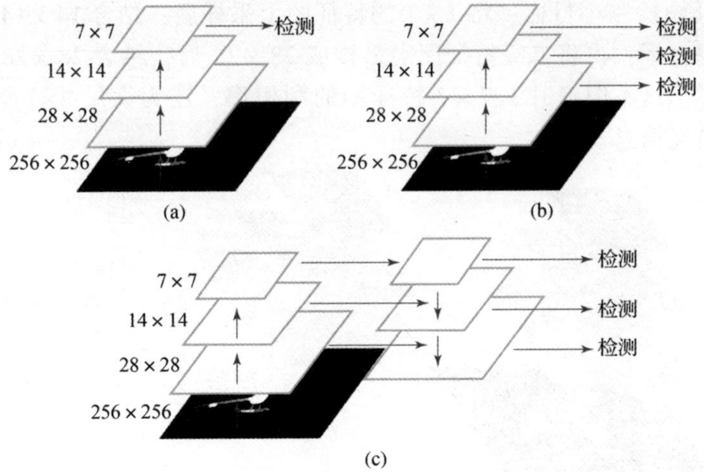

图 5.38　不同检测方法

为了加强对小目标的检测能力，研究者提出图5.38（b）所示的网络结构。整个过程就是首先在原始图像上进行卷积与池化操作，得到不同尺寸的特征图。然后，同时使用大尺寸特征图与小尺寸特征图，分别在不同的层预测不同大小的目标。由于整个数据集中的目标特征不同，需要不同的特征来识别检测不同的目标。使用浅层特征就可以识别检测到浅层目标，但是需要深层特征才能识别检测到复杂目标。这种网络结构的特点是在不同的层上输出对应的目标，不需要经过所有的层才输出对应的目标，这样可以在一定程度上对网络进行加速操作，同时可以提高算法的检测性能。其缺点在于很多特征都是从较浅层获得的，所以获得的特征不够鲁棒。

为了解决这个问题，图5.38（c）所示的网络结构在图5.38（b）的结构上又加入了尺度融合，其网络结构如图5.38（c）右侧所示。整个过程就是首先在原始图像上进行卷积与池化操作，得到不同尺寸的特征图。使用小尺寸特征图识别检测大尺寸目标，再在小尺寸特征图上进行上采样，使其尺寸与大尺寸特征图保持一致，将两个特征图相连接后，识别检测小尺寸目标。这样在检测小目标时加入了一个强语义信息，因此可以提高识别检测效果。浅层特征图的位置信息更精确，而深层特征图的位置信息由于多次的下采样，与上采样操作存在误差。结合浅层与深层特征图构建特征金字塔，融合各尺寸的特征信息，并在不同的特征层输出。相对于图中的结构，图右侧的结构在各检测层都使用了网络的深层特征，提升了深层特征图的特征利用率。

本节将DNET与图5.38（c）所示的结构相结合，得到图5.39所示的DNET－A。DNET－A融合28×28、14×14、7×7这3个尺度的特征图，用7×7的特征图检测小目标；将7×7的特征图上采样后，结合14×14的二级特征图检测中目标；再将二级特征图上采样成28×28后，结合28×28的特征图检测大目标。这不但提升了7×7特征图的利用率，还为大尺寸特征图加入了更丰富的语义信息。

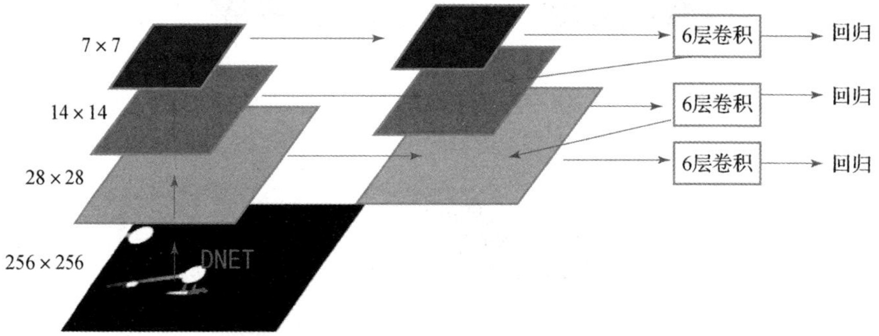

图5.39　DNET－A网络结构

2）多尺度特征融合检测网络 DNET－B

在本次试验中，发现即使使用改进后的多尺度检测网络 DNET－A，依然无法完全适应目标图像的尺度变化。这是因为试验中目标的尺度从点目标不断增大，直至充满整个视场，变化的剧烈程度远超通用数据。并且，由于预选框与检测特征图的分配不是自适应的，而是人为设置的，这可能导致预选框无法正确匹配真实框。因此，本试验最终选择单尺度检测作为最佳方法。

由于在本次试验中选择使用单尺度检测，即只使用一个尺度的特征图，且目标的尺度与形状变化剧烈，因此需要这个特征图尽可能多的包含各尺度目标的各类特征。7×7 大小的特征图对检测大物体足够了，但是对于小物体还需要更精细的特征，因此在 DNET 的末端加入重组层来提升网络的表达能力。希望在 7×7 这个尺度上尽可能保存各个输出层的信息，这样可以更好地联合浅层的边缘特征与深层的语义信息。

以 2×2 的重组层为例，如图 5.40 所示。重组操作就是在原特征图上抽取每个 2×2 的局部区域，然后将其中 4 个值分别分到 4 个特征图中。对于 14×14×32 的特征图，经重组层处理之后就变成了 7×7×128 的新特征图（特征图大小降低 4 倍，而通道增加 4 倍），这样就可以与 7×7×512 特征图连接在一起，形成 7×7×640 的特征图，然后在此特征图基础上卷积作预测。

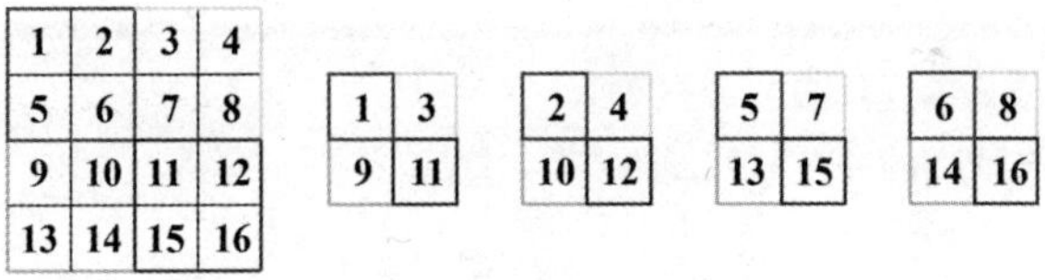

图 5.40　重组操作示意图

将 DNET 与重组层相结合，得到多尺度特征融合检测网络 DNET－B，如图 5.41 所示。具体操作：首先，在 28×28 维度上用 1×1×16 的卷积核将其 28×28×1024 的特征图降维成 16 维，这个降维操作可以看作在 1024 通道中筛选出最重要的 16 个通道；其次，通过 4×4 的重组操作生成 7×7×256 的特征图，在 14×14 尺度上使用 1×1×32 的卷积核将其 14×14×2048 的特征图降维成 32 维；之后通过 2×2 的重组操作生成 7×7×128 的特征图；最后，将 7×7×256、7×7×128 的特征图与 7×7 维度上的 256 维特征图连接，得到 7×7×640 的特征图。

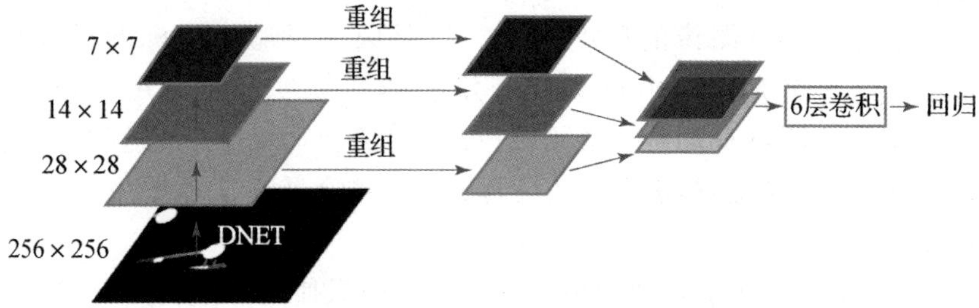

图 5.41　DNET – B 网络结构

这样使骨干网络最后的输出层包含了骨干网络中 28×28、14×14 和 7×7 尺度的特征信息。因此，只使用 7×7 的特征图进行类别与坐标回归，就可以对各个大小的目标鲁棒。最后，在回归层前连续使用 3 次 1×1×256 与 3×3×512 的卷积层组合。

3. 试验对比与分析

1）试验设置

（1）数据采集。

本试验采用空战对抗样本库，描述战机与导弹的对抗态势，通过先进红外建模与仿真技术，产生逼近实际空战对抗环境的不同弹道数据，构成用于网络训练与测试的大数据集，如图 5.42 所示。

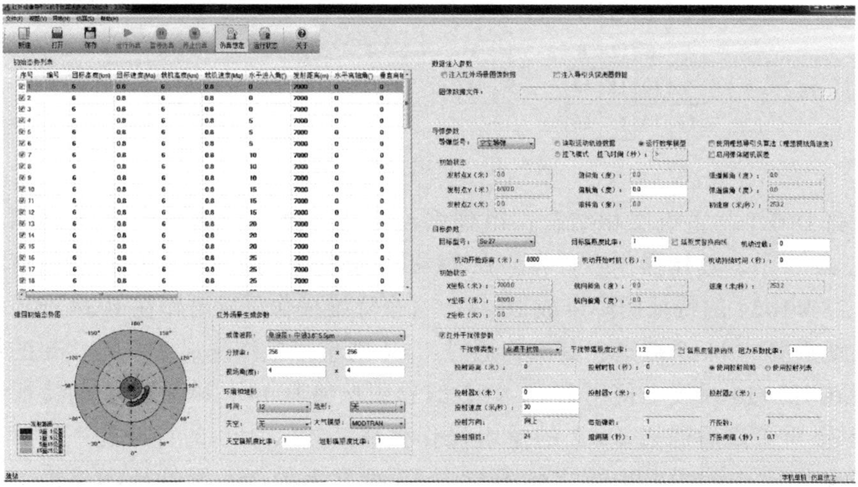

(a)

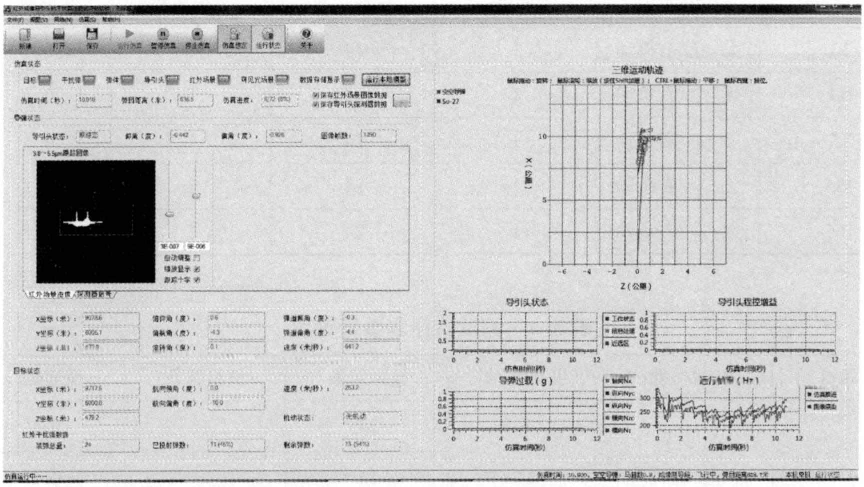

(b)

图 5.42　红外成像导引头抗干扰算法仿真平台

（2）仿真测试条件。

①仿真测试样本集包括初始发射条件、目标机动、干扰投射策略 3 个维度对抗条件的参数。考虑背景对导弹的影响，在此限定范围内，涵盖所有近距对抗条件参数并进行量化，主要量化参数共有 14 个。

a. 对抗态势有 7 个参数，即目标高度、载机高度、目标速度、载机速度、水平进入角、发射距离、综合离轴角（可分解为水平离轴角、垂直离轴角）。

b. 目标机动有 3 种类型，即无机动、左机动、右机动。

c. 红外人工干扰 4 个参数，即总弹数、组数、弹间隔、组间隔。

②识别率仿真数据集设置条件。

a. 导弹发射距离为 7000m。

b. 目标高度和载机高度均为 6000m。

c. 目标速度和载机速度均为 0.8Ma。

d. 点源干扰弹投射总数为 24 枚。

e. 目标机动类型分为无机动、左机动、右机动 3 种。

f. 组间隔为 1.0s，弹间隔 0.1s，投弹组数为 24。

g. 水平进入角选取 0°～180°范围，每隔 15°选取，共 13 组。

数据集共有 117 条序列。其中，选取 15 条作为训练集，如表 5.3 所列，另外 102 条作为测试集，如表 5.4 所列。

表 5.3 训练集序列参数设置

进入角/(°)	机动类型	组间隔/s	投弹组数	每组弹数	弹间隔/s
30	无/左/右机动	1	24	1	0. 1
60	无/左/右机动	1	24	1	0. 1
75	无/左/右机动	1	24	1	0. 1
135	无/左/右机动	1	24	1	0. 1
165	无/左/右机动	1	24	1	0. 1

表 5.4 测试集序列参数设置

进入角/(°)	机动类型	组间隔/s	投弹组数	每组弹数	弹间隔/s
0	无/左/右机动	1	24	1	0. 1
			12	2	0. 1
			6	4	0. 1
15	无/左/右机动	1	24	1	0. 1
			12	2	0. 1
			6	4	0. 1
45	无/左/右机动	1	24	1	0. 1
			12	2	0. 1
			6	4	0. 1
90	无/左/右机动	1	24	1	0. 1
			12	2	0. 1
			6	4	0. 1
105	无/左/右机动	1	24	1	0. 1
			12	2	0. 1
			6	4	0. 1
120	无/左/右机动	1	24	1	0. 1
			12	2	0. 1
			6	4	0. 1

续表

进入角/(°)	机动类型	组间隔/s	投弹组数	每组弹数	弹间隔/s
150	无/左/右机动	1	24	1	0. 1
			12	2	0. 1
			6	4	0. 1
180	无/左/右机动	1	24	1	0. 1
			12	2	0. 1
			6	4	0. 1
30	无/左/右机动	1	12	2	0. 1
			6	4	0. 1
60	无/左/右机动	1	12	2	0. 1
			6	4	0. 1
75	无/左/右机动	1	12	2	0. 1
			6	4	0. 1
135	无/左/右机动	1	12	2	0. 1
			6	4	0. 1
165	无/左/右机动	1	12	2	0. 1
			6	4	0. 1

（3）数据集标注。

在 15 条训练集序列中，选择 2048 张图片作为本试验的训练集。对于卷积神经网络中的测试数据集，需要标注每一张图像中目标的位置和类别信息，采用开源的 LabelImg 对其进行标注，制作成 XML 数据格式。LabelImg 是一个使用Python和 Qt 语言开发的带有图形化界面的标注工具，可以将检测目标所需标注的信息直接转化，生成对应的 XML 格式文件保存起来，基本流程如图 5. 43 所示。

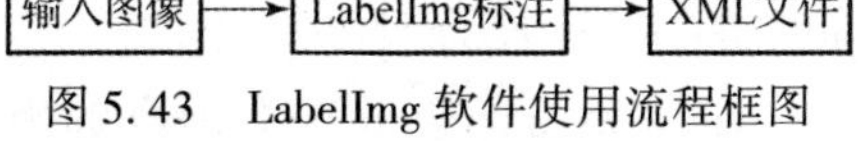

图 5. 43　LabelImg 软件使用流程框图

LabelImg 标注工具提供了 Linux 和 Windows 等不同的版本，可以根据需要选择下载安装对应的版本，标注图像的界面如图 5.44 所示。

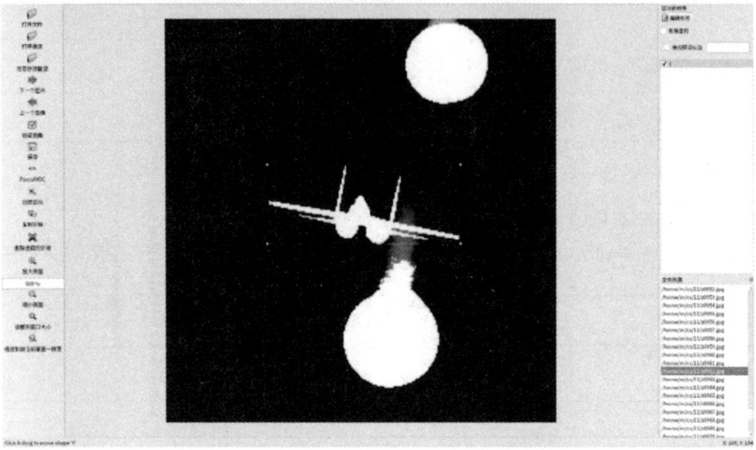

图 5.44　LabelImg 软件标注图像界面

以图 5.44 为例，生成的 XML 文件格式如图 5.45 所示。

```
-<annotation>
    <folder>165</folder>
    <filename>d0846.jpg</filename>
    <path>/home/m/165/d0846.jpg</path>
-<source>
    <database>Unknown</database>
  </source>
-<size>
    <width>256</width>
    <height>256</height>
    <depth>1</depth>
  </size>
  <segmented>0</segmented>
-<object>
    <name>t</name>
    <pose>Unspecified</pose>
    <truncated>0</truncated>
    <difficult>0</difficult>
-<bndbox>
     <xmin>51</xmin>
     <ymin>101</ymin>
     <xmax>192</xmax>
     <ymax>138</ymax>
  </bndbox>
 </object>
</annotation>
```

图 5.45　LabelImg 软件标注生成 XML 文件

其中，width、height、depth 是被标注图片的宽、高、通道数；name 中，t 是目标的标签名；xmin、ymin 是目标边框左上顶点的坐标值；xmax、ymax 是目标边界框右下顶点的坐标值。

(4) 硬件配置。

用于加速训练过程 GPU 为 1080ti，内存容量为 16GB。整个程序使用 DARKNET 框架编写，并在 Ubuntu 环境中运行。

(5) 训练参数。

根据上面生成的数据集，分别训练本章提出的红外目标抗干扰识别网络 DNET - A、DNET - B 与 YOLOV3。

表 5.5 提供了训练过程中的参数设置，如学习率、批大小、训练步数等，学习率在 70000 步之后衰减到 0.0001。

表 5.5　训练参数

学习率	批大小	动量	权重衰减	训练步数
0.001	256	0.9	0.0005	90000

根据本次试验硬件配置，最终选择了 256 的批量大小，并将其分成 8 个子批次进行训练，相当于批量大小为 32。

2) 结果分析

3 种算法在 102 条序列，共 89380 张图片上的识别结果如表 5.6 所列。

表 5.6　各算法识别结果

算法	TP	FP	FN	P	R	F1	FPS
DNET - A	83318	6062	164	93.21%	99.80%	0.964	119.6
DNET - B	86652	2728	562	96.95%	99.36%	0.981	132.0
YOLOV3	80530	8850	627	90.10%	99.23%	0.944	56.0

YOLOV3 的精确度为 90.10%，漏检主要是发生在点目标和亚成像阶段，无法准确区别飞机与干扰。同时，在序列的末端，飞机即将充满和已经充满视场时，YOLOV3 也完全无法识别。这可能是由于人为分配预选框，使网络在训练时预选框匹配不合理，无法正确匹配真实框。YOLOV3 的召回率为 99.23%，虚警率较低，识别速度为 56 帧/s。

DNET - A 的精确度为 93.21%，末端无法识别的现象有所减轻，但是序列最后依然无法识别。虚警率仅为 0.2%，平均每个测试序列只有 1.5 次虚警。

F_1 值为0.964，相比于 YOLOV3 提升0.20，识别速度为119.6，比 YOLOV3 快1倍，达到实时识别的要求。

DNET－B 的精确度为96.95%，是3种算法中最高的，相比于 YOLOV3 提升6.85%。DNET－B 可以准确识别飞机在视场中由远及近的全过程，解决了DNET－A 与 YOLOV3 无法识别序列末端的问题。召回率为99.36%，F_1 值为0.981，相比于 DNET－A 提升 0.17，相比于 YOLOV3 提升 0.37。识别速度132.0 帧/s，为 YOLOV3 的2.3倍，达到实时识别的要求。DENT－B 的部分识别结果如图5.46至5.49所示。图 5.46 所示为45°进入角，右机动，每组投4枚干扰序列的识别结果；图 5.47 所示为 120°进入角，右机动，每组投 4 枚干扰序列的识别结果；图5.48 所示为75°进入角，左机动，每组投4枚干扰序列的识别结果；图 5.49 所示为165°进入角，左机动，每组投4枚干扰序列的识别结果。

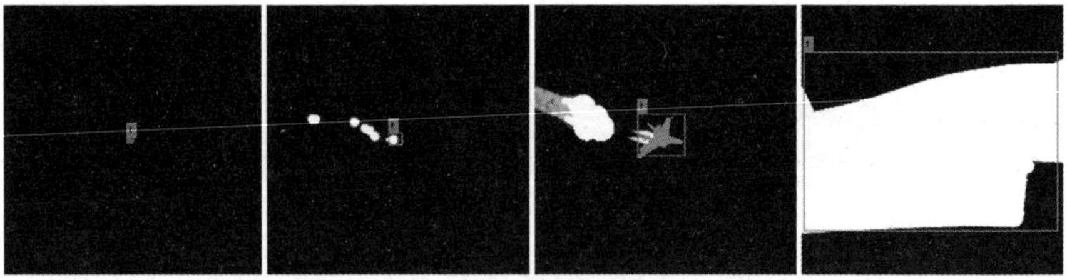

图5.46　DNET－B 识别结果（一）

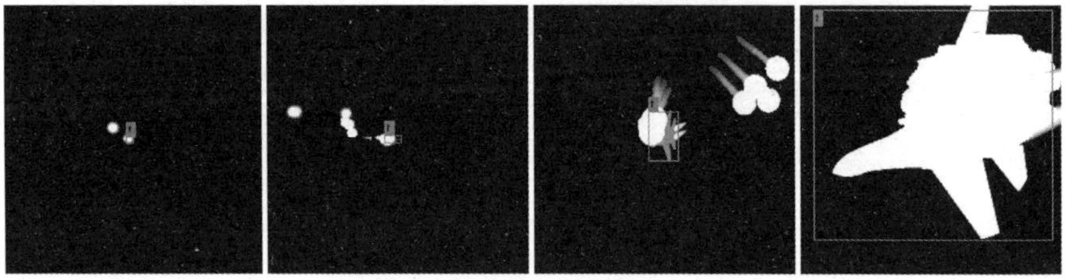

图5.47　DNET－B 识别结果（二）

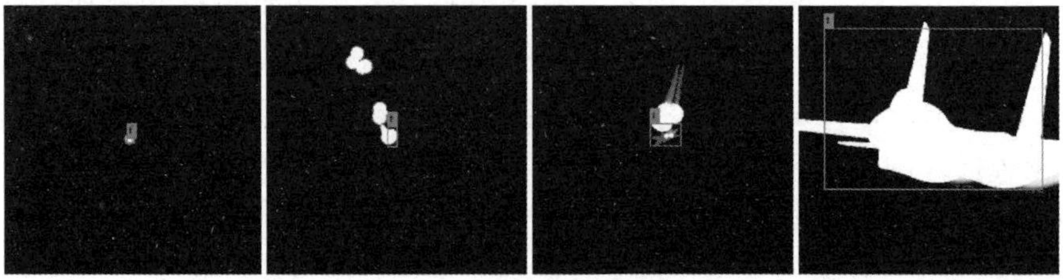

图5.48　DNET－B 识别结果（三）

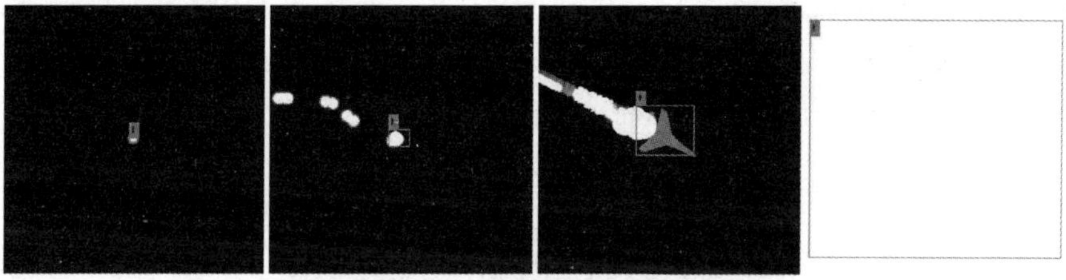

图 5.49　DNET - B 识别结果（四）

可以看出，DNET - B 网络保留了 MNET 对点目标、亚成像目标准确的抗干扰识别能力，拥有很高的小目标识别能力。DNET - B 可以在飞机翻转、投放诱饵时准确识别目标，拥有很高的抗干扰识别能力。DNET - B 可以在序列末端，飞机目标充满视场时准确识别目标，拥有很强的尺度适应性。

本节首先介绍了一种新的特征提取骨干网络 MNET，并在其基础上加深网络结构，得到 DNET 网络，增加了一个小尺寸的密集链接模块，来加强对大尺度目标的特征提取能力，提升对大目标的识别效果；增加了一个中尺寸的密集链接模块，来加强对中尺度目标的特征提取能力，提升对中目标的识别效果；并在网络末端，将 DNET 与多尺度特征图检测相结合，得到 DNET - A；将 DNET 与多尺度特征融合检测相结合，得到 DNET - B。通过先进红外建模与仿真技术，产生逼近实际空战对抗环境的不同弹道数据，构成了用于网络训练与测试的大数据集。

结果表明，DNET - B 的精确度为 96.95%，相比于 YOLOV3 提升 6.85%。DNET - B 的召回率为 99.36%，F_1 值为 0.981，相比于 DNET - A 提升 0.17，相比于 YOLOV3 提升 0.37。识别速度 132.0 帧/s，为 YOLOV3 的 2.3 倍，达到实时识别的要求。

DNET - B 可以准确识别飞机在视场中由远及近的全过程，解决了 DNET - A 与 YOLOV3 无法识别序列末端的问题。同时，DNET - B 依然保留了 MNET - C 对点目标与亚成像目标阶段的抗干扰识别能力。

5.3.2　基于关键点检测的目标识别算法

1. 经典关键点检测任务方法分析

要实现对目标关键点的检测，首先需要从图像中检测得到目标区域，这里一般的处理思路是通过构建 Anchor 的方式来产生候选区域，还是类似于卷积，不过这里的“卷积核”是权值均为 1 的矩阵，通过滑动窗口在图像上滑动对原图进行采样，这里可以设置不同大小、长宽比的滑动窗口。譬如设置 ratios =

[0.5,1,2]、scales=[8,16,32]，生成的 Anchors 如图 5.50 所示，矩形框即为不同尺度、长宽比下的 Anchor，每个框的大小计算公式为

$$\begin{cases} \text{Anchor}_w = \text{Scale} * \text{Ratio} \\ \text{Anchor}_h = \text{Scale} * \text{Ratio} \end{cases} \tag{5.73}$$

图 5.50　Anchor 生成示意图

可以看出，对于图中生成的 Anchor，其尺寸小于目标真实尺寸，因此，为了提高网络对不同尺度目标的检测结果，减少需要计算的无关候选框，再引入区域提议网络（Region Proposal Net）训练提取更加“有效”的候选区域框，这里训练的任务简化到先只是区分 Anchor 是否存在有意义的物体，并不去判断物体具体的类别，因此这里的任务总结如下：

（1）判断 Anchor 是背景区域，还是存在物体的区域；

（2）通过回归的方式来迭代优化 Anchor 的位置和大小，让其能够更加贴近所存在的物体边界。

这里提取的 Anchor 虽然通过 scales 扩大了感受域，增大了能够探测到的目标尺度范围，但从人眼视觉的角度来讲——人眼去观察一幅图像时，实际上是一个由全局到局部的变化过程：一方面，对于一幅分辨率很高的图像，人眼可以清晰区分图像中的物体，而当图像分辨率降低时，人眼依旧可以在很大范围内识别出图像的内容。更加明显的例子是，对于人类来说，日常生活过程中往往是在空间中作二维运动，而人脑却可以通过在全局范围内运动下将各个局部范围内的认知组合起来，构成全局的认知、感知，就像是对地图形成一幅鸟瞰图。

在传统的图像处理算法中，存在一个图像金字塔的概念，其作用是可以对图像进行放大或缩小，而在卷积神经网络中，输入量并不是最初的图像，而是经过卷积、归一化层等操作得到的特征图，其中所包含的池化层导致的特征图

尺寸的 1/2 比例缩小，自然构成了特征金字塔结构。对于每一层特征金字塔，都可以在其基础上产生 Anchor 候选框，每一个尺寸下的特征图均可以进行 RPN[73]，最后每一层的 RPN 输出又是成比例关系的，输入之间存在潜在联系，因此将每个尺度下 RPN 的预测输出可以和周围的连接起来，即由粗粒度(Coarse)、分辨率低的特征输出逐级融合到精准（Fine）、分辨率高的特征输出，最终构成了金字塔网络[74]（Feature Pyramid Networks），充分利用原图分辨率下的标注信息，缓和在特征采样时分辨率降低时取整导致的定位精度损失问题[75]。

在 Mask RCNN[76] 中，作者构建的网络模型是针对图像语义分割的，因此网络架构上涉及的内容包括：用于初步图像多尺度特征提取的 Backbone 部分，通过可插拔设计可以选用 Resnet50、Resnet101[77] 等网络结构作为 Backbone；在网络深层池化过程中自然形成了多级的特征图，对每一级特征图分别进行特征提取用于训练区分前景（Foreground）与背景（Background），再在此基础上进行区域分割，同时以将关键点视作单像素类别的分割任务的方法试验了该网络在人体关键点部位检测任务中具有优秀的性能。

2. 红外空中目标关键点检测方法分析

以上 Mask - RCNN 这种适应多任务网络结构的模型往往体积庞大，训练所需要的数据量也要上万幅标注图像。对于本书红外空中目标单类别、场景有限，完备、理想的数据集只有 5000 幅标注图像的关键点识别任务来说，采取类似复杂、深层的网络架构既不利于算法收敛，又耗费计算时间。

因此，本书以经典的网络架构为基础，有助于提升网络性能、加快网络训练速度的网络层结构，用回归的方式来实现红外空中目标关键点的训练。

由于本书中进行红外空中目标要害部位识别是在导弹攻击目标的末端，因此认为视场内只存在一个目标，故设目标要害部位在机体坐标系下描述的点的集合为

$$K_i(x_{1i}, x_{2i}, x_{3i}) \quad (i = 1, 2, \cdots, n) \tag{5.74}$$

对于任意目标来说，K_i 之间满足约束条件

$$\Phi(K_1, K_2, \cdots, K_n) = 0 \tag{5.75}$$

证明：

首先，$K_1, K_2, \cdots, K_n$ 为惯性空间内的 n 个不重复点，它们均可以在机体坐标系进行位置描述。不妨以 K_1 为“基准点”，则 $K_1, K_2, \cdots, K_n$ 可由下式描述，即

$$K_i = \boldsymbol{T}_i K_1 \tag{5.76}$$

式中：$\boldsymbol{T}_i$ 为在机体坐标系下由 K_1 旋转、放缩到 K_i 的转换矩阵，即有

$$\begin{gathered}\boldsymbol{T}_i = A_i\boldsymbol{R}(\alpha_i,\beta_i)\\ A_i = \frac{|K_i|}{|K_1|}\\ \boldsymbol{R}(\alpha_i,\beta_i) = 1\end{gathered} \tag{5.77}$$

式中：$\boldsymbol{R}(\cdot)$ 为旋转矩阵。

故 $K_1, K_2, \cdots, K_n$ 间满足

$$K_1 + \frac{1}{n-1}\sum_{i=2}^{n}\boldsymbol{T}_i^{-1}K_i = 0 \tag{5.78}$$

式中：$\boldsymbol{T}_i^{-1}$ 为 $\boldsymbol{T}_i$ 的逆矩阵。由于 $\boldsymbol{R}(\alpha_i,\beta_i)$ 为旋转矩阵，有 $\boldsymbol{R}(\alpha_i,\beta_i)^{-1} = \boldsymbol{R}(\alpha_i,\beta_i)^{\mathrm{T}}$；$A_i$ 为标量，因此 $\boldsymbol{T}_i^{-1} = \boldsymbol{R}(\alpha_i, \beta_i)^{\mathrm{T}}/A_i$。

即存在 $\boldsymbol{\Phi}(\cdot)$ 使得 $K_1, K_2, \cdots, K_n$ 满足

$$\boldsymbol{\Phi}(K_1, K_2, \cdots, K_n) = 0 \tag{5.79}$$

对于刚体目标来说，目标整体不会发生弹性形变与变结构，每个 K_i 相对 K_1 的 A_i、α_i、β_i 为定值，不随目标状态、观察角度而变化，即式（5.78）可简写为

$$K_i = \boldsymbol{C}_i \cdot K_1 \tag{5.80}$$

式中：$\boldsymbol{C}_i$ 即为由 K_1 点到 K_i 点所经历旋转和平移变换矩阵的乘积，为一常系数矩阵。

所以，$K_1, K_2, \cdots, K_n$ 在观察坐标系内的描述均可通过 K_1 得到，即

$$K_i^v = \boldsymbol{M}_{vb} \cdot \boldsymbol{C}_i \cdot K_1 \tag{5.81}$$

式中：$\boldsymbol{M}_{vb}$ 为由机体坐标系到观察视点坐标系的坐标转换矩阵。

$K_1^v, K_2^v, \cdots, K_n^v$ 间同样线性相关。

在原始的回归损失函数 MSE（Mean Square Error）、MAE（Mean Absolute Error）中，只单纯描述了各个回归点处的预测值与真值间的误差，并没有考虑回归点间的联系、约束。在图像语义分割像素级分类中，人们通过在网络输出后端加入条件随机场，学习相邻像素点间潜在的分类类别约束信息，如图 5.51 所示。

对于空中目标关键点来说，由前文可知满足 $\boldsymbol{\Phi}(K_1^v, K_2^v, \cdots, K_n^v) = 0$，因此，网络输出预测点间的潜在关系直接可由 $\boldsymbol{\Phi}(\cdot)$ 描述，将其直接作为约束条件放入损失函数内。

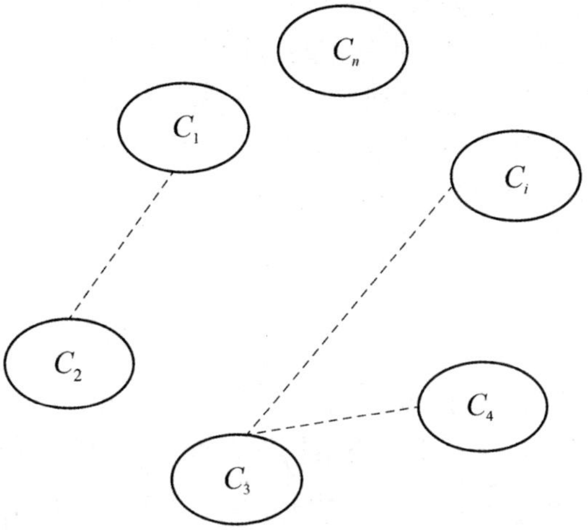

图 5.51　相邻像素潜在类别相关性示意图

则对于均方误差来说，有

$$\mathrm{Loss}_{\mathrm{cse}} = \frac{1}{n}\sum_{i=1}^{n}(y_i - \overline{y}_i)^2 \tag{5.82}$$

变形为

$$\mathrm{Loss}_{\mathrm{cse}} = \frac{1}{n}\sum_{i=1}^{n}(y_i - \overline{y}_i)^2 + \frac{1}{n}\sum_{i=1}^{n}(y_i - y_{i'})^2 \tag{5.83}$$

式中：$\overline{y}_i$为第 i 个关键点的真值；y_i'为第 i 个关键点在 $\Phi(\cdot)$ 约束下的期望值。

类似于滑模变结构控制的思想，引入 y_i' 能够使预测值 y_i 尽快进入“滑模状态”，再沿着梯度方向进行收敛。如图 5.52 所示，预测值与真值间的绝对误差 P 在常规损失函数$\mathrm{Loss}_{\mathrm{mse}}$作用下会沿虚线方向直接向零点靠近，在自定义

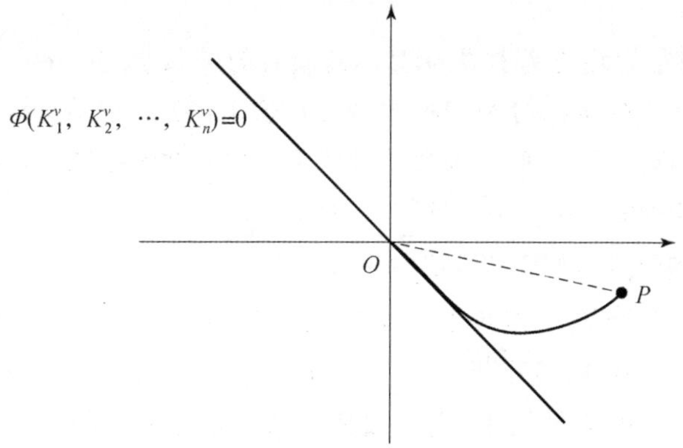

图 5.52　训练数据收敛轨迹示意图

$Loss_{cse}$损失函数训练下则会先快速进入 $\Phi(K_1^v, K_2^v, \cdots, K_n^v)=0$ 平面内，再逐渐收敛。这样能够起到降维、加快训练速度的作用。

对于简单的二维平面内点的回归，网络最后的预测输出层为全连接层，不涉及非线性变换。如图 5.53 所示，若初始预测各点位置误差为 $x_1=(2,2)$、$x_2=(3,-4)$，收敛到理想真值下时即到达零点，有

$$\bar{x}_1=(0,0),\ \bar{x}_2=(0,0) \tag{5.84}$$

存在约束为

$$\forall \lambda_1、\lambda_2 \in R, \lambda_1 \cdot (x_1[1]-x_2[1]) + \lambda_2 \cdot (x_1[2]+x_2[2])=0 \tag{5.85}$$

即回归预测的 P_1、P_2 应关于 Ox 轴对称。

图 5.53 描述了单层全连接网络结构下训练过程中预测值的收敛过程。

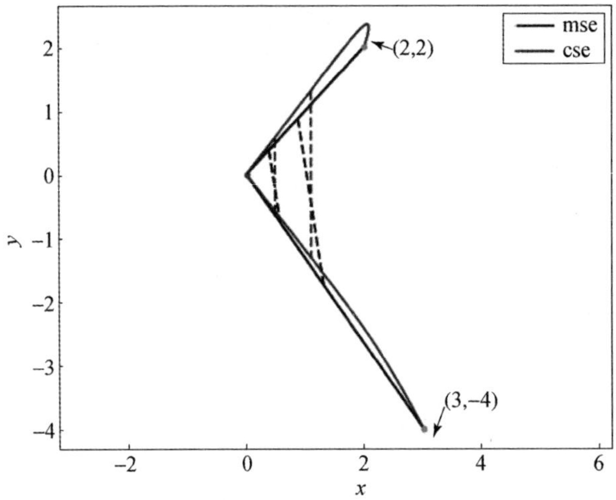

图 5.53　二维平面多点回归轨迹（见彩图）

mse 即采用常规均方差损失函数$Loss_{mse}$时的收敛轨迹，cse 为采用$Loss_{cse}$时的收敛轨迹，虚线连接部分为同批次迭代权值下的两个点的预测位置。可以看出，在加入了约束条件的损失函数的训练下，网络能够根据约束条件的先验知识进行预测值的调整——先有“形”，再收敛。

3. 红外空中目标要害部位识别网络

对于红外图像来说，相对于常见可见光数据集划分具有的 3 个颜色通道 RGB 描述，可以认为只具有灰度值一个通道。这里针对飞机关键部位检测来说，基础的网络框架类似于 VGG[78]架构，通过采用多级小的 3×3 的卷积核串联进行特征提取，同时采用具有加快网络训练速度、提高性能的 LeakyReLU[69]

非线性函数，再通过归一化层对同一批次的数据进行归一化处理，加快学习速率。

网络结构示意图如图 5.54 所示，具体的网络层定义如表 5.7 所列。通过 5 个由池化层级联的卷积 - 归一化 - 卷积 - 归一化结构构成的特征提取单元分别从不同尺度对图像进行特征提取工作，最后对特征图进行拉伸得到特征向量，通过全连接层进行权值调整，同时在训练中利用“信息丢失”[79]操作选择性激活结点，再通过全连接进一步微调权值，回归预测关键点位置。

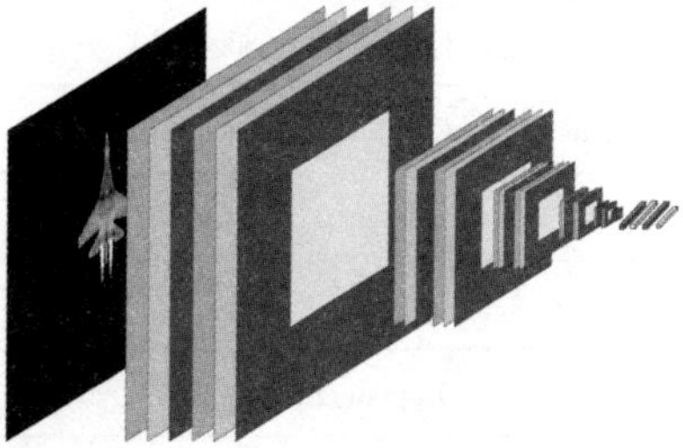

图 5.54　构建网络结构

表 5.7　构建网络详细结构

网络层（类型）	输出维度
Block1_1(Conv2D + LeakyReLU + BN)	(None, 128, 160, 32)
Block1_2(Conv2D + LeakyReLU + BN)	(None, 128, 160, 32)
max_pooling2d _1(MaxPooling2D)	(None, 64, 80, 32)
Block2_1(Conv2D + LeakyReLU + BN)	(None, 64, 80, 64)
Block2_2(Conv2D + LeakyReLU + BN)	(None, 64, 80, 64)
max_pooling2d _2(MaxPooling2D)	(None, 32, 40, 64)
Block3_1(Conv2D + LeakyReLU + BN)	(None, 32, 40, 96)
Block3_1(Conv2D + LeakyReLU + BN)	(None, 32, 40, 96)
max_pooling2d _3(MaxPooling2D)	(None, 16, 20, 96)
Block4_1(Conv2D + LeakyReLU + BN)	(None, 16, 20, 128)
Block4_1(Conv2D + LeakyReLU + BN)	(None, 16, 20, 128)
max_pooling2d _4(MaxPooling2D)	(None, 8, 10, 128)
Block5_1(Conv2D + LeakyReLU + BN)	(None, 8, 10, 256)
Block5_1(Conv2D + LeakyReLU + BN)	(None, 8, 10, 256)

续表

网络层（类型）	输出维度
max_pooling2d _5(MaxPooling2D)	(None, 4, 5, 256)
Block6_1(Conv2D + LeakyReLU + BN)	(None,4,5,512)
Block6_2(Conv2D + LeakyReLU + BN)	(None, 4, 5, 512)
Flatten_1(Flatten)	(None, 10240)
Dense_1(Dense)	(None, 512)
Dropout_1(Dropout)	(None, 512)
Dense_2(Dense)	(None, 8)

4. 试验结果与分析

根据上一节的分析，在选择相同的网络架构、数据集下，分别采用常规的均方差损失函数 L_{mse}、均方差函数强制扩大2倍的 L_{mse-b} 以及带有刚体约束的改进型均方差损失函数 L_{cse}，训练相同批次，再在测试集中通过准确度指标平均绝对误差 mse 评估模型性能。

表5.8是在同样网络结构下分别训练1000回合后，不同损失函数训练方法下模型在训练集以及未参与训练的验证集下的评估结果。

由于

$$L_{mse-b}=2L_{mse-b} \tag{5.86}$$

因此，在相同预测值条件下计算的损失函数值有

$$L_{mse-b}\geqslant L_{cse}\geqslant L_{mse} \tag{5.87}$$

从理论上来说，误差值越大，每次迭代反向传播时权值更新步长越大，学习速率越大。但从表5.8中可以看出，漫无方向、单纯扩大损失函数的倍数来加快收敛的方法效果并不如在损失函数中加入约束条件。

表5.8　不同损失函数下模型的 mse 评估

损失函数	平均绝对误差	
	训练集	验证集
L_{mse}	10.3203	10.4472
L_{mse-b}	7.7112	8.2073
L_{cse}	5.9363	6.4434

图 5.55 至图 5.57 分别用实拍数据测试了 3 种损失函数下模型的预测。需要指明的是，对于训练数据处于相同视角下的图片来说，目标外接矩形在整幅图像中的占比约为 16%，实拍数据中占比约为 2.7%，尺度变化将近 5 倍，但网络依然能够预测输出关键点位置，这对基于区域提议、Anchor 类型的网络是需要多个大尺度分级预测才能实现的，但回归方法天然的就可以进行不同尺度下的预测输出。

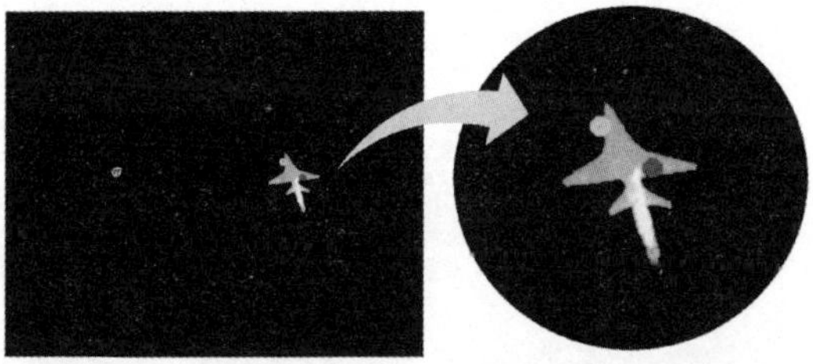

图 5.55　1000 回合 L_{mse} 训练模型实拍图像预测

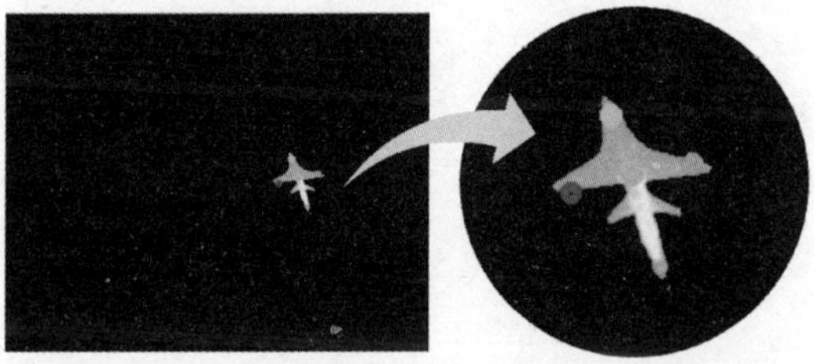

图 5.56　1000 回合 L_{mse-b} 训练模型实拍图像预测

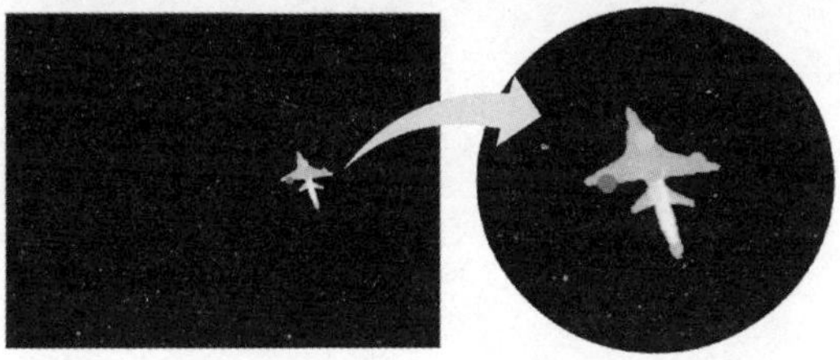

图 5.57　1000 回合 L_{cse} 训练模型实拍图像预测

5.4　本章小结

本章首先对卷积神经网络进行了详细的介绍，包括卷积神经网络的基本结构、网络特性和训练过程，并介绍了几个经典的网络模型，如 FASTER -

RCNN、SSD、YOLO 系列。其次，针对传统的卷积神经网络存在的特征提取能力不足、网络层数越深带来的训练结果退化等问题，介绍了几种神经网络的改进方法，包括多尺度卷积核、密集链接、注意力机制。最后，基于改进方法介绍了几种基于卷积神经网络的目标识别算法，包括基于 DNET 的目标识别算法、基于关键点检测的目标识别算法，并分别给出了相应的示例。

第6章 基于混合智能的空中红外目标识别与抗干扰技术

一般地，传统抗干扰算法设计时充分考虑按攻击弹道由远及近时的目标、干扰、环境等特性，基本架构包含弹道阶段判断、图像预处理、图像分割、干扰态判断、特征分析与提取、目标识别、目标跟踪等几个主要环节，需要研究阶段判定条件及各阶段特征、滤波分割算法、识别分类算法等。但是，空中作战环境越来越复杂，尤其在弹道末端随弹目距离逐渐缩短、目标和导弹相对运动加剧、干扰对抗过程激烈、对目标信息造成整体遮蔽、能量压制、形状破坏等，人为设计的算法参数与提取的特征存在较大缺陷，构造的特征链完整性和连续性发生破坏，算法难以自适应各种攻击态势，对复杂对抗环境的自适应处理能力较低，从而对识别系统造成极大影响。而基于深度学习的目标识别方法在输入图像后，直接输出识别结果，无明显的阶段划分处理过程，这种“黑箱操作”导致深度网络中间各层所表达的特征物理意义不清晰，无法满足算法出现问题时进行故障分析、准确定位的要求。同时，深度学习方法过于依赖大数据，往往需要对大量样本进行训练，来获得对类目标样本的识别能力，存在对未知对抗环境、未知数据的适应性不足的问题。

针对上述问题，本章对基于混合智能的目标识别与抗干扰算法进行介绍。首先，分析传统方法与深度学习混合原理，介绍了几种典型混合方法，并基于原理分析介绍一种混合智能目标识别的整体框架；其次，分别从特征层、功能层及决策层 3 个层面对混合智能设计过程进行介绍；最后，介绍了基于混合智能的目标识别方法，包括结合卷积神经网络与支持向量机的目标识别方法、结合相关滤波与重检测网络的目标识别方法，并给出了相应的示例。

6.1 混合智能原理

6.1.1 传统方法与深度学习混合原理

本节分别从算法输入层模型预选择与训练、过程层特征与功能融合、输出层结果融合3个方面介绍传统算法与深度学习混合原理，使其具有特定环节或功能模块的强化与部分可解释性。传统方法与深度学习融合总体架构如图6.1所示。

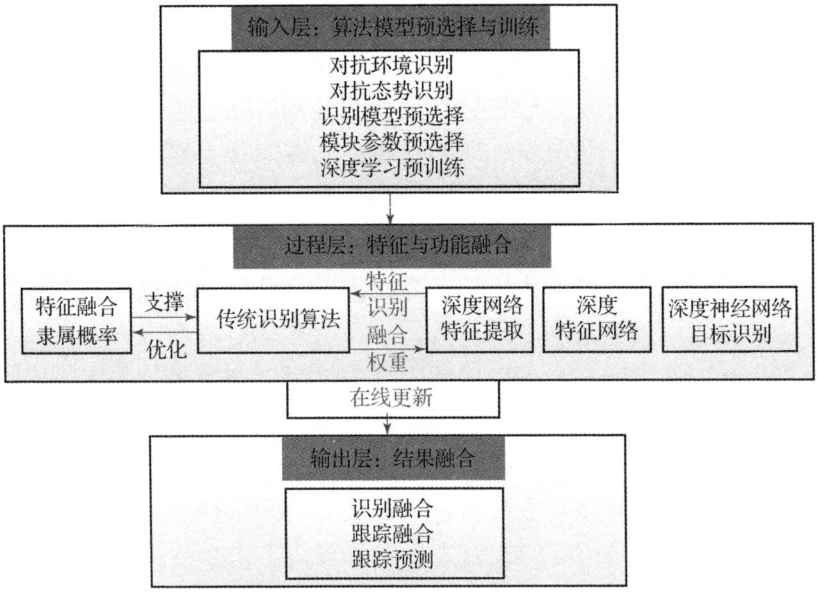

图6.1 传统方法与深度学习融合总体架构

传统方法与深度学习在各层融合的具体思路如下。

1. 输入层融合

如图6.1所示，传统算法各阶段滤波、图像分割、特征、识别、跟踪等模型基本是固定的，深度学习模型训练完成后，模型结构与各层权重参数基本也是固定的。但是，实际对抗环境、条件复杂多变，往往出现很多固定模型不能适应的环境与条件。例如，适应天空背景对抗环境的算法模型往往很难适应下视攻击条件与态势，适应点源诱饵对抗条件的算法模型往往在新型面源、激光等干扰对抗时效果不好。

因此，一方面，输入层融合可以考虑基于深度学习开展场景理解与分类相关方法，生成不同场景类别、同一场景不同内容类别等信息，构建基于场景分类与感知的传统算法模型库和参数库，为当前对抗环境与条件下的特定传统算法阶段划分、算法模块与参数预选取提供输入；另一方面，研究基于传统算法对已有数据进行缩放、旋转、翻转等操作进行数据增广，扩充训练数据集；研究基于传统算法对探测图像进行噪声滤波、目标细节与对比度增强、插值提高分辨率等预处理操作，提高输入图像质量；研究基于传统先验特征知识构建深度迁移学习模型，提高未知数据、未知环境的适应性，进而提升深度学习算法的识别与泛化能力。

2. 过程层融合

如图 6.1 所示，传统算法逻辑架构、特征选择与提取、融合识别方法仅基于某一类有限数据集与专家经验进行设计决策，当存在自然或人工干扰的复杂场景中，其抗干扰能力和识别的可靠性将大为降低。同时，也难以有效应对局部结构或部位精确识别等问题。深度神经网络目标识别方法通过大数据集训练，可以提取感知更加深层、更加抽象模糊的特征，以及获得已有数据集下更高的识别精度，对部分遮挡的局部目标有较好的识别性能，但无法直接应对干扰遮挡严重，尤其是全遮挡和长时间遮挡等情况。

因此，过程层融合的基本原理是利用深度学习强大的特征表示能力，将深度网络层特征传输与人工特征在传统算法框架进行融合；利用深度学习网络设计提取传统复杂形状、结构特征在传统算法框架进行融合；利用深度学习与传统方法融合提取方向特征、像面拓扑结构特征、态势特征；基于传统算法结果在线选择调整深度学习模型权重系数。总之，实现传统算法与深度学习算法融合的特征构建、知识在线交互、优势互补，彼此实时将确定的特征与知识传递给对方，作为深度学习网络和传统算法在线调整的依据。

3. 输出层融合

如图 6.1 所示，由于目标所处环境、态势复杂多变，单一方法识别、跟踪结果难以完全适应环境的动态变化，以及一些未知不确定性因素的影响，导致性能下降，因而需要采用具有自学习性和自适应性的传统识别与深度学习融合方法。

因此，输出层融合的基本原理是基于态势感知、基于置信度的识别结果融合方法，在均可识别目标的条件下，利用结果融合方法，可以提升识别精度；在某一方法发生故障的条件下，可以选择降低融合权重或丢弃当前识别结果；在确定某一方法适应特定态势条件时，可增强或采用单一方法权重。在干扰长时间全遮挡目标丢失条件下，通过深度学习方法提供重检测功能辅助进行决策，从而保证目标、干扰分离重捕获。

同时，深度学习方法提供的目标识别结果信息较传统方法丰富，且精度更高，因此在目标跟踪过程中，可以传统方法为主，结合深度学习方法提供的全局位置或局部区域位置信息，进一步提高跟踪精度，增加跟踪的可靠性和稳定性。另外，在红外诱饵、高亮背景等遮蔽条件及末端目标尺寸变化剧烈时，传统方法跟踪点漂移、抖动，利用深度学习方法获得的局部区域或关键部位信息跟踪，可有效保证目标跟踪的稳定性和可靠性。

6.1.2 典型混合方法

目前，关于传统与深度学习的典型混合方法主要分为两类，即传统特征与深度特征融合、深度神经网络与相关滤波器结合。

1. 传统特征与深度特征融合

目标跟踪中常用的传统特征包括方向梯度直方图特征（HOG 特征）和颜色特征（CN 特征）等，因此，本节主要介绍以上 2 种传统特征与深度特征的典型混合方法。

1）HOG 特征融合深度特征

HOG（Histogram of Oriented Gradients）特征，即方向梯度直方图特征，它通过计算图像沿梯度方向的密度分布来描述目标特征，由于能准确描述目标的局部表象和形状，因此广泛应用于目标识别领域。HOG 特征提取具体流程如图 6.2 所示。

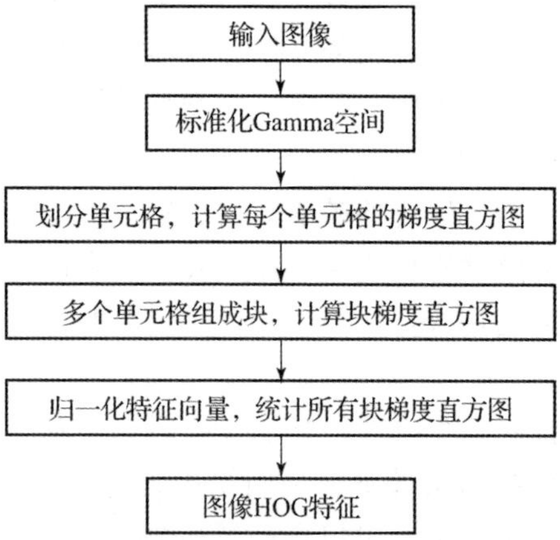

图 6.2　HOG 特征提取流程框图

（1）标准化 Gamma 空间。

图像常利用标准化 Gamma 空间的方式进行归一化处理，其目的是降低图像局部受光照影响的敏感性，提高特征描述子对光照的鲁棒性。标准化 Gamma 空间数学表示为

$$I(x,y)=I(x,y)^{\text{gamma}} \tag{6.1}$$

式中：$I(x,y)$为图像中某一点的灰度值；参数 gamma 根据图像灰度值的变化趋势选取。

（2）计算图像梯度。

HOG 特征使用差分方法来计算图像每个像素位置处的梯度大小以及梯度方向，具体计算公式为

$$G_x(x,y)=I(x+1,y)-I(x-1,y) \tag{6.2}$$

$$G_y(x,y)=I(x,y+1)-I(x,y-1) \tag{6.3}$$

$$G(x,y)=\sqrt{G_x(x,y)^2+G_y(x,y)^2} \tag{6.4}$$

$$\theta(x,y)=\arctan\left(\frac{G_y(x,y)}{G_x(x,y)}\right) \tag{6.5}$$

式中：$I(x,y)$、$G_x(x,y)$、$G_y(x,y)$、$\theta(x,y)$分别为(x,y)处像素点的灰度值、水平梯度分量、垂直梯度分量及梯度方向。

（3）直方图单元划分与块组成。

单元划分是把输入的图像划分成许多相同大小的小区域，即单元格（Cell），然后计算每个单元格中的像素点的梯度方向直方图，再将若干个空间上处于连通区域的单元格组成为有重叠的块（Block），从而有效地利用重叠的边缘特征，减小背景颜色和噪声等的影响，单元格与块的关系如图 6.3 所示。

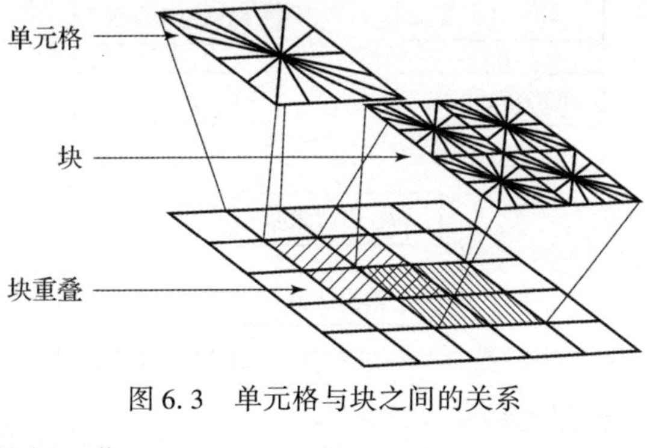

图 6.3　单元格与块之间的关系

（4）梯度向量归一化。

计算每一个块中的梯度向量后，进行归一化，提高特征向量对光照、阴影

以及梯度变换的抗干扰性，最后收集整个窗口中所有块的 HOG 特征，得到整幅图像的 HOG 特征向量。设块的梯度向量为 $\boldsymbol{H}$，常用的归一化方法为

$$L_{1-\text{norm}}: \boldsymbol{H} = \frac{\boldsymbol{H}}{\sqrt{\|\boldsymbol{H}\|_1 + \varepsilon}} \tag{6.6}$$

$$L_{2-\text{norm}}: \boldsymbol{H} = \frac{\boldsymbol{H}}{\sqrt{\|\boldsymbol{H}\|_2^2 + \varepsilon}} \tag{6.7}$$

式中：ε 为无穷小数，用于防止分母为零；$\|\cdot\|_1$ 和 $\|\cdot\|_2^2$ 分别代表向量 1 范数和向量 2 范数。

由于 HOG 特征采用滑动窗口，利用不同区域的重叠块的信息，能够相对准确地描述图像的外观边缘信息，并且能够抵抗背景颜色、光照和形变的一些影响。和其他的特征描述子相比，HOG 特征对图像的几何形变、光学形变都能保持一定的不变性，图像的几何和光学形变只会发生在更大的空间邻域上。在粗略空域抽样、精细方向抽样的条件下，目标大体上保持原有的形状，可以允许一些细微的形变，这些细微的形变可以忽略，并不影响目标识别的效果。

HOG 特征与深度特征融合的目标识别与抗干扰算法的整体流程为：首先通过离线训练得到网络模型，基于训练好的网络模型提取目标深度特征，与此同时，提取目标的 HOG 特征，然后基于一定的特征融合策略对 HOG 特征与深度特征进行融合，常用的方法包括加权特征融合、人工神经网络特征融合等，最终得到识别结果。具体流程图如图 6.4 所示。

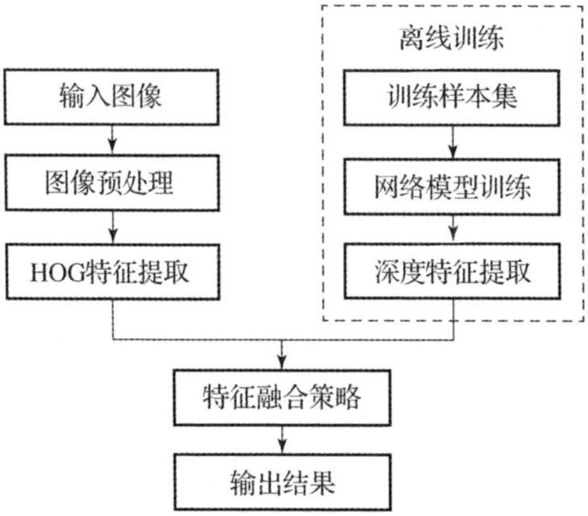

图 6.4　基于 HOG 特征与深度特征融合的目标识别与抗干扰流程

2）颜色特征融合深度特征

CN（Color Names）特征，即图像的颜色特征。颜色直方图以整张图像或待识别目标区域中的所有像素为基础，具有统计特性，因此应对物体尺度变化

或姿态变化等情况时有较强的稳定性，并且与深度特征相比计算更加简单，非常适合对非刚性物体或者无需考虑目标空间位置的图像进行描述。

颜色是人类视觉感知的产物，是现实世界中用来区分不同事物的基本要素之一。人类可以直接理解并应用这一高级的视觉表达方式，但如果想让计算机理解颜色特征，就必须将其转化为计算机能识别的数字编码形式，从而进一步对此类信息进行处理。利用特定颜色空间、模型对像素的颜色特征进行量化是研究者们实际应用中的常用方法。跟数字信号处理过程类似，经过量化之后，再对颜色进行编码就可以得到图像的颜色特征。目前常用的颜色特征有 3 种，包括最常见的 RGB 模型以及其他两种比较专业的 YUV、HSV 模型。如图 6.5（a）所示，RGB 颜色模型是基于蓝色（Blue）、红色（Red）、绿色（Green）的三基色原理，通过混合三基色光谱来生成其各种颜色向量；如图 6.5（b）所示，HSV 色彩模型是一种由 RGB 模型变换而来的模型，是将 RGB 色彩空间中的点在倒圆锥体中表示出来。HSV 即色相（Hue）、饱和度（Saturation）、明度（Value），每个色相对应一个指定的色彩，饱和度则是指色彩的深浅度，明度体现的是色彩的明暗程度；YUV 颜色模型通常指 YCbCr 模型，其中 Y 代表的是亮度信息，Cb 通道表示蓝色色度信息，Cr 通道则表示红色色度信息。

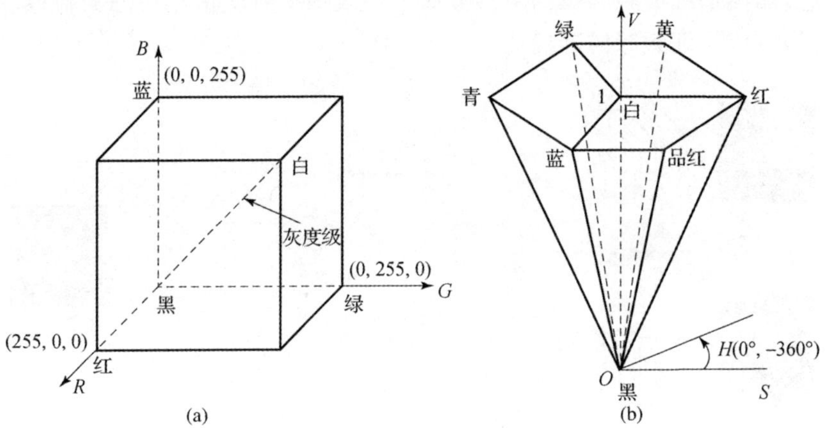

图 6.5　常用的颜色特征模型

（a）RGB 模型；（b）HSV 模型。

采用颜色特征和深度特征对目标进行建模的流程框图如图 6.6 所示。

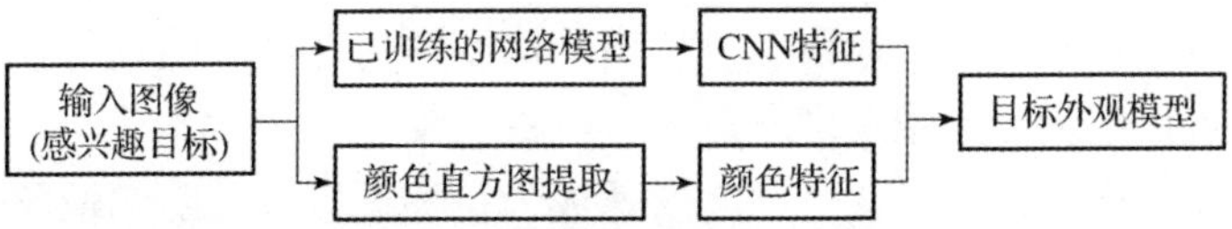

图 6.6　颜色特征结合深度特征

利用预训练的卷积神经网络模型提取目标的深度特征，同时通过颜色直方图提取得到颜色特征，基于一定的特征融合策略，将深度特征与颜色特征融合实现对目标的建模过程，从而提高目标特征描述精度，增强了算法在处理严重遮挡和外观变化时的鲁棒性。

2. 深度神经网络与相关滤波器结合

1）卷积神经网络结合相关滤波

传统的相关滤波跟踪方法中，通常使用人工特征对图像进行表观建模。而卷积神经网络结合相关滤波器的跟踪方法，使用预训练的卷积神经网络（CNN）模型作为红外图像特征，作为相关滤波框架中用于训练和检测的样本，不仅具备能够实现反向传播的优势，而且能够对目标特征进行更深层、更抽象的描述。基于卷积神经网络结合相关滤波的跟踪方法整体框架如图 6.7 所示。首先需要确定搜索图像与模板图像，随后将其输入预训练的卷积神经网络模型中，模板图像通过预训练的卷积神经网络模型得到模板特征，作为相关滤波器的训练样本，搜索图像通过预训练的 CNN 模型得到搜索特征，相关滤波器输出的响应图与搜索特征进行相关操作得到最终的响应图，进而得到目标跟踪结果。通过离线训练得到卷积网络参数后，在线跟踪时凭借相关滤波器模块来进行在线微调以保证跟踪的准确性。

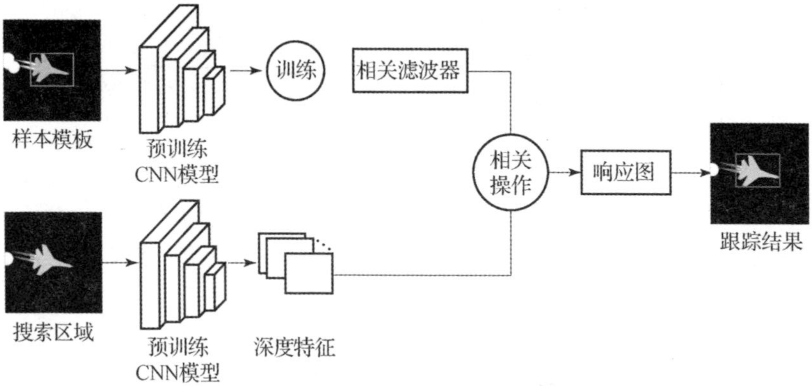

图 6.7　卷积神经网络结合相关滤波器

2）全卷积孪生神经网络结合相关滤波

基于孪生神经网络的目标跟踪方法借助深度孪生网络离线训练获得的相似性匹配能力进行目标定位，跟踪中不需要再收集大量正、负样本，由于在跟踪速度和跟踪准确度方面均显著占优，因此快速成为目标识别与跟踪领域的热点。

基本的孪生网络结构具有两个网络结构相同且共享权重参数 ω 的分支，如

图 6.8 所示，网络在训练和测试时同时接收 X_1、X_2 两个不同的输入信号，进行成对训练和测试，$G_\omega(X_1)$ 和 $G_\omega(X_2)$ 分别为 X_1 和 X_2 经过相同子网络提取的特征，通过相似性度量标准计算两个特征的距离 D_ω，得到输入信号 X_1、X_2 的相似度。这样的网络结构优势在于：网络的参数量少，网络训练时计算量相对较少，同时，需要训练的网络参数少也在一定程度上缓解了过拟合。另外，网络模型小、空间复杂度低，相应地对硬件的要求也相对较低，便于模型部署。并且，由于两个支路提取的特征维度相同、数据分布一致，也便于进行最后的相似性计算。

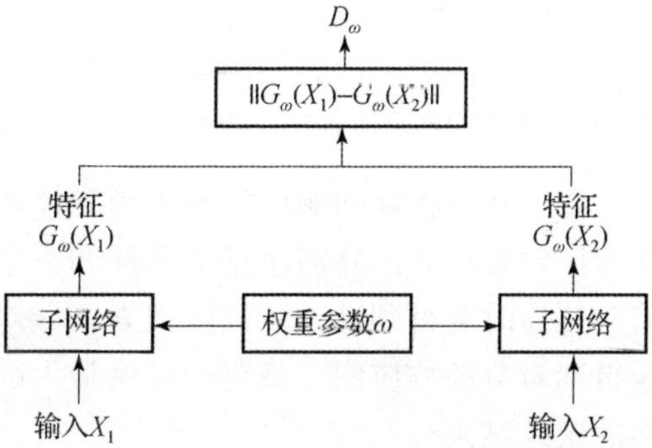

图 6.8　孪生网络结构

全卷积孪生神经网络（Siamese－FC）结合相关滤波器的目标跟踪算法框架如图 6.9 所示。首先，样本模板和搜索区域共同经过全卷积孪生神经网络的 Conv－1，Pool－1，Conv－2，Pool－2，…，Conv－n 层，其中 Conv1，Conv2，…，Conv－n 层均为卷积层，它们包含完全相同的参数，所以这些层之间的参数是完全共享的。因为样本模板和搜索区域的尺寸不同，经过相同的卷积层和池化层之后，特征层 $\varphi(\boldsymbol{Z})$ 和 $\varphi(\boldsymbol{X})$ 的尺寸也是不同的，但是两者具有相同的通道数，因此可以通过卷积操作来度量模板特征对应搜索区域特征图每个位置的相似程度，该过程数学表达式为

$$\begin{aligned}\boldsymbol{R} &= \mathrm{Conv}(\varphi(\boldsymbol{Z}),\varphi(\boldsymbol{X}))\\ &=\varphi(\boldsymbol{Z}) * \varphi(\boldsymbol{X})\\ &=f(\boldsymbol{Z},\boldsymbol{X};\theta_s)\end{aligned} \tag{6.8}$$

式中：θ_s 为 Siamese－FC 网络中所有参数；conv 和 $*$ 均表示以 $\varphi(\boldsymbol{Z})$ 为卷积核对 $\varphi(\boldsymbol{X})$ 进行卷积；$f(\cdot)$ 为整个 Siamese－FC 网络的函数映射过程；$\boldsymbol{R}$ 为最终网络输出的响应。响应图表示的意义为模板特征图作为子窗口在搜索区域特征图上滑动移位并在所有通道上的信号进行内积操作，当滑动区域特征与模板特

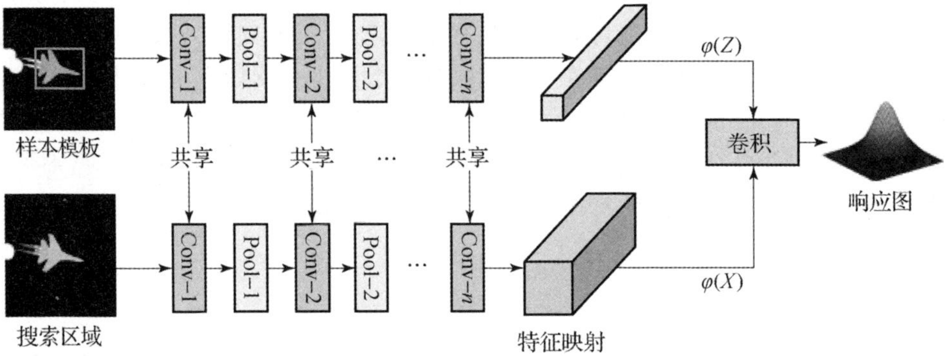

图 6.9 全卷积孪生神经网络结合相关滤波器的目标跟踪算法框架

征相似时，会在对应位置上获得较高的响应。考虑到物体的尺度缩放问题，每一帧都会取 n 种尺度的搜索区域 $\boldsymbol{X}$，分别通过上采样和下采样操作使图像变为同一尺寸大小，在前向传播时会得到这 n 种尺度搜索区域对应的特征图，依次经过模板特征图卷积得到对应的响应图，最终取峰值最大的响应对应尺度来缩放目标框，得到最终的跟踪结果。

3）Transformer 结合相关滤波器

基于深度学习的目标跟踪技术已经取得了较好的研究效果，特别是判别相关滤波算法，在速度方面有着巨大的优势，但还存在一定的问题，不管是基于传统手工提取特征还是基于神经网络提取特征的相关滤波方法，都是独立地去处理每一帧的图像来完成跟踪任务，而没有通过某种方法去整合这些帧相互之间的信息，忽略了对跟踪任务特别重要的帧与帧之间丰富的时间和空间信息，这些信息包含了目标随时间所发生变化的信息，对于提高目标跟踪的精度是至关重要的。基于 Transformer 结合相关滤波器的跟踪方法通过将 Transformer 引入判别相关跟踪，建立帧与帧之间的联系以提高跟踪的精度。

基于 Transformer 结合相关滤波器的跟踪方法整体框架如图 6.10 所示，主要分为特征提取模块、Transformer 特征融合模块以及跟踪模块。输入为 N 个样本模板图像和后续帧中的一个搜索区域图像，首先通过预训练的卷积神经网络从这些图像中提取深度特征图，然后将多个模板特征和搜索特征输入到 Transformer 特征融合模块中。其中，编码器的输入为 N 个样本模板特征，经过自注意力机制（Self－Attention）进行增强，作为相关滤波器的学习样本，同时作为解码器中交叉注意力模块的输入。解码器的一个输入为搜索区域特征，先经过一个自注意力模块进行特征融合，另一个输入为经过编码器增强过的样本模板特征。相关滤波器卷积核学习了经过编码器增强后的模板特征，再作用于整合了多帧之间全局信息的解码器解码后的特征，从而生成响应图。在生成响应图之后进行目标尺度估计，得到最终的目标跟踪结果。

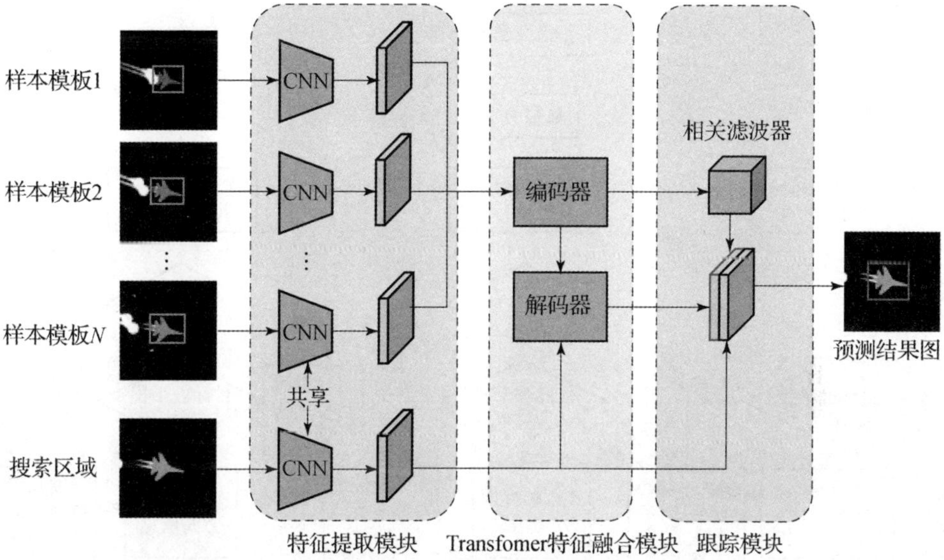

图 6.10　Transformer 结合相关滤波器的目标跟踪框架

6.1.3　混合目标识别框架

传统特征融合抗干扰算法运行速度快，但是准确率并不高、稳定性也不好，主要原因在于干扰投放对会对目标造成遮挡、特征信息不连续与不稳定，使已经存在的模板无法及时更新，而不能与当前目标进行精准匹配，从而导致跟踪不稳定或跟丢目标。

而基于纯深度学习的抗干扰算法虽然中距、近距检测效果突出，且可以在目标部分遮挡的情况下识别出目标局部，但在远距目标轮廓不清晰、目标被全遮挡时无法准确找到目标所在位置，导致跟踪失败。

综上所述，本节介绍一种基于传统方法和深度学习方法的混合目标识别框架，根据算法各自的优缺点，从功能层、特征层、决策层等不同弹道阶段提出传统特征融合与深度学习方法混合的智能抗干扰算法架构，充分利用两类不同方法的优点，完善抗干扰策略研究，达到最优抗干扰性能。

总体算法流程如图 6.11 所示。

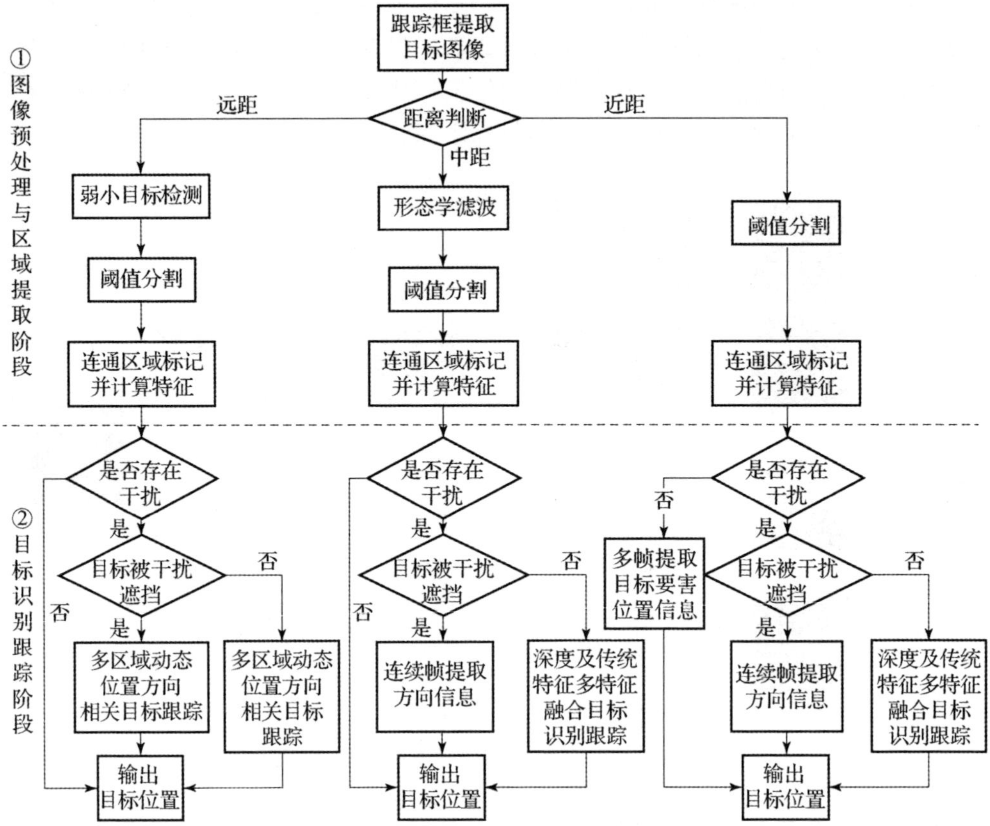

图 6.11　基于传统特征融合与深度学习混合抗干扰目标识别算法

6.2　深度混合智能设计

本节分别从特征层、功能层和决策层 3 个层面介绍传统与深度学习混合智能设计的原理，特征层与功能层融合对应于 6.1.1 节所介绍的中间层融合原理，决策层融合对应于 6.1.1 节所介绍的输出层融合原理。

6.2.1　特征层

深度卷积特征通常是通过训练好的模型，对轮廓、纹理等特征进行抽象刻画得到的特征。其主要表示的依然是物体的轮廓信息。对于不同类型的图像，其轮廓及纹理信息也并不相同。

定义图像矩阵 $\boldsymbol{X}$，用 $x_{i,j}$ 表示图像第 i 行第 j 列的元素，$\boldsymbol{W}$ 表示权重矩阵，

$\mathcal{W}_{m,n}$表示图像第 m 行第 n 列权重，则对应某点的特征图为

$$\boldsymbol{C}(i,j) = \sum_{m}\sum_{n}\boldsymbol{W}(m,n)\boldsymbol{X}(i-m+1,j-n+1) \tag{6.9}$$

对应 3×3 权重矩阵，所求特征点的值为

$$c_{i,j} = \sum_{m=0}^{2}\sum_{n=0}^{2} w_{m,n}x_{i+m,j+n} + w_{\mathrm{b}} \tag{6.10}$$

式中：$\boldsymbol{C}(i,j)$为特征图矩阵；$c_{i,j}$为特征图上对应点的信息；w_{b} 为卷积核的偏置项。用 f 表示激活函数，将特征值代入激活函数，可得

$$c_{i,j} = f\left(\sum_{m=0}^{2}\sum_{n=0}^{2} w_{m,n}x_{i+m,j+n} + w_{\mathrm{b}}\right) \tag{6.11}$$

若卷积前，图像深度为 D，则对应卷积核深度也为 D，则式（6.11）扩展为

$$c_{d,i,j} = f\left(\sum_{d=0}^{D-1}\sum_{m=0}^{2}\sum_{n=0}^{2} w_{d,m,n}x_{d,i+m,j+n} + w_{\mathrm{b}}\right) \tag{6.12}$$

式中：$c_{d,i,j}$为第 d 层第 i 行第 j 列对应的特征值。对应的特征图为 $\boldsymbol{C}(d,i,j)$，维度为 $D\times 2$。

传统特征分类通过计算当前对象与模板的最小距离从而找到目标的位置，将深度特征降维成与传统特征同样维度的特征，将其以同样的方式加入传统特征中，再进行加权，最后求出最小距离。目前最常用的距离度量方法是求向量间的余弦相似度，其计算公式为

$$\cos\theta = \frac{\sum_{i=1}^{n}(x_i + y_i)}{\sqrt{\sum_{i=1}^{n}x_i^2}\times\sqrt{\sum_{i=1}^{n}y_i^2}} \tag{6.13}$$

传统特征用特征矢量 $\boldsymbol{A}=\{X_1,X_2,\cdots,X_n\}$ 表示，X_1，X_2，X_3，…，X_n 相应地代表最高灰度、灰度均值、能量、长宽比、周长、面积、重心等特征，对于一幅图像，分别提取各目标候选区域的特征矢量特征 $\boldsymbol{A}_1$，$\boldsymbol{A}_2$，$\boldsymbol{A}_3$，…，$\boldsymbol{A}_m$，分别计算各特征矢量与目标特征矢量模板 $\boldsymbol{R}=\{X_{R1},X_{R2},X_{R3},\cdots,X_{Rn}\}$ 的差异 $D_i(\boldsymbol{A}_i,\boldsymbol{R})=|\boldsymbol{A}_i-\boldsymbol{R}|(i=1,2,3,\cdots,m)$，其中 $\boldsymbol{R}$ 为上一帧图像中识别为目标的连通区域的特征矢量，且对每一帧进行更新。

若当前图像经过图像分割后共得到 l 个目标候选区域，则对每一个目标候选区域与目标特征模板进行特征相似度计算。假设第 j 个目标候选区域的第 i 个特征的特征值为 $X_{j,i}$，与目标模板特征值 X_{Ri}之间的差异为 $D_{j,i}$，若各特征无权重，则第 j 个目标候选区域与目标特征模板之间的距离为

$$D_j(\boldsymbol{A}_j,\boldsymbol{R}) = |\boldsymbol{A}_j - \boldsymbol{R}| = \sum_{i=1}^{n}D_{j,i} = \sum_{i=1}^{n}|X_{j,i} - X_{Ri}| \tag{6.14}$$

目标候选区域与目标特征模板之间的距离越大，则特征相似性越小；反之，特征相似性越大。但是在整个由远及近的空战对抗过程中，目标及 Gr 的特性是有一个明显变化过程的，且不同特征对目标与背景的区分能力是不同的，因此，根据不同特征区分目标与 Gr 和背景的能力，在远、中、近距分别给各特征赋予不同的权重，给区分能力强的特征赋予较大的权值，对区分能力弱的特征赋予较小的权值。则式（6.14）变为

$$D_j(\boldsymbol{A}_j,\boldsymbol{R}) = |\boldsymbol{A}_j - \boldsymbol{R}| = \sum_{i=1}^{n} \omega_i D_{j,i} = \sum_{i=1}^{n} \omega_i |X_{j,i} - X_{Ri}| \tag{6.15}$$

式中：ω_i 为第 i 个特征的权重。依据最小距离分类准则，最终选择第 k 个连通区域作为目标区域，其与目标特征模板之间的距离为

$$D_k(\boldsymbol{A}_k,\boldsymbol{R}) = \min\{D_i(\boldsymbol{A}_i,\boldsymbol{R}), i=1,2,3,\cdots,m\} \tag{6.16}$$

将深度学习特征降维后的特征与传统特征加权融合后得到新的相似度公式，即

$$\mathrm{sim}_j = \mu \cdot D_j(\boldsymbol{A}_j,\boldsymbol{R}) + \varphi \cdot (1-\cos\theta_j) \tag{6.17}$$

6.2.2 功能层

在传统算法中，方向特征提取与目标预测判据是非常重要的一部分，很多情况需要根据方向去选择或预判目标连通区域的位置，得到跟踪坐标。干扰投射方向一般在组合态进行判断，如图 6.12 所示的态势。

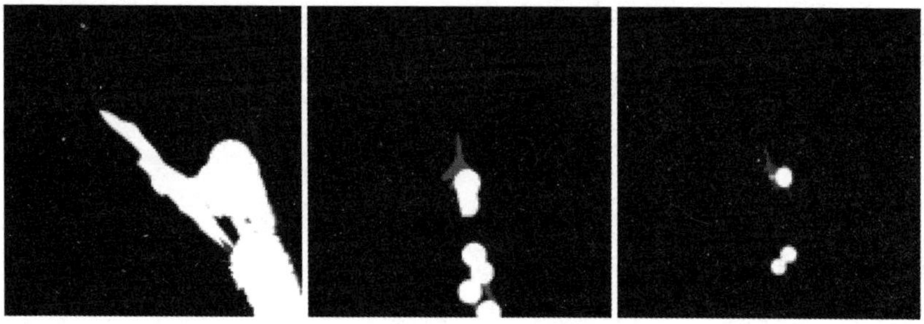

图 6.12　飞机干扰组合态

传统方法的方向判断使用的是投票机制（Voting），主要是通过目标外接矩形的变化来判断干扰投射方向。通过几帧之间目标连通区域外接矩形的坐标相减，判断哪一部分变化较大。如果多个帧间隔内的左右、上下变化之差大于某个阈值，则认为变化大的方向为干扰投射方向。具体计算公式为

$$|\mathrm{LT}_{t0}(x,y) - \mathrm{LT}_{t1}(x,y)| = \delta_{lt}(x,y) \tag{6.18}$$

$$|\mathrm{RB}_{t0}(x,y) - \mathrm{RB}_{t1}(x,y)| = \delta_{rb}(x,y) \tag{6.19}$$

式中：$LT_{t0}(x,y)$为当前连通区域左上角坐标；$LT_{t1}(x,y)$为几帧前连通区域左上角坐标；$RB_{t0}(x,y)$为当前连通区域右下角坐标；$RB_{t1}(x,y)$为几帧前连通区域右下角坐标；$\delta_{lt}(x,y)$和$\delta_{rb}(x,y)$分别为左上坐标和右下坐标的变量的绝对值。

根据坐标的变量对计数器进行计数。共有 4 个计数器，即 LeftCounter、RightCounter、TopCounter 和 BottomCounter。

$$\begin{cases}\delta_{lt}(x)-\delta_{rb}(x)>\theta, \mathrm{LeftCounter}=\mathrm{LeftCounter}+1\\ \delta_{rb}(x)-\delta_{lt}(x)>\theta, \mathrm{RightCounter}=\mathrm{RightCounter}+1\\ \delta_{lt}(y)-\delta_{rb}(y)>\theta, \mathrm{TopCounter}=\mathrm{TopCounter}+1\\ \delta_{rb}(y)-\delta_{lt}(y)>\theta, \mathrm{BottomCounter}=\mathrm{BottomCounter}+1\end{cases} \tag{6.20}$$

通过对上面 4 个计数器值的监控，判断出干扰投射方向。但是传统算法对于方向的判断有一定的局限性。首先是方向判别上并没有那么精准，如果起始方向判断错误会导致后续的跟踪失败。其次，对于快速复杂机动，传统算法不能及时、有效地对方向进行修正，从而导致跟踪失败。据此，提出以下两种改进方案。

对于远距全遮挡或半遮挡的情况，单纯的深度学习算法确实没有很好的效果，但对于能检测出的目标，其输出的结果依然有较强的可靠性。针对这一特性，结合传统算法的方向判断，在远距阶段，使用同一种投票选择机制。深度学习与传统特征融合算法同时对干扰投射方向作判断，深度学习使用的判断方式为输出预测值，若深度学习有输出，则深度学习的输出$D_l(x,y)$与当前连通区域的中心$L_t(x,y)$作减法，得到关于坐标差的函数$f(x,y)$，即

$$D_l(x,y)-L_t(x,y)=f(x,y) \tag{6.21}$$

根据$f(x,y)$的不同，从而得到不同的方向信息。根据方向信息对计数器进行计数，有

$$\begin{cases}f(x)>\theta, \mathrm{LeftCounter}=\mathrm{LeftCounter}+1\\ f(x)<\theta, \mathrm{RightCounter}=\mathrm{RightCounter}+1\\ f(y)>\theta, \mathrm{TopCounter}=\mathrm{TopCounter}+1\\ f(y)<\theta, \mathrm{BottomCounter}=\mathrm{BottomCounter}+1\end{cases} \tag{6.22}$$

传统算法是通过判断连通区域的扩散方向判断干扰投射方向，两者共用一组方向计数器。由于深度学习在该方法中造成的增量远大于传统算法，为了降低深度学习对该机制的影响，每当通过深度学习判断方向后与之对应方向的增量增加的同时，将其对应反方向的增量进行修正。通过该方式处理后有两个优

势：一是降低了计数器累计的上限，使传统算法也能对统计结果产生影响；二是其两个相对方向的变化率更加明显。

通过方向计数器的变化率判断快速机动，有

$$\begin{cases} f(x) < \theta, \begin{cases} \text{RightCounter} = \text{RightCounter} + 1 \\ \text{LeftCounter} = \text{LeftCounter} - 1 \end{cases} \\ f(x) > \theta, \begin{cases} \text{RightCounter} = \text{RightCounter} - 1 \\ \text{LeftCounter} = \text{LeftCounter} + 1 \end{cases} \end{cases} \tag{6.23}$$

$$\begin{cases} f(y) < \theta, \begin{cases} \text{TopCounter} = \text{TopCounter} + 1 \\ \text{BottomCounter} = \text{BottomCounter} - 1 \end{cases} \\ f(y) < \theta, \begin{cases} \text{TopCounter} = \text{TopCounter} - 1 \\ \text{BottomCounter} = \text{BottomCounter} + 1 \end{cases} \end{cases} \tag{6.24}$$

上述算法对于简单的机动有着不错的判断效果，但是如果遇到快速且复杂的机动，便无法做到快速且准确的方向判断。所以，引入了方向变化速率的概念，即

$$K_c = \frac{\Delta \text{counter}}{c} = \frac{\text{counter}_i - \text{counter}_{i-t}}{c} \tag{6.25}$$

式中：Δcounter 为单个计数器在一段时间的变化量；c 为常数，指一段时间计数器理论变化量的上限。通过对每个方向计数器变化率的比较，能够实时对方向作出判断和修正。如果左投计数器变化率大于右投计数器变化率，可以认为目标正在向右做机动，如果上投计数器变化率大于下投计数器变化率，可以认为目标正在向下做机动。复杂机动下的目标跟踪如图 6.13 所示。

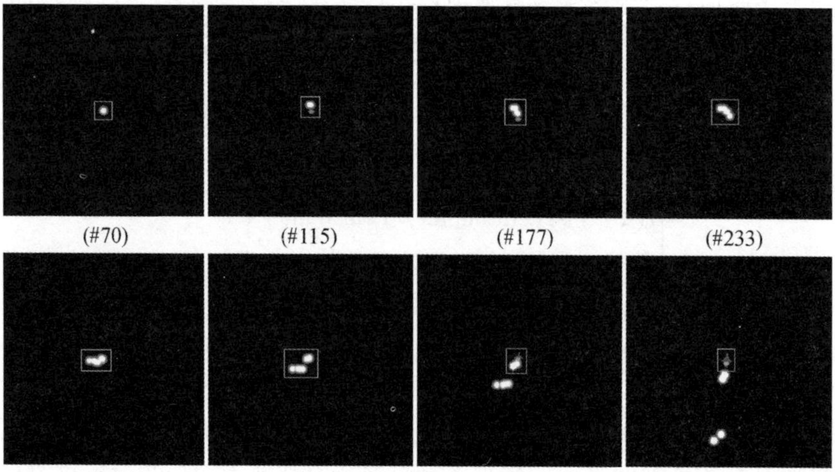

(#70)　(#115)　(#177)　(#233)

(#266)　(#297)　(#331)　(#443)

图 6.13　复杂机动下的目标跟踪

6.2.3　决策层

决策层混合方法主要有以下两种方式。

1. 深度学习为主的替换行混合

以深度学习结果为主，若深度学习有输出目标位置 $D_l(x,y)$，则以深度学习输出的目标坐标为跟踪坐标，并且更新干扰投射方向；若深度学习没有输出，则以传统特征融合算法及干扰投射方向选择跟踪点 $T_z(x,y)$，最后得到的结果为 $S_c(x,y)$。

$$S_c(x,y)=\begin{cases}D_l(x,y) & D_l(x,y)\neq 0\\ T_z(x,y) & D_l(x,y)=0\end{cases} \tag{6.26}$$

2. 传统算法结果与深度学习结果加权混合

按照深度学习为主的替换行混合方法得到的追踪坐标几乎完全依赖深度学习的结果，深度学习方法结果精度高，但是稳定性不足，传统方法在近距效果不如深度学习方法，但由于传统方法跟踪特性稳定，将传统方法结果与深度方法结果融合并不会对深度学习的结果产生较大的偏差，反而会在深度学习的结果出现错误时给予一定的修正，提升命中精度。

深度学习输出目标位置 $D_l(x,y)$，传统特征融合方法输出连通区域中心坐标 $T_z(x,y)$，最后得到融合结果 $S_c(x,y)$，即

$$S_c(x,y)=\alpha\cdot D_l(x,y)+\beta\cdot T_z(x,y) \tag{6.27}$$

$$\alpha+\beta=1 \tag{6.28}$$

根据所得到目标位置信息及连通区域大小更新跟踪框信息，并且更新目标阶段状态标志位，直至命中目标。

6.3　基于混合智能的目标识别方法

6.3.1　结合卷积神经网络与支持向量机的目标识别方法

传统的基于多特征融合的空中目标抗干扰识别算法，主要通过对空中目标和干扰弹的红外特征进行分析，对目标/干扰的识别有较好的效果，但是对目标/干扰/目标干扰粘连的识别效果没有达到预期效果。这是因为所选取特征大多依托人类的先验知识，受人为认知的局限性影响大，难以充分描述识别对象的全部特性。红外目标缺乏清晰的形状、纹理及颜色信息，同时抗干扰过程中

远距往往仅由几个像素构成，由远及近的过程中伴随着剧烈的尺度变化、干扰的遮蔽和相似度扰动。针对以上挑战，很难获得有很好鉴别能力的手工特征，干扰对目标遮蔽或者相似性较大的情况下识别正确率难以提升。由于深度学习极强的特征表示能力可以很好地实现智能化抗干扰识别，本节介绍基于卷积神经网络（CNN）模型和支持向量机（SVM）相结合的空中红外目标抗干扰识别算法，并给出相应的示例。

1. 卷积神经网络

5.1 节已经对卷积神经网络进行了详细介绍，下面只进行简要回顾。卷积神经网络（CNN）的思想根源是反向传播神经网络（BP 神经网络），在 BP 神经网络中，每一层均为全连接，假如输入图像稍大，在输入层与隐含层之间的结点上就会产生大量权重需要进行训练，为训练带来极大的难度。卷积神经网络的提出可以很好地解决这样的问题，卷积神经网络通常包含卷积层（Convolutional Layer）、池化层（Pool Layer）、激活层（Activation Layer）及全连接层（Fully - Connected Layer），如图 6.14 所示。

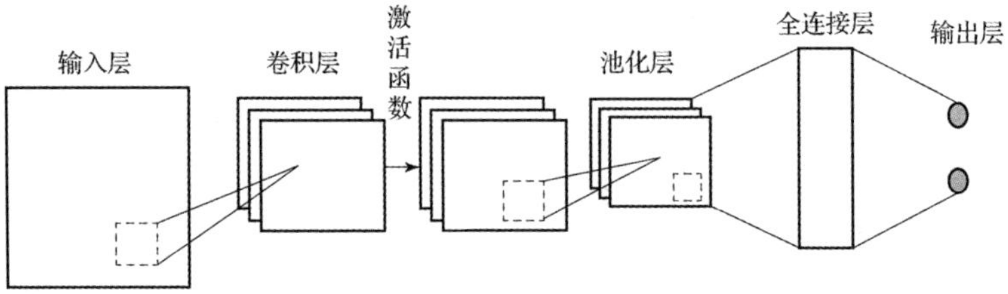

图 6.14　卷积神经网络示意图

卷积层是由若干卷积核构成的，具有局部连接和权值共享两大特性。在这层进行卷积操作，是用卷积核与图像对应的区域卷积得到一个数值，移动卷积核得到卷积结果，完成对整幅图像的卷积。每个卷积核里面的参数是通过反向传播算法并进行优化而得到的，卷积层的作用是提取到输入图像的特征，一般卷积层数越多，提取到的特征越复杂、越深层。

在卷积层计算完成后，需要将这些特征继续输入到激活函数中，通过引入非线性因素来抵消线性模型表达力不够的缺陷，激活函数要保证数据在输入和输出上处处可微，经过激活函数得到卷积层的最终输出。常用的激活函数是 Hahnloser 等在 2000 年引入动态网络的修正线性单元（Rectified Linear Unit，ReLU）函数。

对输入图像的具体操作公式为

$$y_{pj}^{(l)} = f\left(\sum_{i \in M_j^{(l-1)}} \sum_{(u,v) \in K^{(l)}} W_{ij(u,v)}^{(l)} \circ X_{pi}^{(l-1)}(c+u, r+v) + b_j^{(l)}\right) \tag{6.29}$$

式中：$K=\{(u,v)\in N^2 \mid 0\leqslant u<k_x, 0\leqslant v<k_y\}$；$k_x$ 与 k_y 分别为第 l 层卷积核 $W_{ij}^{(l)}$ 的长与宽。输入图像为 $X_{pi}^{(l-1)}$，$b_j^{(l)}$ 为相应第 l 层第 j 个特征图的偏置；c、r 为横、纵方向上的特征像素；u、v 为卷积核横、纵方向的步长；p 为训练样本的序号；f 为第 l 层的激活函数；“$\circ$”代表卷积操作。

池化层连接在卷积层后，进行非线性下采样，对卷积层输出的图像特征进行压缩。常见的有平均池化和最大池化操作，平均池化是计算图像区域平均值，最大池化是选择图像区域最大值。平均池化可以表示为

$$y_{pj}^{(l)}=\left(\frac{\sum_{(u,v)\in S^{(l)}} x_{pi}^{(l-1)}(c+u,r+v)}{(s_x\cdot s_y)}\right) \tag{6.30}$$

式中：$S^{(l)}=\{(i,j)\in N^2 \mid 0\leqslant u<s_x^{(l)}, 0\leqslant v<s_y^{(l)}\}$；$s_x^{(l)}$ 与 $s_y^{(l)}$ 分别为第 l 层的下采样窗口；c、r 为横、纵方向上的特征像素；u、v 为池化窗口横、纵方向的步长。

最大池化操作可以表示为

$$\max(x_{pi}^{(l-1)}(c+u,r+v)) \tag{6.31}$$

全连接层与 BP 神经网络中的隐含层类似，用来连接所有特征，其输入与权值矩阵进行内积，经激活函数映射后将输出结果传递给分类器，其计算公式可以表示为

$$y_{pj}^{(l)}=f\left(\sum_{i=0}^{N(l-1)} X_{pi}^{(l-1)}\cdot W_{ji}^{(l)}+b_j^{(l)}\right) \tag{6.32}$$

式中：$N(l-1)$ 为 $l-1$ 层中神经元的个数；$W_{ji}^{(l)}$ 为连接第 $l-1$ 层中神经元 i 与第 l 层中神经元 j 的权值；$b_j^{(l)}$ 为相应第 l 层第 j 个神经元的偏置；f 为第 l 层的激活函数。

2. 网络整体结构

对于红外图像来说，相对于常见可见光数据集划分具有的 3 个颜色通道 RGB 描述，可以认为只具有灰度值一个通道。本节针对空中红外目标识别来说，基础的网络框架类似于 LeNet 架构，通过采用多级小的 3×3 卷积核串联进行特征提取，同时采用具有稀疏激活性、提高训练速度且计算复杂度低的 ReLU 非线性函数。具体的网络层定义如图 6.15 所示。首先通过 3 个“卷积层—激活层—池化层”的结构构成的特征提取单元，分别从不同尺度对图像进行特征提取工作，3 个卷积层对应的卷积核数分别为 32、32 和 64，对应的卷积窗口大小均为 3×3，输出特征图大小分别为 256×256、128×128 及 64×64；在每一层卷积后，采用 ReLU 函数作为激活函数，对卷积层输出加入非线

性因素，激活函数不改变卷积层输出维度；每个激活层后紧跟一个池化层，采用最大池化，最大池化单元大小为 3×3，所对应的步长均为 3，并且采取填充，卷积前后不改变图片的大小；输出维度中的第一个维度是批训练过程中的一批大小，最后一个维度是卷积核的个数；通过全连接层进行权值调整。网络详细参数如表 6.1 所列。

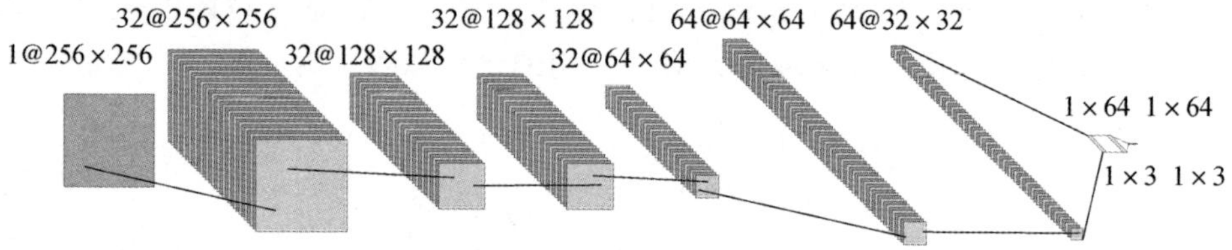

图 6.15　卷积神经网络结构图

表 6.1　卷积神经网络详细参数

序号	网络层	模型输入	模型参数	输出维度
1	国家输入	'imageinput'	256x256x1 images with 'zerocenter' normalization	(None, 256, 256, 1)
2	卷积	'conv_1'	32 3x3x1 convolutions with stride [1 1] and padding = 'same'	(None, 256, 256, 32)
3	ReLU	'relu_1'	ReLU	(None, 256, 256, 32)
4	最大池化	'maxpool_1'	3x3 max pooling with stride [2 2]	(None, 128, 128, 32)
5	卷积	'conv_2'	32 3x3x32 convolutions with stride [1 1] and padding = 'same'	(None, 128, 128, 32)
6	ReLU	'relu_2'	ReLU	(None, 128, 128, 32)
7	最大池化	'maxpool_2'	3x3 max pooling with stride [2 2]	(None, 64, 64, 32)
8	卷积	'conv_3'	64 3x3x32 convolutions with stride [1 1] and padding = 'same'	(None, 64, 64, 64)
9	ReLU	'relu_3'	ReLU	(None, 64, 64, 64)
10	最大池化	'maxpool_3'	3x3 max pooling with stride [2 2]	(None, 32, 32, 64)
11	全链接	'fc_1'	64 fully connected layer	(None, 64)
12	ReLU	'relu_4'	ReLU	(None, 64)
13	全链接	'fc_2'	3 fully connected layer	(None, 3)

续表

序号	网络层	模型输入	模型参数	输出维度
14	分类器	'softmax'	softmax	(None，3)
15	分类输出	'classoutput'	crossentropyex with '1' and 2 other classes	(None，3)

3. 结合卷积神经网络与支持向量机的目标识别方法

卷积操作实际上就是一个特征提取器，经过 CNN 的卷积和池化等操作，图像中平移部分的影响可以被消除，CNN 提取的特征比传统图像特征更为科学与精确，通过不同的卷积层、池化层以及全连接层控制模型的拟合能力。

利用本节所介绍的 CNN，原图最终通过全连接层‘fc_1’输出为 1×64 维的深度特征向量 $\boldsymbol{C}_k(k=1,2,\cdots,64)$，然后将其与提取的图像 1×5184 维 HOG 特征 $\boldsymbol{H}_k(k=1,2,\cdots,5184)$ 进行特征融合，最后经过特征级联生成深度混合特征 $\boldsymbol{X}=\{\boldsymbol{X}_1,\boldsymbol{X}_2\}=(\boldsymbol{C}_1,\boldsymbol{C}_2,\cdots,\boldsymbol{C}_{64},\boldsymbol{H}_1,\boldsymbol{H}_2,\cdots,\boldsymbol{H}_{5184})$，如图 6.16 所示。

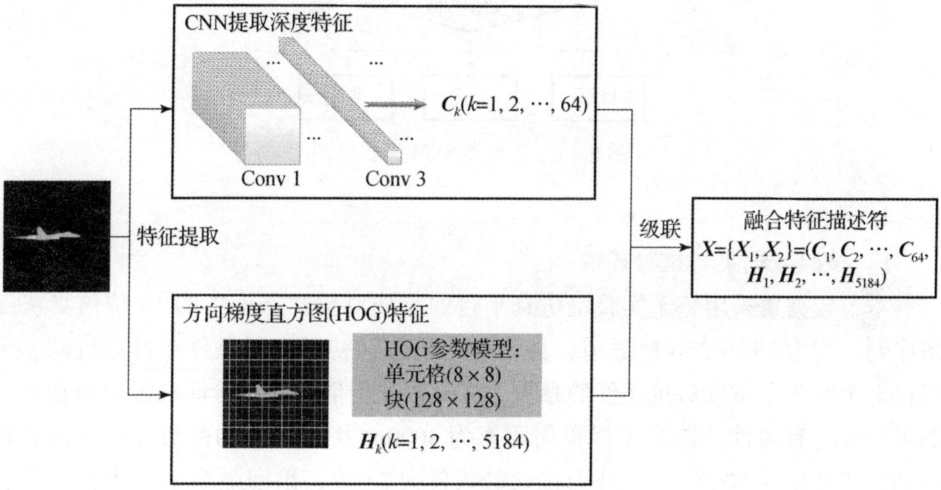

图 6.16　深度混合特征融合过程

本节所涉及的数据集中，单帧图像内目标干扰存在的状态分为 3 种，即无干扰状态、目标干扰粘连状态和目标干扰分离状态，所以要处理的不仅是目标以及干扰的二分类情况，还需对目标干扰粘连进行识别，以便更好地进行后续跟踪。为此，需要针对该问题对 SVM 进行改进，在二分类的基础上实现三分类。实现三分类的基本思想是将每次需要分类的样本设定为正样本，将其余样本设定为负样本，第一次对于目标进行识别，则正样本为目标，负样本为干扰以及干扰目标粘连的集合，得到一个分类器；第二次对于干扰进行识别，则正样本为干扰，负样本为目标以及干扰目标粘连的集合，得到第二个分类器；第三次对于干扰目标粘连状态进行识别，则正样本为干扰目标粘连，负样本为目标以及干扰的集合，得到第三个分类器。用测试集进行识别测试时，分别用 3 个分类器进行投票得分，依据得分高低进行类别划分。通过深度混合特征融合操作得到融合特征向量 $\boldsymbol{X}$ 后，将其送入三分类 SVM 分类器。该分类器的基本原理是在任意两个样本之间设计一个 SVM，得票最多的类别即为该未知样本的类别。三分类 SVM 的流程框图如图 6.17 所示。

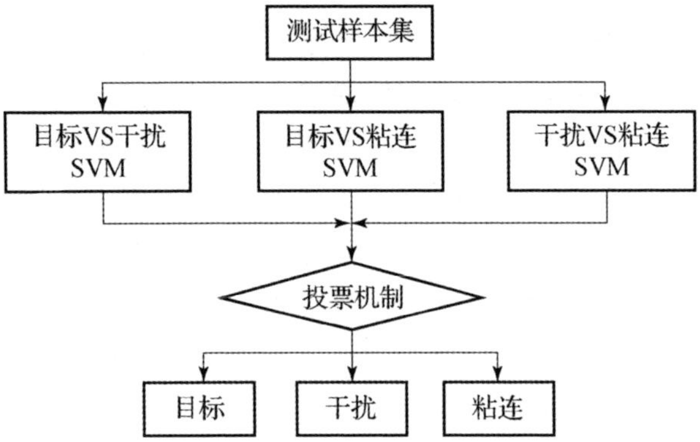

图 6.17　三分类 SVM 流程框图

4. 示例

1）试验数据集与试验环境

本节数据集采用基于实验室仿真平台的空战对抗样本库中的 16 位仿真灰度图序列，均为 256×256 单通道，仿真样本集包括初始发射条件、目标机动、干扰投射策略 3 个维度对抗条件的参数，将参数进行量化。为验证抗干扰识别算法的可行性与有效性，选取干扰投射距离为 4000m 及 7000m 的弹道，固定目标高度和载机高度为 6000m，红外干扰投射数目为 24 枚，组间隔为 1s，飞机目标进行无机动、左转、右转 3 种机动方式，训练集选择 3.4 节中构造标注处理得到的数据集，样本图共计 28746 幅，将目标样本存放至 target 文件夹中，将干扰样本存放至 flare 文件夹中，将目标干扰粘连样本存放至 combination 文件夹中，方便后续读取。测试集选择仿真平台仿真所得 0°、10°、15°、20°、25°、30°、40°、45°、50°、60°、65°、70°、75°、80°、85°、90°、100°、105°、110°、120°、125°、135°、140°、150°、155°、160°、165°、170°、180°共 29 种进入角条件下的 174 条弹道中所有仿真图像共计 120865 幅，战场态势想定如表 6.2 所列。

表 6.2　算法测试弹道初始态势表

发射距离/m	进入角/(°)	总弹数	机动类型	投弹组数	每组弹数	组间隔/s
4000	0～180（29 组）	24	无机动 左机动 右机动	24	1	1
7000	0～180（29 组）	24	无机动 左机动 右机动	24	1	1

2）试验结果与分析

本节采用基于多特征融合的抗干扰目标识别算法，并且分类器采用 3.4.4 节中改进的三分类支持向量机，选取训练集中的目标、干扰以及目标干扰粘连样本共计 32852 幅仿真图像进行训练，对测试数据集中共 174 条弹道的全部序列共 120865 幅仿真图像进行测试，完成多种态势下的红外空中目标抗干扰识别。在试验结果图中，用红色框标注红外飞机目标，用绿色框标注红外干扰，用黄色框标注目标干扰粘连。算法识别正确率定义为

$$P_{\text{right}} = \frac{N_{\text{right}}}{N_{\text{total}}} \times 100\% \tag{6.33}$$

式中：N_{right} 为正确识别红外飞机、干扰以及干扰目标粘连的数量；$N_{\text{total}_{4000}}$ 为总测试图像数目。对干扰投射距离为 4000m 及 7000m 的弹道测试结果如表 6.3 所列，干扰投射距离为 7000m 和 4000m，进入角为 0°和 180°，目标分别为无机动、左机动的结果图如图 6.18 至图 6.21 所示。

表 6.3　算法识别正确率测试结果

类型	N_{total}	N_{right}	P_{right}
4000m	45162	42796	94.76%
7000m	75703	68748	90.81%
总计	120865	111544	92.29%

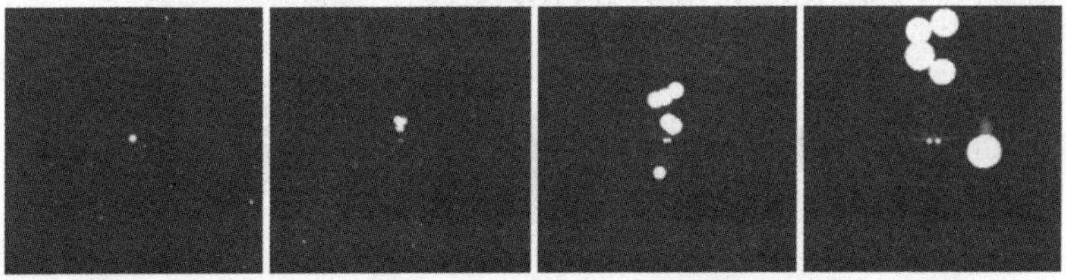

#66　#282　#744　#987

原图

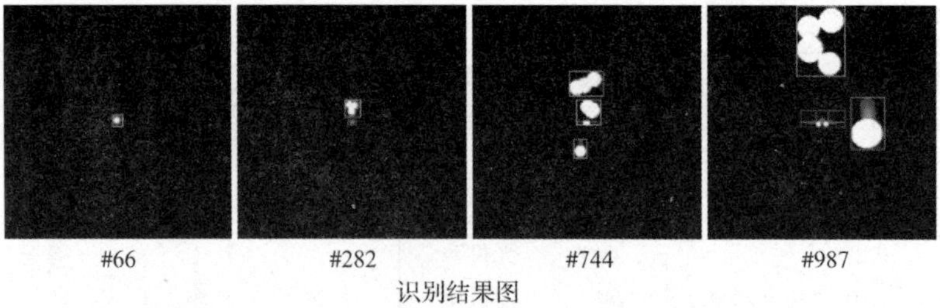

图 6.18　干扰投射距离为 7000m、进入角为 0°、目标无机动（见彩图）

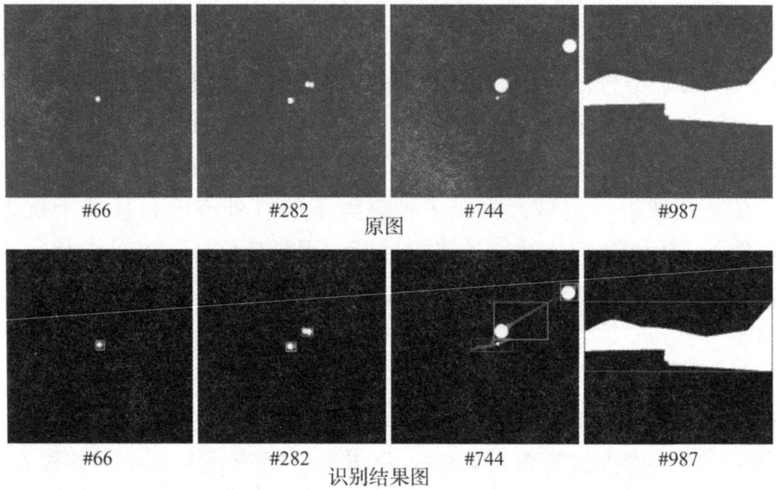

图 6.19　干扰投射距离为 7000m、进入角为 0°、目标左机动（见彩图）

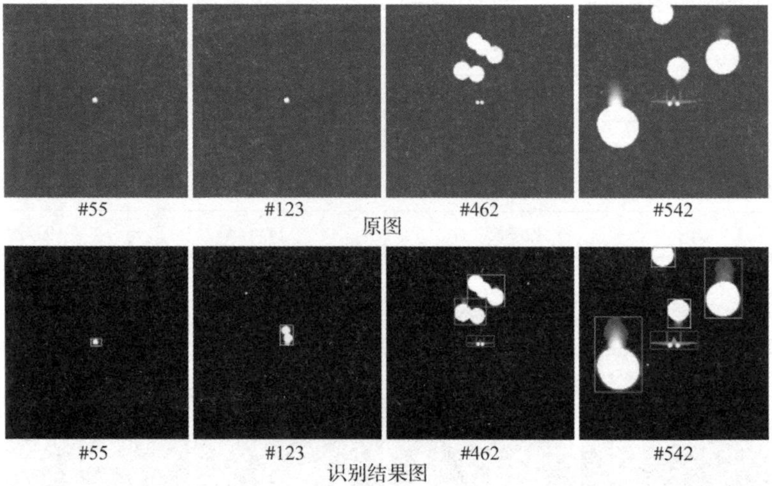

图 6.20　干扰投射距离为 4000m、进入角为 0°、目标无机动（见彩图）

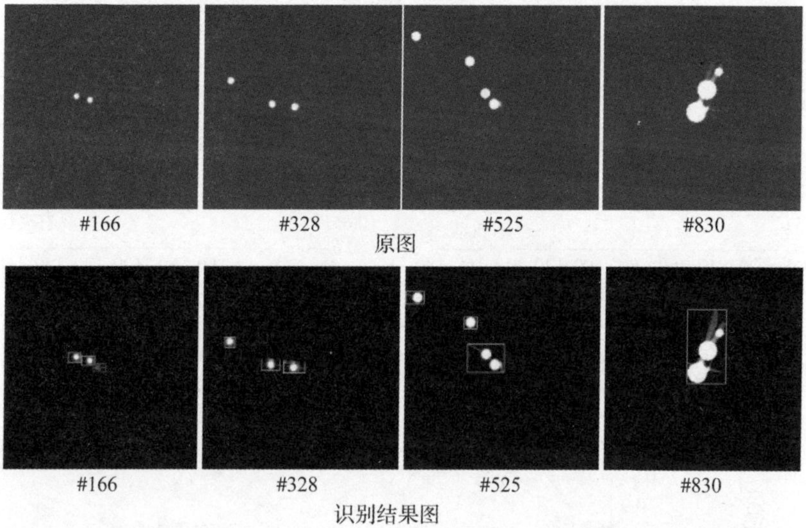

图 6.21　干扰投射距离为 7000m、进入角为 180°、目标左机动（见彩图）

对于不同进入角下的识别正确率进行统计，绘制成图 6.22 所示折线图。

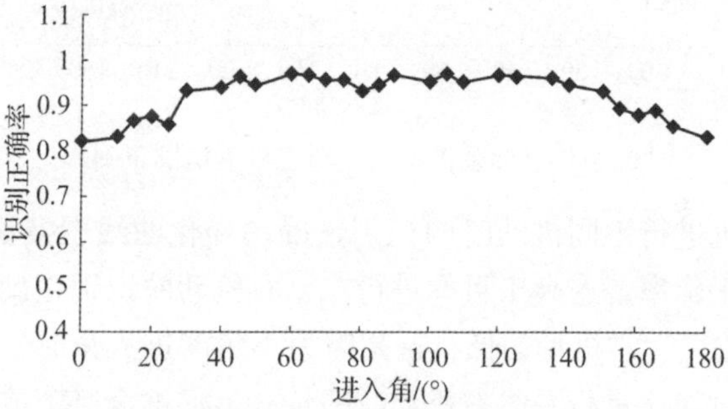

图 6.22　不同进入角下的识别正确率

分析试验结果所得图表可知，在已测试的弹道图像数据集下，该方法的平均识别正确率为 92.29%。在干扰投射距离为 4000m 时，平均识别正确率为 94.76%，在干扰投射距离为 7000m 时，平均识别正确率为 90.81%。其中，在进入角为 0°时，弹道图像序列的平均识别正确率为 81.96%；在进入角为 180°时，弹道图像序列的平均识别正确率为 82.97%，是所测试进入角中识别正确率最低的两种。这是因为 0°进入角为尾后态势，180°进入角为迎头态势，这时目标会长时间被干扰遮蔽，而且多为全遮蔽，目标的特征淹没在干扰的特征之下，这时目标干扰粘连状态极易被识别为干扰，带来识别正确率的下降。不同距离干扰投射距离下识别正确率如图 6.23 所示，目标载机不同机动态势下识别正确率如图 6.24 所示。

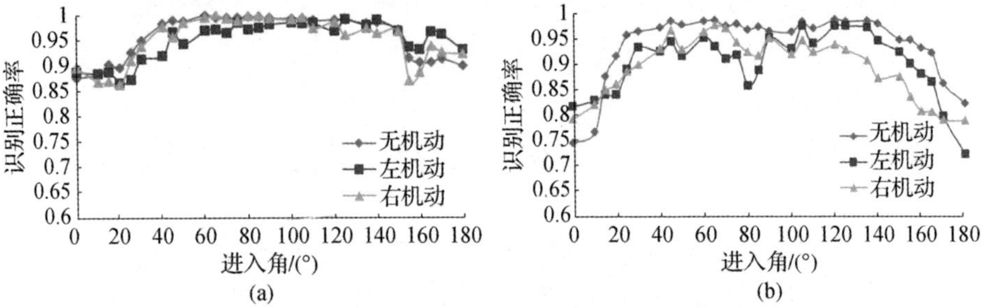

图 6.23　不同距离干扰投射距离下识别正确率对比

（a）干扰投射距离 4000m；（b）干扰投射距离 7000m。

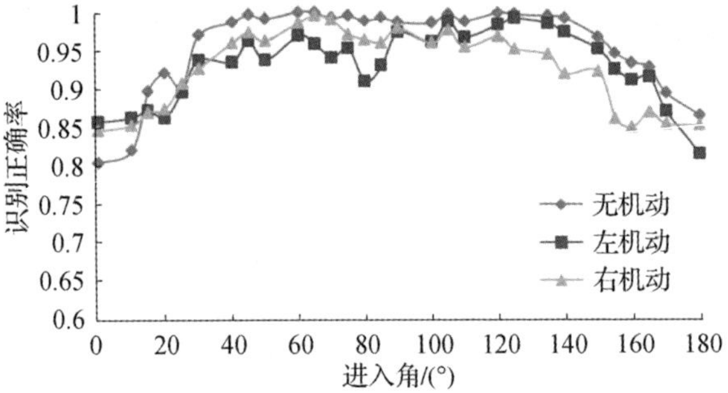

图 6.24　目标载机不同机动态势下识别正确率

分析目标载机进行不同机动时的识别正确率变化曲线图及试验结果图可知，无机动时的识别正确率普遍高于目标进行左、右机动的识别正确率，仅在进入角度为 0°和 20°时比左、右机动的低，这是因为小角度进入角时，目标无机动会造成目标干扰粘连时间比进行左、右机动时的长，目标被全遮蔽或者多枚干扰黏在一起时，目标干扰粘连与干扰易造成混淆，造成识别正确率降低，而进行左、右机动可以用更短的时间脱离全遮蔽，显露出更多的目标边缘特征，识别正确率会有一定程度的提升。在其他进入角情况下，目标进行左、右机动则会因为机动态势在全弹道过程中与干扰形成多种角度多种遮蔽情况下的粘连，为识别带来更大难度，导致识别正确率的降低。

6.3.2　结合二维主成分分析网络的贝叶斯目标识别方法

传统的 CNN 需要复杂的参数调整过程，且计算代价较大。因此，本节介绍一种结合二维主成分分析网络的贝叶斯目标识别方法，将 2DPCANet 的两级卷积层作为特征提取网络；通过二进制哈希编码、分块直方图对特征进行非线性处理；并增加池化模块，利用直方图的二阶统计量分析以及多通道特征融合获取更具全局性的特征描述符；构建贝叶斯网络，挖掘特征之间的潜在关系，增强表征能力，最后结合概率推理完成干扰条件下的空中目标识别任务。

1. 贝叶斯网络

贝叶斯网络作为有向概率图模型的代表，能够描述数据变量间的因果关系，也被称为信念网络（Belief Networks，BN）或因果网络（Causal Networks），是解决不确定性知识表达和概率推理的有效理论模型[55]。BN 将贝叶斯理论和图论有机结合，利用网络结构定性描述问题，运用网络参数对问题定量表达，兼具强大的推理能力和直观的表达形式。下面简要介绍贝叶斯网络的相关理论。

1）贝叶斯网络基本概念

在有向图（Directed Graphs）中，若结点 X 到 Y 有一条有向边，则称 X 为 Y 的父结点，Y 为 X 的子结点。当某一结点不存在父结点时，则被称为根结点。而若某结点是自己的父结点，则该图将存在有向环。

贝叶斯网络包括网络拓扑结构和网络参数两部分，其中网络拓扑结构由有向无环图（Directed Acyclic Graph，DAG）表示，描述了变量结点间的依赖关系，而网络参数即条件概率分布定量刻画了结点与其父结点之间的相互关系。网络的二元组表达形式为

$$\mathrm{BN} = (G,P) \tag{6.34}$$

式中：$G=\langle V,E\rangle$表示有向无环图；V 为结点集合；E 为有向边集合；$P=\{P(X_i \mid P_a(X_i))\}$表示每个结点 X_i 及其父结点集 $P_a(X_i)$之间对应的条件概率分布集合。特别地，离散结点表示形式为条件概率表（Conditional Probability Table，CPT）。

贝叶斯网络的有向无环图结构直观地体现了变量之间的条件独立关系，即已知父变量结点时，任意结点 X_i 与其非后代结点条件独立，这一特性被称为贝叶斯网络的马尔可夫性，数学表达式为

$$P(X_i \mid P_a(X_i),A(X_i)) = P(X_i \mid P_a(X_i)) \tag{6.35}$$

式中：$A(X_i)$和 $P_a(X_i)$分别为 X_i 的非后代结点集合和父结点集合。

由此，变量间的联合概率可表示为

$$P(X_1,X_2,\cdots,X_n) = \prod_{i=1}^{n} P(X_i \mid X_{i-1},\cdots,X_1) = \prod_{i=1}^{n} P(X_i \mid P_a(X_i)) \tag{6.36}$$

2）贝叶斯网络结构学习

贝叶斯网络结构学习的目的是寻找数据集中变量间的逻辑关系，得到与样

本数据契合度最高的网络架构。学习方法具体分为两种，即基于评分搜索的方法和基于条件独立性检验的方法。

(1) 基于评分搜索的网络结构学习。

基于评分搜索的方法将结构学习看作寻优问题，包含评分函数和搜索策略两个部分。在学习网络结构的过程中，评分函数用来描述网络结构 G 与样本数据 D 的契合度，数学表示为 $\text{score}(G \mid D)$，目标是寻找最优的网络结构 G^*，使其满足

$$G^* = \arg\max_{G} \text{score}(G \mid D) \tag{6.37}$$

作为评分函数中的典型，最小描述长度（MDL）原理源于数据压缩，同时考虑了模型本身的复杂度和对数据的描述精度。Friedman 将其应用于贝叶斯网络的结构学习中，给定样本集 D，则贝叶斯网络 B 的评分函数为

$$\text{MDL}(B \mid D) = \frac{\log N}{2} \mid B \mid - \text{LL}(B \mid D) \tag{6.38}$$

式中：$\mid B \mid$ 为网络的参数数量。等式右边第一项代表网络长度，第二项为给定样本数据网络的对数似然，即

$$\text{LL}(B \mid D) = N \sum_{i=1}^{N} \sum_{X_i, Pa(X_i)} P(X_i, P_{\text{a}}(X_i)) \log P(X_i \mid P_{\text{a}}(X_i)) \tag{6.39}$$

对数似然描述网络结构与数据的拟合程度。

网络可能的结构随着变量结点的增多而呈指数增长，因此寻找最佳的网络结构是一种 NP - 难问题。通常采用启发式搜索策略，代表方法有 K2 搜索算法、爬山算法、贪婪搜索算法等[56]。

(2) 基于条件独立性检验的网络结构学习。

基于条件独立性检验的方法通常利用统计学或信息论的相关原理分析变量之间的依赖关系，检验条件独立性是否成立。若两个变量结点之间的条件独立性不成立，则建立有向边；否则分隔结点。代表方法有基于互信息的检验算法[57]。

3) 贝叶斯网络参数学习

贝叶斯网络参数学习是指在网络结构确定后，通过对样本数据的统计分析确定任意变量在其父变量的不同取值组合下的条件概率，以获得变量结点间的条件概率表。根据样本数据的完备性将参数学习方法划分为两类：完备数据下通常使用最大似然估计、最大后验估计；数据缺失时主要通过期望最大化算法。

假设网络的结点集合为 $\boldsymbol{X} = \{X_1, X_2, \cdots, X_n\}$，$x_1$，$x_2$，$\cdots$，$x_n$ 为相应结点

取值，分别有 r_i 种取值；结点 X_i 的父结点 $P_a(X_i)$ 的取值表示为 $\mathrm{pa}(x_i)$，有 q_i 种取值。D 为样本数据集，$D=\{\boldsymbol{\chi}_1,\boldsymbol{\chi}_2,\cdots,\boldsymbol{\chi}_M\}$，其中 $\boldsymbol{\chi}_m(1\leqslant m\leqslant M)$ 代表一组包含全部变量结点取值的向量。Θ 为网络的参数集合，$\Theta=\{\theta_1,\theta_2,\cdots,\theta_n\}$。

（1）最大似然估计。

最大似然（Maximum Likelihood，ML）估计方法中定义似然函数为

$$l(\Theta)=P(D\mid\Theta)=\prod_{m=1}^{M}P(\boldsymbol{\chi}_m\mid\Theta) \tag{6.40}$$

通常对 $l(\Theta)$ 求对数，称为对数似然函数，即

$$ll(\Theta)=\ln l(\Theta)=\sum_{m=1}^{M}\ln P(\boldsymbol{\chi}_m\mid\Theta) \tag{6.41}$$

顾名思义，最大似然估计是要求解以下优化问题，即

$$\Theta_{\mathrm{ML}}=\arg\max_{\Theta}l(\Theta)=\arg\max_{\Theta}ll(\Theta) \tag{6.42}$$

令 θ_{ijk} 表示结点 X_i 取第 k 个值，其父结点取第 j 个值时的条件概率，则数学表达式为

$$\theta_{ijk}=P(X_i=x_{ik}\mid P_a(X_i)=\mathrm{pa}(x_i)_j)\ (i=1,\cdots,n,j=1,\cdots,q_i,k=1,\cdots,r_i) \tag{6.43}$$

显然，$\theta_{ij}=\sum_k\theta_{ijk}=1$，即任意变量结点取值概率之和为 1。

通过对式（6.43）求偏导并置为 0，可得

$$\theta_{\mathrm{ML}}=\frac{N_{ijk}}{N_{ij}} \tag{6.44}$$

式中：N_{ijk} 和 N_{ij} 分别为符合相应取值的样本数量。

（2）最大后验估计。

当样本数量不充足时，ML 方法的结果往往不准确，为此可以引入参数的先验知识。最大后验（Maximum A Posteriori，MAP）估计将问题转化为

$$\arg\max_{\Theta}P(\Theta)l(\Theta)=\arg\max_{\Theta}\{\ln P(\Theta)+ll(\Theta)\} \tag{6.45}$$

具体实现过程与 ML 方法类似。

（3）贝叶斯估计。

贝叶斯估计理论将参数估计视为估计随机变量的分布，也就是根据式（6.46）所示贝叶斯定理，计算 $P(\Theta\mid D)$，即

$$\begin{aligned}P(\Theta\mid D)&=\frac{P(D\mid\Theta)P(\Theta)}{\int P(D\mid\Theta)P(\Theta)\,\mathrm{d}\Theta}\\&=\alpha P(D\mid\Theta)P(\Theta)\end{aligned}$$

$$= \alpha \prod_{m=1}^{M} P(\boldsymbol{\chi}_m \mid \Theta) P(\Theta) \tag{6.46}$$

式中：α 为常数，与 Θ 无关。

(4) 期望最大化算法。

当贝叶斯网络中存在不可观测的隐变量时，造成数据缺失，Dempster 等提出了期望最大化（Expectation - Maximization，EM）算法以解决数据不完备条件下的参数学习。通过最大化以下目标函数以找到最优的网络参数，即

$$\hat{\Theta} = \arg\max_{\Theta} \ln P(D \mid \Theta) \tag{6.47}$$

引入隐变量 Z 及其样本数据 Z，则

$$P(D \mid \Theta) = \sum_{z} P(D, Z \mid \Theta) \tag{6.48}$$

令 q 为 Z 的概率分布，由概率论相关知识可得

$$\begin{aligned} \ln P(D \mid \Theta) &= \sum_{z} q(Z) \ln P(D \mid \Theta) = \sum_{z} q(Z) \ln\left(\frac{P(D,Z \mid \Theta)}{q(Z)} \frac{q(Z)}{P(Z \mid D,\Theta)}\right) \\ &= \sum_{z} \left(q(Z) \ln \frac{P(D,Z \mid \Theta)}{q(Z)} - q(Z) \ln \frac{P(Z \mid D,\Theta)}{q(Z)}\right) \\ &= \sum_{z} q(Z) \ln \frac{P(D,Z \mid \Theta)}{q(Z)} + \mathrm{KL}(q \parallel p) \\ &= \cdots(q,\Theta) + \mathrm{KL}(q \parallel p) \end{aligned} \tag{6.49}$$

式中，第二项 $\mathrm{KL}(q \parallel p)$ 表示 q 与后验之间的差异，称为 KL 散度，$\mathrm{KL} \geqslant 0$。

由此可知，$\ln(P \mid \Theta) \geqslant \cdots(q,\Theta)$，当 $\ln(P \mid \Theta) \geqslant \cdots(q,\Theta)$ 时等号成立。因此，为了最大化 $\ln(P \mid \Theta)$，EM 算法将其分为两个步骤，首先使下界等于 $\cdots(q,\Theta)$，再对 Θ 进行优化以达到目标函数的最大值。具体表述如下。

E（期望）步：计算 $P(Z \mid D, \Theta^{(t)})$。

M（最大化）步：最大化期望，更新 Θ；

$$\begin{aligned} \Theta^{(t+1)} &= \arg\max_{\Theta} E_{Z \mid D, \theta^{(t)}} [\ln P(D, Z \mid \Theta)] \\ &= \arg\max_{\Theta} \sum_{z} P(Z \mid D, \Theta^{(t)}) \ln P(D, Z \mid \Theta) \end{aligned} \tag{6.50}$$

2. 二维主成分分析网络

PCANet 因其简单、高效的特性，在人脸识别、手写数字识别等计算机视觉领域得到广泛关注与应用。利用一维 PCA 学习卷积核参数时需要将图像转化为向量，该操作会造成原本图像中蕴含的二维结构信息丢失，针对这一问题，Yu 等[58]提出了二维主成分分析网络（Two - Dimensional Principal Component Analysis Network，2DPCANet）。传统二维主成分分析（2DPCA）[59]直接进行矩阵运算，相较于 PCA 对

协方差矩阵的估计更为准确，但维度仍旧很高，因此 2DPCANet 沿用了 $(2D)^2$ PCA[58] 方法，利用对图像行、列两个方向的 PCA 构造卷积核。

与 PCANet 一致，2DPCANet 遵循 CNN 基本架构，包含卷积层、非线性处理层和输出层 3 个部分。两级卷积层被用作提取图像特征，卷积核均由 PCA 构建；在非线性处理层对特征进行二进制哈希编码，获得整型图；输出层对处理后的编码特征计算分块直方图，并连接为特征描述符。

1） 主成分分析相关理论

PCA 作为一种无监督线性降维方法，通过从冗余的原始数据提取主要成分，获得数据的低维特征表示。投影变换后的数据一方面尽可能分开，另一方面与原始样本点的距离足够近，因此 PCA 具有两个优化思路，即最大方差投影和最小重构误差，经过证明，这两种优化角度得到的 PCA 解完全相同。二维主成分分析（2DPCA）将 PCA 扩展到二维，无须对样本数据进行矢量化转换，直接求取主成分分量即可。

假设投影矩阵为 $\boldsymbol{X} \in R^{n \times d}$，随机矩阵 $\boldsymbol{A} \in R^{m \times n}$ 的特征矩阵可以表示为

$$\boldsymbol{Y} = \boldsymbol{AX} \tag{6.51}$$

定义特征矩阵的总体散度为

$$\begin{aligned} \mathrm{tr}\{\mathrm{Var}(\boldsymbol{AX})\} &= \mathrm{tr}\{E[(\boldsymbol{AX} - E(\boldsymbol{AX}))(\boldsymbol{AX} - E(\boldsymbol{AX}))^{\mathrm{T}}]\} \\ &= \mathrm{tr}\{E[((\boldsymbol{A} - \boldsymbol{EA})\boldsymbol{X})^{\mathrm{T}}((\boldsymbol{A} - \boldsymbol{EA})\boldsymbol{X})]\} \\ &= \mathrm{tr}\{\boldsymbol{X}^{\mathrm{T}} E[(\boldsymbol{A} - \boldsymbol{EA})^{\mathrm{T}}(\boldsymbol{A} - \boldsymbol{EA})]\boldsymbol{X}\} \end{aligned} \tag{6.52}$$

其中，

$$\boldsymbol{G} = E[(\boldsymbol{A} - \boldsymbol{EA})^{\mathrm{T}}(\boldsymbol{A} - \boldsymbol{EA})] \tag{6.53}$$

表示样本的协方差矩阵，显然 $\boldsymbol{G}$ 为 $n \times n$ 的非负定矩阵。

存在中心化后的 N 个样本 $\{\boldsymbol{A}_k\}_{k=1}^{N}$，其中 $\boldsymbol{A}_k \in R^{m \times n}$，则式（6.53）可以表示为

$$\boldsymbol{G} = \frac{1}{N}\sum_{k=1}^{N}(\boldsymbol{A}_k - \bar{A})^{\mathrm{T}}(\boldsymbol{A}_k - \bar{A})\boldsymbol{G} = \frac{1}{N}\sum_{k=1}^{N}(\boldsymbol{A}_k - \bar{A})^{\mathrm{T}}(\boldsymbol{A}_k - \bar{A}) \tag{6.54}$$

式中：$\bar{A}$ 为样本均值，经过中心化后 $\bar{A} = 0$。

从最大化方差的角度，可以得到寻找最优投影矩阵的优化目标，即

$$\begin{cases} \max\limits_{X}\mathrm{tr}\{\mathrm{Var}(\boldsymbol{AX})\} = \max\limits_{X}\mathrm{tr}\{\boldsymbol{X}^{\mathrm{T}}\boldsymbol{GX}\} \\ \mathrm{s.\,t.}\ \boldsymbol{X}^{\mathrm{T}}\boldsymbol{X} = \boldsymbol{I} \end{cases} \tag{6.55}$$

使用拉格朗日乘子法求解式（6.55）可得

$$\boldsymbol{G}X_i = \lambda_i X_i \tag{6.56}$$

对协方差矩阵 $\boldsymbol{G}$ 进行特征分解，将特征值按大小排序，前 d 个最大的特征值对应的特征向量构成最优投影矩阵，即

$$\boldsymbol{X}_{\text{opt}} = \{X_1, X_2, \cdots, X_d\} \tag{6.57}$$

通过分析样本协方差矩阵可以发现，$\boldsymbol{G}$ 能够由样本矩阵行向量的外积计算得到，因此上述操作只利用了图像行方向的信息。同理在列方向，定义投影矩阵 $\boldsymbol{Z} \in R^{m \times q}$，则特征矩阵以及相应的总体散度为

$$\boldsymbol{B} = \boldsymbol{Z}^{\mathrm{T}}\boldsymbol{A}\boldsymbol{B} = \boldsymbol{Z}^{\mathrm{T}}\boldsymbol{A} \tag{6.58}$$

$$\mathrm{tr}\{\mathrm{Var}(\boldsymbol{Z}^{\mathrm{T}}\boldsymbol{A})\} = \mathrm{tr}\{\boldsymbol{Z}^{\mathrm{T}}E[(\boldsymbol{A} - \boldsymbol{EA})(\boldsymbol{A} - \boldsymbol{EA})^{\mathrm{T}}]\boldsymbol{Z}\} \tag{6.59}$$

由此得到另一种样本协方差矩阵的表示形式为

$$\boldsymbol{G}' = \frac{1}{N}\sum_{k=1}^{N}(\boldsymbol{A}_k - \bar{A})(\boldsymbol{A}_k - \bar{A})^{\mathrm{T}} \tag{6.60}$$

$\boldsymbol{G}'$前 q 个最大的特征值对应的特征向量则构成列方向 2DPCA 的最优投影矩阵，即

$$\boldsymbol{Z}_{\text{opt}} = \{Z_1, Z_2, \cdots, Z_q\} \tag{6.61}$$

同时利用行、列方向的投影矩阵，得到 $q \times d$ 维的特征矩阵 $\boldsymbol{C}$

$$\boldsymbol{C} = \boldsymbol{Z}^{\mathrm{T}}\boldsymbol{A}\boldsymbol{X} \tag{6.62}$$

2）卷积层

2DPCANet 卷积层的结构如图 6.25 所示，采用两层级联架构进行特征提取，卷积核通过无监督预训练获得。在输入阶段存在图像集 $D = \{I_1, I_2, \cdots, I_N\}$，其中图像 I_i 的尺寸为 $m \times n$。用 $k \times k$ 大小的滑动窗口遍历像素取图像块，构成集合 $P_i = \{p_{i,1}, p_{i,2}, \cdots, p_{i,M}\}$，$M = (m - k + 1) \times (n - k + 1)$，$p_{i,j} \in R^{k \times k}$ 表示图像 I_i 的第 j 个图像块。对 I_i 的所有图像块执行中心化操作，并连接起来得到网络的样本矩阵，即

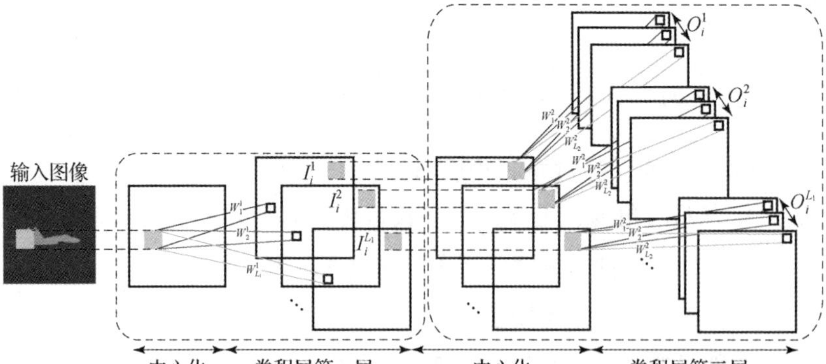

图 6.25　2DPCANet 卷积层结构

$$\boldsymbol{P} = (p_1, p_2, \cdots, p_{MN}) = (\bar{P}_1, \bar{P}_2, \cdots, \bar{P}_N) = (\bar{p}_{1,1}, \bar{p}_{1,2}, \cdots, \bar{p}_{1,M}, \cdots, \bar{p}_{N,1}, \bar{p}_{N,2}, \cdots, \bar{p}_{N,M}) \tag{6.63}$$

则式（6.54）及式（6.60）定义的样本协方差矩阵可表示为

$$\boldsymbol{G} = \frac{1}{MN}\sum_{i=1}^{MN}(p_i - \bar{p})^{\mathrm{T}}(p_i - \bar{p}) \tag{6.64}$$

$$\boldsymbol{G}' = \frac{1}{MN}\sum_{i=1}^{MN}(p_i - \bar{p})(p_i - \bar{p})^{\mathrm{T}} \tag{6.65}$$

式中：$\bar{p}$ 为 p_i 的均值，中心化后 $\bar{p}=0$。

令 $L_i(i=1,2)$ 表示第 i 层卷积层的卷积核数量，对样本进行行、列两个方向的 2DPCA，$\boldsymbol{X}$、$\boldsymbol{Z}\in R^{k\times L_1}(k\geqslant L_1)$ 为列向量正交的投影矩阵。根据式（6.56）和式（6.57），样本协方差矩阵 $\boldsymbol{G}$ 和 $\boldsymbol{G}'$ 经过特征分解后，前 L_1 个最大的特征值所对应的特征向量构成最优投影矩阵 $\boldsymbol{X}_{\mathrm{opt}}$、$\boldsymbol{Z}_{\mathrm{opt}}$，具体表达式为

$$\boldsymbol{X}_{\mathrm{opt}} = \{X_1, X_2, \cdots, X_{L_1}\}, \quad \boldsymbol{Z}_{\mathrm{opt}} = \{Z_1, Z_2, \cdots, Z_{L_1}\} \tag{6.66}$$

由上述双向 2DPCA 得到的投影矩阵构造第一级卷积层的卷积核 $\boldsymbol{W}_{l_1}^1\in R^{k\times k}$，

$$\boldsymbol{W}_{l_1}^1 = \boldsymbol{Z}_{l_1}\boldsymbol{X}_{l_1}^{\mathrm{T}} \quad (l_1 = 1, 2, \cdots, L_1) \tag{6.67}$$

将图像 I_i 进行零填充后与卷积核进行卷积，得到 L_1 个同尺寸的图像集作为第一级输出，即

$$I_i^{l_1} = I_i * \boldsymbol{W}_{l_1}^1 \quad (l_1 = 1, 2, \cdots, L_1) \tag{6.68}$$

将第一级输出 $\{I_i^{l_1}\}_{i=1,l_1=1}^{N,L_1}$ 作为第二级卷积层的输入，则有新的样本矩阵 $\boldsymbol{P}\in R^{k\times k\times L_1NM}$。与前面学习 $\boldsymbol{W}_{l_1}^1$ 的方法相同，可以得到第二级卷积层的卷积核 $\boldsymbol{W}_{l_2}^2\in R^{k\times k}$，则输出图像集表示为

$$O_i^{l_1} = \{I_i^{l_1} * \boldsymbol{W}_{l_2}^2\}_{l_2=1}^{L_2} \tag{6.69}$$

3）非线性处理层

为了提升特征的表征性和鲁棒性，对卷积层输出进行二值化哈希编码。首先，利用单位阶跃函数 $H(\cdot)$ 二值化输出图像集 $O_i^{l_1}$，二值化后的图像集表示为

$$\{\boldsymbol{H}(O_i^{l_1})\}_{l_1=1}^{L_1} = \{\boldsymbol{H}(I_i^{l_1} * \boldsymbol{W}_{l_2}^2)\}_{l_2=1}^{L_2} \tag{6.70}$$

式中：$H(\cdot)=0$，$x<0$；$H(\cdot)=1$，$x\geqslant 0$。针对每一个像素，加权融合 $\boldsymbol{H}(O_i^{l_1})$ 中包含的 L_2 幅二值图像，即

$$\boldsymbol{T}_i^{l_1} = \sum_{l_2=1}^{L_2} 2^{l_2-1}\boldsymbol{H}(I_i^{l_1} * \boldsymbol{W}_{l_2}^2) \tag{6.71}$$

式中：2^{l_2-1} 为权重。通过加权融合得到 L_1 幅整型图，其中每个像素值均为

$[0,2^{L_2}-1]$范围内的整数。

4）输出层

输出层的目的是利用分块直方图的方式对之前网络的输出进行整合，获得最终的特征描述符。整型图 $\boldsymbol{T}_i^{l_1}$ 被分为 B 个相同尺寸的图像块，每个图像块的直方图区间数为 2^{L_2}，将所有图像块的直方图整合为一个向量 $\mathrm{Bhist}(\boldsymbol{T}_i^{l_1})$。最后，串联连接 L_1 个向量，得到输入图像 I_i 经过网络提取后的特征描述符，即

$$\boldsymbol{f}_i=[\mathrm{Bhist}(\boldsymbol{T}_i^1),\mathrm{Bhist}(\boldsymbol{T}_i^2),\cdots,\mathrm{Bhist}(\boldsymbol{T}_i^{l_1})]^{\mathrm{T}}\in R^{(2^{L_2})L_1B} \tag{6.72}$$

图像集 $D=\{I_1,I_2,\cdots,I_N\}$ 的描述符集合为 $\{\boldsymbol{f}_i\}_{i=1}^N$。

3. 结合二维主成分分析网络的贝叶斯目标识别算法

2DPCANet 通过分层结构，建立了底层数据到高层特征间的映射关系，具备强大的抽象表示能力。本节介绍一种结合 2DPCANet 的贝叶斯目标识别算法。算法基本框架如图 6.26 所示，包含预处理、特征提取、特征编码、特征池化、贝叶斯网络模型及推理五部分，其中特征提取模块和贝叶斯网络模型需要预先训练。首先对输入序列进行预处理，得到每帧图像中待识别的目标候选区域；随后利用二进制哈希编码及分块直方图对 2DPCANet 卷积层输出的特征进行非线性处理；在特征池化模块，通过直方图的二阶统计量分析以及多通道特征融合获取更具全局性的特征描述符，并作为贝叶斯网络的输入量；最终依靠贝叶斯网络的概率推理得到候选区域的识别结果。

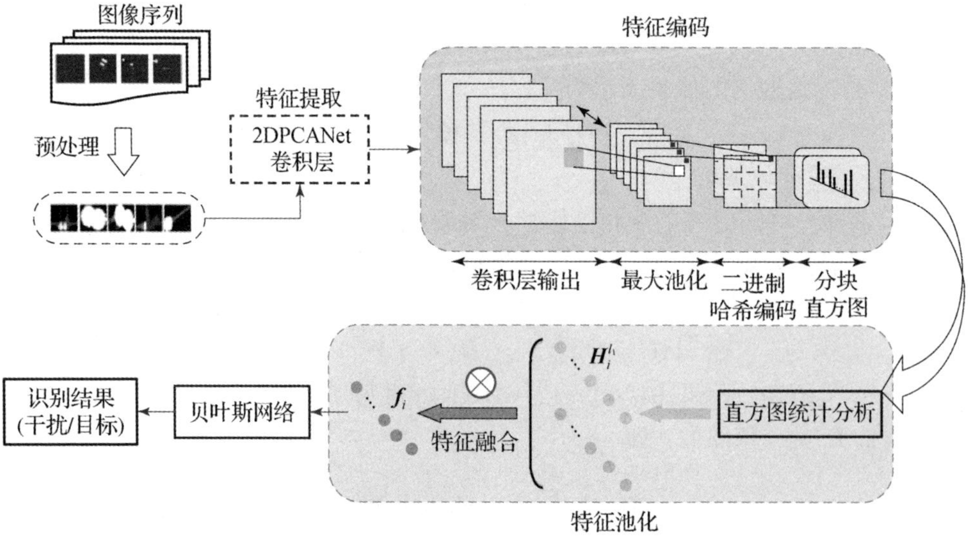

图 6.26　结合 2DPCANet 的贝叶斯目标识别算法框架

1）特征提取

利用 PCA 网络特征提取之前，需要对输入图像的各连通区域进行尺寸归一化，统一缩放为 64×64，图 6.27 展示了经过预处理后目标及人工干扰的区域图像。随后使用 2DPCANet 卷积层提取相应候选区域的特征，本章算法对卷积层参数做出以下设置：卷积核尺寸 9×9、卷积层数为 2、卷积核数量默认为[8　6]。

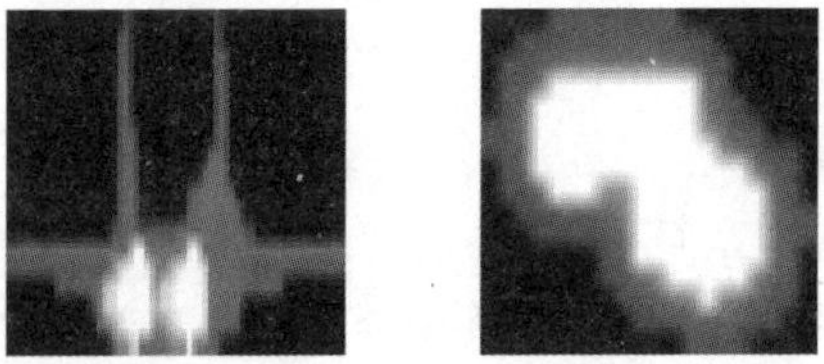

(a)　(b)

图 6.27　预处理后的目标及人工干扰区域图像

（a）目标；（b）人工干扰。

对训练集预处理后，所有候选区域构成样本集合 $D=\{D_+,D_-\}=\{I_1,I_2,\cdots,I_{N+M}\}$，其中包括数量为 N 的目标正样本和数量为 M 的干扰负样本。根据 4.2.1 节描述的过程，以 2DPCA 的无监督方式学习卷积核参数，并获得样本 D 的卷积输出 $\boldsymbol{O}$。图 6.28 展示了由训练集学习到的卷积核，利用这些卷积核分别对图 6.27 所示的目标和人工干扰进行特征提取，图 6.29 是输出结果 $\boldsymbol{O}^1$，即表示第一层卷积核 $\boldsymbol{W}_1^1$ 的输出经过第二层卷积核组处理后的网络最终输出。

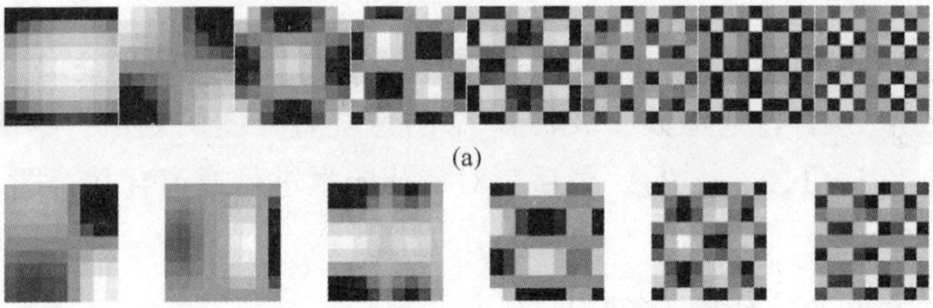

(a)

(b)

图 6.28　特征提取网络的卷积核组

（a）第一层卷积核；（b）第二层卷积核。

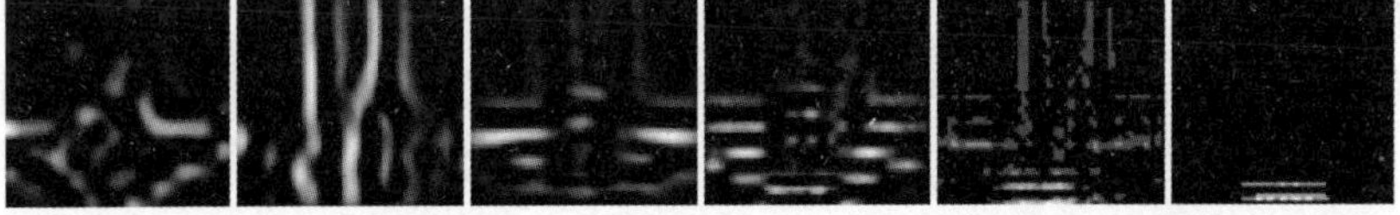

(a)

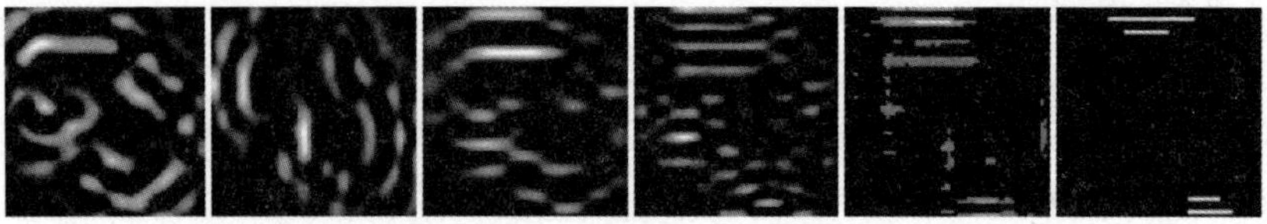

(b)

图 6.29　样本的卷积输出

(a) 目标的卷积输出；(b) 人工干扰的卷积输出。

2）特征编码

在特征编码阶段，本章算法比原先的 2DPCANet 增加了重叠窗口的最大池化操作，为特征增加平移不变性并减少维数，窗口尺寸设置为 5×5、重叠率 0.5。随后，对池化后的特征图集 $O_i^{l_1}$ 进行二值化哈希编码，即将 L_2 幅图按像素点加权融合得到一幅整型图 $\boldsymbol{T}_i^{l_1}$，并提取分块直方图特征，$\boldsymbol{T}_i^{l_1}$ 中第 j 个图像块的直方图表示为 $\mathrm{Bhist}_{\boldsymbol{T}_i^{l_1}}(Blk_j)$。

3）特征池化

直方图特征的串联融合方式，会大大增加特征维数，难以获得紧凑的特征表达形式。本章算法在分块直方图特征的基础上，引入二阶统计量分析，与传统的最大池化、平均池化等一阶池化方式相比，二阶池化方式能够借助保留浮点数以提供更多的判别信息。针对每个块的直方图计算统计熵 H，即

$$H = \sum_{k=0}^{L-1} p_r(r_k)\log_2 p_r(r_k) \tag{6.73}$$

式中：L 为灰度级数；$r_k \in [0, L-1]$ 为灰度；$p_r(r_k)$ 为概率直方图。将第一级卷积核的数量 L_1 看作通道数，级联 L_1 个图像块直方图的熵值，构成特征向量 $\boldsymbol{e}_i^b = \{H_i^{l_1}\}_{l_1=1}^{L_1}(b=1,2,\cdots,B)$。最后，对特征向量进行通道合并，即

$$\underset{l_1}{\mathrm{add}}\{H_i^{l_1}\}_{l_1=1}^{L_1} \tag{6.74}$$

得到样本 I_i 的特征描述符，即

$$\boldsymbol{f}_i = [\boldsymbol{e}_i^1, \boldsymbol{e}_i^2, \cdots, \boldsymbol{e}_i^B]^{\mathrm{T}} \in R^B \tag{6.75}$$

4）构建贝叶斯网络

经过特征提取、编码及池化过程，样本集 D 的特征描述符集合表示为目标正样本 $F_+ = \{\boldsymbol{f}_1, \boldsymbol{f}_2, \cdots, \boldsymbol{f}_N\}$、干扰负样本 $F_- = \{\boldsymbol{f}_1, \boldsymbol{f}_2, \cdots, \boldsymbol{f}_M\}$，作为贝叶斯网络的训练数据，考虑整个识别算法的复杂程度。本节采用静态网络建模特征描述符各分量间的相互作用关系，训练集图像尺寸为 64×64，根据前文中的卷积核尺寸、卷积核数量、池化窗口尺寸、直方图分块尺寸等参数，计算出最终获得的特征描述符维度为 16。

纵观整个特征处理流程，可以得出样本图像即候选目标区域中不同区域的特征信息反映在特征描述符的各分量中，因此本节以各分量作为网络的特征结点，表示为 $\boldsymbol{G}=\{g^1,g^2,\cdots,g^{16}\}$。

整体网络构建流程：首先对正、负样本离散化，区间长度设置为 0.2，通过计算特征结点之间的条件互信息，建立最大权重生成树，在有向无环图中添加类结点获得网络结构，本节构造的有向无环图模型如图 6.30 所示，图中 $g^i(i=1,2,\cdots,16)$ 表示 16 个特征结点，有向边表征各特征结点之间的依存关系。

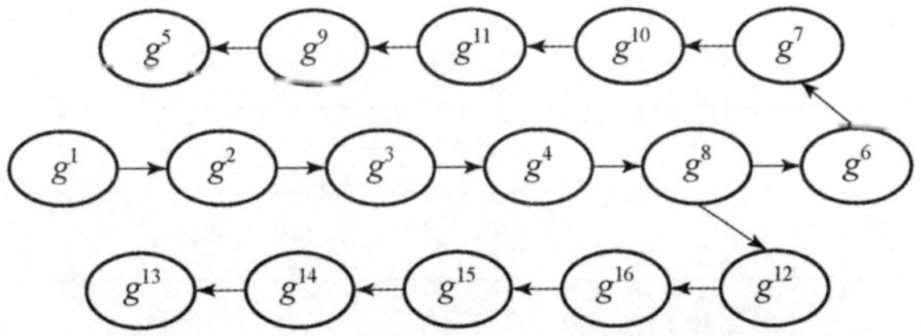

图 6.30　本章算法的有向无环图模型

确定网络结构之后，利用最大似然估计学习网络参数，获得刻画特征结点间依赖强度的条件概率表。以结点 g^2 为例，表 6.4 展示了该结点与其父结点 g^1 之间的条件概率。

表 6.4　g^2 结点的条件概率表

$C=1$										
	g^{11}	g^{12}	g^{13}	g^{14}	g^{15}	g^{16}	g^{17}	…	g^{183}	g^{184}
g^{21}	0	0	0	0	0.0357	0	0.0097	…	0	0
g^{22}	0.0075	0	0	0.0285	0	0	0	…	0	0
g^{23}	0.0149	0.0333	0.0357	0.0571	0	0	0	…	0	0
g^{24}	0.0187	0.0833	0.0892	0.1142	0.0357	0.0569	0.0291	…	0	0
g^{25}	0.0599	0.0833	0.1785	0.2571	0.2857	0.0894	0.0485	…	0	0
g^{26}	0.0636	0.1166	0.1964	0.1142	0.1071	0.0243	0.0873	…	0	0
g^{27}	0.0786	0.2166	0.1607	0.1428	0.1428	0.0487	0.0679	…	0	0
g^{28}	0.0524	0.0833	0.1607	0.1142	0.25	0.0162	0.1359	…	0	0
g^{29}	0.0524	0.1	0.0714	0	0.1071	0.0406	0.0582	…	0	0

续表

$C=1$										
g^{210}	0.0149	0.05	0	0.0857	0.0357	0.0243	0.0291	…	0	0
…	…	…	…	…	…	…	…	…	…	…
g^{283}	0	0	0	0	0	0	0	…	0	0
g^{284}	0	0	0	0	0	0	0	…	0	0
g^{285}	0	0	0	0	0	0	0	…	0	0
g^{286}	0	0	0	0	0	0	0	…	0	0
$C=0$										
	g^{11}	g^{12}	g^{13}	g^{14}	g^{15}	g^{16}	g^{17}	…	g^{183}	g^{184}
g^{21}	0	0	0.0303	0	0	0	0	…	0	0
g^{22}	0.0116	0	0.0303	0.0454	0	0	0	…	0	0
g^{23}	0.0465	0.1666	0	0	0.0156	0	0	…	0	0
g^{24}	0.0232	0	0.0909	0.1590	0.0625	0.0218	0.0149	…	0	0
g^{25}	0.0116	0.0555	0	0.0909	0.0781	0.0291	0.0373	…	0	0
g^{26}	0.0232	0	0.0606	0.0454	0.0625	0.0291	0.0597	…	0	0
g^{27}	0.0116	0.1111	0.0303	0.0681	0.0625	0.0145	0.0223	…	0	0
g^{28}	0.0232	0	0.1212	0.0454	0.0312	0.0291	0.0447	…	0	0
g^{29}	0.0116	0	0.1818	0.0227	0.0625	0.0218	0.0298	…	0	0
g^{210}	0	0.1111	0.0606	0.0454	0.0312	0.0218	0.0298	…	0	0
…	…	…	…	…	…	…	…	…	…	…
g^{283}	0	0	0	0	0	0	0	…	0	0
g^{284}	0	0	0	0	0	0	0	…	0	0
g^{285}	0	0	0	0	0	0	0	…	0	0
g^{286}	0	0	0	0	0	0	0	…	0	0

注：$g^{11} \sim g^{184}$表示 g^1 结点的 84 个区间，$g^{21} - g^{286}$表示 g^2 结点的 86 个区间。

5）概率推理

根据贝叶斯网络模型结构中蕴含的条件独立关系，可以得到推理的最大后验准则，即

$$C^* = \arg\max_C P(C \mid g^1, g^2, \cdots, g^{16}) = \arg\max_C \alpha \cdot P(C) \cdot \prod_{i=1}^{16} P(g^i \mid P_a(g^i)) \tag{6.76}$$

式中：α 为与确定类别无关的常数；C 为类别变量，取值为 1、0，分别代表目标和干扰。

对于候选区域的一组特征描述符 $\boldsymbol{f} = [\boldsymbol{e}^1, \boldsymbol{e}^2, \cdots, \boldsymbol{e}^{16}]^{\mathrm{T}}$，依据上一节得到的网络参数，分别计算 $P(\boldsymbol{f} \mid C=1)P(C=1)$ 和 $P(\boldsymbol{f} \mid C=0)P(C=0)$，其中每个类的先验概率 $P(C)$ 由训练样本统计得到。因此，根据本章算法的网络结构，有

$$\begin{aligned} P(f \mid C=1) &= \prod_{i=1}^{16} P(g^1 \mid P_a(g^1) \mid) \\ &= P(g^1 = \boldsymbol{e}^1, C=1) \cdot P(g^2 = \boldsymbol{e}^2 \mid g^1, C=1) \cdot p(g^3 = \boldsymbol{e}^3 \mid g^2, C=1) \\ &\cdot p(g^4 = \boldsymbol{e}^4 \mid g^3, C=1) \cdot p(g^5 = \boldsymbol{e}^5 \mid g^9, C=1) \cdot p(g^6 = \boldsymbol{e}^6 \mid g^8, C=1) \\ &\cdot p(g^7 = \boldsymbol{e}^7 \mid g^6, C=1) \cdot p(g^8 = \boldsymbol{e}^8 \mid g^4, C=1) \cdot p(g^9 = \boldsymbol{e}^9 \mid g^{11}, C=1) \\ &\cdot p(g^{10} = \boldsymbol{e}^{10} \mid g^7, C=1) \cdot p(g^{11} = \boldsymbol{e}^{11} \mid g^{10}, C=1) \cdot p(g^{12} = \boldsymbol{e}^{12} \mid g^8, C=1) \\ &\cdot p(g^{13} = \boldsymbol{e}^{13} \mid g^{14}, C=1) \cdot p(g^{14} = \boldsymbol{e}^{14} \mid g^{15}, C=1) \cdot p(g^{15} = \boldsymbol{e}^{15} \mid X_{13}, C=1) \\ &\cdot p(\mathrm{e}^{16} = \boldsymbol{e}^{16} \mid g^{12}, C=1) \end{aligned} \tag{6.77}$$

同理可计算

$$\begin{aligned} P(\boldsymbol{f} \mid C=0 \mid) &= \prod_{i=1}^{16} P(g^1 \mid P_a(g^1) \mid) \\ &= P(g^1 = \boldsymbol{e}^1, C=1) \cdot P(g^2 = \boldsymbol{e}^2 \mid g^1, C=1) \cdot p(g^3 = \boldsymbol{e}^3 \mid g^2, C=1) \cdots \\ &\cdot p(g^{14} = \boldsymbol{e}^{14} \mid g^{15}, C=1) \cdot p(g^{15} = \boldsymbol{e}^{15} \mid X_{13}, C=1) \\ &\cdot p(\boldsymbol{e}^{16} = \boldsymbol{e}^{16} \mid g^{12}, C=1 \mid \end{aligned} \tag{6.78}$$

通过比较 $P(\boldsymbol{f} \mid C=1)P(C=1)$ 和 $P(\boldsymbol{f} \mid C=0)P(C=0)$，得到概率推理结果，若

$$P(\boldsymbol{f} \mid C=1) \cdot P(C=1) > P(\boldsymbol{f} \mid C=0) \cdot P(C=0) \tag{6.79}$$

则该候选区域实际属于目标区域；反之为人工干扰区域。

4. 示例

试验数据集与试验环境：

本节数据集采用基于实验室仿真平台的空战对抗样本库中的 16 位仿真灰

度图序列。该平台通过初始发射条件、目标机动方式、干扰投放策略 3 个维度的参数控制对抗态势，具体包括以下内容。

初始发射条件：目标高度、载机高度、载机速度、水平进入角、投射距离、综合离轴角、发射距离。

目标机动方式：左转、右转、跃升、俯冲、不机动。

干扰投放策略：干扰投放组数、组间隔、干扰间隔、干扰总数。

训练集包含 504 条弹道态势下的全部导引头仿真图像，覆盖目标在视场中由远及近的全过程，导弹发射距离固定为 8000m，对抗态势的参数设置如表6.5 所列。

表 6.5　算法训练集的对抗态势参数

干扰投射距离/m	进入角/(°)	干扰总数	组间隔/s	干扰间隔/s	机动类型	干扰组数	每组干扰数
7000 4000	-180～180 隔 15	24	1	0.1	无机动	24	1
						12	2
						6	4
					左转	24	1
						12	2
						6	4
					右转	24	1
						12	2
						6	4

目标识别算法的测试集包含导弹在 10°、70°、160°进入角下的仿真图，分别对应尾后、侧向、迎头攻击状态，其余参数设置如表 6.6 所列。

表 6.6　算法测试集的对抗态势参数

干扰投射距离/m	干扰总数	组间隔/s	干扰间隔/s	干扰组数	每组干扰数	机动类型	进入角/(°)
7000	24	1	0.1	12	2	无机动	10/70/160
						左转	10/70/160
						跃升	10/70/160

为验证算法的有效性，本节分别进行了特征提取网络的参数设置试验和序列图像的目标识别试验，并将结合 2DPCANet 的贝叶斯目标识别算法与基于 SVM 分类器的识别方法对比，以研究贝叶斯和 SVM 两种分类器的分类能力。试验基于 Matlab R2018b 平台，PC 配置为 Intel Ⓡ Core™ i5 – 7400 CPU@3.00GHz，RAM 8GB。参数设置方面，特征提取网络中诸如卷积层数、卷积核尺寸、卷积核数量等参数需要预先给定，由于网络利用 PCA 构造卷积核，卷积核数量等于选取的主成分分量数目，因此卷积核数量这一参数在很大程度上决定了特征的表达能力。预训练的特征提取网络中卷积层数为 2，卷积核数量 $L_1=6$，$L_2=8$，卷积核尺寸 9×9，池化窗口和直方图分块尺寸分别为 5×5、7×7，重叠率均取 0.5，预处理图像的归一化大小为 64×64。

以下试验在包括 72 条序列、共 24465 张红外仿真图像的测试集上评估本章算法的识别效果，使用按照试验 1 中最优参数训练得到的 2DPCANet 进行特征提取，根据 6.3.1 节 4 中给出的定义计算识别率指标。表 6.7 所列为 2DPCANet – BayesNet 算法与另外 5 种对比方法（最小欧几里得距离、NB 模型、TAN 网络、DBN、2DPCANet – SVM）的识别率结果。

表 6.7　不同算法在测试集上的整体识别率对比

算法名称	统计项目			
	真实目标数	识别目标数	虚警数	识别率/%
2DPCANet – BayesNet	24465	23589	584	94.17
2DPCANet – SVM		22593	843	89.27
DBN		22925	739	90.96
TAN		21182	979	83.25
NB		20284	2144	76.23
最小欧几里得距离		17912	2728	65.87

综合表 6.7 可以看出，在测试集上 2DPCANet – BayesNet 算法取得了最高的识别率，具有最高的目标识别数和最低的干扰虚警数。图 6.31 所示为两种算法分别在不同进入角时的识别率，在使用相同的 2DPCANet 进行特征提取的条件下，通过与 SVM 的对比，进一步证明了 2DPCANet – BayesNet 算法引入贝叶斯分类模型的有效性，贝叶斯网络能够挖掘特征间的潜在关系，增加特征的区分性，提升对目标和干扰的表征能力。

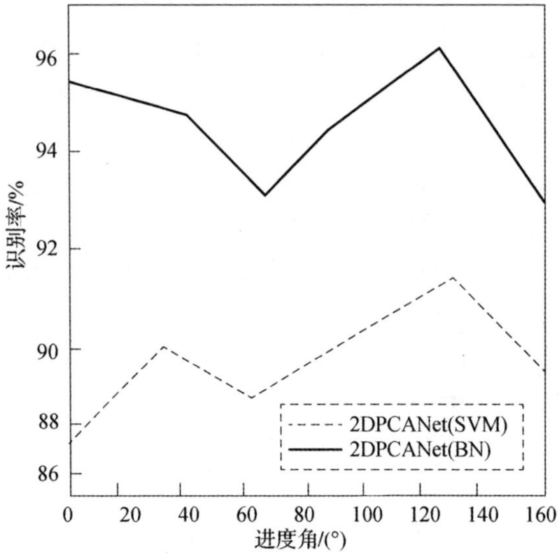

图 6.31 本节识别算法与 2DPCANet 算法性能比较

根据第 3 章试验结果的分析，尾后或侧向攻击时，本书基于 DBN 的识别算法所使用的形状和灰度统计特征的描述能力较差，不能很好地区分目标与人工干扰。为了验证本章算法特征描述符的性能，选择表 6.8 中所展示的 4 种较难的态势，对识别结果作进一步分析。

表 6.8 结合 2DPCANet 的贝叶斯目标识别算法识别率统计结果

态势	统计项目			
	N_{total}	N_{right}	N_{false}	P_{right}/%
10°无机动干扰 2 枚/组	536	528	3	97.96
10°无机动干扰 4 枚/组	718	705	5	97.51
100°跃升干扰 2 枚/组	307	300	11	94.33
-100°跃升干扰 2 枚/组	345	339	17	93.65

如图 6.32 所示，在 10°进入角、目标无机动、干扰 2 枚/组的条件下，第 3 章算法远距的识别效果较差，而且会出现连续帧识别错误的情况，而本章算法在此条件下仍可达到 97.96% 的识别率。另外，当进入角为 -100°、目标做跃升机动、干扰 2 枚/组时，随着弹目距离接近，近距干扰呈现出与目标相近的形态。图 6.33 所示的第一排为第 3 章算法的识别结果，可以看出此时形状特

征等传统特征基本失效，无法区分目标与人工干扰，本章算法提取的特征描述符则展现出较强的适应能力，能够很好地捕捉目标及干扰在特征层面的差异，将识别率提升至 93.65%。图 6.34 展示了本章算法在其余两个态势下的识别效果，远距和近距均能准确实现目标及人工干扰的识别分类。

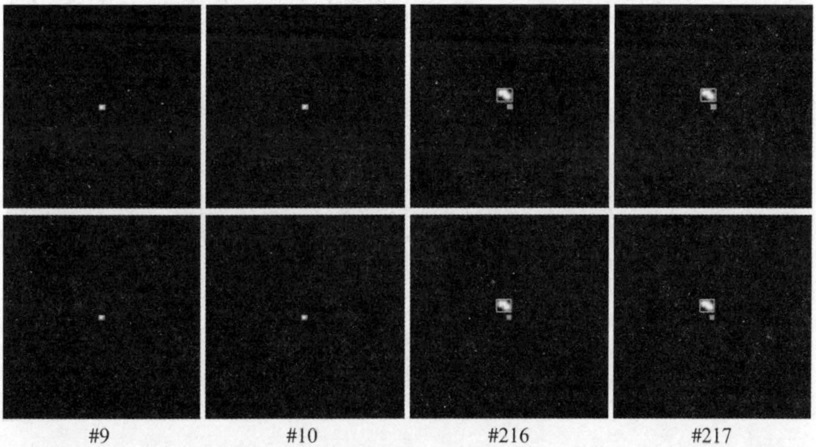

图 6.32　10°无机动干扰 2 枚/组态势下的算法识别结果对比（见彩图）
（第一排为第 3 章算法的结果，第二排为本章算法的结果）

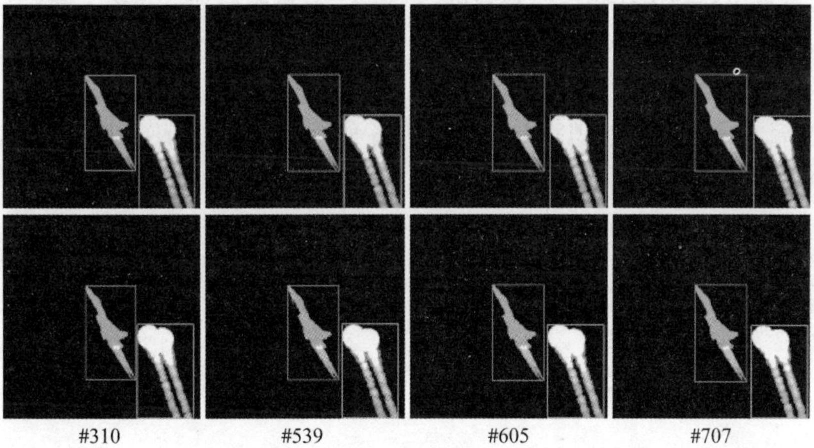

图 6.33　-100°跃升干扰 2 枚/组态势下的算法识别结果对比（见彩图）
（第一排为第 3 章算法的结果，第二排为本章算法的结果）

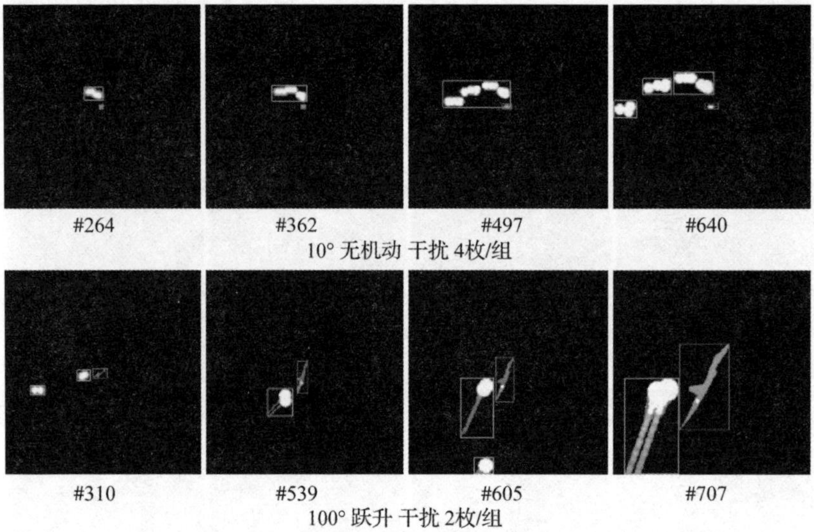

图 6. 34　本章算法的部分识别结果（见彩图）

6. 4　本章小结

本章首先介绍了传统方法与深度学习方法混合的原理，介绍了几种典型的混合方法。然后分别从特征层、决策层、结果层 3 个方面介绍了深度混合智能设计的原理。最后，详细介绍了结合 CNN 与 SVM 的目标识别方法、结合 2DPCANet 的贝叶斯目标识别方法，并与各种传统方法进行了对比，给出了相应的示例。

第7章 基于红外双波段图像融合的目标识别与抗干扰技术

基于传统方法和深度学习方法的混合目标识别框架综合了不同算法的各自优、缺点，但对于复杂战场环境下的目标识别和抗干扰能力仍有不足，采用红外双波段目标识别策略能够充分发挥双波段图像融合的优势，以此为基础可以获得待识别目标全面的、区别能力强的特征，解决了单一波段图像的不确定性。

本章首先从红外双波段图像特性分析出发，分析了红外双波段识别目标的基本原理和红外干扰的基本特性。随后介绍了基于双波段多特征融合的识别和抗干扰方法，并给出了相应的试验示例。最后针对某些背景下的弱小目标红外图像传统融合算法不能有效增强目标信息和抑制背景的缺陷，介绍了基于深度学习的双波段图像识别与抗干扰方法。

7.1 红外双波段图像特性分析

在进行抗干扰识别之前，首先从目标和干扰的光谱特性分析出发，分析不同波段下光谱辐射强度变化情况，再深入了解红外双波段图像的各种典型特征及其物理成因，在本节中将引入双色比差和双色比对比度特征以丰富目标图像的双波段特性。

7.1.1 光谱特性分析

常见的红外诱饵有常规型点源红外诱饵（MTV 红外诱饵）、多光谱红外诱饵及面源型红外诱饵。光谱型诱饵与传统 MTV 诱饵在能量、光谱及反应机理等方面均存在较大差异，其可通过燃烧反应生成选择性辐射产物匹配目标的光谱特性。以飞机目标为例，其辐射主要由发动机尾喷口辐射、尾流辐射、蒙皮辐射 3 部分组成，尾喷管的辐射波段主要是 2 ~ 2.5μm，尾流辐射波段主要是

3 ~ 5μm，总体 3 ~ 5μm 波段的辐射能量要高于 1 ~ 3μm。目标、MTV 诱饵、光谱型诱饵的光谱曲线如图 7.1 所示。由图可知，MTV 诱饵与飞机目标的光谱差异较大，光谱型诱饵的光谱特性与目标匹配性较好[60]。

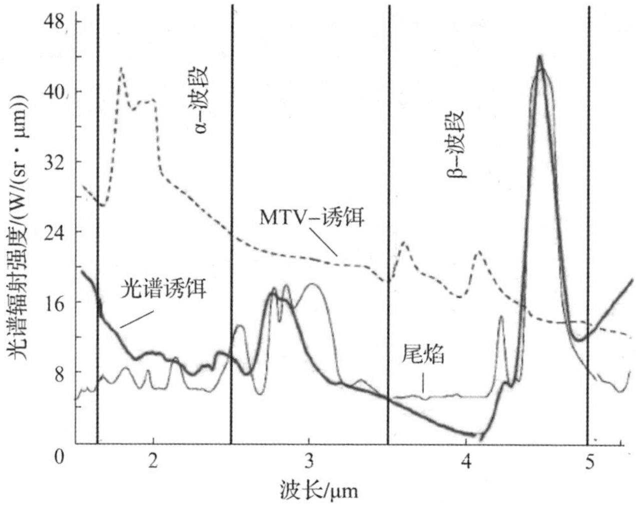

图 7.1　目标及不同体制诱饵的光谱特性

为了实现有效干扰，机载红外诱饵弹的光谱特性要与被保护目标的红外光谱辐射特性相匹配。尽管红外诱饵弹可在一定程度上模拟飞机等目标的红外辐射特征，但在目前技术水平下两者仍然存在明显差异。在空中运动状态下燃烧的红外诱饵，一部分是发光区，一部分是燃烧的烟雾，只有发光区形成的红外辐射才真正构成对红外制导导弹的干扰。图 7.2 所示为某飞机典型辐射光谱特性，图 7.3 所示为该机所携带的红外诱饵的静态辐射光谱特性，可以看到，红外诱饵与载机平台两者之间的辐射光谱分布在中波波段内相近，在短波波段内，目标的辐射明显衰减，而红外诱饵弹在短波波段内仍有相当强的辐射能量[61]。

随着新型干扰技术的发展，单波段传感器有时难以准确描述目标和干扰特征，难以从复杂环境中区分干扰。为了有效对抗红外诱饵弹，需要利用多波段传感器的互补性，获取目标和干扰多个侧面的属性，有利于找出目标和干扰之间的特性差异，如频谱分布差异，能明显改善对目标和干扰的识别，对于提高导引头的抗干扰能力具有重要的意义。

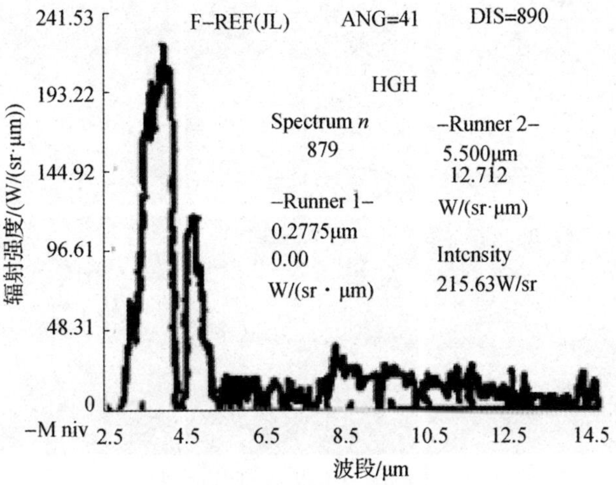

图 7.2　某典型飞机在额定状态尾向辐射光谱特性

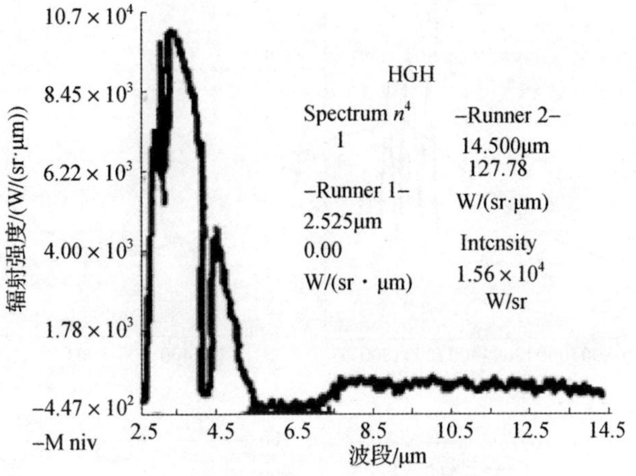

图 7.3　红外诱饵弹的静态辐射光谱特性

7.1.2　干扰特性分析

由于红外长波和中波各自的特性不同，因此长波红外图像与中波红外图像有不同的特点。在空中目标投放干扰的图像序列中（序列部分帧见图 7.4 和图 7.5），分别从纹理特征和形状特征进行目标特性分析，并绘制目标与干扰随时间的变化曲线。其中纹理特征包括平均灰度、能量、熵，形状特征包括长宽比、周长、圆形度（具体定义见第 3 章）。

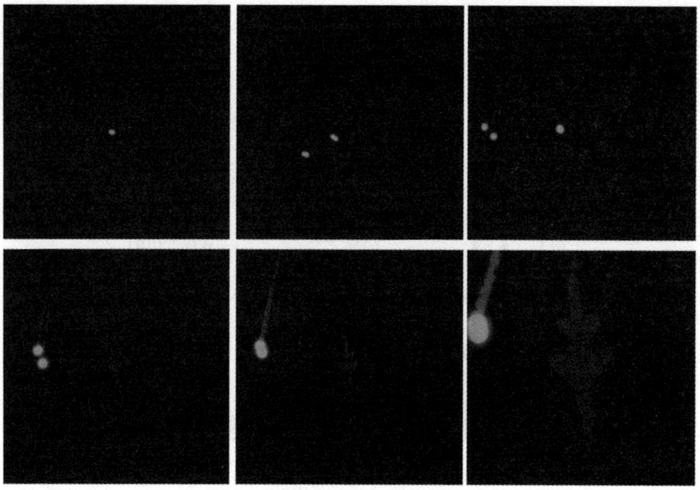

图 7.4 中波图像部分序列

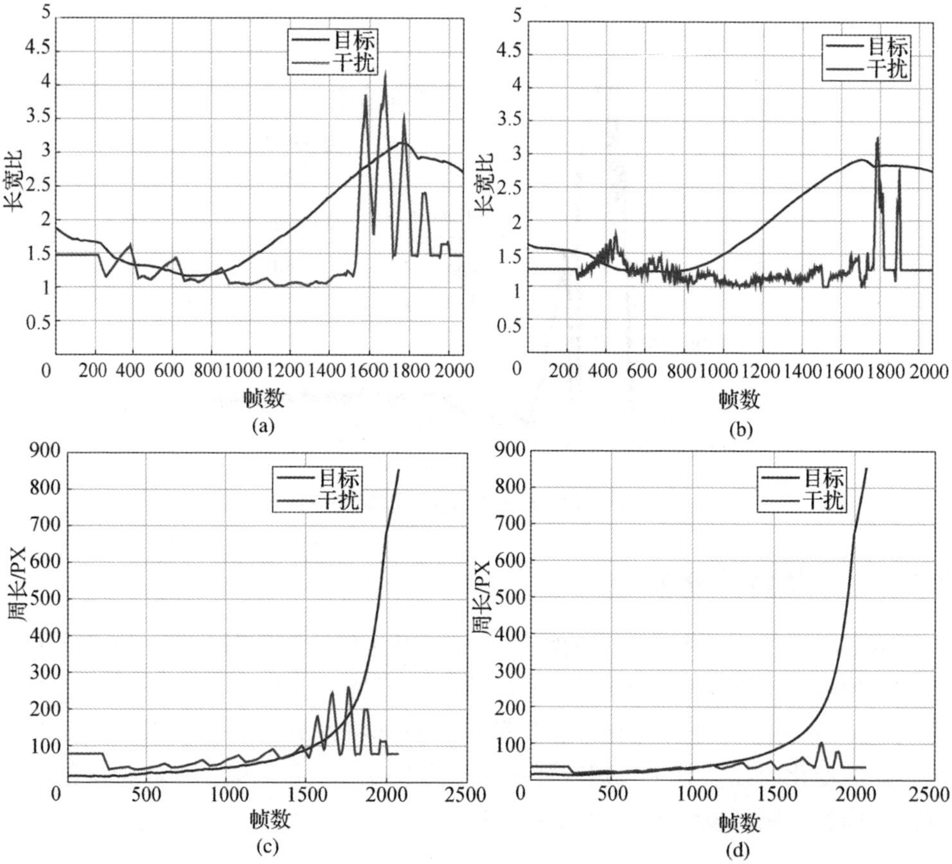

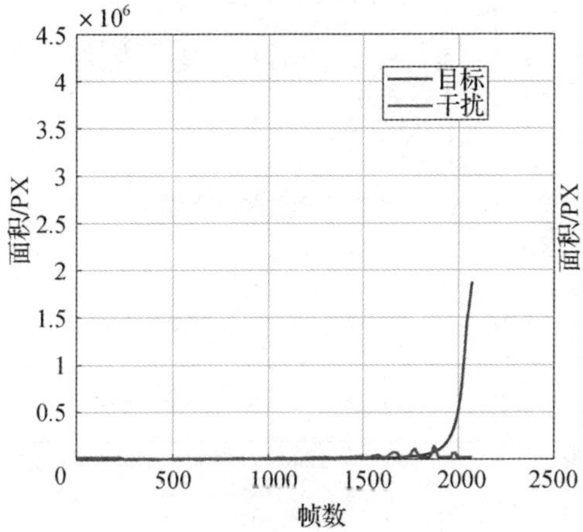
×10^6
面积/PX
目标
干扰
帧数
(e)

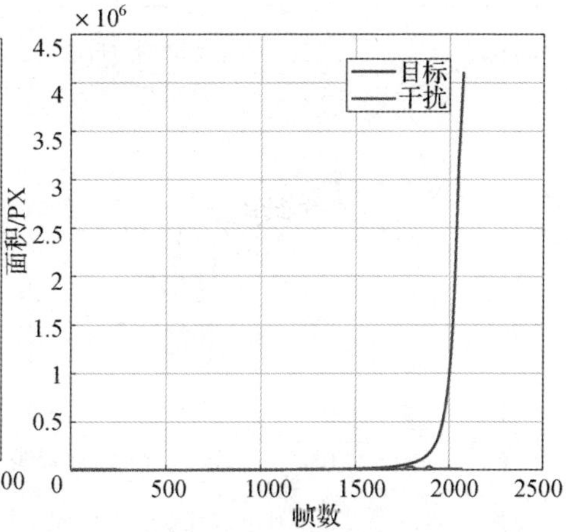
×10^6
面积/PX
目标
干扰
帧数
(f)

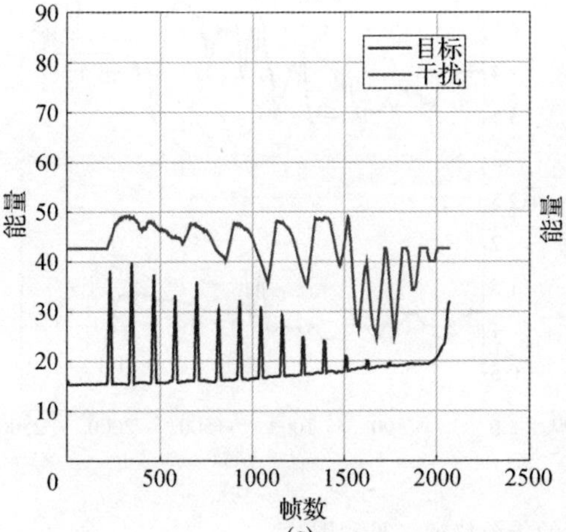
能量
目标
干扰
帧数
(g)

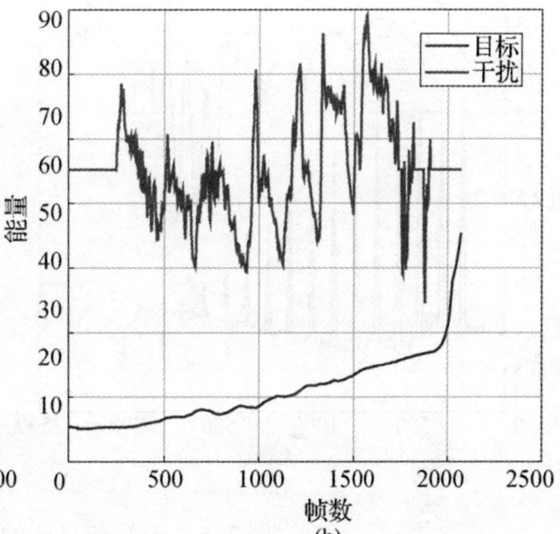
能量
目标
干扰
帧数
(h)

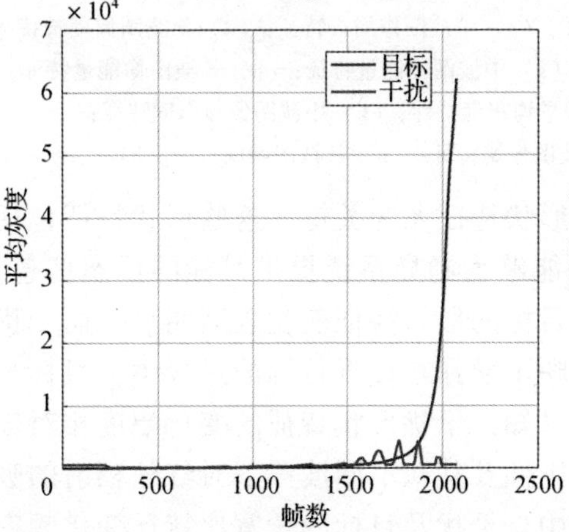
×10^4
平均灰度
目标
干扰
帧数
(i)

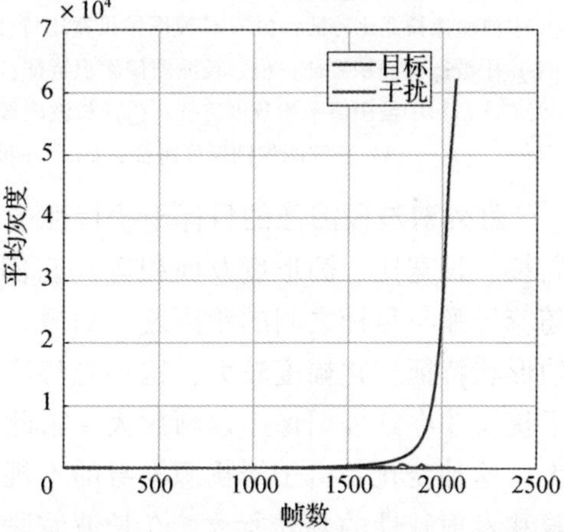
×10^4
平均灰度
目标
干扰
帧数
(j)

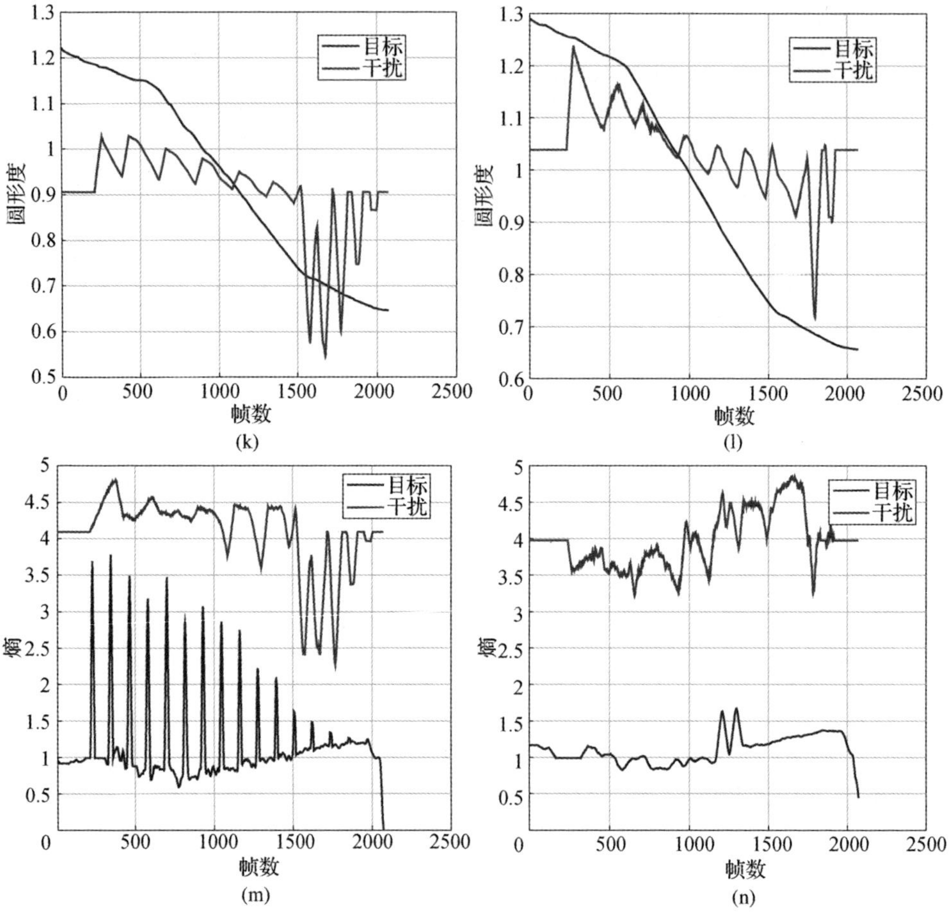

图 7.5　干扰与目标的传统特征（见彩图）

(a) 中波图像长宽比特征；(b) 长波图像长宽比特征；(c) 中波图像周长特征；(d) 长波图像周长特征；(e) 中波图像面积特征；(f) 长波图像面积特征；(g) 中波图像能量特征；(h) 长波图像能量特征；(i) 中波图像平均灰度特征；(j) 长波图像平均灰度特性；(k) 中波图像圆形度特征；(l) 长波图像圆形度特征；(m) 中波图像熵特征；(n) 长波图像熵特征。

红外双波段图像的目标干扰特性中形状特征尤为关键。这些形状特征包括周长、长宽比、圆形度及面积等，它们能够为制导系统提供目标的形态信息。随着导弹与目标之间的距离逐渐缩短，目标的形状特征变化逐渐明显，而干扰的形状特征变化幅度较大，这种趋势反映了导弹在接近目标的过程中，目标与干扰尺寸在红外图像中逐渐放大。由此可知，干扰形状特征的变化幅度相对较大，这种变化是由于干扰源本身的不规则性及其在不同波段下对红外辐射的吸收和发射特性的差异所致。在长波波段中，干扰及目标的长宽比特征变化频率显著高于中波波段，这一现象与长波波段对目标热辐射的高敏感性有关，导致在干扰源的影响下长波波段的长宽比特征表现出更加剧烈的波动。对于圆形度特征，中长波图像中目标圆形度特征均逐渐下降，干扰的圆形度特征开始时较为稳定，随着弹目距离接近红外图像，干扰尾焰逐渐清晰，导致干扰区域变大，干扰的圆形度特征发生波动。

能量、平均灰度、图像熵等纹理特征也是反映目标和干扰信息的重要方面。其中能量特征反映了目标和干扰在红外波段的辐射强度，从图中可以看出，干扰的能量通常明显高于目标的能量。这一现象的原因主要在于：为了有效地干扰导弹的红外制导系统，红外干扰需要产生比目标更强的红外辐射，以吸引制导系统的注意力并干扰其追踪，这就导致目标和干扰源的辐射差异显著。由于长波波段对目标的热辐射更为敏感，因此长波图像中目标与干扰的能量特征区分更为明显。这种中长波的区分对于制导系统在复杂环境下识别目标具有重要意义，在识别、跟踪与制导的过程中灵活运用中波特性和长波特性有助于减少误判和提高精度。平均灰度特征能够反映图像中目标和干扰源的亮度水平，是评估图像信息丰富度的重要指标，在长波和中波两个波段中，平均灰度特征的表现也有所不同。在长波波段，目标和干扰源的平均灰度区分度更高，这意味着在长波图像中，制导系统更容易区分目标和干扰源。对于熵特性，其反映了图像中像素强度分布的均匀性。高熵值表示图像中像素的分布更加杂乱无章，低熵值意味着图像的像素分布相对集中。从图中可以得知，无论是中波还是长波，干扰的熵值明显高于目标的熵值，高熵值是干扰源设计的一部分，用以模拟复杂环境或掩盖目标的真实特征。干扰与目标的传统特征如图 7.5 所示。

7.1.3 双色比特征分析

红外双色比能够表征获取目标和诱饵的温度信息，可以作为目标和干扰的双波段特征。双色比的精度越高，系统对目标的温度分辨率越高。因此，分析研究点目标红外双色比的特性和处理方法，区分真实目标与诱饵具有重要意义。

记 t 和 c 为成像系统视场中目标和干扰两类辐射源，在单波段特征分析时，G_t 和 G_c 分别为两类辐射源在输出图像上的灰度值，$\Delta G = |G_t - G_c|$ 为图像目标和干扰的灰度差，当干扰为点辐射源时，使用灰度差在分析目标和干扰时具有较好的效果。但是当干扰为面辐射源时，使用灰度对比度 C_{tc} 能够更好地说明问题，同时还可以避免大灰度差、小对比度的情况出现，计算公式为

$$C_{tc} = \left| \frac{G_t - G_c}{G_t + G_c} \right| \tag{7.1}$$

考虑到需对双波段的互补性进行比较，引入双色比差和双色比对比度如下。

1. 双色比差

假设 G_{t1} 和 G_{t2} 分别为目标通过 t_1 和 t_2 两个波段后在输出图像上得到的灰度值，G_{c1} 和 G_{c2} 分别为干扰类辐射源通过两个波段后在输出图像上得到的灰度值，可得

$$\begin{cases} B_t = \dfrac{G_{t1}}{G_{t2}} \\ B_c = \dfrac{G_{c1}}{G_{c2}} \end{cases} \tag{7.2}$$

$$\Delta B = | B_t - B_c | \tag{7.3}$$

ΔB 即为目标和干扰的双波段图像的双色比差，B_t 与 B_c 为目标和干扰双色比。

由图 7.6 可知，目标和干扰的双色比差维持在一定的差值，而在弹目距离接近过程中，这一差值波动明显。

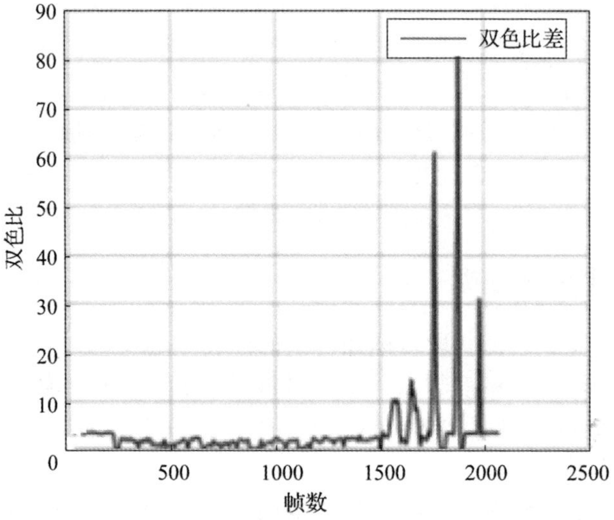

图 7.6　干扰和目标双色比差

2. 双色比对比度

双色比对比度 B_{tc} 定义为

$$B_{tc} = \left| \frac{B_t - B_c}{B_t + B_c} \right| \tag{7.4}$$

$$B_{tc} = \left| \frac{B_t - B_c}{B_t + B_c} \right| \tag{7.5}$$

由图 7.7 可知，在刚开始投放干扰时，干扰与目标对比度高，目标更容易从干扰中分离出来。具体物理成因是由于红外诱饵弹体积较小，为了获得很高的辐射强度，只能采取提高燃烧温度的措施。诱饵弹燃烧时的温度一般较高，决定了诱饵弹具有比较强的能量，而飞机目标在近红外，在投放干扰时目标与干扰对比度较高。

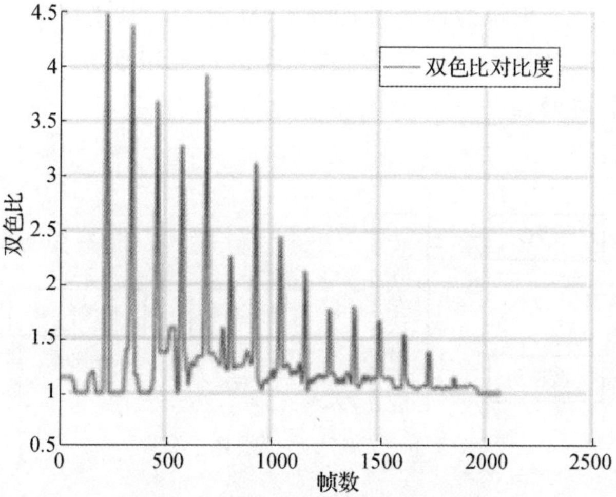

图 7.7　干扰与目标双色比对比度

7.2　基于双波段多特征融合的识别与抗干扰方法

根据图像融合和目标识别的先后顺序不同，本节将融合方法分为两种，分别是融合后识别及识别后融合。前者主要通过传统方法如基于空间域的图像传统融合方法和基于变换域的图像传统融合方法进行图像融合，然后基于融合图像提取的双波段特征采用朴素贝叶斯分类器进行抗干扰识别。融合后识别的抗干扰方法易于实现且较为成熟，是本节介绍的重点。识别后融合是在信息最抽象时进行融合，这一过程首先分别对提取特征进行识别，再对独立识别之后的结果进行融合，最后进行综合决策，获得最终识别结果。

7.2.1 融合后识别

对于融合后识别方法（Fusion - Before - Recognize，FBR），首先对不同波段图像进行融合，再对融合结果进行目标检测，融合和识别方法流程如图 7.8 所示。融合方法主要采用传统融合，在融合过程中信息损失最少，能够最大程度地保留双波段红外图像中的原始信息，有良好的鲁棒性和准确性。图像融合的目的是能够最大程度地保留双波段红外图像中的原始信息，突显目标特征，提升后续检测算法的性能。按图像融合处理域的差异，传统融合方法可分为两种类型，即基于空间域的图像融合方法、基于变换域的图像融合方法。目标检测及抗干扰识别，采用单波段特征的有 SVM 算法、基于树增强朴素贝叶斯网络的目标识别算法以及基于动态贝叶斯网络的目标识别方法等。本节主要在单波段特征基础上再增加融合图像的双色比特征构造贝叶斯分类器进行抗干扰识别。

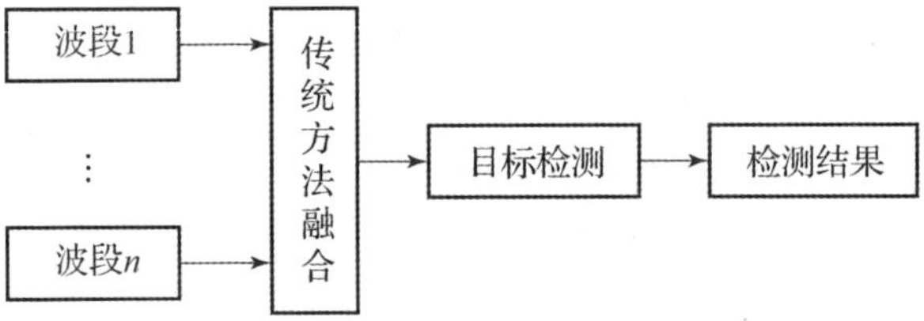

图 7.8　先融合后识别算法流程

1. 基于空间域的图像传统融合方法

目前的主流算法有基于最大值（Max）/最小值（Min）法、加权平均法和 PCA 融合法等。其中，加权融合算法作为最经典空间域的融合算法，其特点是不对源图像进行任何变换处理，直接对数据进行加权叠加，优点是信息损耗及附加噪声小，在实际工程上得到了广泛的应用。但是，加权融合中源图像的加权因子的选取至关重要，如果加权因子选取不当，甚至会模糊图像已有的边缘、纹理等重要信息；PCA 是一种常用的融合准则。使用 PCA 方法进行图像融合的常用方法有两种：一是用于高分辨率全色图像与低分辨率多光谱图像的融合；二是用于同分辨率图像的融合。将 PCA 应用于近似图像的融合，其中，PCA 方法决定了各近似图像融合时的权重，当融合源图像相似时，该方法近似于加权融合算法，其融合效果对图像之间的相似性依赖很大，应用非常受限。

1）基于像素灰度最大值的算法

以两幅图像融合为例说明图像融合过程及融合方法。对于 3 个或多个源图像融合的情形，可以类推。假设参加融合的两个源图像分别为 A、B，图像大小为 $m \times n$，经过融合后得到的融合图像为 F，那么，对 A、B 两个源图像的像素灰度值选大图像融合方法可表示为

$$f_F(x,y) = \max\{f_A(x,y), f_B(x,y)\} \tag{7.6}$$

式中：x 为图像中像素行号，$x = 1,2,\cdots,m$；y 为图像中像素的列数，$y = 1,2,\cdots,n$。

即在融合处理时，比较源图像 A、B 中对应位置(x,y)处像素灰度值的大小，以其中灰度值大的像素（可能来自图像 A 或 B）作为融合图像 F 在位置(x,y)处的像素。这种融合方法只是简单地选择参加融合的原图像中灰度值大的像素作为融合后的像素，对参加融合的像素进行灰度增强，因此该融合方法的实用场合非常有限。

2）基于像素灰度最小值的算法

基于像素的灰度值选小图像融合方法可表示为

$$f_F(x,y) = \min\{f_A(x,y), f_B(x,y)\} \tag{7.7}$$

在融合处理时，比较原图像 A、B 中对应位置(x,y)处像素灰度值的大小，以其中灰度值小的像素（可能来自图像 A 或 B）作为融合图像 F 在位置(x,y)处的像素。这种融合方法只是简单地选择源图像中灰度值小的像素作为融合后的像素，与像素灰度值选大像素作为融合方法一样，该融合方法的实用场合也很有限。

3）加权平均法

加权平均法是对多幅融合图像的对应像素位置进行简单加权平均计算，即

$$f_F(x,y) = \sum_{k=1}^{n} \alpha_k f_k(x,y) \tag{7.8}$$

式中：α_k 为第 k 幅图像对应的权重值，权重根据所需原图内容依经验设置，所有图像的权重值总和为 1；F 为融合后图像；$f_k(x,y)$ 为第 k 幅待融合的源图像的灰度值。该方法在提高图像信噪比的同时，使图像对比度变低、细节信息被弱化，得到的融合图像边缘模糊化严重，无法满足大多数应用要求。优点是结构简单、运算速度快。

4）PCA 融合法

PCA 融合法融合过程如图 7.9 所示，低分辨率图像通过 PCA 正变换得到 3 个不同分量成分，通过系数分析权值，PCA 逆变换后输出融合图像。图像融合过程中主要将包含图像主体特征信息的第一主成分分量信息进行融合。

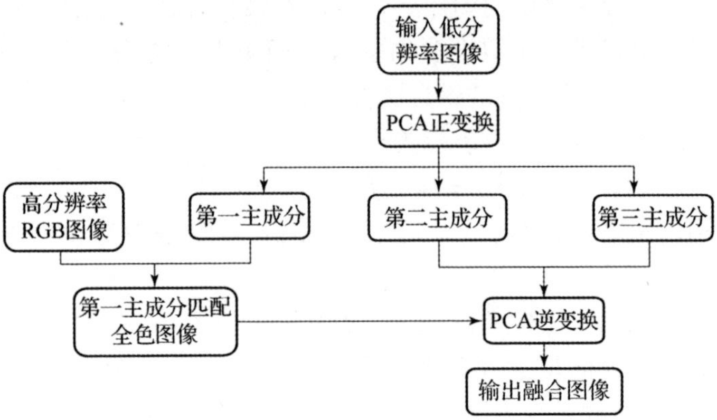

图 7.9　PCA 融合法

$$f_F(x,y) = \sum_{k=1}^{n}\left(\frac{\lambda_k}{\sum_{k=1}^{n}\lambda_k}f_k(x,y)\right) \tag{7.9}$$

式中：λ_k 为第 k 幅图像对应的第一主成分分量；F 为融合后的图像；k 为待融合的图像。该方法的不足是特征权重值分配偏向于方差值大的一方，如果图像受噪声等干扰产生噪点或死点会造成图像方差值偏高，这些不理想的图像权重值大概率会分配更高。

2. 基于变换域的图像传统融合方法

尽管简单空间域的图像融合方法（加权平均或像素灰度值选择）具有算法简单、信息损失少的优点，但在多数应用场合，简单空间域的图像融合方法是难以取得令人满意的融合效果的。简单的像素灰度值加权平均往往会带来融合图像对比度下降等副作用；而像素灰度值的简单选择（选大或选小）只可能用于极少数场合，同时，其融合过程往往需要人工干预，不利于机器视觉及其目标的自动识别。

基于变换域的方法是先利用工具将处于空间域内的原始图像转化进变换域内，再进行融合处理。与简单基于空间域的图像融合方法相比，基于变换域的图像融合方法可以获得明显改善的融合效果。下面主要介绍几种常用的变换域融合方法。

1）基于拉普拉斯金字塔变换的图像融合方法

将图像的拉普拉斯（Laplacian）金字塔形分解用于红外图像的融合处理，基于拉普拉斯塔形分解的图像融合方案如图 7.10 所示。这里以两幅图像的融合为例，对于多幅图像的融合方法可由此类推。设图像 A、B 为两幅原始图像，图像 F 为融合后的图像。其融合的基本步骤如下。

（1）对每一源图像分别进行拉普拉斯塔形分解，建立各图像的拉普拉斯金字塔。

（2）对图像金字塔的各分解层分别进行融合处理；不同的分解层采用不同的融合算子进行融合处理，最终得到融合后图像的拉普拉斯金字塔。

（3）对融合后所得拉普拉斯金字塔进行逆塔形变换，即进行图像重构，所得到的重构图像即为融合图像。

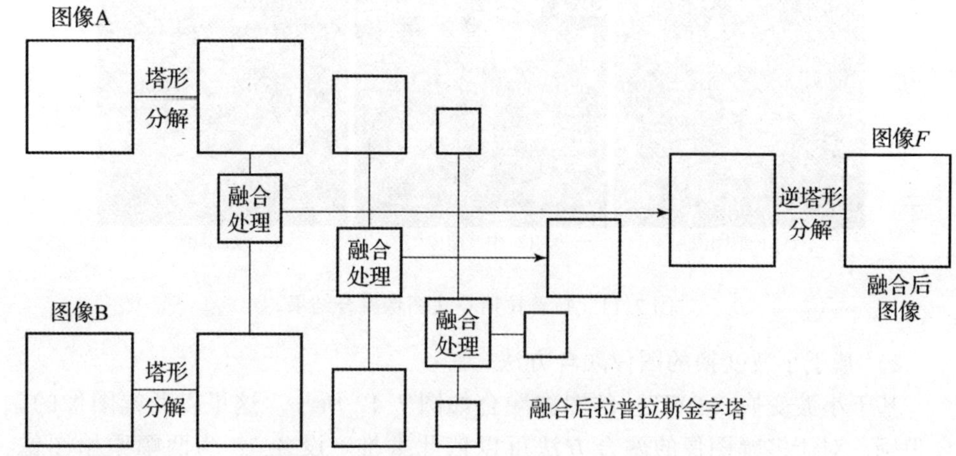

图 7.10　基于拉普拉斯金字塔的融合

上述图像融合方法具体实例如图 7.11 所示。

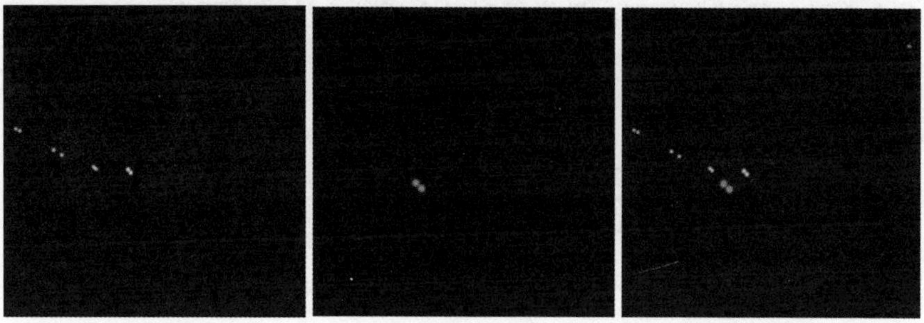

(1) 长波图像　(2) 中波图像　(3) 融合图像

(a)

(1) 长波图像　　(2) 中波图像　　(3) 融合图像

(b)

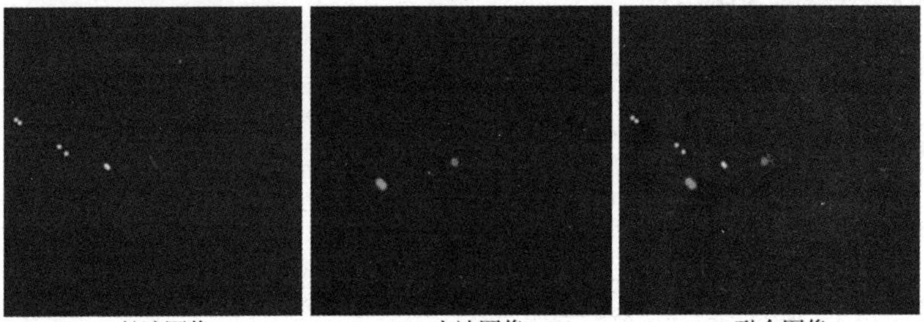

(1) 长波图像　　(2) 中波图像　　(3) 融合图像

(c)

图 7.11　拉普拉斯算法图像融合结果

2）基于小波变换的图像融合方法

基于小波变换（DWT）的图像融合如图 7.12 所示。这里以两幅图像的融合为例，对于多幅图像的融合方法可以依此类推。设 A、B 为两幅原始图像，F 为融合后的图像。其融合处理的基本步骤如下。

（1）对每一源图像分别进行小波变换。

（2）对各分解层分别进行融合处理；各分解层上的不同频率分量可采用不同的融合算子进行融合处理，最终得到融合后的小波变换图像。

（3）对融合后所得小波变换图像进行小波逆变换（即进行图像重构），所得到的重构图像即为融合图像。

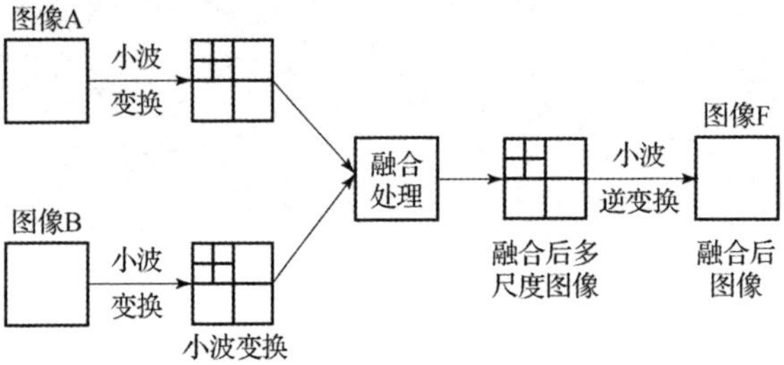

图 7.12　基于小波变换的图像融合

上述图像融合具体示例如图 7.13 所示。

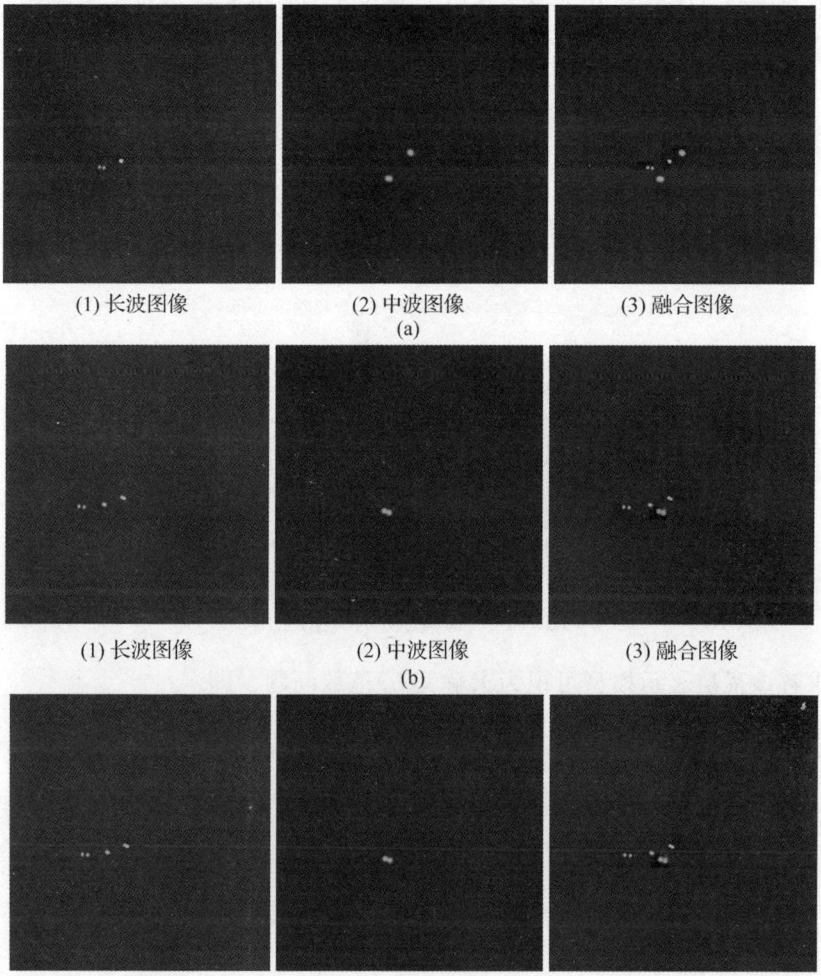

(1) 长波图像　(2) 中波图像　(3) 融合图像
(a)

(1) 长波图像　(2) 中波图像　(3) 融合图像
(b)

(1) 长波图像　(2) 中波图像　(3) 融合图像
(c)

图 7.13　DWT 算法图像融合结果

3）基于稀疏表示的图形融合方法

稀疏表示（SR）是一种用于表征人类视觉系统的有效工具[62]，并已成功应用于不同的领域，如图像分析、计算机视觉、模式识别和机器学习[63-65]。与基于具有预固定基函数的多尺度变换的红外双波段图像融合方法不同，稀疏表示图像融合方法旨在从大量高质量自然图像中学习过完备字典。然后，源图像可以由学习字典稀疏表示，从而可能增强有意义和稳定图像的表示[66]。此外，重合失调或噪声会给融合的多尺度表示系数带来偏差，从而导致融合图像中的视觉伪像。同时，基于稀疏表示的融合方法使用滑动窗口策略将源图像划分为若干重叠的补丁，从而可能减少视觉伪像并提高对重合失调的鲁棒性[67]。

设原始图像由一个列向量 $\boldsymbol{y}\in R^n$ 表示，矩阵 $\boldsymbol{D}=\{d_1,d_2,\cdots,d_m\}$ $(\boldsymbol{D}\in R^{n\times m}$，$n<m)$，则 $\boldsymbol{y}$ 可以表示为[68]

$$\boldsymbol{y}=\boldsymbol{D\alpha} \tag{7.10}$$

式中：$\boldsymbol{D}$ 为过完备字典，每个列向量被称为字典的一个原子；$\boldsymbol{\alpha}\in R^m$ 为图像 $\boldsymbol{y}$ 在字典 $\boldsymbol{D}$ 上的稀疏表示系数，含有很少的非零元素，如图 7.14 所示。

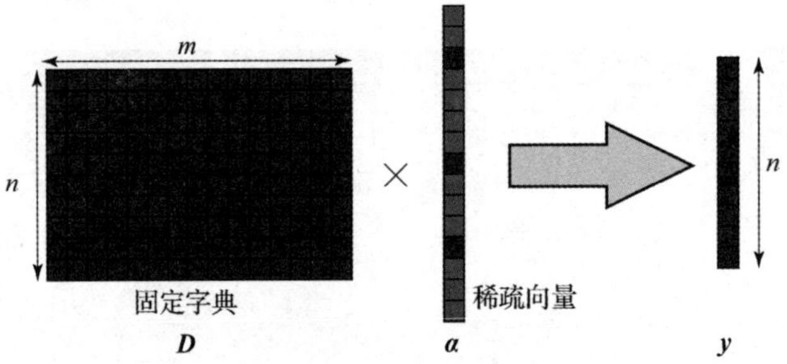

图 7.14　稀疏表示原理示意图

求解该稀疏表示模型可视为求解其 L_0 范数问题，即

$$\begin{cases}\min \|\boldsymbol{\alpha}\|_0 \\ \text{s. t. } \|\boldsymbol{y}-\boldsymbol{D\alpha}\|\leqslant\varepsilon\end{cases} \tag{7.11}$$

式中：ε 为稀疏逼近误差；$\|\boldsymbol{\alpha}\|_0$ 为 $\boldsymbol{\alpha}$ 的 L_0 范数，表示非零元素的个数。由于 L_0 范数的非凸性，对式（7.11）进行精确求解是个典型的 NP 难问题[69]，因此可以转换为 L_1 范数来求解其近似值。将问题（7.11）转化为求解问题（7.12）即

$$\begin{cases}\min \|\boldsymbol{\alpha}\|_1 \\ \text{s. t. } \|\boldsymbol{y}-\boldsymbol{D\alpha}\|\leqslant\varepsilon\end{cases} \tag{7.12}$$

在用字典对图像进行稀疏表示的过程中，对于所要用到的字典的选择或设计是很关键的一步。若整个图集被用作字典就会产生适应性差、计算复杂等问题，而字典学习则可以克服这些困难[70]，典型的字典学习模型为

$$\begin{cases}\langle \boldsymbol{D},\boldsymbol{X}\rangle=\arg \\ \min\limits_{\boldsymbol{D},\boldsymbol{X}} \|\boldsymbol{Y}-\boldsymbol{DX}\|_2^2 \\ \text{s. t. } \|\boldsymbol{X}\|_0\leqslant T_0\end{cases} \tag{7.13}$$

式中：$\boldsymbol{Y} \in R^{M \times N}$为原始信号；$\boldsymbol{D} \in R^{M \times K}$为学习字典；$\boldsymbol{X} \in R^{K \times N}$为稀疏系数矩阵；$T_0$ 为约束因子，即求得的非零系数数目不超过 T_0 个。

近些年来，常用的字典学习算法是 K-SVD（K-Singular Value Decomposition）[71]算法，K-SVD 算法基本思想是先初始化一个字典，对其进行稀疏编码之后根据获得的稀疏系数矩阵对字典更新，从而找到最优字典。在 K-SVD 算法的初始阶段，输入样本 $\boldsymbol{Y} = \{y_1, y_2, \cdots, y_N\} \in R^{d \times N}$，随机输入或者选择 k 个样本构建初始字典并归一化得到 $\boldsymbol{D} = \{d_1, d_2, \cdots, d_k\} \in R^{d \times k}$。

在 K-SVD 算法的稀疏编码阶段，需要先将给定的字典 $\boldsymbol{D}$ 固定住，然后求解 $\boldsymbol{Y}$ 在 $\boldsymbol{D}$ 上的稀疏系数矩阵 $\boldsymbol{X}$，即对以下问题模型优化求解，在这个过程中一般常使用 OMP 算法来进行，即

$$\{\boldsymbol{D}, \boldsymbol{X}\} = \operatorname{argmin} \| Y_i - D_i x_i \|_2^2 + \lambda \| x_i \|_0 \quad (i = 1, 2, \cdots, K) \tag{7.14}$$

在 K-SVD 算法的字典学习阶段，字典的更新是一列一列进行的，在更新原子 d_i 时，令其他原子都保持不变，方便找出新的 d_i 以及和它相对应的系数 x_T^i，从而能够在最大程度上减少均方误差，即

$$\boldsymbol{DX} = \sum_{j=1}^{K} d_j x_T^j \tag{7.15}$$

假设字典的第 i 列为 d_i，x_T^i 表示系数矩阵中 d_i 对应的第 i 行，则有

$$\begin{aligned} \| \boldsymbol{Y} - \boldsymbol{DX} \|_F^2 &= \left\| \boldsymbol{Y} - \sum_{j=1}^{K} d_j x_T^j \right\|_F^2 \\ &= \left\| \left(\boldsymbol{Y} - \sum_{j \neq i} d_j x_T^j \right) - d_i x_T^i \right\|_F^2 \\ &= E_i - d_i x_T^i \|_F^2 \end{aligned} \tag{7.16}$$

式中：E_i 为去掉原子 d_i 后造成的误差。对 E_i 进行奇异值分解来更新 d_i 和 x_T^i，循环迭代执行，直至 $\| \boldsymbol{Y} - \boldsymbol{DX} \|_F^2$ 收敛找到最优字典。最后输出字典 $\boldsymbol{D}$。

通常，基于稀疏表示的红外双波段图像融合方案包括 4 个步骤，如图 7.15 所示。

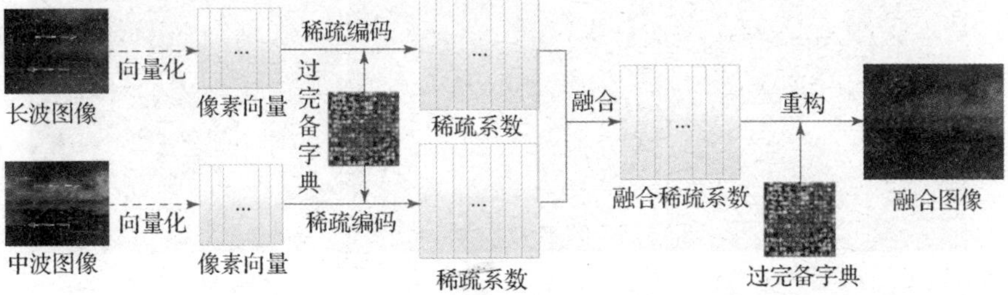

图 7.15　基于稀疏表示的图像融合方法

首先，使用滑动窗口策略将每个源图像分解成若干重叠的块；其次，从许多高质量的自然图像中学习过完整的字典，并且对每个补丁执行稀疏编码以使用所学习的过完备字典来获得稀疏表示系数，根据给定的融合规则融合稀疏表示系数；最后，使用学习的过完备字典，采用融合系数重建融合图像。基于稀疏表示的融合方案的关键在于过完整的字典构造、稀疏编码和融合规则。

SR 方法相比前面介绍的几个多尺度变换（MST）方法，主要区别在于多尺度变换方法基函数固定，而 SR 字典可从大样本中通过 K 奇异值分解等算法学习得到。当前应用于图像融合的 SR 模型有：①传统稀疏约束模型，常用正则式进行稀疏约束；②非负稀疏约束模型，它通过非负和稀疏约束项来提高稀疏性；③鲁棒稀疏模型；④联合稀疏表示等。

由于稀疏系数采用过完备字典生成，字典学习好坏直接影响融合结果，当字典泛化能力差时融合结果中很容易出现不连续的伪影。由于采用滑动窗口分块，每一块都要进行编码，计算效率低，并且窗口分块也会导致细节信息丢失，这使基于 SR 的融合方法难以用于多波段图像融合中。

将稀疏表示与拉普拉斯金字塔融合方法相结合的 LP - SR 变换的具体图像融合结果如图 7.16 所示。

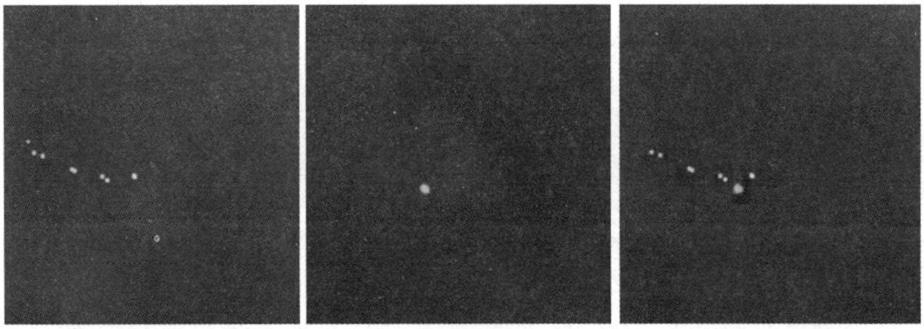

(1) 长波图像　　(2) 中波图像　　(3) 融合图像

(a)

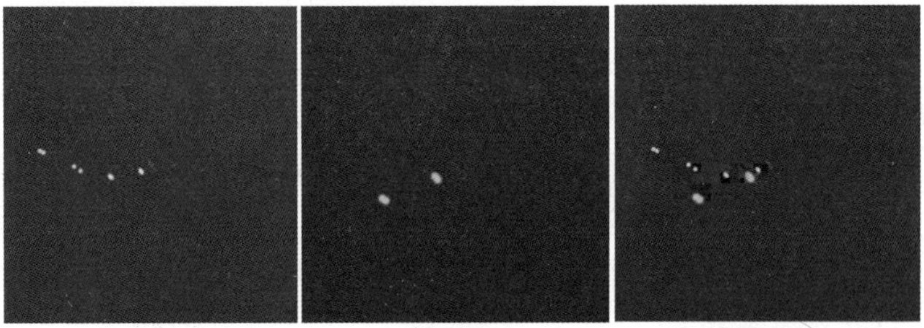

(1) 长波图像　　(2) 中波图像　　(3) 融合图像

(b)

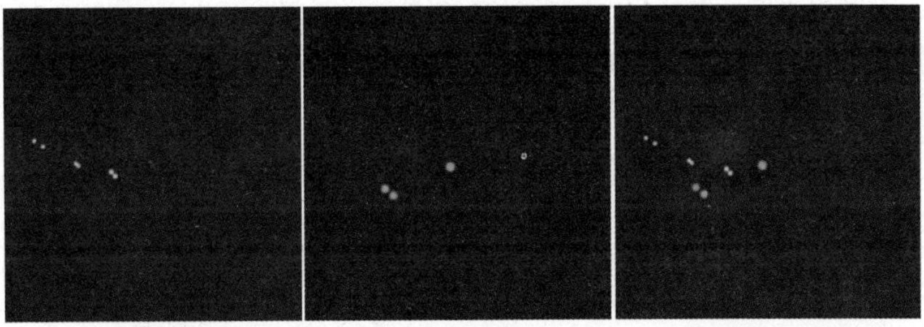

(c)

图 7.16　基于轮廓波变换的图像融合

4）基于潜在低秩的图像融合方法

随着压缩感知的兴起，基于表征学习的图像融合方法受到了广泛关注，其中常见的表征学习方法有稀疏表征和低秩表征。这类方法使用稀疏字典或低秩矩阵来对源图像进行表示和学习，然后对学习到的不同部分选择合适的规则进行融合生成融合图像。Li 等[72] 利用潜在低秩表示（Latent Low Rank Representation, LatLRR）对源图像进行表征分解，提出一种表征学习融合方法，具体融合框架如图 7.17 所示。

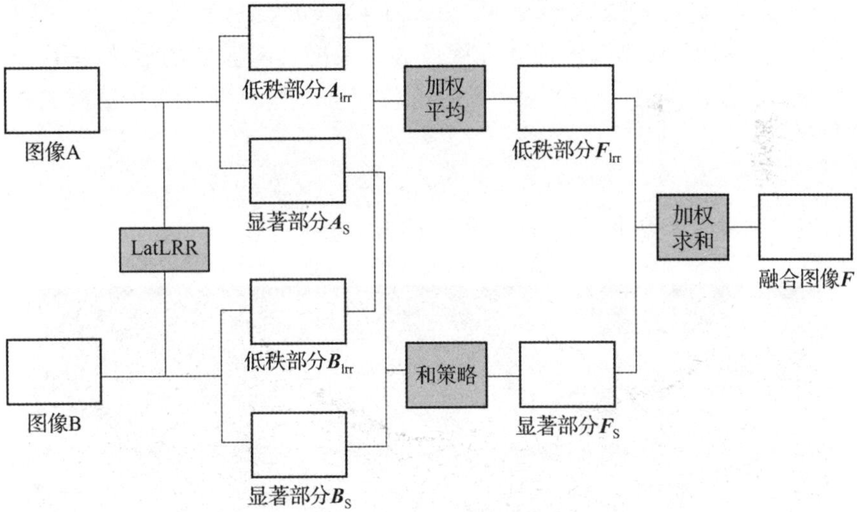

图 7.17　LatLRR 算法融合框架

基于 LatLRR 的方法对原始的图像进行分解，得到低秩部分（全局结构）和显著部分（局部结构），然后低秩部分使用加权平均的策略进行融合，显著部分使用求和的方式进行融合，最终重建出融合图像。LatLRR 算法可以分为 3 个步骤：①图片分解，分解为低秩部分和显著部分；②使用两种不同的融合策略对低秩部分和显著部分图像进行融合；③重建图像。

首先，使用 LatLRR 对源图像进行分解。LatLRR 可以简化为求解以下优化问题，即

$$\min_{\boldsymbol{Z},\boldsymbol{L},\boldsymbol{E}} \|\boldsymbol{Z}\|_* + \|\boldsymbol{L}\|_* + \lambda\|\boldsymbol{E}\|_1 \tag{7.17}$$

$$\text{s. t. } \boldsymbol{X} = \boldsymbol{XZ} + \boldsymbol{LX} + \boldsymbol{E} \tag{7.18}$$

式中：$\lambda>0$ 为平衡系数；$\|\cdot\|_*$ 表示核范数，它是矩阵奇异值的总和；$\|\cdot\|_1$ 为 l_1 范数；$\boldsymbol{X}$ 为观察到的数据矩阵；$\boldsymbol{Z}$ 为低阶系数；$\boldsymbol{L}$ 为投影矩阵，称为显著系数；$\boldsymbol{E}$ 为稀疏噪声矩阵。使用不精确增广拉格朗日乘子求解式（7.17）和式（7.18），可以得到图像低秩部分 $\boldsymbol{XZ}$ 与细节（显著）部分 $\boldsymbol{LX}$。

然后，对于图像低秩部分，为了保留全局结构和亮度信息，使用平均策略进行融合，即

$$F_{\text{lrr}}(x,y) = \omega_1 * A_{\text{lrr}}(x,y) + \omega_2 * B_{\text{lrr}}(x,y) \tag{7.19}$$

式中：A_{lrr}、B_{lrr}和 F_{lrr}分别为图像 A 和图像 B 以及融合图像 F 的低秩部分；ω_1、ω_2 为加权系数，$\omega_1=\omega_2=0.5$。对于图像的显著部分，为了不丢失任何信息，使用和策略进行融合，即

$$F_{\text{s}}(x,y) = s_1 * A_{\text{s}}(x,y) + s_2 * B_{\text{s}}(x,y) \tag{7.20}$$

式中：A_{s}、B_{s} 和 F_{s} 分别为图像 A 和图像 B 以及融合图像 F 的显著部分；s_1、s_2 为系数，$s_1=s_2=1$。最后，将融合后的低秩部分和显著部分相加重构成融合图像，即

$$F(x,y) = F_{\text{lrr}}(x,y) + F_{\text{s}}(x,y) \tag{7.21}$$

上述图像融合方法具体示例如图 7.18 所示。

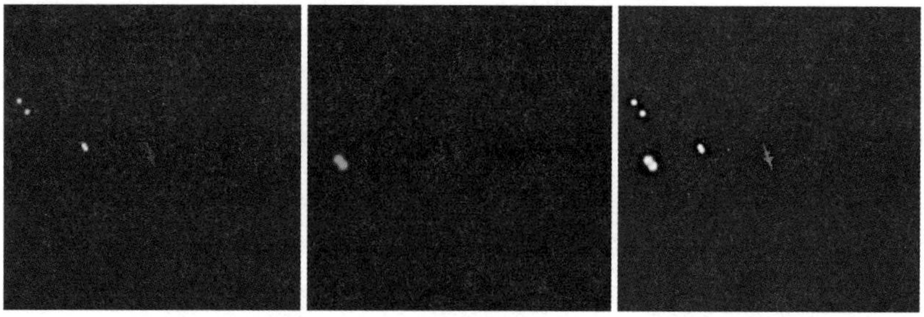

(1) 长波图像　(2) 中波图像　(3) 融合图像

(a)

(1) 长波图像　　(2) 中波图像　　(3) 融合图像

(b)

(1) 长波图像　　(2) 中波图像　　(3) 融合图像

(c)

图 7.18　LatLRR 算法图像融合结果

3. 多特征融合的空中目标抗干扰识别算法

SVM 的目标识别算法、基于树增强朴素贝叶斯网络的目标识别算法以及基于动态贝叶斯网络的目标识别方法在第 3 章已经详细论述。本小节将基于前一小节融合图像结果提取双波段特征采用朴素贝叶斯分类器进行抗干扰识别。

抗干扰目标识别主要有基于模板匹配、基于目标特征提取及基于统计模式识别这 3 种方法。基于模板匹配的目标识别算法运算量大、精度低，研究进展比较缓慢；基于特征提取的目标识别方法要求对原图像进行比较细致的分割，而将目标从图像中提取出来需要大量时间；基于统计模式的传统识别算法为采用几何形状为识别特征的识别方法，容易受到环境和背景变化的影响。通常采用基于特征融合匹配的统计模式识别方法，但是，在特征完整性、显著性和连续性遭到破坏的情况下，算法无法准确提取目标的图像特征，构造特征准确性和连续性发生破坏，难以连续、准确识别目标。为此，考虑利用人工神经网络进行目标与干扰特征的分类，以实现较高准确性的抗干扰目标识别。

将朴素贝叶斯分类器应用于抗干扰目标识别，该方法建立在贝叶斯理论和贝叶斯网络的基础上，将图像中所有待分类区域都视为潜在目标，在对仿真图

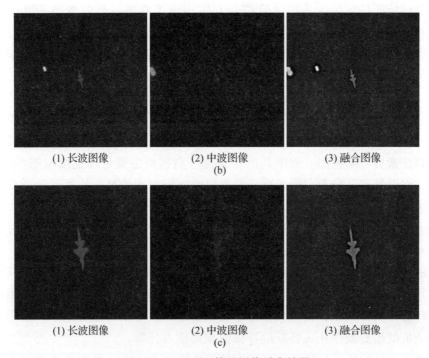

像集进行特征挖掘后，采用试验拟合方法构建了典型特征的概率密度函数模型，并将其作为抗干扰识别的先验信息，结合贝叶斯分类器理论，计算每个潜在目标的后验概率，从而实现了飞机目标与干扰的抗干扰目标识别。本小节采用形状特征和纹理特征作为分类依据，其中形状特征包括长宽比、面积、周长；纹理特征包括平均灰度、能量、双色比。朴素贝叶斯分类器具体算法如第3章。对于朴素贝叶斯公式中条件概率的3种不同分布假设，朴素贝叶斯模型可以分为3个种类的模型，即高斯朴素贝叶斯模型、多项式朴素贝叶斯模型和伯努利朴素贝叶斯模型，其中高斯朴素贝叶斯模型主要处理连续型的变量值，其分布假设是高斯分布，而多项式朴素贝叶斯模型和伯努利朴素贝叶斯模型主要解决离散型的变量值，其中多项式朴素贝叶斯模型的分布假设是多项式分布，伯努利朴素贝叶斯模型的分布假设是多变量伯努利分布，本小节将对其高斯朴素贝叶斯分类器检测特征值作具体说明以及完成双波段识别任务[73]。

根据朴素贝叶斯方法的条件独立性假设，能够为每一个特征估计出高斯参数，并构建出一个高斯朴素贝叶斯模型。针对特征中的每一个特征值使用高斯公式计算其条件概率，使用数据集中类别出现的频率作为先验概率，应用每一个特征值的后验概率作为特征的特征值预测能力分布。

当朴素贝叶斯的后验概率公式中的条件概率 $P(x_j \mid y)$ 为高斯公式时，则该种方法模型为高斯朴素贝叶斯模型。高斯朴素贝叶斯模型主要应用于连续型变量的情况中，此时假设连续数值为高斯分布。例如，假设样本训练集中有一个连续型的属性特征 x_j，首先对数据集类别进行分类，然后计算每个类别中特征 x_j 的均值和方差大小。假设令 μ_y 表示特征 x_j 为在 $y=c$ 类上的均值，令 δ_y^2 为特征 x_j 在 $y=c$ 类上的方差，在给定类中特征 x_j 的概率 $P(x_j \mid y=c)$，能够使用将特征 x_j 表示为均值 μ_y 和方差为 δ_y^2 的正态分布为

$$P(x_j \mid y=c) = \frac{1}{\sqrt{2\pi\delta_y^2}}\exp\left(-\frac{(x_j-\mu_y)^2}{2\delta_y^2}\right) \tag{7.22}$$

高斯朴素贝叶斯模型是一种创建快速、训练简单且高效的模型方法，其假设样本数据集中的数据都服从高斯分布，且这个分布中的变量无协方差，仅仅需要找到每个分类标签的所有样本点的均值和方差矩阵，就可以拟合出高斯朴素贝叶斯模型。如果需要评估分类器的不确定性，那么这类贝叶斯方法非常有用，同时这种方法非常适用于特征较多的情况。

以往的特征重要性方法主要以特征点估计预测居多，如基于决策树的随机森林方法，能够得到不同特征的预测能力排名情况，少部分特征重要性方法是

能够实现特征预测能力分布的，如基于逻辑回归的特征重要性能力检测和基于证据权重的特征重要性检测，但是基于逻辑回归的算法存在着一些弊端：当数值变化时，由于逻辑回归的公式其预测概率值不会变化很大，趋于平滑，这样将无法表示特征值大小相邻却拥有非常大差异的突变特征预测能力的情况。使用高斯朴素贝叶斯方法进行的特征预测能力检测不仅方法简单、高效，同时又可以描述邻近的相异特征值，但特征预测能力却会剧烈变化的情况。

对于数据集 $D\{(x_1^{(1)},x_2^{(1)},\cdots,x_n^{(1)},y_1),(x_1^{(2)},x_2^{(2)},\cdots,x_n^{(2)},y_2),\cdots,(x_1^{(m)},x_2^{(m)},\cdots,x_n^{(m)},y_m)\}$，其中 m 代表样本行数，n 表示特征数量，$y_i(i=1,2,\cdots,m)$ 表示不同样本所属目标分类，取值大小为 $C_1,C_2,\cdots,C_K$。

先验概率公式为

$$P(y=C_k)\quad (k=1,2,\cdots,K) \tag{7.23}$$

则对于某一个样本$(x_1,x_2,\cdots,x_n)$，根据贝叶斯定理可以写出其后验概率公式 $P(y=C_k\mid x_1,x_2,\cdots,x_n)$ 为

$$P(y=C_k\mid x_1,x_2,\cdots,x_n)=\frac{P(x_1,x_2,\cdots,x_n\mid y=C_k)P(y=C_k)}{P(x_1,x_2,\cdots,x_n)} \tag{7.24}$$

式中：$P(x_1,x_2,\cdots,x_n\mid y=C_k)$ 为条件似然概率；$P(y=C_k)$ 为类别为 C_k 的先验概率；$P(x_1,x_2,\cdots,x_n)$ 为联合概率。通过观察这个后验概率公式可以发现，当特征数 n 非常大时，条件概率公式 $P(x_1,x_2,\cdots,x_n\mid y=C_k)$ 是无法扩展的。例如，当样本数据集中的 n 个特征都是二值时，该条件概率可能拥有 $2n$ 个数值，这也是在很多贝叶斯网络中经常出现的非确定性多项式 NP－hard 问题。

朴素贝叶斯方法通过假设给定类标签的每对特征之间是条件独立的，极大地简化了上述问题。基于这个假设，上述条件概率 $P(x_1,x_2,\cdots,x_n\mid y=C_k)$ 可以被写为条件概率乘积的形式，即

$$P(x_1,x_2,\cdots,x_n\mid y=C_k)=\prod_{j=1}^{n}P(x_j\mid y=C_k) \tag{7.25}$$

此时，后验概率公式可以写为

$$p(y=C_k\mid x_1,x_2,\cdots,x_n)=\frac{\prod_{j=1}^{n}p(x_j\mid y=C_k)p(y=C_k)}{p(x_1,x_2,\cdots,x_n)} \tag{7.26}$$

独立性假设允许朴素贝叶斯方法使用少量数据来估计参数（条件似然概率 $p(x_j\mid y=C_k)$ 和先验概率 $P(y=C_k)$。尽管这个假设十分简单，但朴素的贝叶斯方法在许多现实世界中的应用问题上还是表现得相当出色（拥有高准确度和高效率的特点）。将此后验概率公式中的 $P(x_1,x_2,\cdots,x_n\mid y=C_k)$ 写成式（7.22）

所示的高斯公式时，将会得到以下公式，即

$$P(x_1,x_2,\cdots,x_n \mid y=C_k)=(2\pi\delta_y^2)^{-\frac{\pi}{2}}\exp\left(\sum_{j=1}^{n}-\frac{(x_j-\mu_y)^2}{2\delta_y^2}\right) \tag{7.27}$$

表示使用的方法为高斯朴素贝叶斯方法。那么此时，可以得到最终的后验概率公式为

$$P(y=C_k \mid x_1,x_2,\cdots,x_n)=(2\pi\delta_y^2)^{-\frac{\pi}{2}}\exp\left(\sum_{j=1}^{n}-\frac{(x_j-\mu_y)^2}{2\delta_y^2}\right)\frac{p(y=C_k)}{P(x_1,x_2,\cdots,x_n)} \tag{7.28}$$

通过式（7.28）计算某一样本的多个特征的 $P(y=C_k \mid x_1,x_2,\cdots,x_n)$，可以得到对该样本进行分类的每个类别的概率大小值。图 7.19 所示为根据式（7.28）画出的模型图，其中 $p(y=C_k)$ 为类别 C_k 的先验概率，一般表示为参数 prior，该参数可以自定义大小，也可以根据数据集中不同类别的样本频率计算出。不同的特征会形成不同均值方差的正态分布，由条件概率 $p(x_j \mid y=C_k)$ 表示，其中方差受到参数 var_smoothing 的控制，使整个数据集的计算更加稳定。箭头指向的最后一部分为不同特征对于类别 C_k 的后验概率值大小。

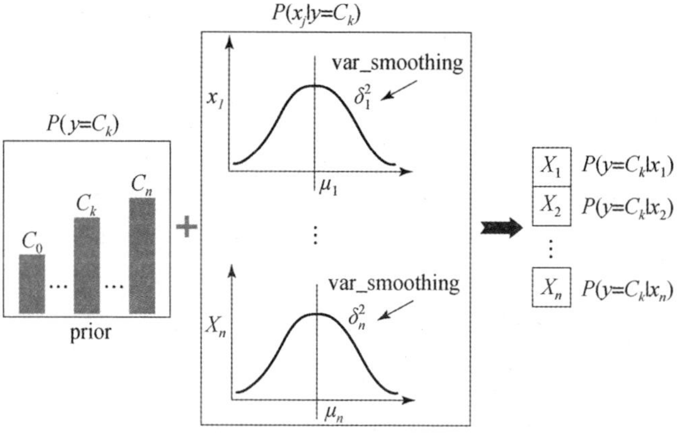

图 7.19　特征预测能力检测模型

如果固定目标类别 y 而去讨论特征 x_j 不同特征值的后验概率时，即使用等式的高斯朴素贝叶斯方法公式得到相异特征值的预测能力情况，可以得到对于特征 x_j 对类别标签 $p(y=C_k)$ 的特征值 i 的特征预测情况，根据贝叶斯定理，$P(y=C_k \mid x_j^i)$ 可以写成

$$P(y=C_k \mid x_j^i)=\frac{P(x_j^i \mid y)P(y=C_k)}{P(x_j^i)} \tag{7.29}$$

在此，$P(y=C_k \mid x_j^i)$由式（7.29）给出（其中，参数μ_y和δ_y^2可以通过对数据集进行估计得出），$p(y=C_k)$为先验概率（可以通过类别C_k出现的频率估计）和$P(y=C_k \mid x_j^i)$的归一化常数。通过为每个值x_j^i计算$P(y=C_k \mid x_j^i)$，可以检测到特征x_j在类别$y=C_k$上的特征预测能力分布。在图 7.19 中可以找到特征x_j的条件概率$p(x_j \mid y=C_k)$的高斯分布，所有特征值x_j^i的条件概率值大小均通过此分布得出。箭头右侧指向的$P(y=C_k \mid x_j^i)$即为最后得到的特征x_j的预测能力分布。

通过使用高斯朴素贝叶斯方法对特征进行特征重要程度的预测有很多优势：①拥有更高的准确度，朴素贝叶斯方法假设属性之间是相互独立的，因此模型构建比较简单，训练时间相对较短，由此得到的特征预测能力的准确度较高；②能够得到不同特征值的预测能力，朴素贝叶斯方法主要是利用后验概率公式对不同特征值求得其后验概率值的大小作为特征值的预测能力，当数据集样本数量不断增加时，后验概率的准确度将会被提高，使后验概率更加趋近于真实的特征重要程度大小。特征预测能力取值可以使用柱状图的形式画出来，得到一个特征值预测能力分布图，可更加直观地检测不同特征值的预测能力差异。

现利用图 7.11 中拉普拉斯图像的融合结果进行特征提取，获得纹理特征、形状特征及双色比作为数据集，以此作为分类特征，利用上述高斯朴素贝叶斯方法进行目标和干扰识别。图 7.20 所示为识别结果的混淆矩阵，部分干扰和目标识别结果如图 7.21 所示。

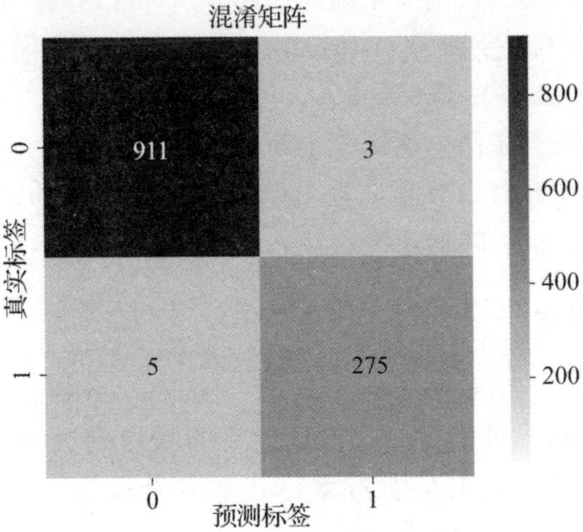

图 7.20　抗干扰识别混淆矩阵

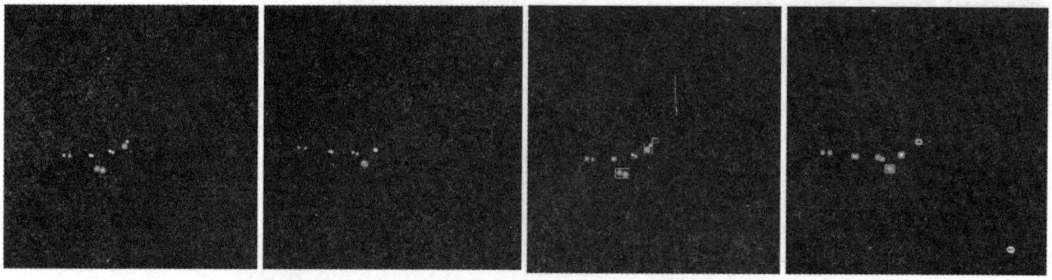

(1) 原图　(2) 原图　(3) 原图　(4) 识别结果

(a)

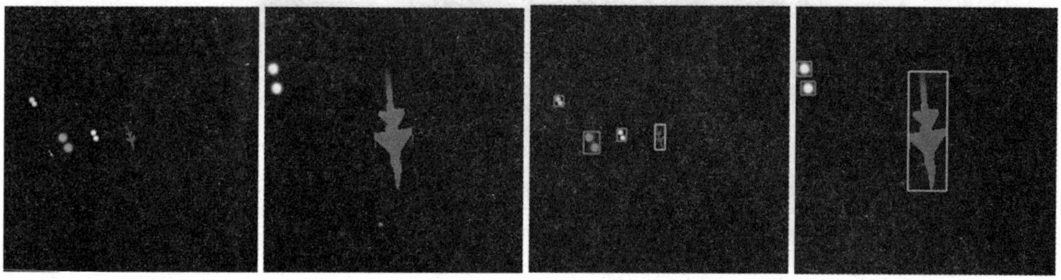

(1) 原图　(2) 原图　(3) 原图　(4) 识别结果

(b)

图 7.21　抗干扰识别结果（见彩图）

设识别结果混淆矩阵为$\begin{bmatrix} \mathrm{TP} & \mathrm{FP} \\ \mathrm{FN} & \mathrm{TN} \end{bmatrix}$，其中 TP（True Positives）为真正例（正确识别干扰），FP（False Positives）为假正例，FN（False Negatives）为假负例，TN（True Negatives）为真负例（正确识别目标）。可以计算出该数据集的准确率（Accuracy）为 0.963，召回率（Recall）为 0.935，精确度（Precision）为 0.984，F1 分数（F1Score）为 0.966。

该算法结果优异，在整个测试集上识别率可达 96.96%，并且识别目标数可观。由此可见，在针对本节测试集图像序列的识别任务中加入双波段特征，可使识别结果更稳定，以降低不确定性。

7.2.2　识别后融合

对于识别后融合（Recognize－Before－Fusion，RBF），首先对不同波段的图像进行目标检测，再进行融合得到最终的联合判决结果。该方法运算量小、融合快速，但是会丢失信息过多，其基本流程如图 7.22 所示。具体方法如下。

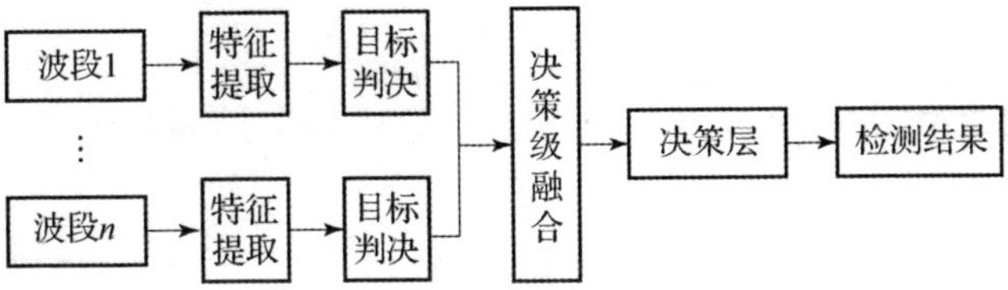

图7.22　识别后融合算法流程

1. 基于自适应调整判决阈值的点目标融合方法

自适应判决阈值算法[74]的核心思想是，在虚警率一定的情况下动态调整各个波段的检测阈值，从而保证融合检测性能的稳定性。本小节将介绍运用自适应判决阈值算法的并行分布式融合检测系统及最优检测准则。

并行分布式融合检测系统结构如图7.23所示，N个局部传感器在接收到观测数据$y_i(i=1,2,\cdots,N)$后，分别进行处理得出局部检测结果，并将局部检测结果$u_i(i=1,2,\cdots,N)$传送到融合中心，融合中心进行融合处理并得到全局检测结果u_0。

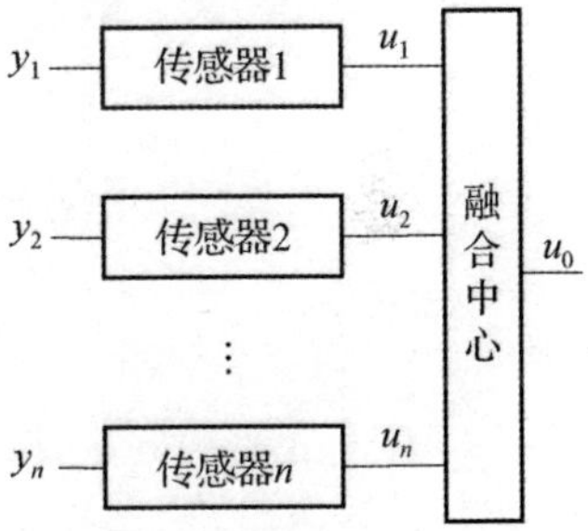

图7.23　并行分布式融合检测系统结构

为了研究并行分布式融合检测问题，本小节做以下假设。

（1）H_0表示“无目标”假设，H_1表示“有目标”假设，其先验知识分别为P_0和P_1。

（2）分布式融合检测中有N个局部检测器和一个融合中心。局部检测器的观测数据为$y_i(i=1,2,\cdots,N)$，其条件概率密度函数为$f(y_i \mid H_j)(j=0,1)$；局部检测器观测量的联合条件概率密度函数为$f(y_1,y_2,\cdots,y_N \mid H_j)(j=0,1)$。

（3）各个局部检测器的判决结果为$u_i(i=1,2,\cdots,N)$，构成判决向量$\boldsymbol{u}=(u_1,u_2,\cdots,u_N)^{\mathrm{T}}$，融合中心的判决结果为$u_0$；局部检测器和融合中心的判决均为硬判决，即当判决结果为无目标时，$u_i=0$，反之，$u_i=1(i=0,1,2,\cdots,N)$。

（4）各个局部检测器的虚警概率、漏警概率和检测概率分别为$P_{\mathrm{f}i}$、$P_{\mathrm{m}i}$和$P_{\mathrm{d}i}(i=0,1,2,\cdots,N)$，融合系统的虚警概率、漏检概率和检测概率分别为$P_{\mathrm{f}}$、$P_{\mathrm{m}}$和$P_{\mathrm{d}}$。

对并行分布式融合检测系统性能优化，就是对融合规则和局部检测器的判决准则进行优化，使融合系统判决结果的贝叶斯风险达到最小。并行分布式融合检测系统的贝叶斯风险为

$$R = \sum_{i=0}^{1}\sum_{j=0}^{1} C_{ij}P_jP(u_0 = i \mid H_j) \tag{7.30}$$

式中：C_{ij}为当假设H_j为真时，融合判决假设H_i成立所付出的代价$(i,j=0,1)$。由于

$$\begin{aligned} P(u_0 = i \mid H_0) &= (P_f)^i(1-P_f)^{1-i} \\ P(u_0 = i \mid H_1) &= (P_d)^i(1-P_d)^{1-i} \end{aligned} \tag{7.31}$$

式（7.30）可表示为

$$R = C_fP_f - C_dP_d + C \tag{7.32}$$

式中：$C_f = P_0(C_{10} - C_{00})$；$C_d = P_1(C_{01} - C_{11})$；$C = P_1C_{01} + P_0C_{00}$

在实际应用中，通常假定错误判决付出的代价比正确判决付出的代价要大，即$C_{10} > C_{100}$、$C_{01} > C_{11}$，从而有$C_f > 0$、$C_d > 0$。系统的虚警概率和检测概率分别表示为

$$\begin{cases} P_f = \sum_{\boldsymbol{u}} P(u_0 = 1 \mid \boldsymbol{u})P(\boldsymbol{u} \mid H_0) \\ P_d = \sum_{\boldsymbol{u}} P(u_0 = 1 \mid \boldsymbol{u})P(\boldsymbol{u} \mid H_1) \end{cases} \tag{7.33}$$

式中：$\sum_{\boldsymbol{u}}$表示在判决向量$\boldsymbol{u}$的所有可能取值上求和。将式（7.33）代入式（7.32）可得

$$R = C + C_f\sum_{\boldsymbol{u}} P(u_0 = 1 \mid \boldsymbol{u})P(\boldsymbol{u} \mid H_0) - C_d\sum_{\boldsymbol{u}} P(u_0 = 1 \mid \boldsymbol{u})P(\boldsymbol{u} \mid H_1) \tag{7.34}$$

由式（7.34）可知，融合系统的贝叶斯风险由融合中心的判决准则和局部检测器的判决准则共同决定。因此，融合检测系统的优化涉及上述两类判决准则的联合优化，通过极小化R来获得判决规则，进而设计融合系统。但在实际应用中通常先验概率未知，错误判断的代价也是难以估计的，甚至是难以定义的，在这种情况下，一般给定融合规则后采用N－P准则进行检测，即在限定虚警概率P_f的前提下，使检测概率P_d达到最大。

假设深空背景下的序列图像背景是均值为μ、方差为σ的白高斯噪声，目标幅度为s，因而点目标在图像序列中的数学表达式可以表示为

$$\begin{cases} H_1: I(i,j,k) = s(i,j,k) + n(i,j,k), & \text{有目标存在} \\ H_0: I(i,j,k) = n(i,j,k), & \text{无目标存在} \end{cases} \tag{7.35}$$

式中：$I(i,j,k)$为第k帧图像中点(i,j)的灰度值观测值；$n(i,j,k)$为第k帧图像中点(i,j)的噪声灰度值。

假定在观测时段内$(k=1,2,\cdots,K)$目标强度稳定，则

$$s(i,j,k)=\begin{cases}S & (i,j,k)\text{为目标}\\ 0 & (i,j,k)\text{不为目标}\end{cases} \tag{7.36}$$

由上文分析可知，对于双波段图像的融合检测，需要先确定融合规则，然后在某一规则下采用 N－P 准则进行检测。一般地，基于逻辑融合的规则有“或”融合和“与”融合两种。“或”融合两传感器的互补信息，提高了目标检测概率，但同时也引起虚警率上升，相当于降低了检测概率；“与”融合则压缩两传感器的冗余信息，降低了虚警率，但融合后目标检测概率下降。同一目标在两个传感器的成像是相关联的，冗余信息远多于互补信息，而两个传感器噪声是不相关的。使用“或”逻辑虽然可以获得少量互补信息，但噪声大幅增加，而使用“与”逻辑虽然丢失了互补信息，但可以大幅抑制噪声，而目标受影响小，本节选用“与”逻辑融合规则。双色红外系统两个传感器工作于不同的波段，因此可以假设两个传感器是独立的。假设传感器 1 和传感器 2 各自的目标检测概率和虚警概率分别为 P_{d1}、P_{f1}，P_{d2}、P_{f2}，那么使用“与”逻辑融合后，有

$$\begin{cases}P_f=P_{f1}*P_{f2}\\ P_d=P_{d1}*P_{d2}\end{cases} \tag{7.37}$$

那么，点目标检测问题就转化成下面的优化问题，即

$$P_f(T_1,T_2)=\int_{T_1}^{+\infty}\int_{T_2}^{+\infty}\frac{1}{2\pi\sigma_1\sigma_2}\exp\left\{-\frac{1}{2}\left[\left(\frac{I_1-\mu_1}{2\sigma_1}\right)^2+\left(\frac{I_2-\mu_2}{2\sigma_2}\right)^2\right]\right\}\mathrm{d}I\mathrm{d}I_2=\alpha \tag{7.38}$$

$$\mathrm{Max}(P_d(T_1,T_2))=\int_{T_1}^{+\infty}\int_{T_2}^{+\infty}\frac{1}{2\pi\sigma_1\sigma_2}\exp\left\{-\frac{1}{2}\left[\left(\frac{I_1-s_1-\mu_1}{2\sigma_1}\right)^2+\left(\frac{I_2-s_2-\mu_2}{2\sigma_2}\right)^2\right]\right\}\mathrm{d}I_1\mathrm{d}I_2 \tag{7.39}$$

但实际上，要求得上述方程组的解是十分不易的，因为实际情况中系统的信噪比通常会不断变化，因而在一般情况下，只需寻求一种检测算法能够近似达到这种最优结果即可。为了得到这种次优结果，采取自适应调节单波段检测阈值的方法。

首先选择波段 1 的图像，假设点(i,j)为目标点。即赋值阈值 T_1 为该点的灰度值 $f_1(i,j)$ 再减 1；然后判断 T_1 是否大于单波段中阈值的下限值 T_{min}，若 $T_1<T_{min}$，则该点不是目标点，返回上一步判断下一目标点；若 $T_1>T_{min}$，则用 T_1 和虚警概率 α 计算另一波段的阈值 T_2，判断 T_2 是否大于 T_{min}，若 $T_2<T_{min}$，则该点不是目标点，判断下一目标点；若 $T_2>T_{min}$，则判断该点在另一波段的

灰度值$f_2(i,j)$是否大于阈值T_2，若$f_2(i,j)>T_2$，则该点是目标点，否则该点不是目标点。具体流程如图7.24所示。在此基础上，有了进一步的一种基于“与”逻辑和局部灰度的混合融合检测算法，分别对单波段的红外图像进行基于自适应阈值的小目标分割方法的阈值分割，得到初始检测结果，再对两个波段的检测结果进行“与”融合，对“与”融合外的目标点进行局部灰度判别，进一步提高检测概率，最后根据融合结果调节局部检测器的分割阈值，以优化局部检测器。

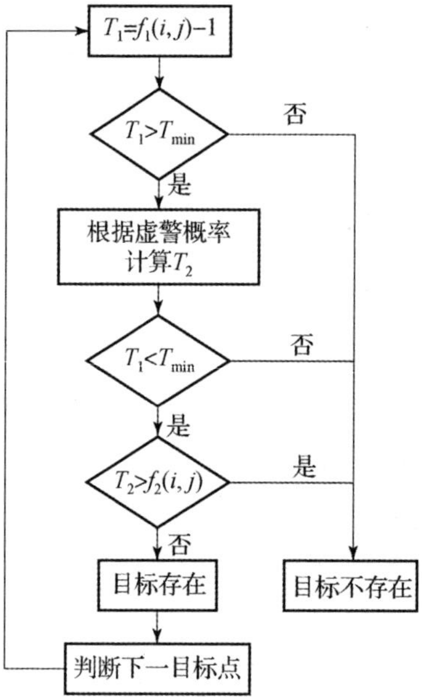

图7.24　双波段融合决策流程

2. 基于梯度和各向异性扩散的红外双波段目标检测方法

基于梯度和各向异性扩散的红外双波段目标检测的核心首先是对目标的梯度特性进行分析，由此可得出红外目标的梯度特点，作为目标检测算法设计的依据。在此基础上，使用多方向梯度算法对金字塔分解后的图像进行初步目标检测，然后使用各向异性扩散方法进一步区分目标与干扰。最后，结合双波段成像特点，对中、长波的检测结果进行融合，实现了对双波段红外目标的有效检测。

如图7.25所示，算法在决策前主要分为3个步骤，即金字塔分解、各向异性扩散和多方向梯度算法。金字塔分解提供了适应不同大小目标的检测能力，各向异性扩散控制目标像素点周围像素扩散程度，在梯度较小的位置，扩散增强，对噪声点予以滤除；在梯度较大的位置，扩散减弱或者停止，对图像的边缘或者细节进行保留。多方向梯度算法可以防止噪点像素对计算结果产生较大的影响。

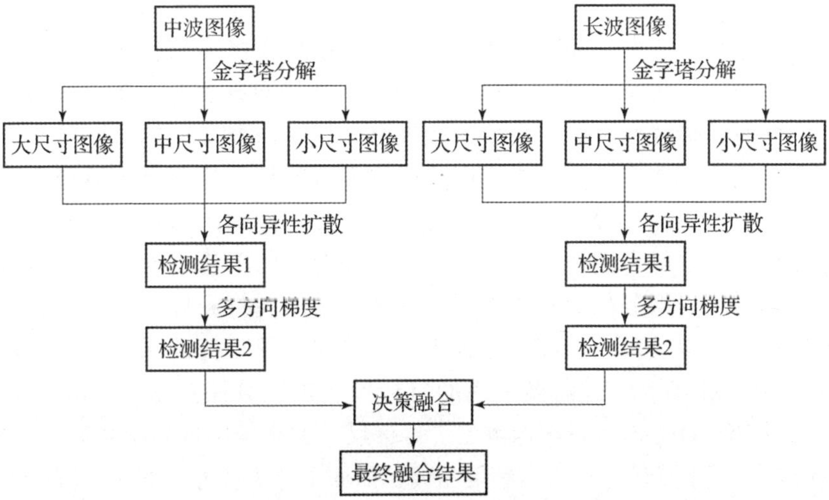

图 7.25　梯度和各向异性扩散的红外双波段目标检测算法流程

抗干扰识别的每一波段都会得出一个识别结果，此处记目标为 $T_s(s=1,2)$，T_1 为中波图像、T_2 为长波图像。

$$e(T_s)=j \quad (j=0,1) \tag{7.40}$$

在多波段决策融合中，投票准则是一种较为实用的方法，就是要利用多个探测器的识别结果给出最终的判决。由于同一目标在不同波段探测器中的表现是不同的，不同传感器对同一目标会做出完全不同的判决，此时，会出现漏判或者拒判的情况。因此，将某一波段的判决结果定义为 $\rho_s=w\times e(T_s)$。其中：w 表示不同探测器对目标判决的贡献或者表示其对目标判决的影响。那么，相应的投票准则为

$$E=\begin{cases}1, \sum e_s > \alpha \\ 0, 其他\end{cases} \tag{7.41}$$

式中：α 为设定阈值。当最后各波段的加权求和结果大于阈值时，认为该位置存在目标。

例如，将这种融合方法应用于多波段暗目标检测时，最重要的是如何调整 w 的值。在目标成像结果为亮目标时，中波的成像结果具有清晰度的优势，因此中波的权值应当更大。而当目标转变为暗目标时，长波的检测结果更为可

靠。因此，需要根据不同的任务场景设定不同波段的检测权重。

7.3 基于深度学习的双波段图像识别与抗干扰方法

传统的融合算法已经在不同类型图像融合中取得了不错的效果，但对于复杂背景下的目标，传统红外双波段图像融合算法不能有效地增强目标信息或抑制背景。同时，传统融合算法需要依赖先验知识去选择合适的滤波器对图像进行分解与重构，不能自适应地提取图像中的显著特征，导致得到的融合图像效果不佳。本节首先介绍深度学习图像融合过程及使用的网络特性，并且给出具体图像序列的部分融合图像。在此基础上对融合后的图像进行目标检测，通常情况下是利用背景抑制的方法提取目标特征，然后进行图像分割得到真正的目标。而通过深度学习可以从红外数据中学习能够表征目标的深层特征，使特征提取的步骤变得高效。目前最常用的目标检测识别算法有 R – CNN、Faster – RCNN、SSD 及 YOLO。针对图像类型、目标尺寸大小等不同情况各有优、缺点。其中 YOLO 相对于其他算法检测精度略高，因而本节主要介绍基于 YOLOV8 的目标识别方法。

7.3.1 基于深度学习的图像融合及目标识别方法

1. 图像融合算法

1）RFN – Nest 图像融合算法

RFN – Nest 算法[75]提出了一种基于残差结构的残差融合网络（RFN）结构用于双波段红外图像融合。RFN – Nest 算法使用两阶段训练策略，特征提取和特征重建能力分别是编码器和解码器的主要功能，先将编码网络和解码网络按照自编码器进行训练，再固定编码器和解码器，用适当的损失函数来训练 RFN 网络。RFN – Nest 算法设立了两种损失函数，分别用于保留细节和特征增强。

RFN – Nest 算法的模型是端对端模型，包含的结构主要有编码器、残差融合网络（RFN）和解码器，RFN – Nest 算法融合过程如图 7.26 所示，图中卷积层上的数字分别表示卷积核尺寸、输入通道数、输出通道数。

编码器有最大池化层将原始图像下采样为多尺度，RFN 将每个尺度的多模态深度特征进行融合。浅层特征保护细节信息，深层特征传递语义信息（对重建显著性特征很重要）。最后融合图像通过解码层网络进行重建。网络的输入层分别为长波红外图像 I_L 和中波红外图像 I_M，输出即为融合图像，4 个 RFN

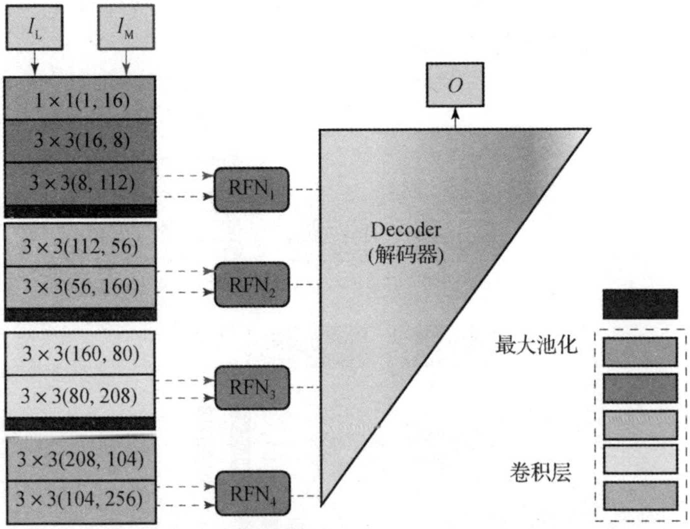

图 7.26　RFN – Nest 算法融合过程（见彩图）

是 4 个尺度上的融合网络，4 个网络模型结构相同，权重不同。RFN 基于残差结构，残差融合网络（RFN）如图 7.27 所示。该网络结构的输入即为前面编码器提取得到的深度特征，图中 Φ_L^i 和 Φ_M^i 表示第 i 个尺度对应的深度特征。Conv1 ~6 是 6 个卷积层，可以看到 Conv1 和 Conv2 的输出会进行拼接，作为 Conv3 的输入，Conv6 则是该模块第一个用于融合的层。使用该结构可以通过训练策略进行优化，最后的输出送入解码层。

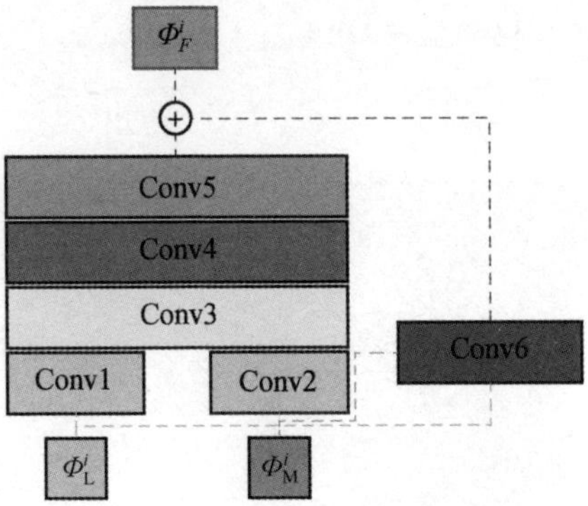

图 7.27　RFN 网络结构（见彩图）

解码器的结构如图 7.28 所示，该结构是以嵌套连接（Nest Connection）为基础而来的。解码器的输入是所有 RFN 的输出特征，DCB 是解码器卷积层模块，每个这样的模块包含两个卷积层。每行都由短连接（Short Connection）连接每个卷积模块，跨层链路连接（Cross - Layer Links）则连接了不同尺度的深度特征。解码器最终输出重建后的图像。

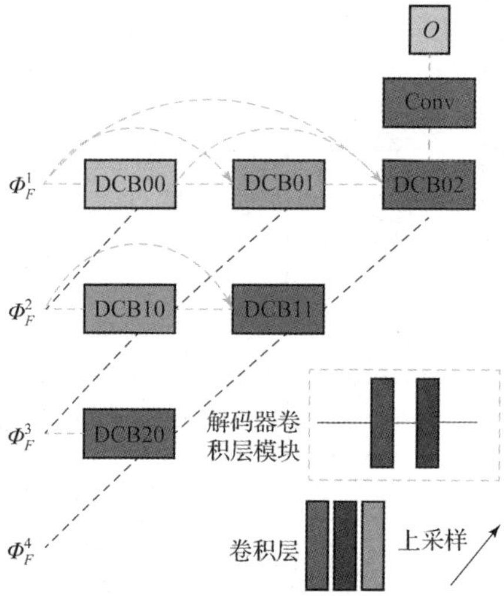

图 7.28　RFN - Nest 解码器结构（见彩图）

RFN - Nest 算法提出了两阶段的训练策略，在第一个阶段将编码器 - 解码器结构作为自编码器重建输入图像进行训练，第二个阶段训练多个 RFN 网络进行多尺度深度特征融合。自编码器的训练如图 7.29 所示，解码器通过短跨层连接，多尺度深度特征被充分用于重建输入图像。在第一个阶段用到的损失函数$\text{Loss}_{\text{auto}}$表达式为

$$\text{Loss}_{\text{auto}} = \text{Loss}_{\text{pixel}} + \lambda\ \text{Loss}_{\text{ssim}} \tag{7.42}$$

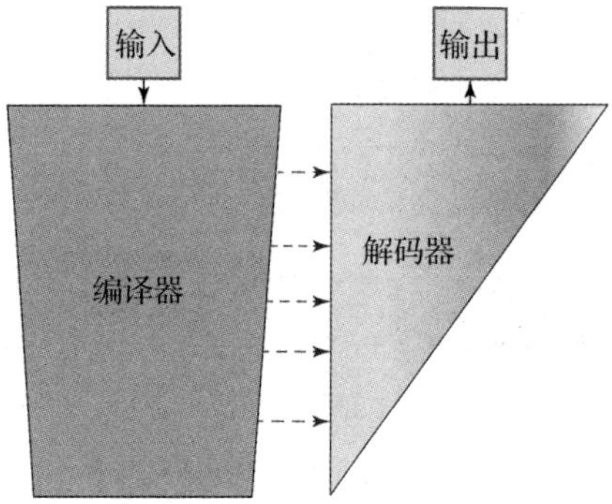

图 7.29　自编码器网络训练

式中：$\text{Loss}_{\text{pixel}}$为像素损失函数；$\text{Loss}_{\text{ssim}}$为结构损失函数；$\lambda$ 为平衡像素损失函数和结构损失函数的权衡参数。

像素损失函数$\mathrm{Loss}_{\mathrm{pixel}}$的表达式为

$$\mathrm{Loss}_{\mathrm{pixel}} = \| \mathrm{Output} - \mathrm{Input} \|_F^2 \tag{7.43}$$

式中：$\| \cdot \|_F$ 表示 F - 范数；$\mathrm{Loss}_{\mathrm{pixel}}$保证了重构的图像在像素层面上与输入图像的相似性。

结构损失函数$\mathrm{Loss}_{\mathrm{ssim}}$的表达式为

$$\mathrm{Loss}_{\mathrm{ssim}} = 1 - \mathrm{SSIM}(\mathrm{Output}, \mathrm{Input}) \tag{7.44}$$

式中：SSIM(·)度量两个图像结构相似性的大小。输入图像和输出图像的结构相似程度通过结构损失函数$\mathrm{Loss}_{\mathrm{ssim}}$得到了约束。

第二个阶段是训练 RFN，用于学习融合策略。在这个阶段将编码器 - 解码器结构固定，采用适当的损失函数训练 RFN，训练过程如图 7.30 所示。图中的 Φ_{L}^i 和 Φ_{M}^i 是通过固定编码器从源图像中提取的多尺度深度特征。对于每个尺度，RFN 的作用是融合该尺度下的深度特征。融合后的多尺度特征 Φ_F^i 被送到固定的解码器。

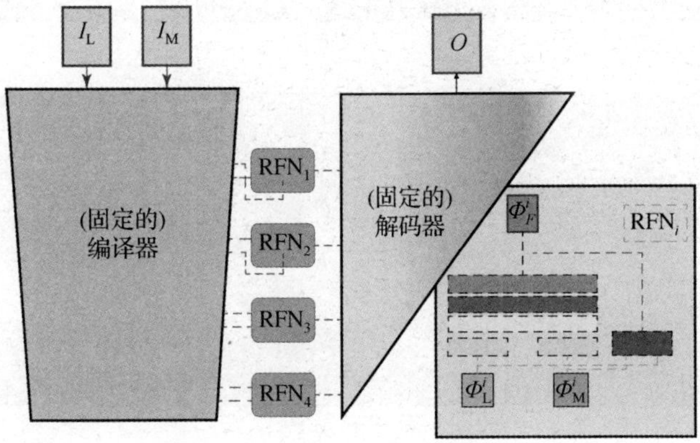

图 7.30　RFN 的训练

定义一个新的损失函数 $\mathrm{Loss}_{\mathrm{RFN}}$ 用来训练 RFN。损失函数 $\mathrm{Loss}_{\mathrm{RFN}}$ 的表达式定义为

$$\mathrm{Loss}_{\mathrm{RFN}} = \alpha\,\mathrm{Loss}_{\mathrm{detail}} + \mathrm{Loss}_{\mathrm{fecture}} \tag{7.45}$$

式中：$\mathrm{Loss}_{\mathrm{detail}}$ 和 $\mathrm{Loss}_{\mathrm{feature}}$ 分别为背景细节保留损失函数和目标特征增强损失函数。权衡系数 α 用来平衡这两个损失函数。

在双波段图像融合的情况下，背景细节保留损失函数 $\mathrm{Loss}_{\mathrm{detail}}$ 的目的是保留红外图像中的细节信息和结构特征，$\mathrm{Loss}_{\mathrm{detail}}$ 定义为

$$\mathrm{Loss}_{\mathrm{detail}} = 1 - \mathrm{SSIM}(O, I_{\mathrm{L}}) \tag{7.46}$$

目标特征增强损失函数 $\mathrm{Loss}_{\mathrm{feature}}$ 用于融合特征来保护显著性结构，$\mathrm{Loss}_{\mathrm{feature}}$

定义为

$$\text{Loss}_{\text{feature}} = \sum_{i=1}^{M} w_1(i)\Phi_F^i - \|(w_L\Phi_L^i + w_M\Phi_M^i)\|_F^2 \tag{7.47}$$

式中：M 为多尺度深度特征的数量；由于不同尺度特征图的大小不同，因此 w_1 就是用来平衡不同尺度的损失；w_L 和 w_M 分别控制融合特征的长波红外图像和中波红外图像的占比。

上述图像融合方法具体示例如图 7.31 所示。

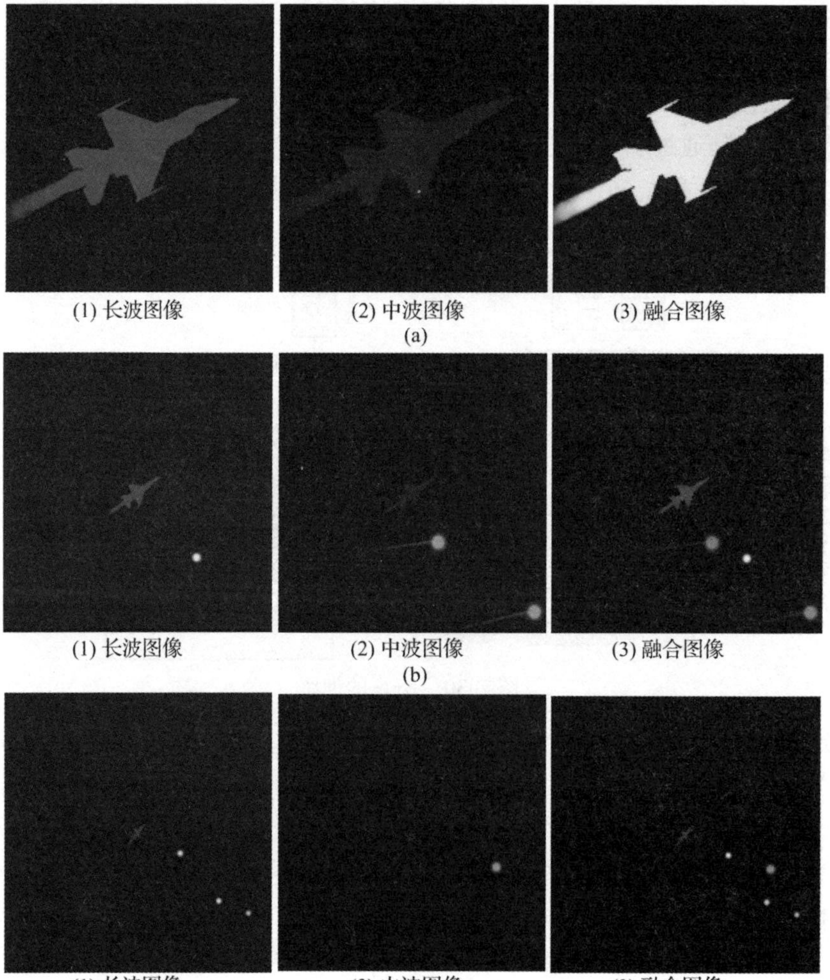

(1) 长波图像 (2) 中波图像 (3) 融合图像
(a)

(1) 长波图像 (2) 中波图像 (3) 融合图像
(b)

(1) 长波图像 (2) 中波图像 (3) 融合图像
(c)

图 7.31 RFN－Nest 算法图像融合结果

2）基于生成对抗网络图像融合算法

生成对抗网络（Generative Adversarial Networks，GAN）[76]是通过对抗过程估算生成模型的流行框架，深度卷积生成对抗网络成功将一类 CNN 网络引入生成对抗网络。这一概念在深度学习领域引起了极大的关注。GAN 基于最小值与最大值的对抗策略，提供一种简单而强大的方法来估计目标分布并生成新样本。网络框架由两个对抗模型组成，即生成模型 G 和判别模型 D。生成模型 G 可以捕获数据分布，而判别模型 D 可以估计样本。更具体地说，GAN 在判别器和生成器之间建立了对抗博弈，生成器将先验分布为 P_Z 的噪声作为输入，并尝试生成不同的样本来欺骗判别器，判别器旨在确定样本是否从模型分布或数据分布，最后生成器生成判别器无法区分的样本。

（1）生成器。生成器将随机噪声作为输入，并生成样本作为输出，它的目标是生成实际上看起来是假的，但判别器会认为是真实图像的样本，因此可以将生成器视为一个造假者。

（2）判别器。判别器接收从输入数据集来的真实图像和生成器来的造假图像，并判断出这个图像的真假类型。

（3）极小极大表示。建立互相对立的判别器与生成器，判别器判别成功，则生成器就生成失败；反之亦然。

判别器接收真实的图像和伪造的图像并且试图给出它们的真假。作为系统的设计者是知道它们是真实的数据集还是生成器生成的伪造图。因此，可以利用这个信息相应地去标注它们，并且执行一个分类的反向传播来允许判别器反复学习，让它更好地辨别图像的真伪。如果判别器正确地将伪造图分类为伪造图、真实图分类为真实图，就以梯度损失的方式给它一个正反馈。如果它判别失败，就给它一个负反馈，这样就会让判别器更好地进行学习。

生成器将随机噪声作为输入，将样本输出来欺骗判别器，让它认为那是一幅真实的图像。一旦生成器的输出经过判别器，就能知道判别器判断出那是一幅真实图像还是一幅伪造图像。因此可以将这个信息传给生成器并且再一次反向传播。如果判别器将生成器的输出判断为真实的，意味着生成器的表现是好的。另外，如果判别器判断出为假图像，生成器生成失败，会给出一个负反馈作为惩罚。

数学上，生成模型 G 旨在生成样本，样本的分布试图近似真实训练数据的分布，G 和 D 扮演着最小最大对抗游戏。

$$\min_{G}\max_{D} V_{\mathrm{GAN}}(G,D) = E_{x\sim \mathrm{Pdata}(x)}[\log D(x)] + E_{z\sim p_z(z)}[\log(1-D(G(z)))] \tag{7.48}$$

式（7.48）是训练 GAN 模型时的全局目标，$x\sim P\mathrm{data}(x)$ 指从样本集合中

采样 x，x 是真实图片；$D(x)$ 是 x 是真实图片的概率；$z\sim p_z(z)$ 指生成一份随机噪声 z；$G(z)$ 是噪声 z 通过生成器 G 生成的图片；$D(G(z))$ 是这个生成图片是真实图片的概率。期望 E 是因为每次训练的时候是一批一批的输入。训练 D 调整其参数的优化目标是最大化 $D(x)$ 和最小化 $D(G(z))$，训练 G 调整其参数优化的目的是最小化 $\max\limits_{D} V_{\text{GAN}}(G,D)$。样本的分布不能被明确表示，同时生成样本 G 与判别模型 D 必须在训练过程中很好地同步。因此，常规的 GAN 不稳定，很难通过其训练好模型。

在深度卷积 GAN（DCGAN）技术引入 CNN 之后，可以弥补用于监督学习的 CNN 和用于非监督学习的 GAN 之间的鸿沟。由于传统 GAN 不稳定，无法训练出好的模型，因此 CNN 的架构通过适当设计，以使传统 GAN 更加稳定，与传统 CNN 相比，主要存在 5 个差异。①在生成器和判别器中都不使用池化层，取而代之的是在判别器中应用跨步卷积来学习其自身的空间下采样，并在生成器中使用分数跨步卷积来实现上采样；②将归一化层引入生成器和判别器，由于初始化总是会带来很多训练问题，因此批量标准化层能够解决这些问题，并避免在更深层的模型中消失梯度；③在较深的模型中将完全连接的层删除；④除最后一个激活层外，发生器中的所有激活层均为整流线性单元（ReLU），最后一个层为 tanh 激活；⑤判别器中的所有激活层都是 ReLU 激活。因此，训练过程变得更加稳定，并且可以提高生成结果的质量。

尽管深度 GAN 取得了巨大的成功，但仍然存在两个需要解决的关键问题。首先是如何提高生成图像的质量。近年来，已经提出了许多解决该问题的工作，如 DCGAN。其次是如何提高训练过程的稳定性。通过探索 GAN 的目标功能，如 Wasserstein GAN（WGAN），它们的收敛速度比常规 GAN 慢得多。此外，常规 GAN 对识别器采用了 Sigmoid 交叉熵损失函数，这可能会导致学习过程中的梯度消失问题。为了克服上述两个问题，引入了最小二乘生成对抗网络（LSGAN），它采用最小二乘损失函数作为判别器，并且 LSGAN 的目标函数定义为

$$\min_{D} V_{\text{LSGAN}}(D)=\frac{1}{2}E_{x\sim \text{Pdata}(x)}\left[(D(x)-b)^2\right]+\frac{1}{2}E_{z\sim p_z(z)}\left[(D(G(z))-a)^2\right] \tag{7.49}$$

$$\min_{G} V_{\text{LSGAN}}(G)=\frac{1}{2}E_{z\sim p_z(z)}\left[(D(G(z))-c)^2\right] \tag{7.50}$$

式中：编码器可用于判别器也可用于生成器。a 为伪造数据；b 为真实数据；c 为生成器希望判别器相信的伪造数据，即生成器为了让判别器认为生成图片是真实数据而定的值。a、b 和 c 的值可通过两种方式确定，第一种方法是设置

$b-a=2$ 与 $b-c=1$；第二种方法使 $b=c$，这样可以使样本中的数据尽可能真实。

在 LSGAN 中，对距离决策边界很长的样本进行惩罚，会使生成器生成的样本接近决策边界，并生成更多的梯度。因此，与常规 GAN 相比，LSGAN 具有两个优势：一是与常规 GAN 相比，LSGAN 可以生成更高质量的图像；二是在训练过程中，LSGAN 的性能比常规 GAN 稳定。

对于红外双波段的融合问题，为了同时保持红外图像的热辐射与纹理信息，将红外双波段图像融合问题归结为对抗问题。首先，将红外中波图像 I_{M} 和红外长波图像 I_{L} 连接在通道上。然后，级联的图像被馈送到生成器 G_{θ_G} 中，G_{θ_G} 的输出是融合图像 I_F。在没有判别器 G_{θ_G} 的情况下，设计了生成器的损耗函数。I_F 保留了红外中波图像与长波图像的热辐射与纹理信息。最后将融合图像 I_F 和对比度强的中波图像 I_{M} 输入到判别器中，目的是将 I_F 与 I_{M} 区分开。所提出的融合生成对抗网络在生成器和鉴别器之间建立了对抗策略，并且 I_F 将逐渐在中波图像 I_{M} 中包含越来越多的详细信息。在训练阶段，一旦生成器生成了样本（即 I_F），而判别器不能区分出样本 I_F，就可以获得期望的融合图像 I_F。最终将 I_F 和 I_{M} 的级联图像输入经过训练的生成器中，产生最终的融合结果。

损失函数：融合生成对抗网络的损失函数包括两部分，即生成器 G_{θ_G} 的损失函数与判别器 D_{θ_D} 的损失函数。

生成器 G_{θ_G} 的损失函数包括两部分，即

$$\zeta_G = V_{\mathrm{GAN}}(G) + \lambda\zeta_{\mathrm{C}} \tag{7.51}$$

式中：ζ_{C} 为总的损失；$V_{\mathrm{GAN}}(G)$ 为生成器与判别器对抗的损失，其定义为

$$V_{\mathrm{GAN}}(G) = \frac{1}{N}\sum_{n=1}^{N}\left(D_{\theta_D}(I_F^n) - c\right)^2 \tag{7.52}$$

式中：I_F^n 为融合图像，$n \in N_N$；N 为融合图像的数量；c 为生成器希望判别器相信假数据的值。

ζ_{C} 表示损失函数，λ 用来在 $V_{\mathrm{GAN}}(G)$ 与 ζ_{C} 取得平衡。由于红外图像的热辐射信息由像素强度来表征，因此可以强制融合图像 I_F 具有与 I_{M} 相似的强度。具体来说，ζ_{C} 定义为

$$\zeta_{\mathrm{C}} = \frac{1}{HW}\left(\| I_F - I_{\mathrm{M}} \|_F^2 + \xi \| \nabla I_F - \nabla I_{\mathrm{L}} \|_F^2\right) \tag{7.53}$$

式中：H 和 W 分别为输入图像分辨率的高和宽；$\|\cdot\|_F$ 表示矩阵 Frobenius 范数；∇ 表示梯度算子；ζ_{C} 的第一项旨在保持红外中波的热辐射信息；ζ_{C} 的第二项旨在保持红外长波的梯度信息；ξ 为一个权衡第一项与第二项的正参数值。

事实上，在没有判别器 D_{θ_D} 的条件下，深度网络也可以得到一个融合图像，图像会保持红外中波图像的热辐射信息与红外长波图像的纹理梯度信息。但这往往是不够的，红外长波图像纹理细节不能完全只用梯度信息表示。因此，基于红外中长波数据集在生成器与判别器之间建立一个对抗关系，可以使生成的融合图像包含更多的纹理细节信息。因此判别器 D_{θ_D} 的损失函数定义为

$$\zeta_D = \frac{1}{N}\sum_{n=1}^{N}\left(D_{\theta_D}(I_{\mathrm{L}}) - b\right)^2 + \frac{1}{N}\sum_{n=1}^{N}\left(D_{\theta_D}(I_F) - a\right)^2 \tag{7.54}$$

式中：a 和 b 为融合图像 I_F 与长波图像 I_{L} 的标签；$D_{\theta_D}(I_{\mathrm{L}})$ 和 $D_{\theta_D}(I_F)$ 分别为长波图像与融合图像的分类结果。判别器的设计是基于融合图像与长波图像中提取的特征进行区分。使用最小二乘损失函数，该函数服从最小化 Pearson χ^2 散度。它使训练过程更加稳定，并且可以使判别器的损失函数迅速收敛。

图 7.32 所示为生成对抗网络融合算法框架。首先用 GAN 设计架构，然后讨论生成器和判别器的网络架构。

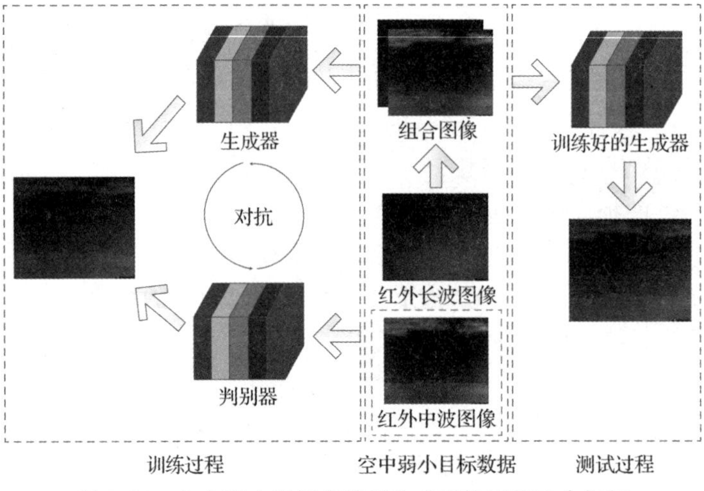

图 7.32　空中弱小目标多波段生成对抗网络融合框架

生成器网络架构包含 5 层卷积神经网络：5 个卷积层（小数步长卷积）；4 个归一化层；4 个 ReLU 激活函数；输出一层 Tanh。

生成器的网络架构如图 7.33 所示，G_{θ_G} 是一个简单的 5 层网络架构，其中第一层与第二层中使用 5 ×5 过滤器，在第三层与第四层使用 3 ×3 过滤器，最后一层使用 1 ×1 过滤器。每层的步调设置为 1，并且在卷积中没有填充操作。生成器输入的是没有噪声的级联图像。为了提高生成图像的多样性，通常通过卷积层提取输入图像的特征图，然后通过转置的卷积层将图像重建为输入图像

的相同尺寸。对于红外多波段图像，每一次下采样过程都会在源图像中丢失一些细节信息，因此，仅仅利用卷积层提取特征而不进行下采样，可以保证输入图像与输出图像大小相同。为避免梯度消失的问题，利用深度对抗网络的规则进行批处理归一化和激活。同时为了克服对数据初始化的敏感性，在前 4 层卷积层采用批量归一化，使模型更稳定。

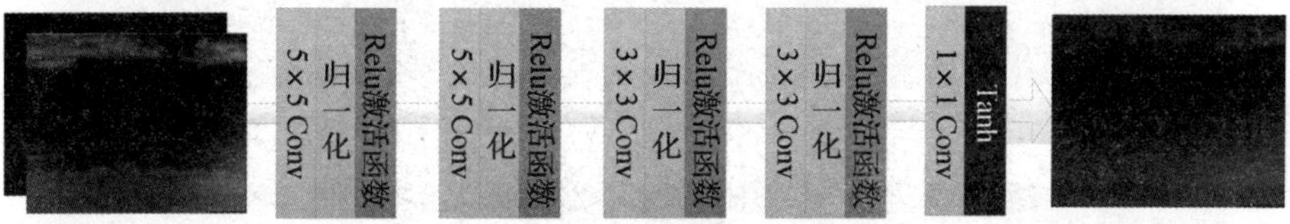

图 7.33　生成器网络架构

判别器网络架构包含 4 层卷积神经网络：4 个卷积层用来提取输入图像的特征图；1 个线性层用来分类；4 个归一化层；4 个 leaky ReLU 激活函数。

判别器网络架构是一个简单的 5 层卷积神经网路，如图 7.34 所示。从第一层到第四层，卷积层使用 3×3 滤波器，步长设置为 2。判别器通常从输入图像中提取特征图，然后对其进行分类。为了在模型中不引入噪声，仅在第一层对输入图像执行填充操作，其余 3 个卷积层不进行填充，使用批处理规范化层。最后一层是线性层，主要用于分类。

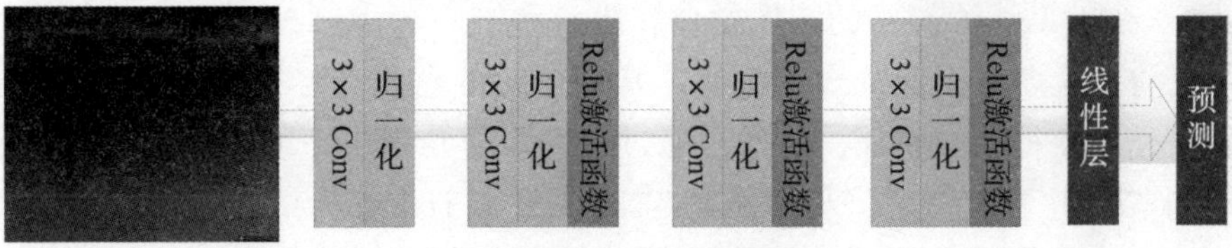

图 7.34　判别器网络架构

上述图像融合方法具体示例如图 7.35 所示。

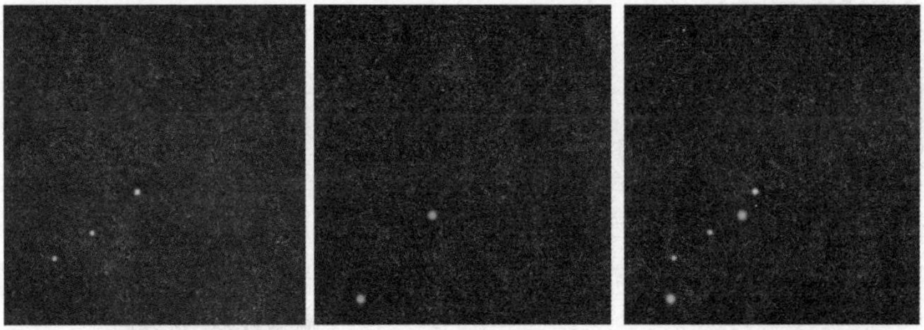

(1) 长波图像　　(2) 中波图像　　(3) 融合图像

(a)

(1) 长波图像
(2) 中波图像
(3) 融合图像
(b)

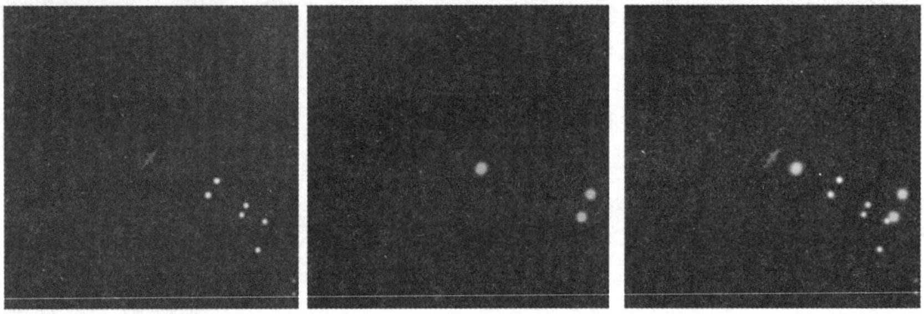
(1) 长波图像
(2) 中波图像
(3) 融合图像
(c)

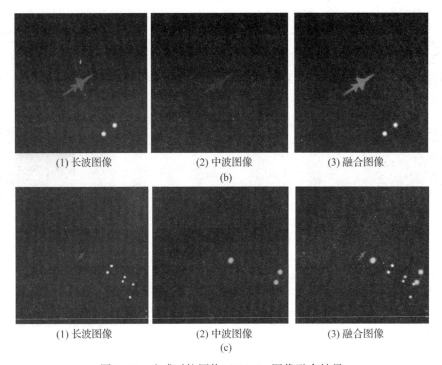

图 7.35　生成对抗网络（GAN）图像融合结果

3）基于 Transformer 的图像融合算法

目前，大多数图像融合算法都是基于传统的卷积神经网络（CNN），通过深层堆叠以获得深层特征。然而，通过一系列的卷积层，可能会丢失源图像的重要细节和上下文信息。与传统的 CNN 相比，Transformer 在训练效率和性能方面具有显著优势。CNN 在处理图像时通常需要大量的数据和计算资源，而 Transformer 则能够更有效地利用数据和计算资源，因为它使用了自注意力机制来理解图像中的空间关系。本节介绍一种基于跨模态视觉 Transformer[77]（Cross - Modal Transformers）的红外双波段图像融合的跨模态变压器融合（CMTFusion）算法。该算法可以通过捕获源图像之间的总体特征来保留互补信息。具体而言，首先以由粗到精的方式从每个源图像中提取多尺度特征，之后以 CMT 模块捕获源图像之间的全局交互和上下文信息，从空间和通道域中去除源图像中的冗余信息，以确定互补区域，最后对互补特征进行聚合，得到融合图像。

图 7.36 显示了所提出的 CMTFusion 算法的网络架构，该算法以由粗到精的方式融合红外双波段图像。给定一对中、长波图像 I_M 和 I_L，算法首先通过一系列核数为 3×3、步长为 2 的卷积层提取 l 级特征金字塔。接下来将第 1 层

的一对特征映射作为细化分支的输入信息，以捕获源图像的全局信息。具体来说，在细化分支中，首先将初始特征映射与前一层的增强特征连接起来，然后输入到残差特征蒸馏块（RFDB）中，RFDB 学习更多的判别特征并得到后续特征映射。然后通过 CMT 模块在空间域和通道域去除这些特征映射中的冗余信息，使它们更具互补性。最后利用每一层的融合块得到融合后的图像。

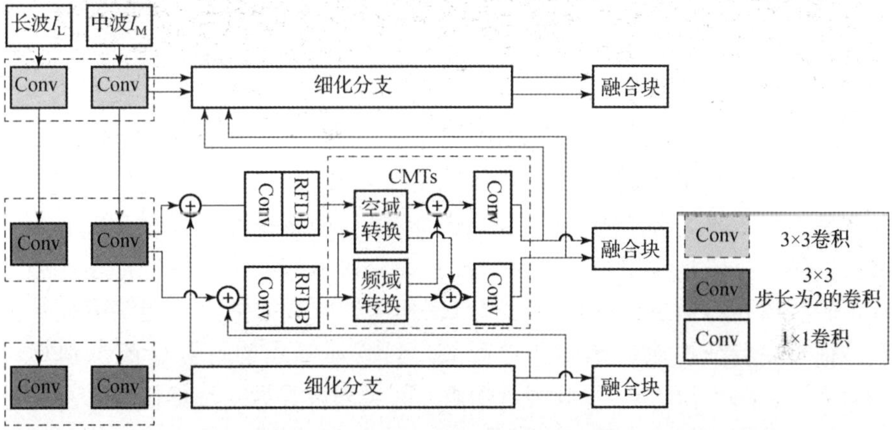

图 7.36　CMT 算法总体网络架构

上述方法具体示例如图 7.37 所示。

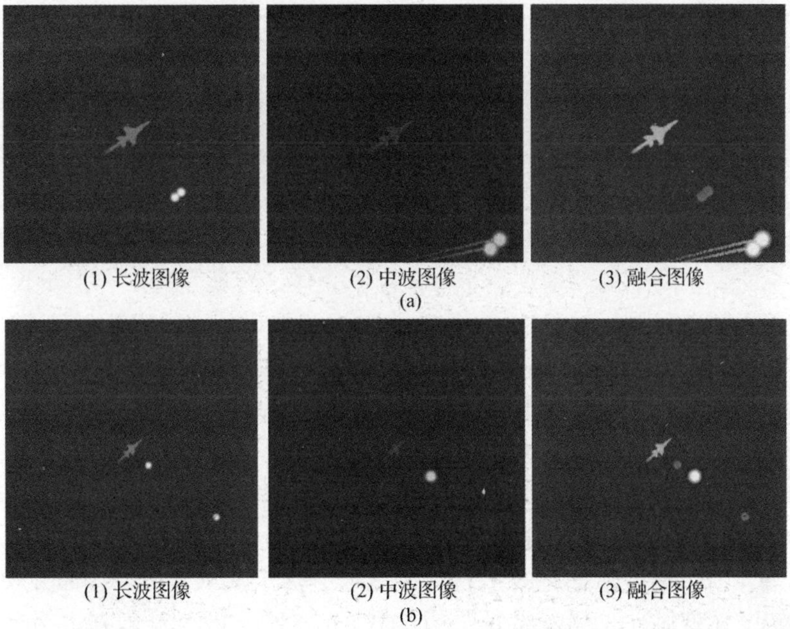

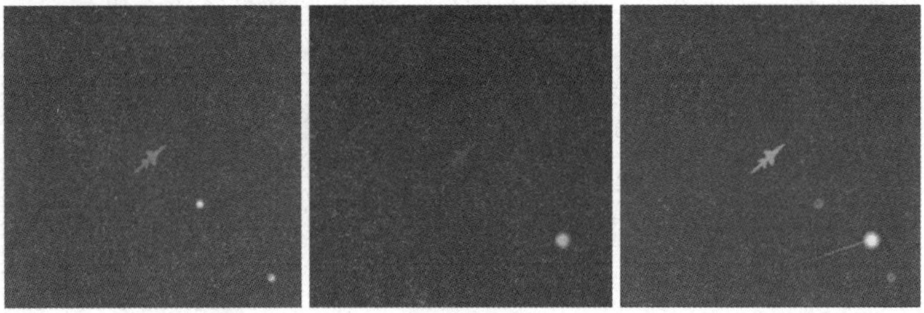

(1) 长波图像　　(2) 中波图像　　(3) 融合图像

(c)

图 7.37　CMTs 算法图像融合结果

2. 基于 YOLOV8 的目标识别与抗干扰算法

前一小节介绍了常用的深度学习融合方法，在此基础上对融合后的图像进行目标检测，一般是利用背景抑制的方法提取目标特征，然后进行图像分割得到真正的目标。而通过深度学习可以自动地从红外数据中学习能够表征数据的深层特征，使特征提取的步骤变得高效。目前最常用的目标检测识别算法有 R - CNN、Faster - RCNN、SSD 及 YOLO。针对图像类型、目标尺寸大小等不同问题，这些算法各有优、缺点。而在这之中 YOLO 相对于其他算法检测精度上略高，因而本小节主要介绍基于 YOLOV8 的目标识别方法。

1）YOLOV8 算法原理

YOLOV8 算法[78]是与 YOLOV3 算法、YOLOV5 算法一脉相承的，其主要的改进点如下。

（1）数据预处理。YOLOV8 的数据预处理依旧采用 YOLOV5 的策略，在训练时，主要采用包括马赛克增强（Mosaic）、混合增强（Mixup）、空间扰动（Random Perspective）及颜色扰动（HSV Augment）4 个增强手段。

（2）骨干网络结构。YOLOV8 的骨干网络结构可从 YOLOV5 略见一斑，YOLOV5 的主干网络的架构规律十分清晰，总体来看就是每用一层步长为 3 × 3 卷积去降采样特征图，接一个 C3 模块来进一步强化其中的特征，且 C3 的基本深度参数分别为“3/6/9/3”，其会根据不同规模的模型来做相应的缩放。在 YOLOV8 中，大体上也还是继承了这一特点，原先的 C3 模块均被替换成了新的 C2f 模块，C2f 模块加入更多的分支，丰富梯度回传时的支流。下面展示了 YOLOV8 的 C2f 模块和 YOLOV5 的 C3 模块，其网络结构如图 7.38 所示。

（3）FPN - PAN 结构。YOLOV8 仍采用 FPN + PAN 结构来构建 YOLO 的特征金字塔，使多尺度信息之间进行充分融合。除了 FPN - PAN 里面的 C3 模块被替换为 C2f 模块外，其余部分与 YOLOV5 的 FPN - PAN 结构基本一致。

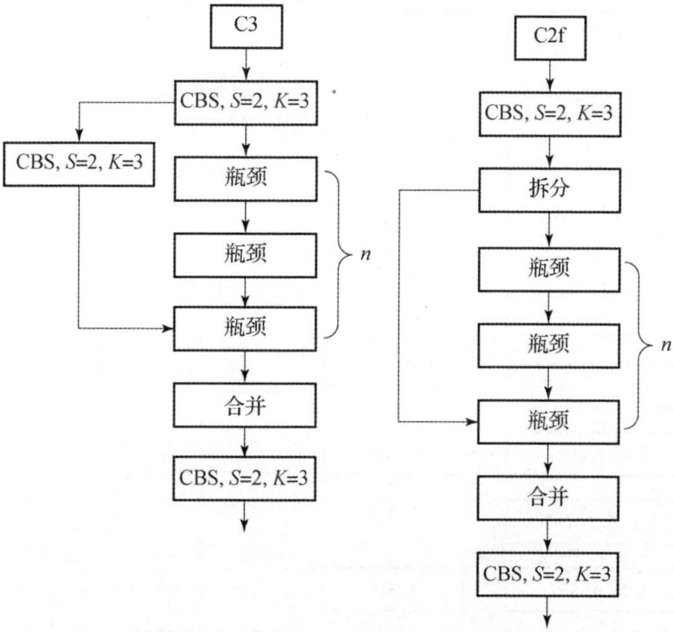

图 7.38 C2f 模块和 C3 模块框图

(4) Detection Head 结构。从 YOLOV3 到 YOLOV5，其检测头一直都是"耦合"(Coupled) 的，即使用一层卷积同时完成分类和定位两个任务，直到 YOLOX 的问世，YOLO 系列才第一次换装"解耦头"(Decoupled Head)。YOLOV8 也同样采用了解耦头的结构，两条并行的分支分别提取类别特征和位置特征，然后各用一层 1×1 卷积完成分类和定位任务。YOLOV8 整体的网络结构如图 7.39 所示。

(5) 标签分配策略。尽管 YOLOV5 设计了自动聚类候选框的一些功能，但是聚类候选框是依赖于数据集的。若数据集不够充分，无法较为准确地反映数据本身的分布特征，聚类出来的候选框也会与真实物体尺寸比例悬殊过大。YOLOV8 没有采用候选框策略，所以解决的问题就是正、负样本匹配的多尺度分配。不同于 YOLOX 所使用的 SimOTA，YOLOV8 在标签分配问题上采用了和 YOLOV6 相同的 TOOD 策略，是一种动态标签分配策略。YOLOV8 只用到了 targetbboxes 和 targetscores，未含是否有物体预测，故 YOLOV8 的损失就主要包括两大部分，即类别损失和位置损失。对于 YOLOV8，其分类损失为 VFLLoss (Varifocal Loss)，其回归损失为 CIoULoss 与 DFLLoss 的形式。

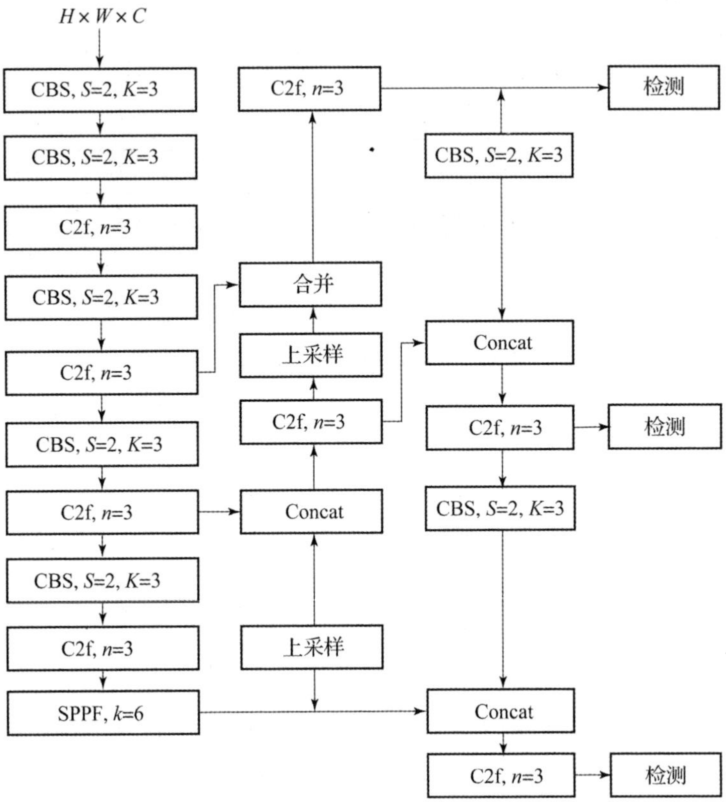

图 7.39 YOLOV8 网络结构

其中 VFLLoss 定义为

$$\mathrm{VFL}(p,q)=\begin{cases}-q(q\log(p)+(1-q)\log(1-p)) & q>0\\ -\alpha p^{\gamma}\log(1-p) & q=0\end{cases} \tag{7.55}$$

式中：p 为预测的类别得分，$p\in[0,1]$；q 为预测的目标分数（若为真实类别，则 q 为预测和真值的 IoU（Intersection - over Union）；若为其他类别，则 q 为 0）。VFLLoss 使用不对称参数来对正、负样本进行加权，通过只对负样本进行衰减，达到不对等的处理前景和背景对损失的贡献。对正样本，使用 q 进行了加权，如果正样本的 GTIoU 很高，则对损失的贡献更大，可以让网络聚焦于那些高质量的样本上，即训练高质量的正例对平均准确率的提升比低质量的更大一些。对负样本，使用 p^{γ} 进行了降权，降低了负例对损失的贡献，因负样本的预测 p 在取 γ 次幂后会变得更小，这样就能够降低负样本对损失的整体贡献。

2）YOLOV8 识别结果

以 7.3.1 节 1 中 RFNNest 图像融合结果为例，进行 YOLOV8 识别。识别结果如图 7.40 所示。

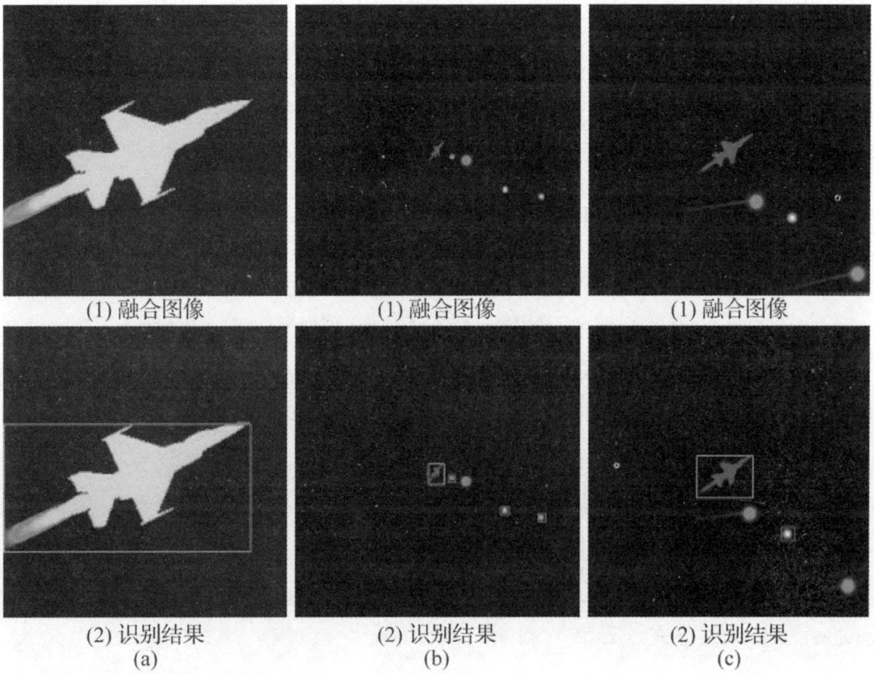

图 7.40　YOLOV8 识别结果（见彩图）

图 7.40 中目标以红框标记，干扰以蓝框标记。该识别网络模型的查准率（Precision）、召回率（Recall）、查准率 - 召回率（Precision - Recall）以及 F_1 分数评价指标分析如图 7.41 所示。

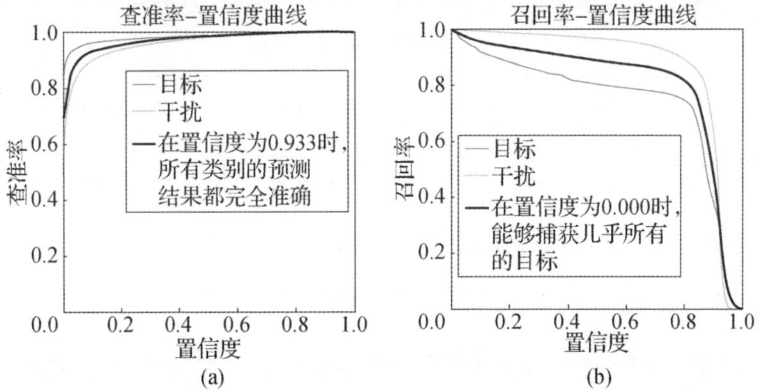

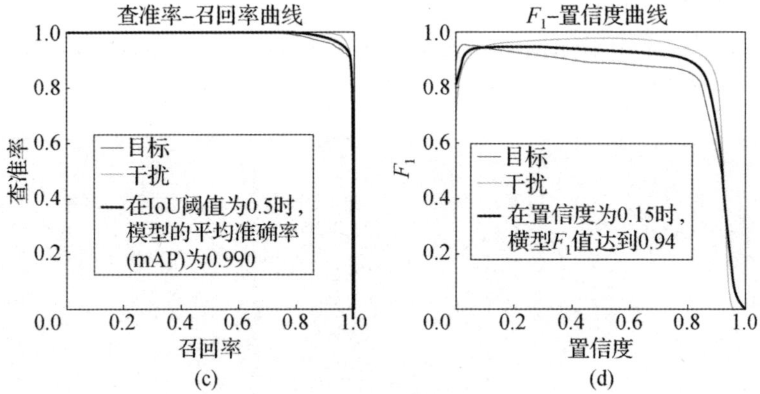

图 7.41　YOLOV8 识别性能分析（见彩图）

（a）查准率；（b）召回率；（c）查准率 - 召回率；（d）F_1 分数。

如图 7.41 所示，查准率能够快速上升，说明模型在预测为正类的实例中，正确预测的比例显著提高。意味该算法能够更准确地识别出真正的正类样本，减少了将负类样本错误分类为正类的情况，从而提高了预测结果的可靠性。同时召回率及查准率 - 召回率也能够很好地匹配查准率的变化趋势，说明提高查准率的同时，并没有牺牲对正类样本的覆盖度，并且识别干扰的能力更优。

平均准确率（mean Average Precision，mAP），即各个类别的平均值（Average Precision，AP）通过式（7.56）计算，即

$$AP = \int_0^1 P(R)\,dR \tag{7.56}$$

mAP 就是不同种类的 AP 求平均值，mAP0.5 表示预测框与真值框的交并比不小于 0.5 情况下准确预测的概率；mAP0.5 ~ 0.95 表示预测框与真值框的 IoU 不小于 0.5 不大于 0.95 情况下准确预测的概率均值。以 RFNNest 图像融合结果作为训练集和测试集，算法在干扰环境下目标识别率如表 7.1 所列。

表 7.1　目标识别最优结果

算法	融合网络	识别数量	mAP	查准率	召回率
YOLOV8	RFNNest	700	0.989	0.951	0.936

综上所述，识别率相对较高，为 94.72%。

7.3.2　基于端到端的双波段抗干扰算法

在通用的端到端图像融合网络（IFCNN）中，利用两个卷积层从源图像

中提取深度特征。采用元素级融合规则（元素级最大、元素级和、元素级平均）来融合深度特征。融合图像是由融合的深层特征通过两个卷积层生成的。尽管 IFCNN 在多个图像融合任务中都取得了令人满意的融合性能，但其架构过于简单，无法提取强大的深层特征，传统方法设计的融合策略也不是最优的。

1. Dual－IRDet 模型基本概述

本小节主要介绍基于红外双波段图像深度融合的 Dual－IRDet 模型。该算法利用当前先进的深度学习技术，多尺度特征提取、空间配准、融合优化等先进图像处理技术，增强目标辨别能力和抗干扰能力，模型框架如图 7.42 所示。具体专为红外双波段图像对的特征提取而定制双分支骨干网络，分别独立提取各波段图像的特征信息。针对单通道红外图像经过卷积层的输出特征图存在冗余信息的问题，构建一种分割－转换－融合的特征提取策略，通过构建通道间相关性提高特征表达能力并减少特征通道冗余。在特征融合方面，为了捕获两个红外波段更多互补信息，学习红外中波和长波特征之间的互补关系，建模跨波段特征的远程依赖性。

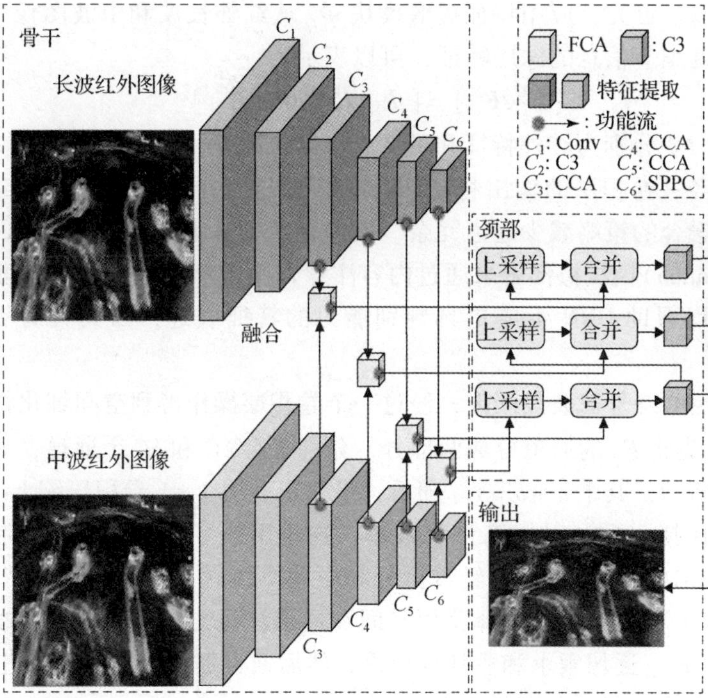

图 7.42　双波段目标识别框架概述

上下分支是红外双波段图像特征提取模块，$C_1 \sim C_5$ 代表不同尺度的特征图，FCA 模块是特征融合方法，Neck 模块是多尺度特征聚合网络，Head 模块输出最终的检测结果该方法主要包括 3 个阶段，即单波段图像特征提取、双波段特征融合、颈部和检测头。

1）特征提取模块

单波段特征提取首先独立用于中波和长波红外图像，可以用方程表示为

$$\begin{cases} \boldsymbol{F}_i^{\mathrm{L}} = \boldsymbol{\Phi}_{\mathrm{b-L}}(\boldsymbol{I}^{\mathrm{L}}, \phi^{\mathrm{L}}) \\ \boldsymbol{F}_i^{\mathrm{M}} = \boldsymbol{\Phi}_{\mathrm{b-M}}(\boldsymbol{I}^{\mathrm{M}}, \phi^{\mathrm{M}}) \end{cases} \tag{7.57}$$

式中：$\boldsymbol{F}_i^{\mathrm{L}}$、$\boldsymbol{F}_i^{\mathrm{M}} \in \mathbb{R}^{W \times H \times C}$分别为红外长波和红外中波分支第 i 层（$i=3,4,5$）的特征图；W、H、C 为特征图的高度、宽度和通道数；$\boldsymbol{I}^{\mathrm{L}}$、$\boldsymbol{I}^{\mathrm{M}} \in \mathbb{R}^{W \times H}$为输入红外长波和中波图像，通道数为 1；$\boldsymbol{\Phi}_{\mathrm{b-L}}(\cdot)$ 和 $\boldsymbol{\Phi}_{\mathrm{b-M}}(\cdot)$ 分别为红外长波和中波分支的特征提取骨干网路。

由于红外图像仅包含单一通道，通过常规卷积操作之后生成的多通道特征包含大量冗余信息。考虑提升特征的信息表达能力、减少特征的通道冗余度，提出一种基于交叉通道注意力的特征提取模块，并通过模块重复使用以丰富特征表达的信息。首先，应用特征提取模块 $\boldsymbol{\Phi}_F$ 从红外长波和中波图像中提取具有丰富细粒度细节信息的深层特征，可以表示为

$$[\boldsymbol{F}_i^{\mathrm{L}}, \boldsymbol{F}_i^{\mathrm{M}}] = [\boldsymbol{\Phi}_F(\boldsymbol{I}_i^{\mathrm{L}}), \boldsymbol{\Phi}_F(\boldsymbol{I}_i^{\mathrm{M}})] \tag{7.58}$$

式中：$\boldsymbol{F}_i^{\mathrm{L}}$ 和 $\boldsymbol{F}_i^{\mathrm{M}}$ 分别为红外特征和可见光特征。此外，由于红外图像为单通道灰度图像，经过卷积层的输出特征图中的多通道特征存在冗余。构建一种分割－转换－融合的策略减少通道冗余。嵌入在特征提取模块中的 CCA(Cross－Channel Attention)模块被部署来通过内容注意力操作自适应构建通道间相关性。这种特性可以帮助 CNN 生成更具判别能力的特征表达，因其具有更丰富的信息。

对于给定的红外双波段图像，经过一个卷积层操作得到空间细化特征 $\boldsymbol{F}_1 \in \mathbb{R}^{W \times H \times C_1}$，首先将 $\boldsymbol{F}_1$ 的通道分成两部分，分别具有 aC 和 bC 个通道，如图 7.43 的分割部分所示，其中 $a+b=1$。随后，进一步利用 1×1 卷积压缩上下分支特征图的通道保持一致，以提高计算效率。这里引入了压缩比 r 来控制特征通道，以平衡 CCAM 计算成本。经过拆分和压缩操作后，将空间细化特征 $\boldsymbol{F}_1$ 分为上部 F_{up}和 F_{down}。接着，选择使用空间和通道注意力计算特征调制的空间权重，将 F_{up}和 F_{down}逐像素求和后计算权重，然后通过加权求和的方法进行合并。计算上下分支的权重过程如图 7.44 所示。

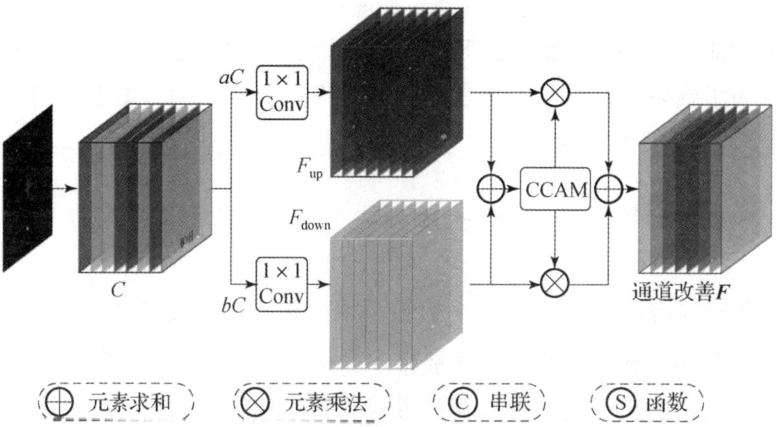

图 7.43　特征提取模块

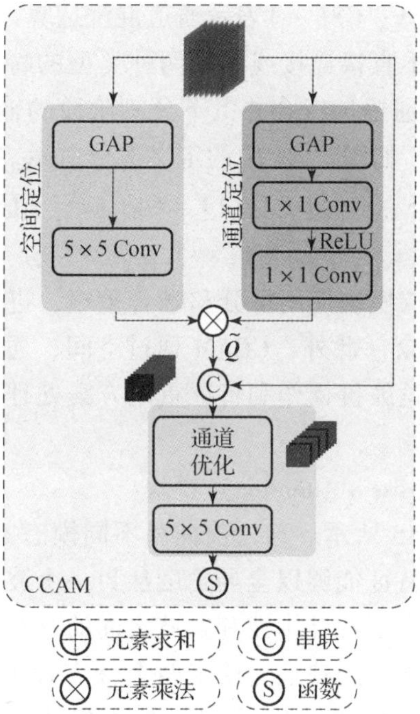

图 7.44　上下分支权重

CCA 的目标是生成特定通道的 $\boldsymbol{Q} \in \mathbb{R}^{W\times H\times C}$，它们具有与 $\boldsymbol{F}_1$ 相同的维度。首先根据公式计算相应的 F_c 和 F_s，即

$$F_s = C_{5\times5}(F_s^{GAP}) \tag{7.59}$$

$$F_c = C_{1\times1}(\text{ReLU}(C_{1\times1}(F_c^{GAP}))) \tag{7.60}$$

式中：$C_{m\times m}(\cdot)$表示卷积核大小为 $m\times m$ 的卷积层；$F_{\mathrm{s}}^{\mathrm{GAP}}$ 为经过跨空间维度的全局平均池化操作的特征；$F_{\mathrm{c}}^{\mathrm{GAP}}$ 为经过跨通道维度的全局平均池化操作处理的特征。为了减少参数数量并限制模型复杂度，第一个 1×1 卷积将通道维度从 C 降低到$\frac{C}{r}$（本节试验中设置 $r_2=16$），第二个 1×1 卷积将其扩展回 C，然后通过简单加法运算 1 将 F_{s} 和 F_{c} 融合在一起，以获得粗略的权重系数 $\tilde{\boldsymbol{Q}}\in\mathbb{R}^{W\times H\times C}$。

为了获得最终的 $\boldsymbol{Q}$，$\tilde{\boldsymbol{Q}}$ 的每个通道都根据相应的分支特征进行调整。利用上下分支特征的内容作为指导来生成最终的通道权重系数 $\boldsymbol{Q}$。具体而言，$\tilde{\boldsymbol{Q}}$ 的每个通道都通过通道混洗操作以交替方式重新排列。

$$\boldsymbol{Q}=\mathrm{s}(C_{5\times5}(\mathrm{CS}(\tilde{\boldsymbol{Q}})))\tag{7.61}$$

式中：s 表示 sigmoid 运算；$\mathrm{CS}(\cdot)$表示通道混洗运算。

权重计算完成后，不直接连接或添加两种类型的特征，而是在权重系数矩阵 $\boldsymbol{Q}$ 的指导下，通过逐通道加权合并上下分割阶段的输出特征 F_{up}和 F_{down}，可以得到通道细化特征 $\boldsymbol{Y}$，如图 7.44 中的定义部分所示。

$$\boldsymbol{Y}=C_{1\times1}(F_{\mathrm{up}}\cdot\boldsymbol{Q}+F_{\mathrm{down}}\cdot(1-\boldsymbol{Q}))\boldsymbol{Y}=C_{1\times1}(F_{\mathrm{up}}\cdot\boldsymbol{Q}+F_{\mathrm{down}}\cdot(1-\boldsymbol{Q}))\tag{7.62}$$

简而言之，特征提取模块使用拆分和融合策略，进一步减少空间细化特征图 $\boldsymbol{F}$ 在通道维度上的冗余。此外，CCAM 通过空间、通道注意力操作提取丰富的代表性特征，同时通过廉价操作和特征重用方案处理红外单波段卷积特征中的冗余信息。

2）FCA（Feature Cross－Attention）模块

该模块框图如图 7.45 所示。与之前捕获不同模态的局部特征的研究不同，FCA 模块使单波段红外特征能够以全局角度从另一个波段特征中学习更多互补信息。FCA 模块不仅检索了红外中波和长波之间的互补关系，而且克服了对跨波段特征的远程依赖性建模的缺陷。给定两个分支骨干网络输出的特征图 F^{L}、$F^{\mathrm{M}}\in\mathbb{R}^{W\times H\times C}$作为 FCA 模块的输入。采用双 FCA 模块来收集互补信息，分别增强中波和长波特征。两个 FCA 模块之间不共享参数。以红外长波特征分支为例，其公式为

$$\widetilde{F}^{\mathrm{L}}=f_{\mathrm{FCA}}^{\mathrm{L}}(F^{\mathrm{L}},F^{\mathrm{M}})\tag{7.63}$$

式中：F^{L} 和 F^{M} 为输入到 FCA 模块的中波和长波特征；$\widetilde{F}^{\mathrm{L}}$为 FCA 模块增强后

的长波特征；$f_{\mathrm{FCA}}^{\mathrm{L}}(\cdot)$为提出的红外长波分支的 FCA 模块。

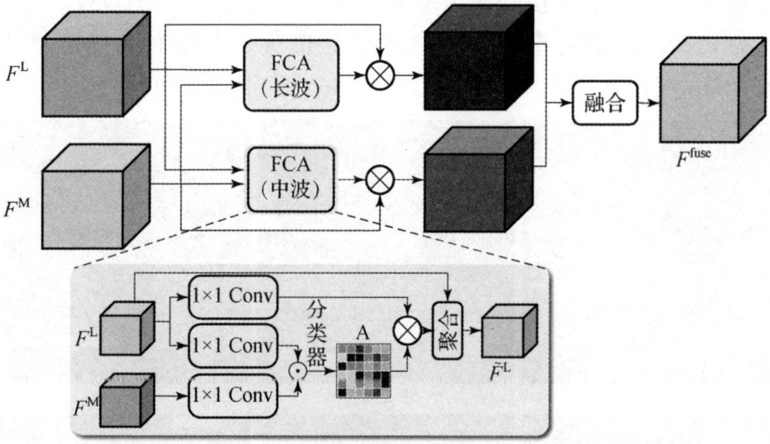

图 7.45　FCA 模块框图

FCA 模块的详细信息如下。该模块首先在红外长波特征 F^{L} 和中波特征 F^{M} 上应用两个具有 1×1 滤波器的卷积层，分别生成两个特征图 K^{L}、$Q^{\mathrm{M}} \in \mathbb{R}^{W \times H \times C}$。$C'$为通道数，小于 C，用于降维。其次，通过点积运算构建相关矩阵 $\boldsymbol{A}$，然后使用 Softmax 函数对相关分数进行归一化，这表示中波和长波不同波段之间的相似性。在 F^{L} 上应用另一个具有 1×1 滤波器的卷积层来生成 $V^{\mathrm{L}} \in \mathbb{R}^{W \times H \times C}$ 用于特征自适应。上下文信息由聚合操作收集，即

$$\tilde{F}_j^{\mathrm{L}} = \sum_{i \in |P_j^{\mathrm{L}}|} A_{i,j} P_{i,j} + V_j^{\mathrm{L}} \tag{7.64}$$

式中：$\tilde{\boldsymbol{F}}_j^{\mathrm{L}}$ 为输出特征图中位置的特征向量；$A_{i,j}$为通道 i 和矩阵 $\boldsymbol{A}$ 中位置 j 的标量值。上下文信息被添加到局部特征 V^{L} 以增强局部特征并增强逐像素表示。因此，它具有广泛的上下文视图，并根据交叉注意力图选择性地聚合上下文。这些特征表示双波段之间的信息实现了互补。

与红外长波分支类似，另一个 FCA 模块也用于增强红外中波分支的功能，可以用方程表示。得到增强后的双波段分支特征 $\tilde{F}^{\mathrm{L}}$ 和 $\tilde{F}^{\mathrm{M}}$ 后，输入融合函数 $\boldsymbol{\Psi}_{\mathrm{Fusion}}(\cdot)$得到融合特征用于检测头。采用常见的 NiN 融合作为特征融合函数，即

$$\tilde{F}^{\mathrm{M}} = f_{\mathrm{FCA}}^{\mathrm{M}}(F^{\mathrm{L}}, F^{\mathrm{M}}) \tag{7.65}$$

2. Dual - IRDet 算法实现

本节提出的方法是在 CPU i7 - 9700、64GB 内存和 Nvidia RTX 3090 24G GPU

的服务器上使用 PyTorch 1.8.1 框架实现的。训练阶段需要 60 个回合，批量大小为 64。使用 SGD 优化器，初始学习率为 1.0×10^{-2}，动量为 0.937。另外，权重衰减因子为 0.0005，学习率衰减方法为余弦退火。训练时图像的输入尺寸为 256×256，测试时图像的输入尺寸为 256×256。识别结果如图 7.46 所示。

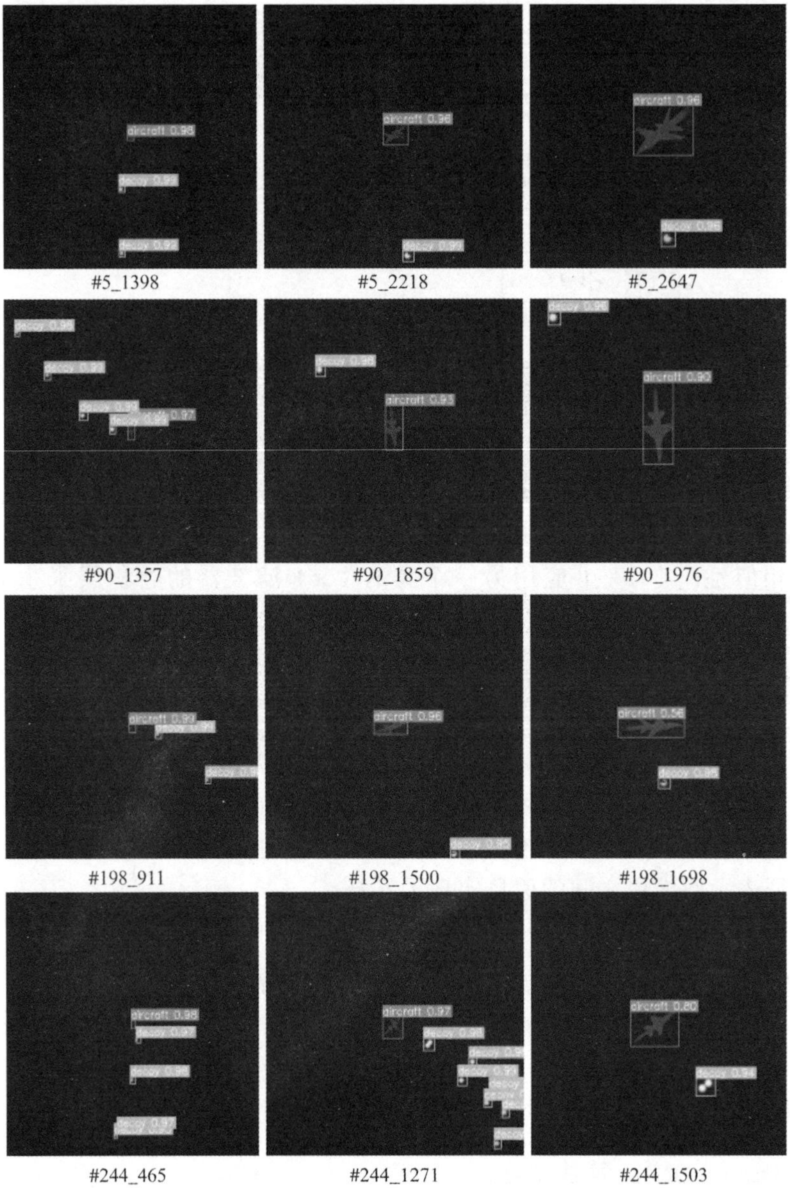

图 7.46　Dual - IRDet 算法识别结果

7.4　本章小结

首先，本章从红外双波段目标及诱饵特性，分析了红外双波段干扰和目标的基本纹理特征和形状特征，并将红外双色比差、双色比对比度作为目标和干扰的双波段特征，用于之后的抗干扰识别。其次，介绍了基于双波段多特征融合的识别和抗干扰方法，提出了融合后识别和识别后融合的两种识别路径。前者主要使用传统融合方法进行图像融合，再将融合图像通过贝叶斯分类器进行抗干扰识别。后者对不同波段的图像进行独立目标检测，融合各通道结果得到最终的联合判决结果。然后，针对传统红外双波段图像融合算法不能有效增强目标信息或抑制背景这一不足，进一步介绍了基于深度学习的双波段图像识别和抗干扰方法。其中的融合算法包括 RFN - Nest 融合算法、基于生成对抗网络（GAN）的图像融合算法以及 CMT 图像融合算法，再根据图像融合结果使用 YOLO 进行抗干扰识别。最后，介绍了一种优于 IFCNN 的端到端的双波段抗干扰算法，即 Dual - IRDet 算法，该算法利用深度学习方法，以及多尺度特征提取、空间配准、融合优化等先进图像处理模块，通过提取图像更深层特征以增强目标辨别能力和抗干扰能力。

第8章

空中极端干扰环境探测制导一体化智能抗干扰技术

红外诱饵弹的辐射特性越来越接近载机，形成了更复杂的大面积、长时间、全遮挡等空中干扰强对抗态势，导致目标难以识别或目标信息丢失而无法命中目标。因此，红外成像空空导弹需要进一步提升抗干扰能力，在未来复杂空中战场环境中实现目标精确打击。面对红外诱饵干扰造成目标信息被部分遮蔽甚至全遮蔽问题，传统抗干扰策略是基于图像处理抗干扰，通过图像信息进行目标识别来获取目标信息。以特征融合的目标识别算法和基于深度学习的抗干扰技术为代表的基于图像处理的抗干扰技术在面对目标信息部分丢失甚至全丢失的情况下都存在一定的局限性。为使导弹获得有利探测态势，更容易分辨出目标和干扰，提高制导精度。本章介绍了基于探测制导一体化的智能抗干扰技术，该技术通过对战场环境进行态势感知，来获取目标和诱饵信息，在此基础上通过基于路径规划的绕飞制导策略来摆脱诱饵干扰。

8.1 典型比例导引律

比例导引律（Proportional Navigation，PN）自 20 世纪 40 年代提出以来，由于其鲁棒性和易于实现的特点，成为导弹在制导阶段最常用的导引律。比例导引律是指导弹在制导过程中，导弹的速度矢量的转动角速度与弹目视线的转动角速度成比例。按照指令加速度参考作用方向不同，比例导引律分为两类：一类是以追踪速度矢量为参考基准，如纯比例导引律（Pure Proportional Navigation，PPN）及其变种，此类导引律的指令加速度垂直于导弹速度方向，主要运用于大气层内拦截制导；另一类是导弹与目标之间的视线为参考基准，如真比例导引律（True Proportional Navigation，TPN）、广义比例导引律（Generalized Proportional Navigation，GPN）、现实真比例导引律（Realistic True Proportional Navigation，RTPN）、理想比例导引律（Ideal Proportional Navigation，IPN）等，此类导引律的指令加速度垂直于与视线相关的某个方向，通常用于大气层外拦截和交会的制导控制。

8.1.1　纯比例导引律

美国学者 Guelman Mauricio 通过严格的数学推导获得了 PPN 导引律。PPN 的指令加速度 a_{PPN} 垂直于导弹速度，如图 8.1 所示，图中，σ_m、σ_t 分别为导弹、目标速度与基准线的夹角。η_m、η_t 分别为导弹、目标与视线的夹角，q 为视线角。控制关系为

$$\dot{\sigma}_m = N\dot{q} \tag{8.1}$$

式中：N 为比例系数，通常取 2 ~ 6。可以得出 PPN 方程为

$$\begin{cases} \dot{r} = V_t\cos\eta_t - V_m\cos\eta_m \\ r\dot{q} = -V_t\sin\eta_t + V_m\sin\eta_m \\ a_{\text{PPN}} = V_m\dot{\sigma}_m = NV_m\dot{q} \end{cases} \tag{8.2}$$

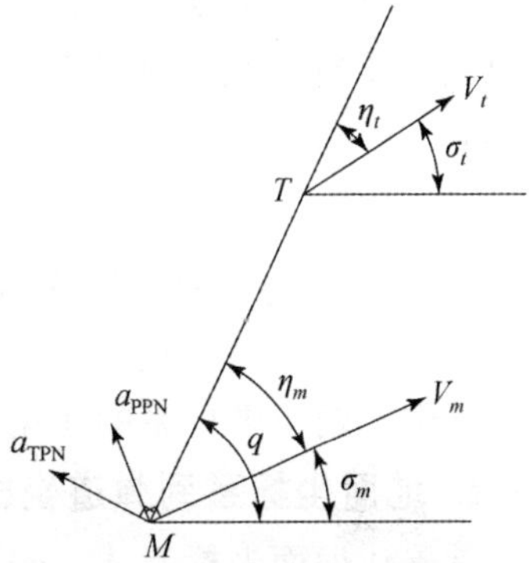

图 8.1　弹目二维导引关系

式中：r 为弹目距离；$\dot{r}$ 为弹目距离变化率。

PNN 导引律对于非机动目标，导引方程对于一般比例系数的无封闭解，仅获得了比例系数在 $N = 1$、2 的精确解，这显然限制了 PNN 的实用价值。而对于一般机动目标，导引方程高度非线性，不能得到任何比例系数下的精确解[79]。因此，采用定性分析来确定拦截目标的初始条件，对于非机动目标(巡航目标)，只要满足 $NV_m > V_m + V_t$ 和 $V_m > V_t$，除 $\dot{q} = 0$ 或追踪器向目标相反的方向飞行外，都能成功截获目标，并且导弹将以直线飞行截获目标，轨迹的方向由初始状态确定。对于一般机动目标，当导弹与目标的初始相对状态不满足条件 $r\dot{q} = 0$、$\dot{r} > 0$ 时，若存在 $V_m > \sqrt{2}V_t$，$N > 1 + V_t/V_m$，则导弹可以截获机动目标；若满足条件 $V_m > \sqrt{2}V_t$、$N > 1 + V_t/V_m$ 及 $|\dot{q}_0| > |\eta_t| / [(k-2)\sqrt{V_m^2 - V_t^2} - 2V_t]$，则导弹可以截获机动目标[80]。

当导弹初始飞行状态为接近于相撞线飞行时，PNN 的性能趋于最优。同时，PNN 中的控制量不改变导弹的速度大小，只改变其方向，其可实现性和追踪性能较强。由于当目标机动时导弹的捕获域变得很有限，而且传统的 PNN 截获机动目标的性能远不如截获非机动目标，因此如何有效截获机动目标，是改善 PNN 导引性能的重要研究内容[81]。

对于三维比例导引律，一般可将导弹三维制导运动过程分解为导弹在相互垂直的两个平面上的运动。根据比例导引律的不同，所选取的坐标系也不同，

进而所分解的两个平面也不同。对于三维纯比例导引律，其加速度指令与导弹速度矢量垂直，故选择弹道坐标系进行设计，纯比例导引律的加速度指令为

$$\boldsymbol{a}_2 = N\boldsymbol{\Omega}_{c2} \cdot \boldsymbol{V}_2 \tag{8.3}$$

式中：$\boldsymbol{a}_2$ 为纯比例导引律的加速度指令在弹道坐标系中的向量；$\boldsymbol{\Omega}_{c2}$ 为视线坐标系选择角速度在弹道坐标系的向量；$\boldsymbol{V}_2$ 为导弹速度在弹道坐标系的向量。为了便于计算 $\boldsymbol{\Omega}_{c2}$，应利用坐标系变换，将视线坐标系的旋转角速度矢量由视线坐标系变换到弹道坐标系。将加速度指令在弹道坐标系下分解，可以得到

$$\begin{bmatrix} 0 \\ a_{y2} \\ a_{z2} \end{bmatrix} = N\boldsymbol{L}_2(\psi_v,\theta) \cdot \boldsymbol{L}_4(q_\beta,q_\alpha)^{\mathrm{T}}\boldsymbol{\Omega}_{cc} \times \boldsymbol{V}_2 \tag{8.4}$$

其中，两个坐标系的变化方法为

1. 地面坐标系到弹道坐标系的变换

首先让地面坐标系 $A-xyz$ 绕 Ay 轴旋转 ψ_v 角得到坐标系 $A-x'yz_2$，再令其绕 Az_2 轴旋转 θ 角，得到弹道坐标系 $A-x_2y_2z_2$。如图 8.2 所示，ψ_v 和 θ 分别为弹道偏角和弹道倾角，图 8.2 所示为正。

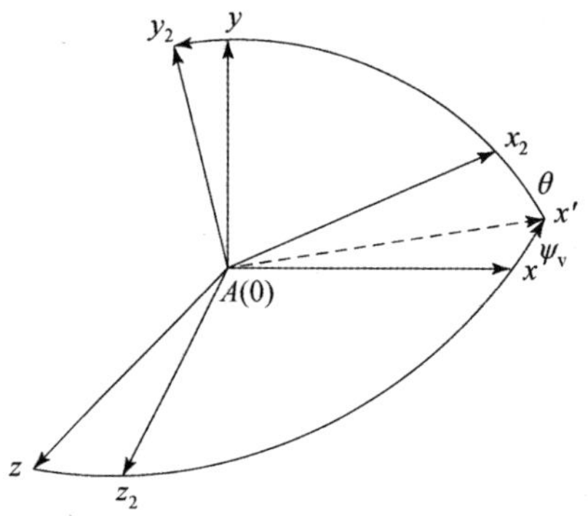

图 8.2　地面坐标系与弹道坐标系之间的角度

地面坐标系到弹道坐标系的变换矩阵为

$$\boldsymbol{L}_2(\psi_v,\theta) = \begin{bmatrix} \cos\theta\cos\psi_v & \sin\theta & -\cos\theta\sin\psi_v \\ -\sin\theta\cos\psi_v & \cos\theta & \sin\theta\sin\psi_v \\ \sin\psi_v & 0 & \cos\psi_v \end{bmatrix} \tag{8.5}$$

2. 地面坐标系到视线坐标系的变换

先让地面坐标系 $A-xyz$ 绕 Ay 轴旋转 q_β 角得到坐标系 $A-x'yz_c$，再令其绕

Az_c 轴旋转 q_α 角，得到视线坐标系 $O-x_c y_c z_c$。如图 8.3 所示，q_α 和 q_β 分别为视线高低角和视线方位角，图 8.3 所示为正。

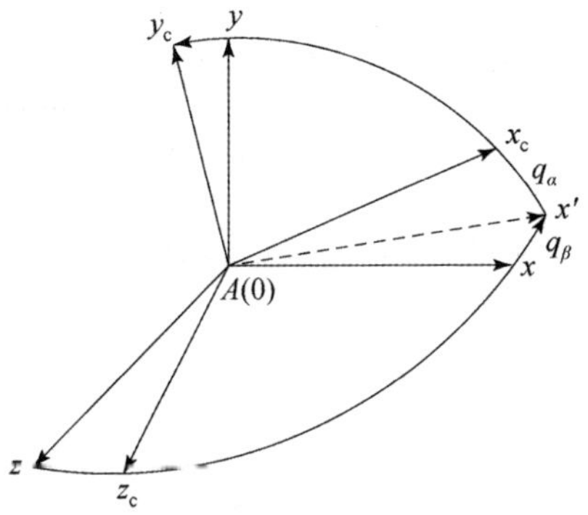

图 8.3　地面坐标系与视线坐标系之间的角度

地面坐标系到视线坐标系的变换矩阵为

$$\boldsymbol{L}_4(q_\beta, q_\alpha) = \begin{bmatrix} \cos q_\alpha \cos q_\beta & \sin q_\alpha & -\cos q_\alpha \sin q_\beta \\ -\sin q_\alpha \cos q_\beta & \cos q_\alpha & \sin q_\alpha \sin q_\beta \\ \sin q_\beta & 0 & \cos q_\beta \end{bmatrix} \tag{8.6}$$

8.1.2　真比例导引律

根据 TPN 导引律，导弹加速度为

$$a_{\mathrm{TPN}} = C\dot{q} \tag{8.7}$$

式中：C 可以是常数，也可以是随时间变化的系统状态函数。当 C 为常数时，该导引律为传统的真比例导引律，其指令加速度 a_{TPN} 作用在视线的垂直方向，如图 8.1 所示，a_{TPN} 的幅值正比于导弹和目标之间的视线旋转角速率，这种导引律是以导弹和目标为常值且以目标不机动为前提得到的最优导引律[82]。

而在大多数讨论 TPN 导引律实现的研究中，将参数 C 定义为

$$C = N\dot{r}(t) \tag{8.8}$$

式中：$\dot{r}(t)$ 为任意时刻弹目接近速度，该导引律即为 RTPN，其指令加速度同样作用在视线的垂直方向，但其大小则与视线旋转角速率和弹目接近速度的乘积成正比，即这种导引律考虑了导弹与目标速度变化对制导精度的影响，因此对于相对速度变化时的制导精度有所改善，但在打机动目标情形下的制导精度较差。RTPN 是 TPN 的具体实现形式，使用实时的弹目接近速度来代替 TPN 制导指令中的初始接近速度，在一般大气层外拦截场景中，由于实时弹目接近速

度与初始弹目接近速度相比变化十分微小，因此 RTPN 的性能与 TPN 较为接近，且在数学上更容易处理和分析[83]。

对于非机动目标，必须选取 $N>2$ 来避免指令加速度趋于无穷。为了将捕获条件简化为 $N>2$，通常增加约束，即

$$A^2=\left(\frac{\dot{r}_0}{r_0\dot{\theta}_0}\right)^2\geqslant 1 \tag{8.9}$$

因此，导弹在飞向目标点方向上的初始速度大小一般必须大于目标速度的 $\sqrt{2}$ 倍，才能满足上述约束。

对于机动目标，目标的机动会影响系统的性能，若要有效拦截机动目标，导引系数必须满足

$$N>\frac{(A^2+1)+\sqrt{(A^2+1)^2+4A^2[(1+c)^2-1]}}{2A^2} \tag{8.10}$$

式中：$c=a_{T_0}/(\dot{r}_0\dot{\theta}_0)$，$a_{T_0}$ 为目标初始机动。如果在实际初始拦截条件下存在 $A^2\geqslant 1$，则捕获能力可简化为

$$N>2+c \tag{8.11}$$

由式（8.11）可知，目标机动能力越强，需要的比例系数值越大。同时，由于目标机动，导弹存在射击包络线，当 $\psi<180°$ 时，有

$$r_0<\frac{v_{r0}v_{\theta_0}}{a_{T_0}}\left[\sqrt{(N-1)(NA^2-1)}-1\right] \tag{8.12}$$

当 $\psi>180°$ 时，有

$$r_0<-\frac{v_{r0}v_{\theta_0}}{a_{T_0}}\left[\sqrt{(N-1)(NA^2-1)}+1\right] \tag{8.13}$$

式中：ψ 为俯角，在追尾条件下定义为 0；v_{r0} 为 $\dot{r}$ 的初始值；$v_{\theta 0}$ 为 $r\dot{\theta}$ 的初始值。

TPN 导引律对于非机动目标可以得到封闭解，对于机动目标则很难得到封闭解。当速度矢量的方向与视线的夹角很小时，TPN 的解与 PPN 很相似，TPN 的控制效率与 PPN 相当；当夹角很大时，TPN 与 PPN 具有很大的差别，TPN 的控制效率远低于 PPN。TPN 对目标的捕捉区域相对 PPN 非常窄，因此，若要利用 TPN 来捕获目标，就要对导弹发射的初始条件加以限制。同时，PPN 的指令加速度不改变导弹的速度大小，只改变其方向，而 TPN 的指令加速度沿导弹速度矢量方向有控制分量，会改变导弹的前向速度，导致对导弹控制的下降[84]。

对于三维真比例导引律，其指令加速度与视线方向垂直，故选取视线坐标

系进行设计，得到视线坐标系下加速度指令为

$$\begin{cases} a_{yc} = -N\dot{R}\dot{q}_{\alpha} \\ a_{zc} = N\dot{R}\dot{q}_{\beta} \end{cases} \tag{8.14}$$

式中：a_{yc}、a_{zc}为导弹指令在视线坐标系 y 轴和 z 轴的分量；$\dot{R}$为弹目相对距离变换率；$\dot{q}_{\alpha}$、$\dot{q}_{\beta}$ 分别为视线倾角和视线偏角的变化率。

为了便于计算，利用坐标系的变化，根据式（8.5）和式（8.6），将上述所得的指令加速度由视线坐标系转换到弹道坐标系，即

$$\begin{bmatrix} a_{x2} \\ a_{y2} \\ a_{z2} \end{bmatrix} = N\boldsymbol{L}_2(\psi_{\mathrm{v}},\theta) \cdot \boldsymbol{L}_4(q_{\beta},q_{\alpha})^{\mathrm{T}} \cdot \begin{bmatrix} 0 \\ -\dot{R}\dot{q}_{\alpha} \\ \dot{R}\dot{q}_{\beta} \end{bmatrix} \tag{8.15}$$

8.1.3　理想比例导引律

定义弹目相对速度为

$$\boldsymbol{v} = \boldsymbol{V}_{\mathrm{m}} - \boldsymbol{V}_T = r\boldsymbol{e}_r + r\theta\boldsymbol{e}_{\theta} \tag{8.16}$$

在 IPN 中，指令加速度 $\boldsymbol{a}_{\mathrm{IPN}}$作用在相对速度 $\boldsymbol{v}$ 的垂直方向，其大小与视线旋转速率和相对速度的乘积成正比，即

$$\boldsymbol{a}_{\mathrm{IPN}} = N\dot{\theta}\boldsymbol{e}_z \cdot \boldsymbol{v} = N(-r\dot{\theta}^2\boldsymbol{e}_r + \dot{r}\dot{\theta}\boldsymbol{e}_{\theta}) \tag{8.17}$$

式中：$\boldsymbol{e}_z = \boldsymbol{e}_r \cdot \boldsymbol{e}_{\theta}$，$\boldsymbol{e}_r$ 和 $\boldsymbol{e}_{\theta}$ 分别为视线方向和视线法线方向上的单位向量。IPN 的核心目标是使弹目相对速度方向与目标视线一致。IPN 的捕获性能与追踪初始状态和目标是否机动无关，仅与导引系数有关，在不考虑导弹实际机动能力的情况下，不论目标是否机动，只要导引系数大于 2，都可使导弹在任意初始攻击布局下截获目标，因此它具有更大的捕获域，但这也是 IPN 的理想性所在。由于 IPN 沿视线方向有加速度分量的作用，使导弹接近目标的速度随侍飞距离的减少而单调增加，因此 IPN 的截获速度比较快。

基于能准确获得目标加速度，设计了 IPN 的改进导引律（Augement IPNG），它不仅能使求解计算的维数减小，而且能使截获机动目标的性能达到由 IPGN 截获非机动目标的性能。

8.1.4　广义比例导引律

GPN 导引律按照指令加速度是基于视线有偏置角还是基于弹目相对速度有偏置角，可以分为广义真比例导引律（Generalized True Proportional Navigation，GTPN）和广义理想比例导引律（Generalized Ideal Proportional Navigation，GIPN）。

GTPN 的指令加速度 $\boldsymbol{a}_{\mathrm{GTPN}}$作用在相对于视线方向有一固定偏置角的垂直方向上，其大小与弹目接近速度和视线旋转速率的乘积成正比。假设指令加速度 $\boldsymbol{a}_{\mathrm{GPN}}$与视线法线方向有 β 的偏置角，如图 8.4 所示，则 GTPN 的指令加速度可描述为

$$\boldsymbol{a}_{\mathrm{GTPN}} = \lambda \dot{r}\dot{\theta}(\cos\beta \boldsymbol{e}_{\theta} + \sin\beta \boldsymbol{e}_{r}) = \dot{r}\dot{\theta}(\lambda_{\theta}\boldsymbol{e}_{\theta} + \lambda_{r}\boldsymbol{e}_{r}) \tag{8.18}$$

式中：λ 为比例系数；$\lambda_{\theta} = \lambda\cos\beta$；$\lambda_{r} = \lambda\sin\beta$。这种导引律实际上是增加了目标机动加速度影响的指令加速度修正项，使导弹的制导精度有了进一步提高。

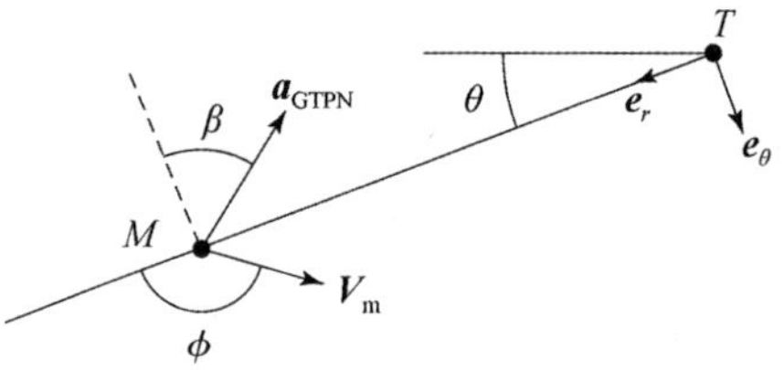

图 8.4　GTPN 导引律平面追踪几何图像

对于非机动目标，若要实现目标的有效拦截，λ_{r} 必须大于$((\lambda_{\theta}-1)A^{2}-1)/A$ 且 $\lambda_{\theta}>1$，其中 $A=\phi_{0}=v_{r0}/v_{\theta0}$，$v_{r0}$为 $\dot{r}$ 的初始值，$v_{\theta0}$为 $r\dot{\theta}$ 的初始值。该条件可以变换为

$$\lambda > \frac{(A^{2}+1)}{(A(A\cos\beta-\sin\beta))} \tag{8.19}$$

若要有效拦截目标，λ_{θ} 的取值必须大于 1，这决定了拦截期间视线角速率是趋近于 0 还是趋近于无穷大，当 $\lambda_{\theta}>2$ 时，视线角速率趋近于 0，反之趋近于无穷大，因此，由于实际应用中指令加速度的限制，λ_{θ} 的取值必须大于 2。TPN 是 GTPN 的特例，当 $\beta=0$ 时，该限制条件与 TPN 相同。这类导引律的优点是至少对非机动目标是有解的，但会导致前向速度改变，增大对控制的要求，为确保拦截成功，初始发射条件要求高。偏置角不仅影响捕获能力，而且影响有效拦截目标所需的能量成本，试验表明，偏置角越大，能量消耗越高。

GIPN 的指令加速度 $\boldsymbol{a}_{\mathrm{GIPN}}$ 作用在相对于相对速度方向有一固定偏置角的垂直方向上，大小与弹目相对速度和视线角速率的乘积成正比。假设给定的指令加速度方向与相对速度的法线方向有偏置角 β，如图 8.5 所示，则 GIPN 的指令加速度可表示为

$$\boldsymbol{a}_{\mathrm{GIPN}} = \lambda\nu\dot{\theta}(\cos(\phi-\beta)\boldsymbol{e}_{\theta} - \sin(\phi-\beta)\boldsymbol{e}_{\theta}) = \dot{\theta}((\lambda_{\phi}\nu_{r}+\lambda_{r}\nu_{\theta})\boldsymbol{e}_{\theta} + (\lambda_{r}\nu_{r}-\lambda_{\phi}\nu_{\theta})\boldsymbol{e}_{\theta}) \tag{8.20}$$

式中：λ 为比例系数；$\lambda_{\phi} = \lambda\cos\beta$；$\lambda_{\mathrm{v}} = \lambda\sin\beta$。

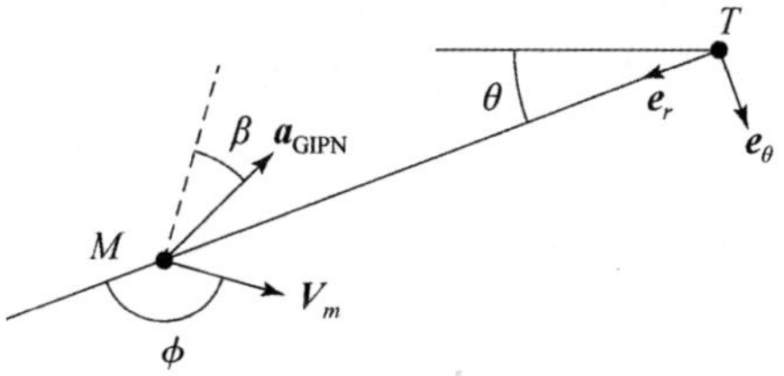

图 8.5　GIPN 导引律平面追踪几何图像

对于拦截非机动目标而言，λ_v 不受 $\lambda_\phi>1$ 的约束，无论初始条件是什么，只要 $\lambda_\phi>1$，都能成功拦截目标。与 GTPN 类似，λ_ϕ 的值决定了拦截期间视线角速率是趋近于 0 还是趋近于无穷大，当 $\lambda_\phi<2$ 时，最终的视线角速率趋近于无穷大；反之趋于 0。因此，在实际应用中，考虑到指令加速度的限制，必须选择大于 2 的 λ_ϕ 值。λ_v 的取值只影响能量消耗，不影响有效拦截目标所需的捕获边界。试验表明，在拦截过程中，相对速度大小随着 λ_v 的减小而减小，通过选择合适的 $\boldsymbol{\lambda}$ 和 $\boldsymbol{\beta}$，可以调节相对速度的最终值，即

$$\boldsymbol{v}_f=\boldsymbol{v}_0 e^{\frac{\lambda\sin\beta}{\lambda\cos\beta-1}(\pi-\phi_0)} \tag{8.21}$$

对于机动目标，不论 GTPN 还是 GIPN，通常都需要较大的比例系数才能有效拦截目标，并且拦截过程中会产生较高的能量损失，因此，目标机动减少了捕获面积，增加了有效拦截目标所需的能量成本[85]。

8.2　空中对抗态势感知与理解

红外成像制导武器已成为空中战场夺取制空权的利刃，而各军事大国为了对抗红外制导武器的攻击，发展了各种红外点源、面源等诱饵干扰技术，目标机动伴随连续、密集的诱饵投放形成的大面积/全/长时遮蔽等复杂强对抗环境，导致红外成像制导武器目标识别与抗干扰能力受到严峻挑战。因此，空中对抗态势感知与理解成为确保战术优势和战略成功的关键因素。空中对抗态势感知不仅仅是对目标位置的简单跟踪，它还要求对导弹传感器所得到的数据进行综合分析处理，以实现对整个战场环境中目标和诱饵状态的全面估计。而弹目距离估计作为其中的核心，通过高精度传感器和先进算法，确保导弹能准确导航并有效拦截目标，同时具备抗干扰和识别诱饵的能力，提升作战效率和成功率。

导弹的位置信息可以通过导弹自身携带的敏感器得到，若要进行空中对抗

态势的感知，就需要对目标和诱饵的状态进行估计。在红外导引头所得到的二维图像中，仅知道角度与图像线距离，根据这些信息，估计弹目距离以及导弹-干扰距离。当目标释放干扰后，目标数据丢失，应利用目标释放干扰前的几帧图像，估计目标之后的运动状态，进而可以估计出目标释放干扰后导弹与目标、干扰的距离。下面介绍如何通过二维制导图像信息及角度信息估计距离。

8.2.1 基于目标尺度特征的弹目距离估计方法

1. 弹目距离估计原理

如图 8.6 所示，M、T 分别表示导弹和目标，i、$i+1$ 表示两个相邻采样时刻。T_i、T_{i+1}、M_i、M_{i+1}表示在 i、$i+1$ 时刻导弹和目标的位置，R_i、R_{i+1}表示 i、$i+1$ 时刻弹目相对距离，Φ_i、Φ_{i+1}表示弹目视线与目标运动轨迹的夹角，x_0 表示目标在两个采样时刻具有旋转不变性的特征长度。假设导弹导引头的焦距为 f，目标具有旋转不变性的特征长度在第 i、$i+1$ 时刻的红外成像图中的尺寸分别为 L_i、L_{i+1}。

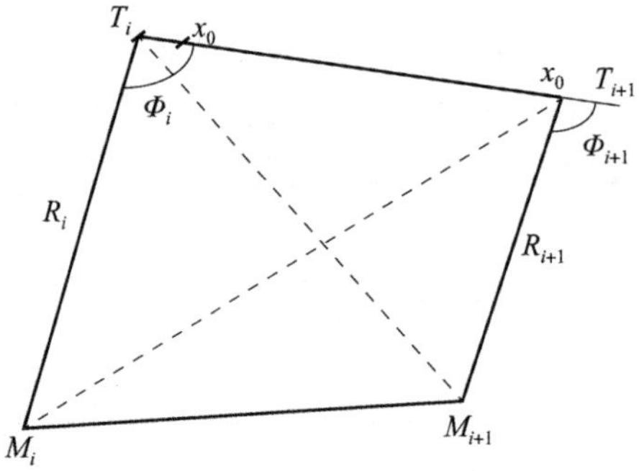

图 8.6 导弹、目标在相邻两个时刻的位置关系

根据凸透镜成像原理，可得

$$\begin{cases} \dfrac{L_i}{f} = \dfrac{x_0 \sin\Phi_i}{R_i} \\ \dfrac{L_{i+1}}{f} = \dfrac{x_0 \sin\Phi_{i+1}}{R_{i+1}} \end{cases} \tag{8.22}$$

联立上式，得

$$\frac{R_{i+1}}{R_i} = \frac{L_i}{L_{i+1}} \frac{\sin\Phi_{i+1}}{\sin\Phi_i} \tag{8.23}$$

由上述公式可知，只要知道前一个时刻的弹目相对距离 R_i，就可根据制导图像上目标特征长度的变化及角度变化求出目前时刻的弹目距离 R_{i+1}。

2. 弹目距离估计

如图 8.7 所示，$M-x_2y_2z_2$ 为导弹弹道坐标系，α_{t2i}、β_{t2i}分别为目标在弹道坐标系中的高低角和方位角，R_i 为弹目相对距离，θ_{m0i}、φ_{m0i}分别为导弹在地面坐标系中的高低角和方位角。在第 i 时刻，目标在导弹弹道坐标系中的球坐标为$(R_i,\alpha_{t2i},\beta_{t2i})$，导弹在地面坐标系中的坐标为$(x_i,y_i,z_i)$。

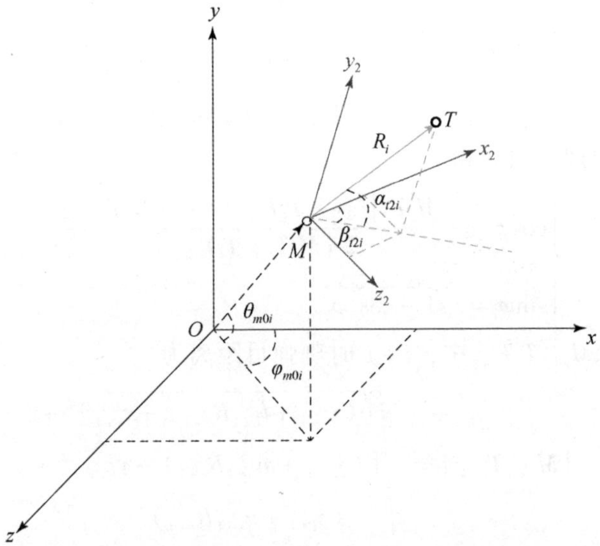

图 8.7　地面坐标系与弹道坐标系的关系

将视线 MT 由弹道坐标系利用方向余弦矩阵转换到地面坐标系，则视线 MT 在地面坐标系中的方向矢量(l_i,m_i,n_i)可以表示为

$$\begin{bmatrix} l_i \\ m_i \\ n_i \end{bmatrix} = \begin{bmatrix} \cos(\boldsymbol{i}_d,\boldsymbol{i}_2) & \cos(\boldsymbol{i}_d,\boldsymbol{j}_2) & \cos(\boldsymbol{i}_d,\boldsymbol{k}_2) \\ \cos(\boldsymbol{j}_d,\boldsymbol{i}_2) & \cos(\boldsymbol{j}_d,\boldsymbol{j}_2) & \cos(\boldsymbol{j}_d,\boldsymbol{k}_2) \\ \cos(\boldsymbol{k}_d,\boldsymbol{i}_2) & \cos(\boldsymbol{k}_d,\boldsymbol{j}_2) & \cos(\boldsymbol{k}_d,\boldsymbol{k}_2) \end{bmatrix} \begin{bmatrix} \cos\beta_i\cos\alpha_i \\ \sin\beta_i \\ \cos\beta_i\sin\alpha_i \end{bmatrix} \tag{8.24}$$

式中：$\boldsymbol{i}_d$、$\boldsymbol{j}_d$、$\boldsymbol{k}_d$；$\boldsymbol{i}_2$、$\boldsymbol{j}_2$、$\boldsymbol{k}_2$ 分别为地面和弹道坐标系各轴的方向矢量。等式右边第一个矩阵为方向余弦矩阵，第二个矩阵为视线在弹道坐标系各轴的方向矢量，则第 i 时刻目标在地面坐标系中的坐标为$(x_i+l_iR_i,y_i+m_iR_i,z_i+n_iR_i)$。由第 i、$i+1$ 时刻的弹目坐标均可得出，则可通过坐标求出图 8.6 中的各值。

在 $\Delta M_iT_iT_{i+1}$中，i 时刻弹目距离为

$$|M_iT_i| = \sqrt{(x_i + l_iR_i - x_i)^2 + (y_i + m_iR_i - y_i)^2 + (z_i + n_iR_i - z_i)^2} \tag{8.25}$$

相邻两个时刻的目标运动距离为

$$|T_iT_{i+1}| = \sqrt{\begin{array}{c}[(x_{i+1} + l_{i+1}R_{i+1}) - (x_i + l_iR_i)]^2 + \\ [(y_{i+1} + m_{i+1}R_{i+1}) - (y_i + m_iR_i)]^2 + \\ [(z_{i+1} + n_{i+1}R_{i+1}) - (z_i + n_iR_i)]^2\end{array}} \tag{8.26}$$

i 时刻导弹与 $i+1$ 时刻目标之间的距离为

$$|M_iT_{i+1}| = \sqrt{\begin{array}{c}[(x_{i+1} + l_{i+1}R_{i+1}) - x_i]^2 + \\ [(y_{i+1} + m_{i+1}R_{i+1}) - y_i]^2 + \\ [(z_{i+1} + n_{i+1}R_{i+1}) - z_i]^2\end{array}} \tag{8.27}$$

根据余弦定理，可求得

$$\begin{cases}\cos\varphi_i = \dfrac{|M_iT_i|^2 + |T_iT_{i+1}|^2 - |M_iT_{i+1}|^2}{2|M_iT_i||T_iT_{i+1}|} \\ \sin\varphi_i = \sqrt{1 - \cos^2\varphi_i}\end{cases} \tag{8.28}$$

同理，在 $\Delta M_{i+1}T_iT_{i+1}$ 中，$i+1$ 时刻弹目距离为

$$|M_{i+1}T_{i+1}| = \sqrt{\begin{array}{c}[(x_{i+1} + l_{i+1}R_{i+1}) - x_{i+1}]^2 + \\ [(y_{i+1} + m_{i+1}R_{i+1}) - y_{i+1}]^2 + \\ [(z_{i+1} + n_{i+1}R_{i+1}) - z_{i+1}]^2\end{array}} \tag{8.29}$$

$i+1$ 时刻导弹和 i 时刻目标之间的距离为

$$|M_{i+1}T_i| = \sqrt{\begin{array}{c}[(x_i + l_iR_i) - x_{i+1}]^2 + \\ [(y_i + m_iR_i) - y_{i+1}]^2 + \\ [(z_i + n_iR_i) - z_{i+1}]^2\end{array}} \tag{8.30}$$

根据余弦定理，可求得

$$\begin{cases}\cos\varphi_{i+1} = \dfrac{|M_{i+1}T_{i+1}|^2 + |T_iT_{i+1}|^2 - |M_{i+1}T_i|^2}{2|M_{i+1}T_{i+1}||T_iT_{i+1}|} \\ \sin\varphi_{i+1} = \sqrt{1 - \cos^2\varphi_{i+1}}\end{cases} \tag{8.31}$$

联立式（8.24）到式（8.31），可得到以下方程，即

$$a_4R_{i+1}^4 + a_3R_{i+1}^3 + a_2R_{i+1}^2 + a_1R_{i+1}^1 + a_0 = 0 \tag{8.32}$$

其中：

$$H = \left(\frac{L_{i+1}}{L_i}\right)^2 \frac{1}{R_i^2}$$

$$\alpha_0 = [\,l_{i+1}(x_{i+1} - x_i - l_i R_i) + m_{i+1}(y_{i+1} - y_i - m_i R_i) + n_{i+1}(z_{i+1} - y_i - m_i R_i)\,]^2 - [\,(x_{i+1} - x_i - l_i R_i)^2 + (y_{i+1} - y_i - m_i R_i)^2 + (z_{i+1} - z_i - n_i R_i)^2\,]$$

$$a_4 = H[\,1 - (l_{i+1} l_i + m_{i+1} m_i + n_{i+1} n_i)^2\,]$$

$$a_1 = 0$$

$$a_2 = H\{\,(x_{i+1} - x_i)^2 + (y_{i+1} - y_i)^2 + (z_{i+1} - z_i) - [\,l_i(x_{i+1} - x_i) + m_i(y_{i+1} - y_i) + n_i\,(z_{i+1} - z_i)^2\,]\,\}$$

$$a_3 = 2H\{\,(l_{i+1}(x_{i+1} - x_i) + m_{i+1}(y_{i+1} - y_i) + n_{i+1}(z_{i+1} - z_i) - (l_{i+1} l_i + m_{i+1} m_i + n_{i+1} n_i) \times [\,l_i(x_{i+1} - x_i) + m_i(y_{i+1} - y_i) + n_i(z_{i+1} - z_i)\,]\,\}$$

由式（8.32）可知，$a_0 < 0$、$a_1 = 0$、$a_4 > 0$，则方程式（8.23）求解会有一对共轭复根、一个负实数根和一个正实数根，其中正实数为所求的弹目距离。由此，可以通过上一时刻的弹目距离以及导弹红外制导图像所得到的图像信息来估算下一时刻的弹目距离。

3. 误差分析

从仿真平台上得到导弹和目标的位置信息以及红外导引头的图像信息，利用这些信息及方程式（8.32）在 Matlab 中进行仿真，选取某些特定时刻进行仿真，观察误差的大小。在仿真软件所得到的图像中，由于初始弹目距离较远，每两帧图像间的像素差别很小，故在制导初期估算弹目距离时，应选取帧数间隔较大的两张制导图片进行计算。在制导末期，由于弹目距离的减小，目标图像愈发清晰，此时应选取帧数间隔较小的两张图片进行计算。针对仿真的结果，选取多个时间点进行距离估算。

导弹的初始位置坐标为(0,9000,0)，目标的初始位置坐标为(4272,12000,0)，图像帧率为 100Hz，从仿真软件中共获得 695 张图像。假设第一帧时弹目距离已知，所选取帧数的制导图像如图 8.8 所示。

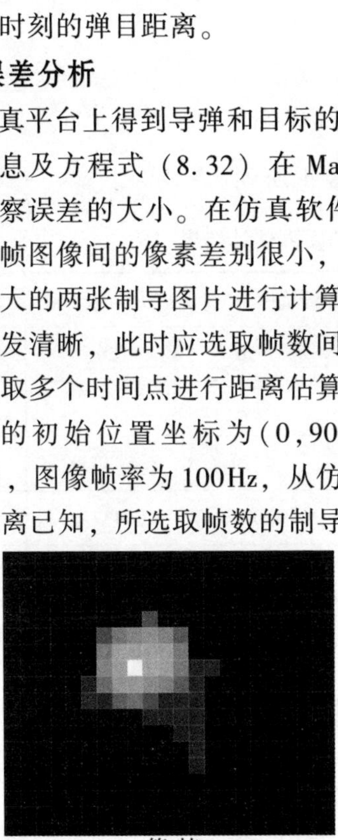
第1帧

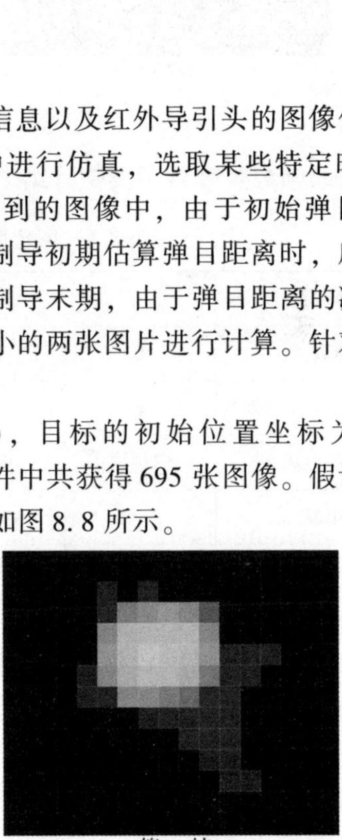
第115帧

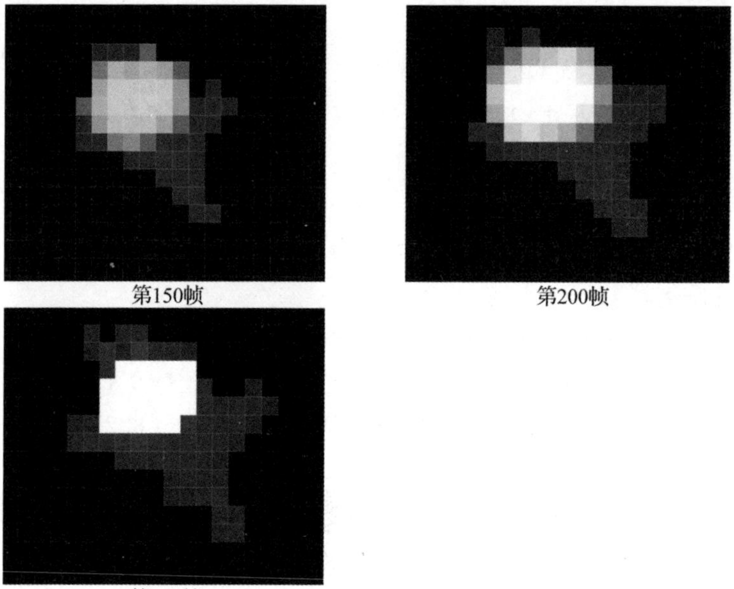

第150帧　第200帧

第250帧

图 8.8　目标红外仿真图像

所选取帧数及弹目距离估计结果如表 8.1 所列。

表 8.1　所选取帧数的距离估计结果

参数	结果				
帧数	1	115	150	200	250
目标特征长度（像素）	8	9	10	11	11
弹目实际距离/m	5220.2	4918.3	4729	4403	4057
估算距离/m		4909.2	4703.7	4377	4031
误差/m		9.1	25.3	26	26

一般是在弹目距离较远时，目标释放诱饵弹，进而进行虚拟目标点的计算，因此选取制导初期时刻进行弹目距离的估算。由于初始时刻目标在导引头焦平面上的图像很小，因此两帧之间图像差别很小，特征长度的差别也很小，故距离估计的误差很大。但根据上述计算结果，如果选取适当的帧数，就可以使误差减小。

8.2.2　基于纯方位角测量信息的目标状态信息估计

1. 基于卡尔曼滤波的目标状态信息估计

1）卡尔曼滤波基本原理

卡尔曼滤波（Kalman Filter，KF）是一种高效率的递归滤波器，它能从一系列不包含噪声的测量中估计动态系统的状态。卡尔曼滤波会根据各测量量在不同时间的值，考虑各时间的联合分布，再产生对未知变数的估计，因此会比只以单一测量量为基础的估计方式准确。对于离散状态方程，有

$$\begin{cases} \boldsymbol{X}_k = \boldsymbol{\Phi}_{k-1}\boldsymbol{X}_{k-1} + \boldsymbol{\Gamma}_{k-1}\boldsymbol{W}_{k-1} \\ \boldsymbol{Z}_k = \boldsymbol{H}_k\boldsymbol{X}_k + \boldsymbol{V}_k \end{cases} \tag{8.33}$$

式中：$\boldsymbol{X}_k$ 为 k 时刻的状态向量；$\boldsymbol{Z}_k$ 为观测向量；$\boldsymbol{W}_{k-1}$为系统干扰；$\boldsymbol{V}_k$ 为测量噪声，两类噪声为不相关的零均值白噪声。标准卡尔曼滤波的基本流程如图8.9 所示。

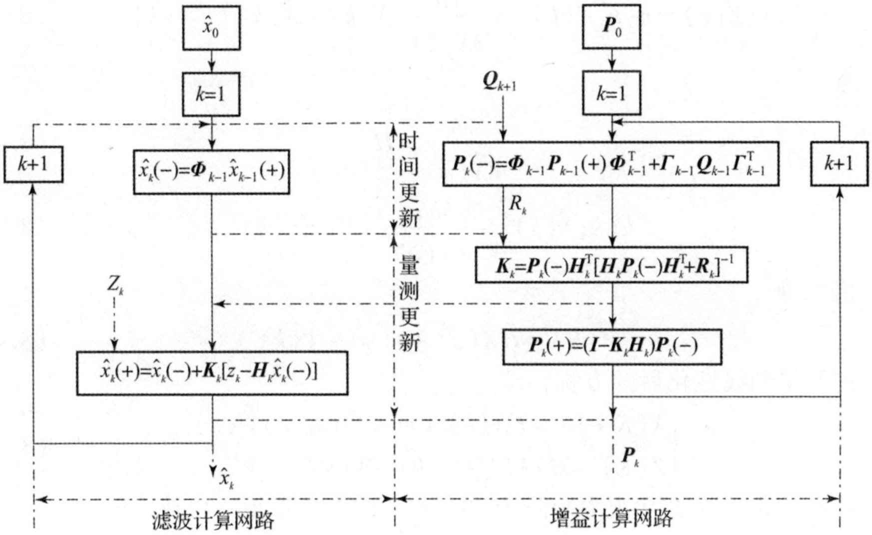

图 8.9　KF 基本流程

图中：$\boldsymbol{Q}_{k-1}$为系统噪声方差；$\boldsymbol{R}_k$ 为测量噪声方差。

扩展卡尔曼滤波（Extended Kalman Filter，EKF）算法是建立在 KF 滤波算法的基础上，其核心思想是，对于非线性系统，首先对滤波值 $\hat{\boldsymbol{X}}_k$ 的非线性函数 $f(\,^*\,)$、$h(\,^*\,)$展开成泰勒级数，但只保存一阶及以下部分（舍去二阶和高阶部分），得到近似的线性化模型。然后，利用 KF 算法完成对目标的滤波估计

等处理。

$$\begin{cases} X(K+1)=f(k,X(k))+G(k)W(k) \\ Z(k)=h(k,X(k))+V(k) \end{cases} \tag{8.34}$$

对 $f(^*)$、$h(^*)$ 围绕滤波值 $\hat{\boldsymbol{X}}_k$ 作一阶泰勒展开：

$$X(k+1)\approx f(k,\hat{X}(k))+\frac{\partial f}{\partial \hat{X}(k)}[X(k)-\hat{X}(k)]+G(k)W(k) \tag{8.35}$$

令

$$\frac{\partial f}{\partial \hat{X}(k)}=\boldsymbol{F} \tag{8.36}$$

$$f(k,\hat{X}(k))-\frac{\partial f}{\partial \hat{X}(k)}\hat{X}(k)=\phi(k) \tag{8.37}$$

得

$$X(K+1)=\boldsymbol{F}X(k)+\phi(k)+G(k)W(k) \tag{8.38}$$

$$Z(k)\approx h(k,\hat{X}(k))+\frac{\partial h}{\partial \hat{X}(k)}[X(k)-\hat{X}(k)]+V(k) \tag{8.39}$$

令

$$\frac{\partial h}{\partial \hat{X}(k)}=\boldsymbol{H} \tag{8.40}$$

$$h(k,\hat{X}(k))-\frac{\partial h}{\partial \hat{X}(k)}\hat{X}(k)=y(k) \tag{8.41}$$

得

$$Z(K)=\boldsymbol{H}X(k)+y(k)+V(k) \tag{8.42}$$

进而得到线性化后的方程，即

$$\begin{cases} X(K+1)=\boldsymbol{F}X(k)+\phi(k)+G(k)W(k) \\ Z(K)=\boldsymbol{H}X(k)+y(k)+V(k) \end{cases} \tag{8.43}$$

状态转移矩阵 $\boldsymbol{F}$ 和观测矩阵 $\boldsymbol{H}$ 由 f 和 h 的雅可比矩阵代替，即

$$\boldsymbol{F}=\frac{\partial f}{\partial X}=\begin{bmatrix} \frac{\partial f_1}{\partial x_1} & \frac{\partial f_1}{\partial x_2} & \cdots & \frac{\partial f_1}{\partial x_n} \\ \frac{\partial f_2}{\partial x_1} & \frac{\partial f_2}{\partial x_2} & \cdots & \frac{\partial f_2}{\partial x_n} \\ \cdots & \cdots & \ddots & \cdots \\ \frac{\partial f_n}{\partial x_1} & \frac{\partial f_n}{\partial x_2} & \cdots & \frac{\partial f_n}{\partial x_n} \end{bmatrix};\boldsymbol{H}=\frac{\partial h}{\partial X}=\begin{bmatrix} \frac{\partial h_1}{\partial x_1} & \frac{\partial h_1}{\partial x_2} & \cdots & \frac{\partial h_1}{\partial x_n} \\ \frac{\partial h_2}{\partial x_1} & \frac{\partial h_2}{\partial x_2} & \cdots & \frac{\partial h_2}{\partial x_n} \\ \cdots & \cdots & \ddots & \cdots \\ \frac{\partial h_n}{\partial x_1} & \frac{\partial h_n}{\partial x_2} & \cdots & \frac{\partial h_n}{\partial x_n} \end{bmatrix}$$

根据上述公式得到 EKF 的 9 个操作步骤如下。

(1) 初始化初始状态方程 $X(0)$、观测方程 $Z(0)$、协方差矩阵 $\boldsymbol{P}_0$；

(2) 状态预测，即

$$\hat{\boldsymbol{X}}_{k+1}^{-}=f(k,\hat{\boldsymbol{X}}_k)$$

(3) 观测预测，即

$$\boldsymbol{Z}_{k+1}^{-}=h(k,\hat{\boldsymbol{X}}_{k+1}^{-})$$

(4) 一阶线性化状态方程，求解状态专业矩阵 $\boldsymbol{F}$，即

$$\frac{\partial f}{\partial\hat{\boldsymbol{X}}_{k+1}^{-}}=\frac{\partial f[k,\hat{\boldsymbol{X}}_{k+1}^{-}]}{\partial\hat{\boldsymbol{X}}_{k+1}^{-}}=\boldsymbol{F}$$

(5) 一阶线性化观测方程，求解观测矩阵 $\boldsymbol{H}$，即

$$\frac{\partial \boldsymbol{H}}{\partial\hat{\boldsymbol{X}}_{k+1}^{-}}=\frac{\partial h[k,\hat{\boldsymbol{X}}_{k+1}^{-}]}{\partial\hat{\boldsymbol{X}}_{k+1}^{-}}=\boldsymbol{H}$$

(6) 求协方差矩阵预测 $\boldsymbol{P}_{k+1}^{-}$，即

$$\boldsymbol{P}_{k+1}^{-}=\boldsymbol{F}\boldsymbol{P}_k\boldsymbol{F}^{\mathrm{T}}+\boldsymbol{Q}$$

(7) 求卡尔曼滤波增益，即

$$\boldsymbol{K}_{k+1}=\boldsymbol{P}_{k+1}^{-}\boldsymbol{H}^{\mathrm{T}}[\boldsymbol{H}\boldsymbol{P}_{k+1}^{-}\boldsymbol{H}^{\mathrm{T}}+\boldsymbol{R}]^{-1}$$

(8) 状态更新：

$$\hat{\boldsymbol{X}}_{k+1}=\hat{\boldsymbol{X}}_{k+1}^{-}+\boldsymbol{K}_{k+1}[\boldsymbol{Z}_{k+1}-h(k+1,\hat{\boldsymbol{X}}_{k+1}^{-})]$$

或

$$\hat{\boldsymbol{X}}_{k+1}=\hat{\boldsymbol{X}}_{k+1}^{-}+\boldsymbol{K}_{k+1}[\boldsymbol{Z}_{k+1}-\hat{\boldsymbol{Z}}_{k+1}^{-}]$$

(9) 协方差更新：

$$\boldsymbol{P}_{k+1}=(\boldsymbol{I}-\boldsymbol{K}_{k+1}\boldsymbol{H})\boldsymbol{P}_{k+1}^{-}$$

或

$$\boldsymbol{P}_{k+1}=(\boldsymbol{I}-\boldsymbol{K}_{k+1}\boldsymbol{H})\boldsymbol{P}_{k+1}^{-}(\boldsymbol{I}-\boldsymbol{K}_{k+1}\boldsymbol{H})^{\mathrm{T}}+\boldsymbol{K}_{k+1}\boldsymbol{R}_{k+1}\boldsymbol{K}_{k+1}^{\mathrm{T}}$$

2) 目标状态估计

利用 EKF 来估计目标状态，假设状态方程为

$$\begin{cases}\boldsymbol{X}_{t\_k}=\boldsymbol{\Phi}\boldsymbol{X}_{t\_k-1}+\boldsymbol{\Gamma}\boldsymbol{U}_{k-1}\\ \boldsymbol{Z}_k=\arctan\left(\dfrac{y_{t\_k}-y_{m\_k}}{x_{t\_k}-x_{m\_k}}\right)+\boldsymbol{V}_k\end{cases}\tag{8.44}$$

式中：$\boldsymbol{X}_{t\_k}=[x_{t\_k},v_{t\_k},y_{t\_k},v_{t\_k}]^{\mathrm{T}}$ 为目标状态信息；$\boldsymbol{Z}_k$ 为测量的视线角度。根据 EKF 的步骤进行仿真，首先假设红外导引头静止，目标做匀速直线运动，

仿真结果如图 8.10 所示。然后假设导引头和目标都运动但不机动，仿真结果如图 8.11 所示。最后让导弹根据比例导引律追踪目标，并用 EKF 对目标状态进行估计，结果如图 8.12 所示。

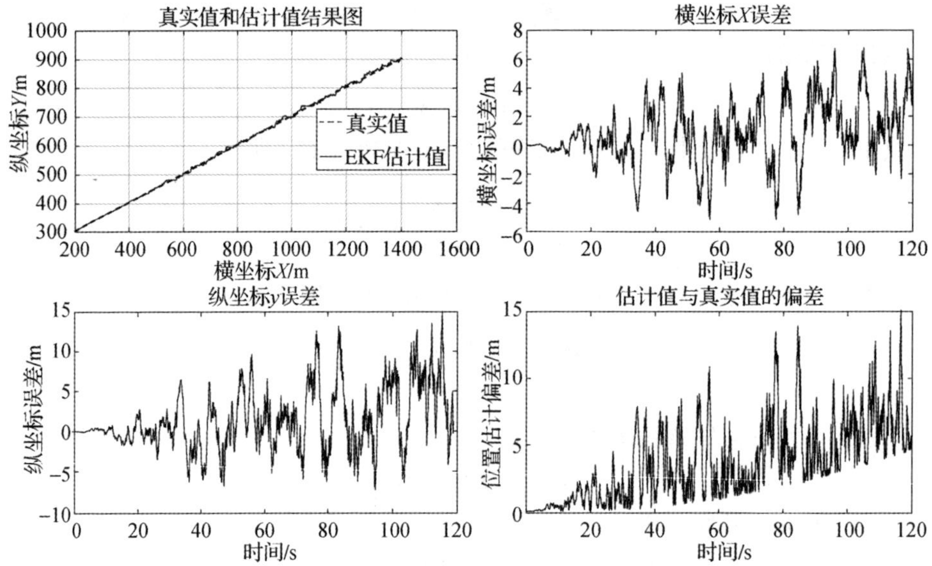

图 8.10　仿真一结果

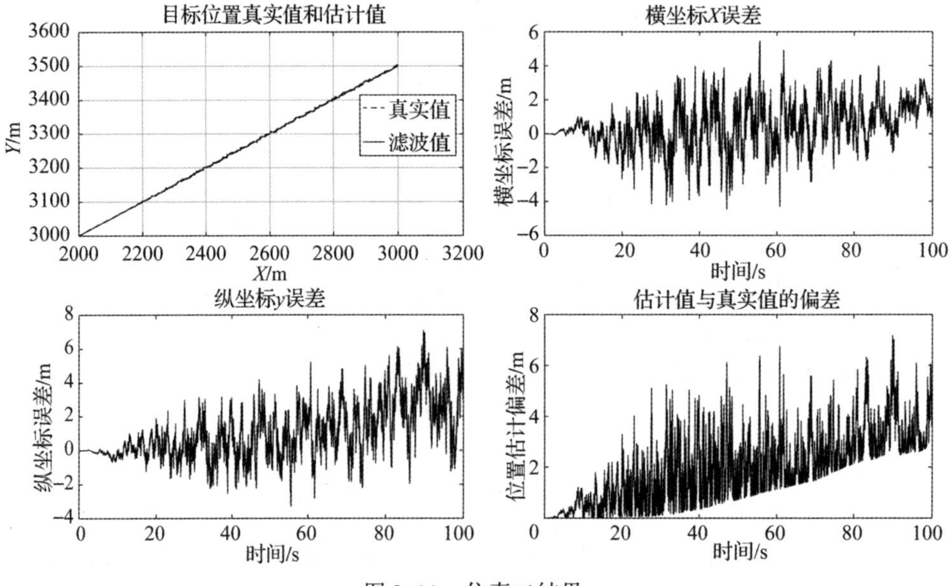

图 8.11　仿真二结果

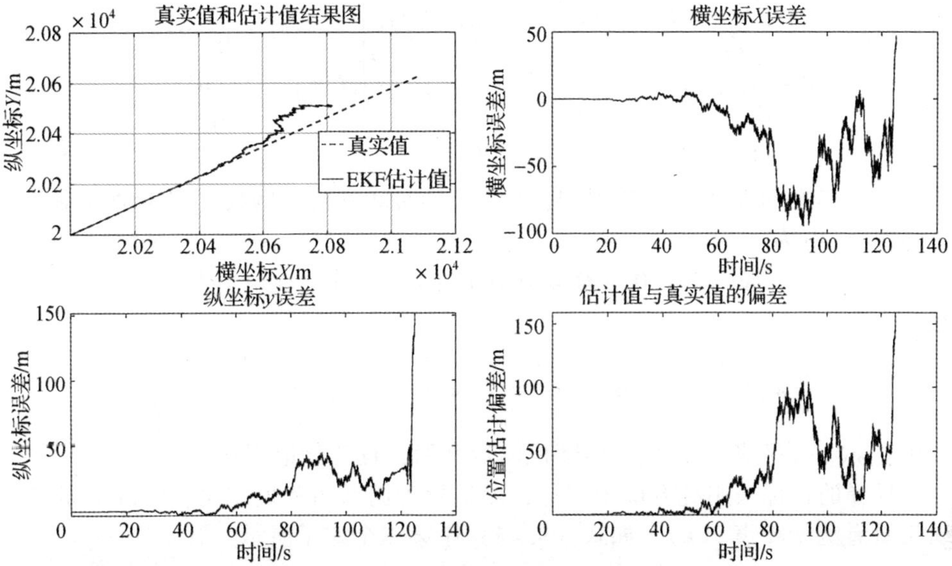

图 8.12　仿真三结果

由上述仿真可知，EFK 算法的估计轨迹效果一般，甚至较差，主要原因是状态是思维信息，而观测仅是一维角度信息，且角度仅与状态中的 x、y 有非线性关系，经过几次迭代后，EFK 的误差越来越大，最后发散。在非线性系统中，要根据初始状态和观测信息对目标持续跟踪是很困难的，对于式（8.44）这样的跟踪模型，系统非常依赖初始状态。

2. 基于 EKF 的纯方位目标跟踪算法来估计目标状态

一般情况下，卡尔曼滤波中的 $\boldsymbol{Q}$ 和 $\boldsymbol{R}$ 是根据经验、试验或数据手册得到的，但是有些参数是无法获得的，尤其是过程噪声，就需要通过不断试凑确定参数，显然是不可靠的。自适应扩展卡尔曼滤波（Adaptive Extended Kalman Filtering，AEKF）提供了一种自适应调整 $\boldsymbol{Q}$、$\boldsymbol{R}$ 的方法，不需要精确的初值，就可以获得较高的滤波精度。过程噪声 $w(k)$ 和测量噪声 $v(k)$ 的期望和方差由 Sage－Husa 时变噪声估值器进行估计[86]。考虑以下状态方程，即

$$\begin{cases}\boldsymbol{x}(k+1)=\boldsymbol{\Phi x}(k)+\boldsymbol{\Gamma}(k)\boldsymbol{u}(k)+\boldsymbol{w}(k)\\ z(k)=\boldsymbol{h}[x(k),k]+\boldsymbol{v}(k)\end{cases} \tag{8.45}$$

式中：状态向量 $\boldsymbol{x}=[r_x,r_y,r_z,v_x,v_y,v_z,a_{tx},a_{ty},a_{tz}]^{\mathrm{T}}$，前 6 项分别表示弹目相对距离和相对速度在 x、y、z 轴向的分量，后 3 项为目标加速度。控制量 $\boldsymbol{u}=[a_{mx},a_{mx},a_{mx}]$ 为导弹加速度。状态转移矩阵 $\boldsymbol{\Phi}$ 和控制量驱动矩阵 $\boldsymbol{\Gamma}$ 分别经过离散化得到。

$$\boldsymbol{\Phi}=\begin{bmatrix} I_3 & \Delta t I_3 & \dfrac{1}{\lambda^2}(\mathrm{e}^{-\lambda\Delta t}+\lambda\Delta t-1)I_3 \\ 0_3 & I_3 & \dfrac{1}{\lambda}(1-\mathrm{e}^{-\lambda\Delta t})I_3 \\ 0_3 & 0_3 & \mathrm{e}^{-\lambda\Delta t}I_3 \end{bmatrix};\boldsymbol{\Gamma}=\begin{bmatrix} -(\Delta t^2/2)I_3 \\ -\Delta t I_3 \\ 0_3 \end{bmatrix}$$

式中：Δt 为红外导引头扫描周期；λ 为机动时间常数的倒数，即机动频率。动态噪声 $w(k)$ 为

$$\boldsymbol{w}(k)=[0,0,0,0,0,0,\omega_x(k),\omega_y(k),\omega_z(k)]^{\mathrm{T}}$$

且

$$E[\boldsymbol{w}(k)]=q_1=\boldsymbol{0}_{0\times 9},E[\boldsymbol{w}(k)\boldsymbol{w}^{\mathrm{T}}(k)]=\boldsymbol{Q}_1=\begin{bmatrix} \boldsymbol{0}_6 & \boldsymbol{0}_{6\times 3} \\ \boldsymbol{0}_{3\times 6} & \sigma^2 I_3 \end{bmatrix}$$

式中：$\boldsymbol{w}(k)$ 为高斯型白色噪声随机向量序列，且各分量相互独立。

导弹的目标采用纯方位角测量，测量量为俯仰角和偏航角，实际测量中导引头具有测量噪声 $\boldsymbol{v}(k)$，如式（8.45）中第二个式子所示，有

$$\boldsymbol{h}[\boldsymbol{x}(k),k]=\left[\arctan\frac{r_y(k)}{\sqrt{r_x^2(k)+r_z^2(k)}},\arctan\frac{-r_z(k)}{r_x(k)}\right]^{\mathrm{T}}$$

$\boldsymbol{v}(k)$ 为测量噪声，也为高斯型白色随机向量序列，即

$$E[\boldsymbol{v}(k)]=r_1=0_{2\times 1},E[\boldsymbol{v}(k)\boldsymbol{v}^{\mathrm{T}}(k)]=\boldsymbol{R}_1=\boldsymbol{D}^{-1}(k)x\boldsymbol{D}^{-\mathrm{T}}(k)$$

其中，$x=0.1I_2$，且：

$$\boldsymbol{D}(k)=\begin{bmatrix} \sqrt{r_x^2(k)+r_y^2(k)+r_z^2(k)} & 0 \\ 0 & \sqrt{r_x^2(k)+r_y^2(k)+r_z^2(k)} \end{bmatrix}$$

由上式可知，该观测方程为非线性。利用 EKF 进行状态信息的估计，并进行仿真验证。

假设以下初始条件，即

$$r_x(0)=3500\mathrm{m},r_y(0)=1500\mathrm{m},r_z(0)=1000\mathrm{m}$$

$$v_x(0)=-1100\mathrm{m/s},v_y(0)=-150\mathrm{m/s},v_z(0)=-50\mathrm{m/s}$$

$$a_{tx}(0)=10\mathrm{m/s^2},a_{ty}(0)=10\mathrm{m/s^2},a_{tz}(0)=10\mathrm{m/s^2}$$

状态估计初始值，即

$$r_x(0/0)=3000\mathrm{m},r_y(0/0)=1200\mathrm{m},r_z(0/0)=800\mathrm{m}$$

$$v_x(0/0)=-950\mathrm{m/s},v_y(0/0)=-100\mathrm{m/s},v_z(0/0)=-100\mathrm{m/s}$$

$$a_{tx}(0/0)=0\mathrm{m/s^2},a_{ty}(0/0)=0\mathrm{m/s^2},a_{tz}(0/0)=0\mathrm{m/s^2}$$

系统动力学模型中 $\lambda=1$，采用周期为 0.01s，导弹制导指令由线性二次型最优制导律给出，即

$$\begin{cases} a_{mx} = C_1 r_x + C_2 v_x + C_3 a_{tx} \\ a_{my} = C_1 r_y + C_2 v_y + C_3 a_{ty} \\ a_{mz} = C_1 r_z + C_2 v_z + C_3 a_{tz} \end{cases} \tag{8.46}$$

式中：各项增益分别为 $C_1 = N/t_{go}^2, C_2 = N/t_{go}, C_3 = N[\mathrm{e}^{-\lambda t_{go}} + \lambda t_{go} - 1]/(\lambda t_{go})^2$，各增益中 $N=3$，$t_{go} = t_f - t$，t_f 为末制导结束时刻。实际应用中，只能利用状态的估计值来实现制导律，但在仿真时可以利用状态的真实值来实现制导律。这里，只是利用导引规律建立一定的运动轨迹，进而测试滤波器的性能。在仿真中，假设 EKF 对测量噪声的统计特性 $r_1(k)$ 和 $R_1(k)$ 精确已知；而 AEKF 则是利用改进的 Sage – Husa 时变观测噪声统计估值器在线地估计虚拟噪声的统计特性。

在上述条件下，经过 50 次蒙特卡罗仿真得到目标跟踪轨迹如图 8.13 所示，跟踪轨迹表明，滤波估计状态较好地跟踪了目标，轨迹趋于一致。

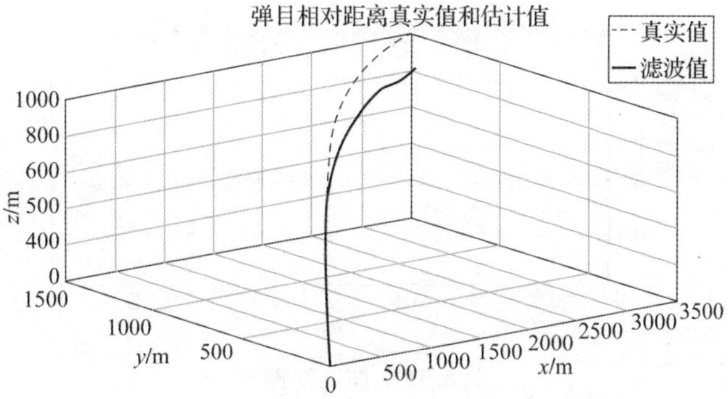

图 8.13　纯方位寻的导弹 EKF 跟踪轨迹与真实轨迹

计算 EKF 滤波后的状态值与目标真实状态值之间的偏差，可以得到位置偏差图、速度偏差图和加速度偏差图，如图 8.14 至图 8.16 所示，由结果可知，无论是位置还是速度最终都将收敛，且加速度始终稳定在特定的值内。

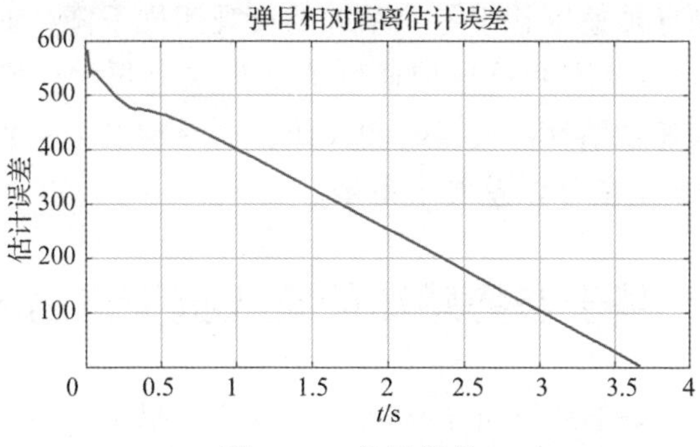

图 8.14　位置偏差

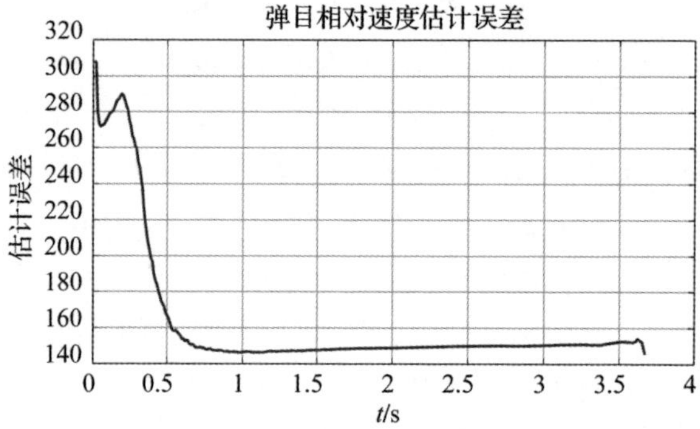

图 8.15　速度偏差

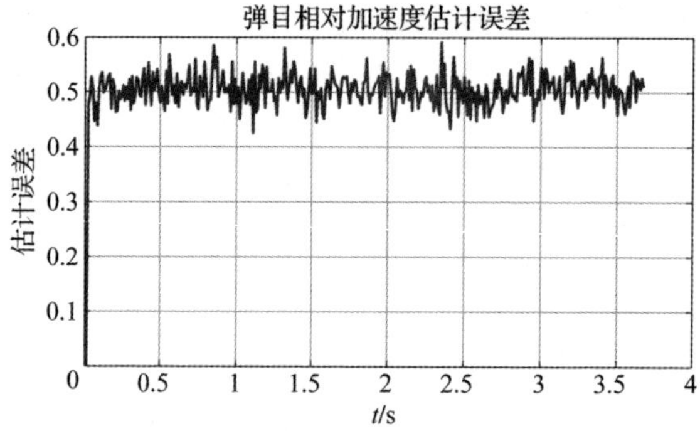

图 8.16　加速度偏差

相对距离是一个弱可观的状态，这里所采用的线性二次型最优制导律没有为其提供充分的可观测性，因此距离的估计效果并不好。但 AEKF 的性能明显优于 EKF 的性能。即使 EKF 已知测量噪声的统计特性，由于它忽略了观测模型线性化误差的影响，其性能仍然较差。特别是当目标与导弹之间的相对距离较小时，导弹的制导加速度趋于零，系统的可观测性下降，而且测量噪声迅速增大，则 EKF 中相对速度和目标加速度的估计误差很大。如果把误差很大的相对速度和目标加速度估计值反馈给制导律，制导精度会受到严重影响。而同样的情况下，AEKF 的估计误差要小得多。

8.3　基于态势感知的绕飞抗干扰制导律

针对基于弹道规划的绕飞抗干扰问题，本节介绍了绕飞抗干扰的虚拟目标比例导引律的设计。绕飞抗干扰策略首先将制导过程分为两个关键阶段，即导弹导向虚拟目标点的绕飞阶段和导弹导向真实目标的攻击阶段。需要分别对两个阶段的导引律进行设计，让其满足约束条件，主要约束条件包括过载约束和碰撞角约束。过载约束确保导弹在绕飞过程中能够保持安全的过载水平，以避免损坏或失去控制。碰撞角约束则确保导弹到达虚拟目标点后能够重新捕获目标信息。

8.3.1　绕飞制导律模型

1. 绕飞抗干扰导引原理

当目标发射诱饵弹，导致目标处于干扰遮蔽态势时，导弹需要绕飞来获得目标信息，假设某一时刻存在一虚拟目标点 T'，使导弹 M 按一定规律先导向虚拟目标点 T'，获得有利探测态势后再导向真实目标点 T。将该过程分成两个阶段：导弹导向虚拟目标的阶段，称为绕飞阶段；导弹导向真实目标的阶段，称为攻击阶段。如图 8.17 所示，q_{mt} 为导弹与真实目标的视线角，$q_{mt'}$ 为导弹与虚拟目标的视线角，Φ_m 为可分辨角，则比例导引律的制导关系方程为

$$\varepsilon = \dot{\sigma}_m - K\dot{q} = 0 \tag{8.47}$$

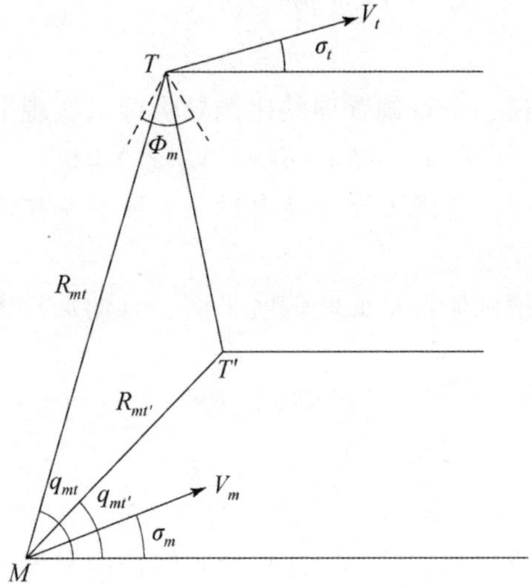

图 8.17　导弹绕飞抗干扰原理

M 由图可知，可将绕飞制导问题转化为期望获得一个“凸”弹道形式下的弹目视线角度约束问题。对导弹绕飞过程有以下几点要求：①要求虚拟目标点处于可分辨角范围内，进而获得有利探测识别态势；②要考虑导弹到达虚拟目标点后真实目标在导弹导引头视场内，即满足视场限制；③导弹绕飞过程要考

虑导弹的机动性能。这就存在一个绕飞边界，如图 8.18 所示，在该边界的虚拟目标点均满足上述3 点要求。设某一时刻 $t=t_i$ 此边界内包含满足上述条件的多个虚拟目标点集合，即

$$S=\{x_{Ti}(t_i),y_{Ti}(t_i),z_{Ti}(t_i)\mid f(x_{Ti}(t_i),y_{Ti}(t_i),z_{Ti}(t_i),x_T(t_i),y_T(t_i),z_T(t_i))=TT'\} \tag{8.48}$$

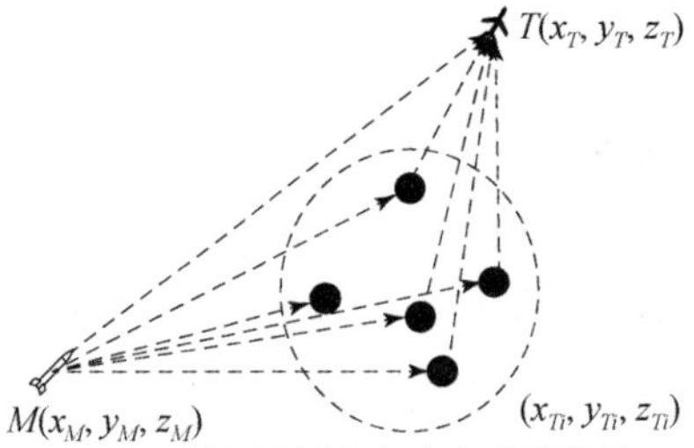

图 8.18　包含多个虚拟目标点集合及有效边界

式中：$f(\cdot)$为虚拟目标点相对真实目标点的视线 TT'，为满足上述条件，要求 TT'处于导引头视场 $\boldsymbol{\Phi}$ 中且落在可分辨角范围 $\boldsymbol{\Phi}_m$ 内，即

$$\begin{cases} TT' \in \boldsymbol{\Phi} \\ TT' \in \boldsymbol{\Phi}_m \end{cases} \tag{8.49}$$

在此基础上，构造一个带偏置项的比例导引律来实现上述约束，即

$$\varepsilon=\dot{\boldsymbol{\sigma}}_m-K\dot{q}-\delta(x_{Ti},y_{Ti},z_{Ti})=0 \tag{8.50}$$

式中：$\sigma(\cdot)$为偏置项，考虑了导弹最大过载、导引头探测视场的限制性条件以及目标与干扰态势信息。

将比例导引律分解到俯仰平面和偏航平面，且俯仰控制与偏航控制相互独立，则有

$$\begin{cases} \dot{\theta}_m=N\dot{q}_\alpha+\delta_1 \\ \dot{\psi}_{vm}=N\dot{q}_\beta+\delta_2 \end{cases} \tag{8.51}$$

式中：N 为比例系数；θ_m、ψ_{vm}分别为导弹的弹道倾角和弹道偏角；q_α、q_β 分别为视线高低角和视线方位角；δ_1、δ_2 分别为俯仰控制和偏航控制的偏置项。以纯比例导引律为例，由式（8.51）可推导出导弹的加速度指令为

$$\begin{bmatrix} 0 \\ a_{y2} \\ a_{z2} \end{bmatrix}=NL_1(\psi_v,\theta)\cdot\boldsymbol{L}_4(q_\beta,q_\alpha)^{\mathrm{T}}\begin{bmatrix} 0 \\ \dot{q}_\beta \\ \dot{q}_\alpha \end{bmatrix}\times\begin{bmatrix} V_{x2} \\ V_{y2} \\ V_{z2} \end{bmatrix}+\begin{bmatrix} 0 \\ \delta_1 \\ \delta_2 \end{bmatrix} \tag{8.52}$$

式中：a_{y2}、a_{z2}分别为弹道坐标系 y 轴方向和 z 轴方向的指令加速度。

2. 虚拟目标的估计原理

如图8.19所示，干扰弹 D 与目标 T 之间形成两对夹角，当导弹在如图位置时，由于干扰弹的干扰，导弹所获得的红外导引图像不能分辨出目标和干扰，只有当导弹运动到可分辨角 Φ_m 范围内，才能分辨出目标和干扰，即当导弹穿过线 CA 或者线 CB，即可分辨出干扰和目标。如图8.19所示，$MB > MA$，若要使导弹以最短路径飞向目标，则应选择让导弹飞向 A 方向，即可以有1、2、3为代表的3条轨线。对于轨迹1来说，导弹可以快速接近目标，但被干扰的时间过长。对于轨迹2，导弹可以快速摆脱干扰，但进入可分辨角范围时与目标距离太远，且转弯半径大，需用过载大。

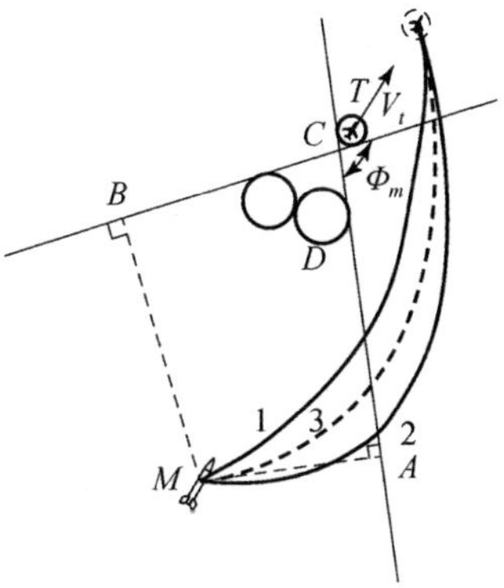

图8.19　导弹路径问题

该虚拟目标点的选取应考虑目标的运动方向、干扰的运动方向以及导弹距分界线的距离。选择与目标运动方向在同侧、与干扰运动方向相反且与导弹距离较近的分界线，并在该分界线上找到最优虚拟目标点。如图8.19的情况，选择 CA 分界线。

由弹目距离估计方法，可以通过导弹发射时弹目初始距离来迭代出之后任一时刻的弹目相对距离。当目标释放干扰弹时，导弹导引头的红外制导图像会发生明显变化，以这一时刻的弹目相对距离作为导弹－干扰的初始相对距离，进而可以迭代得出之后任一时刻的导弹－干扰相对距离。当目标释放诱饵弹后，目标的信息丢失，可以通过目标释放诱饵弹前的几帧图像，估计目标之后的运动状态。再由导弹导引头所测角度，可以得出目标与干扰在空间的大致位置。

1）目标及诱饵弹模型简化

在中远距情况下，导弹导引头所获得的目标和干扰弹的制导图像近似为一个小圆点，因此，假设目标和干扰在空间中为两个半径不同的球体。为了便于计算，将诱饵弹简化为一个球形。图8.20所示为地面坐标系下，导弹、目标和诱饵弹的位置关系。

由图8.20可以看出，对于选取的虚拟目标点，要做到能够最快分离目标与干扰，应使虚拟目标点选取在由导弹、干扰和目标组成的平面上，在该平面上计算分界线，就可将三维问题转换为二维问题。

T_1、T_2 为导弹与两条分界线的垂足，相比于朝向 T_2 运动，导弹向 T_1 方向运动会更快分辨出目标且可以较短路径击中目标，因此在 T_1 所在的分界线上选取虚拟目标点。

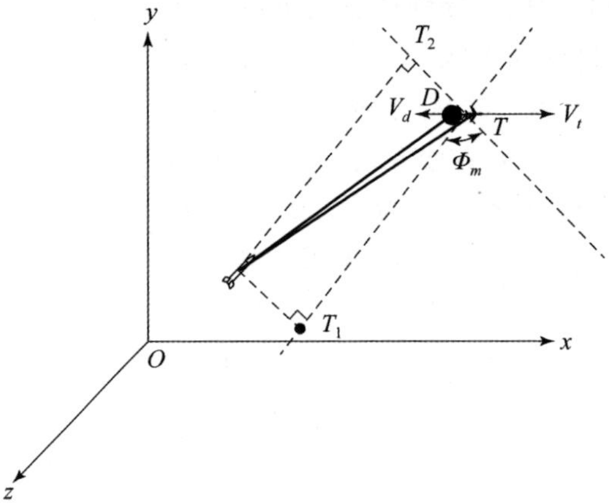

图 8.20　导弹、目标及诱饵弹的位置关系

2）可分辨角计算

如图 8.21 所示，由导引头的焦距 f、导弹－目标相对距离 R_{MT}、导弹－干扰相对距离 R_{MD}、目标于某一时刻在制导图像中的特征长度 L_T 以及干扰弹在制导图像中的特征长度 L_D，根据凸透镜成像原理，可以求得代表目标和干扰的两个球体的半径大小。

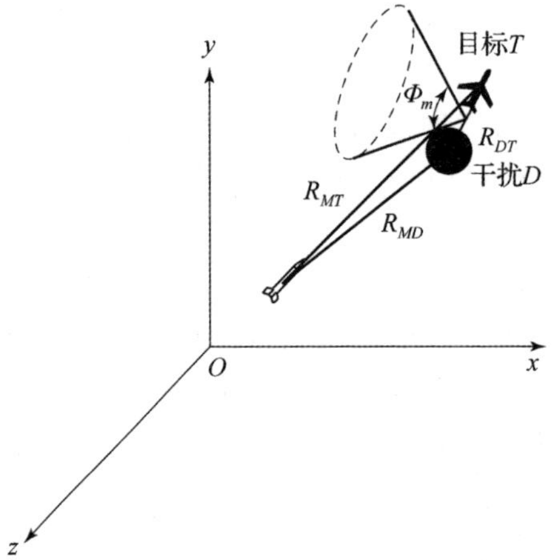

图 8.21　导弹、目标、干扰及可分辨角的关系

在由导弹、目标和诱饵弹 3 点组成的平面内计算分界线，如图 8.22 所示，r_D、r_T 分别为代表干扰和目标的两个球体的半径，R_{DT}为目标－干扰相对距离，

Φ_m 为可分辨角，根据几何关系可以得出

$$\Phi_m = 180° - \arcsin\frac{r_D + r_T}{R_{DT}} \tag{8.53}$$

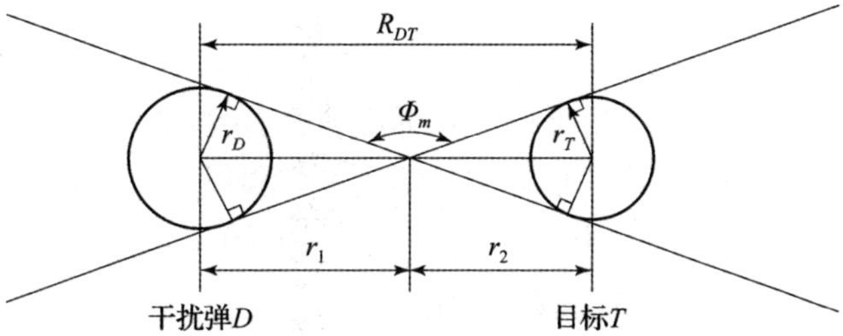

图 8.22　可分辨角的计算

3）分界线计算

如图 8.23 所示，假设导弹、目标、干扰的坐标分别为 $W_m = (x_m, y_m, z_m)$、$W_t = (x_t, y_t, z_t)$、$W_d = (x_d, y_d, z_d)$，利用这 3 点可以确定一个平面方程，即

$$Ax + By + Cz + D = 0 \tag{8.54}$$

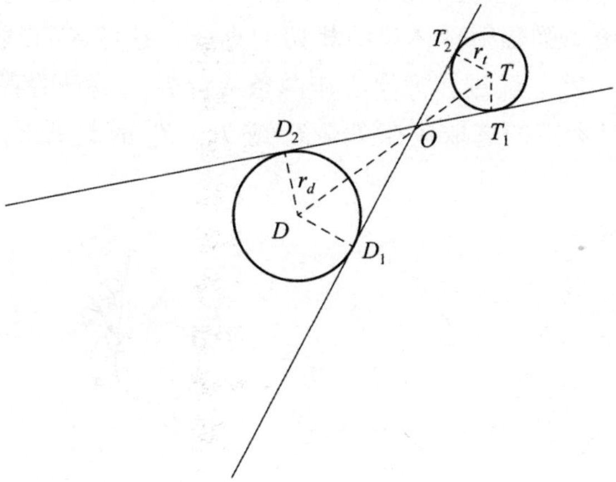

图 8.23　所设平面内目标、诱饵弹及分界线

其中：

$$\begin{cases} A = (y_t - y_m)(z_d - z_m) - (z_t - z_m)(y_d - y_m) \\ B = (x_d - x_m)(z_t - z_m) - (x_t - x_m)(z_d - z_m) \\ C = (x_t - x_m)(y_d - y_m) - (x_d - x_m)(y_t - y_m) \\ D = -(Ax_m + By_m + Cz_m) \end{cases}$$

同时，可以根据 W_t 和 W_d 确定直线 DT 的方程，即

$$P(t)=W_t+t(W_d-W_t) \tag{8.55}$$

式中：t 为自变量参数，当 t 为 0 时，表示该直线上的点为目标点 T，当 t 为 1 时表示该直线上的点为干扰点 D。根据三角形相似理论，可得点 O 的坐标为

$$O=P\left(\frac{r_T}{r_T+r_d}\right) \tag{8.56}$$

只要再计算出 D_1 和 D_2 的坐标，即可得到分界线 OD_1 和 OD_2 的表达式。假设 D_1 的坐标为 $[x_{d1},y_{d1},z_{d1}]$，可通过求解以下方程组来计算其坐标，即

$$\begin{cases} Ax_{d1}+By_{d1}+Cz_{d1}+D=0 \\ |DD_1|=r_d \\ |OD_1|^2+r_d^2=|OD|^2 \end{cases} \tag{8.57}$$

3 个方程，3 个未知量，可以求出 D_1 的坐标，同理，可以求出 D_2 的坐标，进而求出分界线 OD_1 的表达式 $P_{OD_1}(t)$ 和分界线 OD_2 的表达式 $P_{OD_2}(t)$。

4）虚拟目标点的选取

在选取虚拟目标点时，要考虑导弹到达虚拟目标点时能够绕过诱饵弹的干扰。图 8.24 是在导弹、目标和诱饵弹所确定的平面内的抗遮挡约束策略，经过导弹作两条与诱饵弹辐射球体模型相切的直线，这两条直线分别与两条分界线有两个交点 T_1、T_2。经过导弹质心作两条与分界线垂直的直线，垂足分别为 T_3、T_4，则虚拟目标点的选取应在 $T_1 \sim T_3$ 或 $T_2 \sim T_4$ 的范围内。

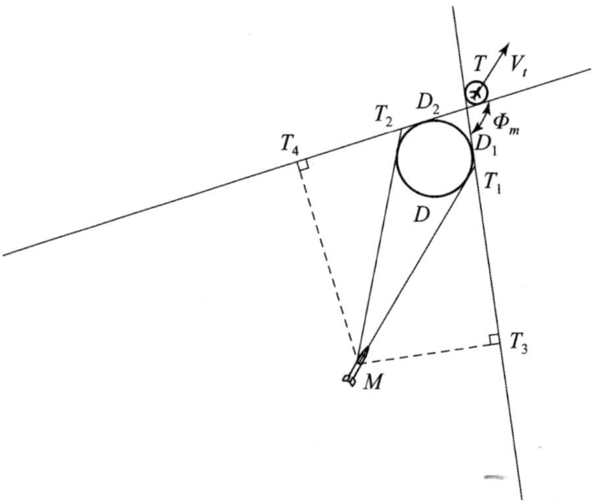

图 8.24　几何遮挡约束

下面结合上述计算的已知数据，求解 T_1、T_2、T_3 和 T_4 的坐标。

要求解 T_1 和 T_2 的坐标，首先需要知道直线MT_1 和直线MT_2 的表达式，假设过导弹质心 M 且与圆 D 相切的直线的两个切点分别为 T'_1和 T'_2，先计算两个切点的坐标，需求解以下方程组，即

$$\begin{cases}Ax' + By' + Cz' + D = 0 \\ (x_d - x')^2 + (y_d - y')^2 + (z_d - z')^2 = r_d^2 \\ (x_m - x')^2 + (y_m - y')^2 + (z_m - z')^2 + r_d^2 = (x_m - x_d)^2 + (y_m - y_d)^2 + (z_m - z_d)^2\end{cases} \tag{8.58}$$

式中：x'、y'、z'为待求值；x_d、y_d、z_d 为诱饵弹辐射球模型的球心坐标；x_m、y_m、z_m 为导弹质心坐标。求解该方程组，可以得到 x'、y'、z'的两组值，分别为 T'_1 和 T'_2 的坐标 $W_{T'_1}$和 $W_{T'_2}$，由此可得到直线MT_1 和直线 MT_2 的表达式为

$$\begin{cases}P_{MT_1}(t'_1) = W_m + t'_1(W_{T'_1} - W_m) \\ P_{MT_2}(t'_2) = W_m + t'_2(W_{T'_2} - W_m)\end{cases} \tag{8.59}$$

式中：t'_1和 t'_2分别为两条直线的自变量参数。先求出分界线 OD_1 和 OD_2 的表达式 $P_{OD_1}(t)$和 $P_{OD_2}(t)$，然后就可求出两条切线与两条分界线的交点。

下面分析三维空间中两条直线交点的计算方法，首先要保证两条直线共面，因为所有点都在导弹、目标和诱饵弹 3 点确定的平面内，故 4 条直线必共面。如图 8.25 所示，A 和 B、C 和 D 分别为两条直线上的已知两点，E 为两直线交点，$DF \perp AB$，θ 为两直线的夹角。根据下面式子计算交点 E 的坐标。

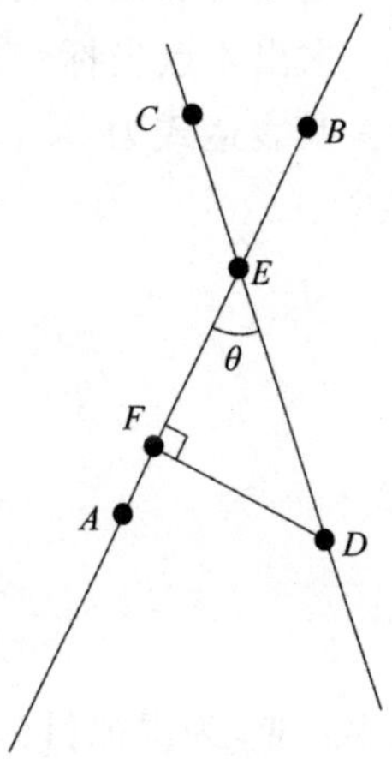

图 8.25　三维空间中两直线交点

计算 DF 的距离，即

$$|\boldsymbol{DF}| = \frac{|\boldsymbol{AB} \times \boldsymbol{AD}|}{|\boldsymbol{AB}|} \tag{8.60}$$

计算夹角 θ，即

$$\theta = \arcsin\left(\frac{|\boldsymbol{AB} \times \boldsymbol{DC}|}{|\boldsymbol{AB}| \cdot |\boldsymbol{DC}|}\right) \tag{8.61}$$

因此在△DEF 中，有

$$|\boldsymbol{DE}| = \frac{|\boldsymbol{DF}|}{\sin\theta} \tag{8.62}$$

于是根据比例关系，可得

$$\boldsymbol{DE} = \frac{|\boldsymbol{DE}|}{|\boldsymbol{DC}|}\boldsymbol{DC} \tag{8.63}$$

则可得 E 点坐标为

$$E = \boldsymbol{DE} + D \tag{8.64}$$

根据式（8.64），可以求得 T_1、T_2 的坐标。

要求解 T_3 和 T_4 坐标，就是要求过直线外一点到该直线的垂足的坐标。假设已知直线上两点的坐标为 $A(x_A, y_A, z_A)$ 和 $B(x_B, y_B, z_B)$，直线外一点的坐标为 $M(x_M, y_M, z_M)$，则可得垂足 N 的坐标为

$$\begin{bmatrix} x_N \\ y_N \\ z_N \end{bmatrix} = \begin{bmatrix} k(x_B - x_A) + x_A \\ k(y_B - y_A) + y_A \\ k(z_B - z_A) + z_A \end{bmatrix} \tag{8.65}$$

其中：

$$k = -\frac{(x_A - x_M)(x_B - x_M) + (y_A - y_M)(y_B - y_M) + (z_A - z_M)(z_B - z_M)}{(x_B - x_A)^2 + (y_B - y_A)^2 + (z_B - z_A)^2} \tag{8.66}$$

由式（8.65）可以求得 T_3 和 T_4 的坐标。

求出 4 点坐标，虚拟目标点的选取范围就可以确定，即干扰几何遮挡约束，其表达式为

$$\begin{cases} W_{T'} = P_{OD_1}(t) \\ \dfrac{|\boldsymbol{OT}_1|}{|\boldsymbol{OD}_1|} \leqslant t \leqslant \dfrac{|\boldsymbol{OT}_3|}{|\boldsymbol{OD}_1|} \end{cases} \tag{8.67}$$

或

$$\begin{cases} W_{T'} = P_{OD_2}(t) \\ \dfrac{|\boldsymbol{OT}_2|}{|\boldsymbol{OD}_2|} \leqslant t \leqslant \dfrac{|\boldsymbol{OT}_4|}{|\boldsymbol{OD}_2|} \end{cases} \tag{8.68}$$

式中：$W_{T'}$ 为虚拟目标点的坐标。

5）仿真分析

设定导弹初始位置为(0,9000,0)(m)，初始速度 $V_{m0} = 2\mathrm{Ma}$，初始弹道倾角 $\theta_{m_0} = 45°$，初始弹道偏角 $\psi_{vm0} = 0°$。目标初始位置为(4000,12000,1500)，初始速度 $V_{t0} = 300\mathrm{m/s}$，初始弹道偏角和初始弹道倾角均为 0°。在目标释放诱饵弹之前，导弹以真比例导引律导向目标，比例系数 $K = 4$，目标在 1s 后投掷诱饵弹，选取长方体药柱，药柱长、宽、高分别为 2.4cm、2.4cm、20.5cm，初始质量为 $m_{d0} = 250\mathrm{g}$，药柱密度为 $1.5\mathrm{g/cm^3}$，燃烧线速度为 0.2cm/s。在目标投放诱饵弹 0.5s 后，开始进行分界线的计算，对这 1.5s 进行仿真，仿真结果如图 8.26 至图 8.28 所示。

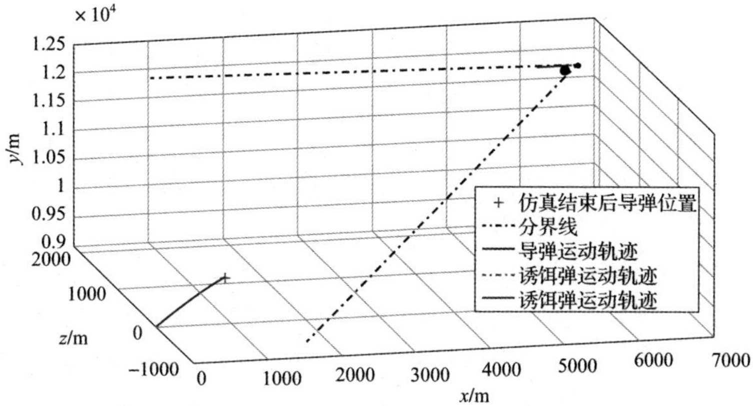

图 8.26　三维导弹、目标、干扰及分界线仿真图（见彩图）

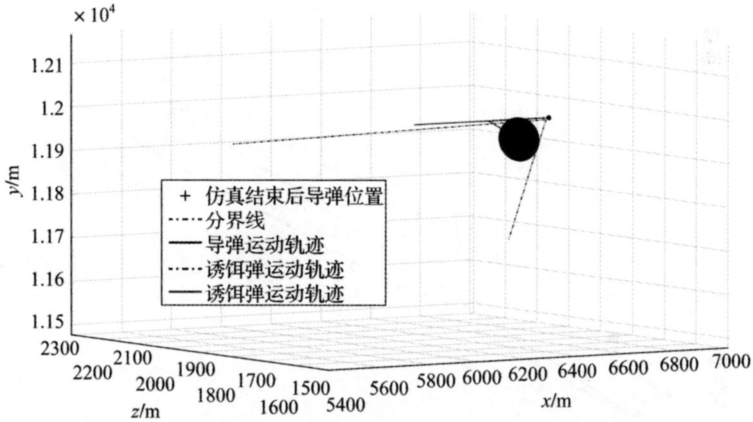

图 8.27　三维局部放大图（见彩图）

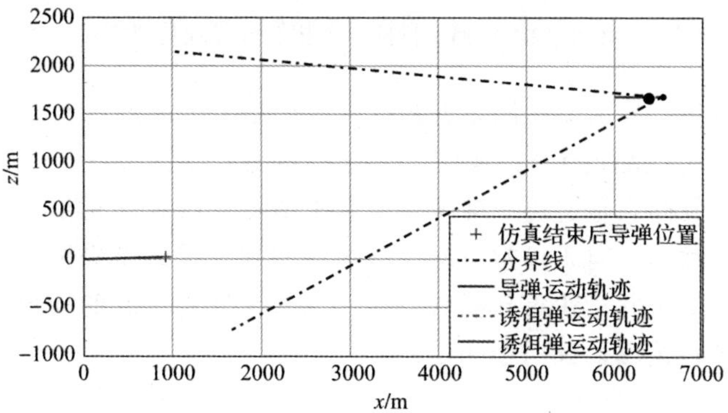

图 8.28　纵向平面仿真图（见彩图）

在仿真结果图中，蓝线为导弹的运动轨迹，红色十字为仿真结束后的导弹位置，红线为诱饵弹运动轨迹，绿线为目标运动轨迹，由图可知，在1s内，诱饵弹和目标运动轨迹重合，即目标还没有释放诱饵弹。大球为诱饵弹在三维空间中的辐射面积，小球为目标的辐射面积，两条黑色虚线为所求解的分界线，由图可知，目标释放诱饵弹后，导弹被诱饵弹所遮挡，需要通过虚拟目标导引来进行绕飞从而躲避诱饵弹的干扰。

由弹目距离估计的结果可知，距离估计误差的数量级为25m左右，对于中远距导弹来说，弹目距离一般在km级。如图8.29所示，T为真实目标位置，T'为所估计的目标位置，$e_{TT'}$为实际目标与估计目标之间的距离，R为实际弹目距离，R'为估计的弹目距离，e为估计误差，θ为导引头角度测量的误差角。可求得真实目标与估计目标之间的距离为

$$e_{TT'} = \sqrt{(R\sin\theta)^2 + e^2} \tag{8.69}$$

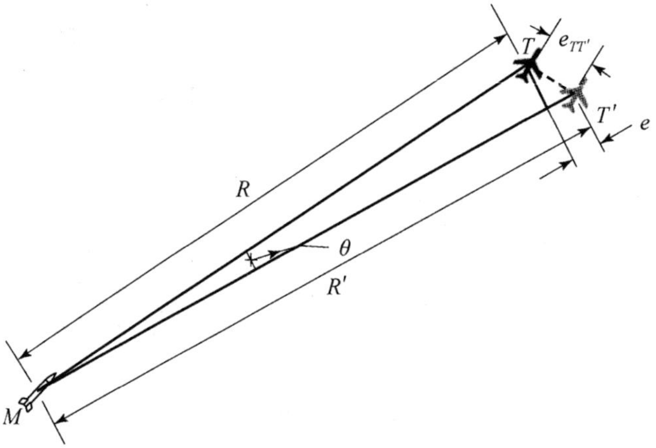

图8.29 导弹、目标、干扰及分界线仿真图

由于目前导弹导引头所测量的角度误差很小，因此式（8.69）中$\sin\theta$的值趋近于0，$e_{TT'}$的值趋近于e，其数量级与R相比可以忽略不计。

由于虚拟目标点是通过二维探测图像来估计三维距离得出的，因此会存在一定的误差。然而，对于虚拟目标点的选取而言，重点是提供一个合适的绕飞方向，以躲避干扰并尽快重新捕获目标。因此，只要选取的帧数和特征长度合适，就可以忽略距离估计产生的误差。

8.3.2　带约束的偏置比例导引律设计

1. 带物理约束的偏置比例导引律

1）过载约束

导弹过载约束是指在导弹设计和使用中对导弹所能承受的最大过载进行限制和控制的一种措施。导弹在发射和飞行过程中会受到各种力的作用，为了确保导弹能够正常运行并准确击中目标，需要保证导弹所受力的大小满足一定约束。导弹在接收到制导指令后，要根据制导指令进行机动，在导弹机动过程中，要保证导弹的需用过载不能超过最大可用过载。因此要在仿真时对导弹的转弯速率进行限制，加入过载约束，即过载限幅器，其模型为

$$n_j = \min(|n_i|, n_{\max})\,\mathrm{sign}(n_i) \tag{8.70}$$

式中：n_j 为限幅后的过载；n_i 为未经过限幅的指令过载；$n_{\max}$ 为最大可用过载。

2）撞击角约束

随着制导技术的发展，对导引律的要求不只是希望获得最小的脱靶量，有时还希望导弹能以期望的角度攻击目标，击中目标防御薄弱位置，以使导弹发挥最大毁伤作用。在本书中，当导弹到达虚拟目标点时，为使目标在导弹导引头视场中，可以在导弹导向虚拟目标点时，加入撞击角约束，使导弹到达虚拟目标点时，弹目视线在导弹导引头的视场内，从而可以使导弹继续导向目标。

在三维空间中，设计偏置比例导引律来约束俯仰角和偏航角。在式（8.3）的基础上，加入偏置项，即

$$\boldsymbol{a}_2 = N(\boldsymbol{\Omega}_{\mathrm{cc}} - \boldsymbol{\Omega}_{\mathrm{d}}) \times \boldsymbol{V}_2 \tag{8.71}$$

式中：$\boldsymbol{\Omega}_{\mathrm{d}}$ 为约束碰撞角而设计的偏置项。为让导弹以期望的碰撞角攻击目标，应使期望的视线角与实际视线角之间的偏差为零，在式（8.71）中，$\boldsymbol{\Omega}_{\mathrm{cc}}$ 的作用是使导弹速度方向与视线方向的夹角为零，$\boldsymbol{\Omega}_{\mathrm{d}}$ 的作用是使实际视线角与期望视线角的偏差为零。

在俯仰平面内设计偏置项，俯仰平面内期望视线与实际视线的关系如图 8.30 所示。

图 8.30 中，θ_{d} 为期望碰撞俯仰角，为使实际视线角 θ 达到期望的角度 θ_{d}，设计一个角速率偏置项，即

$$\omega_{\mathrm{dz}} = \frac{\eta(\theta_{\mathrm{d}} - \theta)}{N t_{\mathrm{go}}} \tag{8.72}$$

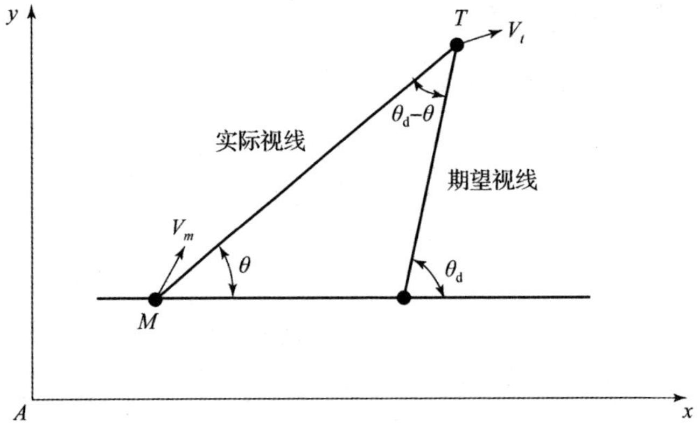

图 8.30　期望视线与实际视线的关系

式中：N 为比例系数；η 为任意大于 0 的常值；t_{go} 为剩余时间，且 $t_{go}=-R/\dot{R}$。根据坐标系定义，可知 $\dot{R}=-V_{xc}$，V_{xc} 为导弹速度在视线坐标系 x 轴方向的分量。代入式（8.72）中，得

$$\omega_{dz}=\frac{\eta V_{xc}(\theta_d-\theta)}{NR} \tag{8.73}$$

同理，在偏航平面内，可以设计一个角速率偏置项，即

$$\omega_{dy}=\frac{\eta V_{xc}(\psi_{vd}-\psi_v)}{NR} \tag{8.74}$$

ω_{dz}、ω_{dy} 在视线坐标系各轴的分量为

$$\begin{bmatrix}\omega_{dy}\sin\theta\\ -\omega_{dz}\\ \omega_{dy}\cos\theta\end{bmatrix} \tag{8.75}$$

故偏置项 $\boldsymbol{\Omega}_d$ 在视线坐标系下的分量可表示为

$$\boldsymbol{\Omega}_{ak}=\begin{bmatrix}0\\ -\dfrac{\eta V_{xc}(\theta_d-\theta)}{NR}\\ \dfrac{\eta V_{xc}(\psi_{vd}-\psi_v)\cos\theta}{NR}\end{bmatrix} \tag{8.76}$$

为了方便计算，将加速度指令在导弹弹道坐标系下进行分解，可得到

$$\begin{bmatrix}0\\ a_{y2}\\ a_{z2}\end{bmatrix}=NL_1(\psi_v,\theta)\cdot\boldsymbol{L}_4(q_\beta,q_\alpha)^{\mathrm{T}}(\boldsymbol{\Omega}_{cc}-\boldsymbol{\Omega}_{dc})\cdot\boldsymbol{V}_2 \tag{8.77}$$

对其进行仿真复现，进行两次仿真，分别设定期望碰撞角为 $q_\alpha=0$、$q_\beta=0$ 和 $q_\alpha=-\dfrac{\pi}{4}$、$q_\beta=\dfrac{\pi}{4}$，仿真结果如图 8.31 所示。

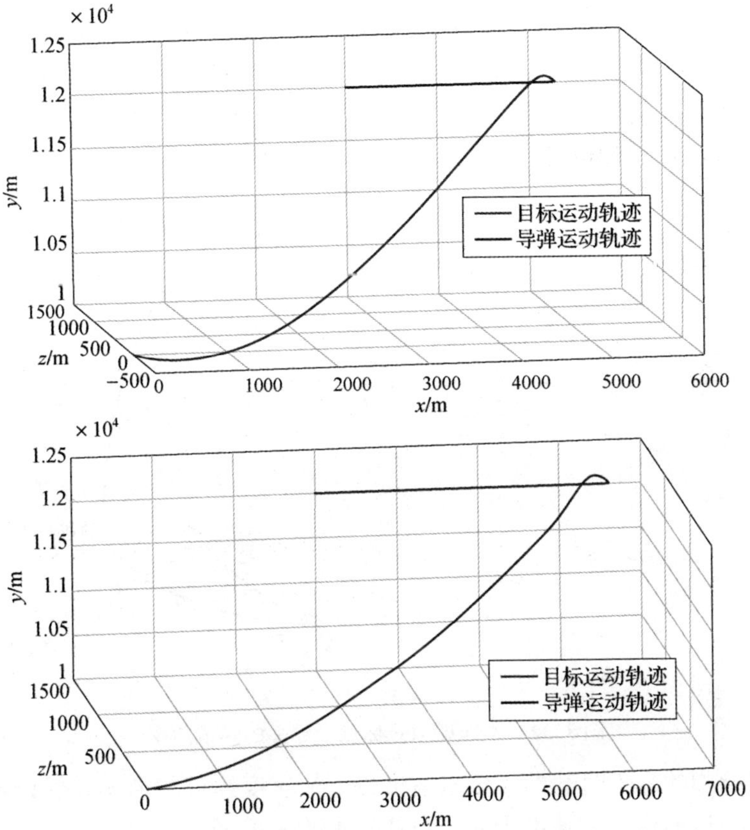

图 8.31　带碰撞角约束的三维纯比例导引律仿真（见彩图）

2. 约束条件下虚拟目标比例导引律设计

1）过载约束条件下的虚拟目标比例导引律设计

导弹的最大过载约束是指导弹在飞行过程中所能承受的最大加速度或过载值，这个约束是为了确保导弹的结构和材料不会超过其设计的极限，同时保证导弹能够在高速、高机动性的情况下稳定飞行。导弹的最大过载约束通常由导弹的设计规范或需求来确定，并且可能根据不同的导弹类型和任务需求而有所不同。一般而言，导弹的最大过载约束是由导弹的结构强度、材料特性和飞行性能等因素来决定的。导弹的最大过载约束在导引和控制系统设计中起到重要的作用，控制系统需要根据最大过载约束来生成合适的控制指令，以保证导弹在飞行过程中不会超过其设计的极限，同时实现期望的制导精度和飞行性能。

如图 8.32 所示，对于不同的虚拟目标点 T_1'和 T_2'，导弹的飞行路径分别为轨迹 1 和轨迹 2。当导弹沿着轨迹 1 运动时，导弹的弹道曲率会很大，会导致导弹需用过载过大，可能会超出可用过载。轨迹 2 的弹道曲率较小，导弹需用过载小。但是，轨迹 1 会使导弹尽快摆脱干扰，轨迹 2 拥有较短的飞行路径，因此在选择虚拟目标点时，要综合考虑各因素的影响。

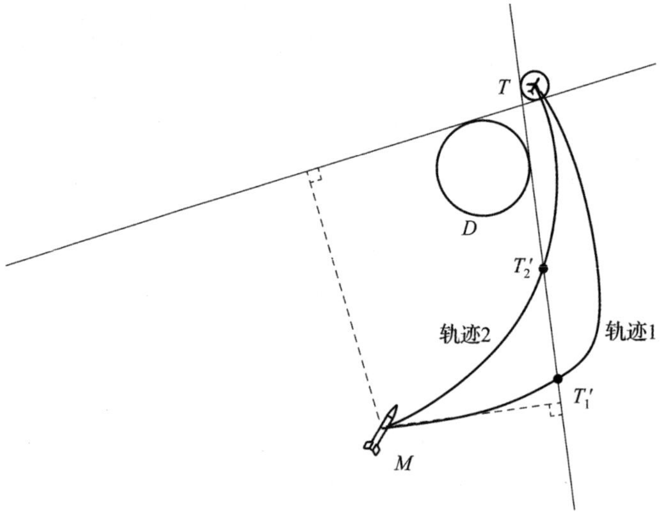

图 8.32　不同虚拟目标点下导弹的弹道曲率

根据导弹的最大过载约束可以写出最大加速度约束的形式。假设导弹最大可用过载对应的最大加速度为 $\boldsymbol{a}_{\max}$，加入过载约束，即

$$\begin{cases} a_{y2} = \begin{cases} a_{y2c}, & a_{y2c} < a_{\max} \\ a_{\max}, & a_{y2c} \geqslant a_{\max} \end{cases} \\ a_{z2} = \begin{cases} a_{z2c}, & a_{z2c} < a_{\max} \\ a_{\max}, & a_{z2c} \geqslant a_{\max} \end{cases} \end{cases} \tag{8.78}$$

式中：a_{y2}、a_{z2}为所求的指令加速度；a_{y2c}、a_{z2c}为由比例导引律得出的指令加速度。

2）带视场和过载约束的虚拟目标比例导引律设计

当导弹运动到达虚拟目标点的位置后，接下来要继续导向真实目标，这就要求导弹摆脱干扰后，目标必须在导弹导引头视场中。可以让导弹以带撞击角约束的比例导引律导向目标，撞击角的选取可根据导弹到达目标点时的速度方向与弹目视线的夹角来确定，这个夹角不超过导弹导引头的视场角。所选取的碰撞角约束如图 8.33 所示。T' 为所选取的虚拟目标点，$\boldsymbol{V}_m$ 为导弹到达虚拟目标点时的速度矢量，T_t 为导弹到达虚拟目标点时刻的目标位置，q_{d} 为所要求的碰撞角，导弹导引头的视场为 $\boldsymbol{\Phi}$，要求

$$q_{\mathrm{d}} \leqslant \boldsymbol{\Phi} \tag{8.79}$$

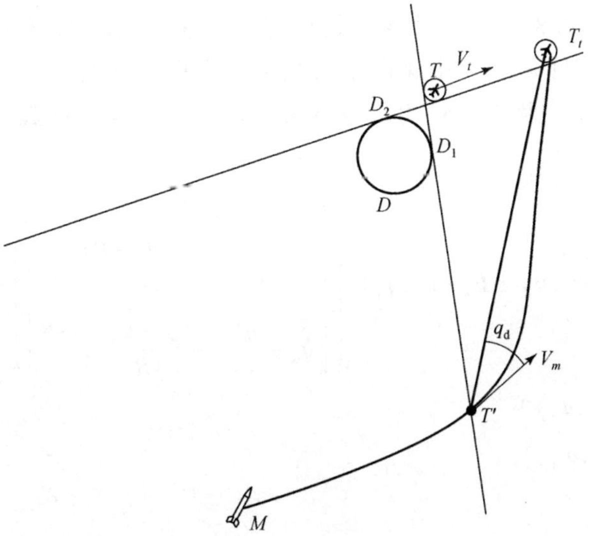

图 8.33　碰撞角约束

目标在释放诱饵弹后信息消失，可以用目标释放诱饵弹前的几帧图像数据预测目标的速度，并通过计算导弹到达虚拟目标点的剩余时间 t_{go} 来预测导弹到达虚拟目标点时目标的位置。

$$t_{\mathrm{go}} = \frac{R_{MT'}}{\dot{R}_{MT'}} \tag{8.80}$$

式中：$R_{MT'}$ 为导弹 – 虚拟目标点之间的距离；$\dot{R}_{MT'}$ 为其变化率，在导弹和虚拟目标点构成的视线坐标系内，有

$$R_{MT'} = -V_{m\kappa c} \tag{8.81}$$

式中：$V_{m\kappa c}$ 为导弹速度在导弹 – 虚拟目标点视线坐标系下 x 轴上的分量。再根据预测的目标速度来估计目标位置 T_t，进而可以求得向量 $\boldsymbol{T'T_t}$。假设导弹导向虚拟目标点的期望碰撞俯仰角为 θ_{d}、期望碰撞偏航角为 $\psi_{v\mathrm{d}}$，则可求得导弹速度的方向向量为

$$\boldsymbol{V}_m=\begin{bmatrix}V_{mx}\\V_{my}\\V_{mz}\end{bmatrix}=\begin{bmatrix}V_m\cos\theta_{\mathrm{d}}\cos\psi_{v\mathrm{d}}\\V_m\sin\theta_{\mathrm{d}}\\V_m\cos\theta_{\mathrm{d}}\sin\psi_{v\mathrm{d}}\end{bmatrix} \tag{8.82}$$

由此可得两向量之间的夹角为

$$q_{\mathrm{d}}=\arccos\left(\frac{\boldsymbol{V}_m\cdot\boldsymbol{T}'\boldsymbol{T}_t}{|\boldsymbol{V}_m|\,|\boldsymbol{T}'\boldsymbol{T}_t|}\right) \tag{8.83}$$

在满足式（8.82）的前提下，选择期望碰撞俯仰角和期望碰撞偏航角。在得到期望碰撞俯仰角和期望碰撞偏航角后，根据式（8.76）设置偏置项 $\boldsymbol{\Omega}_{\mathrm{d}}$，并根据式（8.71）及式（8.78）设计带撞击角约束及带过载约束的偏置比例导引律。

$$\begin{cases}\begin{bmatrix}0\\a_{y2c}\\a_{z2c}\end{bmatrix}=NL_1(\psi_v,\theta)\cdot\boldsymbol{L}_4(q_\beta,q_\alpha)^{\mathrm{T}}\left(\begin{bmatrix}0\\\dot{q}_\beta+\dfrac{\eta V_{xc}(\theta_{\mathrm{d}}-\theta)}{NR}\\\dot{q}_\alpha-\dfrac{\eta V_{xc}(\psi_{v\mathrm{d}}-\psi_v)\cos\theta}{NR}\end{bmatrix}\right)\times\begin{bmatrix}V_{x2}\\V_{y2}\\V_{z2}\end{bmatrix}\\a_{y2}=\min(a_{y2c},a_{\max})\\a_{z2}=\min(a_{z2c},a_{\max})\end{cases} \tag{8.84}$$

8.3.3 示例

设定目标的初始位置为(4000,12000,1500)(m)，目标作水平匀速直线运动，速度为300m/s。导弹的初始位置为(0,9000,0)(m)，导弹初始弹道倾角为45°，初始弹道偏角为0°，初始速度为2Ma，导弹最大过载为50g。在目标运动1s后释放诱饵弹，所选诱饵弹的型号与3.4节保持一致，释放时诱饵弹的速度为200m/s，在仿真时为了使导弹尽可能久地处于遮蔽态势，让诱饵弹朝着导弹的方向释放，诱饵弹的初始弹道倾角和初始弹道偏角由目标及导弹的位置决定，即

$$\begin{cases}\theta_{\mathrm{d}}=\arctan\left(\dfrac{y_m-y_t}{\sqrt{(x_m-x_t)^2+(z_m-z_t)^2}}\right)\\\psi_{v\mathrm{d}}=\arctan\left(\dfrac{z_m-z_t}{x_m-x_t}\right)\end{cases} \tag{8.85}$$

根据第3章求分界线的表达式以及干扰几何遮挡约束，选取虚拟目标点 $P_{OD_1}(08)$。

在目标释放诱饵弹之前的时间内，用真比例导引律，让导弹导向目标，导引指令为式（8.14），并带有过载约束(式(8.78))。当目标释放诱饵弹 0.5s 后，开始解算分界线的分布，并找到一个虚拟目标点，导弹开始以带碰撞角约束及过载约束的纯比例导引律导向虚拟目标点，导引规律为式（8.84）。在导弹虚拟目标点后，导弹开始以带过载约束的纯比例导引律导向真实目标，导引指令及约束分别为式（8.4）和式（8.78）。为了方便比较，分别用上述导引过程及纯比例导引律导引导弹击中目标，仿真结果如图 8.34 所示。

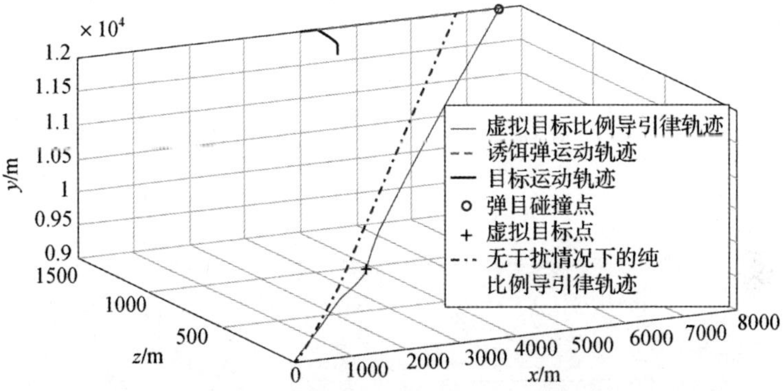

图 8.34 纯比例导引及虚拟目标比例导引拦截弹道（见彩图）

图中，红线为诱饵弹的运动轨迹，绿线为目标运动轨迹，在目标释放诱饵弹之前，两条轨迹重合。黄线为利用无干扰情况下纯比例导引律控制导弹打向目标的导弹运动轨迹，绿线为利用虚拟目标比例导引律控制导弹打向目标的导弹运动轨迹。红色十字为所选取的虚拟目标点，黑色圆圈为弹目撞击点。

图 8.35 所示为加入分界线后纯比例导引与虚拟目标比例导引的比较，其中两条黑色虚线为分界线。

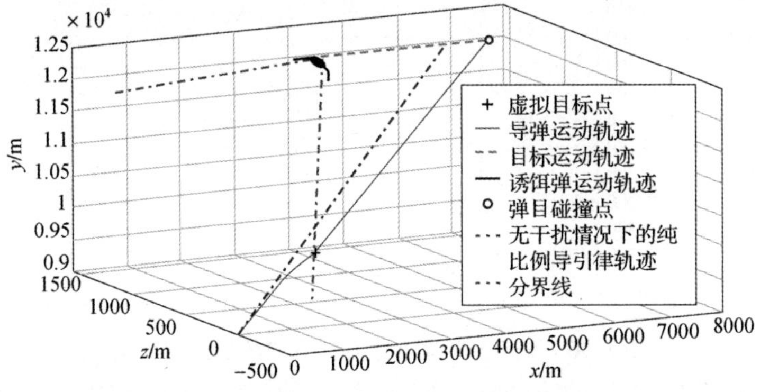

图 8.35 分界线与两种导引方式的弹道（见彩图）

表 8.2 所列为导弹采用两种导引律打中目标所花费的时间。

表 8.2 导弹击中目标所消耗的时间

导引律	导弹击中目标所消耗的时间/s
虚拟目标比例导引律	12.01
无干扰条件下纯比例导引律	9.43

图 8.36 所示为制导过程中加速度控制指令在弹道坐标系各轴分量的变化。

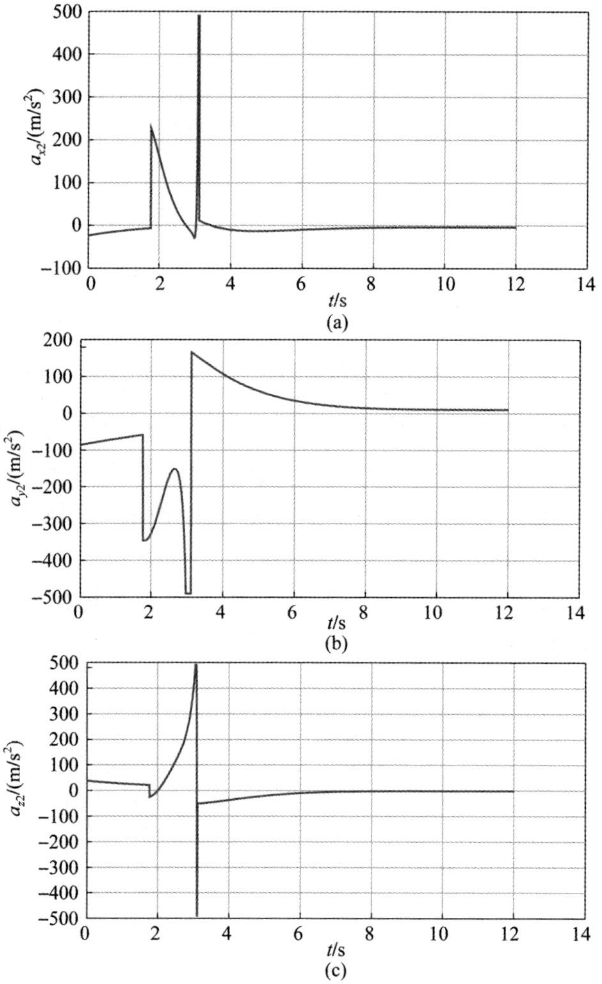

图 8.36 弹道坐标系 3 个轴向方向的加速度变化

（a）弹道坐标系 x 轴方向加速度变化；（b）弹道坐标系 y 轴方向加速度变化；（c）弹道坐标系 z 轴方向加速度变化。

改变初始条件再进行仿真。将目标初始位置改为(6000,12000,1700)(m)，并选取虚拟目标点 $P_{OD_1}(0.75)$ 和 $P_{OD_1}(0.6)$ 分别进行仿真，仿真结果如图 8.37 所示。

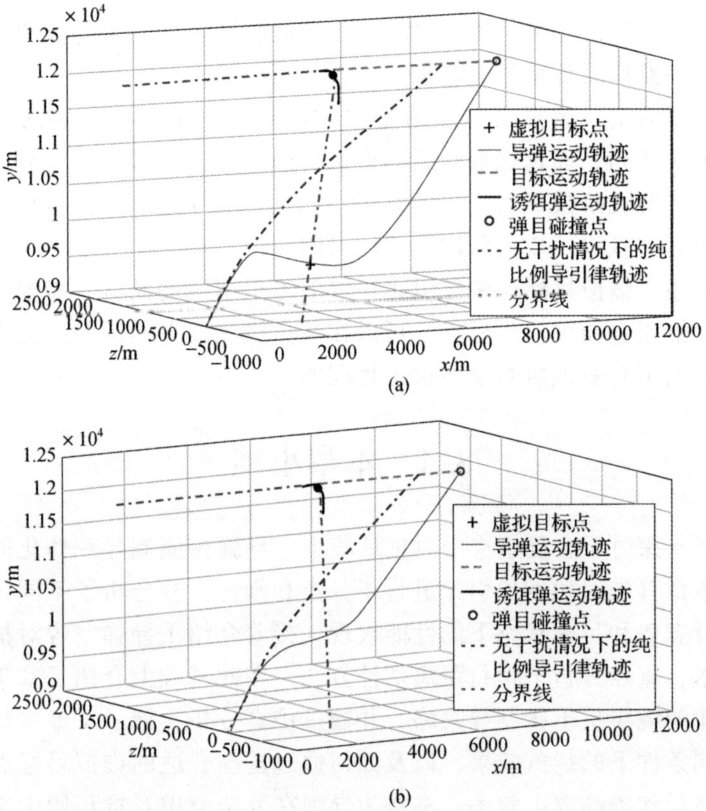

图 8.37　选取不同虚拟目标点的仿真结果（见彩图）

(a) 虚拟目标点为 $P_{OD_1}(0.75)$；(b) 虚拟目标点为 $P_{OD_1}(0.6)$。

表 8.3 所列为选取不同虚拟目标点，导弹打中目标花费的时间以及在无干扰条件下导弹采用纯比例导引律击中目标所花费的时间。

表 8.3　3 次仿真导弹击中目标所花费的时间

目标点	导弹击中目标所消耗的时间/s
选取虚拟目标点为 $P_{OD_1}(0.75)$	17.53
选取虚拟目标点为 $P_{OD_1}(0.6)$	16.84
无干扰条件下纯比例导引律	12.325

经过多次仿真可知，虚拟目标比例导引律相较于无遮挡态势下的纯比例导引律，控制导弹打向目标所需的时间更长。这是因为虚拟目标比例导引律引入了一个绕飞的轨迹，导致导弹需要在绕飞阶段花费额外的时间。然而，正是这种绕飞操作使导弹能够更快地穿过分界线，摆脱诱饵弹的遮挡态势，从而更快地摆脱干扰并获取目标信息，增加了命中的精确度。

需要注意的是，虚拟目标点的选取会对导弹击中目标所需的时间产生影响，如表 8.3 所列。通过选取合适的虚拟目标点，一是可以缩短导弹的绕飞路径，使导弹在绕飞阶段花费更少的时间；二是当导弹到达虚拟目标点后，与目标的距离更近，减少了攻击阶段花费的时间。

综上所述，虚拟目标比例导引律在增加击中精度的同时，需要一定的绕飞时间。通过恰当选择虚拟目标点，可以在减少绕飞路径的同时，提高导弹的制导速度，从而更有效地应对绕飞抗干扰问题。

8.4 本章小结

本章深入探讨了在复杂空中对抗环境下，导弹探测制导一体化的智能抗干扰技术。本章首先对比例导引律进行了分类和阐述，并分析了不同比例导引律在不同飞行态势和目标状态下的性能表现。接着介绍了导弹空中对抗态势感知与理解技术，重点分析了弹目距离估计方法。在此基础上介绍了基于虚拟目标比例导引律的绕飞抗干扰制导策略，并通过仿真分析，展示了虚拟目标比例导引律在不同条件下的拦截效果，以及如何通过选择合适的虚拟目标点来优化导弹的拦截路径和提高攻击效率。本章为导弹在复杂空中对抗环境中实现智能抗干扰提供了理论依据和实践方法，特别是虚拟目标比例导引律的设计与应用，为提高导弹拦截精度和应对复杂战场环境提供了有效策略。

参考文献

[1] 樊会涛，崔颢，天光. 空空导弹70年发展综述 [J]. 航空兵器，2016 (01)：3 -12.

[2] 王文博，王英瑞. 红外双波段点目标双色比分析与处理 [J]. 红外与激光工程，2015，44 (8)：2347 -2350.

[3] 李丽娟，白晓东，刘珂. 空空导弹双色红外成像制导关键技术分析 [J]. 激光与红外，2013，43 (9)：1036 -1039.

[4] 赵玲. 基于红外双波段的图像融合技术研究 [D]. 北京：中国电子科技集团公司电子科学研究院，2023.

[5] 张钧. 毫米波雷达/红外复合探测系统的设计与实现 [D]. 哈尔滨：哈尔滨工业大学，2014.

[6] 杨卫平，沈振康. 红外成像导引头及其发展趋势 [J]. 激光与红外，2007 (11)：1129 -1132.

[7] 吴斌，李德伟. 虚拟红外成像导引头建模与仿真 [J]. 舰船电子工程，2021，41 (10)：174 -178.

[8] 李保平. 红外成像导引头总体设计技术研究（一）[J]. 红外技术，1995 (05)：1 -6.

[9] 部曦. 红外诱饵弹多波段图像生成和真实感增强方法研究 [D]. 西安：西安电子科技大学，2020.

[10] 耿凡. 光谱识别技术在红外制导方面的应用展望与分析 [J]. 红外与激光工程，2007 (05)：602 -606.

[11] 黄士科，张天序，李丽娟，等. 空空导弹多光谱红外成像制导技术研究 [J]. 红外与激光工程，2006 (01)：16 -20.

[12] 来庆福，张文明，赵晶，等. 高精度惯导信息在导弹末制导中的应用探讨 [C]. 烟台：第十三届全国青年通信学术会议，2008.

[13] 王伟臣. 基于深度学习的空中目标识别方法研究 [D]. 西安：西安电子科技大学，2022.

[14] 唐善军，王枫，陈晓东. 红外导弹抗干扰能力指标体系和评估研究 [J]. 上海航天，2017，34 (4)：144 -149.

[15] 闫舟，杨望东. 红外成像导引头抗干扰性能评价指标体系 [J]. 计算机测量与控制，2021，29 (9)：268 -273.

[16] 庞艳静. 基于层次分析法的某红外导弹的抗干扰性能评估 [J]. 红外技术，2014，36 (3)：234 -237.

[17] 李凡，耿旭，董效杰，等. 多层次模糊算法在光电抗干扰性能综合评估中的应用 [J]. 系统仿真学报，2015，27 (9)：2176 -2180.

[18] 赵钦佩. 复杂背景条件下的红外图像预处理、检测方法研究 [D]. 上海：上海交通大学，2007.

[19] 吴海滨，周雨润，周英蔚，等. 基于二维 OTSU 选取种子点的区域生长图像分割 [J]. 大气与环境光学学报，2013，8 (6)：448 -453.

[20] 张乐，项安. 区域生长算法的改进及其在异物检测中的应用 [J]. 无损检测，2010，32 (7)：490 -492.

[21] 王浩明，李德龙，杨晓元，等. 一种基于三角形区域生长的图像篡改检测方法 [J]. 武汉大学学

报（理学版），2011，57（5）：455 - 460.
[22] 陈方昕. 基于区域生长法的图像分割技术 [J]. 科技信息（科学教研），2008（15）：58 - 59.
[23] 刘付芬. 动态相对模糊区域生长算法 [J]. 计算机工程与设计，2010，31（4）：801 - 804.
[24] 陈忠，赵忠明. 基于区域生长的多尺度遥感图像分割算法 [J]. 计算机工程与应用，2005（35）：7 - 9.
[25] 钱华明，姜波，钱明，等. 结合时域信息的区域生长算法及其在动脉超声造影图像分割中的应用 [J]. 计算机辅助设计与图形学学报，2011，23（3）：442 - 447.
[26] Wan S Y, Higgins W E. Symmetric region growing [J]. IEEE transactions on image processing: a publication of the IEEE signal processing society, 2013, 12 (9): 1007 - 1015.
[27] Henriques J F, Caseiro R, Martins P, et al. High - speed tracking with kernelized correlation filters [J]. IEEE transactions on pattern analysis and machine intelligence, 2015, 37 (3): 583 - 596.
[28] Bolme D, Beveridge J R, Draper B A, et al. Visual object tracking using adaptive correlation filters [C]. San Francisco: IEEE Computer Society Conference on Computer Vision and Pattern Recognition, 2010.
[29] Henriques J F, Caseiro R, Martins P, et al. Exploiting the circulant structure of tracking - by - detection with kernels [C]. Florence: The 12th European Conference on Computer Vision, 2012.
[30] Danelljan M, Khan F S, Felsberg M, et al. Adaptive Color Attributes for Real - Time Visual Tracking [C]. Santiago: IEEE Conference on Computer Vision and Pattern Recognition, 2014.
[31] Danelljan M, Häger G, Shahbaz K F, et al. Accurate Scale Estimation for Robust Visual Tracking [C]. Nottingham: The British Machine Vision Conference, 2014.
[32] Danelljan M, Häger G, Khan F S, et al. Discriminative scale space tracking [J]. IEEE transactions on pattern analysis and machine intelligence, 2016, 39 (8): 1561 - 1575.
[33] Li Y, Zhu J. A scale adaptive kernel correlation filter tracker with feature integration [C]. Zurich: Computer Vision - ECCV Workshops, 2014.
[34] Danelljan M, Hager G, Khan F S, et al. Learning Spatially Regularized Correlation Filters for Visual Tracking [C]. Santiago: IEEE International Conference on Computer Vision, 2015.
[35] Kiani G H, Fagg A, Lucey S. Learning Background - Aware Correlation Filters for Visual Tracking [C]. Venice: IEEE International Conference on Computer Vision, 2017.
[36] Chan S H, Wang X, Elgendy O A. Plug - and - play Admm for image restoration: fixed - point convergence and applications [J]. IEEE transactions on computational imaging, 2017, 3 (1): 84 - 98.
[37] Bouraffa T, Yan L, Feng Z, et al. Context - aware correlation filter learning toward peak strength for visual tracking [J]. IEEE transactions on cybernetics, 2021, 51 (10): 5105 - 5115.
[38] 刘志强. 基于核相关滤波的高速目标跟踪算法研究与系统实现 [D]. 西安：西安电子科技大学，2017.
[39] Lucas B D, Kanade T. An Iterative Image Registration Technique with an Application to Stereo Vision [C]. Illinois: International Joint Conference on Artificial Intelligence, 1981.
[40] Vojíř T, Matas J. The enhanced flock of trackers [M]. Germany: Springer Verlag, 2014: 113 - 136.
[41] Akin O, Mikolajczyk K. Online Learning and Detection with Part - Based, Circulant Structure [C]. Stockholm: The 22nd International Conference on Pattern Recognition, 2014.

[42] Ma C, Yang X, Zhang C, et al. Long – term correlation tracking [C]. Boston: IEEE Conference on Computer Vision and Pattern Recognition, 2015.

[43] Akin O, Erdem E, Erdem A, et al. Deformable part – based tracking by coupled global and local correlation filters [J]. Journal of visual communication and image representation, 2016, 38: 763 – 774.

[44] Danelljan M, Bhat G, Khan F S, et al. ECO: Efficient Convolution Operators for Tracking [C]. Honolulu: IEEE Conference on Computer Vision and Pattern Recognition, 2017.

[45] Kalal Z, Mikolajczyk K, Matas J. Tracking – learning – detection [J]. IEEE transactions on pattern analysis and machine intelligence, 2012, 34 (7): 1409 – 1422.

[46] 李贤. 基于多图谱的医学图像分割算法研究 [D]. 杭州: 杭州电子科技大学, 2019.

[47] Lin T Y, Goyal P, Girshick R, et al. Focal Loss for Dense Object Detection [C]. Venice: IEEE International Conference on Computer Vision, 2017.

[48] Hirose A. Dynamics of fully complex – valued neural networks [J]. Electronics letters, 1992, 28 (16): 1492.

[49] 王晓斌. 基于卷积网络的交通标志检测与识别算法研究 [D]. 哈尔滨: 哈尔滨理工大学, 2018.

[50] 刘煜. 基于层级特征的车牌识别算法研究 [D]. 合肥: 合肥工业大学, 2019.

[51] 王振. 基于目标检测的快消品识别研究与应用 [D]. 长沙: 湖南大学, 2019.

[52] Huang G, Liu Z, Van D M L, et al. Densely Connected Convolutional Networks [C]. Honolulu: IEEE conference on computer vision and pattern recognition, 2017.

[53] Woo S, Park J, Lee J Y, et al. CBAM: convolutional block attention module [J]. Computer Vision – ECCV, 2018, 11211: 3 – 19.

[54] Vaswani A, Shazeer N M, Parmar N, et al. Attention is All you Need [C]. Long Beach: The Thirty – first Annual Conference on Neural Information Processing Systems, 2017.

[55] 高晓光. 离散动态贝叶斯网络推理及其应用 [M]. 北京: 国防工业出版社, 2016.

[56] 曹杰. 贝叶斯网络结构学习与应用研究 [D]. 合肥: 中国科学技术大学, 2017.

[57] Chow C, Liu C. Approximating discrete probability distributions with dependence trees [J]. IEEE transactions on information theory, 1968, 14 (3): 462 – 467.

[58] Yu D, Wu X J. 2DPCANet: a deep leaning network for face recognition [J]. Multimedia tools and applications, 2018, 77 (10): 12919 – 12934.

[59] Yang J, Zhang D, Frangi A, et al. Two – dimensional PCA: a new approach to appearance – based face representation and recognition [J]. IEEE transactions on pattern analysis and machine intelligence, 2004, 26 (1): 131 – 137.

[60] 张静元, 郑宇, 姜萍, 等. 国外光谱型诱饵装备发展现状研究 [J]. 光电技术应用, 2023, 38 (4): 15 – 19.

[61] 史晓华, 张同贺. 红外双色多元导引头抗干扰技术研究 [J]. 红外技术, 2009, 31 (6): 311 – 314, 322.

[62] Olshausen B A, Field D J. Emergence of simple – cell receptive field properties by learning a sparse code for natural images [J]. Nature, 1996, 381 (6583): 607 – 609.

[63] Gao Y, Ma J, Yuille A L. Semi - supervised sparse representation based classification for face recognition with insufficient labeled samples [J]. IEEE transactions on image processing, 2017, 26 (5): 2545 - 2560.

[64] Wright J, Ma Y, Mairal J, et al. Sparse representation for computer vision and pattern recognition [J]. Proceedings of the IEEE, 2010, 98 (6): 1031 - 1044.

[65] Zhang Z, Xu Y, Yang J, et al. A survey of sparse representation: algorithms and applications [J]. IEEE access, 2015, 3: 490 - 530.

[66] Zhang Q, Liu Y, Blum R S, et al. Sparse representation based multi - sensor image fusion for multi - focus and multi - modality images: a review [J]. Information fusion, 2018, 40: 57 - 75.

[67] Liu Y, Liu S, Wang Z. A general framework for image fusion based on multi - scale transform and sparse representation [J]. Information fusion, 2015, 24: 147 - 164.

[68] 杨红亚. 基于稀疏表示的彩色图像分割方法研究 [D]. 曲阜: 曲阜师范大学, 2019.

[69] 杨俊, 谢勤岚. 基于 dct 过完备字典和 mod 算法的图像去噪方法 [J]. 计算机与数字工程, 2012, 40 (5): 100 - 103.

[70] 时永刚, 王东青, 刘志文. 字典学习和稀疏表示的海马子区图像分割 [J]. 中国图象图形学报, 2015, 20 (12): 1593 - 1601.

[71] Yang B, Li S. Visual attention guided image fusion with sparse representation [J]. Optik, 2014, 125 (17): 4881 - 4888.

[72] Li H, Wu X J. Infrared and visible image fusion using Latent Low - Rank Representation [J]. ArXiv, 2018, preprint: 1804. 08992.

[73] 吕蔚萁. 基于高斯朴素贝叶斯分类器的特征预测能力检测 [D]. 天津: 天津大学, 2023.

[74] 黄浩. 双波段红外成像目标检测与识别方法研究 [D]. 长沙: 国防科学技术大学, 2016.

[75] Li H, Wu X J, Kittler J. RFN - nest: an end - to - end residual fusion network for infrared and visible images [J]. Information fusion, 2021, 73: 72 - 86.

[76] Goodfellow I, Pouget - Abadie J, Mirza M, et al. Generative adversarial networks [J]. Communications of the ACM, 2020, 63 (11): 139 - 144.

[77] Park S, Vien A G, Lee C. Cross - modal transformers for infrared and visible image fusion [J]. IEEE transactions on circuits and systems for video technology, 2024, 34 (2): 770 - 785.

[78] 韩强. 面向小目标检测的改进 YOLOv8 算法研究 [D]. 长春: 吉林大学, 2024.

[79] Becker K. Closed - form solution of pure proportional navigation [J]. IEEE transactions on aerospace and electronic systems, 1990, 26 (3): 526 - 533.

[80] Ghawghawe S N, Ghose D. Pure proportional navigation against time - varying target manoeuvres [J]. IEEE transactions on aerospace and electronic systems, 1996, 32 (4): 1336 - 1347.

[81] 王亚飞, 方洋旺, 周晓滨. 比例导引律研究现状及其发展 [J]. 火力与指挥控制, 2007, 32 (10): 8 - 12.

[82] Guelman M. The closed - form solution of true proportional navigation [J]. IEEE transactions on aerospace and electronic systems, 1976, 12: 472 - 482.

[83] 白志会, 黎克波, 苏文山, 等. 现实真比例导引拦截任意机动目标捕获区域 [J]. 航空学报, 2020, 41 (8): 338-348.

[84] 吴文海, 曲建岭, 王存仁, 等. 飞行器比例导引综述 [J]. 飞行力学, 2004, 22 (2): 1-5.

[85] Yuan P J, Hsu S C. Solutions of generalized proportional navigation with maneuvering and nonmaneuvering targets [J]. IEEE transactions on aerospace and electronic systems, 1995, 31 (1): 469-474.

[86] 周荻. 寻的导弹新型导引规律 [M]. 北京: 国防工业出版社, 2002.

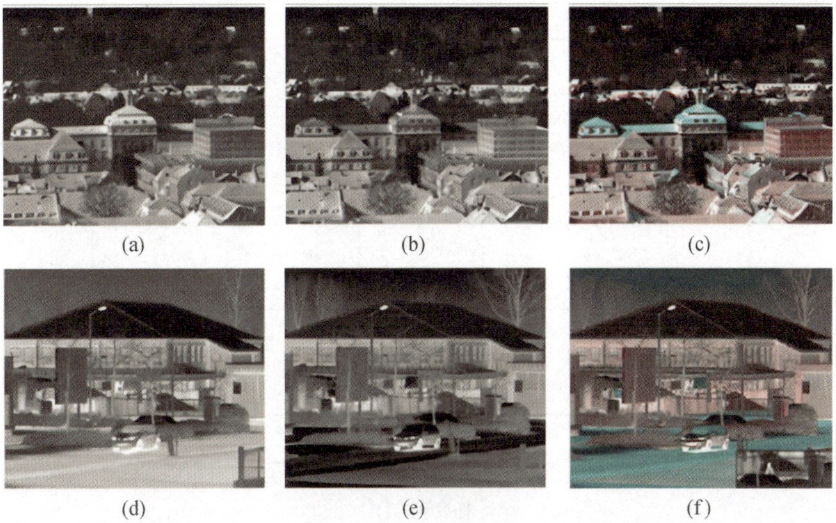

图 1.12　德国“CLEMENTINE”系统采集的双波段图像

（a）场景 1 中波；（b）场景 1 长波；（c）场景 1 融合；
（d）场景 2 中波；（e）场景 2 长波；（f）场景 2 融合。

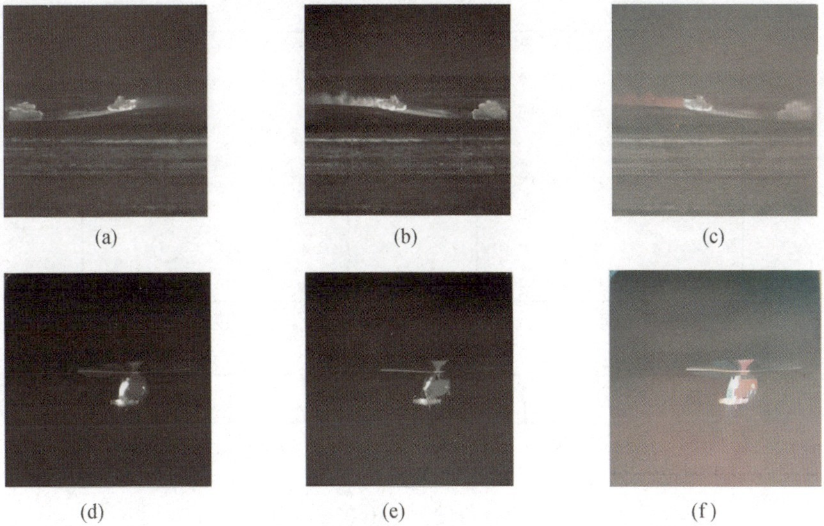

图 1.14　单探测器双波段红外成像设备采集的双波段图像

（a）中波（坦克图像）；（b）长波（坦克图像）；（c）融合（坦克图像）
（d）中波（直升机图像）；（e）长波（直升机图像）；（f）融合（直升机图像）

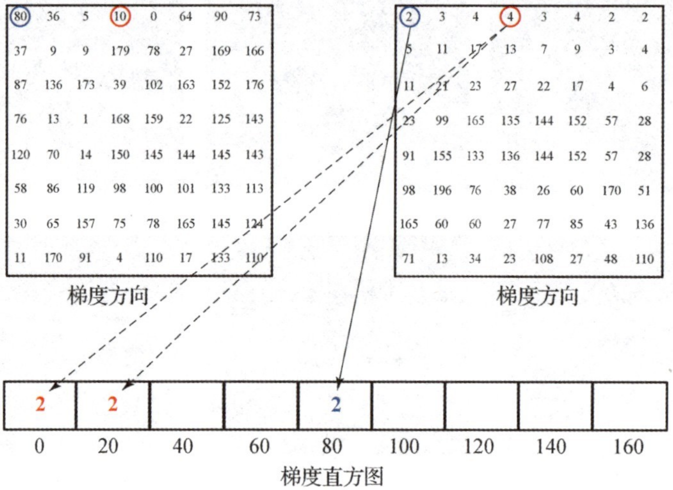

图 2.6 梯度直方图

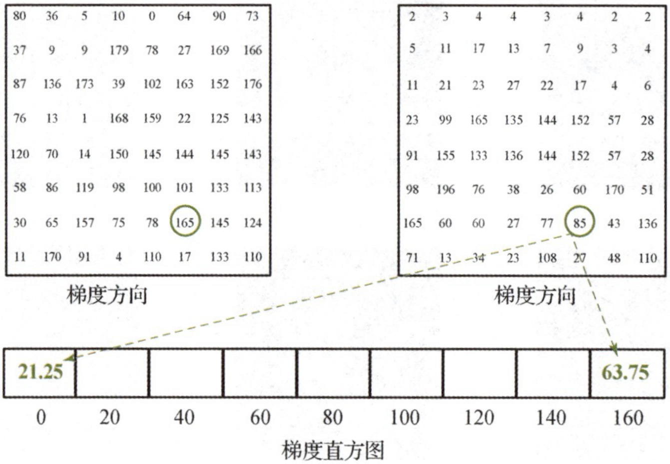

图 2.7 角度大于 160°的情况

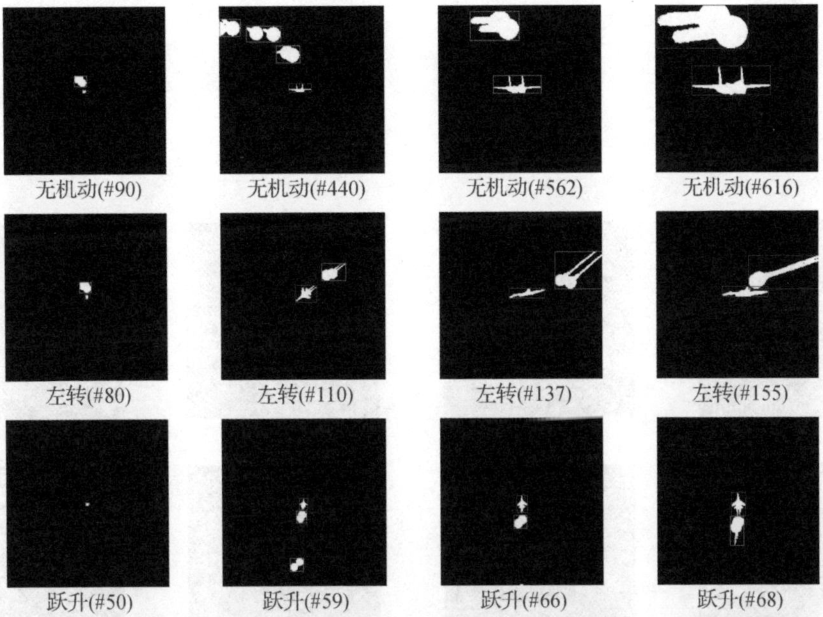

图 3. 36　进入角 10°、投射干扰 2 枚/组、间隔 1s

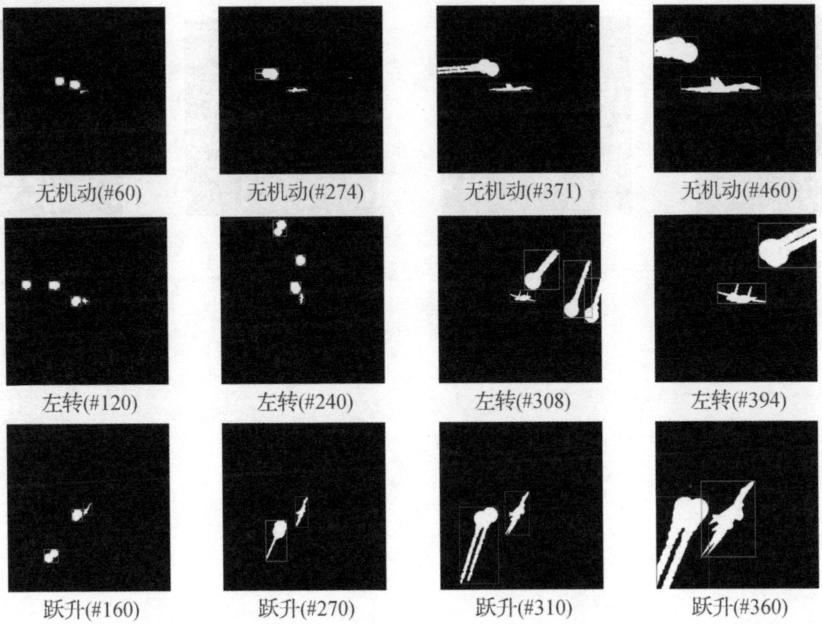

图 3. 37　进入角 70°、投射干扰 2 枚/组、间隔 1s

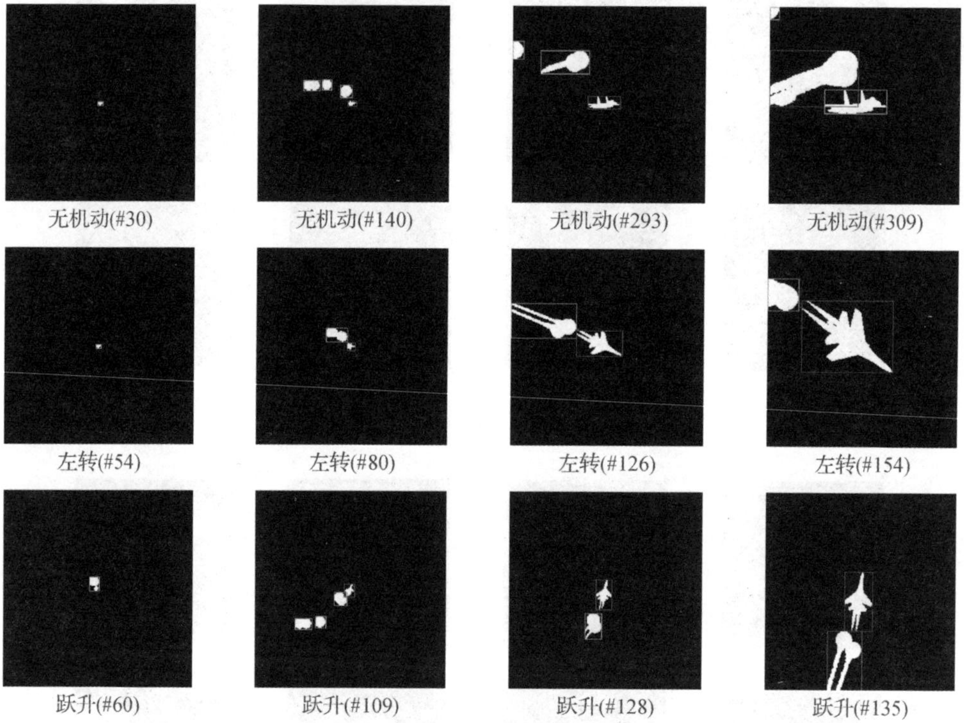

图 3.38　进入角 180°、投射干扰 2 枚/组、间隔 1s

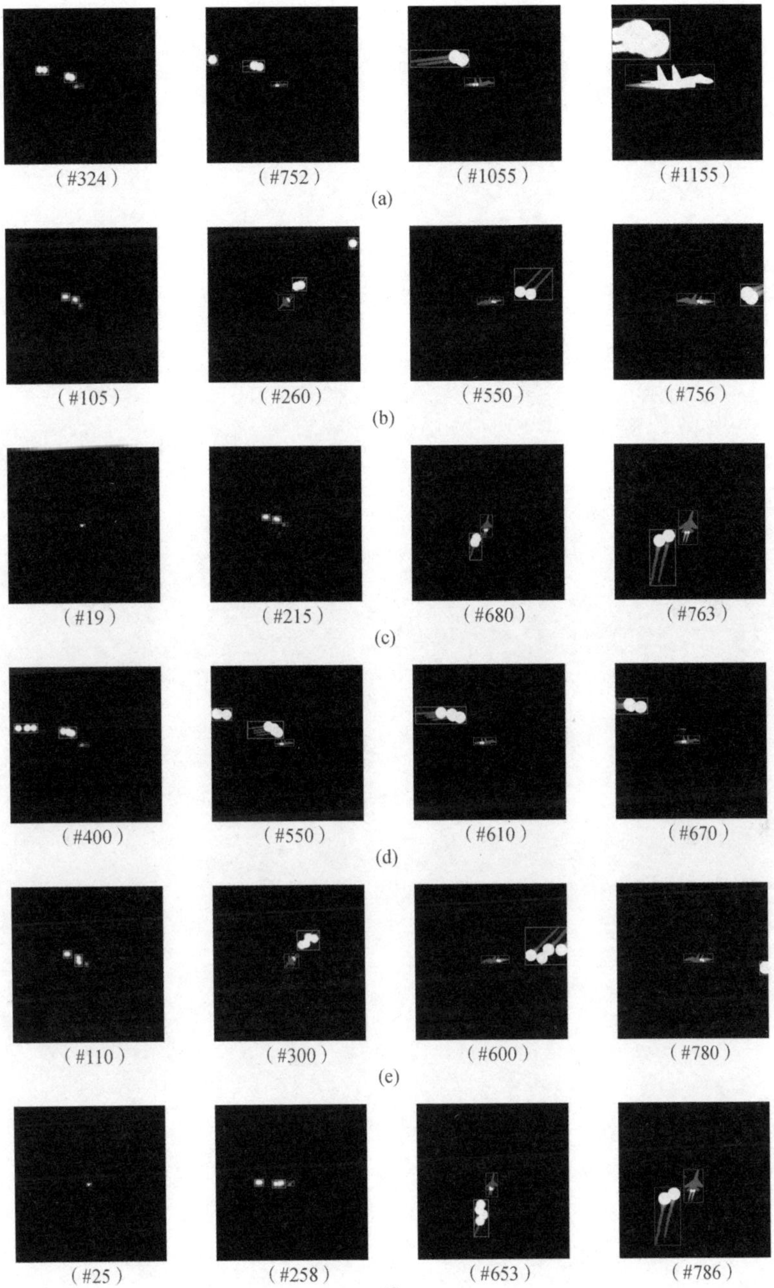

图 3.44　进入角 40°的算法识别结果

(a) 40°无机动干扰 2 枚/组；(b) 40°左转干扰 2 枚/组；(c) 40°跃升干扰 2 枚/组；(d) 40°无机动干扰 4 枚/组；(e) 40°左转干扰 4 枚/组；(f) 40°跃升干扰 4 枚/组。

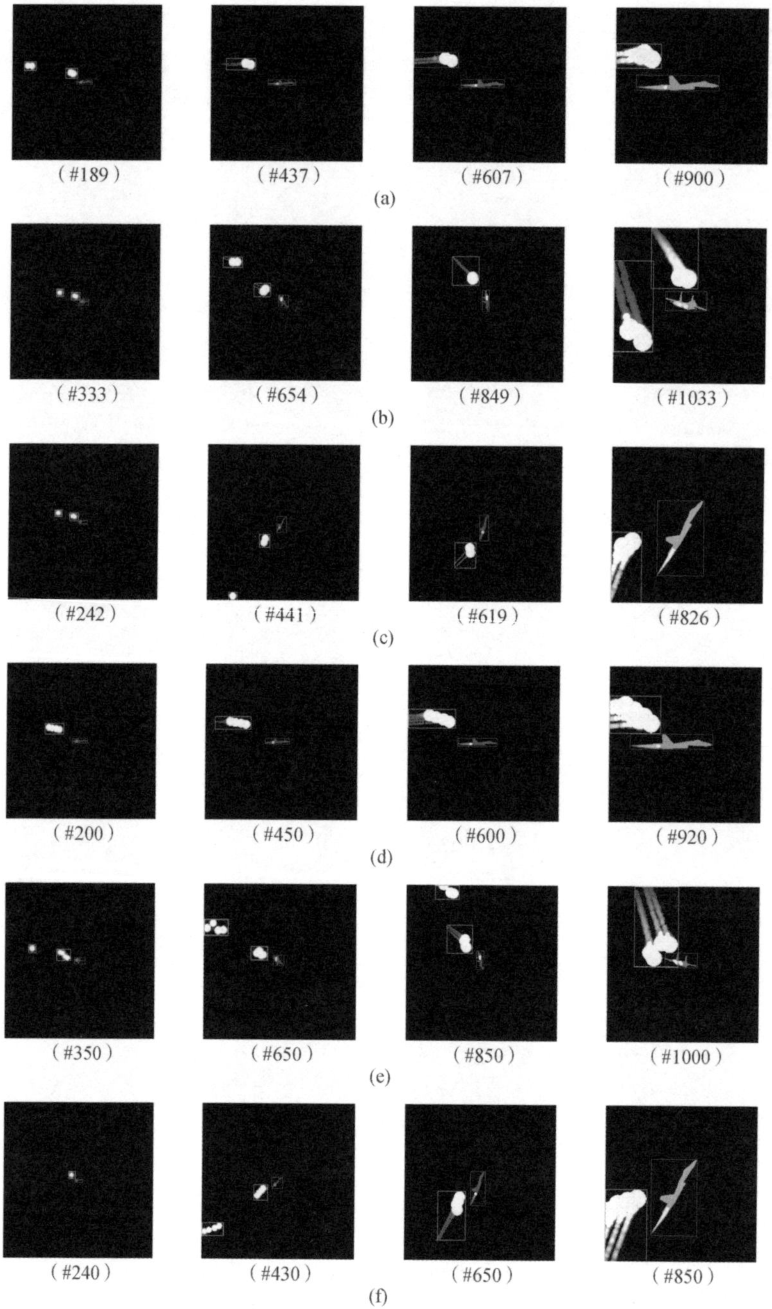

图 3.45　进入角 100°的算法识别结果

(a) 100°无机动干扰 2 枚/组；(b) 100°左转干扰 2 枚/组；(c) 100°跃升干扰 2 枚/组；
(d) 100°无机动干扰 4 枚/组；(e) 100°左转干扰 4 枚/组；(f) 100°跃升干扰 4 枚/组。

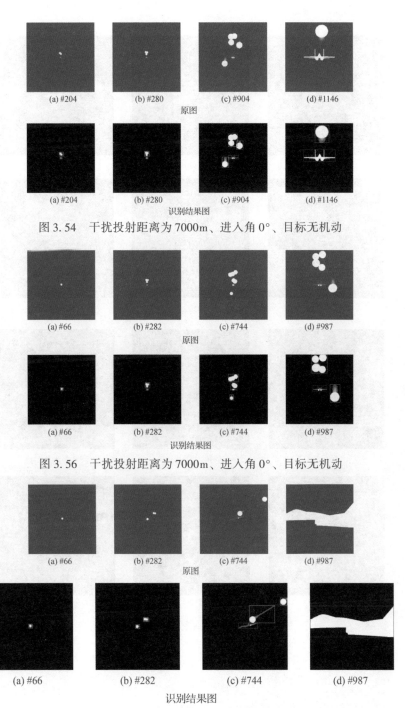

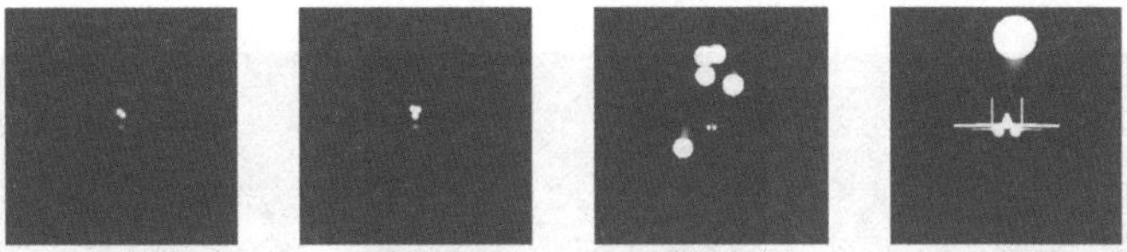

(a) #204　(b) #280　(c) #904　(d) #1146

原图

(a) #204　(b) #280　(c) #904　(d) #1146

识别结果图

图 3.54　干扰投射距离为 7000m、进入角 0°、目标无机动

(a) #66　(b) #282　(c) #744　(d) #987

原图

(a) #66　(b) #282　(c) #744　(d) #987

识别结果图

图 3.56　干扰投射距离为 7000m、进入角 0°、目标无机动

(a) #66　(b) #282　(c) #744　(d) #987

原图

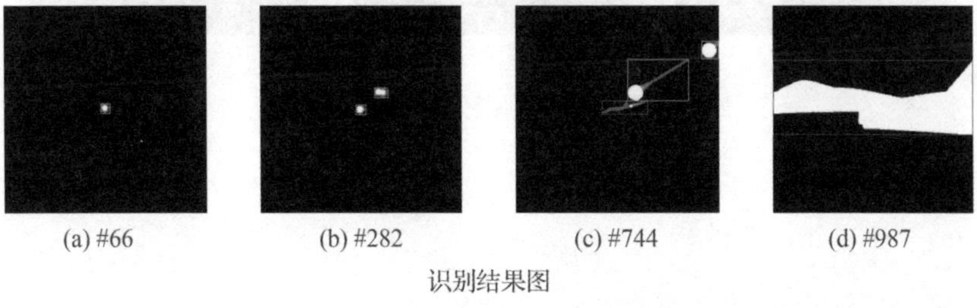

(a) #66　(b) #282　(c) #744　(d) #987

识别结果图

图 3.57　干扰投射距离为 7000m、进入角为 0°、目标左机动

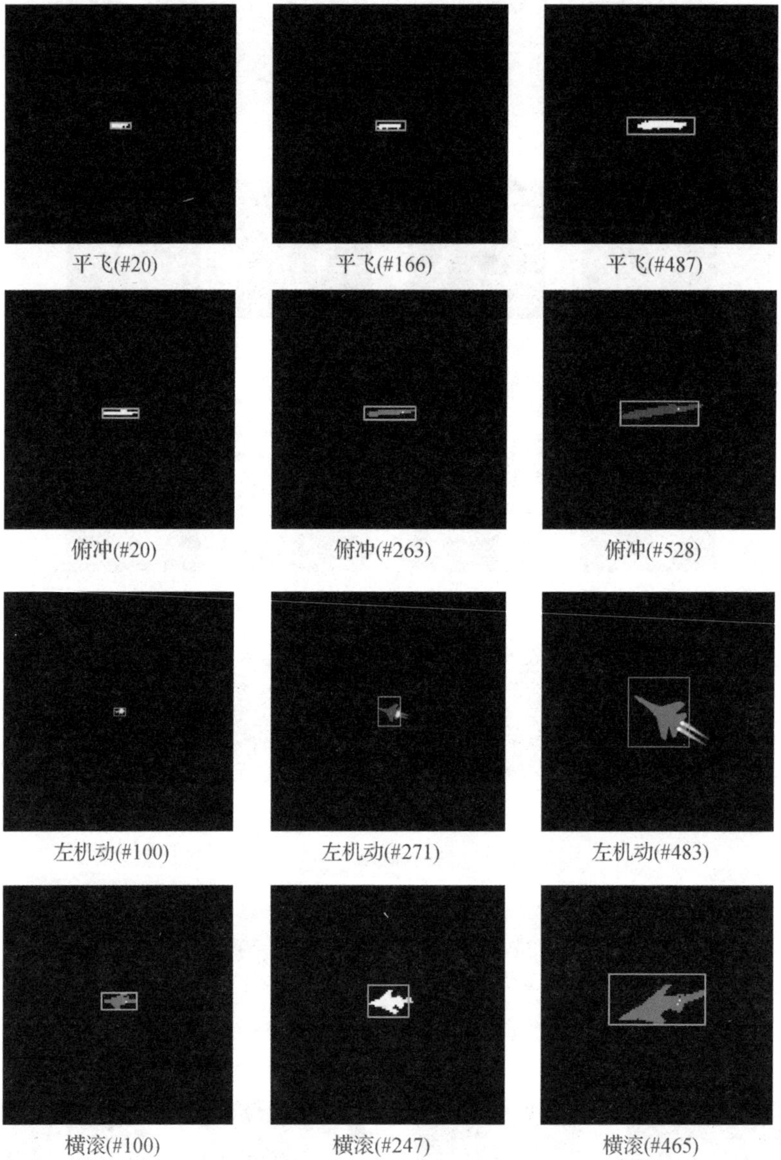

图 4.23 红外空战仿真图像数据集部分测试结果

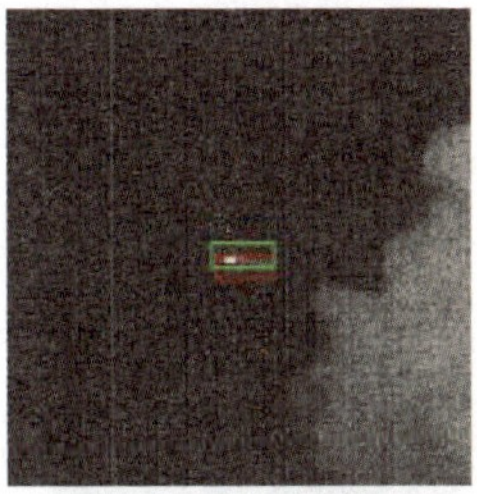

AIR4jiao8_33(#22)

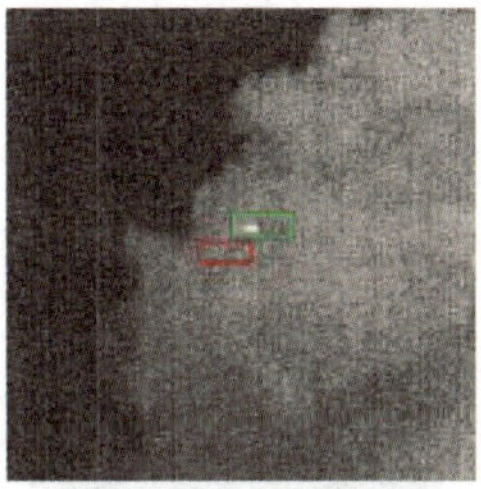

AIR4jiao8_33(#54)

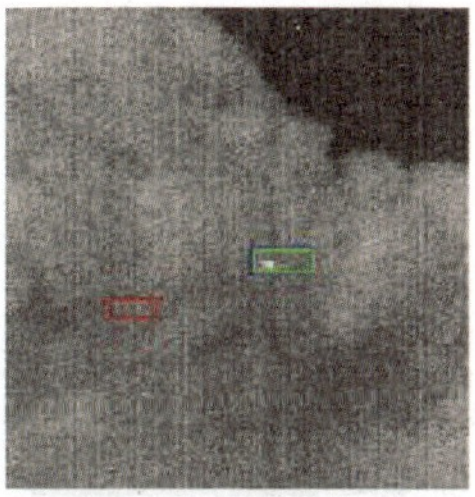

AIR4jiao8_33(#127)

图 4.27　复杂云背景干扰的跟踪结果对比

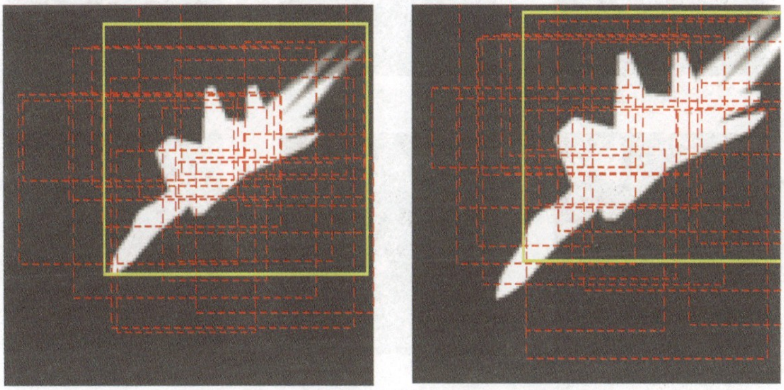

图 4.28　分块在目标区域的分布特点

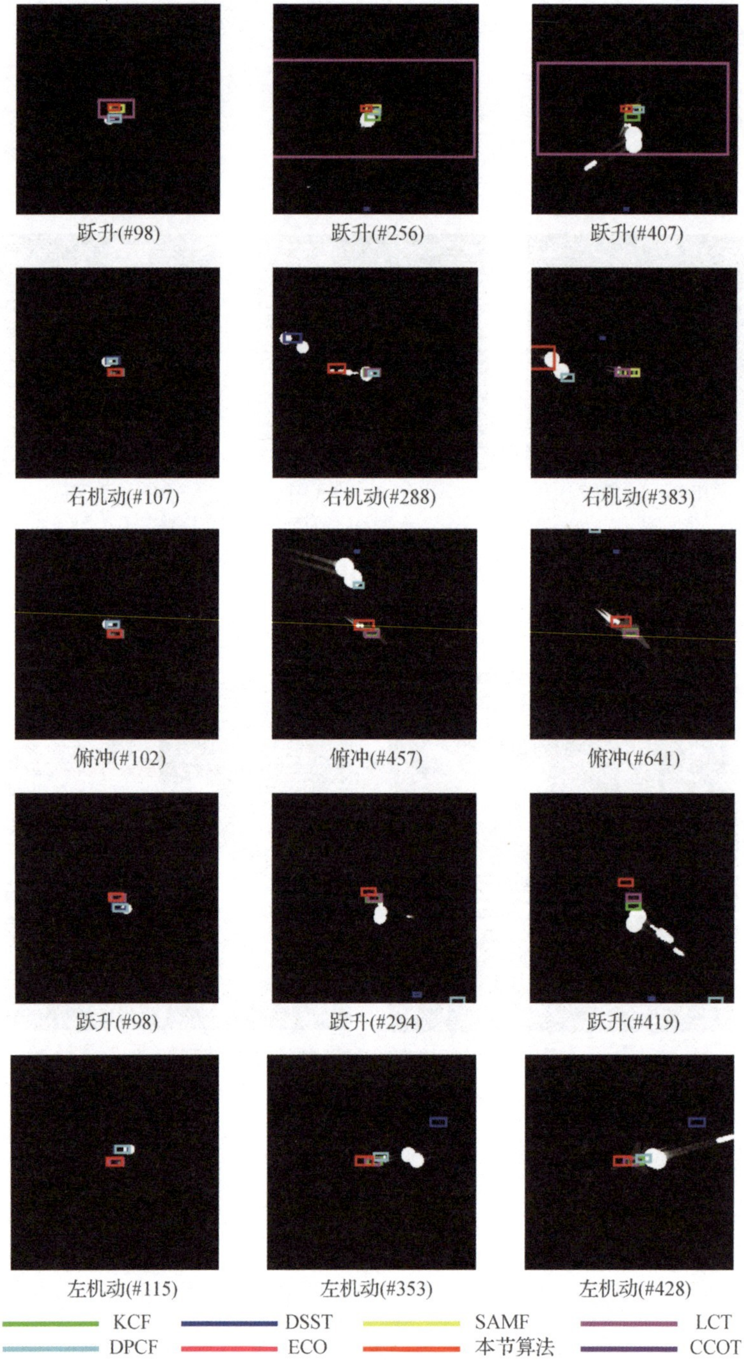

图 4.33　不同算法在仿真数据集测试的跟踪结果比较

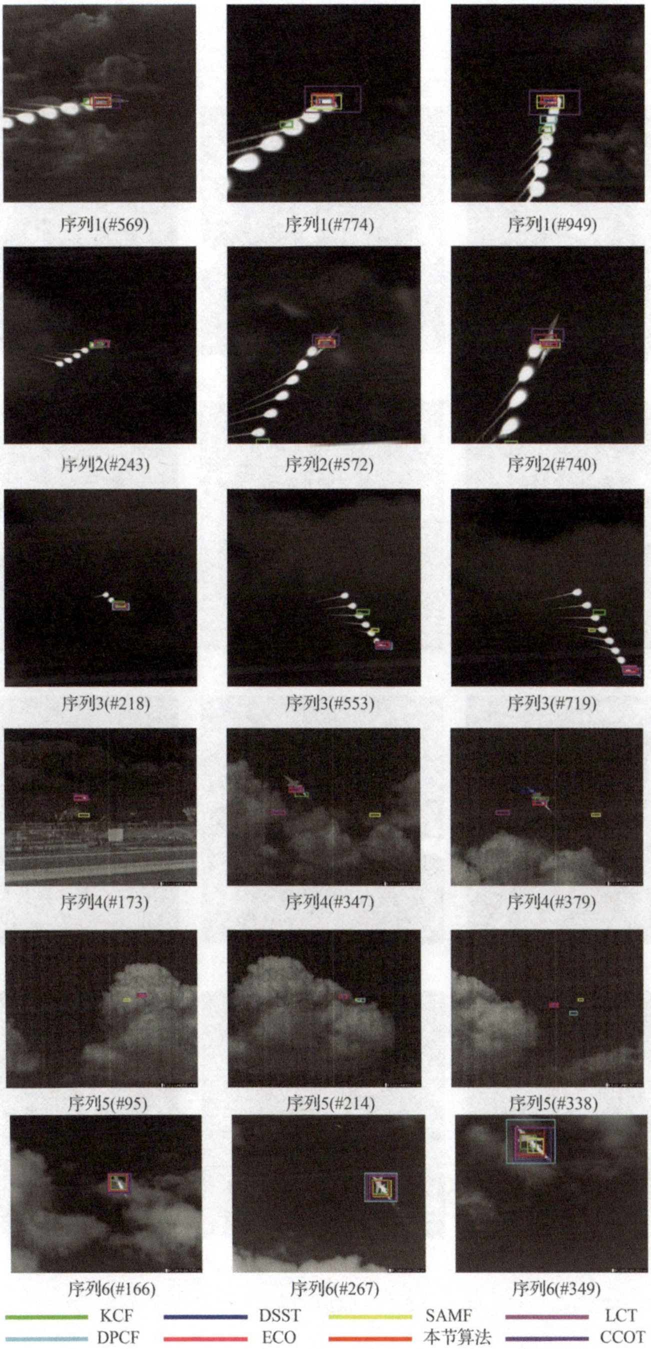

图 4.34　不同算法在实测数据集测试的跟踪结果比较

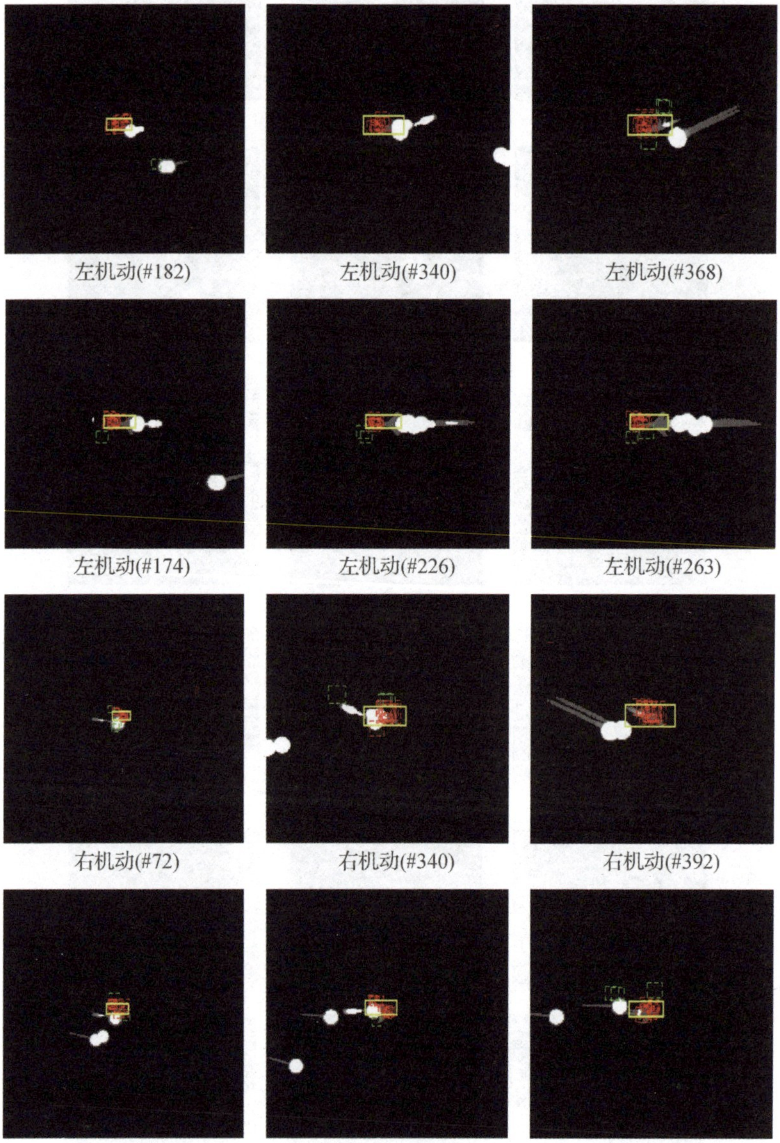

左机动(#182)　左机动(#340)　左机动(#368)

左机动(#174)　左机动(#226)　左机动(#263)

右机动(#72)　右机动(#340)　右机动(#392)

右机动(#139)　右机动(#260)　右机动(#290)

图 4.37　算法改进后跟踪效果

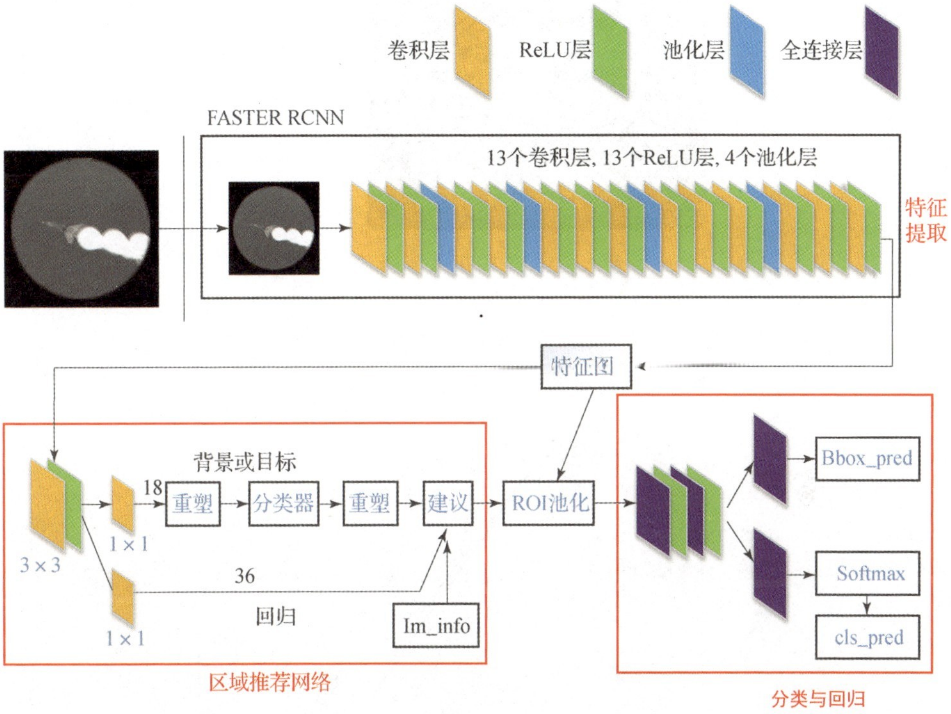

图 5.13 FASTER – RCNN 网络结构

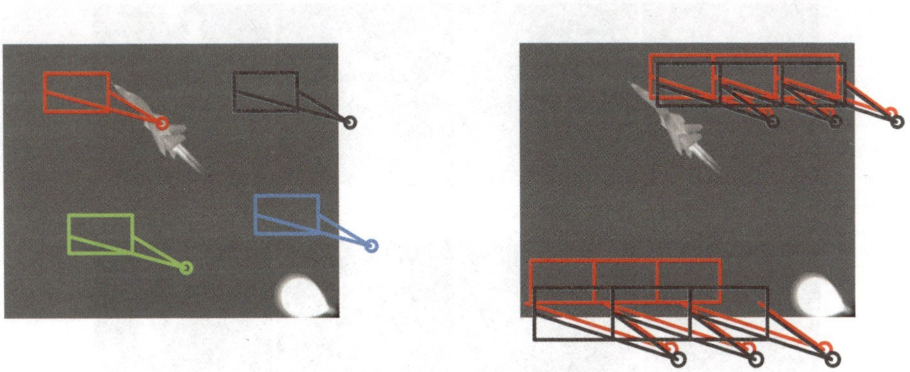

图 5.21 单卷积核与多卷积核

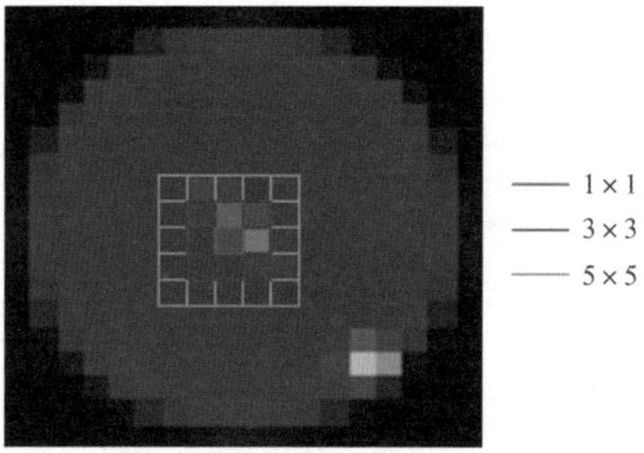

图 5.22　不同尺寸的卷积核

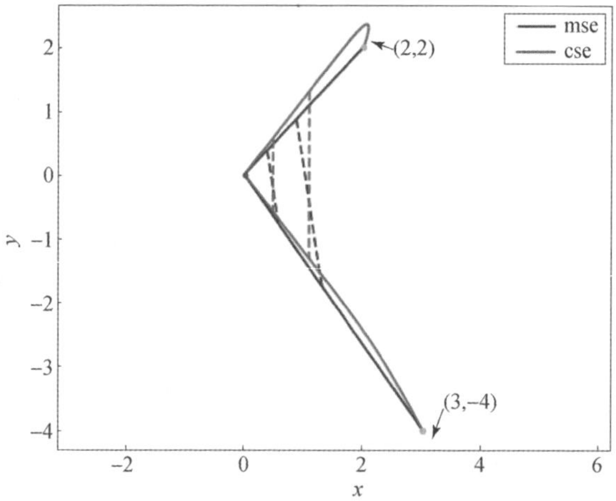

图 5.53　二维平面多点回归轨迹

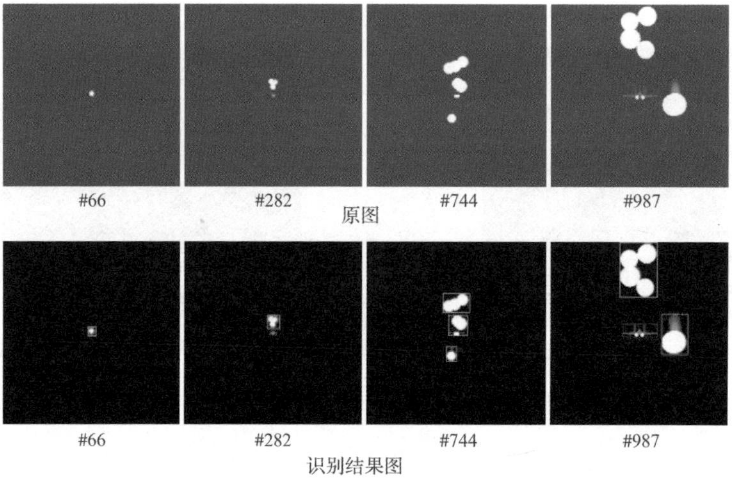

图 6.18　干扰投射距离为 7000m、进入角为 0°、目标无机动

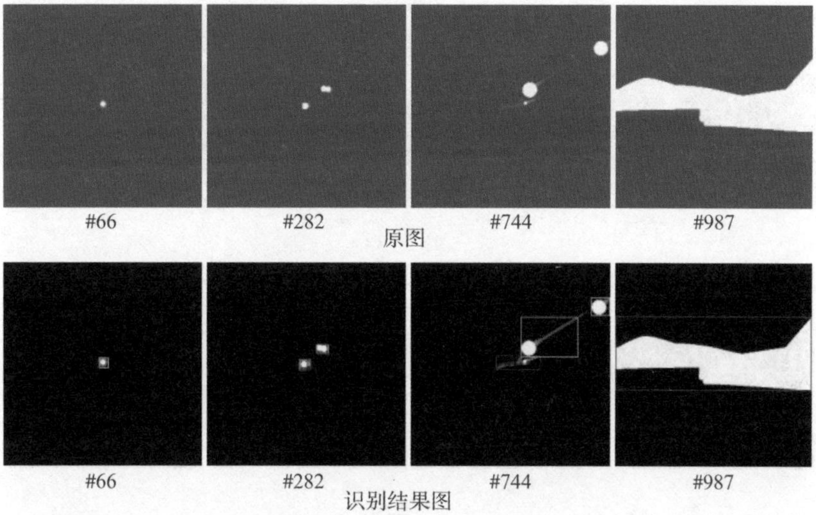

图 6. 19　干扰投射距离为 7000m，进入角为 0°，目标左机动

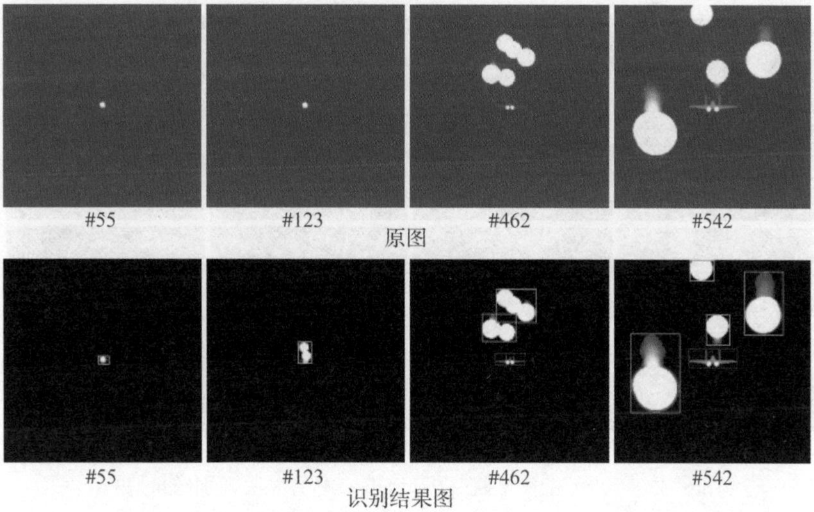

图 6. 20　干扰投射距离为 4000m，进入角为 0°，目标无机动

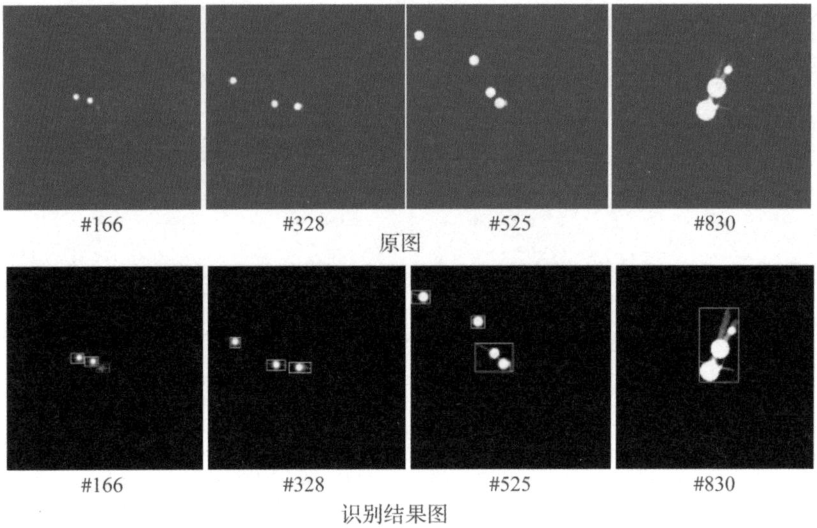

图 6.21　干扰投射距离为 7000m、进入角为 180°、目标左机动

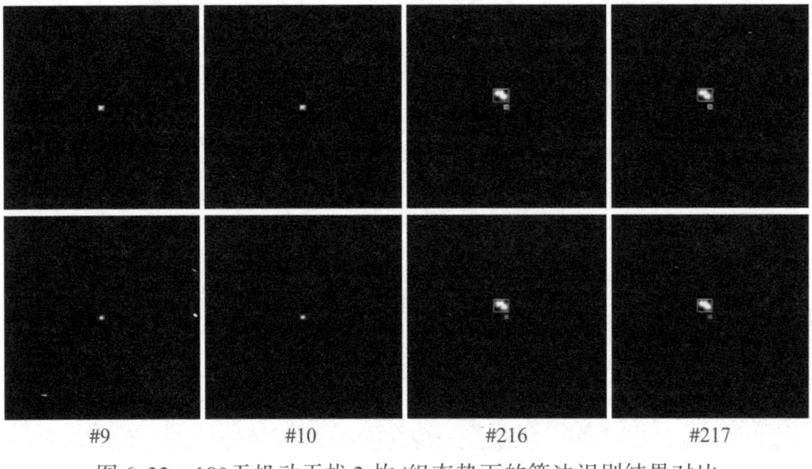

图 6.32　10°无机动干扰 2 枚/组态势下的算法识别结果对比
（第一排为第 3 章算法的结果，第二排为本章算法的结果）

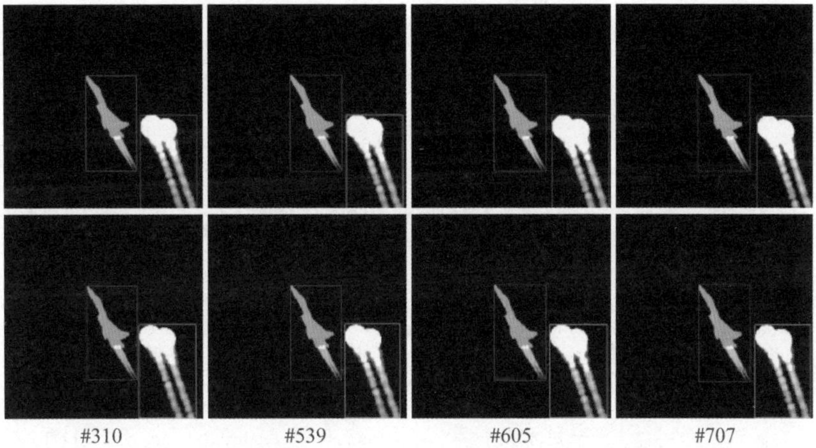

图 6.33　-100°跃升干扰 2 枚/组态势下的算法识别结果对比

(第一排为第 3 章算法的结果，第二排为本章算法的结果)

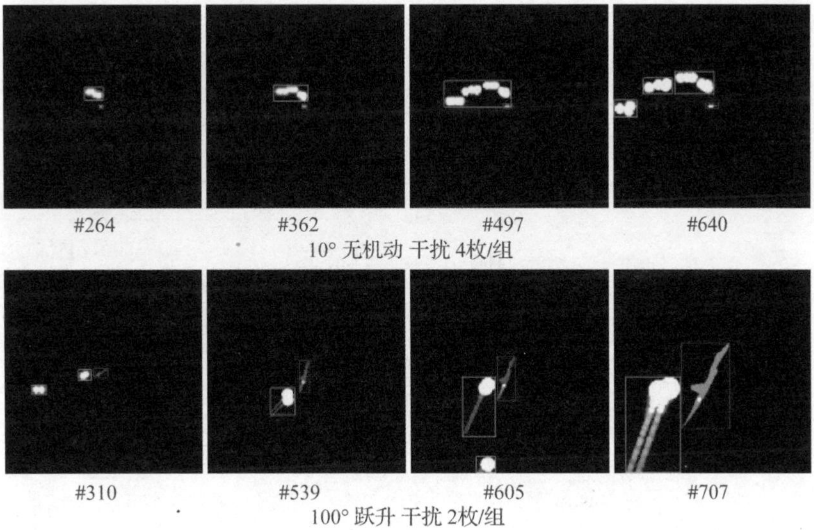

图 6.34　本章算法的部分识别结果

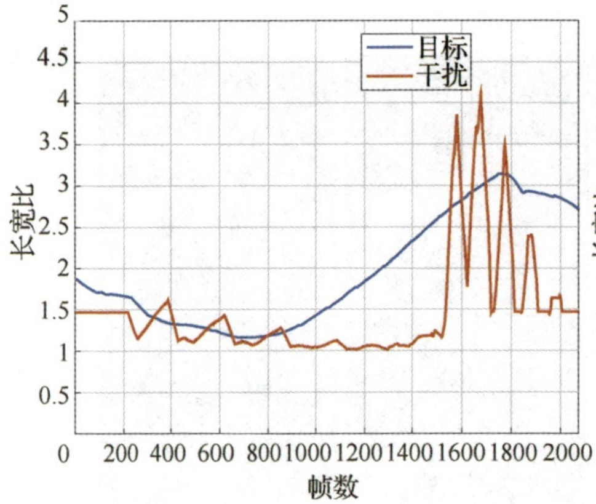
目标
干扰
长宽比
帧数
5
4.5
4
3.5
3
2.5
2
1.5
1
0.5
0
200 400 600 800 1000 1200 1400 1600 1800 2000

(a)

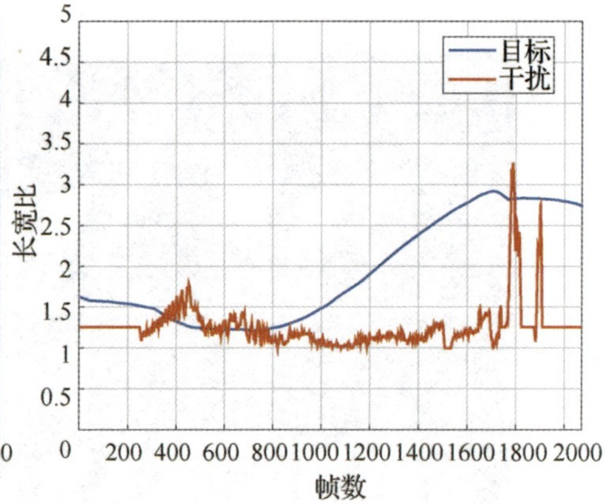
目标
干扰
长宽比
帧数
5
4.5
4
3.5
3
2.5
2
1.5
1
0.5
0
200 400 600 800 1000 1200 1400 1600 1800 2000

(b)

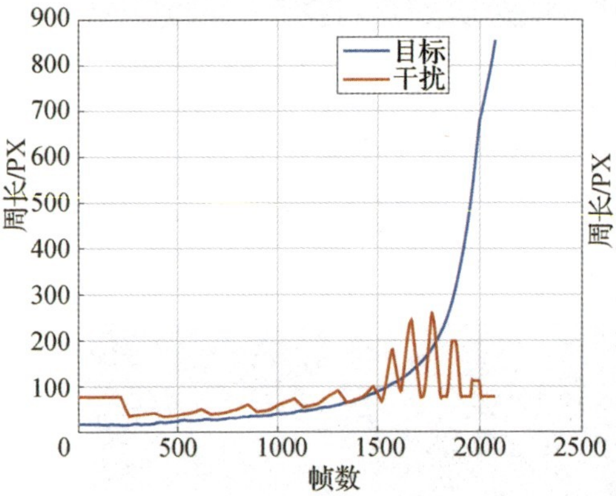
目标
干扰
周长/PX
帧数
900
800
700
600
500
400
300
200
100
0
500 1000 1500 2000 2500

(c)

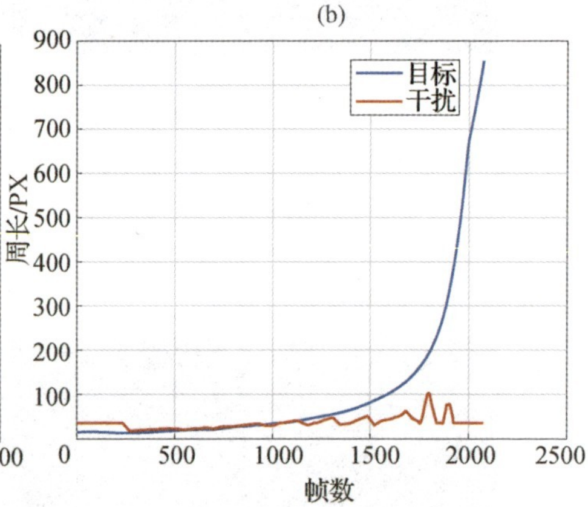
目标
干扰
周长/PX
帧数
900
800
700
600
500
400
300
200
100
0
500 1000 1500 2000 2500

(d)

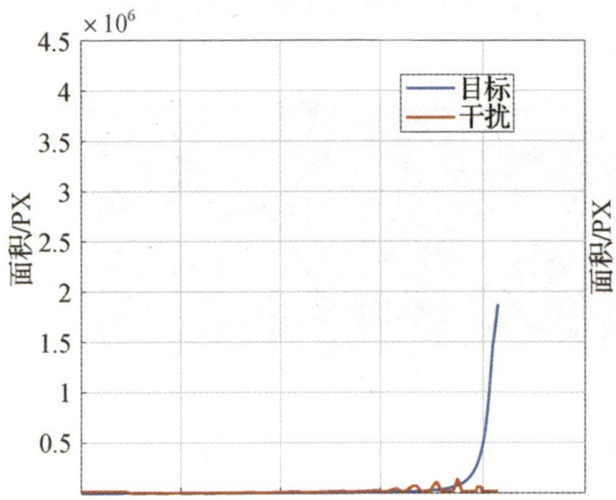
×10^6
目标
干扰
面积/PX
帧数
4.5
4
3.5
3
2.5
2
1.5
1
0.5
0
500 1000 1500 2000 2500

(e)

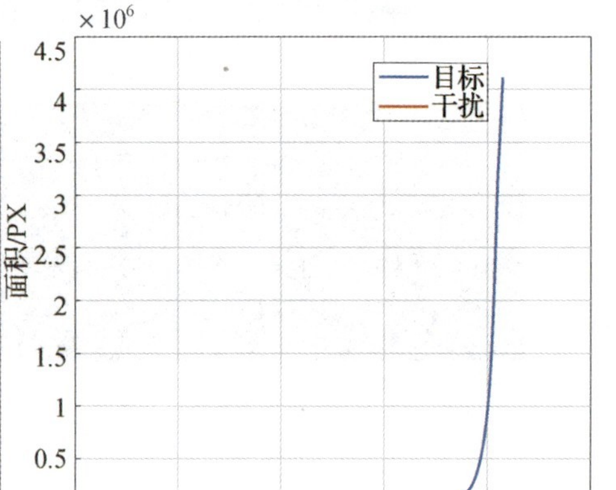
×10^6
目标
干扰
面积/PX
帧数
4.5
4
3.5
3
2.5
2
1.5
1
0.5
0
500 1000 1500 2000 2500

(f)

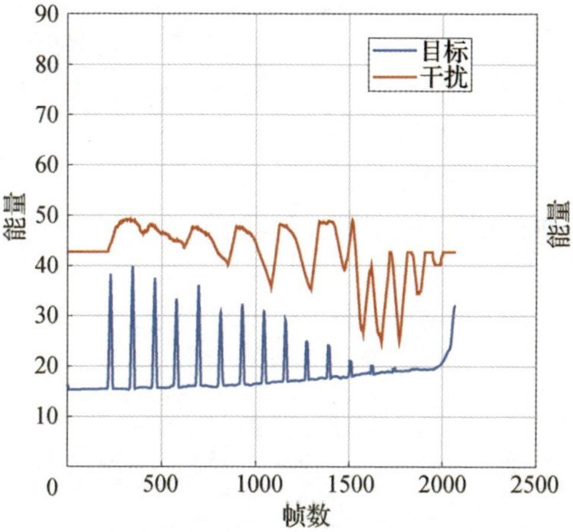
能量
帧数
目标
干扰
0
500
1000
1500
2000
2500
10
20
30
40
50
60
70
80
90
(g)

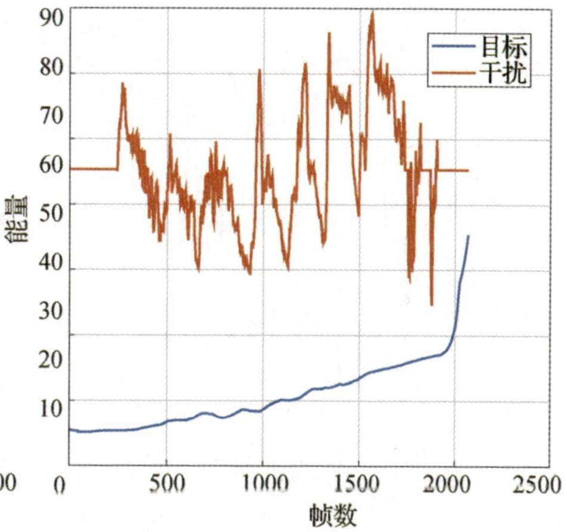
能量
帧数
目标
干扰
0
500
1000
1500
2000
2500
10
20
30
40
50
60
70
80
90
(h)

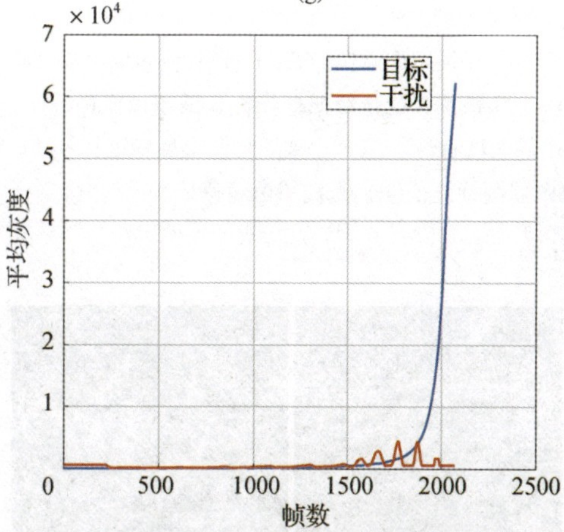
× 10^4
平均灰度
帧数
目标
干扰
0
500
1000
1500
2000
2500
1
2
3
4
5
6
7
(i)

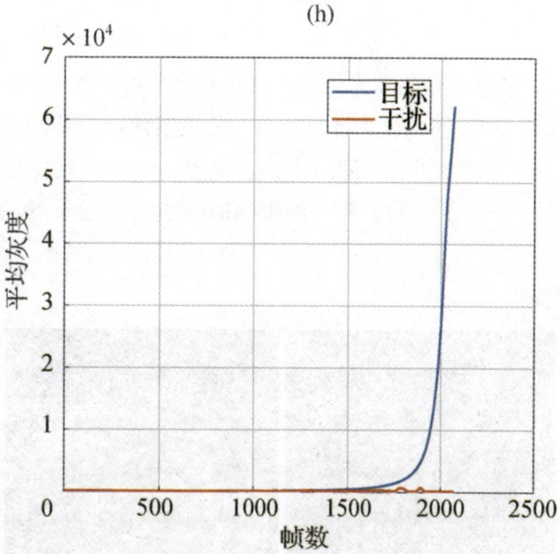
× 10^4
平均灰度
帧数
目标
干扰
0
500
1000
1500
2000
2500
1
2
3
4
5
6
7
(j)

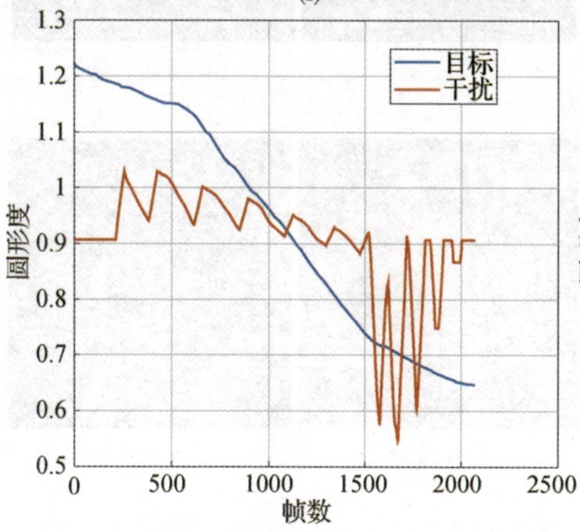
圆形度
帧数
目标
干扰
0
500
1000
1500
2000
2500
0.5
0.6
0.7
0.8
0.9
1
1.1
1.2
1.3
(k)

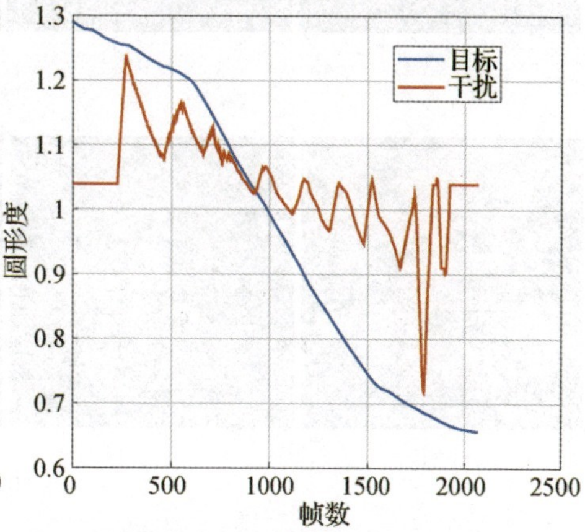
圆形度
帧数
目标
干扰
0
500
1000
1500
2000
2500
0.6
0.7
0.8
0.9
1
1.1
1.2
1.3
(l)

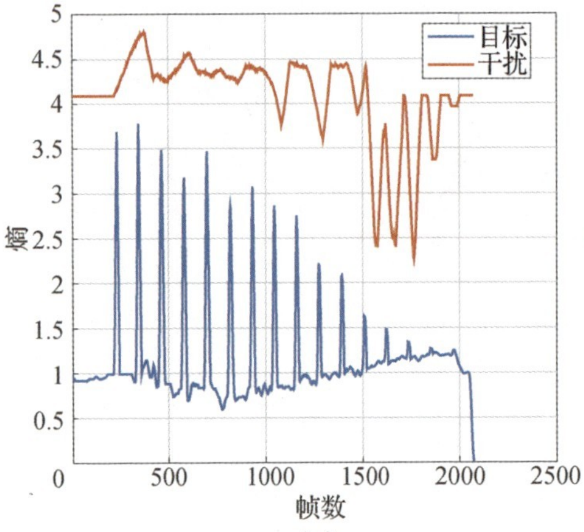

(m)

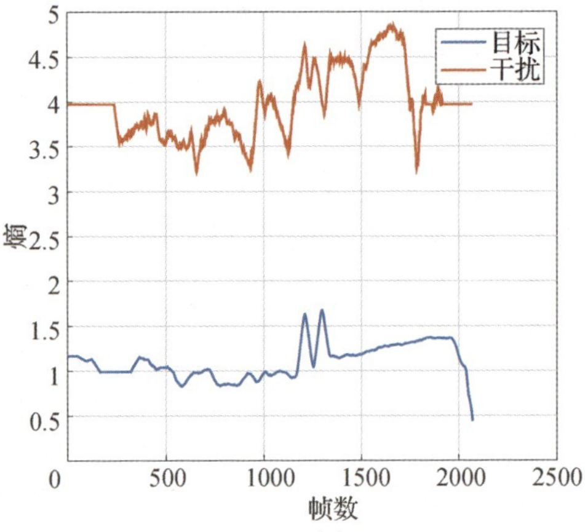

(n)

图 7.5　干扰与目标的传统特征

(a) 中波图像长宽比特征；(b) 长波图像长宽比特征。(c) 中波图像周长特征；(d) 长波图像周长特征。(e) 中波图像面积特征；(f) 长波图像面积特征。(g) 中波图像能量特征；(h) 长波图像能量特征。(i) 中波图像平均灰度特征；(j) 长波图像平均灰度特性。(k) 中波图像圆形度特征；(l) 长波图像圆形度特征。(m) 中波图像熵特征；(n) 长波图像熵特征。

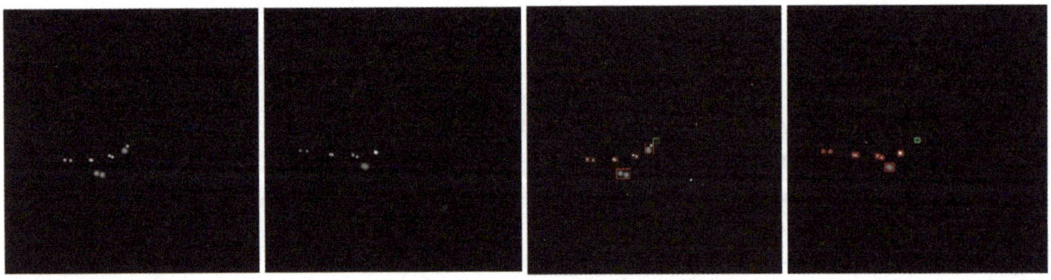

(a)

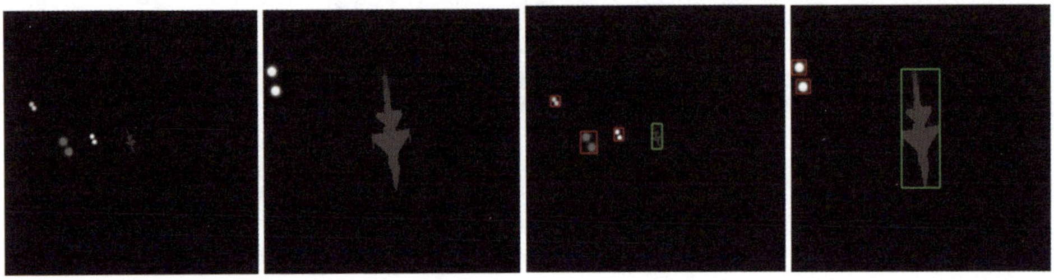

(b)

图 7.21　抗干扰识别结果

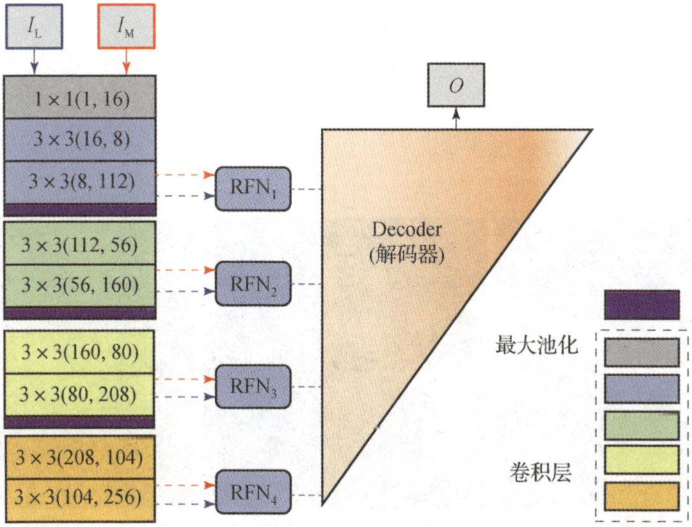

图 7.26　RFN - Nest 算法融合过程

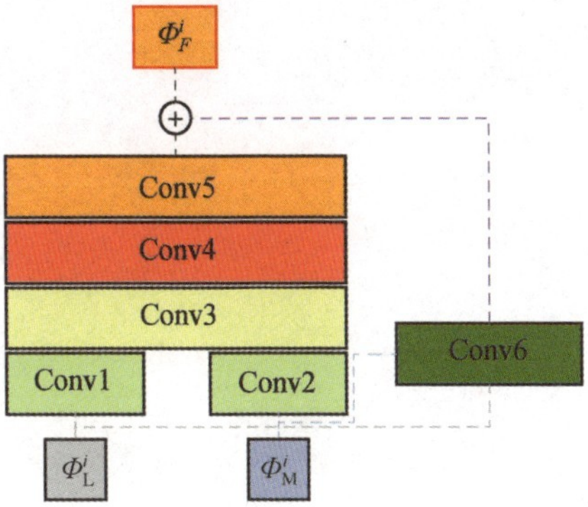

图 7.27　RFN 网络结构

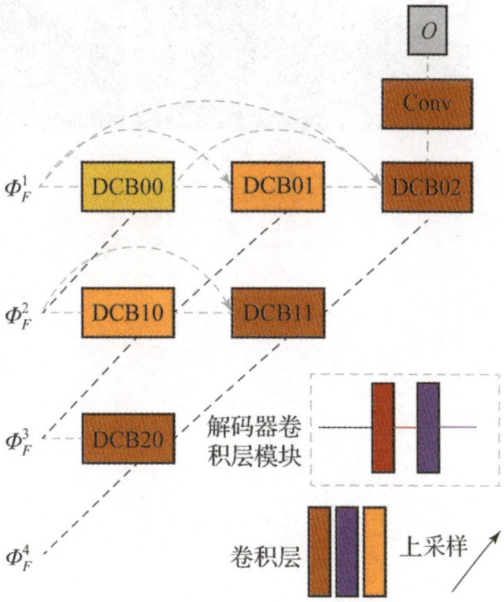

图 7.28　RFN - Nest 解码器结构

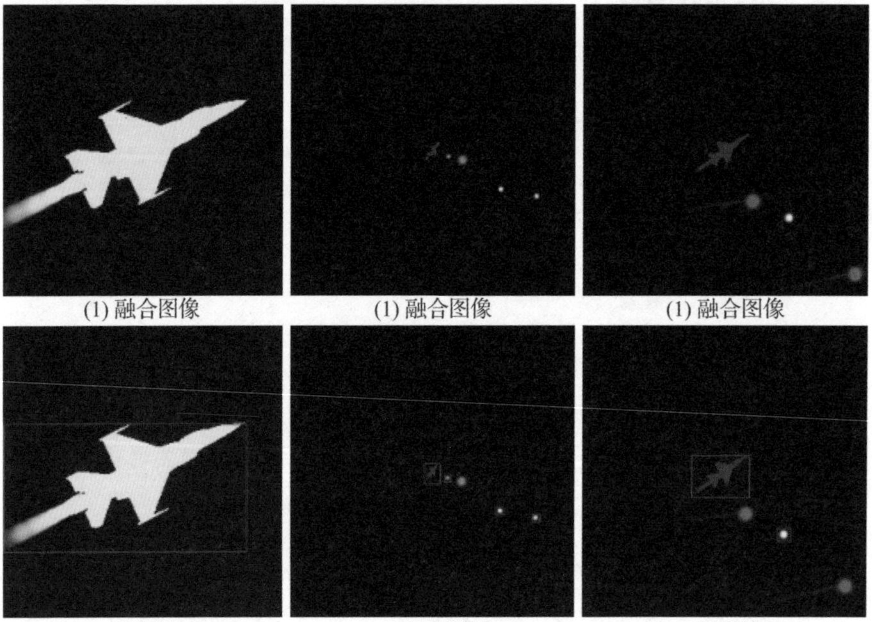

(1) 融合图像　(1) 融合图像　(1) 融合图像

(2) 识别结果　(2) 识别结果　(2) 识别结果

(a)　(b)　(c)

图 7.40　YOLOV8 识别结果

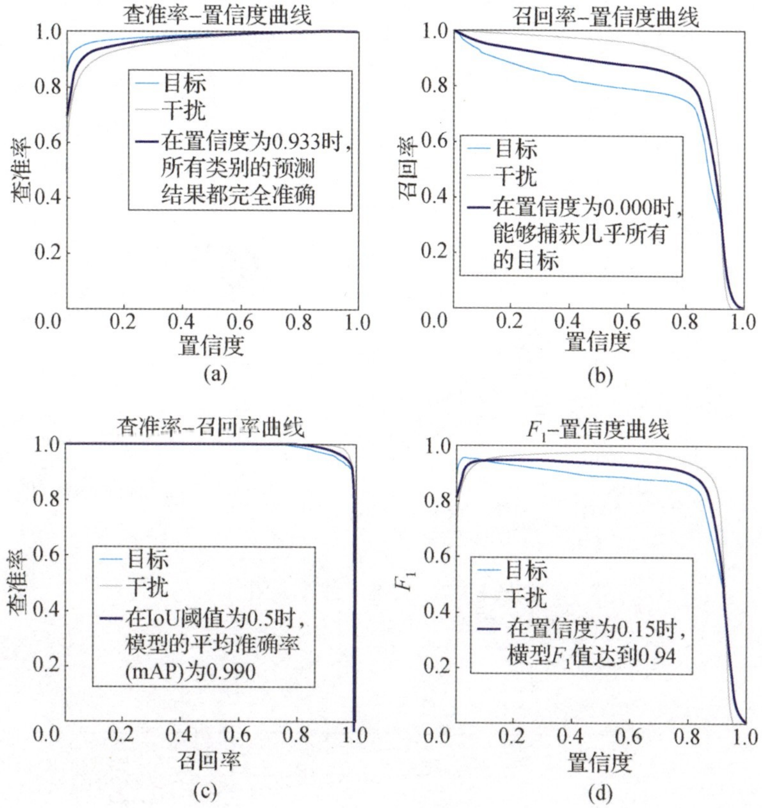

图 7.41　YOLOV8 识别性能分析

(a) 查准率；(b) 召回率；(c) 查准率－召回率；(d) F_1 分数。

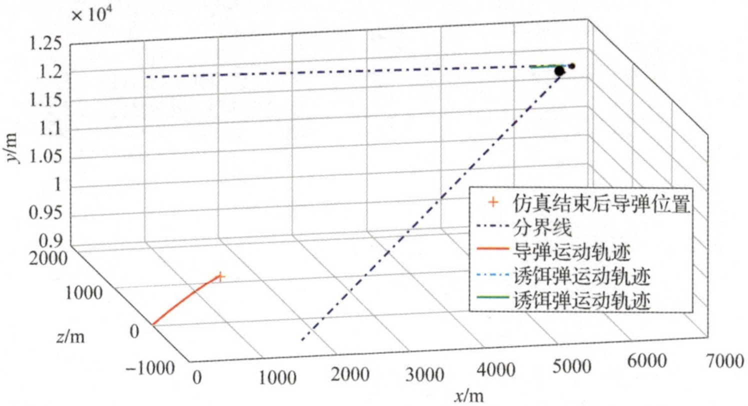

图 8.26　三维导弹、目标、干扰及分界线仿真图

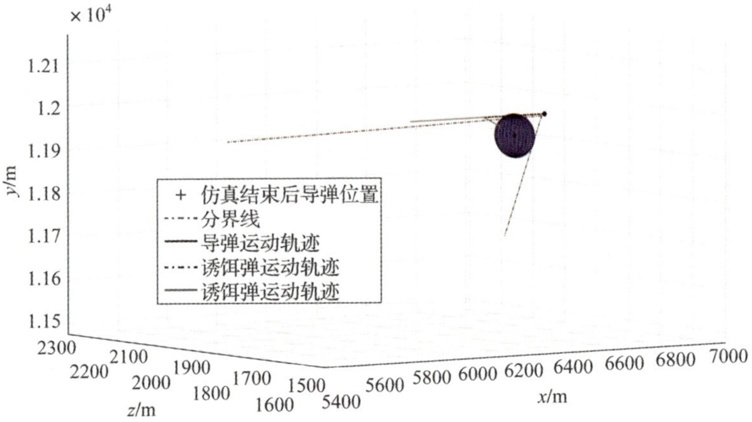

图 8.27　三维局部放大图

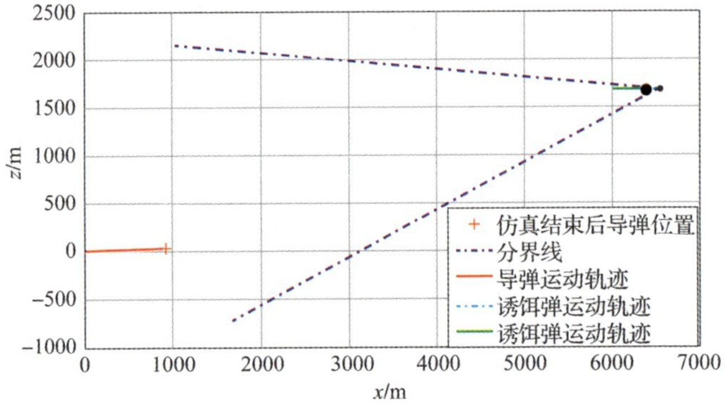

图 8.28　纵向平面仿真图

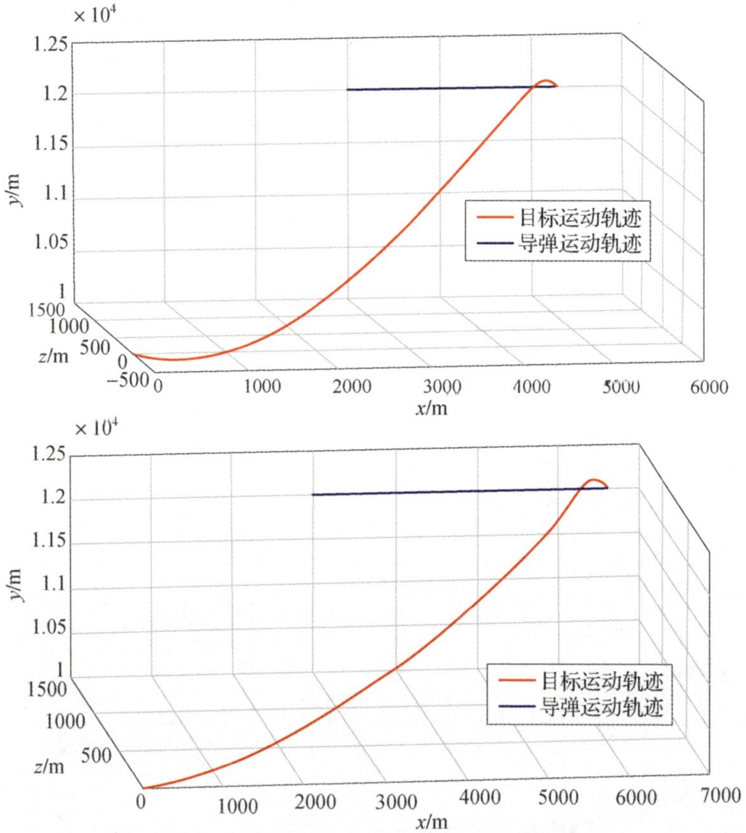

图 8.31　带碰撞角约束的三维纯比例导引律仿真

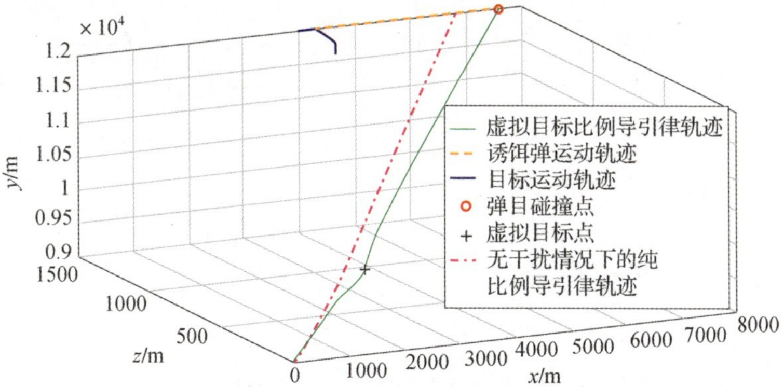

图 8.34　纯比例导引及虚拟目标比例导引拦截弹道

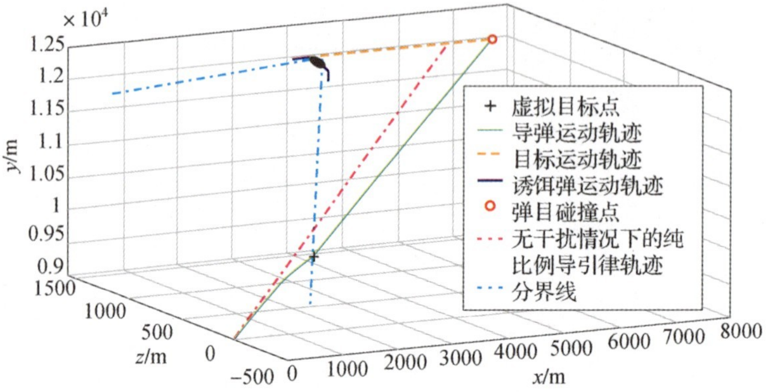

图 8.35　分界线与两种导引方式的弹道

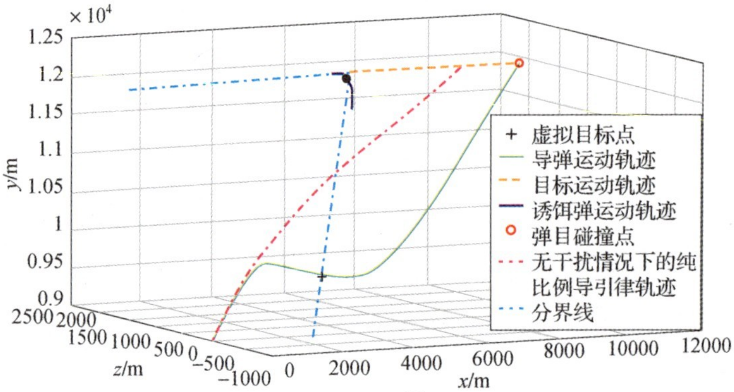

(a)

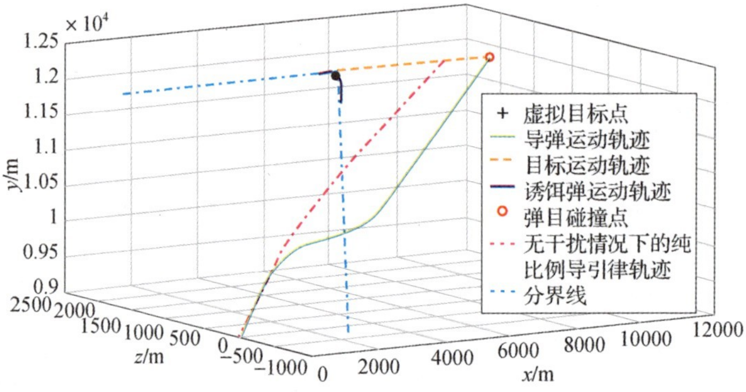

(b)

图 8.37　选取不同虚拟目标点的仿真结果

(a) 虚拟目标点为 $P_{OD_1}(0.75)$；(b) 虚拟目标点为 $P_{OD_1}(0.6)$。